AF390429

COURS
D'ANALYSE MATHÉMATIQUE

PARIS. — IMPRIMERIE GAUTHIER-VILLARS ET Cie

Quai des Grands-Augustins, 55.

792

COURS
D'ANALYSE MATHÉMATIQUE

PAR

Édouard GOURSAT,

Professeur à la Faculté des Sciences de Paris.

TROISIÈME ÉDITION
REVUE ET AUGMENTÉE.

TOME I.

DÉRIVÉES ET DIFFÉRENTIELLES.
INTÉGRALES DÉFINIES. — DÉVELOPPEMENTS EN SÉRIES.
APPLICATIONS GÉOMÉTRIQUES.

PARIS,

GAUTHIER-VILLARS ET Cie, ÉDITEURS,

LIBRAIRES DU BUREAU DES LONGITUDES, DE L'ÉCOLE POLYTECHNIQUE,

Quai des Grands-Augustins, 55.

1917

Tous droits de traduction, de reproduction et d'adaptation
réservés pour tous pays.

PRÉFACE.

Cette nouvelle édition ne diffère pas beaucoup de la précédente.
J'ai modifié et complété un certain nombre de démonstrations, et
j'ai ajouté une Note de quelques pages sur les formules de différentiation des intégrales définies par rapport à un paramètre
variable, lorsque le champ d'intégration varie avec ce paramètre.
Les solutions d'un grand nombre de problèmes de Physique mathématique sont représentées par des intégrales de cette nature.
D'autre part, les formules auxquelles on parvient se rattachent
étroitement au calcul des variations, dont on peut les regarder
comme une introduction toute naturelle.

J'adresse encore une fois mes affectueux remerciements à
M. Émile Cotton, qui continue à me prêter son précieux concours
pour la correction des épreuves.

E. GOURSAT.

25 Février 1917.

COURS
D'ANALYSE MATHÉMATIQUE.

CHAPITRE I.
INTRODUCTION.

I. — LIMITES. — ENSEMBLES.

De la notion du nombre entier on s'élève successivement à celles du nombre rationnel, du nombre irrationnel et du nombre algébrique. Nous supposons que le lecteur a déjà acquis ces notions, qu'il connaît aussi la théorie des opérations algébriques et l'application des nombres à la mesure des grandeurs concrètes ([1]).

1. Limites. — On dit qu'un nombre variable x a pour limite un nombre fixe a, ou tend vers a, lorsque la valeur absolue de la différence $x - a$ finit par devenir et *rester* plus petite que tout nombre positif donné à l'avance. Lorsque $a = 0$, le nombre x est dit *un infiniment petit*. Il revient évidemment au même de dire

---

([1]) Nous supposons un nombre irrationnel défini par la décomposition de l'ensemble des nombres rationnels en deux classes, satisfaisant à certaines conditions. A toute longueur B, n'admettant pas de commune mesure avec la longueur A choisie pour unité, correspond un nombre irrationnel i qui est dit la mesure de B quand on prend A pour unité. Inversement, à tout nombre irrationnel i défini d'une façon arithmétique correspond une longueur B n'admettant pas de commune mesure avec la longueur choisie pour unité. Pour établir ce point essentiel, on est obligé de s'appuyer sur un postulat qui dérive de notre intuition de la ligne droite. Ce postulat peut d'ailleurs s'énoncer sous des formes un peu différentes, quoique équivalentes en réalité.

que x a pour limite un nombre a, ou de dire que la différence $x - a$ est un infiniment petit. Pour prouver qu'un nombre x a pour limite le nombre a, on partage généralement la différence $x - a$ en un certain nombre de parties, trois par exemple, et l'on prouve que la valeur absolue de chacune de ces parties finit par rester plus petite que $\frac{\varepsilon}{3}$, ε étant un nombre positif arbitraire.

Ce type de démonstration, que nous emploierons souvent, est appelé quelquefois *la preuve par* ε.

On dit aussi parfois, en se servant d'une locution incorrecte mais commode, qu'un nombre x a pour limite $+\infty$ ou $-\infty$, ou tend vers $\pm\infty$. Dire que x a pour limite $+\infty$, par exemple, signifie que le nombre x finit par devenir et rester supérieur à tout nombre positif donné à l'avance A, et non pas que la différence $(+\infty - x)$ tend vers zéro, ce qui n'aurait aucun sens.

De même, on dit souvent qu'une figure géométrique, variable de forme ou de position, a pour limite une figure fixe. Si, dans chaque cas particulier, on veut mettre un peu de précision dans cet énoncé, on est conduit à mesurer *l'écart* de la figure fixe et de la figure mobile par un ou plusieurs nombres variables, et l'énoncé précédent signifie précisément que ces nombres tendent vers zéro, dans des conditions déterminées. Prenons, par exemple, deux points voisins M, M' sur une courbe C. On dit que la corde MM' a pour position limite la tangente MT au point M lorsque le point M' se rapproche indéfiniment du point M sur la courbe C. Les deux droites MM', MT se coupant en un point fixe M, il est naturel de prendre pour mesure de leur écart l'angle aigu α que font ces deux droites, et la proposition énoncée signifie, en langage analytique, que l'angle α sera plus petit qu'un angle donné ε choisi à volonté pourvu que la distance MM' soit elle-même plus petite qu'une autre longueur ρ convenablement déterminée.

2. Coupures. — Supposons que, par un moyen quelconque, l'ensemble des nombres positifs et négatifs ait été décomposé en deux classes A et B, de façon à satisfaire aux conditions suivantes :

1° *Il existe des nombres de deux classes;*

2° *Tout nombre, positif ou négatif, appartient à une des deux classes;*

3° *Un nombre quelconque de la classe A est plus petit qu'un nombre quelconque de la classe B.*

De cette dernière condition il suit immédiatement que, si un nombre a est de la classe A, tout nombre inférieur à a est aussi de la classe A ; au contraire, si un nombre b est de la classe B, tout nombre supérieur à b est aussi de la classe B. Les deux classes renferment donc toujours une infinité de nombres rationnels et une infinité de nombres irrationnels.

Nous allons démontrer qu'il existe un nombre L jouissant des deux propriétés suivantes :

1° *Tout nombre inférieur à L est de la classe A ;*
2° *Tout nombre supérieur à L est de la classe B.*

L'existence de ce nombre *séparatif* L est une conséquence de la notion même de nombre irrationnel. Ne considérons, en effet, dans les deux classes A et B, que les nombres rationnels. On décompose ainsi l'ensemble des nombres rationnels en deux classes (α) et (β) de telle sorte que tout nombre rationnel appartienne à l'une des deux classes et que tout nombre rationnel de la classe (α) soit plus petit qu'un nombre rationnel quelconque de la classe (β). Cela fait, il peut se présenter plusieurs cas que nous allons examiner l'un après l'autre :

I. Il peut se faire qu'il existe un nombre rationnel $\dfrac{p}{q}$ de la classe (α) *supérieur à tous les autres nombres rationnels de la même classe.* C'est ce nombre rationnel $\dfrac{p}{q}$ qui est lui-même le nombre séparatif L. En effet, il est clair que tout nombre inférieur à $\dfrac{p}{q}$ est de la classe A, puisque $\dfrac{p}{q}$ est de la classe A. Tout nombre b supérieur à $\dfrac{p}{q}$ est de la classe B. Cela est évident si b est rationnel ; si b est irrationnel, prenons un nombre rationnel r compris entre $\dfrac{p}{q}$ et b. Ce nombre rationnel r est de la classe B ; donc il en est de même de b.

II. S'il existe un nombre rationnel $\dfrac{p'}{q'}$ de la classe (β), *inférieur à tous les autres nombres rationnels de la même classe,* on voit

de même que tous les nombres inférieurs à $\frac{p'}{q'}$ sont de la classe A,
et tous les nombres supérieurs à $\frac{p'}{q'}$ de la classe B; $\frac{p'}{q'}$ est le nombre
séparatif L.

III. Enfin, il peut arriver qu'il n'existe aucun nombre rationnel
de la classe (α) qui soit supérieur à tous les autres nombres rationnels de la même classe, ni aucun nombre rationnel de la classe (β)
qui soit plus petit que tous les autres nombres rationnels de la
même classe. Cette décomposition des nombres rationnels en **deux**
classes (α) et (β) définit alors *un nombre irrationnel i*, qui est
plus grand que tous les nombres rationnels de la classe (α) et plus
petit que tous les nombres rationnels de la classe (β). C'est ce
nombre i qui est le nombre séparatif. Il est clair en effet que tous
les nombres rationnels inférieurs à i sont de la classe A, et tous
les nombres rationnels supérieurs à i de la classe B, d'après la définition même de ce nombre i. Prenons maintenant un nombre irrationnel $i' < i$, et soit r un nombre rationnel compris entre i' et i;
r étant de la classe A, il en est de même de i'. On verrait de même
que tout nombre irrationnel supérieur à i est de la classe B.

Le nombre L, dont nous venons de démontrer l'existence, s'appelle aussi *une coupure*. Il peut appartenir à la classe A ou à la
classe B; il est de la classe A dans le premier cas examiné, et de
la classe B dans le deuxième. Dans le troisième cas, il peut être
de la classe A ou de la classe B.

Cette notion de coupure se présente dans un grand nombre de
questions très élémentaires. Prenons, par exemple, la série dont
le terme général est n^{μ}; si l'on met dans une classe A tous les
nombres μ qui rendent la série divergente, dans une classe B
tous les nombres μ qui rendent la série convergente, on a une
décomposition de tous les nombres en deux classes, qui satisfait
évidemment à toutes les conditions voulues. On a ici $L = 1$, et ce
nombre L appartient à la classe A.

3. Ensembles bornés. — Nous avons déjà employé plusieurs fois
le mot *d'ensemble*. La notion d'ensemble est une de celles qu'il
paraît inutile de définir autrement que par des exemples. Toute
collection d'un nombre fini ou infini d'objets constitue un
ensemble; tels l'ensemble des nombres entiers, l'ensemble des

nombres rationnels, l'ensemble des droites d'un plan, etc. Nous ne nous occuperons, pour le moment, que des ensembles de nombres. On dit qu'un ensemble de nombres (E) est *borné supérieurement* s'il existe un nombre a supérieur à tous les nombres de cet ensemble ; s'il en existe un, il est clair qu'il y en aura une infinité, et tout nombre jouissant de cette propriété est une *limite supérieure* des nombres de l'ensemble (E). De même, un ensemble (E) est dit *borné inférieurement* s'il existe un nombre b plus petit que tous les nombres de l'ensemble (E); tout nombre jouissant de cette propriété est une *limite inférieure* des nombres de cet ensemble. Un ensemble borné supérieurement et inférieurement est appelé un *ensemble borné*. L'ensemble des nombres positifs est borné inférieurement ; l'ensemble des nombres négatifs est borné supérieurement ; l'ensemble des nombres compris entre o et i est borné dans les deux sens ; l'ensemble des nombres, tant positifs que négatifs, n'est borné dans aucun sens.

Soit (E) un ensemble de nombres borné supérieurement. On peut ranger tous les nombres positifs et négatifs en deux classes A et B, relativement à l'ensemble (E). Nous dirons qu'un nombre x appartient à la classe A, s'il existe un ou plusieurs nombres de (E) supérieurs à x, et qu'il appartient à la classe B s'il n'existe aucun nombre de (E) plus grand que x. L'ensemble (E) étant borné supérieurement, il est évident qu'il existe des nombres des deux classes et qu'un nombre quelconque de la classe A est plus petit qu'un nombre quelconque de la classe B. Soit M le nombre séparatif entre ces deux classes. Ce nombre M possède les deux propriétés suivantes :

1° *Il n'existe aucun nombre de* (E) *supérieur à* M ;

2° *Quel que soit le nombre positif* ε, *il existe toujours un nombre de* (E) *plus grand que* M — ε.

En effet, supposons qu'il existe dans (E) un nombre

$$M + h \qquad (h > o)$$

plus grand que M. Le nombre $M + \dfrac{h}{2}$, qui est aussi plus grand que M, serait de la classe A ; ce qui est absurde. D'un autre côté, ε étant un nombre positif quelconque, le nombre $M — \varepsilon$ est de la classe A; il existe donc dans (E) au moins un nombre supérieur à M — ε.

Le nombre M ainsi défini est appelé la *borne supérieure précise* ou, plus simplement, la *borne supérieure* de l'ensemble (E). Ce nombre M peut appartenir lui-même à (E); c'est toujours ce qui arrive lorsque cet ensemble est formé de n nombres (n étant fini). Mais, si (E) comprend une infinité de nombres, la borne supérieure ne fait pas nécessairement partie de l'ensemble. Par exemple, considérons l'ensemble des nombres *rationnels* dont le carré ne dépasse pas 2; la borne supérieure est le nombre irrationnel $\sqrt{2}$ et ne fait pas partie de l'ensemble. Au contraire, l'ensemble des nombres, *rationnels ou irrationnels*, dont le carré ne dépasse pas 2, a encore pour borne supérieure $\sqrt{2}$, mais ce nombre fait partie de l'ensemble. Observons encore que, lorsque M ne fait pas partie de l'ensemble (E), il existe toujours une infinité de nombres de (E), supérieurs à M — ε, aussi petit que soit ε. Car, s'il n'en existait qu'un nombre fini, c'est le plus grand de ces nombres qui serait la borne supérieure de (E).

On démontre de la même façon que, lorsqu'un ensemble (E) est borné inférieurement, il existe un nombre m possédant les deux propriétés suivantes :

1° *Aucun nombre de* (E) *n'est inférieur à m;*

2° *Étant donné un nombre positif ε, il existe toujours un nombre de* (E) *plus petit que m + ε.*

Ce nombre m est la *borne inférieure* de l'ensemble.

Il est clair qu'il ne peut exister qu'un seul nombre possédant les deux propriétés caractéristiques de m, et il en est de même pour M.

4. La plus grande des limites. — Soit (E) un ensemble borné, comprenant une infinité de nombres. Relativement à cet ensemble, nous pouvons ranger tous les nombres positifs et négatifs en deux classes A' et B' d'une autre façon. Nous dirons qu'un nombre x est de la classe A' *s'il existe une infinité de nombres de l'ensemble* (E) *supérieurs à x.* Dans le cas contraire, nous dirons que le nombre x est de la classe B'. L'ensemble (E) étant borné et formé d'une infinité de nombres, il est évident qu'il existe des nombres des deux classes, et qu'un nombre quelconque de la classe A′ est plus petit qu'un nombre quelconque de la classe B′. Soit A le nombre séparatif entre les deux classes A′ et B′: c'est ce nombre A qu'on appelle *la plus grande des limites* des nombres de l'ensemble (E), d'après Cauchy. Soit ε un nombre positif quelconque; d'après la définition même de A, le nombre $A + \varepsilon$ est de la classe B′ et le nombre $A - \varepsilon$ est de la classe A′. Il existe donc toujours une infinité de nombres de l'ensemble (E) compris entre $A - \varepsilon$ et $A + \varepsilon$, tandis qu'il n'en existe qu'un nombre fini (ou zéro) qui soient plus grands que $A + \varepsilon$.

Ce nombre A se rattache à une question importante.

Pour la facilité des énoncés, faisons correspondre à tout nombre a le point d'abscisse a sur une droite $x'x$, et désignons par la même lettre un point de l'axe et son abscisse. A tout ensemble (E) de nombres correspond ainsi un ensemble de points sur une droite, ou *ensemble linéaire*. Les points d'un ensemble borné sont tous sur un segment de l'axe de longueur finie. Étant donné un ensemble linéaire (E), un point l est dit un *point-limite*, ou un *point d'accumulation*, s'il existe une infinité de points de l'ensemble dans le voisinage de l ou, en termes plus précis, si, ε étant un nombre positif arbitraire, il existe toujours une infinité de points de l'ensemble entre $l - \varepsilon$ et $l + \varepsilon$.

Tout ensemble linéaire borné, comprenant une infinité de points, admet au moins un point-limite.

En effet, le point d'abscisse A est évidemment un point-limite, d'après la propriété caractéristique de ce nombre. Il peut du reste en exister d'autres; ces points-limites forment un nouvel ensemble (E)′ qui est dit *l'ensemble dérivé* de (E). *La borne supérieure* M′ *de l'ensemble* (E)′ *est précisément le nombre* A. En effet, ε étant un nombre positif quelconque, il ne peut y avoir qu'un nombre fini de points de (E) supérieurs à $M' + \varepsilon$, sans quoi ces points formeraient un nouvel ensemble dont la plus grande des limites serait supérieure à M′. D'autre part, puisqu'il y a au moins un point-limite supérieur à $M' - \varepsilon$, il y a forcément une infinité de points de (E) supérieurs à $M' - \varepsilon$. La borne inférieure m' de l'ensemble dérivé s'appelle aussi *la plus petite des limites* de l'ensemble (E).

L'existence des points-limites d'un ensemble borné comprenant une infinité de points peut être établie directement, par un raisonnement qui sera souvent employé (n°s 8 et 12). Un ensemble *non borné*, comprenant une infinité de points, n'admet pas forcément de point-limite; tel est l'ensemble des nombres entiers. Mais il y a certainement un point-limite si, sur un segment de longueur finie, il y a une infinité de points de l'ensemble.

5. Suites convergentes. — Considérons une suite indéfinie de nombres

$$(1) \qquad\qquad s_0, \quad s_1, \quad s_2, \quad \ldots, \quad s_n, \quad \ldots,$$

dont chacun occupe un rang *déterminé*; cette suite est dite *convergente* si s_n tend vers une limite S lorsque le rang n augmente indéfiniment. Toute suite, qui n'est pas convergente, est dite *divergente*; cela peut arriver soit que $|s_n|$ finisse par rester supérieur à tout nombre donné à l'avance, soit que s_n ne tende vers aucune limite, sans que sa valeur absolue augmente indéfiniment.

Une suite est dite *croissante*, si l'on a, quel que soit n. $s_{n+1} - s_n \geq 0$. Elle est dite *décroissante*. si l'on a $s_{n+1} - s_n \leq 0$, quel que soit n.

Toute suite croissante, dont le terme général n'augmente pas indéfiniment, est convergente.

En effet, les nombres de la suite (1) forment alors un ensemble borné (E). Soit M la borne supérieure de cet ensemble; ε étant un nombre positif quelconque, il existe un nombre s_m de la suite (1) supérieur à $M - \varepsilon$. Pour toute valeur de n supérieure à m on a $s_n \geq s_m$, et par suite $M - \varepsilon < s_n \leq M$. La différence $M - s_n$ est donc plus petite que ε, si l'on a $n \geq m$: ce qui revient à dire que s_n a pour limite M lorsque n augmente indéfiniment. On démontre de même que *toute suite décroissante, dont le terme général reste plus grand qu'un nombre fixe, est convergente* [(1)].

Le criterium général de convergence d'une suite se déduit aisément de la considération de la plus grande des limites.

Pour que la suite (1) *soit convergente, il faut et il suffit qu'à tout nombre positif ε on puisse faire correspondre un nombre n tel que la différence* $s_{n+p} - s_n$ *soit moindre que ε en valeur absolue, quel que soit le nombre entier positif p.*

La condition est *nécessaire*. En effet, si s_n a pour limite S lorsque n augmente indéfiniment, on peut trouver un nombre n assez

---

[(1)] Le même raisonnement permet de démontrer plus généralement qu'un nombre variable x, qui ne va jamais en décroissant, tout en restant plus petit qu'un nombre fixe, tend vers une limite, ou qu'un nombre x, qui ne va jamais en croissant et qui reste plus grand qu'un nombre fixe, tend vers une limite.

grand pour que toutes les différences $S — s_n$, $S — s_{n+1}$, ..., $S — s_{n+p}$, ... soient inférieures en valeur absolue à $\frac{\varepsilon}{2}$. La valeur absolue de $s_{n+p} — s_n$ sera donc moindre, quel que soit p, que $2\frac{\varepsilon}{2} = \varepsilon$.

La condition est *suffisante*. En effet, soit ε un nombre positif quelconque. Par hypothèse, il existe un nombre entier n tel que la valeur absolue de $s_{n+p} — s_n$ soit inférieure à ε, quel que soit p. Il s'ensuit que tous les termes de la suite (1), à partir de s_n, sont compris entre $s_n — \varepsilon$ et $s_n + \varepsilon$; il n'y a donc qu'un nombre *fini* de termes de cette suite qui ne soient pas compris dans l'intervalle $(s_n — \varepsilon, s_n + \varepsilon)$. Il en résulte que la plus grande des limites S de cet ensemble ne peut être inférieure à $s_n — \varepsilon$, ni supérieure à $s_n + \varepsilon$. On a donc $|s_n — S| \leqq \varepsilon$, et de l'identité

$$s_{n+p} — S = (s_{n+p} — s_n) + (s_n — S)$$

on déduit que la valeur absolue de $s_{n+p} — S$ est inférieure à 2ε, quel que soit p. Or ε est un nombre positif arbitraire: par conséquent, s_n a pour limite S.

Si la suite (1) ne renfermait que k nombres différents, pour que cette suite fût convergente, il faudrait évidemment qu'à partir d'un certain rang tous les termes fussent égaux. Ce cas singulier rentre donc dans la règle générale.

Étant donnée une suite infinie quelconque, dont le terme général est u_n, on dit que la série

$$(2) \qquad u_0 + u_1 + \ldots + u_n \cdots \ldots$$

est *convergente*, si la suite formée par les sommes successives des termes de cette série

$$s_0 = u_0, \qquad s_1 = u_0 + u_1, \qquad \ldots, \qquad s_n = u_0 + u_1 + \ldots + u_n, \qquad \ldots$$

est elle-même convergente. Soit S la limite de cette seconde suite, c'est-à-dire la limite vers laquelle tend la somme s_n lorsque n augmente indéfiniment; S s'appelle la *somme* de la série précédente et l'on indique cette dépendance par l'égalité

$$S = u_0 + u_1 + \ldots + u_n + \ldots = \sum_{\nu=0}^{+\infty} u_\nu.$$

Une série qui n'est pas convergente est appelée *divergente*.

Reconnaître si une série est convergente ou divergente revient donc à reconnaître si la suite formée par les sommes successives s_0, s_1, s_2, ... est elle-même convergente ou divergente. Inversement, pour savoir si une suite infinie quelconque

$$s_0, \quad s_1, \quad s_2, \quad \dots \quad \dots$$

est convergente, il suffit d'examiner la série

$$s_0 + (s_1 - s_0) + (s_2 - s_1) + \dots + (s_n - s_{n-1}) + \dots$$

car la somme des $(n+1)$ premiers termes de cette série est évidemment égale au terme général s_n de la suite considérée. Cette remarque est d'une application fréquente.

Le criterium de convergence d'une suite infinie quelconque, appliqué aux séries, donne la règle générale de convergence de Cauchy. *Pour qu'une série soit convergente, il faut et il suffit qu'à tout nombre positif ε on puisse faire correspondre un nombre entier n, tel que la somme d'un nombre quelconque de termes à partir de u_{n+1} soit moindre en valeur absolue que ε.*

La différence $s_{n+p} - s_n$ est, en effet, égale à la somme de p termes consécutifs de la série (2), à partir de u_{n+1}. Le théorème sur les suites croissantes appliqué aux séries donne de même la proposition suivante, si utile dans l'étude des séries :

Pour qu'une série à termes positifs soit convergente, il faut et il suffit que les sommes s_n soient toutes inférieures à un nombre fixe.

II. — FONCTIONS. GÉNÉRALITÉS.

6. Définitions. — La définition moderne du mot *fonction* est due à Cauchy et à Riemann. On dit que *y est fonction de x lorsque à une valeur de x correspond une valeur de y.* On indique cette dépendance par l'égalité $y = f(x)$. La plupart des fonctions que nous étudierons sont définies analytiquement, c'est-à-dire par l'indication des opérations qu'il faudrait effectuer pour déduire la valeur de y de celle de x, mais le plus souvent cette circonstance n'intervient pas dans les raisonnements. Soient a et b deux nombres fixes ($a < b$); si à tout nombre x compris entre a et b correspond un nombre y, on dit que la fonction $f(x)$ est définie dans l'intervalle (a, b). La différence $b - a$ est *l'amplitude* de l'intervalle, les nombres a et b en sont les limites ou les *frontières*. Relativement à ces deux nombres a et b, on peut faire plusieurs hypothèses; on peut les regarder comme faisant partie eux-mêmes de l'intervalle (a, b), qui est dit alors un *intervalle fermé*. On pourrait aussi considérer l'un de ces nombres, ou les deux à la fois, comme n'appartenant pas à l'intervalle (a, b), qui est dit alors un intervalle *ouvert*. Par exemple, l'ensemble des valeurs de x satisfaisant aux conditions $0 \leq x \leq 1$ forme un intervalle fermé, tandis qu'on a des intervalles ouverts en prenant l'ensemble des valeurs de x satisfaisant aux conditions $0 < x < 1$, ou aux conditions $0 < x \leq 1$. Dans la suite, quand nous parlerons d'une fonction définie dans un intervalle (a, b), il sera toujours entendu, à moins de mention expresse, qu'il s'agit d'un intervalle fermé, c'est-à-dire qu'aux nombres a et b eux-mêmes correspondent deux valeurs $f(a)$ et $f(b)$ pour y.

Soit (E) l'ensemble des valeurs d'une fonction $f(x)$ définie dans un intervalle (a, b); si cet ensemble est borné, la fonction $f(x)$ est dite *bornée dans l'intervalle* (a, b). Les nombres M et m, définis plus haut, s'appellent aussi *la borne supérieure et la borne inférieure de* $f(x)$ dans cet intervalle; la différence $\Delta = M - m$ est *l'oscillation*.

Ces définitions donnent lieu à quelques remarques. Pour qu'une fonction soit bornée dans un intervalle (a, b), il ne suffit pas qu'elle ait une valeur finie pour chaque valeur de x. Ainsi la fonction $f(x)$ définie de la manière suivante entre 0 et 1,

$$ f(0) = 0, \quad f(x) = \frac{1}{x} \quad \text{pour} \quad x > 0, $$

possède une valeur finie pour chaque valeur de x, et cependant elle n'est pas bornée au sens que nous attachons à ce mot, car on a $f(x) > A$, pourvu qu'on prenne $0 < x < \frac{1}{A}$. De même une fonction bornée dans l'intervalle (a, b) peut prendre des valeurs qui diffèrent d'aussi peu qu'on voudra de la borne supérieure M ou de la borne inférieure m, mais elle n'atteint pas nécessairement ces valeurs elles-mêmes. Par exemple, la fonction $f(x)$ définie dans l'intervalle $(0, 1)$ par les conditions

$$f(0) = 0. \qquad f(x) = 1 - x, \qquad \text{pour} \qquad 0 < x \leqq 1,$$

admet pour borne supérieure $M = 1$ et n'atteint jamais cette valeur.

7. Continuité. — La définition moderne de la continuité est due également à Cauchy [1].

Soit $y = f(x)$ une fonction définie dans l'intervalle (a, b); prenons une valeur x_0 comprise dans cet intervalle et une valeur voisine $x_0 + h$ comprise dans le même intervalle. Si la différence $f(x_0 + h) - f(x_0)$ tend vers zéro, lorsque la valeur absolue de h tend vers zéro, la fonction $f(x)$ sera dite *continue pour la valeur x_0*. D'après la définition même de la limite, on peut dire encore qu'*une fonction $f(x)$ est continue pour $x = x_0$, si à tout nombre positif ε, aussi petit qu'on le suppose, on peut faire correspondre un autre nombre positif η tel qu'on ait*

$$|f(x_0 + h) - f(x_0)| < \varepsilon.$$

pour toute valeur de h moindre que η en valeur absolue. Nous dirons qu'une fonction $f(x)$ est continue dans l'intervalle (a, b) si elle est continue pour toute valeur de x comprise dans cet intervalle et si les différences $f(a + h) - f(a)$, $f(b - h) - f(b)$ tendent vers zéro lorsque la différence h tend vers zéro en restant positive.

On démontre dans tous les cours d'Algèbre que les polynomes, les fonctions rationnelles, la fonction exponentielle, la fonction logarithmique, les fonctions trigonométriques et les fonctions inverses sont des fonctions continues, sauf pour certaines valeurs particulières de la variable. Il résulte aussi de la définition que la somme ou le produit d'un nombre quelconque de fonctions continues est encore une fonction continue ; il en est de même du quotient de deux fonctions continues, sauf pour les valeurs de la

---

[1] Pour les géomètres contemporains de Newton et de Leibniz, une fonction était continue quand on pouvait l'exprimer au moyen des symboles d'opérations qu'on avait l'habitude de considérer, telles que les opérations arithmétiques, logarithmiques et trigonométriques. Cette sorte de continuité, assez mal définie, est connue sous le nom de *continuité eulérienne*.

variable qui annulent le dénominateur. Mais il est à remarquer que
le quotient de deux fonctions continues peut être discontinu pour
une racine du dénominateur, tout en restant borné. Par exemple,
le quotient $\dfrac{|\sin x|}{x}$ tend vers ± 1, suivant que x tend vers zéro par
valeurs positives ou par valeurs négatives.

Étant donnés dans un plan deux axes de coordonnées Ox et Oy,
et un trait continu C, dont on regarde l'épaisseur comme négli-
geable, si une parallèle à Oy ne peut rencontrer ce trait C en plus
d'un point, l'ordonnée y d'un point M de C est une fonction
continue de l'abscisse du même point M. Soit $y = f(x)$ cette
fonction continue; on dit que la courbe C représente la fonction $f(x)$. Mais, inversement, toute fonction continue n'est pas
susceptible d'une représentation graphique de cette espèce. On a
démontré, en effet, qu'il existe des fonctions continues ayant une
infinité de maxima et de minima *dans tout intervalle*. Or il nous
est évidemment impossible de nous figurer un trait continu présentant une infinité d'oscillations entre deux ordonnées quelconques,
aussi rapprochées qu'elles soient. Ceci nous montre que la représentation graphique, qui est un excellent moyen d'induction pour
découvrir les propriétés des fonctions continues, ne saurait fournir
de démonstration rigoureuse de ces propriétés.

8. Propriétés des fonctions continues. — En s'appuyant uniquement sur la définition de la continuité, on a établi un certain
nombre de théorèmes sur les fonctions continues auxquels il sera
fait constamment appel dans la suite.

Théorème A. — *Soient $f(x)$ une fonction continue dans l'intervalle (a, b), et ε un nombre positif arbitraire. On peut toujours décomposer l'intervalle (a, b) en un certain nombre
d'intervalles partiels tels que, pour deux valeurs quelconques
de la variable, x' et x'', appartenant à un même intervalle
partiel, on ait toujours $|f(x') - f(x'')| < \varepsilon$.*

Supposons en effet qu'il n'en soit pas ainsi, et soit $c = \dfrac{a+b}{2}$;
l'un au moins des intervalles (a, c), (c, b) jouira de la même propriété que (a, b), c'est-à-dire qu'il sera impossible de le décomposer en intervalles partiels satisfaisant à l'énoncé du théorème.

Désignons par (a_1, b_1) ce nouvel intervalle qui est la moitié de (a, b). En opérant sur (a_1, b_1) comme on a opéré sur (a, b), et ainsi de suite indéfiniment, nous formerons une suite indéfinie d'intervalles (a, b), (a_1, b_1), (a_2, b_2), ..., dont chacun est la moitié du précédent et qui possèdent la même propriété que l'intervalle primitif (a, b). Quelque grand que soit n, on peut toujours trouver dans l'intervalle (a_n, b_n) deux nombres x' et x'' tels que $|f(x') - f(x'')|$ soit supérieur à ε. Les nombres a, a_1, a_2, ..., a_n, ... forment une suite croissante et sont tous inférieurs à b; donc ils tendent vers une limite λ (n° 5). De même les nombres b, b_1, b_2, ... b_n, ... forment une suite décroissante et sont tous supérieurs à a; ils tendent donc aussi vers une limite λ'. D'ailleurs, la différence $b_n - a_n = \dfrac{b-a}{2^n}$ tend vers zéro lorsque n croît indéfiniment, ce qui prouve que $\lambda' = \lambda$.

Supposons, pour fixer les idées, que ce nombre λ est compris entre a et b. La fonction $f(x)$ étant continue pour $x = \lambda$, on peut trouver un nombre η tel qu'on ait $|f(x) - f(\lambda)| < \dfrac{\varepsilon}{2}$, pourvu que $|x - \lambda|$ soit inférieur à η. Choisissons ensuite n assez grand pour que a_n et b_n diffèrent de λ de moins de η, de façon que l'intervalle (a_n, b_n) soit compris dans l'intervalle $(\lambda - \eta, \lambda + \eta)$; x' et x'' étant deux valeurs quelconques de l'intervalle (a_n, b_n), on aura donc

$$|f(x') - f(\lambda)| < \frac{\varepsilon}{2}, \qquad |f(x'') - f(\lambda)| < \frac{\varepsilon}{2},$$

et par suite $|f(x') - f(x'')| < \varepsilon$. La supposition dont nous sommes partis nous conduit à une contradiction. Le théorème est donc exact.

Corollaire I. — Soit a, x_1, x_2, ..., x_{p-1}, b un mode de subdivision de l'intervalle (a, b) en p intervalles partiels, satisfaisant aux conditions de l'énoncé. Dans l'intervalle (a, x_1) on aura

$$|f(x)| < |f(a)| + \varepsilon,$$

et en particulier $|f(x_1)| < |f(a)| + \varepsilon$; de même, dans l'intervalle (x_1, x_2), on aura

$$|f(x)| < |f(x_1)| + \varepsilon$$

et *a fortiori* $|f(x)| < |f(a)| + 2\varepsilon$. En particulier, pour $x = x_2$,

$$|f(x_2)| < |f(a)| + 2\varepsilon,$$

et ainsi de suite. Pour le dernier intervalle, on obtiendra l'inégalité $|f(x)| < |f(x_{p-1})| + \varepsilon < |f(a)| + p\varepsilon$. On voit que la valeur absolue de $f(x)$ dans l'intervalle (a, b) reste toujours inférieure à $|f(a)| + p\varepsilon$. *Toute fonction continue dans un intervalle (a, b) est donc bornée dans cet intervalle.*

Corollaire II. — Imaginons qu'on ait décomposé l'intervalle (a, b) en p intervalles partiels (a, x_1), (x_1, x_2), ..., (x_{p-1}, b), tels qu'on ait toujours $|f(x') - f(x'')| < \frac{\varepsilon}{2}$ pour deux valeurs quelconques de x appartenant à un même intervalle. Soit η un nombre positif plus petit que toutes les différences $x_1 - a$, $x_2 - x_1$, ..., $b - x_{p-1}$. Prenons deux nombres quelconques compris entre a et b, tels qu'on ait $|x' - x''| < \eta$, et cherchons une limite supérieure de $|f(x') - f(x'')|$. Si les deux nombres x', x'' tombent dans un même intervalle partiel, on a $|f(x') - f(x'')| < \frac{\varepsilon}{2}$. Dans le cas contraire, x' et x'' appartiennent à deux intervalles consécutifs, et il est clair qu'on a $|f(x') - f(x'')| < 2\frac{\varepsilon}{2} = \varepsilon$. Donc, *à tout nombre positif ε on peut faire correspondre un autre nombre positif η, tel que, x' et x'' désignant deux nombres de l'intervalle (a, b), on ait $|f(x') - f(x'')| < \varepsilon$, toutes les fois qu'on a $|x' - x''| < \eta$.* On exprime aussi cette propriété en disant que la fonction $f(x)$ est *uniformément continue* dans l'intervalle (a, b).

Théorème B. — *Une fonction $f(x)$ continue dans l'intervalle (a, b) prend au moins une fois toute valeur comprise entre $f(a)$ et $f(b)$, pour une valeur de x comprise entre a et b.*

Prenons d'abord un cas particulier. Supposons que $f(a)$ et $f(b)$ soient de signes contraires, par exemple qu'on ait $f(a) < 0$, $f(b) > 0$. Nous allons montrer qu'il existe au moins une valeur de x comprise entre a et b pour laquelle $f(x) = 0$. En effet, $f(x)$ est négatif aux environs de a et positif aux environs de b: considérons l'ensemble des valeurs de x comprises entre a et b qui rendent la fonction $f(x)$ positive et soit λ la borne inférieure de cet ensemble $(a < \lambda < b)$. D'après la définition même de la borne inférieure, $f(\lambda - h)$ est négatif ou nul, pour toute valeur positive de h; $f(\lambda)$ qui est la limite de $f(\lambda - h)$ est donc aussi négatif ou nul. D'un autre côté, on ne peut avoir $f(\lambda) < 0$. Supposons en effet $f(\lambda) = - m$, m étant un nombre positif. La fonction $f(x)$ étant continue pour $x = \lambda$, on peut trouver un nombre η tel qu'on ait $|f(x) - f(\lambda)| < m$, lorsqu'on a $|x - \lambda| < \eta$; la fonction $f(x)$ serait donc négative pour les valeurs de x comprises entre λ et $\lambda + \eta$, et λ ne serait pas la borne inférieure des valeurs de x rendant la fonction positive. On a donc $f(\lambda) = 0$.

Soit maintenant N un nombre compris entre $f(a)$ et $f(b)$. La fonction continue $\varphi(x) = f(x) - N$ prend des valeurs de signes contraires pour $x = a$ et pour $x = b$. Donc, d'après le cas particulier qui vient d'être traité, elle s'annule au moins une fois dans l'intervalle (a, b).

THÉORÈME C. — *Toute fonction continue dans un intervalle (a, b) atteint au moins une fois sa borne supérieure et sa borne inférieure.*

D'abord toute fonction continue restant finie, comme on l'a déjà démontré, admet une borne supérieure M et une borne inférieure m. Démontrons, par exemple, qu'on a $f(x) = M$ pour une valeur de x au moins dans l'intervalle (a, b).

Soit $c = \dfrac{a + b}{2}$; la borne supérieure de $f(x)$ est égale à M pour l'un au moins des intervalles (a, c), (c, b). Remplaçons (a, b) par ce nouvel intervalle, sur lequel nous recommencerons l'opération, et ainsi de suite. En raisonnant comme on l'a déjà fait tout à l'heure, nous formerons une suite indéfinie d'intervalles (a, b), (a_1, b_1), (a_2, b_2), ... dont chacun est la moitié du précédent, la borne supérieure de $f(x)$ dans chacun de ces intervalles étant toujours égale à M. Soit λ la limite commune des deux suites a, $a_1, \ldots, a_n, \ldots$ et $b, b_1, \ldots, b_n, \ldots$; $f(\lambda)$ est égal à M. Supposons, en effet, $f(\lambda) = M - h$, h étant positif; on peut déterminer un nombre positif η tel que, x variant de $\lambda - \eta$ à $\lambda + \eta$, $f(x)$ reste compris entre $f(\lambda) + \dfrac{h}{2}$ et $f(\lambda) - \dfrac{h}{2}$ et soit, par conséquent, inférieur à $M - \dfrac{h}{2}$. Prenons ensuite n assez grand pour que a_n et b_n diffèrent de leur limite λ de moins de η_i; l'intervalle (a_n, b_n) sera compris dans l'intervalle $(\lambda - \eta_i, \lambda + \eta_i)$. La borne supérieure de $f(x)$ dans l'intervalle (a_n, b_n) ne pourrait donc être égale à M.

En rapprochant ce théorème du précédent, on en conclut qu'*une fonction continue dans un intervalle (a, b) passe, au moins une fois, par toute valeur comprise entre sa borne supérieure et sa borne inférieure.* Le théorème A peut de même s'énoncer ainsi : *Étant donnée une fonction continue dans l'intervalle (a, b), on peut le décomposer en intervalles partiels assez petits pour que l'oscillation de la fonction dans chacun d'eux soit moindre que tout nombre positif choisi arbitrairement.* L'oscillation d'une fonction continue est, en effet, égale à la différence des valeurs de $f(x)$ pour deux valeurs particulières de la variable.

Remarque. — Nous supposons toujours qu'il s'agit d'un intervalle *fermé* (a, b). Cette condition est essentielle. Par exemple, la fonction $f(x) = 1 - x$, définie dans l'intervalle *ouvert* $(0 < x \leqq 1)$ qui ne contient pas la limite $x = 0$, est continue pour toute valeur de x dans cet intervalle. La borne supérieure est $M = 1$, et $f(x)$ n'atteint pas cette valeur.

9. Fonctions discontinues. — Soit $y = f(x)$ une fonction définie dans un intervalle (a, b). Si cette fonction n'est pas continue pour une valeur x_0 comprise entre a et b, le point x_0 est dit *un point de discontinuité.* L'un au moins des deux nombres $f(x_0 + \varepsilon)$, $f(x_0 - \varepsilon)$, où l'on suppose $\varepsilon > 0$, ne tend pas vers $f(x_0)$, lorsque ε tend vers zéro. On dit que x_0 est un point de discontinuité *de première espèce* lorsque $f(x_0 + \varepsilon)$ et $f(x_0 - \varepsilon)$ ont l'un et l'autre une limite quand ε tend vers zéro, et l'on représente ces limites par $f(x_0 + 0)$ et $f(x_0 - 0)$ respectivement. Lorsque ces deux limites $f(x_0 + 0)$, $f(x_0 - 0)$ sont égales, le point x_0 ne peut être un point de discontinuité que si cette valeur limite est différente de $f(x_0)$; il suffirait dans ce cas de modifier la valeur de la fonction au point x_0 pour supprimer la discontinuité. Mais si les deux nombres $f(x_0 + 0)$ et $f(x_0 - 0)$ sont différents, quelle que soit la valeur de $f(x_0)$, le point x_0 est nécessairement un point de discontinuité. Un point de discontinuité de première espèce est dit *régulier* si l'on a

$$(3) \qquad f(x_0) = \frac{f(x_0 - 0) - f(x_0 - 0)}{2};$$

remarquons que cette égalité subsiste pour tout point x_0 où la fonction est continue. On verra plus loin (n° 32) des exemples de fonctions, représentées par des séries, qui ont des points de discontinuité de cette espèce.

Soit $y = f(x)$ une fonction n'ayant dans un intervalle (a, b) qu'un nombre fini de points de discontinuité, tous de première espèce, et qu'un nombre fini de maxima et de minima. La courbe représentée par l'équation $y = f(x)$ se compose de plusieurs traits

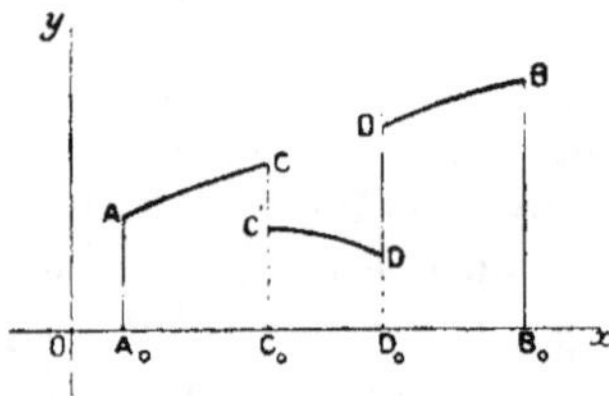

Fig. 1.

continus, ne se rejoignant pas, tels que AC, C'D, D'B; la valeur de y, qui correspond aux abscisses c et d des points de discontinuité, peut être quelconque. Si ces points de discontinuité sont réguliers, les points milieux des segments CC', DD' doivent être considérés comme faisant partie de la courbe représentative. La fonction citée plus haut $y = \dfrac{|\sin x|}{x}$ serait représentée par deux traits continus aboutissant respectivement aux deux points d'ordonnées $+1$ et -1 sur l'axe Oy.

Si x_0 est un point de discontinuité de *seconde espèce*, l'un au moins des nombres $f(x_0 + \varepsilon)$, $f(x_0 - \varepsilon)$ ne tend vers aucune limite lorsque le nombre positif ε tend vers zéro. Si, par exemple, $f(x_0 + \varepsilon)$ ne tend pas vers une limite, il y aura encore à distinguer deux cas possibles, suivant que $f(x_0 + \varepsilon)$ augmente indéfiniment ou non en valeur absolue.

Considérons une fonction $f(x)$ définie analytiquement, par exemple au moyen d'un nombre fini de symboles élémentaires;

cette fonction est en général une fonction continue, mais il peut arriver que, pour certaines valeurs de la variable, la définition devienne illusoire. Prenons par exemple la fonction $f(x) = \dfrac{\sin x}{x}$, qui est continue pour toute valeur $x_0 \neq 0$; ce symbole n'a aucun sens pour $x = 0$. Mais, lorsque x tend vers zéro, $f(x)$ tend vers l'unité, et il est naturel de poser $f(0) = 1$.

Prenons au contraire la fonction $f(x) = \dfrac{1}{x - a}$ qui est continue pour toute valeur x_0 de x, différente de a. L'opération qu'il faut effectuer pour déduire la valeur de y de la valeur de x n'a plus aucun sens lorsqu'on donne à x la valeur a; mais nous remarquons que, lorsque x a une valeur très voisine de a, y est très grand en valeur absolue et positif ou négatif, suivant que x est plus grand ou plus petit que a. Lorsque la différence $x - a$ diminue de plus en plus, la valeur absolue de y augmente indéfiniment, de façon à devenir supérieure à tout nombre donné à l'avance. On exprime ce fait d'une façon abrégée en disant que la fonction $\dfrac{1}{x - a}$ est infinie pour $x = a$. Il est évidemment impossible de rétablir la continuité pour $x = a$, quelle que soit la valeur que l'on convienne de prendre pour $f(a)$.

Prenons encore la fonction $y = \sin \dfrac{1}{x}$. Lorsque x tend vers zéro, $\dfrac{1}{x}$ augmente indéfiniment et y ne tend vers aucune limite, tout en restant compris entre -1 et $+1$: l'équation $\sin \dfrac{1}{x} = A$, où l'on suppose $|A| < 1$, admet toujours une infinité de racines comprises entre 0 et ε, aussi petit que soit ε. Quelle que soit la valeur que l'on convienne de prendre pour y lorsqu'on suppose $x = 0$, la fonction y est discontinue pour $x = 0$, et a en ce point une discontinuité *essentielle*.

Dans les exemples précédents, on voit directement comment se comporte la fonction dans le voisinage de la valeur singulière de x. Mais il n'en est pas toujours ainsi. Supposons, pour fixer les idées, qu'on ait une fonction $F(x)$, définie par son expression analytique, pour toute valeur de x supérieure à un nombre fixe a, et qu'on veuille reconnaître si $F(x)$ tend vers une limite lorsque x tend vers $+\infty$. Si l'expression analytique de $F(x)$ ne permet pas de le reconnaître directement, on peut dans bien des cas lever le doute au moyen de la proposition suivante :

Pour que F(x) tende vers une limite lorsque x tend vers $+\infty$, il faut et il suffit que la différence F(p) — F(q) tende vers zéro lorsque les deux nombres p et q augmentent indéfiniment, indépendamment l'un de l'autre.

En termes plus précis, pour que F(x) ait une limite, il faut et il suffit qu'à tout nombre positif ε on puisse faire correspondre un autre nombre A tel que la valeur absolue de la différence F(p) — F(q) soit inférieure à ε, lorsque chacun des deux nombres p, q est supérieur ou au moins égal à A.

La condition est *nécessaire*. Si F(x) tend vers une limite L, il existe un nombre A tel que, pour toute valeur de $x \geqq A$, la valeur absolue de la différence F(x) — L est inférieure à $\frac{\varepsilon}{2}$. Si p et q sont deux nombres quelconques supérieurs à A, la valeur absolue de la différence F(p) — F(q) sera donc inférieure à ε.

La condition est *suffisante*. En effet, considérons la suite

$$\mathrm{F}(a), \quad \mathrm{F}(a+1), \quad \ldots, \quad \mathrm{F}(a+n), \quad \ldots,$$

où n est un nombre entier positif. Cette suite est *convergente*, car la différence F$(a+n+k)$ — F$(a+n)$ sera, quel que soit le nombre positif k, inférieure en valeur absolue à ε, pourvu que $a+n$ soit supérieur à A (n° 5). Donc F$(a+n)$ tend vers une limite L lorsque le nombre entier n augmente indéfiniment. Considérons maintenant un nombre quelconque x, et soit n un nombre entier positif, tel que $a+n$ soit au plus égal à x, mais supérieur à $x-1$; on peut écrire

$$\mathrm{F}(x) - \mathrm{L} = \mathrm{F}(x) - \mathrm{F}(a+n) + [\mathrm{F}(a+n) - \mathrm{L}];$$

lorsque x croît indéfiniment, il en est de même de $a+n$, et les deux différences, qui figurent dans le second membre de l'égalité précédente, tendent vers zéro : F(x) a donc pour limite L.

De même, pour qu'une fonction F(x) tende vers une limite lorsque x tend vers a, en restant supérieur à a, par exemple, il faut et il suffit que la différence F(p) — F(q) tende vers zéro, lorsque les deux nombres p et q, supposés plus grands que a, tendent vers a, indépendamment l'un de l'autre.

10. Fonctions monotones. — Une fonction $f(x)$, définie dans un intervalle (a, b), est dite *monotone* dans cet intervalle si, x_1 et x_2 étant deux nombres quelconques appartenant à l'intervalle, le produit

$$(x_2 - x_1)[f(x_2) - f(x_1)]$$

a toujours le même signe. La fonction est *croissante* si ce produit est positif ou nul, quels que soient x_1 et x_2; elle est *décroissante* si ce produit est, au contraire, négatif ou nul, quels que soient x_1 et x_2.

Si nous supposons $x_2 > x_1$, la différence $f(x_2) - f(x_1)$ est positive ou nulle pour une fonction croissante et négative ou nulle pour une fonction décroissante. Lorsqu'une fonction monotone a la même valeur pour $x = x_1$ et pour $x = x_2$, elle conserve la même valeur dans tout l'intervalle (x_1, x_2). Une fonction monotone peut avoir des points de discontinuité en nombre quelconque dans l'intervalle (a, b), mais tous ces points de discontinuité sont de première espèce. Considérons, par exemple, une fonction croissante et soit x_0 un point de discontinuité. Lorsque ε tend vers zéro, en restant positif, $f(x_0 - \varepsilon)$ ne peut décroître; d'ailleurs il reste toujours $\leqq f(b)$. Donc $f(x_0 - \varepsilon)$ a une limite $f(x_0 - 0)$, et l'on verrait de même que $f(x_0 + \varepsilon)$ a une limite $f(x_0 + 0)$. Soit x_0 un point quelconque. Comme on a toujours $f(x_0 - \varepsilon) \leqq f(x_0 + \varepsilon)$, on en conclut qu'on a aussi $f(x_0 - 0) \leqq f(x_0 + 0)$. Lorsque $f(x_0 - 0) = f(x_0 + 0)$, on a forcément $f(x_0) = f(x_0 - 0)$ et la fonction est continue au point x_0. Mais, si $f(x_0 - 0)$ est inférieur à $f(x_0 + 0)$, $f(x_0)$ peut être un nombre quelconque compris entre $f(x_0 - 0)$ et $f(x_0 + 0)$.

Remarque. — Il y a quelquefois lieu de distinguer une fonction *croissante* d'une fonction *qui va constamment en croissant*. Nous appelons ainsi une fonction $f(x)$ telle que, si l'on a $x_2 > x_1$, on ait aussi $f(x_2) > f(x_1)$, *le signe* $=$ *étant exclu*. On définit de même une fonction qui va constamment en décroissant.

11. Fonctions à variation bornée. — Soit $f(x)$ une fonction bornée dans un intervalle (a, b), où $a < b$. Partageons cet intervalle en intervalles partiels au moyen de nombres croissants $x_1, x_2, \ldots, x_{n-1}$,

$$x_0 = a < x_1 < x_2 < \ldots < x_{n-1} < x_n = b,$$

et posons

$$(4) \quad c = |f(x_1) - f(a)| + |f(x_2) - f(x_1)| + \ldots + |f(b) - f(x_{n-1})|.$$

À chaque division de l'intervalle (a, b) correspond ainsi un nombre $c \geqq 0$ qu'on appelle la variation de $f(x)$ pour cette division. Si l'ensemble des nombres c, qui correspondent à tous les systèmes de division possibles, est un ensemble borné, on dit que la fonction $f(x)$ est à *variation bornée* dans l'intervalle (a, b). La borne supérieure V des nombres c s'appelle la *variation totale* de la fonction $f(x)$ dans cet intervalle. L'introduction de cette classe importante de fonctions est due à M. Jordan.

Toute fonction monotone est évidemment à variation bornée, car toutes les différences $f(x_i) - f(x_{i-1})$ sont de même signe. Il résulte aussi de la définition que la somme de deux fonctions à variation bornée est aussi une fonction à variation bornée. Si $f(x)$ est à variation bornée dans l'intervalle (a, b), elle sera aussi à variation bornée dans tout intervalle (a_1, b_1) intérieur au premier et en particulier dans l'intervalle (a, x), x étant un nombre quelconque compris entre a et b.

Soit p la somme de celles des différences $f(x_i) - f(x_{i-1})$ qui sont positives, et $-n$ la somme de celles de ces différences qui sont négatives. On a évidemment

$$c = p + n, \qquad f(b) - f(a) = p - n,$$

et par suite

$$c = 2p + f(a) - f(b), \qquad c = 2n + f(b) - f(a).$$

Si la fonction $f(x)$ est à variation bornée, l'ensemble des nombres p et l'ensemble des nombres n, pour toutes les divisions possibles de l'intervalle, sont donc aussi des ensembles bornés. Soient P et N les bornes supérieures de ces deux ensembles qu'on appelle aussi *variation totale positive* et *variation totale négative*. Entre les nombres V, P, N on a, d'après ce qui précède, les relations

$$V = 2P + f(a) - f(b), \qquad V = 2N + f(b) - f(a).$$

Appelons de même $V(x)$, $P(x)$, $N(x)$ les trois variations totales dans l'invalle (a, x), x étant compris entre a et b. D'après leur définition même, ces trois fonctions $V(x)$, $P(x)$, $N(x)$ sont des fonctions croissantes; il est évident en effet que $P(x)$ et $N(x)$ ne peuvent décroître quand x augmente. Entre les fonctions $f(x)$, $V(x)$, $P(x)$, $N(x)$ on a toujours, quel que soit x, les deux relations

$$(5) \quad V(x) = 2P(x) + f(a) - f(x), \qquad V(x) = 2N(x) + f(x) - f(a),$$

d'où

$$(6) \qquad f(x) = f(a) + P(x) - N(x).$$

Les deux fonctions $f(x) - P(x)$ et $N(x)$ étant croissantes, on en conclut que *toute fonction à variation bornée est la différence de deux fonctions croissantes*. Cette propriété pourrait être prise pour définition; en effet, la différence de deux fonctions croissantes est égale à la somme d'une fonction croissante et d'une fonction décroissante, c'est-à-dire de deux fonctions à variation bornée. Elle est donc elle-même à variation bornée.

Si l'on ajoute aux deux fonctions croissantes $P(x)$, $N(x)$ une fonction croissante quelconque $\varphi(x)$, les deux fonctions $P_1(x)$, $N_1(x)$ ainsi obtenues sont aussi des fonctions croissantes et leur différence n'a pas changé; on voit donc que toute fonction à variation bornée peut être considérée, d'une infinité de manières, comme la différence de deux fonctions croissantes. Une fonction monotone n'ayant que des points de discontinuité de première espèce, il en est de même de la somme de deux fonctions monotones; par suite, *toute fonction $f(x)$ à variation bornée n'a que des points de discontinuité de première espèce.*

Comme exemple de fonction à variation non bornée, reprenons la fonction $f(x) = \sin\dfrac{1}{x}$, en convenant de poser $f(0) = 0$. La variation totale de cette fonction dans l'intervalle compris entre les inverses des deux nombres $\dfrac{\pi}{2}$ et $n\pi + \dfrac{\pi}{2}$ est égale, comme il est facile de le voir, à $2n$. La fonction est donc à variation illimitée dans l'intervalle $\left(0, \dfrac{2}{\pi}\right)$, ce qui résulte aussi de ce fait que $x = 0$ est un point de discontinuité de seconde espèce.

Considérons maintenant en particulier une fonction continue $f(x)$ à variation bornée [1]. *Lorsque le nombre n augmente indéfiniment, de façon que la valeur maximum λ des différences $x_i - x_{i-1}$ tende vers zéro, le nombre v a pour limite la variation totale V.*

La démonstration repose sur la remarque suivante. Supposons qu'on subdivise chacun des intervalles (a, x_1), (x_1, x_2), ... en intervalles plus petits par de nouveaux points de division, et soit

$$a, \ y_1, \ y_2, \ \dots, \ y_{k-1}, \ x_1, \ y_{k+1}, \ \dots, \ y_{l-1}, \ x_2, \ y_{l+1}, \ \dots, \ b$$

la nouvelle suite obtenue; le nouveau mode de subdivision est dit *consécutif* au premier. Soit v' le nombre analogue à v pour cette nouvelle division. On a évidemment

$$|f(x_1) - f(a)| \quad |f(x_1) - f(y_{k-1})| + \dots + |f(y_1) - f(a)|,$$
$$|f(x_2) - f(x_1)| \quad |f(x_2) - f(y_{l-1})| + \dots + |f(y_{k-1}) - f(x_1)|,$$
$$\dots\dots\dots\dots\dots\dots\dots\dots\dots\dots\dots\dots\dots\dots\dots\dots\dots\dots\dots,$$

et par suite $v \geq v'$.

____

[1] Une fonction continue n'est pas nécessairement à variation bornée. La fonction continue citée plus loin (n° 33) est à variation illimitée dans tout intervalle.

Cela posé, soient V la borne supérieure des nombres v et ε un nombre positif quelconque. D'après la définition même du nombre V, il existe une suite de nombres croissants

$$a < a_1 < a_2 < \ldots < a_{p-1} < b.$$

tels que le nombre v_0,

$$v_0 = |f(a_1) - f(a)| + |f(a_2) - f(a_1)| + \ldots + |f(b) - f(a_{p-1})|,$$

soit supérieur à $V - \dfrac{\varepsilon}{2}$. Soit λ un nombre positif plus petit que toutes les différences $a_1 - a$, $a_2 - a_1$, ..., $b - a_{p-1}$. Considérons une division quelconque de l'intervalle (a, b) en intervalles partiels moindres que λ par des nombres croissants a, x_1, x_2, ..., x_{n-1}, b, et soit v la variation correspondante. Rangeons maintenant tous les nombres x_i et a_j par ordre de grandeur croissante; nous obtenons une nouvelle division de l'intervalle (a, b) qui est consécutive aux deux premières, et par suite la variation correspondante v' est supérieure ou au moins égale à v_0 et à v.

Cherchons une limite supérieure de $v' - v$. On passe de la division qui donne v à la division qui donne v' en décomposant quelques-uns des intervalles tels que (x_{i-1}, x_i) en deux intervalles plus petits au moyen de l'un des points a_1, a_2, ..., a_{p-1}. Le nombre total des intervalles qu'on décompose ainsi en deux est au plus égal à $p - 1$, et l'on a

$$v' - v = \sum \left[|f(x_i) - f(a_k)| + |f(a_k) - f(x_{i-1})| - |f(x_i) - f(x_{i-1})| \right],$$

le signe $\sum$ étant étendu à tous les intervalles (x_{i-1}, x_i) tels qu'entre x_{i-1} et x_i se trouve un des points a_k. Soit ω la valeur maximum de l'oscillation de $f(x)$ dans chacun des intervalles partiels (a, x_1), (x_1, x_2), ... Il est clair que la différence

$$|f(x_i) - f(a_k)| + |f(a_k) - f(x_{i-1})| - |f(x_i) - f(x_{i-1})|$$

est au plus égale à 2ω, et par conséquent $v' - v$ est au plus égale à $2(p-1)\omega$. La fonction $f(x)$ étant continue, soit η un nombre positif tel que, dans tout intervalle partiel d'amplitude inférieure à η, l'oscillation de $f(x)$ soit inférieure à $\dfrac{\varepsilon}{4(p-1)}$. Si la valeur maximum λ des différences $x_1 - a_1$, $x_2 - x_1$, ..., $b - x_{n-1}$ est inférieure à η, on aura d'après cela $v' - v < \dfrac{\varepsilon}{2}$. D'ailleurs, nous pouvons écrire la différence $V - v$,

$$V - v = V - v_0 + (v' - v) - (v' - v_0),$$

et par conséquent on a $V - v < \varepsilon$; comme v ne peut être supérieur à V, v a donc pour limite V.

Ce théorème permet de démontrer que *la fonction* $V(x)$, *qui représente la variation totale de* $f(x)$ *dans l'intervalle* (a, x), *est une fonction continue de* x.

Soient x_0 une valeur de x comprise entre a et b, et $a, y_1, y_2, \ldots, y_n, x_0$ une suite de nombres croissants; $V(x_0)$ est la limite de la variation

$$v = |f(y_1) - f(a)| + |f(y_2) - f(y_1)| + \ldots$$
$$+ |f(y_n) - f(y_{n-1})| + |f(x_0) - f(y_n)|.$$

La somme de tous les termes, sauf le dernier, ne peut dépasser $V(y_n)$ ni par suite $V(x_0 - 0)$, puisque $V(x)$ est une fonction croissante. On a donc

$$v < V(x_0 - 0) + |f(x_0) - f(y_n)|;$$

or $f(x_0) - f(y_n)$ tend vers zéro puisque $f(x)$ est continue. La limite $V(x_0)$ de v ne peut donc dépasser $V(x_0 - 0)$; comme la fonction $V(x)$ est croissante, on a nécessairement $V(x_0) = V(x_0 - 0)$.

Pour démontrer qu'on a aussi $V(x_0) = V(x_0 + 0)$, posons

$$b - x = y, \qquad V_1(y) = V(b) - V(x);$$

$V_1(y)$ représente la variation totale de la fonction $f(b - y)$ dans l'intervalle $(0, y)$. On a donc $V_1(y_0) = V_1(y_0 - 0)$, d'après ce qui vient d'être démontré, et par suite $V(x_0) = V(x_0 + 0)$.

La fonction $V(x)$ étant continue, ainsi que $f(x)$, il en est de même des deux fonctions

$$P(x) = \frac{V(x) + f(x) - f(a)}{2}, \qquad N(x) = \frac{V(x) - f(x) + f(a)}{2}.$$

Donc *toute fonction continue à variation bornée est la différence de deux fonctions continues croissantes.*

Exemple. — Quand une fonction continue $f(x)$ n'a qu'un nombre fini de maxima ou de minima dans un intervalle (a, b), il est clair qu'elle est à variation bornée dans cet intervalle. Considérons, pour fixer les idées, une fonction $f(x)$ croissante de a à a_1, décroissante de a_1 à a_2, croissante de a_2 à b. Prenons les deux fonctions $f_1(x)$, $f_2(x)$, définies comme il suit :

1° Dans l'intervalle (a, a_1) : $f_1(x) = f(x)$, $f_2(x) = 0$;

2° Dans l'intervalle (a_1, a_2) : $f_1(x) = f(a_1)$, $f_2(x) = f(a_1) - f(x)$;

3° Dans l'intervalle (a_2, b) : $\begin{cases} f_1(x) = f(x) - f(a_2) + f(a_1); \\ f_2(x) = f(a_1) - f(a_2). \end{cases}$

Il est clair que les deux fonctions $f_1(x)$ et $f_2(x)$ sont continues et croissantes dans tout l'intervalle (a, b), et leur différence est égale à $f(x)$. On opérerait de la même façon, quel que soit le nombre des maxima et des minima dans (a, b), pour décomposer $f(x)$ en une différence de deux fonctions continues croissantes.

Plus généralement, soit $f(x)$ une fonction telle qu'on puisse décomposer l'intervalle (a, b) en p intervalles partiels dans chacun desquels la fonction est monotone, la fonction n'ayant que des points de discontinuité réguliers, en nombre fini. Le procédé précédent permet d'exprimer $f(x)$ par la différence de deux fonctions croissantes n'ayant elles-mêmes que des points de discontinuité réguliers.

12. Fonctions de plusieurs variables. — On dit que ω est fonction de x, y, z, …, t lorsqu'à tout système de valeurs de x, y, z, …, t correspond une valeur de ω. Pour fixer les idées, supposons qu'il y ait deux variables indépendantes x et y, et considérons x et y comme les coordonnées d'un point dans un plan. A tout système de valeurs de x et de y correspond un point M, et inversement. Lorsqu'à tout point M pris dans une certaine région du plan correspond une valeur de ω, on dit que la fonction $\omega = f(x, y)$ est définie dans cette région, qu'on appelle en général un *domaine* ou un *champ*.

Un domaine A peut être formé par la portion du plan intérieure à une courbe fermée C, ou par la portion du plan limitée par plusieurs courbes fermées, une courbe extérieure C et une ou plusieurs courbes intérieures C', C", …. Les courbes C, C', C", … forment la frontière de ce domaine; nous supposerons en général que les frontières font partie du domaine, c'est-à-dire qu'en chaque point de C, par exemple, la fonction ω a une valeur déterminée. Le domaine est dit alors *fermé*. Il est dit *connexe* si l'on peut joindre deux points quelconques de ce domaine par une ligne brisée située tout entière dans le domaine.

Une fonction $\omega = f(x, y)$ est bornée dans un domaine A si l'ensemble des valeurs de ω pour tous les points de ce domaine est un ensemble borné. On définit comme plus haut (n° **6**) les nombres M, m et l'oscillation.

Soient (x_0, y_0) les coordonnées d'un point M_0 pris dans cette portion du plan. On dit que *la fonction $f(x, y)$ est continue pour le système de valeurs x_0, y_0, si, à tout nombre positif ε, on peut faire correspondre un autre nombre positif η, tel qu'on ait*

$$|f(x_0 + h, y_0 + k) - f(x_0 y_0)| < \varepsilon,$$

à la seule condition qu'on ait $|h| < \eta$, $|k| < \eta$.

On peut interpréter comme il suit la définition de la continuité.

Imaginons que l'on construise, dans le plan des xy, un carré de centre M_0, de côté égal à 2η, et ayant ses côtés parallèles aux axes : le point M' de coordonnées $(x_0 + h, y_0 + k)$ est à l'intérieur de ce carré, pourvu qu'on ait $|h| < \eta$, $|k| < \eta$. Dire que la fonction est continue pour $x = x_0$, $y = y_0$, cela revient à dire qu'on peut prendre le côté de ce carré assez petit pour que la différence des valeurs de la fonction au point M_0 et en un autre point quelconque de ce carré soit moindre que ε en valeur absolue. Il est évident, d'après cela, qu'on pourrait remplacer ce carré par un cercle de centre (x_0, y_0) : car, si la condition précédente est satisfaite pour tous les points situés à l'intérieur d'un carré, elle le sera aussi pour tous les points intérieurs au cercle inscrit. Inversement, si la condition est satisfaite pour tous les points intérieurs à un cercle, elle l'est aussi pour tous les points intérieurs à un carré inscrit dans ce cercle. On pourrait donc définir la continuité en disant qu'on peut faire correspondre les nombres positifs ε et η, de telle façon que l'inégalité $\sqrt{h^2 + k^2} < \eta$ entraine l'inégalité

$$|f(x_0 + h, y_0 + k) - f(x_0, y_0)| < \varepsilon.$$

De même, la fonction $f(x, y)$ est dite *continue en un point m de la frontière* si la valeur de ω en un point voisin m', du domaine A, tend vers la valeur de ω en m lorsque la distance mm' tend vers zéro.

Une fonction $f(x, y)$ continue en tout point intérieur à un domaine A et en tout point de sa frontière est dite *continue dans* A. Il existe pour les fonctions continues dans un domaine borné A, limité par un contour fermé C, des théorèmes tout à fait analogues à ceux qui ont été démontrés plus haut (n° **8**).

Étant donné un nombre positif ε, on peut décomposer la portion A du plan en parties plus petites de telle façon que la différence des valeurs de ω pour deux points (x, y), (x', y') d'une même partie soit toujours moindre que ε.

Nous procéderons toujours par subdivisions successives, de la façon suivante. Imaginons la portion A du plan décomposée par des parallèles à l'axe des x et à l'axe des y, la distance de deux parallèles voisines étant égale à δ : de ces portions de A, les unes sont des carrés de côté δ situés tout entiers à l'intérieur de C, les autres des portions de carrés limitées en partie par des arcs du contour C. Cela posé, si la proposition énoncée n'était pas exacte pour la portion A, il en serait de même pour une au moins des nouvelles portions du plan A_1 : en subdivisant de la même façon la portion A_1 et ainsi de suite, on formerait une suite de carrés ou de portions de carrés

$$A, \quad A_1, \quad \ldots, \quad A_n, \quad \ldots,$$

pour lesquels la proposition énoncée serait inexacte. La portion A_n est tout entière comprise entre deux parallèles $x = a_n$, $x = b_n$ à l'axe des y et entre deux parallèles $y = c_n$, $y = d_n$ à l'axe des x. Lorsque n augmente indéfiniment, a_n et b_n ont une limite commune λ; c_n et d_n ont de même une limite commune μ.

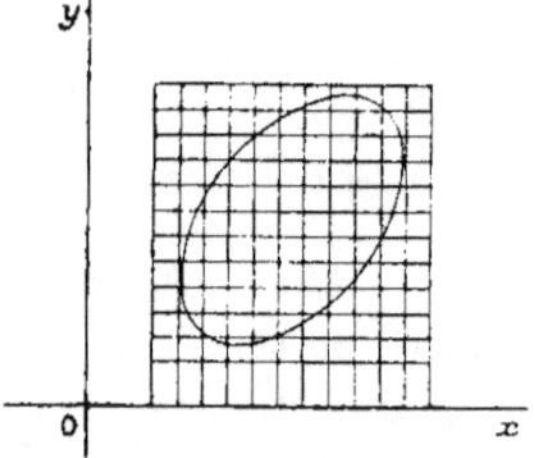

Fig. 2.

Car les a_n, par exemple, ne vont jamais en décroissant et sont tous plus petits qu'un nombre fixe. Tous les points de A_n tendent vers un point limite M, de coordonnées (λ, μ), situé à l'intérieur du contour C ou sur ce contour lui-même. Le raisonnement s'achève comme plus haut (n° 8); si le théorème énoncé était inexact, la fonction $f(x, y)$ ne pourrait être continue pour $x = \lambda$, $y = \mu$, contrairement à l'hypothèse.

Corollaire. — Supposons qu'on ait pris les parallèles assez rapprochées pour que la différence des valeurs de ω pour deux points appartenant à une même partie soit moindre en valeur absolue que $\frac{\varepsilon}{2}$, et soit η la distance de deux parallèles voisines. Soient (x, y), (x', y') deux points pris à l'intérieur ou sur le contour C, dont la distance est inférieure à η. Ces deux points

appartiennent à une même portion de A ou à deux portions ayant
un sommet commun; dans les deux cas, la différence

$$f(x, y) - f(x', y')$$

ne peut être supérieure en valeur absolue à $2\frac{\varepsilon}{2} = \varepsilon$. Donc, *à tout
nombre positif ε on peut faire correspondre un autre nombre
positif η tel qu'on ait*

$$|f(x, y) - f(x', y')| < \varepsilon,$$

*pourvu que la distance de deux points de coordonnées (x, y)
et (x', y'), pris dans A ou sur le contour C, soit moindre que η.*
En d'autres termes, toute fonction continue dans A est *uniformément continue.*

De la proposition précédente on déduit, comme plus haut
(n° 8), que toute fonction continue dans A est nécessairement
finie dans A. La méthode des subdivisions successives permet de
démontrer que la fonction ω atteint au moins une fois chacune des
valeurs M et m pour des points à l'intérieur de C ou sur ce contour lui-même. Soient a un point pour lequel on a $\omega = m$, et b un
point pour lequel $\omega = $ M. Joignons a et b par une ligne polygonale tout entière intérieure à C. Lorsque le point (x, y) décrit
cette ligne, ω est une fonction continue de la longueur de la ligne
polygonale comprise entre le point a et le point (x, y); elle passe
donc au moins une fois par toute valeur μ comprise entre m et M
(n° 8). Comme on peut joindre a et b par une infinité de lignes
polygonales, on voit que la fonction $f(x, y)$ prend une valeur μ
comprise entre m et M pour une infinité de points intérieurs au
contour C.

Il est clair que toute fonction continue des deux variables x, y
est une fonction continue de chacune des deux variables prise isolément, mais la réciproque n'est pas toujours exacte.

Prenons, par exemple, la fonction $f(x, y)$ égale à $\dfrac{2xy}{x^2 - y^2}$
lorsque l'une au moins des valeurs de x et de y est différente de
zéro, et posons $f(0, 0) = 0$. La fonction ainsi définie est une fonction continue de x lorsqu'on suppose y constant, et inversement.
Cependant elle n'est pas une fonction continue des deux variables x
et y, pour le système de valeurs $x = y = 0$, car, si le point (x, y)

tend vers l'origine en restant sur la droite $y = mx$, la fonction $f(x, y)$ a pour limite $\dfrac{2m}{1 + m^2}$, et cette limite est variable avec m. Dans cet exemple, il serait évidemment impossible de choisir pour $f(0, 0)$ une valeur telle que la fonction $f(x, y)$ fût continue à l'origine. Il n'en est pas de même pour la fonction $f(x, y)$ égale à $\dfrac{xy}{\sqrt{x^2 + y^2}}$ lorsque $x^2 + y^2$ est différent de zéro; si l'on pose en outre $f(0, 0) = 0$, la fonction ainsi définie est continue pour $x = y = 0$, car la valeur absolue de $f(x, y)$ est inférieure à $|x|$.

Toutes ces considérations s'étendent sans difficultés aux fonctions d'un nombre quelconque de variables indépendantes.

13. Courbes continues. — Nous avons admis, dans ce qui précède, qu'une courbe plane fermée C décompose le plan en deux domaines, un domaine *intérieur* D_i et un domaine *extérieur* D_e, tels qu'il est impossible de joindre un point de D_i à un point de D_e par une ligne brisée n'ayant aucun point commun avec C. C'est là une propriété qui est bien conforme à la notion intuitive de courbe fournie par la Géométrie, et qu'il est d'ailleurs facile d'établir pour les courbes définies par une propriété géométrique, telles que l'ellipse.

Mais, pour pouvoir raisonner d'une façon précise, il est nécessaire de remplacer cette notion un peu vague empruntée à la Géométrie par une définition purement analytique. Soient $f(t)$, $\varphi(t)$, $\psi(t)$ trois fonctions *continues* d'une variable t; l'ensemble des points dont les coordonnées sont données par les formules

$$(7) \qquad x = f(t), \qquad y = \varphi(t), \qquad z = \psi(t),$$

quand on fait varier t, constitue une *courbe continue* Γ, ou plus simplement une courbe. Supposons que les trois fonctions continues $f(t)$, $\varphi(t)$, $\psi(t)$ admettent la période ω, c'est-à-dire soient telles qu'on ait, quel que soit t,

$$(8) \qquad f(t + \omega) = f(t), \qquad \varphi(t + \omega) = \varphi(t), \qquad \psi(t + \omega) = \psi(t);$$

il suffira de faire varier t dans un intervalle quelconque $(a, a + \omega)$ d'amplitude ω, pour obtenir tous les points de la courbe Γ, qui est dite une *courbe fermée*. Nous pouvons évidemment supposer ω

positif; nous supposons en outre que c'est le plus petit nombre
positif satisfaisant aux trois relations (8). Si pour deux valeurs
différentes t', t'', on a à la fois

$$(9) \qquad f(t') = f(t''), \qquad \varphi(t') = \varphi(t''), \qquad \psi(t') = \psi(t''),$$

sans que la différence $t' - t''$ soit un multiple de ω, le point correspondant de Γ est un *point double*. S'il est impossible de trouver
deux valeurs t', t'' satisfaisant aux relations (9), sans que $t' - t''$
soit un multiple de ω, la courbe Γ n'a pas de point double. Pour
appliquer ces définitions aux courbes planes, il suffit de supposer $\psi(t) = 0$.

M. Jordan a démontré rigoureusement (*voir* son *Cours d'Analyse*) qu'une courbe plane fermée C sans points doubles divise
le plan en deux régions, l'une intérieure, l'autre extérieure, deux
points d'une même région pouvant toujours être joints par une
ligne brisée sans traverser C, tandis que toute ligne continue
joignant un point de la région intérieure à un point de la région
extérieure traverse nécessairement la courbe C.

Sur ce point-là, le raisonnement ne fait que confirmer l'intuition géométrique, mais il ne faut pas croire qu'il en est toujours
ainsi. M. Peano en a donné un exemple bien curieux en faisant
connaître une courbe plane qui jouit de la singulière propriété suivante : Lorsqu'on fait varier le paramètre t, le point dont les coordonnées sont $x = f(t)$, $y = \varphi(t)$ vient coïncider successivement
avec *tous les points intérieurs à un carré* (¹).

Nous n'avons cité ce résultat que pour montrer combien la notion analytique de courbe est plus complexe que la notion vulgaire.
Dans la suite, nous ne nous occuperons le plus souvent que de
courbes satisfaisant aux conditions suivantes qui sont vérifiées par
les contours que l'on considère habituellement. Soient $x = f(t)$,
$y = \varphi(t)$ les équations qui définissent une courbe C, et soit (a, b)
l'intervalle dans lequel il faut faire varier t pour obtenir tous les
points de cette courbe. Nous supposerons qu'on peut décomposer (a, b) en un nombre *fini* d'intervalles partiels, dans chacun
desquels chacune des fonctions f, φ va constamment en croissant,
ou constamment en décroissant, ou reste constante. Si par

(¹) PEANO, *Sur une courbe qui remplit une aire plane* (*Math. Annalen*
t. XXXVI). *Voir* aussi HILBERT (*Ibid.*, t. XXXVIII).

exemple, la fonction $x = f(t)$ va en croissant dans un intervalle (α, β), on peut, d'après la théorie des fonctions inverses, en déduire pour t une fonction continue de x, et l'arc correspondant est représenté par une équation telle que $y = G(x)$. De même, si la fonction $\varphi(t)$ va constamment en croissant ou en décroissant dans un intervalle partiel, l'arc correspondant est représenté par une équation telle que $x = H(y)$.

Toutes les courbes dont il sera question par la suite sont formées d'un certain nombre d'arcs de cette espèce mis bout à bout. Considérons en particulier un contour fermé C, sans point double, et prenons les points de C où x est maximum ou minimum (y compris les points des portions de droites parallèles à Oy, si le contour C en contient), et soient x_1, x_2, ..., x_n les abscisses de ces points rangés par ordre de grandeur croissante. Toute parallèle $x = \alpha$ à l'axe Oy, α étant compris dans l'un des intervalles (x_{i-1}, x_i), rencontre C en un nombre pair de points d'ordonnées $(y_1, y_2, ..., y_{2p})$; y_h étant une fonction continue $\varphi_h(x)$ dans l'intervalle (x_{i-1}, x_i). Nous supposerons qu'on a

$$\varphi_1 < \varphi_2 < \varphi_3 < \ldots < \varphi_{2-1} < \varphi_{2p}.$$

Tout point de la bande limitée par les droites $x = x_{i-1}$, $x = x_i$ et compris entre les courbes $y_1 = \varphi_1$, $y_2 = \varphi_2$, est intérieur au contour C; au contraire, tout point de cette bande compris entre les deux courbes $y_2 = \varphi_2$ et $y_3 = \varphi_3$ est extérieur au contour C, etc. En continuant ainsi, on voit que le domaine intérieur à la courbe C peut être décomposé en un nombre *fini* de domaines partiels, dont chacun est limité par deux parallèles $x = a$, $x = b$ à Oy et deux courbes $y = \varphi_1(x)$, $y = \varphi_2(x)$, les fonctions φ_1 et φ_2 étant continues dans l'intervalle (a, b).

EXERCICES.

1° Le produit de deux fonctions à variation bornée est à variation bornée.

2° Si $f(x)$ est à variation bornée, il en est de même de $|f(x)|$.

3° Pour qu'une fonction soit à variation bornée, il faut et il suffit que la somme des oscillations dans chaque intervalle partiel reste finie.

4° Si une fonction $f(x, y)$ est *uniformément continue* par rapport à chaque variable dans un domaine, elle est continue par rapport à l'ensemble des deux variables dans ce domaine.

CHAPITRE II.

DÉRIVÉES ET DIFFÉRENTIELLES.

I. — DÉFINITIONS. — PROPRIÉTÉS GÉNÉRALES.

14. Dérivées. — Soit $f(x)$ une fonction continue; les deux termes du rapport

$$\frac{f(x+h)-f(x)}{h}$$

tendent vers zéro simultanément lorsque, x restant fixe, la valeur absolue de h diminue indéfiniment. Si ce rapport tend vers une limite, on dit que cette limite est la dérivée de la fonction $f(x)$, et on la représente par y' ou $f'(x)$, suivant la notation de Lagrange.

A la notion analytique de la dérivée se rattache une notion géométrique importante. Soit $y = f(x)$ une fonction continue dans un intervalle (a, b); considérons dans un plan le point de coordonnées (x, y). Lorsque x varie de a à b, ce point décrit un arc de courbe AMB, qui représente graphiquement la marche de la fonction $f(x)$ dans l'intervalle (a, b). Soient M et M' deux points voisins de cet arc de courbe, d'abscisses x et $x + h$. Le coefficient angulaire de la droite MM' est égal à

$$\frac{f(x+h)-f(x)}{h};$$

lorsque h tend vers zéro, le point M' se rapproche indéfiniment du point M et, si la fonction $f(x)$ admet une dérivée, le coefficient angulaire de la droite MM' tend vers la limite y'. La droite MM' tend donc vers une position limite MT, qu'on appelle la *tangente à la courbe;* l'équation de cette tangente est, d'après ce qui précède,

$$Y - y = y'(X - x),$$

X et Y étant les coordonnées courantes.

Plus généralement, considérons une courbe quelconque dans l'espace et soient

$$x = f(t), \qquad y = \varphi(t), \qquad z = \psi(t)$$

les expressions des coordonnées d'un point de cette courbe en fonction d'un paramètre variable t. Prenons sur cette courbe deux points M, M' correspondant aux deux valeurs t et $t + h$ du paramètre : les équations de la corde MM' sont

$$\frac{X - f(t)}{f(t+h) - f(t)} = \frac{Y - \varphi(t)}{\varphi(t+h) - \varphi(t)} = \frac{Z - \psi(t)}{\psi(t+h) - \psi(t)}.$$

Si l'on divise tous les dénominateurs de ces rapports par h, et qu'on fasse ensuite tendre h vers zéro, on voit que la corde MM' tend vers une position limite qui est représentée par les équations

$$\frac{X - f(t)}{f'(t)} = \frac{Y - \varphi(t)}{\varphi'(t)} = \frac{Z - \psi(t)}{\psi'(t)};$$

ceci suppose, bien entendu, que les trois fonctions $f(t)$, $\varphi(t)$, $\psi(t)$ admettent une dérivée. La détermination de la tangente à une courbe se ramène donc analytiquement à un calcul de dérivées.

Toute fonction qui admet une dérivée est nécessairement continue, mais la réciproque n'est pas vraie. Il est facile de donner des exemples de fonctions continues n'ayant pas de dérivée pour des valeurs exceptionnelles de la variable. Telle est la fonction $y = x \sin \frac{1}{x}$ pour $x = o$; lorsque x tend vers zéro, il en est de même de y et la fonction est bien continue, mais le rapport $\frac{y}{x} = \sin \frac{1}{x}$ ne tend vers aucune limite (n° 9).

Soit encore $y = x^{\frac{2}{3}}$; cette fonction est continue pour toute valeur de x et l'on a $y = o$ pour $x = o$; mais le rapport $\frac{y}{x} = x^{-\frac{1}{3}}$ croît indéfiniment lorsque x tend vers zéro. Nous dirons pour abréger que la dérivée est infinie pour $x = o$; la courbe qui représente la marche de la fonction est tangente à l'origine à l'axe des y.

La fonction $y = x \dfrac{e^{\frac{1}{x}}}{1 + e^{\frac{1}{x}}}$ est nulle pour $x = o$, mais le rapport $\frac{y}{x}$ tend vers deux limites différentes suivant que x tend vers zéro en restant positif, ou en restant négatif. Lorsque x est positif et très petit, $e^{\frac{1}{x}}$ est positif et très grand; le rapport $\frac{y}{x}$ tend vers l'unité; au contraire, si x est négatif et très petit en valeur absolue, $e^{\frac{1}{x}}$ est très voisin de zéro et le rapport $\frac{y}{x}$ a pour limite zéro. Il existe donc deux valeurs distinctes pour la dérivée, suivant la façon dont x tend vers zéro; la courbe qui représente la marche de la fonction a un point anguleux à l'origine.

D'une façon générale, toute ligne brisée, qui n'est rencontrée qu'en un point par une parallèle à Oy, définit une fonction continue dont la dérivée a deux valeurs distinctes en chaque sommet.

On voit par ces exemples qu'il est facile de former des fonctions continues n'admettant pas de dérivée pour certaines valeurs particulières de la variable. Mais les inventeurs du Calcul infinitésimal et leurs successeurs n'avaient jamais mis en doute qu'une fonction continue n'eût *en général* une dérivée. Il y avait même eu quelques tentatives de démonstration, insuffisantes il est vrai, lorsque M. Weierstrass est venu trancher complètement la question, en donnant des exemples de fonctions continues qui n'admettent de dérivée pour aucune valeur de la variable ([1]). Ces fonctions n'ayant reçu jusqu'ici aucune application, nous ne nous en occuperons pas. Quand nous dirons par la suite qu'une fonction $f(x)$ a une dérivée dans l'intervalle (a, b), il faudra toujours entendre par là, à moins de mention expresse, qu'elle admet une dérivée unique et finie pour chaque valeur de la variable comprise entre a et b.

15. Dérivées successives. — La dérivée d'une fonction $f(x)$ est elle-même une autre fonction de x, $f'(x)$; si $f'(x)$ admet elle-même une dérivée, on appelle la nouvelle fonction la *dérivée seconde* de $f(x)$ et on la représente par le symbole y'' ou $f''(x)$. On définira de même la dérivée troisième y''' ou $f'''(x)$ comme la

---

([1]) Note lue à l'Académie des Sciences de Berlin, le 18 juillet 1872. On trouvera d'autres exemples dans le Mémoire de M. Darboux, sur les fonctions discontinues (*Annales de l'École Normale supérieure*, 2ᵉ série, t. IV). Un exemple de M. Weierstrass est indiqué à la fin du Chapitre.

dérivée de la dérivée seconde, et ainsi de suite; d'une manière générale, la dérivée $n^{\text{ième}}$ $y^{(n)}$ ou $f^{(n)}(x)$ est la dérivée de la dérivée d'ordre $(n-1)$. Si, en prenant ainsi les dérivées successives, on n'arrive jamais à une fonction qui n'admet pas de dérivée, on peut imaginer cette suite d'opérations prolongée indéfiniment; la suite des dérivées de la fonction $f(x)$ d'où l'on est parti est illimitée. C'est ce qui a lieu pour la plupart des fonctions qui présentent jusqu'ici quelque intérêt pratique.

La notation qui précède est celle de Lagrange; on se sert aussi quelquefois de la notation $\mathrm{D}_n y$ ou $\mathrm{D}_n f(x)$, due à Cauchy, pour représenter la dérivée d'ordre n. Nous verrons un peu plus loin la notation de Leibniz.

16. Théorème de Rolle. — L'emploi des dérivées dans l'étude des équations repose sur la proposition suivante, connue sous le nom de *théorème de Rolle* :

Soient a et b deux racines de l'équation $f(x) = 0$. *Si la fonction* $f(x)$ *est continue et admet une dérivée dans l'intervalle* (a, b), *l'équation* $f'(x) = 0$ *a au moins une racine comprise entre a et b.*

En effet, la fonction $f(x)$ est nulle par hypothèse pour $x = a$ et pour $x = b$. Si elle est constamment nulle dans l'intervalle (a, b), il en est de même de sa dérivée et le théorème est évident. Si la fonction $f(x)$ n'est pas constamment nulle, elle prendra soit des valeurs positives, soit des valeurs négatives. Supposons, par exemple, qu'elle prenne des valeurs positives; elle prendra alors une valeur maximum M pour une valeur x_1 de x comprise entre a et b (n° 8; théorème C). Le rapport

$$\frac{f(x_1 + h) - f(x_1)}{h},$$

où l'on suppose $h > 0$, est nécessairement négatif, à moins d'être nul, et la limite de ce rapport, c'est-à-dire $f'(x_1)$, ne peut être un nombre positif; on a donc $f'(x_1) \leqq 0$. En considérant de même $f'(x_1)$ comme la limite du rapport

$$\frac{f(x_1 - h) - f(x_1)}{-h},$$

où h est positif, on verra de la même façon qu'on doit avoir $f'(x_1) \geq 0$. La comparaison de ces deux résultats prouve qu'on a nécessairement $f'(x_1) = 0$.

17. Formule des accroissements finis. — Soient $f(x)$ et $\varphi(x)$ deux fonctions continues dans l'intervalle (a, b), et admettant une dérivée pour toute valeur de x dans cet intervalle (les limites n'étant pas comprises).

Nous pouvons déterminer trois coefficients constants A, B, C tels que la fonction auxiliaire

$$\psi(x) = A f(x) + B \varphi(x) + C$$

soit nulle pour $x = a$ et pour $x = b$. Il faut et il suffit pour cela qu'on ait

$$A f(a) + B \varphi(a) + C = 0, \qquad A f(b) + B \varphi(b) + C = 0;$$

on en déduit, en retranchant membre à membre,

$$A[f(a) - f(b)] + B[\varphi(a) - \varphi(b)] = 0.$$

Comme les relations précédentes ne déterminent que les rapports des coefficients A, B, C, on peut prendre

$$A = \varphi(a) - \varphi(b), \qquad B = f(b) - f(a),$$

et la valeur correspondante de C s'obtient immédiatement. Les coefficients A, B, C étant ainsi déterminés, la fonction auxiliaire $\psi(x)$ est nulle pour $x = a$ et pour $x = b$; d'ailleurs elle admet une dérivée pour toute valeur de x comprise dans l'intervalle (a, b), comme les fonctions $f(x)$ et $\varphi(x)$ elles-mêmes. Il existe donc un nombre c compris entre a et b qui annule la dérivée

$$\psi'(x) = A f'(x) + B \varphi'(x).$$

Remplaçons A et B par leurs valeurs; il vient

$$[\varphi(a) - \varphi(b)] f'(c) + [f(b) - f(a)] \varphi'(c) = 0,$$

ou, en divisant par $\varphi'(c)[\varphi(a) - \varphi(b)]$,

$$(1) \qquad \frac{f(b) - f(a)}{\varphi(b) - \varphi(a)} = \frac{f'(c)}{\varphi'(c)}.$$

Faisons dans cette formule $\varphi(x) = x$; nous pouvons énoncer le théorème suivant :

Soit $f(x)$ une fonction continue dans l'intervalle (a, b) admettant une dérivée pour toute valeur de x comprise entre a et b. On a la relation

$$(2) \qquad\qquad f(b) - f(a) = (b - a)f'(c),$$

c désignant un nombre compris entre a et b.

Cette formule (2) est la formule des accroissements finis proprement dite ou *formule de la moyenne*. On remarquera que la démonstration ne suppose pas la continuité de la dérivée ni l'existence de cette dérivée pour les valeurs limites $x = a$, $x = b$. L'interprétation géométrique est trop connue pour qu'il soit nécessaire de la rappeler ici.

De cette formule on déduit que, si la dérivée $f'(x)$ est nulle dans tout l'intervalle (a, b), la fonction $f(x)$ conserve une valeur constante dans cet intervalle; car l'application de la formule à deux valeurs x_1, x_2, appartenant à l'intervalle (a, b), conduit à la relation $f(x_2) = f(x_1)$. Il en résulte que, si deux fonctions admettent la même dérivée, leur différence est constante et la réciproque est évidente. *Quand on connaît une fonction $F(x)$ ayant pour dérivée une fonction donnée $f(x)$, on obtient toutes les autres fonctions ayant la même dérivée en ajoutant à $F(x)$ une constante arbitraire* ([1]).

Voici une autre conséquence de la formule (2), qui nous sera souvent utile. Supposons que la dérivée $f'(x)$ soit *bornée* dans

---

([1]) On applique quelquefois ce théorème sans avoir égard à toutes les conditions de l'énoncé. Soient, par exemple, $f(x)$ et $\varphi(x)$ deux fonctions continues, admettant des dérivées $f'(x)$, $\varphi'(x)$, dans un intervalle (a, b). Si, entre ces quatre fonctions, on a la relation $f'(x)\varphi(x) - f(x)\varphi'(x) = 0$, on en conclut que la dérivée de la fonction $\dfrac{f}{\varphi}$ est nulle et, par suite, que le rapport $\dfrac{f}{\varphi}$ est constant dans l'intervalle (a, b). Mais la conclusion n'est absolument légitime que si la fonction $\varphi(x)$ ne s'annule pas dans l'intervalle (a, b). Supposons, pour fixer les idées, que $\varphi(x)$ s'annule, ainsi que $\varphi'(x)$, pour une valeur c de x comprise entre a et b. Une fonction $f(x)$ égale à $C_1\varphi(x)$ entre a et c, et à $C_2\varphi(x)$ entre c et b, C_1 et C_2 étant deux constantes différentes, est continue et admet une dérivée dans l'intervalle (a, b), et la relation proposée est bien vérifiée pour toute valeur de x comprise dans cet intervalle. L'interprétation géométrique est facile.

l'intervalle (a, b), de sorte qu'on ait, pour toute valeur de x comprise entre a et b, $|f'(x)| < \mathrm{K}$, le nombre positif K étant indépendant de x. Il suit de là que, x_1 et x_2 étant deux nombres quelconques de l'intervalle (a, b), on a toujours l'inégalité

$$(3) \qquad |f(x_2) - f(x_1)| < \mathrm{K} | x_2 - x_1|.$$

Nous appellerons, pour abréger, *condition de Lipschitz* la condition exprimée par cette inégalité (3), où K désigne un nombre fixe, x_1 et x_2 deux nombres quelconques appartenant à un certain intervalle.

La formule (1) est appelée quelquefois *formule de la moyenne généralisée*. Le théorème de l'Hospital sur les formes indéterminées s'en déduit aussitôt. Supposons en effet $f(a) = \varphi(a) = 0$. En remplaçant b par x, la formule (1) devient

$$\frac{f(x)}{\varphi(x)} = \frac{f'(x_1)}{\varphi'(x_1)},$$

x_1 étant compris entre a et x. Cette relation nous montre que, *si le rapport $\dfrac{f'(x)}{\varphi'(x)}$ tend vers une limite lorsque x tend vers a, le rapport $\dfrac{f(x)}{\varphi(x)}$ tend vers la même limite lorsqu'on a*

$$f(a) = \varphi(a) = 0.$$

18. Formule de Taylor. — Lorsque $f(x)$ est un polynome entier de degré n, en développant ce polynome suivant les puissances de $x - a$, on obtient la formule

$$(4) \qquad f(x) = f(a) + \frac{x-a}{1} f'(a) + \ldots + \frac{(x-a)^n}{n!} f^n(a);$$

le développement s'arrête de lui-même, car toutes les dérivées sont nulles à partir de la $(n+1)^{\text{ième}}$.

Considérons maintenant une fonction $f(x)$ différente d'un polynome. La formule (4) ne peut être applicable à cette fonction, aussi grand que soit le nombre entier n. Nous nous proposons de trouver une expression de l'erreur commise quand on remplace cette fonction $f(x)$ par le polynome

$$\mathrm{P}_n(x) = f(a) + \frac{x-a}{1} f'(a) + \ldots + \frac{(x-a)^n}{n!} f^n(a).$$

Nous ferons sur la fonction $f(x)$ les hypothèses suivantes : cette fonction est continue, ainsi que les dérivées $f'(x)$, $f''(x)$, ..., $f^{(n)}(x)$, dans un intervalle (a, b), et la dérivée d'ordre n, $f^{(n)}(x)$, admet elle-même une dérivée $f^{(n+1)}(x)$ pour toute valeur de x comprise entre a et b. Le polynome $P_n(x)$ satisfait aux conditions

$$P_n(a) = f(a), \qquad P'_n(a) = f'(a), \qquad \ldots \qquad P_n^{n}(a) = f^{n}(a),$$

et par suite la différence $f(x) - P_n(x)$ est nulle, ainsi que ses dérivées successives jusqu'à la $n^{\text{ième}}$ pour $x = a$. Il en est de même de la fonction auxiliaire

$$\varphi(x) = f(x) + C(x - a)^{n+1} - P_n(x),$$

quelle que soit la constante C. Or on peut choisir cette constante de façon que $\varphi(x)$ soit nulle aussi pour $x = b$; il suffit pour cela de poser

$$(5) \qquad\qquad f(b) - P_n(b) + C(b - a)^{n+1} = 0.$$

La constante C étant déterminée par cette relation, la fonction auxiliaire $\varphi(x)$ est continue, ainsi que ses n premières dérivées, dans l'intervalle (a, b), et $\varphi^{(n)}(x)$ admet elle-même une dérivée $\varphi^{(n+1)}(x)$ pour toute valeur de x comprise entre a et b. De plus, on a les n relations

$$\varphi(a) = 0, \qquad \varphi'(a) = 0, \qquad \ldots \qquad \varphi^{(n)}(a) = 0, \qquad \varphi(b) = 0.$$

Appliquons le théorème de Rolle à la fonction $\varphi(x)$ et à ses dérivées successivement. La fonction $\varphi(x)$ s'annulant pour $x = a$ et pour $x = b$, l'équation $\varphi'(x) = 0$ a une racine c_1 comprise entre a et b. Cette fonction $\varphi'(x)$ étant nulle pour $x = a$ et pour $x = c_1$, l'équation $\varphi''(x) = 0$ a elle-même une racine c_2 comprise entre a et c_1, et par suite comprise entre a et b. En continuant ainsi jusqu'à la dérivée $n^{\text{ième}}$, on voit que l'équation $\varphi^{(n)}(x) = 0$ admet la racine a et une autre racine c_n comprise entre a et b. Par suite, la dérivée $\varphi^{(n+1)}(x)$ s'annule aussi pour une valeur c comprise entre a et b. Or cette dérivée a pour expression, puisque le polynome $P_n(x)$ est de degré n au plus,

$$\varphi^{n+1}(x) = f^{(n+1)}(x) + 1.2.3 \ldots (n + 1) C.$$

On en déduit que la constante C satisfait à la relation

$$f^{(n+1)}(c) + (n+1)!\, C = 0,$$

c étant un nombre inconnu compris entre a et b.

Remplaçons maintenant C et $P_n(b)$ par leurs expressions dans la relation (5); nous tirons de l'égalité obtenue la valeur suivante de $f(b)$:

$$(6) \qquad f(b) = f(a) + \frac{b-a}{1} f'(a) + \dots$$
$$+ \frac{(b-a)^n}{n!} f^{(n)}(a) + \frac{(b-a)^{n+1}}{(n+1)!} f^{n+1}(c).$$

C'est la formule générale de Taylor que nous écrirons, sous une forme un peu différente, en remplaçant b par $a + x$, et en observant que c est de la forme $a + \theta x$, θ étant compris entre 0 et 1,

$$(7)\quad f(a+x) = f(a) + \frac{x}{1} f'(a) + \frac{x^2}{1.2} f''(a) + \dots + \frac{x^n}{n!} f^{(n)}(a) + R_n,$$

le reste R_n ayant pour expression

$$R_n = \frac{x^{n+1}}{(n+1)!} f^{n+1}(a + \theta x).$$

Ce reste R_n représente l'erreur commise quand on remplace $f(a+x)$ par le polynome $P_n(a+x)$. Si $|f^{(n+1)}(z)|$ reste inférieur à un nombre M lorsque z varie de a à $a+x$, la valeur absolue de ce reste est inférieure à $M\frac{|x|^{n+1}}{(n+1)!}$, et nous avons ainsi une idée de l'approximation obtenue pour $f(a+x)$ en négligeant le reste.

Remarque. — Lorsque la dérivée $f^{n+1}(x)$ est continue, on peut encore écrire

$$R_n = \frac{x^{n+1}}{(n+1)!} [f^{(n+1)}(a) + \varepsilon],$$

ε désignant un infiniment petit lorsque x tend vers zéro. Si l'on considère x comme l'infiniment petit principal, on voit que R_n est un infiniment petit d'ordre $n+1$ au moins par rapport à x. En faisant successivement $n = 1$, $n = 2$, $n = 3$, ..., on obtient donc des polynomes qui diffèrent de $f(a+x)$ d'infiniment petits d'ordre croissant. En faisant $a = 0$ dans la formule (7), la formule obtenue s'appelle quelquefois *formule de Maclaurin*.

Exemple. — Appliquons la formule (7) à la fonction $f(x) = \log(1 + x)$, le signe $\log$ désignant le logarithme népérien, en supposant $a = 0$. $n = 1$, $x > -1$; nous trouvons

$$\log(1 + x) = x - \frac{x^2}{2(1 + \theta x)^2};$$

si dans cette formule on remplace x par l'inverse d'un nombre entier n, il vient

$$\log\left(1 + \frac{1}{n}\right) = \frac{1}{n} - \frac{\theta_n}{2 n^2},$$

θ_n étant un facteur positif inférieur à l'unité.

On déduit de là que la série dont le terme général est $\dfrac{1}{p} - \log\left(1 + \dfrac{1}{p}\right)$ est une série convergente, car le terme général est inférieur à $\dfrac{1}{2p^2}$.

Or la somme des n premiers termes de cette série est égale à

$$1 + \frac{1}{2} + \ldots + \frac{1}{n} - \log(n + 1) = \Sigma_n - \log n + \log\left(\frac{n}{n+1}\right);$$

par suite, la différence $\Sigma_n - \log n$ tend vers une limite finie, lorsque n croît indéfiniment. Cette limite est la constante d'Euler C, dont la valeur est, avec 20 décimales exactes, $C = 0,57721566490153286060$.

19. Formes indéterminées. — La formule de Taylor permet de généraliser facilement la règle de l'Hospital (n° 17).

Soient $f(x)$ et $\varphi(x)$ deux fonctions s'annulant pour une même valeur de la variable $x = a$; la recherche de la limite vers laquelle tend le rapport des deux nombres $f(a + h)$ et $\varphi(a + h)$, lorsque h tend vers zéro, n'est qu'un cas particulier du problème qui consiste à trouver la limite du rapport de deux infiniment petits. Cette limite s'obtient immédiatement si l'on connaît la partie principale de chacun de ces infiniment petits, ce qui est précisément le cas lorsque la formule (7) est applicable à chacune des fonctions $f(x)$ et $\varphi(x)$ dans le voisinage du point a. Supposons que la première dérivée de $f(x)$, qui n'est pas nulle pour $x = a$, est la dérivée d'ordre p, $f^{(p)}(a)$, et de même que la première dérivée de $\varphi(x)$, qui n'est pas nulle pour $x = a$, est la dérivée d'ordre q, $\varphi^{(q)}(a)$. On peut écrire, en appliquant la formule (7) à chacune des fonctions $f(x)$, $\varphi(x)$ et divisant les résultats,

$$\frac{f(a + h)}{\varphi(a + h)} = h^{p-q} \frac{1.2\ldots q}{1.2\ldots p} \frac{f^{(p)}(a) + \varepsilon}{\varphi^{(q)}(a) + \varepsilon'},$$

ε et ε' étant deux infiniment petits. Il est évident, sur cette formule, que le rapport considéré augmente indéfiniment lorsque h tend vers zéro, si q est supérieur à p, et tend vers zéro si q est inférieur à p; lorsque $q = p$, il tend vers une limite finie $\dfrac{f^{(p)}(a)}{\varphi^{(p)}(a)}$.

Une indétermination du même genre se présente quelquefois dans les équations de la tangente à une courbe. Soient

$$x = f(t), \qquad y = \varphi(t), \qquad z = \psi(t)$$

les formules qui donnent les coordonnées d'un point d'une courbe quelconque C exprimées en fonction d'un paramètre t; les équations de la tangente à cette courbe en un point M correspondant à la valeur t_0 du paramètre sont, comme on l'a vu (n° 14),

$$\frac{X - f(t_0)}{f'(t_0)} = \frac{Y - \varphi(t_0)}{\varphi'(t_0)} = \frac{Z - \psi(t_0)}{\psi'(t_0)}.$$

Ces équations se réduisent à des identités, si les trois dérivées $f'(t)$, $\varphi'(t)$, $\psi'(t)$ sont nulles à la fois pour $t = t_0$. Pour lever la difficulté, reprenons le raisonnement qui a servi à trouver les équations de la tangente. Soient M' un point de la courbe C voisin du point M, et $t_0 + h$ la valeur correspondante du paramètre; les équations de la corde MM' sont

$$\frac{X - f(t_0)}{f(t_0 + h) - f(t_0)} = \frac{Y - \varphi(t_0)}{\varphi(t_0 + h) - \varphi(t_0)} = \frac{Z - \psi(t_0)}{\psi(t_0 + h) - \psi(t_0)}.$$

Pour plus de généralité, nous supposerons que toutes les dérivées d'ordre inférieur à p ($p > 1$) des fonctions $f(t)$, $\varphi(t)$, $\psi(t)$ sont nulles pour $t = t_0$, mais que l'une au moins des dérivées d'ordre p, par exemple $f^{(p)}(t_0)$, n'est pas nulle. En divisant tous les dénominateurs des expressions précédentes par h^p et appliquant la formule générale (7), on peut encore écrire ces équations

$$\frac{X - f(t_0)}{f^{(p)}(t_0) + \varepsilon} = \frac{Y - \varphi(t_0)}{\varphi^{(p)}(t_0) + \varepsilon'} = \frac{Z - \psi(t_0)}{\psi^{(p)}(t_0) + \varepsilon''},$$

ε, ε', ε'' étant trois infiniment petits. Si maintenant on fait tendre h vers zéro, ces équations deviennent à la limite

$$\frac{X - f(t_0)}{f^{(p)}(t_0)} = \frac{Y - \varphi(t_0)}{\varphi^{(p)}(t_0)} = \frac{Z - \psi(t_0)}{\psi^{(p)}(t_0)}$$

et ne présentent plus aucune indétermination.

Les points d'une courbe C où cette circonstance se présente sont en général des points singuliers, où la courbe offre quelque particularité de forme. Ainsi la courbe plane représentée par les équations $x = t^2$, $y = t^3$ passe par l'origine et l'on a, en ce point, $\dfrac{dx}{dt} = \dfrac{dy}{dt} = 0$. La courbe présente à l'origine un point de rebroussement de première espèce, avec l'axe des x pour tangente.

20. Dérivées partielles. — Soit $\omega = f(x, y)$ une fonction des deux variables indépendantes x et y définie dans un certain domaine D. Si l'on attribue à l'une des variables, y par exemple, une valeur constante, ce qui revient à faire mouvoir le point (x, y) sur une parallèle à l'axe des x dans le domaine D, on a une fonction de la seule variable x, dont on désignera la dérivée, si elle existe, par $f'_x(x, y)$ ou ω'_x; on désignera, de même, par ω'_y ou $f'_y(x, y)$, la dérivée de la fonction $f(x, y)$, où l'on regarde x comme une constante et y comme la variable indépendante; $f'_x(x, y)$ et $f'_y(x, y)$ sont les *dérivées partielles* de la fonction $f(x, y)$. Ces dérivées partielles sont elles-mêmes des fonctions des deux variables x, y; si l'on prend, à leur tour, leurs dérivées partielles, on obtient les dérivées partielles du second ordre de $f(x, y)$. On a ainsi quatre dérivées partielles du second ordre f''_{x^2}, f''_{xy}, f''_{yx}, f''_{y^2}. On définira de même les dérivées partielles du troisième ordre, du quatrième ordre, etc.; d'une manière générale, étant donnée une fonction d'un nombre quelconque de variables indépendantes $\omega = f(x, y, z, \ldots, t)$, une dérivée partielle d'ordre n est le résultat de n dérivations successives effectuées sur cette fonction f dans un certain ordre, par rapport à quelques-unes des variables qui y figurent. Nous allons établir que ce résultat ne dépend pas de l'ordre dans lequel on effectue ces dérivations.

Nous démontrerons d'abord le lemme suivant :

Soit $\omega = f(x, y)$ une fonction des deux variables x, y; on a $f''_{xy} = f''_{yx}$, pourvu que ces deux dérivées partielles soient continues.

Nous allons, pour cela, mettre sous deux formes différentes l'expression

$$U = f(x + \Delta x, y + \Delta y) - f(x, y + \Delta y) - f(x + \Delta x, y) + f(x, y),$$

où l'on suppose que $x, y, \Delta x, \Delta y$ aient des valeurs déterminées.

Si l'on pose, en désignant par v une variable auxiliaire,

$$\varphi(v) = f(x + \Delta x, v) - f(x, v),$$

on peut en effet écrire

$$U = \varphi(y + \Delta y) - \varphi(y);$$

l'application du théorème des accroissements finis à la fonction $\varphi(v)$ nous donne

$$U = \Delta y\, \varphi'_y(y + \theta \Delta y), \qquad \text{où} \qquad 0 < \theta < 1.$$

Remplaçons φ'_y par sa valeur; il vient encore

$$U = \Delta y\,[f'_y(x + \Delta x, y + \theta \Delta y) - f'_y(x, y + \theta \Delta y)].$$

Une nouvelle application de la formule des accroissements finis à la fonction $f'_y(u, y + \theta \Delta y)$, en y regardant maintenant u comme la variable indépendante, nous donne

$$U = \Delta x\, \Delta y\, f''_{yx}(x + \theta' \Delta x, y + \theta \Delta y), \qquad 0 < \theta' < 1.$$

D'après la symétrie de l'expression U en x, y, Δx, Δy, on trouverait de même, en échangeant le rôle des variables x et y,

$$U = \Delta y\, \Delta x\, f''_{xy}(x + \theta'_1 \Delta x, y + \theta_1 \Delta y),$$

θ_1 et θ'_1 désignant encore des facteurs positifs inférieurs à un. Égalons ces deux valeurs de U; en divisant par $\Delta x\, \Delta y$, il reste

$$f''_{xy}(x + \theta'_1 \Delta x, y + \theta_1 \Delta y) = f''_{yx}(x + \theta' \Delta x, y + \theta \Delta y);$$

les dérivées f''_{xy}, f''_{yx} étant supposées continues, si l'on fait tendre Δx et Δy vers zéro, les deux membres de l'égalité précédente tendent respectivement vers f''_{xy} et f''_{yx}, et l'on parvient à l'égalité qu'il s'agissait de démontrer.

Il est à remarquer que la démonstration précédente ne suppose rien sur les autres dérivées du second ordre f''_{x^2} et f''_{y^2}; elle s'applique aussi au cas où la fonction $f(x, y)$ dépend d'autres variables indépendantes que x et y, en nombre quelconque, puisque ces variables doivent être traitées comme des constantes dans les dérivations précédentes.

Cela posé, soient $\omega = f(x, y, z, \ldots, t)$ une fonction d'un nombre quelconque de variables indépendantes, et Ω une dérivée partielle d'ordre n de cette fonction. Toute permutation, dans l'ordre des dérivations qui conduisent à Ω, peut être obtenue par une suite d'échange entre deux dérivations consécutives, et, comme ces opérations ne changent pas le résultat, d'après ce que nous venons de voir, il en sera de même de la permutation considérée. Il suit de là que, pour avoir une notation qui désigne sans ambiguïté une dérivée partielle d'ordre n, il suffira d'indiquer le nombre de dérivations qui sont effectuées par rapport à chacune des variables indépendantes. Ainsi les dérivées partielles d'une fonction de trois variables $\omega = f(x, y, z)$ seront représentées par l'une ou l'autre des deux notations

$$f^{(n)}_{x^p y^q z^r}(x, y, z), \qquad D^{(n)}_{x^p y^q z^r} f(x, y, z),$$

où $p + q + r = n$. L'une ou l'autre de ces deux notations représente le résultat qu'on obtient en dérivant successivement p fois par rapport à x, q fois par rapport à y, r fois par rapport à z, ces opérations étant effectuées dans un ordre arbitraire. Il y a trois dérivées partielles du premier ordre, f'_x, f'_y, f'_z; six dérivées partielles du second ordre, $f''_{x^2}, f''_{y^2}, f''_{z^2}, f''_{xy}, f''_{yz}, f''_{xz}, \ldots$.

D'une façon générale, une fonction de p variables indépendantes a autant de dérivées partielles d'ordre n qu'il y a de termes distincts dans un polynome homogène d'ordre n à p variables, c'est-à-dire

$$\frac{(n+1)(n+2)\ldots(n+p-1)}{1.2\ldots(p-2)(p-1)},$$

comme l'apprend la théorie des combinaisons.

Il existe, pour les fonctions de plusieurs variables, des formules analogues à la formule de la moyenne. Considérons, pour fixer les idées, une fonction $f(x, y)$ de deux variables indépendantes x et y. La différence $f(x + h, y + k) - f(x, y)$ peut s'écrire

$$[f(x + h, y + k) - f(x, y + k)] + [f(x, y + k) - f(x, y)];$$

en appliquant la formule de la moyenne à chacune des deux différences, nous trouvons

$$(8) \qquad \begin{aligned} &f(x + h, y + k) - f(x, y) \\ &= h f'_x(x + \theta h, y + k) + k f'_y(x, y + \theta' k), \end{aligned}$$

θ et θ' étant compris entre zéro et un.

La démonstration ne suppose pas que les dérivées f'_x et f'_y soient continues. Elle renferme deux nombres indéterminés θ et θ'. On peut la remplacer par une formule du même genre ne renfermant qu'un facteur θ (¹). Supposons que x, y, h, k aient des valeurs déterminées, et soit $\varphi(t)$ la fonction auxiliaire

$$\varphi(t) = f(x + ht, y + k) - f(x, y - kt)$$

de la variable t. On a évidemment

$$f(x + h, y + k) - f(x, y) = \varphi(1) - \varphi(0) = \varphi'(\theta), \qquad 0 < \theta < 1$$

ou

$$(9) \qquad f(x + h, y + k) - f(x, y) = h f'_x(x + \theta h, y + k) + k f'_y(x, y - \theta k).$$

Les formules (8) et (9) sont analogues à la formule de la moyenne (2) et elles peuvent évidemment s'étendre aux fonctions d'un nombre quelconque de variables.

Lorsque les dérivées partielles f'_x et f'_y sont continues, on peut encore écrire l'accroissement de f sous la forme

$$(10) \quad f(x + h, y + k) - f(x, y) = h[f'_x(x, y) + \varepsilon] + k[f'_y(x, y) + \varepsilon'],$$

ε et ε' tendant vers zéro en même temps que h et k. Cette expression de la différence $f(x + h, y + k) - f(x, y)$ est souvent utile; elle a servi en Algèbre pour établir la règle qui donne la dérivée d'une fonction composée.

Remarque. — Il ne suffit pas que la fonction $f(x, y)$ admette des dérivées partielles pour que l'accroissement de f puisse se mettre sous la forme (10). Considérons par exemple la fonction $f(x, y) = \dfrac{xy}{\sqrt{x^2 + y^2}}$, lorsque x et y ne sont pas nuls à la fois, et égale à zéro pour $x = y = 0$.

Cette fonction est continue, même pour l'origine, et les dérivées partielles f'_x, f'_y ont des valeurs finies pour tout système de valeurs de x et de y. On a en particulier

$$f'_x(x, 0) = 0, \qquad f'_y(0, y) = 0,$$

puisque la fonction $f(x, y)$ est nulle sur chacun des axes. La formule (10) ne s'applique pas à cette fonction pour $x = y = 0$, car elle donnerait

$$(11) \qquad f(h, k) = h\varepsilon + k\varepsilon',$$

(¹) Je dois cette remarque à M. Hedrick.

ε et ε' étant infiniment petits en même temps que h et k. Or, si l'on fait $k = h$, on a $f(h, h) = \dfrac{h}{\sqrt{2}}$, et non pas $h\eta$, η étant infiniment petit.

21. Plan tangent à une surface. — De même que la dérivée d'une fonction d'une seule variable donne la tangente à une courbe, les dérivées partielles d'une fonction de deux variables interviennent dans la recherche du plan tangent à une surface. Soit

$$(12) \qquad z = F(x, y)$$

l'équation d'une surface S; nous supposons que la fonction F est continue et admet des dérivées partielles continues en un point (x_0, y_0) du plan des xy, auquel correspond la valeur z_0 pour z et un point $M_0(x_0, y_0, z_0)$ de la surface S. Considérons une courbe quelconque C située sur la surface et passant au point M_0, et soient

$$(13) \qquad x = f(t), \qquad y = \varphi(t), \qquad z = \psi(t)$$

les coordonnées d'un point de cette courbe exprimées en fonction d'un paramètre variable t; $f(t)$, $\varphi(t)$, $\psi(t)$ sont trois fonctions continues du paramètre t qui se réduisent respectivement à x_0, y_0, z_0 pour une valeur particulière t_0 de t. La tangente à cette courbe au point M_0 est représentée par les équations (n° 14)

$$(14) \qquad \frac{X - x_0}{f'(t_0)} = \frac{Y - y_0}{\varphi'(t_0)} = \frac{Z - z_0}{\psi'(t_0)}.$$

D'autre part, puisque la courbe C est située sur la surface S, on a la relation

$$\psi(t) = F[f(t), \varphi(t)]$$

qui doit être vérifiée, quel que soit t. Les deux membres doivent donc être identiques; prenons la dérivée du second membre d'après la règle qui donne la dérivée d'une fonction composée, et faisons $t = t_0$. Il vient

$$(15) \qquad \psi'(t_0) = f'(t_0)\, F'_{x_0} + \varphi'(t_0)\, F'_{y_0}.$$

Entre les équations (14) et (15) on peut éliminer $f'(t_0)$, $\varphi'(t_0)$, $\psi'(t_0)$, et le résultat de l'élimination est

$$(16) \qquad Z - z_0 = (X - x_0)\, F'_{x_0} + (Y - y_0)\, F'_{y_0};$$

cette équation représente un plan, qui est le lieu des tangentes à toutes les courbes situées sur la surface et passant au point M_0. On l'appelle le *plan tangent à la surface*. (*Cf.* EXERC. 18.)

22. Passage des différences aux dérivées. — On a défini les dérivées de proche en proche, les dérivées d'ordre n se déduisant des dérivées d'ordre $n - 1$, et ainsi de suite. Il est naturel de se demander si l'on ne pourrait pas définir directement une dérivée partielle d'ordre n comme limite d'un quotient, sans passer par l'intermédiaire des dérivées d'ordre inférieur à n. Nous avons fait quelque chose de ce genre pour f''_{xy} (*voir* n° 20), car la démonstration donnée plus haut prouve que f''_{xy} est la limite du rapport

$$\frac{f(x + \Delta x, y + \Delta y) - f(x + \Delta x, y) - f(x, y + \Delta y) + f(x, y)}{\Delta x \, \Delta y},$$

lorsque Δx et Δy tendent tous les deux vers zéro. On démontre de la même façon que f''_{x^2} est la limite du rapport

$$\frac{f(x + h_1 + h_2) - f(x + h_1) - f(x + h_2) + f(x)}{h_1 h_2},$$

lorsque h_1 et h_2 tendent l'un et l'autre vers zéro.

Si l'on pose, en effet,

$$f_1(x) = f(x + h_1) - f(x),$$

ce rapport peut s'écrire

$$\frac{f_1(x + h_2) - f_1(x)}{h_1 h_2} = \frac{f'_1(x + \theta h_2)}{h_1}, \qquad 0 < \theta < 1,$$

ou encore

$$\frac{f'(x + h_1 + \theta h_2) - f'(x + \theta h_2)}{h_1} = f''(x + \theta' h_1 + \theta h_2), \qquad 0 < \theta' < 1.$$

La limite de ce rapport est donc la dérivée seconde f''_{x^2}, pourvu que cette dérivée soit continue.

Passons maintenant au cas général. Soit, pour fixer les idées,

$$\omega = f(x, y, z)$$

une fonction de trois variables indépendantes. Nous poserons

$$\Delta^h_x \omega = f(x + h, y, z) - f(x, y, z),$$
$$\Delta^k_y \omega = f(x, y + k, z) - f(x, y, z),$$
$$\Delta^l_z \omega = f(x, y, z + l) - f(x, y, z);$$

$\Delta^h_x \omega$, $\Delta^k_y \omega$, $\Delta^l_z \omega$ sont les *différences premières* de ω. Si l'on considère h, k, l comme des constantes données, ces trois différences premières sont elles-mêmes des fonctions de x, y, z dont on peut prendre les différences relatives à des accroissements h_1, k_1, l_1 des variables, et l'on a ainsi les *différences secondes* $\Delta_x^{h_2}\Delta_x^{h_1}\omega$, $\Delta_y^{h_1}\Delta_y^{k_1}\omega$, ... Le procédé peut se continuer indéfiniment; une différence d'ordre n se définira comme une différence première d'une différence d'ordre $n-1$. Comme on peut intervertir l'ordre de deux quelconques des opérations précédentes, il suffira d'indiquer les accroissements successifs attribués à chaque variable. Une différence d'ordre n sera représentée par un symbole tel que le suivant :

$$\Delta^{(n)}\omega = \Delta_x^{h_1}\Delta_x^{h_2}\ldots\Delta_x^{h_p}\Delta_y^{k_1}\ldots\Delta_y^{k_q}\Delta_z^{l_1}\ldots\Delta_z^{l_r}f(x, y, z) \qquad \text{où} \qquad p+q+r=n,$$

les accroissements h_i, k_i, l_i pouvant être égaux ou inégaux. Cette différence peut s'exprimer au moyen d'une dérivée partielle d'ordre n; elle est égale au produit

$$h_1 h_2 \ldots h_p k_1 \ldots k_q l_1 \ldots l_r$$
$$\times f_{x^p y^q z^r}^{(n)}(x + \theta_1 h_1 + \ldots + \theta_p h_p, y + \theta_1' k_1 + \ldots + \theta_q' k_q, z + \theta_1'' l_1 + \ldots + \theta_r'' l_r),$$

tous les θ_i étant compris entre 0 et 1. La formule a déjà été établie pour les différences premières et secondes. Pour démontrer qu'elle est générale, admettons qu'elle est exacte pour une différence d'ordre $n-1$, et soit

$$\varphi(x, y, z) = \Delta_x^{h_2}\ldots\Delta_x^{h_p}\Delta_y^{k_1}\ldots\Delta_y^{k_q}\Delta_z^{l_1}\ldots\Delta_z^{l_r}f;$$

on aura, par hypothèse,

$$\varphi(x, y, z) = h_2 \ldots h_p k_1 \ldots k_q l_1 \ldots l_r f_{x^{p-1} y^q z^r}^{n-1}(x + \theta_2 h_2 + \ldots + \theta_p h_p, y + \ldots).$$

Mais la différence $n^{\text{ième}}$ considérée est égale à

$$\varphi(x + h_1, y, z) - \varphi(x, y, z),$$

et il suffit d'appliquer de nouveau la formule des accroissements finis à cette différence pour parvenir à la formule qu'on voulait démontrer.

Inversement, la dérivée partielle $f_{x^p y^q z^r}^{(n)}$ est la limite du rapport

$$\frac{\Delta_x^{h_1}\Delta_x^{h_2}\ldots\Delta_x^{h_p}\Delta_y^{k_1}\ldots\Delta_y^{k_q}\Delta_z^{l_1}\ldots\Delta_z^{l_r}f}{h_1 h_2 \ldots h_p k_1 k_2 \ldots k_q l_1 \ldots l_r},$$

lorsque tous les accroissements h, k, l tendent vers zéro.

Il est intéressant de remarquer que cette définition des dérivées partielles d'ordre supérieur est quelquefois plus étendue que la définition ordinaire. Considérons, par exemple, la fonction

$$\omega = f(x, y) = \varphi(x) + \psi(y),$$

où les fonctions $\varphi(x)$ et $\psi(y)$ n'admettent pas de dérivée. La fonction ω n'admet pas non plus de dérivées partielles du premier ordre; il n'y a donc pas lieu *a fortiori* de parler des dérivées partielles du second ordre. Cependant, si l'on adoptait la nouvelle définition, on serait conduit, pour trouver f''_{xy}, à chercher la limite du rapport

$$\frac{f(x+h, y+k) - f(x+h, y) - f(x, y+k) - f(x, y)}{hk}$$

qui est égal à

$$\frac{\varphi(x+h) + \psi(y+k) - \varphi(x+h) - \psi(y) - \varphi(x) - \psi(y+k) + \varphi(x) + \psi(y)}{hk}.$$

Le numérateur de ce rapport est toujours nul; il a donc zéro pour limite, et nous sommes conduits à écrire $f''_{xy} = 0$ ([1]).

23. Théorème de Schwarz. — On peut rattacher à cet ordre d'idées une proposition intéressante due à M. Schwarz, qui est utilisée dans l'étude des séries trigonométriques :

Si $f(x)$ est une fonction continue dans un intervalle (a, b) et telle qu'on ait, pour toute valeur de x dans cet intervalle,

$$\lim_{\alpha = 0} \frac{f(x+\alpha) + f(x-\alpha) - 2f(x)}{\alpha^2} = 0,$$

$f(x)$ est une fonction linéaire de x.

La proposition serait évidente si l'on admettait que $f(x)$ possède une dérivée du premier ordre et une dérivée du second ordre dans l'intervalle (a, b), mais nous devons écarter cette hypothèse. La fonction linéaire

$$f(a) + \frac{x-a}{b-a}[f(b) - f(a)]$$

est égale à la fonction $f(x)$ pour $x = a$ et pour $x = b$. Si $f(x)$ n'est pas une fonction linéaire, la différence

$$\varphi(x) = f(x) - f(a) - \frac{x-a}{b-a}[f(b) - f(a)]$$

n'est pas constamment nulle dans l'intervalle (a, b): supposons, par

---

([1]) On peut faire des remarques analogues pour les fonctions d'une seule variable. Par exemple, la fonction $f(x) = x^3 \cos \frac{1}{x}$ a pour dérivée

$$f'(x) = 3x^2 \cos \frac{1}{x} - x \sin \frac{1}{x},$$

et $f'(x)$ n'admet pas de dérivée pour $x = 0$. Cependant, le rapport

$$\frac{f(2x) - 2f(x) + f(0)}{x^2} \qquad \text{ou} \qquad 8x \cos \frac{1}{2x} - 2x \cos \frac{1}{x}$$

a pour limite zéro lorsque x tend vers zéro.

exemple, qu'on ait $\varphi(c) > 0$, c étant compris entre a et b. La fonction continue auxiliaire

$$\psi(x) = f(x) - f(a) - \frac{x-a}{b-a}[f(b) - f(a)] + \frac{h^2}{2}(x-a)(x-b)$$

est positive pour $x = c$, pourvu qu'on prenne pour h un nombre assez petit. D'ailleurs cette fonction est nulle pour $x = a$ et pour $x = b$; elle est donc maximum pour une valeur $x = x_1$ comprise entre a et b. Or cette fonction $\psi(x)$ satisfait, il est facile de le voir, à la condition

$$\lim_{\alpha = 0} \frac{\psi(x+\alpha) + \psi(x-\alpha) - 2\psi(x)}{\alpha^2} = h^2.$$

Il s'ensuit qu'on ne peut avoir à la fois, pour α assez petit,

$$\psi(x_1 + \alpha) - \psi(x_1) \geq 0, \qquad \psi(x_1 - \alpha) - \psi(x_1) \leq 0,$$

et par suite la fonction $\psi(x)$ ne peut être maximum pour $x = x_1$. On est donc conduit à une contradiction en supposant que la différence $\varphi(x)$ n'est pas nulle en tous les points de l'intervalle (a, b).

II. — NOTATION DIFFÉRENTIELLE.

La notation différentielle, la plus ancienne des notations employées, est due à Leibniz. Quoiqu'elle ne soit pas indispensable, elle offre des avantages de symétrie dans les formules et de généralité qui sont très appréciables, surtout dans l'étude des fonctions de plusieurs variables. L'origine de cette notation se trouve dans la considération des infiniment petits.

24. Différentielles. — Soit $y = f(x)$ une fonction continue admettant une dérivée $f'(x)$; attribuons à x un accroissement Δx, et désignons par Δy l'accroissement correspondant de y. D'après la définition même de la dérivée, on a

$$\frac{\Delta y}{\Delta x} = f'(x) + \varepsilon,$$

ε tendant vers zéro en même temps que Δx; si l'on considère Δx comme l'infiniment petit principal, Δy est lui-même un infiniment petit dont la partie principale est $f'(x)\Delta x$, pourvu que $f'(x)$ ne soit pas nul. C'est cette partie principale qu'on appelle la *différentielle* de y et qu'on représente par dy,

$$dy = f'(x)\Delta x.$$

Lorsque la fonction $f(x)$ se réduit à x, la formule précédente se réduit à $dx = \Delta x$, et l'on écrit pour plus de symétrie

$$dy = f'(x)\,dx,$$

mais en convenant de considérer l'accroissement dx de la variable

Fig. 3.

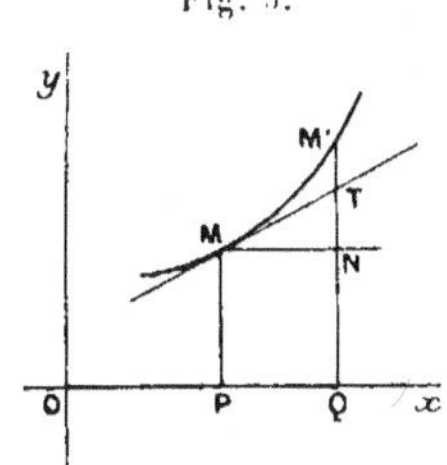

indépendante comme une quantité constante, d'ailleurs quelconque.

Considérons sur la courbe C, représentée par l'équation $y = f(x)$, les deux points M et M' d'abscisses x et $x + dx$. Dans le triangle MTN on a

$$NT = MN \tang \widehat{NMT} = dx\,f'(x);$$

NT représente donc la différentielle dy, tandis que Δy est égale à NM'. Il est visible sur la figure que la partie M'T est infiniment petite par rapport à NT, lorsque le point M' se rapproche indéfiniment du point M.

Les différentielles successives se définissent de proche en proche comme les dérivées successives. Ainsi l'on appelle *différentielle du second ordre* la différentielle de la différentielle du premier ordre, dx étant toujours considéré comme une constante, et on la représente par d^2y.

$$d^2y = d(dy) = [f''(x)\,dx]\,dx = f''(x)\,dx^2.$$

On a de même pour la différentielle troisième

$$d^3y = d(d^2y) = [f'''(x)\,dx^2]\,dx = f'''(x)\,dx^3,$$

et ainsi de suite. D'une manière générale, la différentielle d'ordre n, qui se définit comme la différentielle de la différentielle d'ordre $n-1$, a pour expression

$$d^n y = f^{(n)}(x)\, dx^n.$$

Les dérivées $f'(x)$, $f''(x)$. .... $f^{(n)}(x)$, ... peuvent inversement s'exprimer au moyen des différentielles, et l'on a une nouvelle notation pour représenter les dérivées

$$y' = \frac{dy}{dx}, \qquad y'' = \frac{d^2 y}{dx^2}, \qquad \ldots, \qquad y^n = \frac{d^n y}{dx^n}, \qquad \ldots$$

A chaque règle pour calculer une dérivée correspond une règle pour calculer une différentielle. Arrêtons-nous un moment sur le cas d'une fonction de fonction. Soit $y = f(u)$, u étant une fonction de la variable indépendante x : on a

$$y'_x = f'(u) u'_x,$$

et, en multipliant les deux membres par dx, il vient

$$y'_x\, dx = f'(u) \times u'_x\, dx,$$

c'est-à-dire

$$dy = f'(u)\, du.$$

La formule qui donne dy est donc la même que si u était la variable indépendante. C'est là un des avantages de la notation différentielle. Avec la notation des dérivées, on a deux formules différentes

$$y'_x = f'(x), \qquad y'_x = f'(u) u'_x,$$

pour représenter la dérivée de y par rapport à x, suivant que y est donné directement en fonction de x, ou que y dépend de x par l'intermédiaire d'une autre fonction u. Avec la notation différentielle. la même formule s'applique aux deux cas.

Si $y = f(u, v, w)$ est une fonction composée, on a

$$y'_x = u'_x f'_u + v'_x f'_v + w'_x f'_w$$

et, en multipliant par dx, il vient

$$y'_x\, dx = u'_x\, dx f'_u + v'_x\, dx f'_v + w'_x\, dx f'_w,$$

c'est-à-dire

$$dy = f'_u\, du + f'_v\, dv + f'_w\, dw.$$

Ainsi

$$d(uv) = u\, dv + v\, du, \qquad d\left(\frac{u}{v}\right) = \frac{v\, du - u\, dv}{v^2}.$$

Les mêmes règles permettront de calculer les différentielles successives. Soit, par exemple, à calculer les différentielles successives d'une fonction de fonction $y = f(u)$; on a déjà trouvé

$$dy = f'(u)\,du.$$

Pour calculer d^2y, il faut remarquer que du ne doit pas être
traité comme constant, puisque u n'est pas la variable indépendante. On a donc à calculer la différentielle d'une fonction composée $f'(u)\,du$, où u et du sont deux fonctions intermédiaires, ce
qui donne

$$d^2y = f''(u)\,du^2 + f'(u)\,d^2u.$$

Pour calculer d^3y, il faudra considérer d^2y comme une fonction composée avec trois fonctions intermédiaires u, du, d^2u; on
trouve de cette façon

$$d^3y = f'''(u)\,du^3 + 3f''(u)\,du\,d^2u + f'(u)\,d^3u,$$

et ainsi de suite. Il est à remarquer qu'à cause des termes en d^2u,
d^3u, …, les formules qui donnent les différentielles d^2y, d^3y, …
ne sont plus les mêmes que si u était la variable indépendante.

Les dérivées partielles d'une fonction de plusieurs variables se
représentent par une notation analogue. Ainsi la dérivée partielle
d'ordre n de $f(x, y, z)$ qui est représentée, dans la notation de
Lagrange, par $f''_{x^p y^q z^r}$ est représentée, dans la notation de Leibniz,
par

$$\frac{d^n f}{dx^p\,dy^q\,dz^r};$$

cette notation est purement symbolique et ne représente nullement un quotient, comme dans le cas d'une fonction d'une seule
variable indépendante ([1]).

25. Différentielles totales. — Soit $\omega = f(x, y, z)$ une fonction
des trois variables x, y, z, admettant des dérivées partielles du
premier ordre continues. L'accroissement $\Delta\omega$, correspondant à
des accroissements dx, dy, dz des variables x, y, z, a pour expression

$$\Delta\omega = (f'_x + \varepsilon)\,dx + (f'_y + \varepsilon')\,dy + (f'_z + \varepsilon'')\,dz,$$

ε, ε', ε'' tendant vers zéro en même temps que dx, dy, dz.

([1]) L'emploi de la lettre d, pour désigner une dérivée partielle, est dû à Jacobi.

On appelle *différentielle totale* l'expression

$$d\omega = \frac{\partial f}{\partial x}\,dx + \frac{\partial f}{\partial y}\,dy + \frac{\partial f}{\partial z}\,dz.$$

qu'on obtient en négligeant ε, ε', ε'' dans $\Delta\omega$. Les trois produits $\frac{\partial f}{\partial x}\,dx$, $\frac{\partial f}{\partial y}\,dy$, $\frac{\partial f}{\partial z}\,dz$ sont les différentielles partielles.

La différentielle totale du second ordre $d^2\omega$ est la différentielle totale de la différentielle totale du premier ordre, les accroissements dx, dy, dz restant constants et toujours les mêmes quand on passe d'une différentielle à la suivante. On a donc

$$d^2\omega = d(d\omega) = \frac{\partial\,d\omega}{\partial x}\,dx + \frac{\partial\,d\omega}{\partial y}\,dy + \frac{\partial\,d\omega}{\partial z}\,dz,$$

ou, en développant,

$$
\begin{aligned}
d^2\omega = {} & \left(\frac{\partial^2 f}{\partial x^2}\,dx + \frac{\partial^2 f}{\partial x\,\partial y}\,dy + \frac{\partial^2 f}{\partial x\,\partial z}\,dz \right) dx \\
& + \left(\frac{\partial^2 f}{\partial x\,\partial y}\,dx + \frac{\partial^2 f}{\partial y^2}\,dy + \frac{\partial^2 f}{\partial y\,\partial z}\,dz \right) dy \\
& + \left(\frac{\partial^2 f}{\partial x\,\partial z}\,dx + \frac{\partial^2 f}{\partial y\,\partial z}\,dy + \frac{\partial^2 f}{\partial z^2}\,dz \right) dz \\
= {} & \frac{\partial^2 f}{\partial x^2}\,dx^2 + \frac{\partial^2 f}{\partial y^2}\,dy^2 + \frac{\partial^2 f}{\partial z^2}\,dz^2 \\
& + 2\frac{\partial^2 f}{\partial x\,\partial y}\,dx\,dy + 2\frac{\partial^2 f}{\partial x\,\partial z}\,dx\,dz + 2\frac{\partial^2 f}{\partial y\,\partial z}\,dy\,dz.
\end{aligned}
$$

Si l'on remplace, dans le second membre, $\partial^2 f$ par ∂f^2, on a le développement du carré de $\frac{\partial f}{\partial x}\,dx + \frac{\partial f}{\partial y}\,dy + \frac{\partial f}{\partial z}\,dz$; on peut donc écrire l'égalité symbolique

$$d^2\omega = \left(\frac{\partial f}{\partial x}\,dx + \frac{\partial f}{\partial y}\,dy + \frac{\partial f}{\partial z}\,dz \right)^2,$$

où l'on doit convenir que ∂f^2 doit être remplacé par $\partial^2 f$ après le développement du carré. Cette loi est générale; si nous convenons d'appeler *différentielle totale d'ordre n* la différentielle totale de la différentielle totale d'ordre $n-1$, on a, quel que soit n, l'égalité symbolique

$$d^n\omega = \left(\frac{\partial f}{\partial x}\,dx + \frac{\partial f}{\partial y}\,dy + \frac{\partial f}{\partial z}\,dz \right)^n.$$

∂f^n devant être remplacé par $\partial^n f$ après le développement. Cette loi étant vérifiée pour $n = 1$, $n = 2$, il nous suffira de montrer que, si elle est vraie pour $d^n \omega$, elle est encore vraie pour $d^{n+1} \omega$. La loi étant admise pour $d^n \omega$, on a, en développant,

$$d^n \omega = \Sigma \, A_{pqr} \frac{\partial^n f}{\partial x^p \, \partial y^q \, \partial z^r} \, dx^p \, dy^q \, dz^r.$$

où $p + q + r = n$, le coefficient A_{pqr} étant le même que le coefficient de $dx^p \, dy^q \, dz^r$ dans la puissance $n^{\text{ième}}$ du trinome

$$(dx + dy + dz)^n.$$

c'est-à-dire

$$A_{pqr} = \frac{1.2\ldots n}{1.2\ldots p \,.\, 1.2\ldots q \,.\, 1.2\ldots r}.$$

On déduit de la formule précédente

$$d^{n+1} \omega = \Sigma \, A_{pqr} \left(\frac{\partial^{n+1} f}{\partial x^{p+1} \, \partial y^q \, \partial z^r} \, dx^{p+1} \, dy^q \, dz^r + \frac{\partial^{n+1} f}{\partial x^p \, \partial y^{q+1} \, \partial z^r} \, dx^p \, dy^{q+1} \, dz^r \right.$$
$$\left. + \frac{\partial^{n+1} f}{\partial x^p \, \partial y^q \, \partial z^{r+1}} \, dx^p \, dy^q \, dz^{r+1} \right);$$

si l'on remplace maintenant $\partial^{n+1} f$ par ∂f^{n+1}, le second membre peut s'écrire symboliquement

$$\Sigma \, A_{pqr} \frac{\partial f^n}{\partial x^p \, \partial y^q \, \partial z^r} \, dx^p \, dy^q \, dz^r \left(\frac{\partial f}{\partial x} \, dx + \frac{\partial f}{\partial y} \, dy + \frac{\partial f}{\partial z} \, dz \right),$$

ou encore

$$\left(\frac{\partial f}{\partial x} \, dx + \frac{\partial f}{\partial y} \, dy + \frac{\partial f}{\partial z} \, dz \right)^n \left(\frac{\partial f}{\partial x} \, dx + \frac{\partial f}{\partial y} \, dy + \frac{\partial f}{\partial z} \, dz \right).$$

On a donc bien, avec les mêmes conventions,

$$d^{n+1} \omega = \left(\frac{\partial f}{\partial x} \, dx + \frac{\partial f}{\partial y} \, dy + \frac{\partial f}{\partial z} \, dz \right)^{n+1}.$$

Remarque. — Supposons que, par un moyen quelconque, on ait obtenu l'expression de la différentielle totale $d\omega$.

$$(17) \qquad\qquad d\omega = P \, dx + Q \, dy + R \, dz.$$

P, Q, R étant des fonctions de x, y, z. Comme on a par définition

$$d\omega = \frac{\partial \omega}{\partial x} \, dx + \frac{\partial \omega}{\partial y} \, dy + \frac{\partial \omega}{\partial z} \, dz,$$

on en déduit la relation

$$\left(\frac{\partial\omega}{\partial x} - \mathrm{P}\right) dx + \left(\frac{\partial\omega}{\partial y} - \mathrm{Q}\right) dy + \left(\frac{\partial\omega}{\partial z} - \mathrm{R}\right) dz = 0:$$

or dx, dy, dz sont, par convention, des constantes quelconques. Il faudra donc qu'on ait séparément

$$(18) \qquad \frac{\partial\omega}{\partial x} = \mathrm{P}, \qquad \frac{\partial\omega}{\partial y} = \mathrm{Q}, \qquad \frac{\partial\omega}{\partial z} = \mathrm{R}:$$

l'équation (17) est équivalente aux trois relations distinctes (18) et nous fait connaître à la fois les trois dérivées partielles du premier ordre. Plus généralement, si l'on a obtenu, par un moyen quelconque, la différentielle totale d'ordre n

$$d^n\omega = \Sigma\, \mathrm{C}_{pqr}\, dx^p\, dy^q\, dz^r,$$

les coefficients C_{pqr} sont égaux, à des facteurs numériques près, aux dérivées partielles d'ordre n de ω. On a ainsi à la fois toutes les dérivées partielles du même ordre; nous verrons un peu plus loin une application de cette remarque.

26. Différentielles successives d'une fonction composée. — Soit $\omega = \mathrm{F}(u, v, w)$ une fonction composée, u, v, w étant des fonctions des variables indépendantes x, y, z, t: écrivons les expressions des dérivées partielles du premier ordre :

$$\frac{\partial\omega}{\partial x} = \frac{\partial\mathrm{F}}{\partial u}\frac{\partial u}{\partial x} + \frac{\partial\mathrm{F}}{\partial v}\frac{\partial v}{\partial x} + \frac{\partial\mathrm{F}}{\partial w}\frac{\partial w}{\partial x},$$

$$\frac{\partial\omega}{\partial y} = \frac{\partial\mathrm{F}}{\partial u}\frac{\partial u}{\partial y} + \frac{\partial\mathrm{F}}{\partial v}\frac{\partial v}{\partial y} + \frac{\partial\mathrm{F}}{\partial w}\frac{\partial w}{\partial y},$$

$$\frac{\partial\omega}{\partial z} = \frac{\partial\mathrm{F}}{\partial u}\frac{\partial u}{\partial z} + \frac{\partial\mathrm{F}}{\partial v}\frac{\partial v}{\partial z} + \frac{\partial\mathrm{F}}{\partial w}\frac{\partial w}{\partial z},$$

$$\frac{\partial\omega}{\partial t} = \frac{\partial\mathrm{F}}{\partial u}\frac{\partial u}{\partial t} + \frac{\partial\mathrm{F}}{\partial v}\frac{\partial v}{\partial t} + \frac{\partial\mathrm{F}}{\partial w}\frac{\partial w}{\partial t}.$$

En multipliant ces quatre équations par dx, dy, dz, dt respectivement et les ajoutant, on a au premier membre la différentielle totale $d\omega$, tandis que les coefficients de $\frac{\partial\mathrm{F}}{\partial u}$, $\frac{\partial\mathrm{F}}{\partial v}$, $\frac{\partial\mathrm{F}}{\partial w}$ sont égaux respectivement à du, dv, dw. Il vient donc

$$(19) \qquad d\omega = \frac{\partial\mathrm{F}}{\partial u} du + \frac{\partial\mathrm{F}}{\partial v} dv + \frac{\partial\mathrm{F}}{\partial w} dw.$$

de sorte que *l'expression de la différentielle totale du premier ordre d'une fonction composée est la même que si les fonctions intermédiaires étaient des variables indépendantes.* Nous voyons se manifester ici un des principaux avantages de la notation différentielle; la relation (19) ne dépend ni du nombre ni du choix des variables indépendantes, et elle équivaut à autant de relations distinctes qu'il y a de variables indépendantes.

Pour calculer $d^2\omega$, nous appliquerons la règle qui vient d'être établie à $d\omega$, en observant que, dans le second membre de la formule (19), il entre six fonctions intermédiaires : u, v, w, du, dv, dw. On a donc

$$d^2\omega = \frac{\partial^2 F}{\partial u^2}\, du^2 \ + \frac{\partial^2 F}{\partial u\, \partial v}\, du\, dv \ + \frac{\partial^2 F}{\partial u\, \partial w}\, du\, dw \ + \frac{\partial F}{\partial u}\, d^2 u$$

$$+ \frac{\partial^2 F}{\partial u\, \partial v}\, du\, dv \ + \frac{\partial^2 F}{\partial v^2}\, dv^2 \ + \frac{\partial^2 F}{\partial v\, \partial w}\, dv\, dw \ + \frac{\partial F}{\partial v}\, d^2 v$$

$$+ \frac{\partial^2 F}{\partial u\, \partial w}\, du\, dw \ + \frac{\partial^2 F}{\partial v\, \partial w}\, dv\, dw \ + \frac{\partial^2 F}{\partial w^2}\, dw^2 \ + \frac{\partial F}{\partial w}\, d^2 w,$$

ou, en réduisant et employant la même notation symbolique que plus haut,

$$d^2\omega = \left(\frac{\partial F}{\partial u}\, du + \frac{\partial F}{\partial v}\, dv + \frac{\partial F}{\partial w}\, dw \right)^{(2)} + \frac{\partial F}{\partial u}\, d^2 u + \frac{\partial F}{\partial v}\, d^2 v + \frac{\partial F}{\partial w}\, d^2 w.$$

La formule est plus compliquée que dans le cas où u, v, w sont les variables indépendantes, à cause des termes en $d^2 u$, $d^2 v$, $d^2 w$, qui disparaissent lorsque u, v, w sont les variables indépendantes. Pour avoir $d^3\omega$, on appliquera de nouveau la même règle à $d^2\omega$, en observant que $d^2\omega$ dépend de neuf fonctions intermédiaires : $u, v, w, du, dv, dw, d^2 u, d^2 v, d^2 w$, et ainsi de suite. L'expression générale de ces différentielles devient de plus en plus compliquée; $d^n\omega$ est une fonction entière des différentielles de u, v, w, jusqu'à l'ordre n, et l'ensemble des termes où figurent les différentielles d'ordre n et $n-1$ est, pour $n > 2$,

$$\frac{\partial F}{\partial u}\, d^n u + \frac{\partial F}{\partial v}\, d^n v + \frac{\partial F}{\partial w}\, d^n w + n\, d\left(\frac{\partial F}{\partial u} \right) d^{n-1} u + \ldots.$$

Si dans $d^n\omega$ on remplace $u, v, w, du, dv, dw, \ldots$ par leurs expressions au moyen des variables indépendantes, $d^n\omega$ devient un polynome entier en dx, dy, dz, dont les coefficients sont égaux (*voir* la remarque du n° 25) aux dérivées partielles d'ordre n

de ω, multipliées par certains facteurs numériques. On a ainsi du même coup toutes les dérivées partielles d'ordre n.

Supposons, par exemple, qu'on veuille calculer les dérivées partielles du premier et du second ordre de la fonction composée $\omega = f(u)$, où u est une fonction de deux variables indépendantes, $u = \varphi(x, y)$. Si l'on calcule ces dérivées séparément, on a d'abord les deux dérivées partielles du premier ordre

$$(20) \qquad \frac{\partial \omega}{\partial x} = \frac{\partial \omega}{\partial u} \frac{\partial u}{\partial x}, \qquad \frac{\partial \omega}{\partial y} = \frac{\partial \omega}{\partial u} \frac{\partial u}{\partial y},$$

et, en prenant les dérivées de ces deux équations par rapport à x et par rapport à y, on a trois relations distinctes seulement qui donnent les dérivées du second ordre :

$$(21) \qquad \begin{cases} \dfrac{\partial^2 \omega}{\partial x^2} = \dfrac{\partial^2 \omega}{\partial u^2}\left(\dfrac{\partial u}{\partial x}\right)^2 + \dfrac{\partial \omega}{\partial u}\dfrac{\partial^2 u}{\partial x^2}, \\[2ex] \dfrac{\partial^2 \omega}{\partial x\,\partial y} = \dfrac{\partial^2 \omega}{\partial u^2}\dfrac{\partial u}{\partial x}\dfrac{\partial u}{\partial y} + \dfrac{\partial \omega}{\partial u}\dfrac{\partial^2 u}{\partial x\,\partial y}, \\[2ex] \dfrac{\partial^2 \omega}{\partial y^2} = \dfrac{\partial^2 \omega}{\partial u^2}\left(\dfrac{\partial u}{\partial y}\right)^2 + \dfrac{\partial \omega}{\partial u}\dfrac{\partial^2 u}{\partial y^2}; \end{cases}$$

la seconde des relations (21) s'obtient en différentiant par rapport à y la première des équations (20), ou la seconde par rapport à x. Avec les différentielles totales, ces cinq relations (20) et (21) peuvent être remplacées par deux seulement :

$$(22) \qquad \begin{cases} d\omega = \dfrac{\partial \omega}{\partial u}\,du, \\[2ex] d^2\omega = \dfrac{\partial^2 \omega}{\partial u^2}\,du^2 + \dfrac{\partial \omega}{\partial u}\,d^2 u; \end{cases}$$

si l'on remplace dans ces deux formules du par $\dfrac{\partial u}{\partial x}dx + \dfrac{\partial u}{\partial y}dy$, $d^2 u$ par $\dfrac{\partial^2 u}{\partial x^2}dx^2 + 2\dfrac{\partial^2 u}{\partial x\,\partial y}dx\,dy + \dfrac{\partial^2 u}{\partial y^2}dy^2$, les coefficients de dx et dy dans la première donneront les dérivées partielles du premier ordre de ω, et les coefficients de dx^2, $2\,dx\,dy$, dy^2 dans la deuxième donneront de même les dérivées partielles du second ordre de ω.

27. Différentielles d'un produit. — La formule qui donne la différentielle totale d'ordre n d'une fonction composée se simplifie dans certains cas d'une application fréquente dans la pratique. Ainsi, soit à calculer la différentielle totale d'ordre n d'un produit de deux facteurs $\omega = uv$. On a, pour les premières valeurs de n,

$$d\omega = v\,du + u\,dv, \qquad d^2\omega = v\,d^2u + 2\,du\,dv + u\,d^2v, \qquad \ldots,$$

et, d'une manière générale, il est visible, d'après la loi de formation de ces différentielles, qu'on a

$$d^n\omega = v\,d^n u + C_1\,dv\,d^{n-1}u + C_2\,d^2v\,d^{n-2}u + \ldots + u\,d^n v,$$

C_1, C_2, ... étant des nombres entiers positifs. On pourrait démontrer de proche en proche que ces coefficients sont identiques à ceux du développement de $(a + b)^n$, mais on y arrive d'une façon plus élégante au moyen de l'artifice suivant qui s'applique à une foule de questions du même genre. Observons que C_1, C_2, ..., C_p, ... ne dépendent pas de la nature des fonctions u et v; il suffit donc de les déterminer pour des fonctions particulières. Prenons pour cela $u = e^x$, $v = e^y$, x et y étant deux variables indépendantes; on a

$$\omega = e^{x+y}, \qquad d\omega = e^{x+y}(dx + dy), \qquad \ldots, \qquad d^n\omega = e^{x+y}(dx + dy)^n,$$
$$du = e^x\,dx, \qquad d^2u = e^x\,dx^2, \qquad \ldots,$$
$$dv = e^y\,dy, \qquad d^2v = e^y\,dy^2, \qquad \ldots,$$

et la formule générale devient, après avoir divisé par e^{x+y},

$$(dx + dy)^n = dx^n + C_1\,dy\,dx^{n-1} + C_2\,dy^2\,dx^{n-2} + \ldots + dy^n.$$

Comme dx et dy sont arbitraires, il s'ensuit qu'on doit avoir

$$C_1 = \frac{n}{1}, \quad C_2 = \frac{n(n-1)}{1.2}, \quad \ldots, \quad C_p = \frac{n(n-1)\ldots(n-p+1)}{1.2\ldots p}, \quad \ldots,$$

et la formule générale est par conséquent

$$(23) \quad d^n(uv) = v\,d^n u + \frac{n}{1}\,dv\,d^{n-1}u + \frac{n(n-1)}{1.2}\,d^2v\,d^{n-2}u + \ldots + u\,d^n v.$$

Cette formule s'applique quel que soit le nombre des variables indépendantes; si, en particulier, u et v sont fonctions d'une seule variable x, on aura, en divisant par dx^n, l'expression de la dérivée $n^{ième}$ d'un produit de deux facteurs. Il existe des formules

analogues à la formule (23) pour le produit d'un nombre quelconque de facteurs. On les démontre de la même manière.

La formule qui donne $d^n \omega$ se simplifie également lorsque les
fonctions intermédiaires u, v, w sont des fonctions entières et
linéaires des variables indépendantes x, y, z,

$$u = ax + by + cz + f,$$
$$v = a'x + b'y + c'z + f',$$
$$w = a''x + b''y + c''z + f'',$$

les coefficients $a, a', a'', b, b', \ldots$ étant des constantes. On a

$$du = a\,dx + b\,dy + c\,dz,$$
$$dv = a'\,dx + b'\,dy + c'\,dz,$$
$$dw = a''\,dx + b''\,dy + c''\,dz,$$

et toutes les différentielles $d^n u$, $d^n v$, $d^n w$, où $n > 1$, sont nulles.
La formule qui donne $d^n \omega$ est donc la même que si u, v, w étaient
les variables indépendantes

$$d^n \omega = \left(\frac{\partial F}{\partial u}\,du + \frac{\partial F}{\partial v}\,dv + \frac{\partial F}{\partial w}\,dw \right)^{(n)}.$$

28. Fonctions homogènes. — Une fonction $\varphi(x, y, z)$ est dite
homogène et de degré m, si l'on a identiquement

$$\varphi(tx, ty, tz) = t^m \varphi(x, y, z).$$

Considérons pour un moment x, y, z comme ayant des valeurs
déterminées et t comme la seule variable indépendante; la formule
précédente peut s'écrire

$$\varphi(u, v, w) = t^m \varphi(x, y, z),$$

en posant $u = tx$, $v = ty$, $w = tz$.

Égalons les différentielles d'ordre n des deux membres en observant que u, v, w sont des fonctions linéaires de t et qu'on a

$$du = x\,dt, \qquad dv = y\,dt, \qquad dw = z\,dt;$$

il vient, d'après la remarque de tout à l'heure, en supprimant le
facteur commun dt^n,

$$\left(x\frac{\partial \varphi}{\partial u} + y\frac{\partial \varphi}{\partial v} + z\frac{\partial \varphi}{\partial w} \right)^{(n)} = m(m-1)\ldots(m-n+1)\,t^{m-n}\,\varphi(x, y, z).$$

Si maintenant on fait $t = 1$, u, v, w se réduisent à x, y, z et un terme quelconque du premier membre supposé développé,

$$A_{pqr} \frac{\partial^n \varphi}{\partial u^p \, \partial v^q \, \partial w^r} x^p y^q z^r,$$

se réduit à

$$A_{pqr} \frac{\partial^n \varphi}{\partial x^p \, \partial y^q \, \partial z^r} x^p y^q z^r;$$

on est donc conduit à l'égalité symbolique

$$\left(x \frac{\partial z}{\partial x} + y \frac{\partial z}{\partial y} + z \frac{\partial z}{\partial z} \right)^n = m(m-1)\dots(m-n+1)\varphi(x, y, z),$$

qui se réduit pour $n = 1$ à la formule bien connue

$$m \varphi(x, y, z) = x \frac{\partial \varphi}{\partial x} + y \frac{\partial \varphi}{\partial y} + z \frac{\partial \varphi}{\partial z}.$$

Notations diverses. — En définitive, nous avons trois notations pour représenter les dérivées partielles des différents ordres d'une fonction de plusieurs variables : celle de Leibniz, celle de Lagrange et celle de Cauchy. Ces différentes notations ayant l'inconvénient d'être un peu surchargées, on a imaginé diverses notations plus abrégées. Une des plus employées est celle qu'on doit à Monge pour les dérivées partielles du premier et du second ordre d'une fonction de deux variables; si z est une fonction des deux variables x et y, on pose

$$p = \frac{\partial z}{\partial x}, \qquad q = \frac{\partial z}{\partial y}, \qquad r = \frac{\partial^2 z}{\partial x^2}, \qquad s = \frac{\partial^2 z}{\partial x \, \partial y}, \qquad t = \frac{\partial^2 z}{\partial y^2},$$

et les différentielles totales dz et $d^2 z$ ont pour expressions

$$dz = p \, dx + q \, dy,$$
$$d^2 z = r \, dx^2 + 2 s \, dx \, dy + t \, dy^2.$$

29. Formule de Taylor pour les fonctions de plusieurs variables. — Soit, pour fixer les idées, $\omega = f(x, y, z)$ une fonction de trois variables; on peut obtenir, pour l'accroissement de cette fonction correspondant à des accroissements h, k, l des variables, un développement analogue à la formule (6) (n° **18**). Il suffit d'employer l'artifice suivant, dû à Cauchy. Considérons x, y, z, h, k, l comme ayant des valeurs déterminées, et posons

$$\varphi(t) = f(x + ht, y + kt, z + lt).$$

t désignant une variable auxiliaire. La fonction $\varphi(t)$ ne dépend que d'une variable indépendante t; si nous lui appliquons la formule générale (6), il vient

$$(24) \qquad \varphi(t) = \varphi(0) + \frac{t}{1}\varphi'(0) + \frac{t^2}{1.2}\varphi''(0) + \ldots$$

$$+ \frac{t^n}{1.2\ldots n}\varphi^{(n)}(0) + \frac{t^{n+1}}{1.2\ldots(n+1)}\varphi^{(n+1)}(\theta t),$$

$\varphi(0)$, $\varphi'(0)$, $\ldots$, $\varphi^{(n)}(0)$ étant les valeurs de la fonction $\varphi(t)$ et de ses dérivées pour $t = 0$, et $\varphi^{(n+1)}(\theta t)$ étant la valeur de la dérivée $(n+1)^{\text{ième}}$ pour la valeur θt, θ étant compris entre zéro et un. Or on peut considérer $\varphi(t)$ comme une fonction composée de t, $\varphi(t) = f(u, v, w)$, les fonctions intermédiaires

$$u = x + ht, \qquad v = y + kt, \qquad w = z + lt$$

étant des fonctions *linéaires* de t. D'après ce qu'on a remarqué antérieurement, l'expression de la différentielle d'ordre m, $d^m\varphi$, est la même que si u, v, w étaient des variables indépendantes; on a donc l'égalité symbolique

$$d^m\varphi = \left(\frac{\partial f}{\partial u}du + \frac{\partial f}{\partial v}dv + \frac{\partial f}{\partial w}dw\right)^{(m)} = dt^m\left(\frac{\partial f}{\partial u}h + \frac{\partial f}{\partial v}k + \frac{\partial f}{\partial w}l\right)^{(m)},$$

qui peut encore s'écrire, en divisant par dt^m,

$$\varphi^{(m)}(t) = \left(\frac{\partial f}{\partial u}h + \frac{\partial f}{\partial v}k + \frac{\partial f}{\partial w}l\right)^{(m)}.$$

Pour $t = 0$, u, v, w se réduisent respectivement à x, y, z et l'égalité précédente devient, en employant toujours la même notation symbolique,

$$\varphi^{(m)}(0) = \left(\frac{\partial f}{\partial x}h + \frac{\partial f}{\partial y}k + \frac{\partial f}{\partial z}l\right)^{m)}.$$

On a de même

$$\varphi^{(n+1)}(\theta t) = \left(\frac{\partial f}{\partial x}h + \frac{\partial f}{\partial y}k + \frac{\partial f}{\partial z}l\right)^{(n+1)},$$

x, y, z devant être remplacés, après le développement, par

$$x + \theta ht, \quad y + \theta kt, \quad z + \theta lt$$

respectivement. En faisant maintenant $t = 1$ dans la formule (24), il vient

$$(25)\quad f(x+h, y+k, z+l) = f(x, y, z) + \left(\frac{\partial f}{\partial x}h + \frac{\partial f}{\partial y}k + \frac{\partial f}{\partial z}l\right) + \ldots$$
$$+ \frac{1}{1.2\ldots n}\left(\frac{\partial f}{\partial x}h + \frac{\partial f}{\partial y}k + \frac{\partial f}{\partial z}l\right)^{(n)} + R_n,$$

le terme complémentaire ayant pour expression

$$R_n = \frac{1}{(n+1)!}\left(\frac{\partial f}{\partial x}h + \frac{\partial f}{\partial y}k + \frac{\partial f}{\partial z}l\right)^{(n+1)},$$

x, y, z devant être remplacés par $x+\theta h$, $y+\theta k$, $z+\theta l$, après le développement, dans les dérivées partielles.

Si l'on néglige le reste R_n, on a dans le second membre de la formule (25) un polynome de degré n en h, k, l, $P_n(h, k, l)$; lorsque les dérivées partielles d'ordre $(n+1)$ de la fonction $f(x, y, z)$ sont bornées, la différence entre la fonction $f(x+h, y+k, z+l)$ et ce polynome P_n est un polynome homogène d'ordre $(n+1)$ en h, k, l, dont les coefficients dépendent eux-mêmes de h, k, l, mais sont bornés.

Cette formule (25), dont on verra d'autres applications au Chapitre III, est utile dans la recherche des valeurs limites des fonctions qui se présentent sous forme indéterminée. Soient $f(x, y)$, $\varphi(x, y)$ deux fonctions qui s'annulent à la fois pour $x=a$, $y=b$, mais qui restent continues, ainsi que leurs dérivées partielles jusqu'à un certain ordre, dans le voisinage du point $x=a$, $y=b$; proposons-nous de trouver la limite vers laquelle tend le quotient

$$\frac{f(x, y)}{\varphi(x, y)}$$

lorsque x et y tendent respectivement vers a et b. Nous supposerons d'abord que les quatre dérivées du premier ordre $\frac{\partial f}{\partial a}$, $\frac{\partial f}{\partial b}$, $\frac{\partial \varphi}{\partial a}$, $\frac{\partial \varphi}{\partial b}$ ne sont pas nulles à la fois; nous pouvons écrire

$$\frac{f(a+h, b+k)}{\varphi(a+h, b+k)} = \frac{h\left(\frac{\partial f}{\partial a}+\varepsilon\right) + k\left(\frac{\partial f}{\partial b}+\varepsilon'\right)}{h\left(\frac{\partial \varphi}{\partial a}+\varepsilon_1\right) + k\left(\frac{\partial \varphi}{\partial b}+\varepsilon'_1\right)},$$

ε, ε', ε_1, ε'_1 tendant vers zéro lorsque h et k tendent vers zéro. Lorsque le point (x, y) tend vers (a, b), h et k tendent vers zéro; nous supposerons que le rapport $\frac{k}{h}$ tend vers une limite α, c'est-à-dire que le point (x, y) décrit une courbe ayant une tangente au point (a, b). Divisons les deux termes du rapport précédent par h; nous voyons que la fraction $\frac{f(x, y)}{\varphi(x, y)}$ a pour limite

$$\frac{\frac{\partial f}{\partial a} + \alpha \frac{\partial f}{\partial b}}{\frac{\partial \varphi}{\partial a} + \alpha \frac{\partial \varphi}{\partial b}};$$

cette limite dépend en général de α, c'est-à-dire de la façon dont les variables x et y tendent respectivement vers leurs limites a et b. Pour que cette limite fût indépendante de α, il faudrait qu'on eût

$$\frac{\partial f}{\partial a}\frac{\partial \varphi}{\partial b} - \frac{\partial f}{\partial b}\frac{\partial \varphi}{\partial a} = 0,$$

ce qui n'a pas lieu en général. Si les quatre dérivées $\frac{\partial f}{\partial a}, \frac{\partial f}{\partial b}, \frac{\partial \varphi}{\partial a}, \frac{\partial \varphi}{\partial b}$ sont nulles, on poussera le développement jusqu'aux termes du second degré en h et k, et ainsi de suite.

III. — FONCTIONS DÉFINIES COMME LIMITES.

30. Moyen de définir de nouvelles fonctions. — Les fonctions étudiées dans les éléments sont les fonctions rationnelles et irrationnelles, l'exponentielle et le logarithme, les fonctions circulaires et les fonctions inverses, et celles que l'on obtient par leurs combinaisons. Toutes ces fonctions admettent des dérivées en nombre illimité, que l'on sait calculer au moyen des règles établies en Algèbre. On peut définir une infinité de fonctions nouvelles par un passage à la limite.

Soit $f_n(x)$ une fonction de la variable x définie dans un intervalle (a, b), dépendant en outre d'un nombre entier positif n. Attribuons à x une valeur déterminée, d'ailleurs quelconque, dans l'intervalle (a, b); si la valeur correspondante $f_n(x)$ tend vers une limite lorsque le nombre n augmente indéfiniment, cette valeur limite, en général variable avec la valeur attribuée à x, est elle-même une fonction de x, que nous représenterons par $F(x)$, et nous écrirons

$$(46) \qquad F(x) = \lim_{n=\infty} f_n(x)$$

ou plus simplement

$$F(x) = \lim f_n(x).$$

Il est essentiel de remarquer que la fonction $f_n(x)$ peut être une fonction continue de x, quel que soit n, sans que la limite $F(x)$ soit continue. Prenons par exemple $f_n(x) = x^n$, en supposant $0 \leq x \leq 1$. Cette fonction est continue dans l'intervalle $(0, 1)$ quel que soit n; si n croît indéfiniment, on a $\lim x^n = 0$, lorsque x est inférieur à un, et $\lim x^n = 1$, si $x = 1$. La fonction limite $F(x)$ est donc discontinue pour $x = 1$.

Prenons encore

$$f_n(x) = \frac{1 - x^n}{1 + x^n}, \qquad x \geq 0;$$

la limite $F(x)$ est égale à $+1$, pour $x < 1$, à -1 pour $x > 1$, et à zéro pour $x = 1$. La limite de $(1 + x^2)^{-n}$ est de même égale à zéro, si x n'est pas nul, et égale à un, si $x = 0$.

Soit $f_n(x)$ une fonction continue ayant pour limite une fonction continue $F(x)$. Si $f_n(x)$ a une dérivée $f_n'(x)$, de l'égalité

$$\lim f_n(x) = F(x)$$

on ne peut pas toujours conclure qu'on a aussi

$$\lim f_n'(x) = F'(x).$$

Soit par exemple $f_n(x) = \sqrt{x^2 + \dfrac{1}{n^2}}$, la limite $F(x)$ est égale à $|x|$. Or la dérivée $f_n'(x)$ est nulle, quel que soit n, pour $x = 0$, tandis que $F(x)$ n'a pas de dérivée pour cette valeur de x. De même, la fonction $f_n(x) = \dfrac{\sin nx}{n}$ a pour limite $F(x) = 0$; la dérivée $F'(x)$ est nulle aussi, tandis que $f_n'(x) = \cos nx$ n'a pas de limite lorsque n augmente indéfiniment. La représentation géométrique rend ces résultats intuitifs ([1]).

____

([1]) Soit $f_n(x) = [\cos(m! \, \pi x)]^{2n}$, où m est un nombre entier positif déterminé. On a $\varphi_m(x) = \lim f_n(x) = 1$, si le produit $m!x$ est un nombre entier N, et $\varphi_m(x) = 0$, si ce produit n'est pas un nombre entier. Tous les points $x = \dfrac{N}{m!}$ sont des points de discontinuité pour $\varphi_m(x)$. La limite de $\varphi_m(x)$ est la fonction $\psi(x)$ de Dirichlet

$$\psi(x) = \lim_{m=\infty} \{ \lim_{n=\infty} [\cos(m! \, \pi x)]^{2n} \},$$

qui est égale à un pour x rationnel, et égale à zéro pour x irrationnel.

31. Convergence uniforme. — Soit $f_n(x)$ une fonction qui, dans un intervalle (a, b), tend vers une limite $F(x)$ lorsque n augmente indéfiniment. La différence $\delta_n(x) = F(x) - f_n(x)$ tend vers zéro avec $\frac{1}{n}$; nous dirons que $f_n(x)$ *tend uniformément* ou *converge uniformément* vers $F(x)$ si à tout nombre positif ε on peut faire correspondre un nombre entier N tel que, pour toute valeur de n égale ou supérieure à N, on ait

$$|\delta_n(x)| < \varepsilon,$$

l'inégalité devant avoir lieu *pour toutes les valeurs de x* dans l'intervalle (a, b).

La condition que le nombre N soit indépendant de x et ne dépende que de ε est essentielle dans cette définition. Pour chaque valeur de x dans l'intervalle (a, b), il est certain qu'il existe un nombre entier N_x tel que $|\delta_n(x)|$ est inférieur à ε pourvu que n soit $\geq N_x$; mais rien ne prouve *a priori* qu'un même nombre N, aussi grand qu'on le suppose, peut satisfaire à cette condition pour toutes les valeurs de x considérées. Pour voir qu'il n'en est pas toujours ainsi, il suffit de reprendre une des fonctions citées plus haut, la fonction x^n par exemple, en supposant $0 < x < 1$. La différence $\delta_n(x)$ est égale en valeur absolue à x^n. Pour que $\delta_n(x)$ tendît uniformément vers zéro, il faudrait que, quel que soit le nombre positif ε, il existât un nombre entier N tel que l'inégalité $x^n < \varepsilon$ fût vérifiée pour toutes les valeurs de x et de n satisfaisant aux conditions $0 < x < 1$, $n \geq N$. On devrait avoir en particulier $x^N < \varepsilon$, et par suite $x < \varepsilon^{\frac{1}{N}}$, pour toutes les valeurs positives de x inférieures à un; or, aussi grand que soit N, si l'on suppose $\varepsilon < 1$, il existe des nombres compris entre $\varepsilon^{\frac{1}{N}}$ et l'unité. On verrait de même que la fonction $\dfrac{1 - x^n}{1 - x^n}$ ne tend pas uniformément vers l'unité, lorsque x est compris entre zéro et un, car la différence $\delta_n(x)$ est supérieure à x^n.

Considérons encore l'expression

$$f_n(x) = n x\, e^{-nx^2},$$

dont la limite, pour n infini, est $F(x) = 0$. Cette expression ne tend pas uniformément vers zéro dans tout intervalle comprenant la valeur zéro, dans l'intervalle (o, 1) par exemple. En effet, elle est égale à $\dfrac{\sqrt{n}}{e}$ pour $x = \dfrac{1}{\sqrt{n}}$; dans tout intervalle (o, h), aussi petit que soit le nombre positif h, elle peut donc prendre des valeurs qui augmentent indéfiniment avec n.

Les propositions suivantes expliquent l'importance de cette notion de convergence uniforme :

A. *Si une fonction continue $f_n(x)$ tend uniformément vers une limite* $F(x)$ *dans un intervalle, cette fonction* $F(x)$ *est aussi une fonction continue dans cet intervalle.*

Soient x et $x + h$ deux valeurs de la variable dans l'intervalle considéré $(a,\ b)$; des égalités

$$F(x) = f_n(x) + \delta_n(x), \qquad F(x + h) = f_n(x + h) + \delta_n(x + h),$$

on tire par soustraction

$$F(x + h) - F(x) = [f_n(x + h) - f_n(x)] + \delta_n(x + h) - \delta_n(x).$$

Puisque $f_n(x)$ tend uniformément vers $F(x)$, on peut prendre pour n un nombre assez grand pour que la valeur absolue de $\delta_n(x)$ soit inférieure à un nombre positif donné à l'avance ε, quelle que soit x dans l'intervalle $(a,\ b)$. Le nombre n ayant été choisi de cette façon, puisque la fonction $f_n(x)$ est continue, on peut trouver un autre nombre positif η, tel que l'inégalité $|h| < \eta$ ait pour conséquence l'inégalité

$$|f_n(x + h) - f_n(x)| < \varepsilon,$$

x et $x + h$ étant deux valeurs de l'intervalle $(a,\ b)$. La différence $F(x + h) - F(x)$ est la somme de trois termes dont la valeur absolue est inférieure à ε. On a donc *a fortiori*

$$|F(x + h) - F(x)| < 3\varepsilon,$$

pourvu qu'on ait $|h| < \eta$; le nombre ε étant un nombre positif arbitraire, $F(x)$ est une fonction continue dans l'intervalle $(a,\ b)$.

B. *Si une fonction continue $f_n(x)$ a une limite* $F(x)$ *et si la dérivée $f'_n(x)$ tend* UNIFORMÉMENT *vers une fonction* $\Phi(x)$, *cette fonction* $\Phi(x)$ *est la dérivée de* $F(x)$.

Posons pour abréger $f_{n+p}(x) - f_n(x) = \Delta(x)$, n et p étant deux nombres entiers positifs. Nous démontrerons d'abord qu'on peut choisir pour n un nombre assez grand pour que, *quel que soit* p, la valeur absolue de $\Delta'(x)$ soit inférieure à un nombre positif donné ε, pour toute valeur de x dans l'intervalle considéré (a, b). Nous avons en effet

$$\Delta'(x) = f'_{n+p}(x) - f'_n(x) = [\Phi(x) - f'_n(x)] - [\Phi(x) - f'_{n+p}(x)];$$

puisque $f'_n(x)$ tend uniformément vers $\Phi(x)$, soit N un nombre entier positif tel que, pour $n \geqq N$, la valeur absolue de $\Phi(x) - f'_n(x)$ soit inférieure à $\frac{\varepsilon}{2}$ dans tout l'intervalle. Il en sera de même de la valeur absolue de $\Phi(x) - f'_{n+p}(x)$, quel que soit le nombre positif p, et par suite la valeur absolue de $\Delta'(x)$ sera inférieure à ε dans tout l'intervalle (a, b).

Ayant choisi pour n un nombre entier satisfaisant à la condition précédente, nous pouvons encore écrire, en désignant par x et $x + h$ deux valeurs quelconques de l'intervalle (a, b),

$$f_{n+p}(x+h) - f_{n+p}(x) = f_n(x+h) - f_n(x) + \Delta(x+h) - \Delta(x),$$

ou, en appliquant la formule de la moyenne à la différence $\Delta(x+h) - \Delta(x)$,

$$f_{n+p}(x+h) - f_{n+p}(x) = f_n(x+h) - f_n(x) + h\Delta'(x + \theta h)$$
$$(0 < \theta < 1).$$

Dans cette relation, supposons que le nombre n reste fixe et que le nombre p augmente indéfiniment; le premier membre a pour limite $F(x+h) - F(x)$. Quant à $\Delta'(x + \theta h)$, la valeur absolue de sa limite ne peut être supérieure à ε, d'après la façon dont on a pris le nombre n. On a donc, en divisant par h,

$$\frac{F(x+h) - F(x)}{h} = \frac{f_n(x+h) - f_n(x)}{h} + \lambda(x, h),$$

la valeur absolue de $\lambda(x, h)$ étant $\leqq \varepsilon$; on en déduit

$$\frac{F(x+h) - F(x)}{h} - \Phi(x)$$
$$= \left[\frac{f_n(x+h) - f_n(x)}{h} - f'_n(x)\right] - [f'_n(x) - \Phi(x)] + \lambda(x, h).$$

La valeur absolue de la différence $f'_n(x) - \Phi(x)$ est inférieure à $\frac{\varepsilon}{2}$ et par suite à ε. D'autre part, puisque $f'_n(x)$ est la dérivée de $f_n(x)$, on peut trouver un nombre positif η tel qu'on ait

$$\left| \frac{f_n(x-h) - f_n(x)}{h} - f'_n(x) \right| < \varepsilon,$$

pourvu qu'on ait $|h| < \eta$, x étant une valeur déterminée de l'intervalle (a, b). On aura donc aussi, pour toutes ces valeurs de h,

$$\left| \frac{F(x+h) - F(x)}{h} - \Phi(x) \right| < 3\varepsilon,$$

et par suite $F(x)$ a pour dérivée $\Phi(x)$.

32. Séries uniformément convergentes. — D'après une remarque antérieure (n° 5), la limite d'une suite convergente peut être définie comme la somme d'une série convergente, et inversement. Il revient donc au même de définir une fonction $F(x)$ comme limite d'une suite de fonctions $f_n(x)$, quand n augmente indéfiniment, ou comme somme d'une série convergente. La relation $F(x) = \lim f_n(x)$ est en effet équivalente à l'égalité

$$(27) \quad F(x) = f_1(x) + [f_2(x) - f_1(x)] + \ldots + [f_n(x) - f_{n-1}(x)] + \ldots$$

qui exprime que la série du second membre est convergente et a pour somme $F(x)$. Réciproquement, étant donnée une série convergente

$$(28) \qquad u_0(x) + u_1(x) + \ldots + u_n(x) + \ldots$$

la somme $F(x)$ de cette série est la limite de la somme

$$S_n(x) = u_0 + u_1 + \ldots + u_n$$

lorsque n croît indéfiniment. Au moyen des fonctions $f_n(x)$ citées plus haut, on peut donc former des séries à termes continus, dont la somme est discontinue. Par exemple la série

$$(29) \qquad x + x(x-1) + \ldots + x^n(x-1) + \ldots,$$

qui est convergente dans l'intervalle $(0, 1)$, est discontinue pour

$x = 1$. De même la somme de la série

$$(30) \qquad F(x) = \frac{1-x}{1+x} + \left(\frac{1-x^2}{1-x^2} - \frac{1-x}{1+x} \right) + \dots$$
$$+ \left(\frac{1-x^n}{1+x^n} - \frac{1-x^{n-1}}{1+x^{n-1}} \right) + \dots$$

a une *discontinuité régulière* pour la valeur $x = 1$. On a en effet $F(1-0) = -1$, $F(1-0) = 1$, $F(1) = 0$. La somme de la série

$$(31) \qquad \frac{x^2}{1-x^2} + \frac{x^2}{(1+x^2)^2} + \dots + \frac{x^2}{(1+x^2)^n} + \dots$$

dont le terme général peut s'écrire

$$\frac{1}{(1+x^2)^{n-1}} - \frac{1}{(1+x^2)^n},$$

présente une discontinuité d'un autre genre, car sa somme est nulle pour $x = 0$, et égale à un pour toute autre valeur de x.

La différence entre la somme $F(x)$ de la série convergente (28) et la somme $S_n(x)$ des $(n+1)$ premiers termes de cette série est égale à la somme $R_n(x)$ de la série obtenue en supprimant ces termes

$$(32) \qquad R_n(x) = u_{n+1}(x) + u_{n+2}(x) + \dots.$$

La série est dite *uniformément convergente* dans un intervalle (a, b) si la somme $S_n(x)$ tend uniformément vers $F(x)$ dans cet intervalle, c'est-à-dire si à tout nombre positif ε on peut associer un nombre entier N tel que, pour toute valeur de $n > N$, la valeur absolue de $R_n(x)$ reste inférieure à ε dans tout l'intervalle (a, b). Le théorème A conduit alors à la proposition suivante :

La somme d'une série uniformément convergente dans un intervalle (a, b), dont les termes sont des fonctions continues de la variable dans cet intervalle, est elle-même une fonction continue de la variable ([1]).

([1]) La condition énoncée est seulement une condition suffisante. On doit à M. Arzela une condition *nécessaire et suffisante* pour qu'une série à termes continus représente une fonction continue. (*Voir* E. BOREL, *Leçons sur les fonctions de variables réelles*, p. 42.)

En effet, la somme $S_n(x)$ d'un nombre quelconque de termes de la série est une fonction continue, si tous ces termes sont continus.

Le théorème B, appliqué aux séries, conduit de même à la nouvelle proposition :

Si une série à termes continus est convergente dans un intervalle (a, b), et si la série formée par les dérivées de ses termes est elle-même uniformément convergente dans cet intervalle, la somme de la seconde série représente la dérivée de la somme de la première série.

Soient en effet $F(x)$ et $\Phi(x)$ les sommes des deux séries

$$F(x) = u_0(x) + u_1(x) + \ldots + u_n(x) + \ldots$$
$$\Phi(x) = u'_0(x) + u'_1(x) + \ldots + u'_n(x) + \ldots$$

La somme des $(n+1)$ premiers termes de la seconde série est égale à la dérivée de la somme $S_n(x)$ des $(n+1)$ premiers termes de la première série. On a donc

$$F(x) = \lim S_n(x), \qquad \Phi(x) = \lim S'_n(x);$$

mais, par hypothèse, $S'_n(x)$ tend uniformément vers $\Phi(x)$, puisque la seconde série est uniformément convergente. On a donc, d'après le théorème B,

$$\Phi(x) = F'(x).$$

On voit par là quelle est l'importance des séries uniformément convergentes. La règle suivante, d'une application fréquente, permet dans bien des cas de reconnaître si une série jouit de cette propriété. Soit

$$(33) \qquad u_0(x) + u_1(x) + \ldots + u_n(x) + \ldots$$

une série à termes variables; soit, d'autre part,

$$(34) \qquad c_0 + c_1 + \ldots + c_n + \ldots$$

une autre série convergente dont les termes sont des nombres positifs constants. Si, pour toutes les valeurs de x d'un intervalle (a, b), on a, quel que soit n, $|u_n| < c_n$, *la première série* (33) *est uniformément convergente dans cet intervalle.* Il est clair, en effet, qu'on a, pour toute valeur de x de l'intervalle,

$$| u_{n+1}(x) + u_{n+2}(x) + \ldots | < c_{n+1} + c_{n+2} + \ldots.$$

c'est-à-dire

$$| R_n(x) | < R'_n,$$

en désignant par R'_n la somme de la série (34), dont on aurait supprimé les $(n + 1)$ premiers termes. Cette série (34) étant convergente, on peut trouver un nombre N assez grand pour qu'on ait $R'_n < \varepsilon$, lorsque n est $\geqq N$. On aura donc aussi, pour ces valeurs de n, $| R_n(x) | < \varepsilon$, dans tout l'intervalle considéré.

Par exemple, c_1, c_2, …, c_n, … ayant toujours la même signification, la série

$$v_0 + v_1 \sin x + \ldots + v_n \sin(nx) + \ldots$$

est uniformément convergente dans tout intervalle.

Remarque. — On définit quelquefois la convergence uniforme d'une série d'une façon un peu différente. Une série est dite *uniformément convergente* dans un intervalle (a, b), si à tout nombre positif ε on peut faire correspondre un nombre entier n tel que la somme d'un nombre quelconque de termes à partir de $u_{n+1}(x)$, telle que

$$u_{n+1}(x) + \ldots + u_{n+p}(x),$$

soit inférieure en valeur absolue à ε, quels que soient le nombre positif p et la valeur de x dans l'intervalle. Il est facile de montrer la concordance des deux définitions. Supposons d'abord la série uniformément convergente comme on l'a définie plus haut, et soit n un nombre positif tel que les valeurs absolues de tous les restes $R_n(x)$, $R_{n+1}(x)$, …, $R_{n+p}(x)$ soient inférieures à $\dfrac{\varepsilon}{2}$ dans tout l'intervalle (a, b). Il est clair que la valeur absolue de la somme $u_{n+1}(x) + \ldots + u_{n+p}(x) = R_{n+p}(x) - R_n(x)$ sera inférieure à ε dans le même intervalle. Réciproquement, supposons que la valeur absolue de $u_{n+1}(x) + \ldots + u_{n+p}(x)$ soit inférieure à $\dfrac{\varepsilon}{2}$, quel que soit p, dans tout l'intervalle; la valeur absolue de la somme

$$u_{p+1}(x) + \ldots + u_{p+q}(x)$$

sera inférieure à ε, quel que soit le nombre positif q, pourvu qu'on ait $p \geqq n$. En supposant que le nombre q croît indéfiniment, le nombre p restant fixe, on en conclut que la valeur absolue de $R_p(x)$ est inférieure à ε dans l'intervalle (a, b) pourvu que p soit $\geqq n$. La série est donc uniformément convergente au premier sens du mot.

33. Fonction continue sans dérivée. — Nous terminerons ce Chapitre en donnant un exemple, dû à Weierstrass, de fonction continue qui n'admet de dérivée pour aucune valeur de la variable. Soient b une constante positive inférieure à l'unité et a un nombre entier impair; la fonction $F(x)$, qui est égale à la somme de la série convergente

$$(35) \qquad F(x) = \sum_{n=0}^{+\infty} b^n \cos(a^n \pi x),$$

est continue pour toute valeur de x, car la série est uniformément convergente dans tout intervalle. Si le produit ab est inférieur à un, il en est de même de la série formée par les dérivées; la fonction $F(x)$ admet donc une dérivée, qui est elle-même une fonction continue. Nous allons démontrer qu'il en est tout autrement si le produit ab est supérieur à une certaine limite.

Nous pouvons écrire, en désignant par m un nombre entier quelconque,

$$(36) \qquad \frac{F(x+h) - F(x)}{h} = S_m + R_m,$$

en posant

$$S_m = \frac{1}{h} \sum_{n=0}^{m-1} b^n \{ \cos[a^n \pi(x+h)] - \cos(a^n \pi x) \},$$

$$R_m = \frac{1}{h} \sum_{n=m}^{+\infty} b^n \{ \cos[a^n \pi(x+h)] - \cos(a^n \pi x) \}.$$

La formule des accroissements finis appliquée à la fonction $\cos(a^n \pi x)$ montre que la différence $\cos[a^n \pi(x+h)] - \cos(a^n \pi x)$ est inférieure en valeur absolue à $\pi a^n |h|$. La valeur absolue de S_m est donc inférieure à

$$\pi \sum_{n=0}^{m-1} a^n b^n = \pi \frac{a^m b^m - 1}{ab - 1}$$

et, *a fortiori*, à $\pi \dfrac{(ab)^m}{ab - 1}$, si l'on suppose $ab > 1$. Nous chercherons maintenant une limite inférieure de la valeur absolue de R_m, en donnant à l'accroissement h une valeur particulière. On a toujours

$$a^m x = \alpha_m + \xi_m,$$

α_m étant un nombre entier et ξ_m étant compris entre $-\dfrac{1}{2}$ et $+\dfrac{1}{2}$. Nous poserons

$$h = \frac{e_m - \xi_m}{a^m},$$

e_m étant égal à ± 1: il est clair que h est du même signe que e_m, et inférieur en valeur absolue à $\dfrac{3}{2a^m}$. Le nombre h étant choisi de cette façon, on a

$$a^n \pi(x+h) = a^{n-m} a^m \pi(x+h) = a^{n-m} \pi(\alpha_m + e_m);$$

a étant impair et $e_m = \pm 1$, le produit $a^{n-m}(\alpha_m + e_m)$ est de même parité que $\alpha_m + 1$ et, par suite,

$$\cos\left[a^n \pi(x+h)\right] = (-1)^{\alpha_m+1}.$$

On a aussi

$$\cos(a^n \pi x) = \cos(a^{n-m} a^m \pi x) = \cos\left[a^{n-m} \pi(\alpha_m + \xi_m)\right]$$
$$= \cos(a^{n-m} \alpha_m \pi) \cos(a^{n-m} \xi_m \pi);$$

$a^{n-m} \alpha_m$ est de même parité que α_m et l'on a encore

$$\cos(a^n \pi x) = (-1)^{\alpha_m} \cos(a^{n-m} \xi_m \pi).$$

Nous pouvons donc écrire

$$R_m = \frac{(-1)^{\alpha_m+1}}{h} \sum_{n=m}^{+\infty} b^n \left[1 + \cos(a^{n-m} \xi_m \pi)\right];$$

tous les termes de la série étant positifs, la somme de cette série est supérieure à son premier terme et, par suite, à b^m puisque ξ_m est compris entre $-\dfrac{1}{2}$ et $+\dfrac{1}{2}$. Par suite, nous avons

$$\left| R_m \right| > \frac{b^m}{|h|}$$

ou encore, en tenant compte de la valeur de h,

$$\left| R_m \right| > \frac{2}{3}(ab)^m.$$

Supposons qu'on ait

$$\frac{2}{3}(ab)^m > \frac{\pi(ab)^m}{ab-1};$$

il suffira pour cela qu'on ait

$$(37) \qquad\qquad ab > 1 + \frac{3\pi}{2},$$

et la relation (36) prouve qu'on aura alors

$$\left| \frac{F(x+h) - F(x)}{h} \right| > \left| R_m \right| - \left| S_m \right| > \frac{2}{3}(ab)^m \frac{ab - 1 - \dfrac{3\pi}{2}}{ab - 1}.$$

Lorsque le nombre entier m augmente indéfiniment, il en est de même de cette expression, tandis que la valeur absolue de h tend vers zéro. Il est donc possible, quelque petit que soit un nombre ε, de trouver un accroissement h inférieur à ε en valeur absolue et tel que $\dfrac{F(x+h) - F(x)}{h}$ soit supérieur en valeur absolue à tout nombre donné à l'avance. La fonction $F(x)$ n'a donc de dérivée pour aucune valeur de x, pourvu que la relation (37) soit vérifiée.

EXERCICES.

1. Soit $\rho = f(\omega)$ l'équation en coordonnées polaires d'une courbe plane. Par le pôle O on mène une droite perpendiculaire au rayon vecteur OM, dont on prend l'intersection avec la tangente MT et la normale MN. On demande d'exprimer les diverses lignes OT, ON, MN, MT en fonction de $f(\omega)$ et de $f'(\omega)$. Quelles sont les courbes pour lesquelles l'une de ces lignes est constante?

2. Déterminer un polynome entier en x et du septième degré $f(x)$, sachant que $f(x) + 1$ est divisible par $(x - 1)^4$ et $f(x) - 1$ par $(x + 1)^4$. Généraliser la question.

3. Soient P et Q deux polynomes entiers en x tel que l'on ait

$$\sqrt{1 - P^2} = Q \sqrt{1 - x^2} \, ;$$

on a, en désignant par n un nombre entier,

$$\frac{dP}{\sqrt{1 - P^2}} = \frac{n\,dx}{\sqrt{1 - x^2}}.$$

R. De la relation

$$(a) \qquad 1 - P^2 = Q^2(1 - x^2)$$

on tire, en différentiant,

$$(b) \qquad -2PP' = Q[2Q'(1 - x^2) - 2Qx] ;$$

la relation (a) montre que Q est premier avec P, et la seconde que Q divise P'.

4*. Soient $R(x)$ un polynome du quatrième degré n'ayant que des racines simples, et $x = \dfrac{U}{V}$ une fonction rationnelle de t telle que l'on ait

$$\sqrt{R(x)} = \frac{P(t)}{Q(t)} \sqrt{R_1(t)},$$

$R_1(t)$ étant un polynome du quatrième degré, et $\frac{P}{Q}$ une fonction rationnelle. Démontrer que cette fonction $\frac{U}{V}$ satisfait à une relation de la forme

$$\frac{dx}{\sqrt{R(x)}} = \frac{k\,dt}{\sqrt{R_1(t)}},$$

k étant une constante.   [JACOBI.]

R. On remarque que toutes les racines de l'équation $R\left(\dfrac{U}{V}\right) = 0$, qui
n'annulent pas $R_1(t)$, doivent annuler $UV' - VU'$ et par suite $\dfrac{dx}{dt}$.

5. *Généralisation de la formule de Taylor.* — Soit $f(x)$ une fonction
continue ainsi que $f'(x)$, $f''(x)$, …, $f^{(n)}(x)$ dans un intervalle (a, b),
la dérivée $f^{(n+1)}(x)$ existant dans le même intervalle. Soit $\varphi(x)$ un polynome de degré n satisfaisant aux $n+1$ conditions

$$\varphi(x_i) = f(x_i), \qquad \varphi'(x_i) = f'(x_i), \quad \ldots, \qquad \varphi^{(m_i)}(x_i) = f^{(m_i)}(x_i),$$
$$i = 1, 2, \ldots, q,$$

$x_1, x_2, \ldots, x_q$ étant q valeurs de x dans l'intervalle (a, b), et la somme
$m_1 + m_2 + \ldots + m_q$ étant égal à $n+1$. Si l'on pose

$$P(x) = \prod_{i=1}^{q} (x - x_i)^{m_i},$$

on a, c étant une valeur quelconque de x dans l'intervalle (a, b),

$$f(c) = \varphi(c) + \frac{f^{n+1}(\xi)}{(n+1)!}\, P(c),$$

ξ étant une autre valeur de x dans le même intervalle.

R. On applique le théorème de Rolle à la fonction $f(x) - \varphi(x) - C\,P(x)$
et à ses dérivées successives, la constante C étant choisie de telle façon
que cette fonction soit nulle pour $x = c$.

6*. Si l'on pose $x = \cos u$, on a

$$\frac{d^{m-1}(1 - x^2)^{\frac{1}{2}}}{dx^{m-1}} = (-1)^{m-1}\,\frac{1.3.5\ldots(2m-1)}{m}\sin mu.$$

                                                        [OLINDE RODRIGUE.]

7. Le polynome de Legendre

$$X_n = \frac{1}{2.4.6\ldots 2n}\,\frac{d^n}{dx^n}(x^2 - 1)^n$$

satisfait à l'équation différentielle

$$(1 - x^2)\frac{d^2 X_n}{dx^2} - 2x\frac{dX_n}{dx} + n(n-1)X_n = 0;$$

en déduire les coefficients de ce polynome.

8. Les quatre fonctions

$$y_1 = \sin(n \arcsin x), \qquad y_3 = \sin(n \arccos x),$$
$$y_2 = \cos(n \arcsin x), \qquad y_4 = \cos(n \arccos x)$$

satisfont à l'équation différentielle

$$(1 - x^2)y'' - xy' + n^2 y = 0.$$

En déduire les développements de ces fonctions lorsqu'elles se réduisent à des polynomes.

9. Démontrer la formule d'Halphen

$$\frac{d^n}{dx^n}\left(x^{n-1}e^{\frac{1}{x}}\right) = (-1)^n\frac{e^{\frac{1}{x}}}{x^{n+1}}.$$

10. Toute fonction $z = x\varphi\left(\frac{y}{x}\right) + \psi\left(\frac{y}{x}\right)$ satisfait, quelles que soient les fonctions φ et ψ, à la relation

$$rx^2 + 2sxy + ty^2 = 0.$$

11. La fonction $z = x\varphi(x + y) + y\psi(x + y)$ satisfait, quelles que soient les fonctions φ et ψ, à la relation $r - 2s + t = 0$.

12. La fonction $z = f[x + \varphi(y)]$ satisfait à la relation $ps = qr$, quelles que soient les fonctions f et φ.

13. La fonction $z = x^n\varphi\left(\frac{y}{x}\right) + y^{-n}\psi\left(\frac{y}{x}\right)$ satisfait, quelles que soient les fonctions φ et ψ, à la relation

$$rx^2 + 2sxy + ty^2 - px - qy = n^2 z.$$

14. Trouver une relation entre les dérivées du premier et du second ordre de la fonction $z = f(x_1, u)$, où $u = \varphi(x_2, x_3)$, x_1, x_2, x_3 étant trois variables indépendantes, $f(x_1, u)$, $\varphi(x_2, x_3)$ deux fonctions arbitraires.

15. Soient $f(x)$ une fonction quelconque de x et $f'(x)$ sa dérivée. Si l'on pose $u = [f'(x)]^{-\frac{1}{2}}$, $v = f(x)[f'(x)]^{-\frac{1}{2}}$, on a

$$\frac{1}{u}\frac{d^2 u}{dx^2} = \frac{1}{v}\frac{d^2 v}{dx^2}.$$

16*. La dérivée $n^{\text{ième}}$ d'une fonction de fonction $u = \varphi(y)$, où $y = \Psi(x)$, a pour expression

$$D_x^n \varphi = \sum \frac{n!}{i!\,j!\ldots k!} D_y^p \varphi \left(\frac{\Psi'}{1}\right)^i \left(\frac{\Psi''}{1.2}\right)^j \left(\frac{\Psi'''}{1.2.3}\right)^h \cdots \left(\frac{\Psi^{(l)}}{1.2\ldots l}\right)^k,$$

le signe Σ étant étendu à toutes les solutions en nombres entiers et positifs de l'équation $i + 2j + 3h + \ldots + lk = n$, et p étant égal à $i + j + \ldots + k$.

[FAA DE BRUNO, *Quarterly Journal of Mathematics*. t. I, p. 359.]

17. Démontrer la formule

$$\frac{1}{1.2\ldots n} \frac{d^n}{dx^n} \left[x^n (\log x)^n \right]$$

$$= 1 - S_1 \log x + \frac{S_2}{1.2} (\log x)^2 + \ldots + \frac{S_n}{1.2\ldots n} (\log x)^n,$$

S_p désignant la somme des produits p et p des n premiers nombres.

[MURPHY.]

[On part de la formule

$$x^{n-\alpha} = x^n \left[1 - \alpha \log x + \frac{\alpha^2 (\log x)^2}{1.2} + \ldots + \frac{\alpha^n (\log x)^n}{1.2\ldots n} + \ldots \right]$$

que l'on différentie n fois de suite par rapport à x.]

18. *Plan tangent et différentielle totale.* — Le plan tangent à une surface S peut être défini par la propriété suivante : Un plan P est tangent à une surface S en un point M si l'angle que fait avec ce plan P la droite MM' joignant le point M à un autre point M' de S est infiniment petit en même temps que la distance MM'.

Une surface S, représentée par l'équation $z = f(x, y)$, a un plan tangent si la fonction $f(x, y)$ a une différentielle totale, c'est-à-dire si l'accroissement Δz, correspondant à des accroissements Δx, Δy, est de la forme $\Delta z = \Delta x [A(x, y) + \varepsilon] + \Delta y [B(x, y) + \varepsilon']$, ε et ε' tendant vers zéro lorsque Δx et Δy tendent vers zéro.

CHAPITRE III.

FONCTIONS IMPLICITES. — MAXIMA ET MINIMA. CHANGEMENTS DE VARIABLES.

I. — FONCTIONS IMPLICITES.

34. Étude d'un cas particulier. — Il arrive souvent que l'on a à considérer des fonctions dont on ne possède pas l'expression explicite, mais qui sont définies par des équations non résolues. Nous commencerons par l'étude d'une seule fonction définie par une équation, en supposant, pour fixer les idées, qu'il y a deux variables indépendantes.

Soit $F(x, y, z)$ une fonction des variables x, y, z, satisfaisant aux conditions suivantes : 1° elle est continue et admet une dérivée partielle continue F'_z dans le voisinage d'un système de valeurs x_0, y_0, z_0 ; 2° $F(x_0, y_0, z_0)$ est nul, tandis que $F'_z(x_0, y_0, z_0)$ est différent de zéro. Dans ces conditions, l'équation

$$(1) \qquad F(x, y, z) = 0$$

admet une racine et une seule qui tend vers z_0, lorsque x et y tendent respectivement vers x_0 et y_0.

Les fonctions F et F'_z étant continues dans le voisinage des valeurs x_0, y_0, z_0, prenons trois nombres positifs a, b, c assez petits pour que ces fonctions soient continues dans le domaine D défini par les inégalités

$$|x - x_0| \leq a, \qquad |y - y_0| \leq b, \qquad |z - z_0| \leq c$$

et que F'_z conserve le même signe dans ce domaine, par exemple reste positif. Alors la fonction de z que l'on obtient en donnant à x et à y des valeurs déterminées, comprises dans les limites précédentes, est *croissante* lorsque z croît de $z_0 - c$ à $z_0 + c$. En particulier, la fonction $F(x_0, y_0, z)$ est croissante dans cet intervalle; comme elle est nulle pour $z = z_0$, elle est positive entre z_0 et $z_0 + c$, et négative entre $z_0 - c$ et z_0, de sorte que, h étant un nombre positif quelconque inférieur à c, on a

$$F(x_0, y_0, z_0 + h) > 0, \qquad F(x_0, y_0, z_0 - h) < 0.$$

Mais les deux fonctions $F(x, y, z_0 + h)$, $F(x, y, z_0 - h)$ des variables x et y sont continues pour $x = x_0$, $y = y_0$ et ne s'annulent pas pour ce système de valeurs de x et de y. On peut donc assigner un nombre positif η_1, au plus égal au plus petit des deux nombres a et b, tel que les deux fonctions $F(x, y, z_0 + h)$, $F(x, y, z_0 - h)$ conservent chacune leur signe lorsque les différences $x - x_0$, $y - y_0$ sont moindres que η_1 en valeur absolue. Par suite, pour tout système de valeurs de x et de y satisfaisant aux deux conditions

$$|x - x_0| < \eta_1, \quad |y - y_0| < \eta_1,$$

on aura aussi

$$F(x, y, z_0 + h) > 0, \qquad F(x, y, z_0 - h) < 0.$$

L'équation (1), où l'on donne à x et à y des valeurs quelconques comprises entre les limites précédentes, et où z est l'inconnue, a donc une racine *au moins* comprise entre $z_0 - h$ et $z_0 + h$. Elle ne peut en avoir plusieurs puisque la fonction $F(x, y, z)$ de la variable z est croissante dans cet intervalle. Le nombre h pouvant être pris aussi petit qu'on le voudra, le théorème énoncé est établi.

Soient h et η_1 un système de deux nombres positifs vérifiant les conditions qui viennent d'être précisées. La racine de l'équation (1), dont on vient de démontrer l'existence, est définie à l'intérieur d'un carré R, ayant pour centre le point M_0 de coordonnées (x_0, y_0), les côtés parallèles aux axes de coordonnées (supposés rectangulaires), et $2\eta_1$ pour longueur des côtés. Soient (x_1, y_1) les coordonnées d'un autre point M_1, pris à l'intérieur de ce carré; il résulte de la démonstration que l'équation $F(x_1, y_1, z) = 0$ admet une racine z_1 et une seule comprise entre $z_0 - h$ et $z_0 + h$, et par suite $F'_z(x_1, y_1, z_1)$ est positif. Le raisonnement qui précède s'applique donc aussi au point (x_1, y_1); lorsque x et y tendent respectivement vers x_1 et y_1, l'équation (1) a une racine et une seule qui tend vers z_1. Cette racine est forcément comprise entre $z_0 - h$ et $z_0 + h$ et par suite coïncide avec la première. La racine considérée est donc *continue en tout point intérieur au carré* R.

Cette racine n'étant définie qu'à l'intérieur du domaine R, nous n'avons ainsi qu'un *élément* de fonction implicite. Pour définir cette fonction en dehors du domaine R, on procède de proche en proche de la façon suivante. Soit L un chemin continu partant du point (x_0, y_0) et aboutissant à un point (X, Y) situé en dehors du domaine R. Imaginons que les variables x et y varient simultanément de telle façon que le point de coordonnées (x, y) décrive le chemin L. Si l'on part du point (x_0, y_0) avec la valeur z_0 pour z,

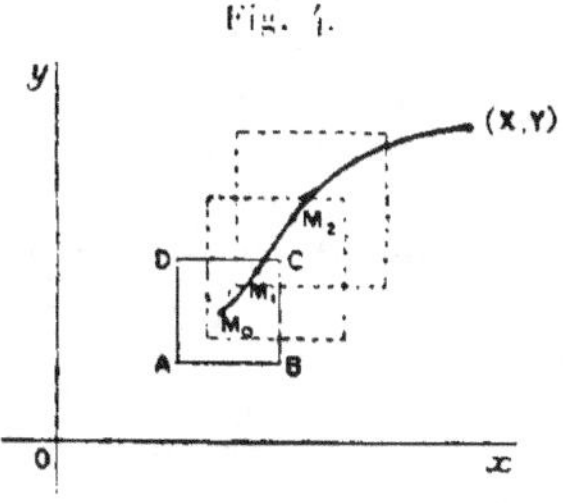

Fig. 4.

on a une valeur bien déterminée pour cette racine, tant qu'on n'est pas sorti du domaine R. Soient $M_1(x_1, y_1)$ un point de ce chemin intérieur à R, et z_1 la valeur correspondante de z; les conditions du théorème général se trouvant encore vérifiées pour $x = x_1$, $y = y_1$, $z = z_1$, il existe un autre domaine R_1, ayant pour centre le point M_1, à l'intérieur duquel la racine qui se réduit à z_1 pour $x = x_1$, $y = y_1$, est définie. Ce nouveau domaine R_1 aura en général des points extérieurs à R; en prenant de nouveau sur le chemin L un autre point M_2, extérieur à R et intérieur à R_1, on pourra recommencer la même construction pour obtenir un nouveau domaine R_2, à l'intérieur duquel la racine de l'équation (1) sera bien déterminée, et ainsi de suite. On pourra continuer l'opération tant qu'on n'arrivera pas à un système de valeurs pour x, y, z, pour lequel $F'_z = 0$. Je me contenterai ici de ces indications; nous aurons à traiter en détail dans d'autres Chapitres des questions analogues.

35. Calcul de la racine par approximations successives. — Nous pouvons toujours ramener l'équation générale (1) à une forme particulière qui se prête au calcul de la racine par approximations successives. Soit

$$m = F'_z(x_0, y_0, z_0);$$

par hypothèse, m n'est pas nul, et l'équation (1) est équivalente à l'équation

$$z = z_0 + \left[z - z_0 - \frac{1}{m} F(x, y, z) \right].$$

C'est une équation de la forme

$$(2) \qquad z = z_0 + f(x, y, z),$$

où $f(x, y, z)$ et $f'_z(x, y, z)$ sont continues dans le voisinage des valeurs x_0, y_0, z_0, et s'annulent pour ce système de valeurs.

D'après le théorème général, cette équation admet une racine qui tend vers z_0 lorsque x et y tendent respectivement vers x_0 et y_0. Cette racine peut être calculée par une méthode d'approximations successives analogue à celle qu'on emploie en Algèbre pour calculer une racine d'une équation du second degré très petite en valeur absolue.

Soient a, b, c trois nombres positifs tels que $f(x, y, z)$ et $f'_z(x, y, z)$ soient continues dans le domaine D défini par les mêmes inégalités que plus haut; nous supposerons de plus qu'on a pris ces nombres a, b, c assez petits pour que la valeur absolue de f'_z soit inférieure dans ce domaine à un nombre positif $K < 1$. On peut toujours satisfaire à cette nouvelle condition puisque $f'_z(x_0, y_0, z_0) = 0$. Cela étant, posons successivement

$$z_1 = z_0 + f(x, y, z_0), \qquad z_2 = z_0 + f(x, y, z_1),$$

et d'une façon générale

$$(3) \qquad z_n = z_0 + f(x, y, z_{n-1}) \qquad (n = 1, 2, 3, \ldots, \infty).$$

Nous allons d'abord montrer que toutes les différences $z_n - z_0$ restent plus petites que c en valeur absolue, pourvu que les différences $x - x_0$ et $y - y_0$ soient elles-mêmes assez petites, et par conséquent cette suite d'opérations peut être prolongée indéfiniment. Soit z un nombre compris entre $z_0 - c$ et $z_0 + c$; nous pouvons écrire

$$f(x, y, z) = f(x, y, z_0) + f(x, y, z) - f(x, y, z_0),$$

et, par suite, en appliquant la formule de la moyenne et tenant compte de la condition $|f'_z(x, y, z)| < K$,

$$(4) \qquad |f(x, y, z)| < |f(x, y, z_0)| + K|z - z_0|.$$

Prenons maintenant un nombre positif h, au plus égal au plus petit des deux nombres a et b, et tel que, le point (x, y) restant dans le domaine D′ défini par les conditions

$$x_0 - h < x < x_0 + h, \qquad y_0 - h < y < y_0 + h,$$

la valeur absolue de $f(x, y, z_0)$ soit plus petite que $(1 - K)c$. L'inégalité (4) montre qu'on aura aussi

$$| f(x, y, z_1) | < (1 - K)c + Kc = c.$$

D'après cela, si le point (x, y) est un point du domaine D', on voit de proche en proche que toutes les différences $z_1 - z_0, z_2 - z_0, \ldots, z_n - z_0, \ldots$ sont plus petites que c en valeur absolue. On obtient donc une suite indéfinie de fonctions définies par la loi de récurrence (3), qui sont toutes continues dans le domaine D', et restent comprises entre $z_0 - c$ et $z_0 + c$.

La fonction $z_n(x, y)$ tend vers une limite lorsque n augmente indéfiniment. On tire en effet des relations

$$z_n = z_0 + f(x, y, z_{n-1}), \qquad z_{n-1} = z_0 + f(x, y, z_{n-2}),$$

en tenant compte de la condition $| f_z' | < K$,

$$| z_n - z_{n-1} | < K | z_{n-1} - z_{n-2} |$$

et, par suite,

$$| z_n - z_{n-1} | < K^{n-1} | z_1 - z_0 | < K^{n-1}(1 - K)c.$$

La série

$$(5) \qquad z_0 + (z_1 - z_0) + (z_2 - z_1) + \ldots + (z_n - z_{n-1}) + \ldots$$

est donc uniformément convergente dans le domaine D' et a pour somme une fonction $Z(x, y)$ continue dans ce domaine. Cette fonction Z satisfait à l'équation (2), car, si le nombre n augmente indéfiniment, l'équation (3) devient à la limite

$$(6) \qquad Z = z_0 + f(x, y, Z).$$

D'ailleurs, pour $x = x_0, y = y_0$, toutes les fonctions $z_1, z_2, \ldots$ se réduisent à z_0. On a donc aussi $Z(x_0, y_0) = z_0$, et la fonction $Z(x, y)$ satisfait à toutes les conditions de l'énoncé.

C'est la seule racine satisfaisant à ces conditions. D'une façon plus précise, lorsque le point (x, y) est dans le domaine D', l'équation (1) n'admet pas d'autre racine que Z qui soit comprise entre $z_0 - c$ et $z_0 + c$. Soit en effet Z_1 une telle racine; des deux relations

$$Z_1 = z_0 + f(x, y, Z_1), \qquad z_n = z_0 + f(x, y, z_{n-1}),$$

on tire

$$Z_1 - z_n = f(x, y, Z_1) - f(x, y, z_{n-1})$$

et, par suite,

$$| Z_1 - z_n | < K | Z_1 - z_{n-1} |.$$

On aura donc aussi $| Z_1 - z_n | < K^{n-1} | Z_1 - z_1 |$. La différence $Z_1 - z_n$ tend donc vers zéro lorsque n augmente indéfiniment, et Z_1 est identique à Z.

Il est à remarquer que ce mode de calcul prouve directement l'existence de la racine et son unicité.

36. Dérivées des fonctions implicites. — La démonstration du théorème ne suppose pas l'existence des dérivées partielles F'_x, F'_y. On peut se rendre compte aisément que l'existence de ces dérivées n'est nullement nécessaire. Soit par exemple $\varphi(x)$ une fonction continue sans dérivée prenant une valeur positive b pour $x = a$. L'équation $y^2 = \varphi(x)$ admet deux racines qui tendent respectivement vers $\pm\sqrt{b}$ lorsque x tend vers a, et qui sont aussi des fonctions continues. Mais, si la fonction $F(x, y, z)$ admet des dérivées partielles continues F'_x, F'_y, la fonction implicite que nous venons de définir admet des dérivées partielles du premier ordre. En effet, laissons y constant et attribuons à x un accroissement Δx, auquel correspond pour z un accroissement Δz; nous avons

$$F(x + \Delta x, y, z + \Delta z) - F(x, y, z)$$
$$= \Delta x\, F'_x(x + \theta \Delta x, y, z + \Delta z) + \Delta z\, F'_z(x, y, z + \theta'\Delta z) = 0.$$

On en tire

$$\frac{\Delta z}{\Delta x} = - \frac{F'_x(x + \theta \Delta x, y, z + \Delta z)}{F'_z(x, y, z + \theta'\Delta z)};$$

lorsque Δx tend vers zéro, il en est de même de Δz, puisque z est une fonction continue de x. Le second membre tend donc vers une limite, et z admet une dérivée partielle par rapport à x,

$$(7)\qquad \frac{\partial z}{\partial x} = - \frac{F'_x}{F'_z};$$

on démontrerait de même la formule

$$(8)\qquad \frac{\partial z}{\partial y} = - \frac{F'_y}{F'_z}.$$

Remarque. — Si l'équation $F = 0$ est de degré m par rapport à z, elle définit m fonctions des variables x et y, en supposant les m racines réelles. Les dérivées partielles $\dfrac{\partial z}{\partial x}$, $\dfrac{\partial z}{\partial y}$ admettent elles-mêmes m valeurs pour chaque système de valeurs des variables x et y; les formules précédentes donnent sans ambiguïté ces dérivées partielles, pourvu qu'on remplace z dans les seconds membres par la valeur de la fonction dont on cherche la dérivée.

Par exemple, l'équation

$$x^2 + y^2 + z^2 - 1 = 0$$

définit deux fonctions $+\sqrt{1 - x^2 - y^2}$ et $-\sqrt{1 - x^2 - y^2}$, qui sont continues tant qu'on a $x^2 + y^2 < 1$. Les dérivées partielles de la première sont

$$\frac{-x}{\sqrt{1 - x^2 - y^2}}, \qquad \frac{-y}{\sqrt{1 - x^2 - y^2}},$$

et les dérivées partielles de la seconde s'obtiendront en changeant les signes. On obtiendrait les mêmes valeurs en partant des formules

$$\frac{dz}{dx} = -\frac{x}{z}, \qquad \frac{dz}{dy} = -\frac{y}{z},$$

et y remplaçant z successivement par ses deux déterminations.

37. Application aux surfaces. — Si l'on regarde x, y, z comme les coordonnées cartésiennes d'un point dans l'espace, toute équation

$$(9) \qquad\qquad F(x, y, z) = 0$$

représente une surface S. Soient (x_0, y_0, z_0) les coordonnées d'un point A de cette surface; si la fonction F est continue, ainsi que ses dérivées partielles du premier ordre dans le voisinage des valeurs x_0, y_0, z_0, sans que ces trois dérivées soient nulles simultanément au point A, la surface S admet un plan tangent en A. Supposons, par exemple, que la dérivée partielle F'_z ne soit pas nulle pour $x = x_0$, $y = y_0$, $z = z_0$. D'après le théorème général, l'équation de la surface peut aussi s'écrire, dans le voisinage du point A, en la supposant résolue par rapport à z,

$$z = \varphi(x, y),$$

$\varphi(x, y)$ étant une fonction continue, et l'équation du plan tangent en A est

$$Z - z_0 = \left(\frac{dz}{dx}\right)_0 (X - x_0) + \left(\frac{dz}{dy}\right)_0 (Y - y_0);$$

remplaçons $\dfrac{dz}{dx}$ et $\dfrac{dz}{dy}$ par leurs valeurs tirées des formules précédentes : l'équation du plan tangent devient

$$(10)\qquad \left(\frac{\partial F}{\partial x}\right)_0 (X - x_0) + \left(\frac{\partial F}{\partial y}\right)_0 (Y - y_0) + \left(\frac{\partial F}{\partial z}\right)_0 (Z - z_0) = 0.$$

Si l'on avait $\left(\dfrac{\partial F}{\partial z}\right)_0 = 0$ et $\left(\dfrac{\partial F}{\partial x}\right)_0 \neq 0$, on considérerait y et z comme les variables indépendantes et x comme une fonction de ces variables ; on arriverait encore à la même équation (10) pour le plan tangent, ce qui est évident *a priori* d'après la symétrie du premier membre. On verrait de même que la tangente en un point (x_0, y_0) d'une courbe plane représentée par $F(x, y) = 0$ a pour équation

$$(X - x_0) \left(\frac{\partial F}{\partial x}\right)_0 + (Y - y_0) \left(\frac{\partial F}{\partial y}\right)_0 = 0.$$

Si l'on a à la fois

$$\left(\frac{\partial F}{\partial x}\right)_0 = \left(\frac{\partial F}{\partial y}\right)_0 = \left(\frac{\partial F}{\partial z}\right)_0 = 0,$$

le point A est un *point singulier* ; les tangentes aux diverses courbes situées sur la surface et passant par A forment en général un cône et non un plan. Ce cas sera étudié plus loin.

Dans la démonstration du théorème général sur les fonctions implicites, nous avons supposé que la dérivée F'_z n'était pas nulle. L'intuition géométrique fait bien comprendre pourquoi cette condition est essentielle. Si, en effet, on a $\left(\dfrac{\partial F}{\partial z}\right)_0 = 0$ et $\left(\dfrac{\partial F}{\partial x}\right)_0 \neq 0$, le plan tangent à la surface S est parallèle à l'axe des z ; une parallèle à l'axe des z voisine de la droite $x = x_0$, $y = y_0$ rencontre généralement la surface en deux points voisins du point de contact. L'équation (9) admet donc deux racines tendant vers z_0 lorsque x et y tendent vers x_0 et y_0 respectivement.

Par exemple, si l'on coupe la sphère $x^2 + y^2 + z^2 - 1 = 0$ par la droite $y = 0$, $x = 1 + z$, il y a deux valeurs de z tendant vers zéro en même temps que z, réelles si z est négatif et imaginaires si z est positif.

38. Dérivées successives. — Dans les formules qui donnent les dérivées du premier ordre

$$\frac{\partial z}{\partial x} = - \frac{F'_x}{F'_z}, \qquad \frac{\partial z}{\partial y} = - \frac{F'_y}{F'_z},$$

on peut considérer les seconds membres comme des fonctions composées, z étant une fonction intermédiaire. On pourrait donc calculer les dérivées successives de proche en proche en appliquant la règle de différentiation des fonctions composées. L'existence de ces dérivées successives est d'ailleurs subordonnée à l'existence des dérivées partielles des différents ordres de la fonction $F(x, y, z)$.

On obtient ces dérivées d'une façon plus simple en appliquant la proposition suivante : *Lorsque plusieurs fonctions d'une variable indépendante vérifient une relation* $F = 0$, *leurs dérivées vérifient la relation obtenue en égalant à zéro la dérivée du premier membre, prise par la règle de différentiation des fonctions composées.* Il est clair, en effet, que, si la fonction F se réduit identiquement à zéro quand on y a remplacé les variables dont elle dépend par des fonctions de la variable indépendante, il en est de même de sa dérivée. Le théorème subsiste encore si les fonctions liées par la relation $F = 0$ dépendent de plusieurs variables indépendantes.

Cela posé, supposons d'abord qu'on veuille calculer les dérivées successives de la fonction implicite y de la seule variable x définie par la relation

$$F(x, y) = 0;$$

on en déduit successivement

$$\frac{\partial F}{\partial x} + \frac{\partial F}{\partial y} y' = 0,$$

$$\frac{\partial^2 F}{\partial x^2} + 2 \frac{\partial^2 F}{\partial x \, \partial y} y' + \frac{\partial^2 F}{\partial y^2} y'^2 + \frac{\partial F}{\partial y} y'' = 0,$$

$$\frac{\partial^3 F}{\partial x^3} + 3 \frac{\partial^3 F}{\partial x^2 \, \partial y} y' + 3 \frac{\partial^3 F}{\partial x \, \partial y^2} y'^2 + 3 \frac{\partial^2 F}{\partial x \, \partial y} y''$$
$$+ \frac{\partial^3 F}{\partial y^3} y'^3 + 3 \frac{\partial^2 F}{\partial y^2} y' y'' + \frac{\partial F}{\partial y} y''' = 0,$$

$$\dots\dots\dots\dots\dots\dots\dots\dots\dots\dots\dots\dots$$

et l'on calculera ainsi de proche en proche y', y'', y'''.....

Exemple. — Étant donnée une fonction $y = f(x)$, on peut inversement considérer y comme la variable indépendante et x comme une fonction de y définie par l'équation $y = f(x)$ [1]. Si la dérivée $f'(x)$ n'est pas nulle pour

______

[1] L'existence de la fonction inverse se démontre très simplement lorsque la fonction $f(x)$ va constamment en croissant ou en décroissant dans un intervalle. Soit, par exemple, $y = f(x)$ une fonction continue qui va constamment en

la valeur x_0, qui donne $y_0 = f(x_0)$, il existe, d'après le théorème général,
une fonction et une seule de y qui satisfait à la relation $y = f(x)$ et qui
prend la valeur x_0 pour $y = y_0$; c'est ce qu'on appelle la fonction *inverse*
de $f(x)$. Pour calculer les dérivées successives x'_y, x''_{y^2}, x'''_{y^3}, ... de cette
fonction, il suffit de différentier plusieurs fois de suite, en considérant y
comme la variable indépendante, ce qui nous donne

$$1 = f'(x)x'_y,$$
$$0 = f''(x)(x'_y)^2 + f'(x)x''_{y^2},$$
$$0 = f'''(x)(x'_y)^3 + 3f''(x)x'_y x''_{y^2} + f'(x)x'''_{y^3},$$
$$\dots\dots\dots\dots\dots\dots\dots\dots\dots\dots\dots;$$

on en tire

$$x'_y = \frac{1}{f'(x)}, \quad x''_{y^2} = -\frac{f''(x)}{[f'(x)]^3}, \quad x'''_{y^3} = \frac{3[f''(x)]^2 - f'(x)f'''(x)}{[f'(x)]^5}, \quad \dots$$

Il est à remarquer que ce système de formules ne change pas quand on per-
mute x'_y et $f'(x)$, x''_{y^2} et $f''(x)$, x'''_{y^3} et $f'''(x)$,..., car la relation entre les
deux fonctions $y = f(x)$ et $x = \varphi(y)$ est évidemment réciproque.

Pour donner une application de ces formules, supposons qu'on veuille
obtenir toutes les fonctions $y = f(x)$ qui satisfont à la relation

$$y'y''' - 3y''^2 = 0;$$

quand on prend y comme la variable indépendante, et x comme la fonction, cette équation devient $x'''_{y^3} = 0$. Or, les seules fonctions dont la
dérivée troisième soit nulle sont des polynomes, du second degré au plus.
On aura donc, pour x, une expression de la forme

$$x = C_1 y^2 + C_2 y + C_3,$$

C_1, C_2, C_3 étant trois constantes quelconques; en résolvant cette équation
par rapport à y, on en conclut que toutes les fonctions non linéaires $y = f(x)$

---

croissant de A à B lorsque x croît de a à b. A toute valeur de y comprise
entre A et B correspond une valeur de x et une seule comprise entre a et b
(n° 8). Cette valeur de x est une fonction $\varphi(y)$, qui est elle-même croissante
dans l'intervalle (A.B). *C'est une fonction continue.* Soient, en effet, (x_0, y_0)
un couple de valeurs correspondantes: η étant un nombre positif tel que $x_0 - \eta$
et $x_0 + \eta$ soient compris entre a et b, soient $y_0 - \varepsilon$ et $y_0 + \varepsilon'$ les valeurs correspondantes de y: si la valeur absolue de $y - y_0$ est inférieure au plus petit des
deux nombres ε, ε', la valeur absolue de $x - x_0$ est inférieure à η. Si la fonction $f(x)$ va constamment en croissant de $-\infty$ à $+\infty$ ou inversement, lorsque
x croît de $-\infty$ à $+\infty$, à toute valeur de y correspond une valeur de x et une
seule. Tel est le cas pour la fonction x^n, n étant un nombre positif impair.

qui satisfont à la condition proposée sont comprises dans la formule

$$y = a + \sqrt{b.x + c},$$

a, b, c étant trois constantes arbitraires. Cette équation représente une parabole ayant son axe parallèle à l'axe des x.

39. Dérivées partielles. — Considérons maintenant une fonction implicite de deux variables définie par l'équation

$$(11) \qquad F(x, y, z) = 0;$$

les dérivées partielles du premier ordre sont données, comme nous l'avons déjà vu directement, par les relations

$$(12) \qquad \frac{\partial F}{\partial x} + \frac{\partial F}{\partial z}\frac{\partial z}{\partial x} = 0, \qquad \frac{\partial F}{\partial y} + \frac{\partial F}{\partial z}\frac{\partial z}{\partial y} = 0.$$

Pour avoir les dérivées partielles du second ordre, il suffit de différentier de nouveau les deux équations (12) par rapport à x et à y, ce qui donne trois relations distinctes seulement, car la dérivée de la première par rapport à y est identique à la dérivée de la seconde par rapport à x,

$$(13) \quad \left\{ \begin{aligned} &\frac{\partial^2 F}{\partial x^2} + 2\frac{\partial^2 F}{\partial x\,\partial z}\frac{\partial z}{\partial x} + \frac{\partial^2 F}{\partial z^2}\left(\frac{\partial z}{\partial x}\right)^2 + \frac{\partial F}{\partial z}\frac{\partial^2 z}{\partial x^2} = 0. \\[4pt] &\frac{\partial^2 F}{\partial x\,\partial y} + \frac{\partial^2 F}{\partial x\,\partial z}\frac{\partial z}{\partial y} + \frac{\partial^2 F}{\partial y\,\partial z}\frac{\partial z}{\partial x} + \frac{\partial^2 F}{\partial z^2}\frac{\partial z}{\partial x}\frac{\partial z}{\partial y} + \frac{\partial F}{\partial z}\frac{\partial^2 z}{\partial x\,\partial y} = 0, \\[4pt] &\frac{\partial^2 F}{\partial y^2} + 2\frac{\partial^2 F}{\partial y\,\partial z}\frac{\partial z}{\partial y} + \frac{\partial^2 F}{\partial z^2}\left(\frac{\partial z}{\partial y}\right)^2 + \frac{\partial F}{\partial z}\frac{\partial^2 z}{\partial y^2} = 0. \end{aligned} \right.$$

et l'on calculerait de même les dérivées du troisième ordre et d'ordre plus élevé.

L'emploi des différentielles totales permet encore de déterminer en même temps toutes les dérivées partielles du même ordre. Il suffit pour cela de s'appuyer sur le théorème suivant : *Lorsque plusieurs fonctions u, v, w, … d'un nombre quelconque de variables indépendantes x, y, z, … vérifient une relation* $F = 0$, *les différentielles totales satisfont à la relation* $dF = 0$, *obtenue en prenant la différentielle totale de F comme si toutes les variables dont elle dépend étaient des variables indépendantes.* Pour le démontrer, supposons qu'on ait une relation $F(u, v, w) = 0$, u, v, w étant des fonctions des variables indépendantes x, y, z, t. Les dérivées partielles de u, v, w satisfont aux quatre équations

$$\frac{\partial F}{\partial u}\frac{\partial u}{\partial x} + \frac{\partial F}{\partial v}\frac{\partial v}{\partial x} + \frac{\partial F}{\partial w}\frac{\partial w}{\partial x} = 0,$$

$$\frac{\partial F}{\partial u}\frac{\partial u}{\partial y} + \frac{\partial F}{\partial v}\frac{\partial v}{\partial y} + \frac{\partial F}{\partial w}\frac{\partial w}{\partial y} = 0,$$

$$\frac{\partial F}{\partial u}\frac{\partial u}{\partial z} + \frac{\partial F}{\partial v}\frac{\partial v}{\partial z} + \frac{\partial F}{\partial w}\frac{\partial w}{\partial z} = 0,$$

$$\frac{\partial F}{\partial u}\frac{\partial u}{\partial t} + \frac{\partial F}{\partial v}\frac{\partial v}{\partial t} + \frac{\partial F}{\partial w}\frac{\partial w}{\partial t} = 0;$$

multiplions-les respectivement par dx, dy, dz, dt et ajoutons-les, il vient

$$\frac{\partial F}{\partial u}\,du + \frac{\partial F}{\partial v}\,dv + \frac{\partial F}{\partial w}\,dw = dF = 0.$$

Nous voyons encore ici l'avantage de la notation différentielle, car la relation précédente est indépendante du choix et du nombre des variables indépendantes. Pour avoir une relation entre les différentielles du second ordre, il suffira d'appliquer le théorème général à la relation $dF = 0$, considérée comme une équation entre u, v, w, du, dv, dw, et ainsi de suite; on remplacera seulement par zéro toutes les différentielles d'ordre supérieur des variables qu'on a choisies pour variables indépendantes.

Appliquons ceci au calcul des différentielles totales successives de la fonction implicite définie par l'équation (11), x et y étant les variables indépendantes: il vient

$$\frac{\partial F}{\partial x}\,dx + \frac{\partial F}{\partial y}\,dy + \frac{\partial F}{\partial z}\,dz = 0,$$

$$\left(\frac{\partial F}{\partial x}\,dx + \frac{\partial F}{\partial y}\,dy + \frac{\partial F}{\partial z}\,dz\right)^2 + \frac{\partial F}{\partial z}\,d^2 z = 0,$$

$$\dots\dots\dots\dots\dots\dots\dots\dots\dots\dots\dots\dots\dots,$$

et les deux premières de ces équations peuvent remplacer les cinq relations (12) et (13): de l'expression de dz on déduit les deux dérivées du premier ordre, et de l'expression de d^2z on déduit les trois dérivées du second ordre, etc. Considérons par exemple l'équation

$$A x^2 + A' y^2 + A'' z^2 = 1.$$

qui donne, en différentiant deux fois,

$$A x\, dx + A'y\, dy + A''z\, dz = 0,$$
$$A\, dx^2 + A'\, dy^2 + A''\, dz^2 + A''z\, d^2z = 0 :$$

de la première on tire

$$dz = -\frac{A x\, dx + A'y\, dy}{A''z}$$

et, en portant cette valeur de dz dans la seconde, il vient

$$d^2z = -\frac{A(A x^2 + A''z^2)\, dx^2 + 2 A A'xy\, dx\, dy + A'(A'y^2 + A''z^2)\, dy^2}{A''^2 z^3}.$$

On aura donc, en employant la notation de Monge,

$$p = -\frac{A x}{A''z}, \qquad q = -\frac{A'y}{A''z},$$

$$r = -\frac{A(A x^2 + A''z^2)}{A''^2 z^3}, \qquad s = -\frac{A A'xy}{A''^2 z^3}, \qquad t = -\frac{A'(A'y^2 + A''z^2)}{A''^2 z^3}.$$

La méthode est évidemment générale, quel que soit le nombre des variables indépendantes et l'ordre des dérivées partielles qu'on veut calculer.

Exemple. — Soit $z = f(x, y)$ une fonction des deux variables x et y. Considérons, dans la relation précédente, y et z comme deux variables indépendantes, et x comme une fonction implicite de ces deux variables : proposons-nous de calculer les différentielles du premier et du second ordre dx et d^2x. On a d'abord

$$dz = \frac{\partial f}{\partial x}\, dx + \frac{\partial f}{\partial y}\, dy ;$$

comme on prend y et z pour variables indépendantes, on doit supposer nulles d^2y et d^2z, et, en prenant de nouveau la différentielle, il vient

$$0 = \frac{\partial^2 f}{\partial x^2}\, dx^2 + 2 \frac{\partial^2 f}{\partial x\, \partial y}\, dx\, dy + \frac{\partial^2 f}{\partial y^2}\, dy^2 + \frac{\partial f}{\partial x}\, d^2x.$$

Ces équations peuvent s'écrire, en employant la notation abrégée de Monge pour désigner les dérivées partielles du premier et du second ordre de la fonction $f(x, y)$,

$$dz = p\, dx + q\, dy,$$
$$0 = r\, dx^2 + 2 s\, dx\, dy + t\, dy^2 + p\, d^2x ;$$

on tire de la première

$$dx = \frac{dz - q\, dy}{p},$$

et, en portant cette valeur de dx dans la seconde, on a

$$d^2x = -\frac{r\,dz^2 - 2(ps - qr)\,dy\,dz - (q^2r - 2pqs + p^2t)\,dy^2}{p^3}.$$

Les dérivées partielles du premier et du second ordre de x, considérées comme fonctions des variables z et y, ont donc les valeurs suivantes :

$$\frac{\partial x}{\partial z} = \frac{1}{p}, \qquad \frac{\partial x}{\partial y} = -\frac{q}{p},$$

$$\frac{\partial^2 x}{\partial z^2} = -\frac{r}{p^3}, \qquad \frac{\partial^2 x}{\partial y\,\partial z} = \frac{qr - ps}{p^3}, \qquad \frac{\partial^2 x}{\partial y^2} = \frac{2pqs - p^2t - q^2r}{p^3}.$$

Proposons-nous, comme application de ces formules, de trouver toutes les fonctions $f(x, y)$ satisfaisant à l'équation $q^2r - p^2t = 2pqs$. Si, dans la relation $z = f(x, y)$, on considère x comme une fonction des variables indépendantes y et z, la condition précédente devient $\frac{\partial^2 x}{\partial y^2} = 0$. Cette équation exprime que $\frac{\partial x}{\partial y}$ ne dépend pas de y; on a donc $\frac{\partial x}{\partial y} = \varphi(z)$, $\varphi(z)$ étant une fonction quelconque de z. Cette nouvelle équation peut s'écrire

$$\frac{\partial}{\partial y}[x - y\varphi(z)] = 0,$$

et elle exprime que $x - y\varphi(z)$ ne dépend pas de y. On a donc encore

$$x = y\varphi(z) + \psi(z),$$

$\psi(z)$ étant une autre fonction quelconque de z, et l'on obtiendra toutes les fonctions $z = f(x, y)$, répondant à la question, en résolvant l'équation précédente par rapport à z. Cette équation représente une surface engendrée par une droite qui reste parallèle au plan des xy.

10. Équations simultanées. — Nous définirons d'abord un déterminant qui jouera un rôle essentiel dans la suite. Soient F_1, F_2, …, F_n un système de n fonctions de n variables $y_1, y_2, …, y_n$, pouvant dépendre en outre d'autres variables. Le déterminant formé par les dérivées partielles du premier ordre $\frac{\partial F_i}{\partial y_k}$

$$(14) \qquad \Delta = \begin{vmatrix} \dfrac{\partial F_1}{\partial y_1} & \dfrac{\partial F_1}{\partial y_2} & \cdots & \dfrac{\partial F_1}{\partial y_n} \\[2ex] \dfrac{\partial F_2}{\partial y_1} & \dfrac{\partial F_2}{\partial y_2} & \cdots & \dfrac{\partial F_2}{\partial y_n} \\[2ex] \cdots & \cdots & \cdots & \cdots \\[2ex] \dfrac{\partial F_n}{\partial y_1} & \dfrac{\partial F_n}{\partial y_2} & \cdots & \dfrac{\partial F_n}{\partial y_n} \end{vmatrix}$$

s'appelle le *jacobien*, ou le *déterminant fonctionnel* des n fonctions F_1, F_2, ..., F_n par rapport aux n variables y_1, ..., y_n. On le représente par la notation

$$\frac{D(F_1, F_2, \ldots, F_n)}{D(y_1, y_2, \ldots, y_n)}.$$

Cela posé, le théorème général d'existence des fonctions implicites s'énonce ainsi :

Soit (E) *un système de n équations entre $n + p$ variables* $x_1, \ldots, x_p, y_1, \ldots, y_n$,

$$(E) \qquad F_i(x_1, x_2, \ldots, x_p; y_1, y_2, \ldots, y_n) = 0 \qquad (i = 1, 2, \ldots, n)$$

dont tous les premiers membres sont nuls pour un système de valeurs $x_1 = x_1^0$, ..., $x_p = x_p^0$, $y_1 = y_1^0$, ..., $y_n = y_n^0$. *Si les fonctions* F_i *sont continues et admettent des dérivées partielles du premier ordre par rapport aux variables* y_k, *continues dans le voisinage de ce système de valeurs, et si le jacobien* $\frac{D(F_1, F_2, \ldots, F_n)}{D(y_1, y_2, \ldots, y_n)}$ *n'est pas nul pour* $x_1 = x_1^0$, ..., $y_n = y_n^0$, *il existe un système de fonctions, et un seul,*

$$y_1 = \varphi_1(x_1, x_2, \ldots, x_p), \qquad \ldots \qquad y_n = \varphi_n(x_1, x_2, \ldots, x_p)$$

satisfaisant aux équations (E), *se réduisant à* $y_1^0, \ldots, y_n^0$ *respectivement pour* $x_1 = x_1^0$, ..., $x_p = x_p^0$, *et continues dans le voisinage de ce système de valeurs.*

Le théorème étant déjà démontré pour $n = 1$, il suffira de prouver que, s'il est vrai pour un système de $n - 1$ équations à $n - 1$ fonctions inconnues, il s'étend à un système de n équations à n fonctions inconnues. Par hypothèse, le déterminant Δ écrit plus haut est différent de zéro pour les valeurs x_i^0, y_k^0 : par suite, ses éléments ne sont pas tous nuls. Nous pouvons donc supposer, en changeant s'il est nécessaire l'ordre des indices, que la dérivée $\left(\frac{\partial F_n}{\partial y_n}\right)_0$ n'est pas nulle. Alors, d'après le théorème établi au n° 34, l'équation

$$(15) \qquad F_n(x_1, x_2, \ldots, x_p; y_1, y_2, \ldots, y_n) = 0$$

définit une fonction

$$(16) \qquad y_n = f(x_1, x_2, \ldots, x_p; y_1, y_2, \ldots, y_{n-1})$$

des $n + p - 1$ variables $x_1, x_2, \ldots, x_p, y_1, \ldots, y_{n-1}$, qui est égale à y_n^0 pour $x_1 = x_1^0, \ldots, y_{n-1} = y_{n-1}^0$, et qui est continue dans le voisinage de ces valeurs. En remplaçant y_n par cette fonction f dans les $n - 1$ premières équations du système (E), on obtient un nouveau système de $n - 1$ équations à $n - 1$ inconnues $y_1, y_2, \ldots, y_{n-1}$,

$$(17) \quad \Phi_1(x_1, x_2, \ldots, x_p; y_1, y_2, \ldots, y_{n-1}) = 0, \quad \ldots, \quad \Phi_{n-1} = 0,$$

où l'on a posé

$$\Phi_i(x_1, \ldots, x_p; y_1, \ldots, y_{n-1}) = F_i(x_1, \ldots, x_p; y_1, \ldots, y_{n-1}, f);$$

le système formé par les équations (16) et (17) est évidemment équivalent au système (E). Nous allons montrer que le jacobien des fonctions Φ_i

$$\delta = \frac{D(\Phi_1, \Phi_2, \ldots, \Phi_{n-1})}{D(y_1, y_2, \ldots, y_{n-1})}$$

est différent de zéro pour $x_1 = x_1^0, \ldots, y_{n-1} = y_{n-1}^0$. En effet, ce déterminant

$$\delta = \begin{vmatrix} \dfrac{\partial F_1}{\partial y_1} + \dfrac{\partial F_1}{\partial y_n}\dfrac{\partial f}{\partial y_1} & \dfrac{\partial F_1}{\partial y_2} + \dfrac{\partial F_1}{\partial y_n}\dfrac{\partial f}{\partial y_2} & \ldots & \dfrac{\partial F_1}{\partial y_{n-1}} + \dfrac{\partial F_1}{\partial y_n}\dfrac{\partial f}{\partial y_{n-1}} \\[2mm] \dfrac{\partial F_2}{\partial y_1} + \dfrac{\partial F_2}{\partial y_n}\dfrac{\partial f}{\partial y_1} & \dfrac{\partial F_2}{\partial y_2} + \dfrac{\partial F_2}{\partial y_n}\dfrac{\partial f}{\partial y_2} & \ldots & \dfrac{\partial F_2}{\partial y_{n-1}} + \dfrac{\partial F_2}{\partial y_n}\dfrac{\partial f}{\partial y_{n-1}} \\[2mm] \cdots & \cdots & \ldots & \cdots \\[2mm] \dfrac{\partial F_{n-1}}{\partial y_1} + \dfrac{\partial F_{n-1}}{\partial y_n}\dfrac{\partial f}{\partial y_1} & \dfrac{\partial F_{n-1}}{\partial y_2} + \dfrac{\partial F_{n-1}}{\partial y_n}\dfrac{\partial f}{\partial y_2} & \ldots & \dfrac{\partial F_{n-1}}{\partial y_{n-1}} + \dfrac{\partial F_{n-1}}{\partial y_n}\dfrac{\partial f}{\partial y_{n-1}} \end{vmatrix}$$

est la somme de 2^{n-1} déterminants; en supprimant tous ceux qui sont nuls comme ayant les éléments de deux colonnes proportionnels. il reste

$$\delta = \frac{D(F_1, F_2, \ldots, F_{n-1})}{D(y_1, y_2, \ldots, y_{n-1})} + \frac{\partial f}{\partial y_1}\frac{D(F_1, F_2, \ldots, F_{n-1})}{D(y_n, y_2, \ldots, y_{n-1})}$$
$$+ \cdots\cdots\cdots\cdots\cdots\cdots\cdots$$
$$+ \frac{\partial f}{\partial y_{n-1}}\frac{D(F_1, \ldots, F_{n-1})}{D(y_1, \ldots, y_{n-2}, y_n)}.$$

D'autre part. les dérivées $\dfrac{\partial f}{\partial y_i}$ sont données (n° **39**) par les relations

$$\frac{\partial F_n}{\partial y_i} + \frac{\partial F_n}{\partial y_n}\frac{\partial f}{\partial y_i} = 0 \qquad (i = 1, 2, \ldots, n-1).$$

L'équation précédente peut donc s'écrire, en multipliant les deux membres par $\dfrac{\partial F_n}{\partial y_n}$,

$$\delta \frac{\partial F_n}{\partial y_n} = \frac{D(F_1, F_2, \ldots, F_{n-1})}{D(y_1, y_2, \ldots, y_{n-1})} \frac{\partial F_n}{\partial y_n} - \frac{D(F_1, F_2, \ldots, F_{n-1})}{D(y_n, y_2, \ldots, y_{n-1})} \frac{\partial F_n}{\partial y_1}$$
$$- \ldots\ldots\ldots\ldots\ldots\ldots\ldots$$
$$- \frac{D(F_1, F_2, \ldots, F_{n-1})}{D(y_1, y_2, \ldots, y_{n-2}, y_n)} \frac{\partial F_n}{\partial y_{n-1}};$$

le second membre de la nouvelle relation est identique au développement de Δ par rapport aux éléments de la dernière ligne. On a donc

$$(18) \qquad \frac{\partial F_n}{\partial y_n} \frac{D(\Phi_1, \Phi_2, \ldots, \Phi_{n-1})}{D(y_1, y_2, \ldots, y_{n-1})} = \frac{D(F_1, F_2, \ldots, F_n)}{D(y_1, y_2, \ldots, y_n)},$$

et par suite le jacobien δ est différent de zéro pour les valeurs

$$x_1 = x_1^0, \qquad \ldots, \qquad y_{n-1} = y_{n-1}^0.$$

La proposition énoncée étant vraie pour $n-1$ équations, les équations (17) déterminent un système de fonctions $y_1 = \varphi_1, \ldots, y_{n-1} = \varphi_{n-1}$ des variables $x_1, x_2, \ldots, x_p$, et en substituant dans la fonction $f(x_1, \ldots, x_p, y_1, \ldots, y_{n-1})$, on aura la valeur de y_n.

On peut encore calculer ces racines par approximations successives, comme dans le cas d'une seule équation. Supposons, pour simplifier, que l'on remplace x_i par $x_i^0 + x_i$, et y_k par $y_k^0 + y_k$, de façon que les valeurs initiales x_i^0, y_k^0 soient nulles. Soit a_{jk} la valeur de la dérivée $\dfrac{\partial F_j}{\partial y_k}$ pour ces valeurs initiales; par hypothèse, le déterminant

$$\Delta = \begin{vmatrix} a_{11} & a_{12} & \ldots & a_{1n} \\ a_{21} & a_{22} & \ldots & a_{2n} \\ \ldots & \ldots & \ldots & \ldots \\ a_{n1} & a_{n2} & \ldots & a_{nn} \end{vmatrix}$$

est différent de zéro. Le système (E) est évidemment équivalent au système suivant :

$$(19) \quad \begin{cases} a_{11} y_1 + \ldots + a_{1n} y_n = a_{11} y_1 + \ldots + a_{1n} y_n - F_1 = \varphi_1, \\ a_{21} y_1 + \ldots + a_{2n} y_n = a_{21} y_1 + \ldots + a_{2n} y_n - F_2 = \varphi_2, \\ \ldots\ldots\ldots\ldots\ldots\ldots\ldots\ldots\ldots\ldots\ldots \\ a_{n1} y_1 + \ldots + a_{nn} y_n = a_{n1} y_1 + \ldots + a_{nn} y_n - F_n = \varphi_n, \end{cases}$$

G., I.

où les fonctions $\varphi_1, \varphi_2, \ldots, \varphi_n$ sont nulles, ainsi que les dérivées partielles $\dfrac{\partial \varphi_i}{\partial x_k}$ pour $x_i = 0,\ y_k = 0$. En résolvant ce système d'équations par rapport à $y_1, y_2, \ldots, y_n$, ce qui est possible, puisque Δ n'est pas nul, on obtient un nouveau système

$$(20) \qquad y_1 = f_1, \qquad y_2 = f_2, \qquad \ldots \qquad y_n = f_n.$$

où $f_1, f_2, \ldots, f_n$ sont des combinaisons linéaires à coefficients constants des fonctions $\varphi_1, \varphi_2, \ldots, \varphi_n$. Ces fonctions f_i sont donc nulles, ainsi que toutes les dérivées partielles $\dfrac{\partial f_i}{\partial y_k}$ pour les valeurs $x_i = 0,\ y_k = 0$. On peut résoudre ce système par approximations successives en prenant zéro pour premières valeurs approchées des racines, et en posant ensuite [1]

$$(y_i)^m = f_i[x_1, \ldots, x_p; (y_1)^{m-1}, \ldots (y_n)^{m-1}] \qquad (m = 1, 2, \ldots, \infty).$$

41. Calcul des dérivées. — Lorsque les fonctions F_j ont des dérivées partielles continues $\dfrac{\partial F_j}{\partial x_i}$, les fonctions implicites définies par les équations (E) admettent aussi des dérivées partielles du premier ordre par rapport aux variables x_i. Prenons par exemple un système de deux équations

$$(21) \qquad F_1(x, y, z, u, v) = 0, \qquad F_2(x, y, z, u, v) = 0.$$

Laissant y et z constants, donnons à x un accroissement Δx, et soient Δu et Δv les accroissements correspondants des fonctions u et v. Les équations (21) peuvent s'écrire

$$\Delta x\left(\frac{\partial F_1}{\partial x} + \varepsilon\right) + \Delta u\left(\frac{\partial F_1}{\partial u} + \varepsilon'\right) + \Delta v\left(\frac{\partial F_1}{\partial v} + \varepsilon''\right) = 0,$$

$$\Delta x\left(\frac{\partial F_2}{\partial x} + \eta\right) + \Delta u\left(\frac{\partial F_2}{\partial u} + \eta'\right) + \Delta v\left(\frac{\partial F_2}{\partial v} + \eta''\right) = 0,$$

$\varepsilon, \varepsilon', \varepsilon'', \eta, \eta', \eta''$ tendant vers zéro lorsque $\Delta x, \Delta u, \Delta v$ tendent vers zéro. On déduit de là

$$\frac{\Delta u}{\Delta x} = -\frac{\left(\dfrac{\partial F_1}{\partial x} + \varepsilon\right)\left(\dfrac{\partial F_2}{\partial v} + \eta''\right) - \left(\dfrac{\partial F_1}{\partial v} + \varepsilon''\right)\left(\dfrac{\partial F_2}{\partial x} + \eta\right)}{\left(\dfrac{\partial F_1}{\partial u} + \varepsilon'\right)\left(\dfrac{\partial F_2}{\partial v} + \eta''\right) - \left(\dfrac{\partial F_1}{\partial v} + \varepsilon''\right)\left(\dfrac{\partial F_2}{\partial u} + \eta'\right)};$$

---

[1] Pour la démonstration de la convergence des approximations, voir mon article du *Bulletin de la Société mathématique*, t. XXXI, 1903.

lorsque Δx tend vers zéro, il en est de même de Δu, Δv et, par suite, de ε, ε', ε'', η, η', η''. Le rapport $\dfrac{\Delta u}{\Delta x}$ a donc une limite, c'est-à-dire que u admet une dérivée partielle par rapport à x.

$$\frac{\partial u}{\partial x} = - \frac{\dfrac{\partial F_1}{\partial x}\dfrac{\partial F_2}{\partial v} - \dfrac{\partial F_1}{\partial v}\dfrac{\partial F_2}{\partial x}}{\dfrac{\partial F_1}{\partial u}\dfrac{\partial F_2}{\partial v} - \dfrac{\partial F_1}{\partial v}\dfrac{\partial F_2}{\partial u}}.$$

On verrait de même que le rapport $\dfrac{\Delta v}{\Delta x}$ tend vers une limite finie $\dfrac{\partial v}{\partial x}$, qui est donnée par une formule analogue; pratiquement, on calculera ces dérivées partielles au moyen des deux équations

$$\frac{\partial F_1}{\partial x} + \frac{\partial F_1}{\partial u}\frac{\partial u}{\partial x} - \frac{\partial F_1}{\partial v}\frac{\partial v}{\partial x} = 0,$$

$$\frac{\partial F_2}{\partial x} + \frac{\partial F_2}{\partial u}\frac{\partial u}{\partial x} + \frac{\partial F_2}{\partial v}\frac{\partial v}{\partial x} = 0,$$

et l'on obtiendra, de la même façon, les dérivées partielles par rapport aux variables y et z.

Les dérivées successives se calculent comme dans le cas d'une seule équation. Il faut encore observer que, lorsqu'il y a plusieurs variables indépendantes, il est avantageux de calculer les différentielles totales, pour en déduire toutes les dérivées partielles du même ordre. Supposons, par exemple, qu'on ait deux fonctions u et v des trois variables x, y, z, définies par les deux relations (21); les différentielles totales du premier ordre du et dv sont données par les deux équations

$$\frac{\partial F_1}{\partial x}\,dx + \frac{\partial F_1}{\partial y}\,dy + \frac{\partial F_1}{\partial z}\,dz - \frac{\partial F_1}{\partial u}\,du - \frac{\partial F_1}{\partial v}\,dv = 0,$$

$$\frac{\partial F_2}{\partial x}\,dx + \frac{\partial F_2}{\partial y}\,dy + \frac{\partial F_2}{\partial z}\,dz + \frac{\partial F_2}{\partial u}\,du + \frac{\partial F_2}{\partial v}\,dv = 0.$$

On aura ensuite d^2u et d^2v au moyen des équations

$$\left(\frac{\partial F_1}{\partial x}\,dx + \ldots + \frac{\partial F_1}{\partial v}\,dv\right)^2 + \frac{\partial F_1}{\partial u}\,d^2u + \frac{\partial F_1}{\partial v}\,d^2v = 0.$$

$$\left(\frac{\partial F_2}{\partial x}\,dx + \ldots + \frac{\partial F_2}{\partial v}\,dv\right)^2 - \frac{\partial F_2}{\partial u}\,d^2u - \frac{\partial F_2}{\partial v}\,d^2v = 0.$$

et ainsi de suite. Dans les équations qui donnent $d^n u$ et $d^n v$, le déterminant des coefficients de ces différentielles est égal, quel que soit n, au jacobien $\dfrac{D(F_1, F_2)}{D(u, v)}$ qui, par hypothèse. n'est pas nul.

42. Inversion. — Soient $\varphi_1, \varphi_2, \ldots, \varphi_n$ n fonctions des n variables indépendantes $x_1, x_2, \ldots, x_n$, telles que le jacobien $\dfrac{D(\varphi_1, \varphi_2, \ldots, \varphi_n)}{D(x_1, x_2, \ldots, x_n)}$ ne soit pas identiquement nul. Les n équations

$$(22) \quad \begin{cases} u_1 = \varphi_1(x_1, x_2, \ldots, x_n), \quad u_2 = \varphi_2(x_1, x_2, \ldots, x_n), \quad \ldots, \\ u_n = \varphi_n(x_1, x_2, \ldots, x_n) \end{cases}$$

définissent inversement ([1]) $x_1, x_2, \ldots, x_n$ en fonction de $u_1, u_2, \ldots, u_n$. Il suffit, en effet, de considérer un système de valeurs $x_1^0, x_2^0, \ldots, x_n^0$ pour lesquelles le jacobien n'est pas nul; $u_1^0, u_2^0, \ldots, u_n^0$ désignant les valeurs correspondantes de $u_1, u_2, \ldots, u_n$, il existe, d'après le théorème général, un système de fonctions

$$x_1 = \psi_1(u_1, \ldots, u_n), \quad x_2 = \psi_2(u_1, \ldots, u_n), \quad \ldots,$$
$$x_n = \psi_n(u_1, u_2, \ldots, u_n),$$

qui satisfont aux relations (22) et qui prennent les valeurs $x_1^0, x_2^0, \ldots, x_n^0$ pour $u_1 = u_1^0, \ldots, u_n = u_n^0$. Ce sont les fonctions *inverses* des fonctions $\varphi_1, \varphi_2, \ldots, \varphi_n$; la détermination effective de ces fonctions s'appelle une *inversion*.

Pour calculer les dérivées des fonctions inverses, il suffit d'appliquer les règles générales. Ainsi, dans le cas de deux fonctions

$$u = f(x, y), \quad v = \varphi(x, y),$$

si l'on considère inversement u et v comme les variables indépendantes, x et y comme les fonctions, on a les deux relations

$$du = \frac{\partial f}{\partial x} dx + \frac{\partial f}{\partial y} dy,$$

$$dv = \frac{\partial \varphi}{\partial x} dx + \frac{\partial \varphi}{\partial y} dx,$$

d'où l'on tire

$$dx = \frac{\dfrac{\partial \varphi}{\partial y} du - \dfrac{\partial f}{\partial y} dv}{\dfrac{\partial f}{\partial x} \dfrac{\partial \varphi}{\partial y} - \dfrac{\partial f}{\partial y} \dfrac{\partial \varphi}{\partial x}}, \quad dy = \frac{-\dfrac{\partial \varphi}{\partial x} du + \dfrac{\partial f}{\partial x} dv}{\dfrac{\partial f}{\partial x} \dfrac{\partial \varphi}{\partial y} - \dfrac{\partial f}{\partial y} \dfrac{\partial \varphi}{\partial x}}.$$

([1]) Nous ne définissons ainsi les fonctions inverses que dans le *voisinage* d'un système de valeurs particulières u_i^0. Le cas où à tout système de valeurs de $u_1, u_2, \ldots, u_n$ correspond un système et *un seul* de valeurs pour $x_1, x_2, \ldots, x_n$ a été étudié aussi par divers géomètres. [*Voir* HADAMARD, *Sur les transformations ponctuelles* (*Bulletin de la Société mathématique*, t. XXXIV, 1906).]

On a donc les formules

$$\frac{\partial x}{\partial u} = \frac{\dfrac{\partial \varphi}{\partial y}}{\dfrac{\partial f}{\partial x}\dfrac{\partial \varphi}{\partial y} - \dfrac{\partial f}{\partial y}\dfrac{\partial \varphi}{\partial x}}, \qquad \frac{\partial x}{\partial v} = \frac{-\dfrac{\partial f}{\partial y}}{\dfrac{\partial f}{\partial x}\dfrac{\partial \varphi}{\partial y} - \dfrac{\partial f}{\partial y}\dfrac{\partial \varphi}{\partial x}},$$

$$\frac{\partial y}{\partial u} = \frac{-\dfrac{\partial \varphi}{\partial x}}{\dfrac{\partial f}{\partial x}\dfrac{\partial \varphi}{\partial y} - \dfrac{\partial f}{\partial y}\dfrac{\partial \varphi}{\partial x}}, \qquad \frac{\partial y}{\partial v} = \frac{\dfrac{\partial f}{\partial x}}{\dfrac{\partial f}{\partial x}\dfrac{\partial \varphi}{\partial y} - \dfrac{\partial f}{\partial y}\dfrac{\partial \varphi}{\partial x}}.$$

43. Tangente à une courbe gauche. — Considérons une courbe C
représentée par un système de deux équations

$$(23) \qquad \begin{cases} F_1(x, y, z) = 0, \\ F_2(x, y, z) = 0; \end{cases}$$

soient x_0, y_0, z_0 les coordonnées d'un point M_0 de cette courbe,
tel que l'un au moins des trois jacobiens

$$\frac{\partial F_1}{\partial y}\frac{\partial F_2}{\partial z} - \frac{\partial F_1}{\partial z}\frac{\partial F_2}{\partial y}, \quad \frac{\partial F_1}{\partial z}\frac{\partial F_2}{\partial x} - \frac{\partial F_1}{\partial x}\frac{\partial F_2}{\partial z}, \quad \frac{\partial F_1}{\partial x}\frac{\partial F_2}{\partial y} - \frac{\partial F_1}{\partial y}\frac{\partial F_2}{\partial x}$$

soit différent de zéro, quand on y remplace x, y, z par x_0, y_0, z_0.
Supposons, pour fixer les idées, que $\dfrac{D(F_1, F_2)}{D(y, z)}$ ne soit pas nul
pour les coordonnées du point M_0; des équations (23) on peut
alors tirer

$$y = \varphi(x), \qquad z = \psi(x),$$

φ et ψ étant des fonctions continues de x se réduisant respectivement à y_0 et z_0 pour $x = x_0$. La tangente à la courbe C au point M_0
est alors représentée par les deux équations

$$\frac{X - x_0}{1} = \frac{Y - y_0}{\varphi'(x_0)} = \frac{Z - z_0}{\psi'(x_0)};$$

quant aux dérivées $\varphi'(x)$ et $\psi'(x)$, elles se calculent au moyen des
deux relations

$$\frac{\partial F_1}{\partial x} + \frac{\partial F_1}{\partial y}\varphi'(x) + \frac{\partial F_1}{\partial z}\psi'(x) = 0.$$

$$\frac{\partial F_2}{\partial x} + \frac{\partial F_2}{\partial y}\varphi'(x) + \frac{\partial F_2}{\partial z}\psi'(x) = 0.$$

Faisons dans ces relations $x = x_0$, $y = y_0$, $z = z_0$ et remplaçons $\varphi'(x_0)$ et $\psi'(x_0)$ par $\dfrac{Y - y_0}{X - x_0}$ et $\dfrac{Z - z_0}{X - x_0}$ respectivement; les équations de la tangente peuvent encore s'écrire

$$(24) \quad \begin{cases} \left(\dfrac{\partial F_1}{\partial x}\right)_0 (X - x_0) + \left(\dfrac{\partial F_1}{\partial y}\right)_0 (Y - y_0) + \left(\dfrac{\partial F_1}{\partial z}\right)_0 (Z - z_0) = 0, \\[2mm] \left(\dfrac{\partial F_2}{\partial x}\right)_0 (X - x_0) + \left(\dfrac{\partial F_2}{\partial y}\right)_0 (Y - y_0) + \left(\dfrac{\partial F_2}{\partial z}\right)_0 (Z - z_0) = 0, \end{cases}$$

ou

$$\frac{X - x_0}{\left[\dfrac{D(F_1, F_2)}{D(y, z)}\right]_0} = \frac{Y - y_0}{\left[\dfrac{D(F_1, F_2)}{D(z, x)}\right]_0} = \frac{Z - z_0}{\left[\dfrac{D(F_1, F_2)}{D(x, y)}\right]_0}.$$

L'interprétation géométrique du résultat est bien facile. Les équations (23) représentent respectivement deux surfaces S_1 et S_2, dont la courbe C est l'intersection; les équations (24) représentent les deux plans tangents à ces deux surfaces au point M_0, de sorte que la tangente à la courbe C est la droite d'intersection de ces deux plans tangents.

Les formules deviennent illusoires, lorsque les trois jacobiens écrits plus haut sont nuls à la fois pour les coordonnées x_0, y_0, z_0. Lorsqu'il en est ainsi, les deux équations (24) se réduisent à une seule, et les surfaces S_1, S_2 sont tangentes au point M_0. Dans ce cas, l'intersection de ces deux surfaces se compose en général, comme nous le verrons plus loin, de plusieurs branches distinctes passant par le point M_0.

II. — POINTS SINGULIERS. — MAXIMA ET MINIMA.

44. Points doubles d'une courbe plane. — Lorsque les coordonnées (x_0, y_0) d'un point M_0 annulent à la fois une fonction $F(x, y)$ et ses deux dérivées partielles $\dfrac{\partial F}{\partial x}$, $\dfrac{\partial F}{\partial y}$, ce point M_0 est un *point singulier* de la courbe C représentée par l'équation $F = 0$.

Pour étudier une courbe plane dans le voisinage d'un point singulier, nous supposerons qu'on a transporté l'origine en ce point, que la fonction $F(x, y)$ admet des dérivées du second ordre continues dans le voisinage de l'origine et des dérivées du troisième ordre qui restent bornées dans ce domaine, enfin que les trois dérivées du second ordre ne sont pas nulles à la fois pour $x = y = 0$.

L'équation de la courbe C est donc de la forme

$$(25) \qquad a x^2 + 2 b x y + c y^2 - Q(x, y) = 0,$$

a, b, c étant des constantes non toutes nulles, $Q(x, y)$ une fonction qui s'annule à l'origine, ainsi que ses dérivées du premier et du second ordre, et qui admet des dérivées du troisième ordre bornées pour les valeurs de x et de y voisines de zéro.

En appliquant la formule de Taylor à cette fonction $Q(x, y)$, on voit qu'elle est de la forme

$$(26) \qquad Q(x, y) = \alpha x^3 + 3\beta x^2 y + 3\gamma x y^2 + \delta y^3,$$

α, β, γ, δ étant des fonctions de x et de y qui ont des valeurs finies pour les valeurs de x et de y voisines de zéro.

Nous avons plusieurs cas à distinguer, suivant le signe de $b^2 - ac$. Si $b^2 - ac$ est positif, l'équation $ax^2 + 2bxy + cy^2 = 0$ représente deux droites réelles et distinctes passant par l'origine. Imaginons qu'on ait pris ces deux droites pour axes de coordonnées, ce qui revient à effectuer un changement linéaire de variables ; l'équation (25) prend la forme

$$(25)' \qquad xy - R(x, y) = 0,$$

la fonction $R(x, y)$ satisfaisant aux mêmes conditions que la fonction $Q(x, y)$, et pouvant par conséquent se mettre sous la même forme (26)..

En posant $y = ux$ dans cette équation, on en tire

$$(27) \qquad u = - \frac{R(x, ux)}{x^2} ;$$

$R(x, y)$ pouvant être mis sous la forme (26), il est clair que $R(x, ux)$ est divisible par x^3, et le second membre de la relation (27) s'annule pour $x = 0$.

Il en est de même de la dérivée par rapport à u. En effet, par hypothèse, $R'_y(x, y)$ admet des dérivées du premier ordre qui sont nulles à l'origine, et des dérivées du second ordre qui restent bornées ; en lui appliquant la formule de Taylor, on a donc

$$R'_y(x, y) = l x^2 - 2 m x y + n y^2.$$

l, m, n étant des fonctions de x, y qui conservent des valeurs finies lorsque x et y tendent vers zéro.

D'ailleurs $R'_u(x, ux) = x R'_y(x, y)$, et par conséquent $R'_u(x, ux)$ est divisible par x^3. Nous pouvons appliquer à l'équation (27) le théorème du n° 34; cette équation admet une racine et une seule $u = \xi(x)$ tendant vers zéro avec x. Par l'origine il passe donc une branche de la courbe C, représentée par une équation $y = x\xi(x)$, qui est tangente à l'origine à l'axe des x. En intervertissant le rôle des variables x et y, on verra de même qu'il passe par l'origine une seconde branche de courbe tangente à l'axe Oy.

Le point O est *un point double à tangentes distinctes* ([1]).

Lorsque $b^2 - ac$ est négatif, l'origine est un *point double isolé*. A l'intérieur d'un cercle de rayon assez petit décrit du point O pour centre, le premier membre $F(x, y)$ de l'équation (25) ne s'annule que pour le point O lui-même. Posons, en effet, x et y étant les coordonnées d'un point voisin de l'origine, $x = \rho\cos\varphi$, $y = \rho\sin\varphi$; il vient

$$F(x, y) = \rho^2(a\cos^2\varphi + 2b\cos\varphi\sin\varphi + c\sin^2\varphi + \rho L),$$

L étant une fonction de ρ et de φ qui reste bornée lorsque ρ tend vers zéro. Soit H une limite supérieure de $|L|$ lorsque ρ est inférieur à un nombre positif r.

Lorsque φ varie de zéro à 2π, le trinome

$$a\cos^2\varphi + 2b\cos\varphi\sin\varphi + c\sin^2\varphi$$

conserve un signe constant, puisqu'on a supposé $b^2 - ac < 0$. Soit m le minimum de sa valeur absolue. Pour tout point pris à l'intérieur d'un cercle de rayon inférieur à r et à $\dfrac{m}{H}$, ayant pour centre l'origine, il est clair que le coefficient de ρ^2 ne peut s'an-

---

([1]) Il ne peut exister plus de deux branches de courbe passant par un point double. Supposons, en effet, que l'équation de la courbe soit de la forme (25), le coefficient c n'étant pas nul; on peut toujours satisfaire à cette condition par un choix convenable des axes de coordonnées. Si cette équation admettait trois racines y_1, y_2, y_3, tendant vers zéro avec x, l'équation $F'_y(x, y) = 0$ aurait au moins deux racines tendant aussi vers zéro avec x, d'après le théorème de Rolle. Or, cette équation est de la forme $2bx + 2cy - \varphi(x, y) = 0$, les deux fonctions $\varphi(x, y)$ et $\varphi'_y(x, y)$ étant nulles pour $x = y = 0$. Donc cette équation admet une racine et une seule tendant vers zéro avec x (n° 34).

nuler; l'équation $F(x, y) = 0$ n'admet donc pas d'autre solution que $\rho = 0$ à l'intérieur de ce cercle.

Lorsque $b^2 - ac = 0$, les deux tangentes au point double sont venues se confondre, et il y a en général deux branches de courbe tangentes à une même droite, et formant un rebroussement. L'étude complète de ce cas exige une discussion très délicate qui sera faite plus tard. Observons seulement que la variété des cas possibles pour la forme de la courbe est beaucoup plus grande que dans les deux cas déjà examinés, comme le montrent les exemples suivants.

La courbe $y^2 = x^3$ présente à l'origine un point de rebroussement de *première espèce*, avec deux branches de courbe tangentes à l'axe des x, situées de part et d'autre de cette tangente, et à droite de Oy. La courbe $y^2 - 2x^2y + x^4 - x^5 = 0$ présente un rebroussement de *seconde espèce*; les deux branches de courbe tangentes à l'axe des x sont situées du même côté de la tangente. L'équation nous donne, en effet,

$$y = x^2 \pm x^{\frac{5}{2}},$$

et les deux valeurs de y sont de même signe lorsque x est très petit, mais ne sont réelles que si x est positif. La courbe

$$x^4 + x^2 y^2 - 6x^2 y + y^2 = 0$$

présente deux branches de courbe n'offrant rien de particulier, tangentes l'une et l'autre à l'origine à l'axe des x. On tire, en effet, de cette équation

$$y = \frac{3x^2 \pm x^2 \sqrt{8 - x^2}}{1 - x^2},$$

et les branches obtenues en prenant successivement les deux signes devant le radical n'ont aucune singularité à l'origine.

Il peut aussi se faire que la courbe se compose de deux branches confondues, comme c'est le cas pour la courbe représentée par l'équation

$$F(x, y) = y^2 - 2x^2 y + x^4 = 0 :$$

lorsque le point (x, y) se meut dans le plan, le premier membre $F(x, y)$ s'annule sans changer de signe.

Enfin, il peut aussi arriver que le point (x_0, y_0) soit un point double isolé; c'est ce qui arrive pour la courbe $y^2 + x^4 + y^4 = 0$, dont l'origine est un point double isolé.

45. Points coniques d'une surface. — Un point M_0 d'une surface S, représentée par une équation $F(x, y, z) = 0$, est un point singulier de cette surface, si les coordonnées x_0, y_0, z_0 de ce point annulent les trois dérivées du premier ordre F'_x, F'_y, F'_z. Supposons qu'on ait transporté l'origine des coordonnées en ce point, et conservons les mêmes hypothèses qu'au paragraphe précédent relativement aux dérivées du second et du troisième ordre de $F(x, y, z)$ dans le voisinage de l'origine. L'équation de la surface est de la forme

$$(28) \qquad F(x, y, z) = a_1 x^2 + a_2 y^2 + a_3 z^2$$
$$+ 2 b_1 yz + 2 b_2 zx + 2 b_3 xy + Q(x, y, z) = 0,$$

a_1, a_2, ..., b_3 étant des constantes non toutes nulles et $Q(x, y, z)$ un polynome homogène du troisième degré en x, y, z, dont les coefficients sont eux-mêmes des fonctions de x, y, z qui restent finies dans le domaine de l'origine.

La nature du point singulier dépend avant tout de la nature du cône (T) représenté par l'équation

$$(29) \qquad a_1 x^2 + a_2 y^2 + a_3 z^2 + 2 b_1 yz + 2 b_2 zx + 2 b_3 xy = 0.$$

Supposons d'abord ce cône réel et indécomposable, et soient G et G' deux génératrices quelconques de ce cône. Si l'on fait une transformation de coordonnées de façon à prendre ces deux génératrices pour axes Ox et Oy, l'équation (28) est remplacée par une équation de même forme, où les coefficients a_1 et a_2 seront nuls, le nouveau coefficient b_3 n'étant pas nul [sans quoi le cône (T) se décomposerait en deux plans].

La section de la surface S par le nouveau plan des xy est donc représentée par une équation de la forme $(25')$; d'après ce que nous avons vu, cette section se compose de deux branches de courbe passant par l'origine et tangentes respectivement aux deux génératrices G, G'. L'aspect de la surface dans le voisinage du point singulier est donc analogue à l'aspect qu'offrent les deux nappes d'un cône dans le voisinage du sommet; d'où le nom de *point conique* donné à ce point singulier.

Lorsque l'équation (29) représente un cône imaginaire indécomposable, le point O est un point singulier *isolé* de la surface S. On peut décrire de ce point comme centre une sphère de rayon assez petit pour que l'équation $F(x, y, z) = 0$ n'admette pas d'autre solution à l'intérieur que $x = 0$, $y = 0$, $z = 0$. Soient M un point voisin de l'origine, ρ sa distance à l'origine, α, β, γ les cosinus directeurs de la droite OM. En remplaçant x, y, z par $\rho\alpha$, $\rho\beta$, $\rho\gamma$, la fonction $F(x, y, z)$ devient

$$F(x, y, z) = \rho^2(a_1\alpha^2 + a_2\beta^2 + \ldots + 2b_3\alpha\beta + \rho L),$$

le facteur L conservant une valeur finie lorsque ρ tend vers zéro. Puisque l'équation (29) représente un cône imaginaire, le polynome

$$a_1\alpha^2 + a_2\beta^2 + \ldots$$

ne peut s'annuler lorsque le point α, β, γ décrit la sphère de rayon *un* ayant pour centre l'origine ; désignons par m une limite inférieure de la valeur absolue de ce polynome. Soit, d'autre part, H une limite supérieure de la valeur absolue de L dans le voisinage du point O. Si de ce point comme centre avec un rayon moindre que $\frac{m}{H}$ nous décrivons une sphère, il est clair que le coefficient de ρ^2 dans l'expression de $F(x, y, z)$ ne peut s'annuler à l'intérieur de cette sphère. L'équation (28) n'admet donc pas d'autre solution que $\rho = 0$.

Lorsque l'équation (29) représente un système de deux plans réels et distincts, il passe par le point O deux nappes de surface dont chacune est tangente à l'un de ces plans. Certaines surfaces présentent une ligne de points doubles où le cône des tangentes se décompose en deux plans. Cette ligne est une courbe double de la surface, suivant laquelle deux nappes distinctes se traversent mutuellement. Par exemple, le cercle représenté par les deux équations $z = 0$, $x^2 + y^2 = 1$ est une ligne double de la surface qui a pour équation

$$z^4 + 2z^2(x^2 + y^2) - (x^2 + y^2 - 1)^2 = 0.$$

Lorsque l'équation (29) représente un système de deux plans imaginaires conjugués ou un plan double réel, il faut dans chaque cas particulier une discussion spéciale pour étudier la forme de la surface au voisinage du point O. La discussion que nous venons de faire se retrouve dans l'étude des maxima et minima.

46. Maxima et minima des fonctions d'une variable. — Soient $f(x)$ une fonction continue dans un intervalle (a, b) et c un point de cet intervalle. La fonction $f(x)$ est maximum ou minimum pour $x = c$ si l'on peut trouver un nombre positif η assez petit pour que la différence $f(c + h) - f(c)$ conserve un signe constant lorsque h varie de $-\eta$ à $+\eta$. Si cette différence est positive, la fonction $f(x)$ est plus petite pour $x = c$ que pour les valeurs de x voisines de c; elle passe donc par un minimum. Au contraire, lorsque la différence $f(c + h) - f(c)$ est négative, la fonction est maximum pour $x = c$.

Lorsque la fonction $f(x)$ admet une dérivée pour la valeur c de la variable, cette dérivée doit être nulle. En effet, les deux quotients

$$\frac{f(c + h) - f(c)}{h}, \quad \frac{f(c - h) - f(c)}{-h},$$

qui ont la même limite $f'(c)$ lorsque h tend vers zéro, sont de signes différents; il faut donc que leur limite commune $f'(c)$ soit nulle. Inversement, soit c une racine de l'équation $f'(x) = 0$, comprise entre a et b; supposons, pour prendre le cas général, que la première dérivée qui n'est pas nulle pour $x = c$ est la dérivée d'ordre n, et que cette dérivée est continue dans le voisinage de la valeur c. La formule générale de Taylor donne ici, en se limitant au terme de degré n.

$$f(c + h) - f(c) = \frac{h^n}{1.2\ldots n} f^{(n)}(c + \theta h),$$

ce qui peut encore s'écrire

$$f(c + h) - f(c) = \frac{h^n}{1.2\ldots n}[f^{(n)}(c) + \varepsilon],$$

ε étant infiniment petit avec h. Soit η un nombre positif tel que, x variant de $c - \eta$ à $c + \eta$, la valeur absolue de ε soit moindre que $|f^{(n)}(c)|$; pour ces valeurs de x, $f^{(n)}(c) + \varepsilon$ a le même signe que $f^{(n)}(c)$ et, par suite, $f(c + h) - f(c)$ a le signe de $h^n f^{(n)}(c)$. Si n est impair, on voit que cette différence change de signe avec h: il n'y a ni maximum ni minimum pour $x = c$. Si n est pair, $f(c + h) - f(c)$ a le même signe que $f''(c)$, que h soit positif ou négatif; la fonction est minimum si $f''(c)$ est positif, et maximum si $f''(c)$ est négatif. En résumé, pour que la fonction soit maximum ou minimum pour $x = c$, il faut et il suffit que la première dérivée qui ne s'annule pas pour $x = c$ soit *d'ordre pair*.

En langage géométrique, les conditions précédentes signifient que la tangente à la courbe $y = f(x)$ au point A d'abscisse c est parallèle à Ox et, en outre, que le point A n'est pas un point d'inflexion.

47. Fonctions de deux variables. — Soit $z = f(x, y)$ une fonction continue de deux variables x, y, lorsque le point M de coordonnées (x, y) reste à l'intérieur d'une aire Ω, limitée par un contour C. On dit que cette fonction $f(x, y)$ est minimum pour un point (x_0, y_0) de l'aire Ω lorsqu'on peut trouver un nombre positif η tel qu'on ait

$$\Delta = f(x_0 + h, y_0 + k) - f(x_0, y_0) \gtrless 0$$

pour tous les systèmes de valeurs des accroissements h et k, moindres que η en valeur absolue, et le maximum se définit de la même façon [1]. Si l'on considère pour un moment y comme constant et égal à y_0, z devient une fonction de la seule variable x et, d'après le cas que nous venons d'étudier, la différence

$$f(x_0 + h, y_0) - f(x_0, y_0)$$

ne peut conserver un signe constant pour les petites valeurs de h

---

[1] Si l'on exclut le signe $=$ dans les conditions $\Delta > 0$ ou $\Delta < 0$, on dit que l'on a un maximum ou un minimum *au sens strict;* mais, si l'égalité $\Delta = 0$ peut subsister pour certaines valeurs de h et de k inférieures à η en valeur absolue, aussi petit que soit η, on a un maximum ou un minimum *au sens large.* Considérons la surface S représentée par l'équation $z = f(x, y)$, l'axe Oz étant vertical: les maxima et les minima de $f(x, y)$ correspondent aux *sommets* et aux *fonds* de la surface. Un maximum *au sens strict* correspond à un sommet isolé, mais ces points peuvent former des lignes sur la surface. Si l'on prend, par exemple, un tore dont l'axe est vertical, les parallèles extrêmes forment une ligne de maxima et une ligne de minima *au sens large.*

Les conditions $\dfrac{\partial f}{\partial a} = 0$, $\dfrac{\partial f}{\partial b} = 0$ sont aussi nécessaires pour qu'un point (a, b) corresponde à un maximum ou à un minimum *au sens large.*

que si la dérivée $\frac{\partial f}{\partial x}$ est nulle pour $x = x_0$, $y = y_0$: on démontre de la même façon que ces valeurs doivent aussi annuler $\frac{\partial f}{\partial y}$, de sorte que les systèmes qui rendent la fonction $f(x, y)$ maximum ou minimum doivent être cherchés parmi les solutions des deux équations simultanées

$$\frac{\partial f}{\partial x} = 0, \qquad \frac{\partial f}{\partial y} = 0.$$

Soit $x = x_0$, $y = y_0$ une solution de ces deux équations. Nous supposerons que les dérivées partielles du second ordre de $f(x, y)$ sont continues dans le voisinage des valeurs x_0, y_0 et ne sont pas toutes nulles pour $x = x_0$, $y = y_0$, et que les dérivées du troisième ordre existent. La formule de Taylor nous donne

$$(30) \quad \begin{aligned} \Delta &= f(x_0 + h, y_0 + k) - f(x_0, y_0) \\ &= \frac{1}{1 \cdot 2}\left(h^2 \frac{\partial^2 f}{\partial x_0^2} + 2\,hk\,\frac{\partial^2 f}{\partial x_0\,\partial y_0} + k^2\,\frac{\partial^2 f}{\partial y_0^2} \right) \\ &\quad + \frac{1}{6}\left(h\,\frac{\partial f}{\partial x} + k\,\frac{\partial f}{\partial y} \right)^3_{\substack{x_0+\theta h \\ y_0+\theta k}} ; \end{aligned}$$

pour les valeurs de h et de k, voisines de zéro, c'est évidemment le trinôme

$$h^2 \frac{\partial^2 f}{\partial x_0^2} + 2\,hk\,\frac{\partial^2 f}{\partial x_0\,\partial y_0} + k^2\,\frac{\partial^2 f}{\partial y_0^2}$$

qui donne son signe au second membre, et l'on prévoit que la discussion du signe de ce trinôme va jouer un rôle prépondérant.

Pour qu'il y ait maximum ou minimum pour $x = x_0$, $y = y_0$, il faut et il suffit que la différence Δ conserve un signe constant lorsque le point $(x_0 + h, y_0 + k)$ reste compris à l'intérieur d'un carré assez petit ayant pour centre le point (x_0, y_0). Cette différence Δ conservera donc aussi un signe constant lorsque le point $(x_0 + h, y_0 + k)$ restera à l'intérieur d'un cercle de rayon assez petit de centre (x_0, y_0), et inversement; car on peut remplacer un carré par le cercle inscrit et réciproquement. Soit donc C un cercle de rayon r décrit du point (x_0, y_0) comme centre; on obtient tous les points intérieurs à ce cercle en posant

$$h = \rho \cos\varphi, \qquad k = \rho \sin\varphi,$$

et faisant varier φ de 0 à 2π, et ρ de $-r$ à $+r$. On pourrait même se contenter de donner à ρ des valeurs positives, mais il vaut mieux, pour la suite, ne pas introduire cette restriction. En faisant cette substitution dans Δ, il vient

$$\Delta = \frac{\rho^2}{2}(A\cos^2\varphi + 2B\sin\varphi\cos\varphi + C\sin^2\varphi) + \frac{\rho^3}{6}L,$$

en posant

$$A = \frac{\partial^2 f}{\partial x_0^2}, \qquad B = \frac{\partial^2 f}{\partial x_0\,\partial y_0}, \qquad C = \frac{\partial^2 f}{\partial y_0^2},$$

L étant une fonction dont il est inutile d'écrire l'expression développée, mais qui conserve une valeur finie dans le voisinage du point (x_0, y_0). Cela posé, nous avons plusieurs cas à distinguer, suivant le signe de $B^2 - AC$.

Premier cas. — Soit $B^2 - AC > 0$. L'équation

$$A\cos^2\varphi + 2B\sin\varphi\cos\varphi + C\sin^2\varphi = 0$$

admet deux racines réelles en $\tang\varphi$, et le premier membre est la différence de deux carrés, de sorte qu'on peut écrire

$$\Delta = \frac{\rho^2}{2}\left[\alpha(a\cos\varphi + b\sin\varphi)^2 - \beta(a'\cos\varphi + b'\sin\varphi)^2\right] + \frac{\rho^3}{6}L,$$

où

$$\alpha > 0, \qquad \beta > 0, \qquad ab' - ba' \neq 0.$$

Si l'on attribue à l'angle φ une valeur telle qu'on ait

$$a\cos\varphi + b\sin\varphi = 0,$$

Δ sera négatif pour les valeurs infiniment petites de ρ; au contraire, si l'on prend pour φ un angle tel que $a'\cos\varphi + b'\sin\varphi = 0$, Δ sera positif pour les valeurs infiniment petites de ρ. Il est donc impossible de trouver un nombre r tel que la différence Δ conserve un signe constant lorsque la valeur absolue de ρ est inférieure à r, quel que soit l'angle φ. La fonction $f(x, y)$ n'est ni maximum, ni minimum, pour $x = x_0$, $y = y_0$.

Deuxième cas. — Soit $B^2 - AC < 0$. Le trinome

$$A\cos^2\varphi + 2B\cos\varphi\sin\varphi + C\sin^2\varphi$$

ne s'annule pas lorsque φ varie de 0 à 2π. Soit m une limite inférieure de sa valeur absolue; soit, d'autre part, H une limite supérieure de la valeur absolue de la fonction L dans un certain cercle de rayon R et de centre (x_0, y_0). Désignons par r un nombre positif inférieur à R et à $\dfrac{3m}{H}$; à l'intérieur du cercle de rayon r, la différence Δ aura le même signe que le coefficient de ρ^2, c'est-à-dire que A ou C. La fonction $f(x, y)$ est donc maximum ou minimum pour $x = x_0$, $y = y_0$.

En résumé, si au point x_0, y_0 on a

$$\left(\frac{\partial^2 f}{\partial x_0\, \partial y_0} \right)^2 - \frac{\partial^2 f}{\partial x_0^2} \frac{\partial^2 f}{\partial y_0^2} > 0,$$

il n'y a ni maximum ni minimum. Si l'on a

$$\left(\frac{\partial^2 f}{\partial x_0\, \partial y_0} \right)^2 - \frac{\partial^2 f}{\partial x_0^2} \frac{\partial^2 f}{\partial y_0^2} < 0,$$

il y a maximum ou minimum, suivant le signe des deux dérivées $\dfrac{\partial^2 f}{\partial x_0^2}$, $\dfrac{\partial^2 f}{\partial y_0^2}$. Il y a maximum, si ces dérivées sont négatives, minimum si elles sont positives, et l'on remarquera qu'on a un maximum ou un minimum *au sens strict*.

48. Étude du cas ambigu. — Le cas où $B^2 - AC = 0$ échappe à la discussion précédente. La Géométrie montre bien à quoi tient la difficulté du problème dans ce cas spécial. Soit S la surface représentée par l'équation $z = f(x, y)$; si la fonction $f(x, y)$ est maximum ou minimum en un point (x_0, y_0), dans le voisinage duquel la fonction et ses dérivées sont continues, on doit avoir

$$\frac{\partial f}{\partial x_0} = 0, \qquad \frac{\partial f}{\partial y_0} = 0,$$

ce qui montre que le plan tangent à la surface S au point M_0 de coordonnées (x_0, y_0, z_0) doit être parallèle au plan des xy. Pour que ce point corresponde à un maximum ou à un minimum, il faut en outre que, dans le voisinage du point M_0, la surface S soit tout entière d'un même côté du plan tangent, et l'on est ainsi ramené à l'étude d'une surface par rapport à un plan tangent dans les environs du point de contact.

Imaginons qu'on ait transporté l'origine au point de contact; le plan tangent étant le plan des xy, l'équation de la surface est de la forme

$$(31) \qquad z = a x^2 + 2 b xy + c y^2 + \alpha x^3 + 3\beta x^2 y + 3\gamma x y^2 + \delta y^3.$$

a, b, c étant des constantes et α, β, γ, δ des fonctions de x, y qui restent finies lorsque x et y tendent vers zéro.

Pour savoir si la surface S est située tout entière d'un même côté du plan des xy dans le voisinage de l'origine, il suffit d'étudier l'intersection de cette surface par le plan des xy. Or cette intersection est représentée par l'équation

$$(32) \qquad a x^2 + 2 b xy + c y^2 + \alpha x^3 + \ldots = 0$$

et présente un point double à l'origine des coordonnées. Si $b^2 - ac$ est négatif, l'origine est un point double isolé (n° 44) et l'équation (32) n'admet pas d'autre solution que $x = y = 0$, lorsque le point (x, y) reste à l'intérieur d'un cercle C de rayon assez petit r, décrit de l'origine comme centre. Le premier membre de l'équation (32) conserve un signe constant lorsque le point (x, y) se meut à l'intérieur de ce cercle. Tous les points de la surface S qui se projettent à l'intérieur du cercle C sont donc situés d'un même côté du plan des xy, sauf l'origine. C'est le cas où la fonction $f(x, y)$ présente un maximum ou un minimum. La portion de la surface S voisine de l'origine est analogue à une portion de sphère ou d'ellipsoïde.

Si $b^2 - ac > 0$, l'intersection de la surface S par le plan tangent présente deux branches de courbe distinctes C_1, C_2, passant par l'origine; les tangentes à ces deux branches de courbe à l'origine sont représentées par l'équation

$$a x^2 + 2 b xy + c y^2 = 0.$$

Imaginons un point (x, y) mobile dans le voisinage de l'origine; lorsque ce point traverse une des branches de courbe C_1, C_2, le premier membre de l'équation (32) change de signe en s'annulant. On a donc, en attribuant à chaque région du plan voisine de l'origine le signe du premier membre de l'équation (32), une disposition analogue à celle de la figure 5. Parmi les points de la surface qui se projettent sur le plan des xy, à l'intérieur d'un cercle ayant pour centre l'origine, il y en a toujours au-dessus du plan des xy

et d'autres au-dessous, quelque petit que soit le rayon de ce cercle. La surface est disposée par rapport à son plan tangent comme un hyperboloïde à une nappe ou un paraboloïde hyperbolique. La fonction $f(x, y)$ n'est ni maximum ni minimum pour l'origine.

Le cas où $b^2 - ac = o$ est précisément le cas où la courbe d'in-

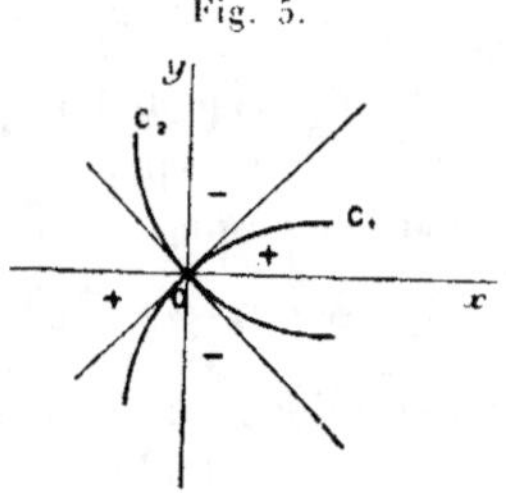

tersection de la surface par son plan tangent présente un point de rebroussement à l'origine, cas dont nous avons réservé l'étude. Si l'intersection se compose de deux branches distinctes passant par l'origine, il n'y aura ni maximum ni minimum, car la surface traverse encore son plan tangent. Mais si l'origine est un point double isolé, ou si l'intersection se compose de deux branches confondues, la fonction $f(x, y)$ sera maximum ou minimum, et, dans le dernier cas, on aura un maximum ou un minimum au sens large.

49. Pour reconnaître dans lequel des deux cas on se trouve, il faut tenir compte des valeurs des dérivées du troisième ordre et du quatrième ordre, et quelquefois des dérivées d'ordre plus élevé. La discussion suivante, qui est d'ailleurs suffisante le plus souvent dans la pratique, ne s'applique qu'aux circonstances les plus générales. Lorsque $b^2 - ac = o$, on peut écrire l'équation de la surface, en poussant le développement de Taylor jusqu'aux termes du quatrième ordre,

$$(33) \quad z = f(x, y) = A(x \sin\omega - y \cos\omega)^2 + \varphi_3(x, y) + \frac{1}{24}\left(x\frac{\partial f}{\partial x} + y\frac{\partial f}{\partial y}\right)^{(4)}_{\substack{0.x \\ 0.y}},$$

et nous supposerons, pour fixer les idées, $A > o$. Pour que la surface S soit tout entière d'un même côté du plan des xy dans le voisinage de l'origine, il est nécessaire que toutes les courbes d'intersection de cette surface par des plans passant par Oz soient d'un même côté du plan xOy dans les environs de l'origine. Or, si nous coupons la surface par le plan

$$y = x \tan\varphi.$$

l'équation de la courbe d'intersection s'obtient en posant dans l'équation (33)

$$x = \rho \cos\varphi, \qquad y = \rho \sin\varphi$$

(les axes étant Oz et la trace du plan sécant sur xOy), ce qui donne

$$z = A\rho^2(\cos\varphi \sin\omega - \cos\omega \sin\varphi)^2 + K\rho^3 + L\rho^4,$$

K désignant un coefficient indépendant de ρ; si l'on a $\tan\omega \lessgtr \tan\varphi$, z sera positif pour les valeurs infiniment petites de ρ. Toutes ces sections sont donc au-dessus du plan des xy dans le voisinage de l'origine. Coupons maintenant par le plan

$$y = x \tan\omega;$$

si la valeur correspondante de K n'est pas nulle, le développement de z est de la forme

$$z = \rho^3\left(K + \xi\right)$$

et change de signe avec ρ. Il s'ensuit que la section de la surface par le plan précédent présente un point d'inflexion à l'origine et traverse le plan des xy; la fonction $f(x, y)$ n'est donc ni maximum ni minimum à l'origine. C'est ce qui a lieu lorsque la section de la surface par son plan tangent présente un point de rebroussement de première espèce, comme par exemple la surface

$$z = y^2 - x^3.$$

Si, pour la section considérée, on a $K = 0$, on poussera le développement jusqu'aux termes du quatrième ordre, et l'on aura pour z une expression de la forme

$$z = \rho^4(K_1 + \varepsilon'),$$

K_1 étant une constante dont il serait facile d'avoir l'expression au moyen des dérivées du quatrième ordre; nous supposerons que ce coefficient n'est pas nul. Pour des valeurs infiniment petites de ρ, z a le signe de K_1; si K_1 est négatif, la section est au-dessous du plan des xy dans le voisinage de l'origine. Il n'y a encore ni maximum ni minimum pour z; c'est ce qui a lieu, par exemple, pour la surface $z = y^2 - x^4$, dont l'intersection par le plan des xy se compose des deux paraboles $y = \pm x^2$. On voit donc que, si l'on n'a pas à la fois $K = 0$, $K_1 > 0$, il est inutile de pousser le calcul plus loin; on peut affirmer que la surface traverse son plan tangent dans le voisinage de l'origine.

Lorsqu'on a en même temps $K = 0$, $K_1 > 0$, toutes les sections de la surface par des plans passant par Oz sont au-dessus du plan des xy dans le voisinage de l'origine. Mais cela ne suffit pas pour pouvoir affirmer que la surface ne traverse pas son plan tangent, comme le prouve l'exemple de la surface

$$z = (y - x^2)(y - 2x^2),$$

qui coupe son plan tangent suivant deux paraboles dont l'une est intérieure à l'autre. Pour que la surface ne traverse pas son plan tangent, il faut en outre que, si l'on coupe cette surface par un cylindre quelconque ayant ses génératrices parallèles à Oz et passant par Oz, la courbe d'intersection soit au-dessus du plan des xy. Soit $y = \varphi(x)$ l'équation de la trace de ce cylindre sur le plan des xy, la fonction $\varphi(x)$ étant nulle pour $x = 0$; la fonction $F(x) = f[x, \varphi(x)]$ doit être minimum pour $x = 0$, quelle que soit la fonction $\varphi(x)$. Afin de simplifier les calculs, je supposerai qu'on a choisi les axes de coordonnées de façon que l'équation de la surface soit de la forme

$$z = A y^2 + \varphi_3(x, y) + \ldots,$$

où A est positif; avec ce système d'axes, on a pour l'origine

$$\frac{\partial f}{\partial x_0} = 0, \qquad \frac{\partial f}{\partial y_0} = 0, \qquad \frac{\partial^2 f}{\partial x_0^2} = 0, \qquad \frac{\partial^2 f}{\partial x_0\, \partial y_0} = 0, \qquad \frac{\partial^2 f}{\partial y_0^2} > 0.$$

Les dérivées de la fonction $F(x)$ ont pour expression

$$F'(x) = \frac{\partial f}{\partial x} + \frac{\partial f}{\partial y}\varphi'(x),$$

$$F''(x) = \frac{\partial^2 f}{\partial x^2} + 2\frac{\partial^2 f}{\partial x\, \partial y}\varphi'(x) + \frac{\partial^2 f}{\partial y^2}\varphi'^2(x) + \frac{\partial f}{\partial y}\varphi''(x),$$

$$F'''(x) = \frac{\partial^3 f}{\partial x^3} + 3\frac{\partial^3 f}{\partial x^2\, \partial y}\varphi'(x) + 3\frac{\partial^3 f}{\partial x\, \partial y^2}\varphi'^2(x) + \frac{\partial^3 f}{\partial y^3}\varphi'^3(x)$$
$$+ 3\frac{\partial^2 f}{\partial x\, \partial y}\varphi''(x) + 3\frac{\partial^2 f}{\partial y^2}\varphi'\varphi'' + \frac{\partial f}{\partial y}\varphi'''(x),$$

$$F^{IV}(x) = \frac{\partial^4 f}{\partial x^4} + 4\frac{\partial^4 f}{\partial x^3\, \partial y}\varphi'(x) + 6\frac{\partial^4 f}{\partial x^2\, \partial y^2}\varphi'^2 + 4\frac{\partial^4 f}{\partial x\, \partial y^3}\varphi'^3 + \frac{\partial^4 f}{\partial y^4}\varphi'^4$$
$$+ 6\frac{\partial^3 f}{\partial x^2\, \partial y}\varphi'' + 12\frac{\partial^3 f}{\partial x\, \partial y^2}\varphi'\varphi'' + 6\frac{\partial^3 f}{\partial y^3}\varphi'^2\varphi''$$
$$+ 4\frac{\partial^2 f}{\partial x\, \partial y}\varphi''' + \frac{\partial^2 f}{\partial y^2}(4\varphi'\varphi''' + 3\varphi''^2) + \frac{\partial f}{\partial y}\varphi^{IV}(x);$$

pour $x = y = 0$, ces formules donnent

$$F'(0) = 0, \qquad F''(0) = \frac{\partial^2 f}{\partial y_0^2}[\varphi'(0)]^2.$$

Si $\varphi'(0)$ n'est pas nul, la fonction $F(x)$ présente bien un minimum pour $x = 0$, ce qui était facile à prévoir d'après la discussion précédente. Si l'on suppose $\varphi'(0) = 0$, il vient

$$F'(0) = 0, \qquad F''(0) = 0, \qquad F'''(0) = \frac{\partial^3 f}{\partial x_0^3},$$

$$F^{IV}(0) = \frac{\partial^4 f}{\partial x_0^4} + 6\frac{\partial^3 f}{\partial x_0^2\, \partial y_0}\varphi''(0) + 3\frac{\partial^2 f}{\partial y_0^2}[\varphi''(0)]^2;$$

pour que $F(x)$ soit minimum, il faut que $\dfrac{\partial^3 f}{\partial x_0^3}$ soit nul, et en outre que le trinome du second degré en $\varphi''(o)$

$$\frac{\partial^4 f}{\partial x_0^4} + 6 \frac{\partial^3 f}{\partial x_0^3 \partial y_0} \varphi''(o) + 3 \frac{\partial^2 f}{\partial y_0^2} [\varphi''(o)]^2$$

soit positif, quelle que soit la valeur de $\varphi''(o)$.

Il est facile de vérifier que ces conditions ne sont pas satisfaites pour la fonction considérée tout à l'heure $z = y^2 - 3x^2 y + 2x^4$, tandis qu'elles le sont pour la fonction $z = y^2 + x^4$. Il est évident, en effet, que cette dernière surface est tout entière au-dessus du plan des xy.

Je ne pousserai pas plus loin la discussion, qui exigerait, pour être rendue absolument rigoureuse, des considérations fort délicates, et je renverrai le lecteur désireux d'approfondir ce sujet à un important Mémoire de M. Ludwig Scheffer, dans le Tome XXXV des *Mathematische Annalen*.

50. Fonctions de trois variables. — Soit $u = f(x, y, z)$ une fonction continue des trois variables x, y, z. On dit encore qu'elle est maximum ou minimum pour un système de valeurs x_0, y_0, z_0 lorsque la différence

$$\Delta = f(x_0 + h, y_0 + k, z_0 + l) - f(x_0, y_0, z_0)$$

conserve un signe constant pour tous les systèmes de valeurs de h, k, l, moindres en valeur absolue qu'un nombre positif r, suffisamment petit. Si l'on considère une seule des trois variables x, y, z comme ayant reçu un accroissement, les deux autres variables étant traitées comme des constantes, on voit comme plus haut que u ne peut être maximum ou minimum que si l'on a à la fois

$$\frac{\partial f}{\partial x_0} = 0, \qquad \frac{\partial f}{\partial y_0} = 0, \qquad \frac{\partial f}{\partial z_0} = 0,$$

en admettant, bien entendu, que ces dérivées sont continues dans le voisinage des valeurs x_0, y_0, z_0. Supposons qu'on ait trouvé un système de solutions de ces trois équations simultanées, et soit M_0 le point de l'espace de coordonnées (x_0, y_0, z_0). Il y aura maximum ou minimum si l'on peut trouver une sphère de centre M_0, telle que $f(x, y, z) - f(x_0, y_0, z_0)$ conserve un signe constant lorsque le point x, y, z reste à l'intérieur de cette sphère. Représentons les coordonnées d'un point voisin de M_0 par

$$x = x_0 + \rho\alpha, \qquad y = y_0 + \rho\beta, \qquad z = z_0 + \rho\gamma.$$

α, β, γ étant liés par la relation $\alpha^2 + \beta^2 + \gamma^2 = 1$, et remplaçons $x - x_0$, $y - y_0$, $z - z_0$ par $\rho\alpha$, $\rho\beta$, $\rho\gamma$ dans le développement de $f(x, y, z)$ par la formule de Taylor; il vient

$$\Delta = \rho^2 [\varphi(\alpha, \beta, \gamma) + \rho L],$$

$\varphi(\alpha, \beta, \gamma)$ désignant une forme quadratique en α, β, γ dont les coefficients sont les dérivées du second ordre de $f(x, y, z)$ et L une fonction qui reste finie dans le voisinage du point M_0. Cette forme quadratique peut s'exprimer par une somme de trois carrés de fonctions linéaires distinctes de α, β, γ, multipliés par des facteurs constants. en négligeant le cas exceptionnel où le discriminant de cette forme serait nul. Soit

$$\varphi(\alpha, \beta, \gamma) = a P^2 + a' P'^2 + a'' P''^2;$$

si les trois coefficients a, a', a'' sont de même signe, la forme quadratique $\varphi(\alpha, \beta, \gamma)$ reste supérieure en valeur absolue à un certain minimum lorsque le point α, β, γ décrit la sphère de rayon un, ayant pour centre l'origine, et par conséquent Δ conserve le signe de a, a', a'' lorsque ρ est inférieur à une certaine limite. La fonction $f(x, y, z)$ est donc maximum ou minimum.

Si les trois coefficients a, a', a'' ne sont pas de même signe, il n'y a ni maximum ni minimum. Supposons, par exemple, $a > 0$, $a' < 0$; prenons pour α, β, γ des valeurs satisfaisant aux relations $P' = 0$, $P'' = 0$. Ces valeurs n'annulent pas P, et Δ sera positif pour les petites valeurs de ρ. Si l'on prend au contraire des valeurs de α, β, γ vérifiant les relations $P = 0$, $P'' = 0$, Δ sera négatif pour les petites valeurs de ρ.

La méthode est la même, quel que soit le nombre des variables indépendantes; c'est toujours la discussion d'une forme quadratique qui joue un rôle prépondérant. Dans le cas d'une fonction de trois variables seulement $u = f(x, y, z)$, on peut remarquer que la question revient à étudier la nature d'une surface dans le voisinage d'un point singulier. Considérons, en effet, la surface Σ qui a pour équation

$$F(x, y, z) = f(x, y, z) - f(x_0, y_0, z_0) = 0;$$

cette surface passe évidemment par le point M_0 de coordonnées (x_0, y_0, z_0) et, si la fonction $f(x, y, z)$ est maximum ou minimum, ce point M_0 est un point singulier de Σ. Cela posé, si le cône des tangentes en M_0 est imaginaire, on a vu que $F(x, y, z)$ conserve un signe constant à l'intérieur d'une sphère de centre M_0 et de rayon assez petit; il y a effectivement maximum ou minimum pour $f(x, y, z)$. Mais si le cône des tangentes est réel, ou se décompose en deux plans réels et distincts, il y a plusieurs nappes de surface passant au point M_0, et $F(x, y, z)$ change de signe lorsque le point (x, y, z) traverse une de ces nappes.

51. Distance d'un point à une surface. — Soit à trouver les valeurs maxima et minima de la distance d'un point fixe (a, b, c) à une surface S représentée par l'équation $F(x, y, z) = o$. Le carré de la distance

$$u = d^2 = (x - a)^2 + (y - b)^2 + (z - c)^2$$

est une fonction de deux variables indépendantes seulement, x et y par exemple, si l'on considère z comme une fonction de x et y définie par l'équation $F = o$. Si u est maximum ou minimum pour un point (x, y, z) de la surface, on doit avoir pour les coordonnées de ce point

$$\frac{1}{2} \frac{\partial u}{\partial x} = (x - a) + (z - c)\frac{\partial z}{\partial x} = o,$$

$$\frac{1}{2} \frac{\partial u}{\partial y} = (y - b) + (z - c)\frac{\partial z}{\partial y} = o;$$

d'autre part, de l'équation $F = o$ on tire

$$\frac{\partial F}{\partial x} + \frac{\partial F}{\partial z} \frac{\partial z}{\partial x} = o, \qquad \frac{\partial F}{\partial y} + \frac{\partial F}{\partial z} \frac{\partial z}{\partial y} = o,$$

et les relations précédentes deviennent

$$\frac{x - a}{\dfrac{\partial F}{\partial x}} = \frac{y - b}{\dfrac{\partial F}{\partial y}} = \frac{z - c}{\dfrac{\partial F}{\partial z}},$$

ce qui montre que la normale à la surface S au point (x, y, z) passe par le point (a, b, c). Les points cherchés sont donc, en laissant de côté les points singuliers de la surface S, les pieds des normales abaissées du point (a, b, c) sur la surface S. Pour examiner si un de ces points répond effectivement à un maximum ou à un minimum, nous prendrons ce point pour origine et le plan tangent pour plan des xy, de façon que le point donné soit sur l'axe Oz. La fonction à étudier est alors

$$u = x^2 + y^2 + (z - c)^2,$$

z étant une fonction $f(x, y)$, qui est nulle ainsi que ses dérivées du premier ordre pour $x = y = 0$. En désignant par r, s, t les dérivées partielles du second ordre de z, on a, pour l'origine.

$$\frac{\partial^2 u}{\partial x^2} = 2(1 - cr), \qquad \frac{\partial^2 u}{\partial x \, \partial y} = -2cs, \qquad \frac{\partial^2 u}{\partial y^2} = 2(1 - ct),$$

et tout revient à étudier le signe du polynome

$$\Delta(c) = c^2 s^2 - (1 - cr)(1 - ct) = c^2(s^2 - rt) + (r + t)c - 1;$$

les racines de l'équation $\Delta(c) = 0$ sont toujours réelles, en vertu de l'identité $(r + t)^2 - 4(s^2 - rt) = 4s^2 + (r - t)^2$. Cela posé, plusieurs cas sont à distinguer, suivant le signe de $s^2 - rt$.

Premier cas. — Soit $s^2 - rt < 0$. L'équation $\Delta(c) = 0$ a deux racines de même signe c_1 et c_2, et l'on peut écrire $\Delta(c) = (s^2 - rt)(c - c_1)(c - c_2)$. Marquons les points A_1 et A_2 de l'axe des z de coordonnées c_1 et c_2; ces deux points sont du même côté de l'origine et, en supposant r et t positifs, ce qu'on peut toujours faire, ils sont tous les deux sur la partie positive de Oz. Si le point donné $A(o, o, c)$ est en dehors du segment $A_1 A_2$, $\Delta(c)$ est négatif et la distance OA est maximum ou minimum. Pour savoir lequel des deux cas se présente, il faut consulter le signe de $1 - cr$; ce coefficient ne s'annule que pour la valeur $c = \dfrac{1}{r}$ qui est comprise entre c_1 et c_2, car on a $\Delta\left(\dfrac{1}{r}\right) = \dfrac{s^2}{r^2}$. Or, pour $c = 0$, $1 - cr$ est positif; il est donc positif si le point A est du même côté que l'origine par rapport au segment $A_1 A_2$, et la distance OA est minimum. Elle est au contraire maximum si le point A est situé de l'autre côté que l'origine par rapport au segment $A_1 A_2$. Si le point A est entre les points A_1 et A_2, la distance n'est ni maximum ni minimum. Il y a doute pour les points A_1 et A_2 eux-mêmes.

Deuxième cas. — Soit $s^2 - rt > 0$. Les racines c_1 et c_2 de $\Delta(c) = 0$ sont l'une positive, l'autre négative, et les points A_1 et A_2 sont de part et d'autre de l'origine. Si le point A n'est pas compris entre A_1 et A_2, $\Delta(c)$ est positif, et il n'y a ni maximum ni minimum. Si le point A est compris entre A_1 et A_2, $\Delta(c)$ est négatif, $1 - cr$ est positif et, par suite, la distance OA est minimum.

Troisième cas. — Soit $s^2 - rt = 0$. On a $\Delta(c) = (r + t)(c - c_1)$. On voit comme tout à l'heure que la distance AO est minimum si le point A est du même côté que l'origine par rapport au point A_1 de coordonnées (o, o, c_1), et qu'il n'y a ni maximum ni minimum si le point A_1 est entre le point A et l'origine.

Les points A_1 et A_2 jouent un rôle fondamental dans l'étude de la courbure : ce sont les centres de courbure *principaux* de la surface S au point O.

52. Maxima et minima des fonctions implicites. — Il arrive souvent qu'on a à chercher le maximum ou le minimum d'une fonction de plusieurs variables, ces variables étant liées par une ou plusieurs relations. Soit, par exemple, $\omega = f(x, y, z, u)$ une fonction des quatre variables x, y, z, u assujetties à vérifier les deux relations

$$f_1(x, y, z, u) = 0, \qquad f_2(x, y, z, u) = 0.$$

Considérons, pour fixer les idées, x et y comme deux variables indépendantes, z et u comme des fonctions de x et de y définies par les relations précédentes. Les conditions pour que ω soit maximum ou minimum sont les suivantes :

$$\frac{\partial f}{\partial x} + \frac{\partial f}{\partial z}\frac{\partial z}{\partial x} + \frac{\partial f}{\partial u}\frac{\partial u}{\partial x} = 0, \qquad \frac{\partial f}{\partial y} + \frac{\partial f}{\partial z}\frac{\partial z}{\partial y} + \frac{\partial f}{\partial u}\frac{\partial u}{\partial y} = 0;$$

d'ailleurs les dérivées partielles $\dfrac{\partial z}{\partial x}, \dfrac{\partial u}{\partial x}, \dfrac{\partial z}{\partial y}, \dfrac{\partial u}{\partial y}$ sont données par les relations

$$\frac{\partial f_1}{\partial x} + \frac{\partial f_1}{\partial z}\frac{\partial z}{\partial x} + \frac{\partial f_1}{\partial u}\frac{\partial u}{\partial x} = 0, \qquad \frac{\partial f_2}{\partial x} + \frac{\partial f_2}{\partial z}\frac{\partial z}{\partial x} + \frac{\partial f_2}{\partial u}\frac{\partial u}{\partial x} = 0,$$

$$\frac{\partial f_1}{\partial y} + \frac{\partial f_1}{\partial z}\frac{\partial z}{\partial y} + \frac{\partial f_1}{\partial u}\frac{\partial u}{\partial y} = 0, \qquad \frac{\partial f_2}{\partial y} + \frac{\partial f_2}{\partial z}\frac{\partial z}{\partial y} + \frac{\partial f_2}{\partial u}\frac{\partial u}{\partial y} = 0,$$

et l'élimination de $\dfrac{\partial z}{\partial x}, \dfrac{\partial u}{\partial x}, \dfrac{\partial z}{\partial y}, \dfrac{\partial u}{\partial y}$ conduit aux deux relations

$$(34) \qquad \frac{D(f, f_1, f_2)}{D(x, z, u)} = 0, \qquad \frac{D(f, f_1, f_2)}{D(y, z, u)} = 0,$$

qui, jointes aux relations $f_1 = 0$, $f_2 = 0$, déterminent les valeurs de x, y, z, u correspondant à un maximum ou à un minimum. Or les deux équations (34) expriment qu'on peut trouver pour λ et μ des valeurs telles qu'on ait

$$(35) \quad
\begin{cases}
\dfrac{\partial f}{\partial x} + \lambda\dfrac{\partial f_1}{\partial x} + \mu\dfrac{\partial f_2}{\partial x} = 0, & \dfrac{\partial f}{\partial y} + \lambda\dfrac{\partial f_1}{\partial y} + \mu\dfrac{\partial f_2}{\partial y} = 0, \\[2ex]
\dfrac{\partial f}{\partial z} + \lambda\dfrac{\partial f_1}{\partial z} + \mu\dfrac{\partial f_2}{\partial z} = 0, & \dfrac{\partial f}{\partial u} + \lambda\dfrac{\partial f_1}{\partial u} + \mu\dfrac{\partial f_2}{\partial u} = 0.
\end{cases}$$

On peut donc remplacer les deux conditions (34) par les quatre équations (35), en considérant λ et μ comme deux inconnues auxiliaires.

La démonstration est évidemment générale, et l'on peut énoncer la règle pratique suivante : *Étant donnée une fonction*

$$f(x_1, x_2, \ldots, x_n)$$

de n variables liées par h relations distinctes

$$\varphi_1 = 0, \qquad \varphi_2 = 0, \qquad \ldots, \qquad \varphi_h = 0,$$

pour trouver les valeurs de x_1, x_2, ..., x_n qui rendent cette fonction maximum ou minimum, il faut égaler à zéro les dérivées partielles de la fonction auxiliaire

$$f + \lambda_1 \varphi_1 + \ldots + \lambda_h \varphi_h,$$

en regardant λ_1, λ_2, ..., λ_h comme des constantes.

L'application de cette règle générale peut être facilitée par certaines remarques, en particulier dans les problèmes de maximum ou de minimum fournis par la Géométrie. Supposons, par exemple, qu'on demande le maximum de l'aire du triangle $M_1 M_2 M_3$, dont les sommets décrivent respectivement trois courbes planes fermées C_1, C_2, C_3, distinctes ou non. Supposons les coordonnées d'un point de la courbe C_i exprimées en fonction d'un paramètre $t_i (i = 1, 2, 3)$; il est clair que l'aire du triangle est une fonction $F(t_1, t_2, t_3)$ des trois variables indépendantes t_1, t_2, t_3. La condition $\dfrac{\partial F}{\partial t_1} = 0$ exprime que l'aire est maximum ou minimum lorsque, les points M_2 et M_3 restant fixes, le point M_1 se déplace sur C_1 à partir de sa position initiale. Il faut évidemment pour cela que la tangente en M_1 à la courbe C_1 soit parallèle au côté $M_2 M_3$; pour la même raison, les tangentes aux points M_2 et M_3 aux courbes C_2 et C_3 doivent être parallèles aux côtés opposés. Lorsque les courbes C_1, C_2, C_3 se réduisent à une même ellipse, il y a une infinité de triangles d'aire maximum; on a donc affaire à un maximum au sens large.

53. Remarques générales sur les maxima et minima absolus. — Pour déterminer le maximum et le minimum *absolus* d'une fonction continue dans un domaine déterminé, *comprenant ses frontières*, on doit tenir compte de quelques remarques dont il est facile de reconnaître l'importance. Prenons, par exemple, une fonction d'une seule variable $f(x)$, définie dans un intervalle (a, b); elle peut atteindre sa valeur maximum ou sa valeur minimum pour un point intérieur c de cet intervalle sans que la dérivée s'annule. Si la dérivée $f'(x)$ est discontinue pour $x = c$, il suffit qu'elle change de signe pour que la fonction présente un maximum ou un minimum ; ainsi la fonction $y = x^{\frac{2}{3}}$ est minimum pour $x = 0$, et la dérivée $\frac{2}{3} x^{-\frac{1}{3}}$ devient infinie pour cette valeur de x. Cette remarque s'étend évidemment aux fonctions d'un nombre quelconque de variables. Pour fixer les idées, soit $\omega = f(x, y)$ une fonction de deux variables x et y, continue dans un domaine D. Les règles qui ont été données pour reconnaître si un point (x_0, y_0) intérieur à ce domaine correspond à un maximum ou à un minimum supposent expressément que les dérivées de f, jusqu'à celles du troisième ordre, conservent des valeurs finies dans le voisinage de ce point. Mais il peut arriver que la fonction ω atteigne son maximum ou son minimum pour un point (x_0, y_0) intérieur au domaine D, où ces conditions ne sont pas remplies, par exemple en un point où les dérivées f_x, f_y sont discontinues ([1]).

Il peut aussi arriver que la fonction considérée atteigne sa valeur maximum ou sa valeur minimum en un point de la frontière du domaine, et ce cas échappe évidemment à l'application des règles générales. Supposons, pour prendre un exemple, qu'on cherche la plus courte distance d'un point fixe P de coordonnées $(a, 0)$ au cercle C de rayon R ayant pour centre l'origine. En prenant pour variable indépendante l'abscisse x d'un point M du cercle C, on a

$$d^2 = \overline{PM}^2 = R^2 + a^2 - 2ax.$$

L'application de la règle générale conduirait à chercher les racines de l'équation $2a = 0$, ce qui est absurde. On s'explique aisément ce résultat en observant que, d'après la nature de la question, la variable x ne peut varier que de $-R$ à $+R$. Si a est positif, d^2 est minimum pour $x = R$, et maximum pour $x = -R$.

Une discussion spéciale, relative à la frontière du domaine,

([1]) On a un exemple intéressant en cherchant le point M d'un plan tel que la somme $MA + MB + MC$ de ses distances à trois points du plan soit minimum. Si tous les angles du triangle ABC sont inférieurs à 120°, le point M est le point d'où l'on voit les trois côtés AB, BC, CA sous des angles égaux à 120° ; si l'un des angles, $\overline{A}$ par exemple, est supérieur à 120°, le point M est le point A lui-même, et en ce point les dérivées partielles de la fonction sont discontinues.

semble donc nécessaire dans chaque cas particulier. Mais cette discussion devient inutile, toutes les fois que le domaine considéré *n'a pas de frontières*. Toute surface fermée peut être considérée comme définissant un domaine sans frontière à deux dimensions. Pour fixer les idées, prenons une sphère de rayon R et supposons les coordonnées rectangulaires d'un point de cette sphère exprimées au moyen des coordonnées géographiques

$$x = \mathrm{R}\sin\theta\cos\varphi, \qquad y = \mathrm{R}\sin\theta\sin\varphi, \qquad z = \mathrm{R}\cos\theta.$$

À toute fonction qui admet une valeur unique en chaque point de la sphère correspond une fonction $\omega = f(\theta, \varphi)$, des deux variables θ et φ, admettant la période 2π par rapport à chacune de ces variables.

Si cette fonction est continue et admet des dérivées partielles continues pour toutes les valeurs de θ et de φ, il est clair que les couples de valeurs de θ et de φ qui donnent à cette fonction sa valeur maximum et sa valeur minimum font partie des solutions des deux équations $\dfrac{\partial\omega}{\partial\theta} = 0$, $\dfrac{\partial\omega}{\partial\varphi} = 0$.

54. Valeur maximum d'un déterminant. — Soit à trouver le maximum de la valeur absolue d'un déterminant

$$(36) \qquad \Delta = \begin{vmatrix} a_1 & b_1 & c_1 & \ldots & l_1 \\ a_2 & b_2 & c_2 & \ldots & l_2 \\ \cdot\cdot & \cdot\cdot & \cdot\cdot & \cdots & \cdot\cdot \\ a_n & b_n & c_n & \ldots & l_n \end{vmatrix},$$

connaissant la somme des carrés des éléments d'une même ligne. Cela revient à trouver le maximum et le minimum de la fonction Δ des n^2 variables a_i, b_i, c_i, liées par les n relations

$$(37) \qquad a_i^2 + b_i^2 + c_i^2 + \ldots + l_i^2 = \mathrm{H}_i \qquad (i = 1, 2, \ldots, n),$$

les H_i étant des constantes positives données. Le domaine ainsi défini est un domaine sans frontières, car nous pouvons considérer a_i, b_i, c_i, $\ldots$, l_i comme les coordonnées d'un point d'une hypersphère de rayon $\sqrt{\mathrm{H}_i}$ dans l'espace à n dimensions.

Supposons Δ développé suivant les éléments de la $i^{\text{ième}}$ ligne,

$$(38) \qquad \Delta = \mathrm{A}_i a_i + \mathrm{B}_i b_i + \ldots + \mathrm{L}_i l_i;$$

nous avons à chercher le maximum ou le minimum de la fonction Δ des

n variables a_i, b_i, c_i, ..., l_i liées par la relation (37). L'application de la méthode des multiplicateurs (n° 52) conduit immédiatement aux conditions

$$(39) \qquad \frac{a_i}{A_i} = \frac{b_i}{B_i} = \ldots = \frac{l_i}{L_i}.$$

Soient a_k, b_k, c_k, ..., l_k les éléments d'une autre ligne de Δ. On a

$$A_i a_k + B_i b_k + \ldots + L_i l_k = 0,$$

et, par suite, d'après les relations (39),

$$(40) \qquad a_i a_k + b_i b_k + \ldots + l_i l_k = 0,$$

si $i \neq k$. On en conclut que *le déterminant Δ ne peut prendre sa valeur maximum ou sa valeur minimum que lorsque ce déterminant est orthogonal.*

Lorsque les conditions (40) sont vérifiées, le carré de Δ est un déterminant dont tous les éléments sont nuls, sauf ceux de la diagonale principale, qui sont respectivement égaux à H_1, H_2, ..., H_n. On a donc, dans ce cas,

$$\Delta^2 = H_1 H_2 \ldots H_n,$$

et le maximum de la valeur absolue du déterminant Δ est donc

$$\sqrt{H_1 H_2 \ldots H_n}.$$

Remarque. — Dans le cas de $n = 3$, Δ représente le volume du parallélépipède construit sur les droites OA_1, OA_2, OA_3, joignant l'origine aux points $A_1(a_1, b_1, c_1)$, $A_2(a_2, b_2, c_2)$ et $A_3(a_3, b_3, c_3)$. Le résultat obtenu n'est donc que la généralisation de ce théorème de Géométrie : *De tous les parallélépipèdes construits avec trois arêtes données, celui qui a le plus grand volume est le parallélépipède rectangle.*

Comme on peut faire occuper à ce parallélépipède une infinité de positions dans l'espace sans changer le sommet O, nous voyons que le maximum obtenu pour Δ^2 est un maximum *au sens large.*

Soit Δ un déterminant quelconque d'ordre n ; si nous représentons par a_i, b_i, .., l_i les éléments de la $i^{\text{ème}}$ ligne, on a, d'après ce qui précède, l'inégalité

$$(41) \quad |\Delta| \leqq \sqrt{a_1^2 + b_1^2 + \ldots + l_1^2}\,\sqrt{a_2^2 + b_2^2 + \ldots + l_2^2}\ldots\sqrt{a_n^2 + b_n^2 + \ldots + l_n^2}.$$

Si les valeurs absolues de tous les éléments de Δ ne dépassent pas un nombre positif M, on a donc *a fortiori* [1]

$$(42) \qquad |\Delta| \leqq \sqrt{n^n}\,M^n.$$

---

[1] Ce théorème est dû à M. Hadamard (*Bulletin des Sciences mathématiques*, 2° série, t. XVII, 1893). La démonstration du texte est due à M. Wirtinger (*Ibid.*, 1908).

III. — DÉTERMINANTS FONCTIONNELS.

55. Propriété fondamentale. — Nous avons vu déjà le rôle important que joue le déterminant fonctionnel dans la théorie des fonctions implicites. Toutes les démonstrations supposent expressément qu'un certain jacobien n'est pas nul. Étant données n fonctions de n variables indépendantes, *continues et admettant des dérivées partielles du premier ordre continues*, le jacobien de ces n fonctions jouit de propriétés analogues à celles de la dérivée. Ainsi, pour qu'une fonction d'une variable x se réduise à une constante, il faut et il suffit que sa dérivée soit nulle identiquement. Le théorème correspondant pour le jacobien est le suivant :

Soient u_1, u_2, ..., u_n, n fonctions des n variables indépendantes x_1, x_2, ..., x_n. Pour qu'il existe entre ces n fonctions une relation indépendante des variables x_1, x_2, ..., x_n, il faut et il suffit que le déterminant fonctionnel $\dfrac{D(u_1,\ u_2,\ ...,\ u_n)}{D(x_1,\ x_2,\ ...,\ x_n)}$ *soit identiquement nul.*

1° *La condition est nécessaire.* — Considérons, pour fixer les idées, trois fonctions de trois variables

$$(43) \quad X = f_1(x, y, z), \qquad Y = f_2(x, y, z), \qquad Z = f_3(x, y, z),$$

continues et admettant des dérivées partielles continues, et supposons que *le jacobien*

$$(44) \qquad \frac{D(f_1, f_2, f_3)}{D(x, y, z)}$$

n'est pas identiquement nul. Soit en particulier (x_0, y_0, z_0) un système de valeurs de x, y, z pour lequel ce déterminant est différent de zéro; soient X_0, Y_0, Z_0 les valeurs correspondantes de X, Y, Z. D'après le théorème général du n° **40**, on peut assigner un nombre positif h tel qu'à tout système de valeurs de X, Y, Z satisfaisant aux conditions

$$(45) \quad X_0 - h \leqq X \leqq X_0 + h, \qquad Y_0 - h \leqq Y \leqq Y_0 + h. \qquad Z_0 - h \leqq Z \leqq Z_0 + h,$$

corresponde un système de valeurs de x, y, z, vérifiant les équations (43). Les valeurs des fonctions f_1, f_2, f_3 pouvant être choisies arbitrairement dans le domaine précédent, *il ne peut donc y avoir aucune relation* $F(X, Y, Z) = 0$ *entre ces fonctions.*

Remarque. — Le même raisonnement prouve qu'il ne peut y avoir de relation entre les deux fonctions X et Y, si les trois jacobiens $\dfrac{D(X, Y)}{D(x, y)}$, $\dfrac{D(X, Y)}{D(y, z)}$, $\dfrac{D(X, Y)}{D(z, x)}$ ne sont pas identiquement nuls. D'une façon générale, pour que n fonctions $u_1, u_2, \ldots, u_n$ de $n + p$ variables indépendantes $x_1, x_2, \ldots, x_{n+p}$ soient liées par une relation, il est nécessaire que tous les déterminants fonctionnels

$$\frac{D(u_1, u_2, \ldots, u_n)}{D(x_{\alpha_1}, x_{\alpha_2}, \ldots, x_{\alpha_n})},$$

où les indices $\alpha_1, \alpha_2, \ldots, \alpha_n$ sont n quelconques des $(n + p)$ premiers nombres, soient identiquement nuls.

$2°$ *La condition est suffisante.* — Pour le démontrer, prenons un système de quatre fonctions de quatre variables

$$(46) \quad \begin{cases} X = f_1(x, y, z, t), \\ Y = f_2(x, y, z, t), \\ Z = f_3(x, y, z, t), \\ T = f_4(x, y, z, t), \end{cases}$$

telles que le déterminant

$$\Delta = \begin{vmatrix} \dfrac{\partial f_1}{\partial x} & \dfrac{\partial f_1}{\partial y} & \dfrac{\partial f_1}{\partial z} & \dfrac{\partial f_1}{\partial t} \\[2mm] \dfrac{\partial f_2}{\partial x} & \dfrac{\partial f_2}{\partial y} & \dfrac{\partial f_2}{\partial z} & \dfrac{\partial f_2}{\partial t} \\[2mm] \dfrac{\partial f_3}{\partial x} & \dfrac{\partial f_3}{\partial y} & \dfrac{\partial f_3}{\partial z} & \dfrac{\partial f_3}{\partial t} \\[2mm] \dfrac{\partial f_4}{\partial x} & \dfrac{\partial f_4}{\partial y} & \dfrac{\partial f_4}{\partial z} & \dfrac{\partial f_4}{\partial t} \end{vmatrix}$$

soit nul identiquement. Supposons d'abord que l'un des mineurs du premier ordre, $\delta = \dfrac{D(f_1, f_2, f_3)}{D(x, y, z)}$ par exemple, n'est pas nul identiquement. Des trois premières équations (46) on tire alors, en les résolvant par rapport à x, y, z,

$$(47) \quad x = \varphi_1(X, Y, Z, t), \quad y = \varphi_2(X, Y, Z, t), \quad z = \varphi_3(X, Y, Z, t).$$

et par suite

$$(48) \qquad T = f_4(\varphi_1, \varphi_2, \varphi_3, t) = F(X, Y, Z, t).$$

Nous allons démontrer que cette fonction F ne contient pas la variable t, ou qu'on a identiquement $\dfrac{\partial F}{\partial t} = 0$. On a, en effet,

$$(49) \qquad \frac{\partial F}{\partial t} = \frac{\partial f_4}{\partial x} \frac{\partial \varphi_1}{\partial t} + \frac{\partial f_4}{\partial y} \frac{\partial \varphi_2}{\partial t} + \frac{\partial f_4}{\partial z} \frac{\partial \varphi_3}{\partial t} + \frac{\partial f_4}{\partial t};$$

d'ailleurs les dérivées $\dfrac{\partial \varphi_1}{\partial t}$, $\dfrac{\partial \varphi_2}{\partial t}$, $\dfrac{\partial \varphi_3}{\partial t}$ des fonctions implicites $\varphi_1, \varphi_2, \varphi_3$ sont données par les trois relations

$$(50) \qquad \begin{cases} \dfrac{\partial f_1}{\partial x} \dfrac{\partial \varphi_1}{\partial t} + \dfrac{\partial f_1}{\partial y} \dfrac{\partial \varphi_2}{\partial t} + \dfrac{\partial f_1}{\partial z} \dfrac{\partial \varphi_3}{\partial t} + \dfrac{\partial f_1}{\partial t} = 0, \\[2mm] \dfrac{\partial f_2}{\partial x} \dfrac{\partial \varphi_1}{\partial t} + \dfrac{\partial f_2}{\partial y} \dfrac{\partial \varphi_2}{\partial t} + \dfrac{\partial f_2}{\partial z} \dfrac{\partial \varphi_3}{\partial t} + \dfrac{\partial f_2}{\partial t} = 0, \\[2mm] \dfrac{\partial f_3}{\partial x} \dfrac{\partial \varphi_1}{\partial t} + \dfrac{\partial f_3}{\partial y} \dfrac{\partial \varphi_2}{\partial t} + \dfrac{\partial f_3}{\partial z} \dfrac{\partial \varphi_3}{\partial t} + \dfrac{\partial f_3}{\partial t} = 0. \end{cases}$$

Les relations (49) et (50) forment un système de quatre équations linéaires en $\dfrac{\partial \varphi_1}{\partial t}$, $\dfrac{\partial \varphi_2}{\partial t}$, $\dfrac{\partial \varphi_3}{\partial t}$, $\dfrac{\partial F}{\partial t}$. On en déduit aisément la valeur de $\dfrac{\partial F}{\partial t}$, en observant que, si l'on ajoute aux éléments de la dernière colonne de Δ ceux de la première multipliés par $\dfrac{\partial \varphi_1}{\partial t}$, ceux de la deuxième multipliés par $\dfrac{\partial \varphi_2}{\partial t}$ et ceux de la troisième multipliés par $\dfrac{\partial \varphi_3}{\partial t}$, il reste $\Delta = \delta \dfrac{\partial F}{\partial t}$, en tenant compte des relations (50). Puisque δ n'est pas nul, il faut donc que F ne renferme pas la variable t, et par suite il existe entre les quatre fonctions X, Y, Z, T une relation de la forme

$$T = F(X, Y, Z).$$

On peut remarquer qu'il n'existe pas, entre ces quatre fonctions, d'autre relation, indépendante de x, y, z, t, qui soit distincte de la précédente. Autrement, on en déduirait une relation entre X, Y, Z et, par suite, le mineur δ serait nul.

Passons au cas où tous les mineurs du premier ordre de Δ sont

nuls identiquement, l'un au moins des mineurs du second ordre,
$\delta' = \dfrac{D(f_1, f_2)}{D(x, y)}$, par exemple, n'étant pas nul identiquement.

Des deux premières équations (46) on tire

$$x = \varphi_1(X, Y, z, t), \qquad y = \varphi_2(X, Y, z, t),$$

et, par suite,

$$Z - f_3(x, y, z, t) = F_1(X, Y, z, t), \qquad T = F_2(X, Y, z, t).$$

Démontrons par exemple qu'on a $\dfrac{\partial F_1}{\partial t} = 0$. Des trois relations

$$\frac{\partial F_1}{\partial t} = \frac{\partial f_3}{\partial x}\frac{\partial \varphi_1}{\partial t} + \frac{\partial f_3}{\partial y}\frac{\partial \varphi_2}{\partial t} + \frac{\partial f_3}{\partial t},$$

$$0 = \frac{\partial f_1}{\partial x}\frac{\partial \varphi_1}{\partial t} + \frac{\partial f_1}{\partial y}\frac{\partial \varphi_2}{\partial t} + \frac{\partial f_1}{\partial t},$$

$$0 = \frac{\partial f_2}{\partial x}\frac{\partial \varphi_1}{\partial t} + \frac{\partial f_2}{\partial y}\frac{\partial \varphi_2}{\partial t} + \frac{\partial f_2}{\partial t}$$

on déduit, en opérant comme tout à l'heure, la relation

$$\frac{D(f_1, f_2, f_3)}{D(x, y, t)} = \delta'\frac{\partial F_1}{\partial t}$$

et, par suite, $\dfrac{\partial F_1}{\partial t} = 0$. On verrait de même qu'on a $\dfrac{\partial F_1}{\partial z} = 0$, $\dfrac{\partial F_2}{\partial z} = 0$, $\dfrac{\partial F_2}{\partial t} = 0$, et il existe dans ce cas deux relations distinctes entre les quatre fonctions X, Y, Z, T,

$$Z = F_1(X, Y), \qquad T = F_2(X, Y);$$

il n'en existe pas d'autre, distincte de ces deux-là, car on en déduirait une relation entre X et Y et l'on devrait avoir $\dfrac{D(X, Y)}{D(x, y)} = 0$, contrairement à l'hypothèse.

Enfin, si tous les mineurs du deuxième ordre du jacobien étaient nuls, sans que les quatre fonctions X, Y, Z, T se réduisent à des constantes, on verrait de même que trois d'entre elles sont fonctions de la quatrième. Le raisonnement qui vient d'être fait est évidemment général : si le jacobien des n fonctions F_1, F_2, …, F_n de n variables indépendantes $x_1, x_2, …, x_n$ est nul ainsi que tous les mineurs à $n - r + 1$ lignes, l'un au moins des mineurs à $n - r$ lignes étant différent de zéro, il y a exactement

r relations distinctes entre les n fonctions, et r d'entre elles peuvent s'exprimer au moyen des $n - r$ restantes, entre lesquelles n'existe aucune relation.

Nous laisserons au lecteur le soin de démontrer la proposition suivante, qui s'établit de la même façon. Pour que n fonctions de $n + p$ variables indépendantes soient liées par une relation ne contenant pas ces variables, il faut et il suffit que les jacobiens de ces n fonctions, par rapport à n quelconques des variables indépendantes, soient tous nuls. En particulier, pour que deux fonctions $F_1(x_1, x_2, \ldots, x_n)$ et $F_2(x_1, x_2, \ldots, x_n)$ soient fonctions l'une de l'autre, il faut et il suffit que les dérivées partielles correspondantes $\dfrac{\partial F_1}{\partial x_i}$ et $\dfrac{\partial F_2}{\partial x_i}$ soient proportionnelles.

Remarque. — Les fonctions F_1, F_2, $\ldots$, F_n, qui figurent dans les énoncés précédents, peuvent dépendre en outre de certaines variables y_1, y_2, $\ldots$, y_m, différentes des variables x_1, x_2, $\ldots$, x_n. Si le jacobien $\dfrac{D(F_1, F_2, \ldots, F_n)}{D(x_1, x_2, \ldots, x_n)}$ est nul identiquement, les fonctions F_1, F_2, $\ldots$, F_n sont liées par une ou plusieurs relations ne renfermant pas les variables x_1, x_2, $\ldots$, x_n, mais les autres variables y_1, y_2, $\ldots$, y_m figureront en général dans ces relations.

Le jacobien considéré est en effet identique au déterminant

$$\frac{D(F_1, F_2, \ldots, F_n, y_1, y_2, \ldots, y_m)}{D(x_1, \ldots, x_n, y_1, y_2, \ldots, y_m)}.$$

Application. Le théorème précédent est d'une grande importance en Analyse. Par exemple, il permettrait de démontrer la propriété fondamentale du logarithme, sans se servir de la définition arithmétique. On démontrera, en effet, au début du Calcul intégral, qu'il existe une fonction bien définie pour toutes les valeurs positives de la variable, qui se réduit à zéro pour $x = 1$, et dont la dérivée est égale à $\dfrac{1}{x}$. Soit $f(x)$ cette fonction ; posons

$$u = f(x) + f(y), \qquad v = xy ;$$

on a

$$\frac{D(u, v)}{D(x, y)} = \begin{vmatrix} \dfrac{1}{x} & \dfrac{1}{y} \\ y & x \end{vmatrix} = 0.$$

Il existe donc une relation de la forme

$$f(x) + f(y) = \varphi(xy) ;$$

pour déterminer la fonction φ, il suffit de faire $y = 1$, ce qui nous donne $f(x) = \varphi(x)$ et, par suite, puisque x est quelconque,

$$ f(x) + f(y) = f(xy). $$

On voit comment la définition précédente aurait conduit aux propriétés fondamentales des logarithmes, si leur invention n'avait précédé celle du Calcul intégral.

La formule qui donne la dérivée d'une fonction de fonction peut de même être étendue au jacobien. Soient F_1, F_2, ..., F_n un système de n fonctions des variables u_1, u_2, ..., u_n, et supposons que u_1, u_2, ..., u_n soient elles-mêmes des fonctions de n variables indépendantes x_1, x_2, ..., x_n. On a la formule suivante

$$ (51) \quad \frac{D(F_1, F_2, ..., F_n)}{D(x_1, x_2, ..., x_n)} = \frac{D(F_1, F_2, ..., F_n)}{D(u_1, u_2, ..., u_n)} \frac{D(u_1, u_2, ..., u_n)}{D(x_1, x_2, ..., x_n)}, $$

dont la démonstration résulte immédiatement de la règle de multiplication des déterminants, et de la formule qui donne la dérivée d'une fonction composée. Écrivons en effet les deux déterminants

$$ \begin{vmatrix} \dfrac{\partial F_1}{\partial u_1} & \dfrac{\partial F_1}{\partial u_2} & \cdots & \dfrac{\partial F_1}{\partial u_n} \\ \cdots & \cdots & \cdots & \cdots \\ \dfrac{\partial F_n}{\partial u_1} & \dfrac{\partial F_n}{\partial u_2} & \cdots & \dfrac{\partial F_n}{\partial u_n} \end{vmatrix} \quad \begin{vmatrix} \dfrac{\partial u_1}{\partial x_1} & \dfrac{\partial u_2}{\partial x_1} & \cdots & \dfrac{\partial u_n}{\partial x_1} \\ \cdots & \cdots & \cdots & \cdots \\ \dfrac{\partial u_1}{\partial x_n} & \dfrac{\partial u_2}{\partial x_n} & \cdots & \dfrac{\partial u_n}{\partial x_n} \end{vmatrix} $$

en permutant les lignes et les colonnes du second ; le premier élément du produit est égal à

$$ \frac{\partial F_1}{\partial u_1} \frac{\partial u_1}{\partial x_1} + \frac{\partial F_1}{\partial u_2} \frac{\partial u_2}{\partial x_1} + \cdots + \frac{\partial F_1}{\partial u_n} \frac{\partial u_n}{\partial x_1}, $$

c'est-à-dire à $\dfrac{\partial F_1}{\partial x_1}$, et de même pour les autres.

La formule qui donne la dérivée d'une fonction composée peut aussi être étendue aux déterminants fonctionnels.

Soient, par exemple, X et Y deux fonctions de trois variables x, y, z, qui sont elles-mêmes des fonctions des deux variables indépendantes u et v. On a

$$ \frac{D(X, Y)}{D(u, v)} = \frac{D(X, Y)}{D(x, y)} \frac{D(x, y)}{D(u, v)} + \frac{D(X, Y)}{D(y, z)} \frac{D(y, z)}{D(u, v)} + \frac{D(X, Y)}{D(z, x)} \frac{D(z, x)}{D(u, v)}; $$

il est facile de démontrer et de généraliser cette formule.

IV. — CHANGEMENTS DE VARIABLES.

56. Généralités. — Dans un grand nombre de questions d'Analyse, il arrive fréquemment qu'on est conduit à changer de variables indépendantes. Il faut alors pouvoir exprimer les dérivées prises par rapport aux variables primitives au moyen des dérivées prises par rapport aux nouvelles variables. Nous avons déjà traité un problème de ce genre à propos de l'inversion. La solution du problème général n'exige pas de principes nouveaux. Il suffit d'appliquer les règles qui donnent les dérivées des fonctions composées et des fonctions implicites. On simplifie beaucoup les calculs par l'emploi des différentielles totales, quand il y a plusieurs variables indépendantes, en s'appuyant sur les remarques suivantes, que nous énoncerons, pour fixer les idées, en supposant qu'il y a trois variables indépendantes x, y, z.

1° Soient u, v, w trois fonctions distinctes (c'est-à-dire entre lesquelles il n'y a aucune relation) de x, y, z; entre leurs différentielles totales du, dv, dw, il ne peut exister aucune relation de la forme

$$(52) \qquad \lambda \, du + \mu \, dv + \nu \, dw = 0,$$

à moins que les coefficients λ, μ, ν ne soient nuls à la fois. En effet, en égalant à zéro les coefficients de dx, dy, dz dans la relation précédente, on a trois équations linéaires et homogènes en λ, μ, ν, et le déterminant des coefficients de λ, μ, ν est précisément le jacobien $\dfrac{D(u, v, w)}{D(x, y, z)}$.

2° Soient ω, u, v, w quatre fonctions des trois variables indépendantes x, y, z, telles que $\dfrac{D(u, v, w)}{D(x, y, z)}$ ne soit pas nul. On peut inversement exprimer x, y, z en fonction de u, v, w, et en portant ces valeurs de x, y, z dans ω, on obtient une fonction

$$\omega = \Phi(u, v, w)$$

des trois variables u, v, w. *Si, par un moyen quelconque, on a obtenu entre les différentielles totales $d\omega$, du, dv, dw, prises par rapport aux variables indépendantes x, y, z, une relation* *de la forme*

$$d\omega = \mathrm{P}\, du + \mathrm{Q}\, dv + \mathrm{R}\, dw,$$

les coefficients P, Q, R *sont égaux respectivement aux dérivées partielles de* $\Phi(u, v, w)$,

$$\mathrm{P} = \frac{\partial \Phi}{\partial u}, \qquad \mathrm{Q} = \frac{\partial \Phi}{\partial v}, \qquad \mathrm{R} = \frac{\partial \Phi}{\partial w}.$$

On sait, en effet, d'après la règle qui donne la différentielle totale d'une fonction composée (n° **26**), qu'on a bien

$$d\omega = \frac{\partial \Phi}{\partial u}\, du + \frac{\partial \Phi}{\partial v}\, dv + \frac{\partial \Phi}{\partial w}\, dw,$$

et il ne peut pas exister entre $d\omega$, du, dv, dw une relation linéaire distincte de celle-là, car on en déduirait une égalité de la forme (52) entre du, dv, dw, où les coefficients λ, μ, ν ne seraient pas tous nuls; ce qui est impossible, d'après la première remarque.

Nous allons appliquer ces principes généraux en passant en revue les problèmes qui se présentent le plus souvent.

57. Problème I. — *Soit* y *une fonction de la variable indépendante* x. *On prend une nouvelle variable indépendante* t, *liée à* x *par la relation* $x = \varphi(t)$; *on propose d'exprimer les dérivées successives de* y *par rapport à* x *au moyen de* t *et des dérivées successives de* y *par rapport à* t.

Soient $y = f(x)$ la fonction considérée et $\mathrm{F}(t) = f[\varphi(t)]$ ce que devient cette fonction quand on a remplacé x par $\varphi(t)$. D'après la règle qui donne la dérivée d'une fonction de fonction, on a

$$\frac{dy}{dt} = \frac{dy}{dx} \times \varphi'(t),$$

d'où l'on tire

$$y'_x = \frac{\dfrac{dy}{dt}}{\varphi'(t)} = \frac{y'_t}{\varphi'(t)};$$

ce qui peut s'énoncer ainsi : *pour avoir la dérivée de* y *par rapport à* x, *on prend la dérivée de cette fonction par rapport à* t, *et on la divise par la dérivée de* x *par rapport à* t.

On obtiendra la dérivée seconde $\dfrac{d^2y}{dx^2}$ en appliquant la règle précédente à l'expression qui vient d'être obtenue pour la dérivée première

$$\frac{d^2y}{dx^2} = \frac{\dfrac{d}{dt}(y'_x)}{\varphi'(t)} = \frac{y''_{t^2}\,\varphi'(t) - y'_t\,\varphi''(t)}{[\varphi'(t)]^3};$$

une nouvelle application de la même règle donnera la dérivée du troisième ordre

$$\frac{d^3y}{dx^3} = \frac{\dfrac{d}{dt}(y''_{x^2})}{\varphi'(t)},$$

ou, en effectuant les calculs,

$$\frac{d^3y}{dx^3} = \frac{y'''_{t^3}[\varphi'(t)]^2 - 3y''_{t^2}\varphi'(t)\varphi''(t) + 3y'_t[\varphi''(t)]^2 - y'_t\varphi'(t)\varphi'''(t)}{[\varphi'(t)]^5}.$$

Ces dérivées successives se calculeront, de proche en proche, par l'application de la même règle ; d'une manière générale, la dérivée d'ordre n de y par rapport à x s'exprime au moyen de $\varphi'(t)$, $\varphi''(t)$, …, $\varphi^{(n)}(t)$ et des dérivées successives de y par rapport à t, jusqu'à celle d'ordre n. On peut mettre les formules précédentes sous une forme plus symétrique ; désignons par dx, dy, d^2x, d^2y, …, d^nx, d^ny les différentielles successives de x et de y prises par rapport à la variable t, et par y', y'', …, $y^{(n)}$ les dérivées successives de y par rapport à x ; les formules précédentes peuvent s'écrire

$$(53) \quad \begin{cases} y' = \dfrac{dy}{dx}, \\[2ex] y'' = \dfrac{dx\,d^2y - dy\,d^2x}{dx^3}, \\[2ex] y''' = \dfrac{d^3y\,dx^2 - 3\,d^2y\,dx\,d^2x + 3\,dy\,(d^2x)^2 - dy\,d^3x\,dx}{dx^5}, \\[1ex] \cdots\cdots\cdots\cdots\cdots\cdots\cdots\cdots\cdots \end{cases}$$

La variable indépendante t, par rapport à laquelle sont prises les différentielles qui figurent dans les seconds membres de ces formules, est absolument quelconque, et l'on passe d'une dérivée à la suivante par la loi de récurrence

$$y'' = \frac{d[y''^{-1}]}{dx},$$

où le second membre est le quotient de deux différentielles.

58. Applications. — On se sert de ces formules pour étudier une courbe plane, lorsque les coordonnées d'un point de cette courbe sont exprimées au moyen d'une variable auxiliaire t.

$$x = f(t), \qquad y = \varphi(t);$$

pour étudier cette courbe dans le voisinage d'un de ses points, il faut pouvoir calculer les valeurs des dérivées successives y', y'', ... de y par rapport à x pour le point considéré. Or les formules précédentes nous donnent précisément ces dérivées exprimées au moyen des dérivées successives des fonctions $f(t)$ et $\varphi(t)$, sans qu'il soit nécessaire d'avoir l'expression explicite de y en fonction de x, ce qui pourrait être pratiquement impossible. Ainsi la première formule

$$y' = \frac{dy}{dx} = \frac{\varphi'(t)}{f'(t)}$$

donne le coefficient angulaire de la tangente; la valeur de y' intervient dans un élément géométrique important, le *rayon de courbure*, qui a pour expression

$$R = \frac{(1 + y'^2)^{\frac{3}{2}}}{|y''|}.$$

Pour avoir la valeur de R lorsque les coordonnées x et y sont données en fonction d'un paramètre t, il n'y a qu'à remplacer y' et y'' par les expressions précédentes, et il vient ainsi

$$R = \frac{(dx^2 + dy^2)^{\frac{3}{2}}}{|dx\,d^2y - dy\,d^2x|};$$

le second membre ne renferme que les dérivées premières et secondes de x et de y par rapport à t.

Voici, au sujet de cette question, une remarque intéressante que j'emprunte au *Traité de Calcul différentiel et intégral* de M. J. Bertrand (t. I, p. 170). Imaginons qu'en calculant un élément géométrique d'une courbe plane, dont les coordonnées x et y sont supposées exprimées au moyen d'un paramètre t, on ait obtenu l'expression

$$F(x, y, dx, dy, d^2x, d^2y, \ldots, d^n x, d^n y),$$

toutes les différentielles étant prises par rapport à t. Puisque, par hypothèse, cet élément a une signification géométrique, sa valeur ne doit pas dépendre du choix de la variable indépendante t. Or, si l'on prend $x = t$, on doit faire $dx = dt$, $d^2 x = d^3 x = \ldots = d^n x = 0$, et l'expression précédente devient

$$f(x, y, y', y'', \ldots, y^{(n)}):$$

c'est le résultat qu'on aurait obtenu en supposant tout d'abord que l'équation de la courbe considérée est résolue par rapport à y, soit $y = \Phi(x)$. Pour remonter de ce cas particulier au cas où la variable indépendante est quelconque, il suffit de remplacer y', y'', y''', ... par leurs valeurs tirées des formules (53). En effectuant cette substitution dans

$$f(x, y, y', y'', \ldots, y^{(n)}),$$

on devra donc retrouver l'expression $F(x, y, dx, dy, d^2x, d^2y, \ldots)$ d'où l'on est parti. S'il n'en est pas ainsi, on pourra affirmer que le résultat obtenu est erroné. Par exemple, l'expression

$$\frac{dx\, d^2 y - dy\, d^2 x}{(dx^2 + dy^2)^{\frac{3}{2}}}$$

ne peut avoir, pour une courbe plane, de signification géométrique indépendante du choix de la variable; car, si l'on suppose $x = t$, cette expression se réduit à $\dfrac{y''}{(1 + y'^2)^{\frac{3}{2}}}$, et, en remplaçant y' et y'' par leurs valeurs tirées des formules (53), on ne retrouve pas l'expression précédente.

On se sert aussi fréquemment des formules (53) dans l'étude des équations différentielles. Supposons par exemple qu'on veuille déterminer toutes les fonctions y d'une variable indépendante x qui satisfont à la relation

$$(54) \qquad (1 - x^2)\frac{d^2 y}{dx^2} - x\frac{dy}{dx} - n^2 y = 0,$$

où n est constant. Prenons une nouvelle variable indépendante t, en posant $x = \cos t$; on a

$$\frac{dy}{dx} = \frac{\dfrac{dy}{dt}}{-\sin t},$$

$$\frac{d^2y}{dx^2} = \frac{\sin t \dfrac{d^2y}{dt^2} - \cos t \dfrac{dy}{dt}}{\sin^3 t},$$

et l'équation (54) devient, après la substitution,

$$(55) \qquad\qquad \frac{d^2y}{dt^2} + n^2 y = 0.$$

Il est facile de trouver toutes les fonctions de t qui satisfont à cette relation, car on peut l'écrire en multipliant par $2\dfrac{dy}{dt}$,

$$2\frac{dy}{dt}\frac{d^2y}{dt^2} + 2n^2 y \frac{dy}{dt} = \frac{d}{dt}\left[\left(\frac{dy}{dt}\right)^2 + n^2 y^2\right] = 0;$$

on doit donc avoir

$$\left(\frac{dy}{dt}\right)^2 + n^2 y^2 = n^2 a^2,$$

a désignant une constante quelconque, et par suite

$$\frac{dy}{dt} = n\sqrt{a^2 - y^2},$$

ou

$$\frac{\dfrac{dy}{dt}}{\sqrt{a^2 - y^2}} - n = 0.$$

Le premier membre est la dérivée de $\operatorname{arc\,sin}\dfrac{y}{a} - nt$; il faut donc que cette différence soit égale à une nouvelle constante b, et l'on a

$$y = a \sin(nt - b),$$

ce qui peut encore s'écrire

$$y = A \sin nt + B \cos nt.$$

En revenant à la variable primitive x, on en conclut que toutes les fonctions de x qui vérifient la relation proposée (54) sont comprises dans la formule

$$y = A \sin(n \operatorname{arc\,cos} x) + B \cos(n \operatorname{arc\,cos} x),$$

A et B désignant deux constantes arbitraires.

59. Problème II. — *A toute relation entre x et y, les formules de transformation $x = f(t, u)$, $y = \varphi(t, u)$ font correspondre une relation entre t et u. On propose d'exprimer les dérivées de y par rapport à x au moyen de t, u, et des dérivées de u par rapport à t.*

Ce problème se ramène immédiatement au précédent, en remarquant que les formules de transformation

$$x = f(t, u), \qquad y = \varphi(t, u)$$

nous donnent les variables primitives x et y exprimées au moyen de la variable t, si l'on imagine qu'on ait remplacé u dans ces formules par sa valeur en fonction de t. Il suffira donc d'appliquer la méthode générale, en regardant toutefois x et y comme des fonctions composées de t, la lettre u jouant le rôle d'une fonction intermédiaire. On a d'abord

$$\frac{dy}{dx} = \frac{dy}{dt} : \frac{dx}{dt} = \frac{\dfrac{\partial \varphi}{\partial t} + \dfrac{\partial \varphi}{\partial u}\dfrac{du}{dt}}{\dfrac{\partial f}{\partial t} + \dfrac{\partial f}{\partial u}\dfrac{du}{dt}},$$

puis

$$\frac{d^2 y}{dx^2} = \frac{d}{dt}\left(\frac{dy}{dx}\right) : \frac{dx}{dt},$$

ou, en effectuant les calculs,

$$\frac{d^2 y}{dx^2} = \frac{\left(\dfrac{\partial f}{\partial t} + \dfrac{\partial f}{\partial u}\dfrac{du}{dt}\right)\left[\dfrac{\partial^2 \varphi}{\partial t^2} + 2\dfrac{\partial^2 \varphi}{\partial u\,\partial t}\dfrac{du}{dt} + \dfrac{\partial^2 \varphi}{\partial u^2}\left(\dfrac{du}{dt}\right)^2 + \dfrac{\partial \varphi}{\partial u}\dfrac{d^2 u}{dt^2}\right] - \left(\dfrac{\partial \varphi}{\partial t} + \dfrac{\partial \varphi}{\partial u}\dfrac{du}{dt}\right)\left(\dfrac{\partial^2 f}{\partial t^2} + \ldots\right)}{\left(\dfrac{\partial f}{\partial t} + \dfrac{\partial f}{\partial u}\dfrac{du}{dt}\right)^3}$$

D'une façon générale, la dérivée $n^{\text{ième}}$ $y^{(n)}$ s'exprime au moyen de t, u, et des dérivées $\dfrac{du}{dt}$, $\dfrac{d^2 u}{dt^2}$, $\ldots$, $\dfrac{d^n u}{dt^n}$.

Supposons, par exemple, qu'on ait l'équation d'une courbe en coordonnées polaires $\rho = f(\omega)$. Les formules qui donnent les coordonnées rectangulaires d'un point sont les suivantes :

$$x = \rho \cos\omega, \qquad y = \rho \sin\omega;$$

soient ρ', ρ'', ... les dérivées successives de ρ prises par rapport à ω,

considérée comme variable indépendante. On tire des formules
précédentes

$$dx = \cos\omega\,d\rho - \rho\sin\omega\,d\omega,$$
$$dy = \sin\omega\,d\rho + \rho\cos\omega\,d\omega,$$
$$d^2x = \cos\omega\,d^2\rho - 2\sin\omega\,d\omega\,d\rho - \rho\cos\omega\,d\omega^2,$$
$$d^2y = \sin\omega\,d^2\rho + 2\cos\omega\,d\omega\,d\rho - \rho\sin\omega\,d\omega^2$$

et, par suite,

$$dx^2 + dy^2 = d\rho^2 + \rho^2\,d\omega^2,$$
$$dx\,d^2y - dy\,d^2x = 2\,d\omega\,d\rho^2 - \rho\,d\omega\,d^2\rho + \rho^2\,d\omega^3.$$

L'expression du rayon de courbure obtenue plus haut devient

$$R = \pm\,\frac{(\rho^2 + \rho'^2)^{\frac{3}{2}}}{\rho^2 + 2\rho'^2 - \rho\rho''}.$$

60. Transformation des courbes planes. — Imaginons qu'à tout
point m d'un plan on fasse correspondre, d'après une construction
déterminée, un autre point M du même plan; si l'on désigne
par (x, y) les coordonnées du point m, par (X, Y) les coordonnées du point M, on a entre ces coordonnées deux relations
telles que

$$(56) \qquad\qquad X = f(x, y), \qquad Y = \varphi(x, y).$$

Ces formules définissent une transformation *ponctuelle;* la
Géométrie en offre de nombreux exemples, tels que la transformation homographique, la transformation par rayons vecteurs réciproques, etc. Lorsque le point m décrit une courbe c, le point
correspondant M décrit une autre courbe C, dont les propriétés
peuvent se déduire de celles de la courbe c et de la nature de la
transformation employée. Soient y', y'', ... les dérivées successives de y par rapport à x, et Y', Y'', ... les dérivées successives
de Y par rapport à X; pour étudier la courbe C, il est nécessaire
de pouvoir exprimer Y', Y'', ... au moyen de x, y, y', y'', ...
C'est précisément le problème que nous venons de traiter: on a

d'abord

$$\Lambda = \frac{\dfrac{dY}{dx}}{\dfrac{dX}{dx}} = \frac{\dfrac{\partial \varphi}{\partial x} + \dfrac{\partial \varphi}{\partial y} y'}{\dfrac{\partial f}{\partial x} + \dfrac{\partial f}{\partial y} y'},$$

$$Y' = \frac{\dfrac{dY'}{dx}}{\dfrac{dX}{dx}} = \frac{\left(\dfrac{\partial f}{\partial x} + \dfrac{\partial f}{\partial y} y'\right)\left(\dfrac{\partial^2 \varphi}{\partial x^2} + \ldots\right) - \ldots}{\left(\dfrac{\partial f}{\partial x} + \dfrac{\partial f}{\partial y} y'\right)^3},$$

et ainsi de suite. On voit que Y' ne dépend que de x, y, y' ; si donc on applique la transformation (56) à deux courbes c, c_1, tangentes au point (x, y), les courbes transformées C, C_1 seront tangentes au point considéré (X, Y). Cette remarque permet de remplacer la courbe c par toute autre courbe tangente à celle-là, quand il s'agit seulement de trouver la tangente à la courbe transformée C.

Considérons, par exemple, la transformation définie par les formules

$$X = \frac{h^2 x}{x^2 + y^2}, \qquad Y = \frac{h^2 y}{x^2 + y^2},$$

qui n'est autre qu'une transformation par rayons vecteurs réci-

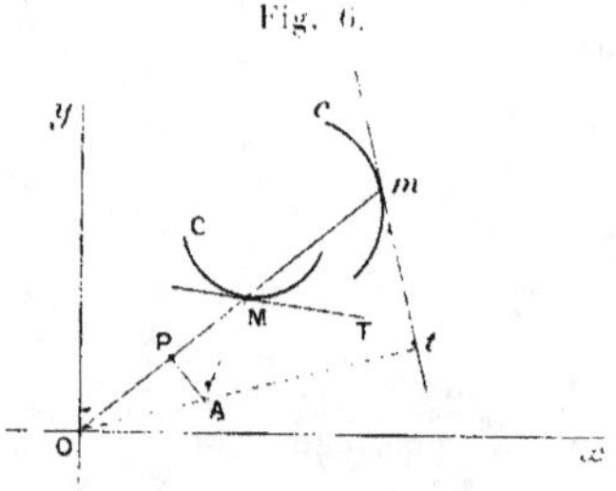

Fig. 6.

proques ou *inversion*, avec l'origine pour pôle. Soient m un point d'une courbe c et M le point correspondant de la courbe C. Pour trouver la tangente à cette courbe C, nous n'avons qu'à appliquer ce résultat de Géométrie élémentaire, que la figure inverse d'une ligne droite est un cercle passant par le pôle d'inversion.

Si nous remplaçons la courbe c par la tangente mt, la figure inverse de mt est un cercle passant par les deux points M et O et dont le centre A est situé sur la perpendiculaire Ot abaissée de l'origine sur ml. La tangente MT à ce cercle est perpendiculaire à AM et les angles Mml, mMT sont égaux comme complémentaires de l'angle mOt. Les tangentes ml et MT sont donc antiparallèles par rapport au rayon vecteur.

61. Transformations de contact. — Les transformations précédentes ne sont pas les plus générales qui changent deux courbes tangentes en deux autres courbes tangentes. Imaginons que de tout point m d'une courbe c on déduise un autre point M par une construction déterminée qui dépende, non seulement du point m, mais de la tangente en ce point. Les formules qui définissent cette transformation sont de la forme

$$(57) \qquad X = f(x, y, y'), \qquad Y = \varphi(x, y, y'),$$

et le coefficient angulaire Y' de la tangente à la courbe transformée a pour expression

$$Y' = \frac{dY}{dX} = \frac{\dfrac{\partial \varphi}{\partial x} + \dfrac{\partial \varphi}{\partial y} y' + \dfrac{\partial \varphi}{\partial y'} y''}{\dfrac{\partial f}{\partial x} + \dfrac{\partial f}{\partial y} y' + \dfrac{\partial f}{\partial y'} y''}.$$

En général, Y' dépend des quatre variables x, y, y', y''; si l'on applique la transformation (57) à deux courbes c, c_1 tangentes en un point (x, y), les courbes correspondantes C, C_1 auront un point commun (X, Y), mais elles ne seront pas tangentes, à moins que y'' n'ait la même valeur pour les deux courbes c et c_1. Pour que les deux courbes C, C_1 soient toujours tangentes, en même temps que les courbes c et c_1, il faut et il suffit que Y' ne dépende pas de y'', c'est-à-dire que les fonctions $f(x, y, y')$ et $\varphi(x, y, y')$ satisfassent à la condition

$$\frac{\partial f}{\partial y'} \left(\frac{\partial \varphi}{\partial x} + \frac{\partial \varphi}{\partial y} y' \right) = \frac{\partial \varphi}{\partial y'} \left(\frac{\partial f}{\partial x} + \frac{\partial f}{\partial y} y' \right);$$

on dit alors que la transformation considérée est une *transformation de contact*. Il est clair qu'une transformation ponctuelle est un cas particulier des transformations de contact [1].

---

[1] Legendre et Ampère avaient donné de nombreux exemples de ces transformations. Sophus Lie a développé la théorie générale dans différents travaux. (*Voir*, en particulier, *Geometrie der Berührungstransformationen*; *voir* aussi JACOBI, *Vorlesungen über Dynamik*.)

Considérons, par exemple, la transformation de Legendre qui consiste à faire correspondre à un point (x, y) d'une courbe c le point M de coordonnées

$$X = y', \qquad Y = xy' - y;$$

on déduit de ces formules

$$Y' = \frac{dY}{dX} = \frac{xy''}{y''} = x,$$

ce qui montre bien que cette transformation est une transformation de contact. On aura de même

$$Y'' = \frac{dY'}{dX} = \frac{dx}{y''\,dx} = \frac{1}{y''},$$
$$Y''' = \frac{dY''}{dX} = -\frac{y'''}{y''^3},$$

et ainsi de suite. On déduit des formules précédentes

$$x = Y', \qquad y = XY' - Y, \qquad y' = X,$$

ce qui prouve que la transformation est réciproque. Toutes ces propriétés s'expliquent aisément si l'on remarque que le point de coordonnées $X = y'$, $Y = xy' - y$ est précisément le pôle de la tangente à la courbe c au point (x, y) par rapport à la parabole $x^2 - 2y = 0$. Or, d'une manière générale, si l'on prend le pôle M de la tangente en m à une courbe c par rapport à une conique directrice Σ, le lieu du point M est une courbe C dont la tangente au point M est précisément la polaire du point m par rapport à Σ. Il y a donc réciprocité entre les deux courbes c et C; d'ailleurs, si l'on remplace la courbe c par une autre courbe c_1 tangente à c au point m, la courbe réciproque C_1 est tangente à la courbe C au point M.

Podaire. — Si d'un point fixe O, pris dans le plan d'une courbe c, on abaisse une perpendiculaire OM sur la tangente au point m à cette courbe, le lieu du pied M de cette perpendiculaire est une courbe C qui est dite *la podaire de la première*. Il serait facile d'obtenir par le calcul les coordonnées du point M, et de vérifier que la transformation ainsi obtenue est une transformation de contact, mais on y arrive plus simplement comme il suit : Considérons, en effet, un cercle γ de rayon R décrit du point O comme centre, et soit m_1 un point pris sur OM et tel que $Om_1 \cdot OM = R^2$.

Le point m_1 est le pôle de la tangente mt par rapport au cercle γ; de sorte que la transformation qui conduit de c à C résulte d'une transformation par polaires réciproques, suivie d'une inversion. Lorsque le point m décrit la courbe c, le point m_1, pôle de mt, décrit une courbe c_1 tangente à la polaire du point m par rapport au cercle γ, c'est-à-dire à la droite $m_1 t_1$ perpendiculaire sur Om. La tangente MT à la courbe C et la tangente $m_1 t_1$

Fig. 7.

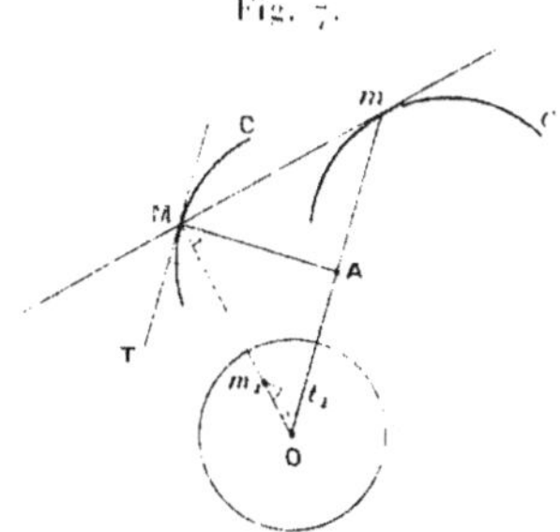

à la courbe c_1 font des angles égaux avec le rayon vecteur Om_1 M; si donc nous menons la normale MA, les angles AMO, AOM sont égaux comme compléments d'angles égaux, et le point A est le milieu du rayon Om. D'où l'on conclut qu'on obtient la normale à la podaire en joignant le point M au milieu de Om.

62. Transformations de contact générales. — Si les formules (57) définissent une transformation de contact, ne se réduisant pas à une transformation ponctuelle, l'une au moins des fonctions f et φ dépend de y'. Supposons, par exemple, que f renferme la variable y'; en tirant y' de la première des relations (57) et en substituant dans la seconde, on peut écrire ces équations sous la forme équivalente

$$(58) \qquad X = f(x, y, y'), \qquad Y = \Phi(x, y, X).$$

On en déduit

$$\frac{dY}{dX} = \left(\frac{\partial\Phi}{\partial x} + \frac{\partial\Phi}{\partial y} y' \right) \frac{dx}{dX} + \frac{\partial\Phi}{\partial X}.$$

Or

$$\frac{dX}{dx} = \frac{\partial f}{\partial x} + \frac{\partial f}{\partial y} y' + \frac{\partial f}{\partial y'} y''$$

dépend de y''; pour que $\dfrac{dY}{dX}$ ne dépende que de x, y, y', il faut nécessairement que les valeurs de X et de Y fournies par les formules (58) vérifient aussi la relation

$$\frac{\partial\Phi}{\partial x} + \frac{\partial\Phi}{\partial y} y' = 0,$$

et, comme celle-ci ne renferme que x, y, y', X, elle doit être identique à la première des équations (58).

Inversement, soit $F(x, y; X, Y)$ une fonction des deux couples de variables (x, y), (X, Y). Si les deux équations

$$(59) \qquad F(x, y; X, Y) = 0, \qquad \frac{\partial F}{\partial x} + \frac{\partial F}{\partial y} y' = 0$$

peuvent être résolues par rapport à X, Y, les formules obtenues

$$X = f(x, y, y'), \qquad Y = \varphi(x, y, y')$$

définissent une transformation de contact. De la première des relations (59) on tire, en effet,

$$\frac{\partial F}{\partial x} dx + \frac{\partial F}{\partial y} dy + \frac{\partial F}{\partial X} dX + \frac{\partial F}{\partial Y} dY = 0,$$

qui devient, en tenant compte de la seconde,

$$\frac{\partial F}{\partial X} dX + \frac{\partial F}{\partial Y} dY = 0;$$

on voit que le rapport $\dfrac{dY}{dX}$ ne dépend que de x, y, y'.

63. Problème III. — *Soit $\omega = f(x, y)$ une fonction des deux variables indépendantes x et y; on prend deux nouvelles variables indépendantes u et v liées aux anciennes par les formules*

$$x = \varphi(u, v), \qquad y = \psi(u, v),$$

et l'on se propose d'exprimer les dérivées partielles de ω par rapport aux variables x et y au moyen de u, v et des dérivées partielles de ω, prises par rapport aux variables u et v.

Soit $\omega = F(u, v)$ ce que devient la fonction $f(x, y)$ après la substitution; la règle de dérivation des fonctions composées nous donne

$$\frac{\partial \omega}{\partial u} = \frac{\partial \omega}{\partial x} \frac{\partial \varphi}{\partial u} + \frac{\partial \omega}{\partial y} \frac{\partial \psi}{\partial u},$$

$$\frac{\partial \omega}{\partial v} = \frac{\partial \omega}{\partial x} \frac{\partial \varphi}{\partial v} + \frac{\partial \omega}{\partial y} \frac{\partial \psi}{\partial v};$$

on peut tirer de ces deux équations $\dfrac{\partial \omega}{\partial x}$ et $\dfrac{\partial \omega}{\partial y}$, car, si le déterminant $\dfrac{D(\varphi, \psi)}{D(u, v)}$ était nul, le changement de variables effectué n'aurait aucun sens. On déduira donc des équations précédentes

$$(60)\qquad \begin{cases} \dfrac{\partial \omega}{\partial x} = A\dfrac{\partial \omega}{\partial u} + B\dfrac{\partial \omega}{\partial v}, \\[2ex] \dfrac{\partial \omega}{\partial y} = C\dfrac{\partial \omega}{\partial u} + D\dfrac{\partial \omega}{\partial v}, \end{cases}$$

A, B, C, D étant des fonctions déterminées de u et v, et ces formules résolvent le problème pour les dérivées du premier ordre. Elles montrent que, *pour obtenir la dérivée d'une fonction par rapport à x, il faut multiplier par A la dérivée prise par rapport à u, par B la dérivée prise par rapport à v, et ajouter les deux produits;* on opère de même pour avoir la dérivée partielle par rapport à y, en remplaçant A et B par C et D respectivement. Pour calculer les dérivées du second ordre, il suffira d'appliquer aux dérivées du premier ordre la règle exprimée par les formules précédentes; on aura

$$\frac{\partial^2 \omega}{\partial x^2} = \frac{\partial}{\partial x}\left(\frac{\partial \omega}{\partial x}\right) = \frac{\partial}{\partial x}\left(A\frac{\partial \omega}{\partial u} + B\frac{\partial \omega}{\partial v}\right)$$
$$= A\frac{\partial}{\partial u}\left(A\frac{\partial \omega}{\partial u} + B\frac{\partial \omega}{\partial v}\right) + B\frac{\partial}{\partial v}\left(A\frac{\partial \omega}{\partial u} + B\frac{\partial \omega}{\partial v}\right),$$

ou, en développant les calculs,

$$\frac{\partial^2 \omega}{\partial x^2} = A\left(A\frac{\partial^2 \omega}{\partial u^2} + B\frac{\partial^2 \omega}{\partial u\,\partial v} + \frac{\partial A}{\partial u}\frac{\partial \omega}{\partial u} + \frac{\partial B}{\partial u}\frac{\partial \omega}{\partial v}\right)$$
$$+ B\left(A\frac{\partial^2 \omega}{\partial u\,\partial v} + B\frac{\partial^2 \omega}{\partial v^2} + \frac{\partial A}{\partial v}\frac{\partial \omega}{\partial u} + \frac{\partial B}{\partial v}\frac{\partial \omega}{\partial v}\right),$$

et l'on trouvera de même $\dfrac{\partial^2 \omega}{\partial x\,\partial y}$, $\dfrac{\partial^2 \omega}{\partial y^2}$ et les dérivées suivantes. Dans toutes les dérivations à effectuer, il suffit de remplacer les opérations $\dfrac{\partial}{\partial x}$ et $\dfrac{\partial}{\partial y}$ par les opérations

$$A\frac{\partial}{\partial u} + B\frac{\partial}{\partial v}, \qquad C\frac{\partial}{\partial u} + D\frac{\partial}{\partial v}$$

respectivement; tout revient donc au calcul des coefficients A, B, C, D.

Exemple I. — Considérons l'équation

$$(61)\qquad a\frac{\partial^2 \omega}{\partial x^2} + 2b\frac{\partial^2 \omega}{\partial x\,\partial y} + c\frac{\partial^2 \omega}{\partial y^2} = 0.$$

G.. I.

où les coefficients a, b, c sont constants; nous allons chercher à ramener cette équation à une forme aussi simple que possible. Observons d'abord que, si l'on avait à la fois $a = c = o$, il serait superflu de chercher à simplifier l'équation; nous pouvons donc supposer que c, par exemple, n'est pas nul. Cela étant, prenons deux nouvelles variables indépendantes u et v,

$$u = x + \alpha y, \qquad v = x + \beta y,$$

α et β étant deux coefficients constants indéterminés. On a aussitôt

$$\frac{\partial \omega}{\partial x} = \frac{\partial \omega}{\partial u} + \frac{\partial \omega}{\partial v},$$

$$\frac{\partial \omega}{\partial y} = \alpha \frac{\partial \omega}{\partial u} + \beta \frac{\partial \omega}{\partial v},$$

de sorte qu'on a, dans ce cas, $A = B = 1$, $C = \alpha$, $D = \beta$. La méthode générale donne ensuite

$$\frac{\partial^2 \omega}{\partial x^2} = \frac{\partial^2 \omega}{\partial u^2} + 2 \frac{\partial^2 \omega}{\partial u \, \partial v} + \frac{\partial^2 \omega}{\partial v^2},$$

$$\frac{\partial^2 \omega}{\partial x \, \partial y} = \alpha \frac{\partial^2 \omega}{\partial u^2} + (\alpha + \beta) \frac{\partial^2 \omega}{\partial u \, \partial v} + \beta \frac{\partial^2 \omega}{\partial v^2},$$

$$\frac{\partial^2 \omega}{\partial y^2} = \alpha^2 \frac{\partial^2 \omega}{\partial u^2} + 2 \alpha \beta \frac{\partial^2 \omega}{\partial u \, \partial v} + \beta^2 \frac{\partial^2 \omega}{\partial v^2},$$

et l'équation proposée devient

$$(a + 2 b \alpha + c \alpha^2) \frac{\partial^2 \omega}{\partial u^2}$$
$$+ 2[a + b(\alpha + \beta) + c \alpha \beta] \frac{\partial^2 \omega}{\partial u \, \partial v} + (a + 2 b \beta + c \beta^2) \frac{\partial^2 \omega}{\partial v^2} = o.$$

Cela posé, plusieurs cas sont à distinguer :

Premier cas. — Soit $b^2 - ac > o$; en prenant pour α et β les deux racines de l'équation

$$a + 2 b r + c r^2 = o,$$

l'équation prend la forme simple

$$\frac{\partial^2 \omega}{\partial u \, \partial v} = o.$$

Comme on peut l'écrire $\frac{\partial}{\partial v} \left(\frac{\partial \omega}{\partial u} \right) = o$, on voit que $\frac{\partial \omega}{\partial u}$ doit être une fonction de la seule variable u, soit $f(u)$. Désignons par $F(u)$ une fonction de u dont la dérivée $F'(u) = f(u)$; la dérivée de $\omega - F(u)$ par rapport à u étant nulle, cette différence est indépendante de u, et l'on a par conséquent $\omega = F(u) + \Phi(v)$. La réciproque est immédiate. En revenant aux variables x et y, on en conclut que toutes les fonctions ω qui satisfont à l'équation (61) sont de la forme

$$\omega = F(x + \alpha y) + \Phi(x + \beta y),$$

les fonctions F et Φ étant arbitraires. Par exemple, l'intégrale générale de l'équation

$$\frac{\partial^2 \omega}{\partial y^2} = a^2 \frac{\partial^2 \omega}{\partial x^2},$$

qui se présente dans la théorie des cordes vibrantes, est

$$\omega = F(x + ay) + \Phi(x - ay).$$

Deuxième cas. — Soit $b^2 - ac = 0$. En prenant α égal à la racine double de l'équation $a + 2br + cr^2 = 0$, et prenant β différent de α, le coefficient de $\dfrac{\partial^2 \omega}{\partial u\,\partial v}$ sera nul, car il est égal à $a + b\alpha + \beta(b + c\alpha)$; l'équation se réduira donc à $\dfrac{\partial^2 \omega}{\partial v^2} = 0$. On voit que ω doit être une fonction linéaire de v, $\omega = v f(u) + \varphi(u)$, les fonctions $f(u)$ et $\varphi(u)$ étant quelconques; en revenant aux variables x et y, l'expression de ω est

$$\omega = (x + \beta y) f(x + \alpha y) + \varphi(x + \alpha y),$$

ce qui peut s'écrire

$$\omega = [x + \alpha y + (\beta - \alpha)y] f(x + \alpha y) + \varphi(x + \alpha y),$$

ou encore

$$\omega = y\, F(x + \alpha y) + \Phi(x + \alpha y).$$

Troisième cas. — Si $b^2 - ac < 0$, la transformation précédente ne s'applique plus, à moins d'introduire des variables imaginaires. On peut alors déterminer α et β de telle façon qu'on ait

$$a + 2b\alpha + c\alpha^2 = a + 2b\beta + c\beta^2,$$
$$a + b(\alpha + \beta) + c\alpha\beta = 0,$$

ce qui donne

$$\alpha + \beta = -\frac{2b}{c}, \qquad \alpha\beta = \frac{2b^2 - ac}{c^2};$$

l'équation du second degré, qui a pour racines α et β,

$$r^2 + \frac{2b}{c} r + \frac{2b^2 - ac}{c^2} = 0$$

a, en effet, ses racines réelles. L'équation proposée devient alors

$$\Delta_2 \omega = \frac{\partial^2 \omega}{\partial u^2} + \frac{\partial^2 \omega}{\partial v^2} = 0;$$

cette équation $\Delta_2\omega = 0$, connue sous le nom d'*équation de Laplace*, joue un rôle fondamental dans un grand nombre de questions d'Analyse et de Physique mathématique.

Exemple II. — Cherchons ce que devient l'équation précédente en posant $x = \rho\cos\varphi$, $y = \rho\sin\varphi$. On a

$$\frac{\partial\omega}{\partial\rho} = \frac{\partial\omega}{\partial x}\cos\varphi + \frac{\partial\omega}{\partial y}\sin\varphi,$$

$$\frac{\partial\omega}{\partial\varphi} = -\frac{\partial\omega}{\partial x}\rho\sin\varphi + \frac{\partial\omega}{\partial y}\rho\cos\varphi,$$

et, en résolvant par rapport à $\dfrac{\partial\omega}{\partial x}$, $\dfrac{\partial\omega}{\partial y}$,

$$\frac{\partial\omega}{\partial x} = \cos\varphi\,\frac{\partial\omega}{\partial\rho} - \frac{\sin\varphi}{\rho}\,\frac{\partial\omega}{\partial\varphi},$$

$$\frac{\partial\omega}{\partial y} = \sin\varphi\,\frac{\partial\omega}{\partial\rho} - \frac{\cos\varphi}{\rho}\,\frac{\partial\omega}{\partial\varphi}.$$

Il vient ensuite

$$\frac{\partial^2\omega}{\partial x^2} = \cos\varphi\,\frac{\partial}{\partial\rho}\left(\cos\varphi\,\frac{\partial\omega}{\partial\rho} - \frac{\sin\varphi}{\rho}\,\frac{\partial\omega}{\partial\varphi}\right) - \frac{\sin\varphi}{\rho}\,\frac{\partial}{\partial\varphi}\left(\cos\varphi\,\frac{\partial\omega}{\partial\rho} - \frac{\sin\varphi}{\rho}\,\frac{\partial\omega}{\partial\varphi}\right)$$

$$= \cos^2\varphi\,\frac{\partial^2\omega}{\partial\rho^2} - \frac{\sin^2\varphi}{\rho^2}\,\frac{\partial^2\omega}{\partial\varphi^2} - \frac{2\sin\varphi\cos\varphi}{\rho}\,\frac{\partial^2\omega}{\partial\rho\,\partial\varphi}$$

$$- \frac{2\sin\varphi\cos\varphi}{\rho^2}\,\frac{\partial\omega}{\partial\varphi} - \frac{\sin^2\varphi}{\rho}\,\frac{\partial\omega}{\partial\rho};$$

on a une expression analogue pour $\dfrac{\partial^2\omega}{\partial y^2}$, et, en les ajoutant, on trouve

$$\frac{\partial^2\omega}{\partial x^2} + \frac{\partial^2\omega}{\partial y^2} = \frac{\partial^2\omega}{\partial\rho^2} + \frac{1}{\rho^2}\,\frac{\partial^2\omega}{\partial\varphi^2} + \frac{1}{\rho}\,\frac{\partial\omega}{\partial\rho}.$$

64. Autre méthode. — La méthode précédente est la plus pratique, lorsque la fonction, dont on cherche les dérivées partielles, n'est pas connue; mais, dans certaines questions, il est plus avantageux d'employer le procédé suivant :

Soit $z = f(x, y)$ une fonction des deux variables indépendantes x et y; si l'on suppose x, y et z exprimées au moyen de deux variables auxiliaires u et v, on a entre les différentielles totales dx, dy, dz la relation

$$dz = \frac{\partial f}{\partial x}\,dx + \frac{\partial f}{\partial y}\,dy$$

qui est équivalente aux deux relations distinctes

$$\frac{\partial z}{\partial u} = \frac{\partial f}{\partial x}\frac{\partial x}{\partial u} + \frac{\partial f}{\partial y}\frac{\partial y}{\partial u},$$

$$\frac{\partial z}{\partial v} = \frac{\partial f}{\partial x}\frac{\partial x}{\partial v} + \frac{\partial f}{\partial y}\frac{\partial y}{\partial v},$$

d'où l'on tirera $\frac{\partial f}{\partial x}$ et $\frac{\partial f}{\partial y}$ en fonction de u, v, $\frac{\partial z}{\partial u}$, $\frac{\partial z}{\partial v}$, comme dans la première méthode. Mais, pour calculer les dérivées suivantes, nous continuerons à appliquer la même règle; ainsi, pour calculer $\frac{\partial^2 f}{\partial x^2}$ et $\frac{\partial^2 f}{\partial x\,\partial y}$, nous partirons de l'identité

$$d\left(\frac{\partial f}{\partial x}\right) = \frac{\partial^2 f}{\partial x^2}\,dx + \frac{\partial^2 f}{\partial x\,\partial y}\,dy,$$

qui est équivalente aux deux relations

$$\frac{\partial\left(\frac{\partial f}{\partial x}\right)}{\partial u} = \frac{\partial^2 f}{\partial x^2}\frac{\partial x}{\partial u} + \frac{\partial^2 f}{\partial x\,\partial y}\frac{\partial y}{\partial u},$$

$$\frac{\partial\left(\frac{\partial f}{\partial x}\right)}{\partial v} = \frac{\partial^2 f}{\partial x^2}\frac{\partial x}{\partial v} + \frac{\partial^2 f}{\partial x\,\partial y}\frac{\partial y}{\partial v},$$

où l'on suppose que $\frac{\partial f}{\partial x}$ a été remplacée par son expression déjà calculée. On trouvera de même $\frac{\partial^2 f}{\partial x\,\partial y}$ et $\frac{\partial^2 f}{\partial y^2}$ en partant de l'identité

$$d\left(\frac{\partial f}{\partial y}\right) = \frac{\partial^2 f}{\partial x\,\partial y}\,dx + \frac{\partial^2 f}{\partial y^2}\,dy,$$

et les deux valeurs obtenues pour $\frac{\partial^2 f}{\partial x\,\partial y}$ doivent être identiques, ce qui fournit une vérification des calculs. Les dérivées d'ordre supérieur se calculent de la même façon.

Application aux surfaces. — On se sert du calcul précédent dans l'étude des surfaces. Supposons que les coordonnées d'un point d'une surface S soient exprimées en fonction de deux paramètres variables u, v, par les formules

$$(62)\qquad x = f(u, v), \qquad y = \varphi(u, v), \qquad z = \psi(u, v);$$

on obtiendrait l'équation de cette surface en éliminant les variables u et v entre les trois équations (62), mais on peut se proposer d'étudier directement les propriétés de la surface S sur ces équations elles-mêmes, sans effectuer l'élimination qui peut être pratiquement impossible. Remarquons d'abord que les trois jacobiens $\frac{D(f, \varphi)}{D(u, v)}$, $\frac{D(\varphi, \psi)}{D(u, v)}$, $\frac{D(f, \psi)}{D(u, v)}$ ne peuvent être nuls à la fois, car l'élimination de u et v conduirait à deux relations distinctes entre x, y, z, et le point de coodonnées (x, y, z) décrirait une courbe et non une surface. Soit, pour fixer les idées,

$$\frac{D(f, \varphi)}{D(u, v)} \gtrless 0;$$

des deux premières équations (62) on peut alors imaginer qu'on ait tiré u et v, et, en les portant dans la troisième, on aurait l'équation de la surface $z = F(x, y)$. Pour étudier cette surface dans le voisinage d'un point, il faut pouvoir calculer les dérivées partielles p, q, r, s, t, ... de cette fonction $F(x, y)$ au moyen des paramètres u, v. Les dérivées premières p et q s'obtiendront au moyen de la relation

$$dz = p\,dx + q\,dy,$$

qui se dédouble en deux équations

$$(63) \qquad \begin{cases} \dfrac{\partial \psi}{\partial u} = p\dfrac{\partial f}{\partial u} + q\dfrac{\partial \varphi}{\partial u}, \\[2mm] \dfrac{\partial \psi}{\partial v} = p\dfrac{\partial f}{\partial v} + q\dfrac{\partial \varphi}{\partial v}, \end{cases}$$

permettant de calculer p et q. L'équation du plan tangent s'obtiendra en portant ces valeurs de p et de q dans l'équation

$$Z - z = p(X - x) + q(Y - y),$$

ce qui conduit à l'équation

$$(64) \quad (X - x)\frac{D(y, z)}{D(u, v)} + (Y - y)\frac{D(z, x)}{D(u, v)} + (Z - z)\frac{D(x, y)}{D(u, v)} = 0.$$

Les relations (63) ont une signification géométrique facile à retenir; elles expriment que le plan tangent contient les tangentes aux deux courbes situées sur la surface, qu'on obtient en laissant v

constant et faisant varier u, puis en laissant u constant et faisant varier v (¹).

Ayant obtenu p et q. $p = f_1(u, v)$, $q = f_2(u, v)$, on obtiendra r, s, t au moyen des égalités

$$dp = r\,dx + s\,dy,$$
$$dq = s\,dx + t\,dy,$$

dont chacune fournit deux relations distinctes, et ainsi de suite.

65. Problème IV. — *Si l'on pose*

$$(65) \qquad x = f(u, v, w), \qquad y = \varphi(u, v, w), \qquad z = \psi(u, v, w),$$

ces formules font correspondre à toute relation entre les variables x, y, z une nouvelle relation entre u, v, w. On se propose d'exprimer les dérivées partielles de z par rapport aux variables x, y, au moyen de u, v, w, et des dérivées partielles de w par rapport aux variables u et v.

Ce problème se ramène à celui qui vient d'être traité. Si l'on suppose en effet que w ait été remplacé dans les formules (65) par une fonction de u et de v, on a les expressions de x, y, z au moyen des deux paramètres u et v, et il suffit de reprendre la méthode précédente en considérant f, φ, ψ comme des fonctions composées de u, v, la variable w étant traitée comme une fonction intermédiaire de u et v. On a, par exemple, pour calculer les dérivées du premier ordre p, q, les deux relations

$$\frac{\partial \psi}{\partial u} + \frac{\partial \psi}{\partial w}\frac{\partial w}{\partial u} = p\left(\frac{\partial f}{\partial u} + \frac{\partial f}{\partial w}\frac{\partial w}{\partial u}\right) + q\left(\frac{\partial \varphi}{\partial u} + \frac{\partial \varphi}{\partial w}\frac{\partial w}{\partial u}\right),$$

$$\frac{\partial \psi}{\partial v} + \frac{\partial \psi}{\partial w}\frac{\partial w}{\partial v} = p\left(\frac{\partial f}{\partial v} + \frac{\partial f}{\partial w}\frac{\partial w}{\partial v}\right) + q\left(\frac{\partial \varphi}{\partial v} + \frac{\partial \varphi}{\partial w}\frac{\partial w}{\partial v}\right),$$

et de même pour les dérivées suivantes.

(¹) On peut aussi arriver à l'équation du plan tangent par un raisonnement direct. Toute courbe située sur la surface est définie par une relation entre u et v, soit $v = \Pi(u)$, et la tangente à cette courbe a pour équations

$$\frac{X - x}{\dfrac{\partial f}{\partial u} + \dfrac{\partial f}{\partial v}\Pi'(u)} = \frac{Y - y}{\dfrac{\partial \varphi}{\partial u} + \dfrac{\partial \varphi}{\partial v}\Pi'(u)} = \frac{Z - z}{\dfrac{\partial \psi}{\partial u} + \dfrac{\partial \psi}{\partial v}\Pi'(u)}.$$

L'élimination de $\Pi'(u)$ conduit à l'équation du plan tangent (64).

En langage géométrique, le problème précédent peut s'énoncer comme il suit : A tout point m de l'espace, de coordonnées (x, y, z), on fait correspondre, par une construction déterminée, un autre point M. de coordonnées X, Y, Z. Lorsque le point m décrit une surface S, le point M décrit une surface Σ. dont on se propose de déduire les propriétés de celles de la première.

Les formules qui définissent la transformation sont de la forme

$$X = f(x, y, z), \qquad Y = \varphi(x, y, z), \qquad Z = \psi(x, y, z);$$

soient

$$z = F(x, y), \qquad Z = \Phi(X, Y)$$

les équations des deux surfaces S, Σ. Il s'agit d'exprimer les dérivées partielles P, Q, R, S, T, ... de la fonction $\Phi(X, Y)$ au moyen de x, y, z et des dérivées partielles p, q, r, s, t, ... de la fonction $F(x, y)$. C'est précisément, à la différence des notations près, le problème que nous venons de traiter.

Les dérivées premières P et Q ne dépendent que de x, y, z, p, q, de sorte que la transformation change deux surfaces tangentes en deux surfaces tangentes. Mais ce ne sont pas les transformations les plus générales qui jouissent de cette propriété, comme on le verra par les exemples ci-dessous.

66. Transformation de Legendre. — Soit $z = f(x, y)$ l'équation d'une surface S; au point $m(x, y, z)$ de cette surface, faisons correspondre le point M, de coordonnées X, Y. Z, en posant

$$X = p, \qquad Y = q, \qquad Z = px + qy - z,$$

et soit $Z = \Phi(X, Y)$ l'équation de la surface Σ décrite par le point M. Si l'on imagine qu'on ait remplacé z, p, q par f, $\dfrac{\partial f}{\partial x}$, $\dfrac{\partial f}{\partial y}$, on a les expressions des trois coordonnées du point M en fonction des deux variables indépendantes x et y.

Désignons encore par P, Q, R, S, T les dérivées partielles de la fonction $\Phi(X, Y)$; la relation

$$dZ = P\, dX + Q\, dY$$

nous donne

$$p\, dx + q\, dy + x\, dp + y\, dq - dz = P\, dp + Q\, dq$$

ou

$$x\, dp + y\, dq = P\, dp + Q\, dq.$$

Supposons que, pour la surface considérée, p et q ne soient pas fonctions l'une de l'autre, de telle sorte qu'on ne puisse avoir une identité de la forme $\lambda\, dp + \mu\, dq = 0$ sans qu'on ait, à la fois, $\lambda = \mu = 0$. On déduit alors de la relation qui précède

$$P = x, \qquad Q = y.$$

Pour avoir R, S, T, nous partirons de même des relations

$$dP = R\, dX + S\, dY,$$
$$dQ = S\, dX + T\, dY,$$

qui deviennent ici, en remplaçant X, Y, P, Q par leurs valeurs,

$$dx = R(r\, dx + s\, dy) + S(s\, dx + t\, dy),$$
$$dy = S(r\, dx + s\, dy) + T(s\, dx + t\, dy);$$

on en tire

$$Rr + Ss = 1, \qquad Rs + St = 0,$$
$$Sr + Ts = 0, \qquad Ss + Tt = 1.$$

et, par suite,

$$R = \frac{t}{rt - s^2}, \qquad S = \frac{-s}{rt - s^2}, \qquad T = \frac{r}{rt - s^2}.$$

Des formules précédentes on déduit inversement

$$x = P, \qquad y = Q, \qquad z = PX + QY - Z, \qquad p = X, \qquad q = Y,$$
$$r = \frac{T}{RT - S^2}, \qquad s = \frac{-S}{RT - S^2}, \qquad t = \frac{R}{RT - S^2},$$

ce qui prouve que la transformation est réciproque. D'ailleurs, c'est bien une transformation de contact, puisque X, Y, Z, P, Q ne dépendent que de x, y, z, p, q. Ces propriétés deviennent intuitives, si l'on observe que les formules définissent une transformation par polaires réciproques, relativement au paraboloïde

$$x^2 + y^2 - 2z = 0.$$

Remarque. — Les expressions de R, S, T deviennent infinies lorsque, en tous les points de la surface décrite par le point m, on a la relation $rt - s^2 = 0$. Dans ce cas, le point M décrit une courbe, et non une surface, car on a

$$\frac{D(X, Y)}{D(x, y)} = \frac{D(p, q)}{D(x, y)} = rt - s^2 = 0.$$

et de même

$$\frac{D(X, Z)}{D(x, y)} = \frac{D(p, px + qy - z)}{D(x, y)} = y(rt - s^2) = 0.$$

C'est précisément le cas qu'on a laissé de côté.

67. Transformation d'Ampère. — Les notations restant les mêmes que dans l'exemple précédent, posons

$$X = x, \qquad Y = q, \qquad Z = qy - z;$$

la relation

$$dZ = P\,dX + Q\,dY$$

devient

$$q\,dy + y\,dq - dz = P\,dx + Q\,dq,$$

ou

$$y\,dq - p\,dx = P\,dx + Q\,dq;$$

on a donc

$$P = -p, \qquad Q = y,$$

et inversement

$$x = X, \qquad y = Q, \qquad z = QY - Z, \qquad p = -P, \qquad q = Y,$$

de sorte que la transformation est bien une transformation de contact et réciproque. La relation

$$dP = R\,dX + S\,dY$$

donne ensuite

$$-r\,dx - s\,dy = R\,dx + S(s\,dx + t\,dy),$$

c'est-à-dire

$$R + Ss = -r, \qquad St = -s,$$

et l'on en tire

$$R = \frac{s^2 - rt}{t}, \qquad S = -\frac{s}{t};$$

en partant de la relation $dQ = S\,dX + T\,dY$, on trouvera de même

$$T = \frac{1}{t}.$$

Proposons-nous, comme application de ces formules, de trouver toutes les fonctions $f(x, y)$ qui satisfont à la relation $rt - s^2 = 0$. Soient S la surface représentée par l'équation $z = f(x, y)$, Σ la surface transformée, et $Z = \Phi(X, Y)$ l'équation de Σ. D'après la formule qui donne R, on doit avoir

$$R = \frac{\partial^2 \Phi}{\partial X^2} = 0,$$

et Φ doit être une fonction linéaire de X,

$$Z = X\varphi(Y) + \psi(Y).$$

φ et ψ étant des fonctions arbitraires de Y. On en déduit

$$P = \varphi(Y), \qquad Q = X \varphi'(Y) - \psi'(Y),$$

et les coordonnées (x, y, z) d'un point de la surface S s'expriment inversement en fonction des deux variables X, Y, par les formules

$$x = X, \quad y = X \varphi'(Y) + \psi'(Y), \quad z = Y[X \varphi'(Y) + \psi'(Y)] - X \varphi(Y) - \psi(Y);$$

l'équation de cette surface s'obtiendra en éliminant X et Y ou, ce qui revient au même, en éliminant le paramètre variable α entre les deux équations

$$z = \alpha y - x \varphi(\alpha) - \psi(\alpha),$$
$$o = y - x \varphi'(\alpha) - \psi'(\alpha),$$

dont la première représente un plan mobile dépendant du paramètre α, tandis que la seconde s'obtient en différentiant la première par rapport à ce paramètre. On obtient ainsi les *surfaces développables*, qui seront étudiées plus tard.

68. Équation du potentiel en coordonnées curvilignes. — Les calculs qu'exige un changement de variables peuvent, dans bien des cas, être simplifiés par différents artifices. Je prendrai pour exemple l'équation du potentiel en coordonnées curvilignes orthogonales ([1]). Soient

$$F(x, y, z) = \rho,$$
$$F_1(x, y, z) = \rho_1,$$
$$F_2(x, y, z) = \rho_2$$

les équations de trois familles de surfaces formant un système triple orthogonal, deux surfaces quelconques appartenant à deux familles différentes se coupant toujours à angle droit: si l'on résout ces trois équations, on en tire x, y, z en fonction des paramètres ρ, ρ_1, ρ_2,

$$(66) \qquad \begin{cases} x = \varphi(\rho, \rho_1, \rho_2), \\ y = \varphi_1(\rho, \rho_1, \rho_2), \\ z = \varphi_2(\rho, \rho_1, \rho_2); \end{cases}$$

ρ, ρ_1, ρ_2, forment un système de coordonnées curvilignes orthogonales.

Puisque les trois surfaces précédentes sont orthogonales, les tangentes aux courbes d'intersection de ces surfaces prises deux à deux doivent former un trièdre trirectangle; il faut donc qu'on ait

$$(67) \qquad S \frac{d\varphi}{d\rho} \frac{d\varphi}{d\rho_1} = 0, \qquad S \frac{d\varphi}{d\rho_1} \frac{d\varphi}{d\rho_2} = 0, \qquad S \frac{d\varphi}{d\rho} \frac{d\varphi}{d\rho_2} = 0,$$

([1]) LAMÉ, *Traité des coordonnées curvilignes*.
Voir aussi BERTRAND, *Traité de Calcul différentiel*, t. I. p. 181.

le signe S indiquant qu'on doit remplacer φ par φ_1, puis par φ_2, et ajouter. Ces conditions d'orthogonalité peuvent encore s'écrire sous la forme équivalente

$$(68) \quad \begin{cases} \dfrac{\partial\varphi}{\partial x}\dfrac{\partial\varphi_1}{\partial x} + \dfrac{\partial\varphi}{\partial y}\dfrac{\partial\varphi_1}{\partial y} + \dfrac{\partial\varphi}{\partial z}\dfrac{\partial\varphi_1}{\partial z} = 0, \\[2mm] \dfrac{\partial\varphi}{\partial x}\dfrac{\partial\varphi_2}{\partial x} + \ldots = 0, \qquad \dfrac{\partial\varphi_1}{\partial x}\dfrac{\partial\varphi_2}{\partial x} + \ldots = 0. \end{cases}$$

Cela posé, cherchons ce que devient l'équation du potentiel

$$\Delta_2 V = \frac{\partial^2 V}{\partial x^2} + \frac{\partial^2 V}{\partial y^2} + \frac{\partial^2 V}{\partial z^2} = 0,$$

avec les variables φ, φ_1, φ_2; on a d'abord

$$\frac{\partial V}{\partial x} = \frac{\partial V}{\partial \varphi}\frac{\partial \varphi}{\partial x} + \frac{\partial V}{\partial \varphi_1}\frac{\partial \varphi_1}{\partial x} + \frac{\partial V}{\partial \varphi_2}\frac{\partial \varphi_2}{\partial x},$$

puis

$$\frac{\partial^2 V}{\partial x^2} = \frac{\partial^2 V}{\partial \varphi^2}\left(\frac{\partial \varphi}{\partial x}\right)^2 + \frac{\partial^2 V}{\partial \varphi_1^2}\left(\frac{\partial \varphi_1}{\partial x}\right)^2 + \frac{\partial^2 V}{\partial \varphi_2^2}\left(\frac{\partial \varphi_2}{\partial x}\right)^2$$

$$+ 2\frac{\partial^2 V}{\partial \varphi\,\partial \varphi_1}\frac{\partial \varphi}{\partial x}\frac{\partial \varphi_1}{\partial x} + 2\frac{\partial^2 V}{\partial \varphi_1\,\partial \varphi_2}\frac{\partial \varphi_1}{\partial x}\frac{\partial \varphi_2}{\partial x} + 2\frac{\partial^2 V}{\partial \varphi\,\partial \varphi_2}\frac{\partial \varphi}{\partial x}\frac{\partial \varphi_2}{\partial x}$$

$$+ \frac{\partial V}{\partial \varphi}\frac{\partial^2 \varphi}{\partial x^2} + \frac{\partial V}{\partial \varphi_1}\frac{\partial^2 \varphi_1}{\partial x^2} + \frac{\partial V}{\partial \varphi_2}\frac{\partial^2 \varphi_2}{\partial x^2}.$$

En ajoutant les trois équations analogues, les dérivées du second ordre telles que $\dfrac{\partial^2 V}{\partial \varphi\,\partial \varphi_1}$ disparaissent dans la somme, en vertu des relations (68), et il reste

$$(69) \quad \frac{\partial^2 V}{\partial x^2} + \frac{\partial^2 V}{\partial y^2} + \frac{\partial^2 V}{\partial z^2} = \Delta_1(\varphi)\frac{\partial^2 V}{\partial \varphi^2} + \Delta_1(\varphi_1)\frac{\partial^2 V}{\partial \varphi_1^2} + \Delta_1(\varphi_2)\frac{\partial^2 V}{\partial \varphi_2^2}$$

$$+ \Delta_2(\varphi)\frac{\partial V}{\partial \varphi} + \Delta_2(\varphi_1)\frac{\partial V}{\partial \varphi_1} + \Delta_2(\varphi_2)\frac{\partial V}{\partial \varphi_2},$$

Δ_1 et Δ_2 désignant les *paramètres différentiels* de Lamé

$$\Delta_1(f) = \left(\frac{\partial f}{\partial x}\right)^2 + \left(\frac{\partial f}{\partial y}\right)^2 + \left(\frac{\partial f}{\partial z}\right)^2, \qquad \Delta_2(f) = \frac{\partial^2 f}{\partial x^2} + \frac{\partial^2 f}{\partial y^2} + \frac{\partial^2 f}{\partial z^2}.$$

Les paramètres différentiels du premier ordre $\Delta_1(\varphi)$, $\Delta_1(\varphi_1)$, $\Delta_1(\varphi_2)$ se calculent facilement. Des relations (66) on tire

$$\frac{\partial \varphi}{\partial \varphi}\frac{\partial \varphi}{\partial x} + \frac{\partial \varphi}{\partial \varphi_1}\frac{\partial \varphi_1}{\partial x} + \frac{\partial \varphi}{\partial \varphi_2}\frac{\partial \varphi_2}{\partial x} = 1,$$

$$\frac{\partial \varphi_1}{\partial \varphi}\frac{\partial \varphi}{\partial x} + \frac{\partial \varphi_1}{\partial \varphi_1}\frac{\partial \varphi_1}{\partial x} + \frac{\partial \varphi_1}{\partial \varphi_2}\frac{\partial \varphi_2}{\partial x} = 0,$$

$$\frac{\partial \varphi_2}{\partial \varphi}\frac{\partial \varphi}{\partial x} + \frac{\partial \varphi_2}{\partial \varphi_1}\frac{\partial \varphi_1}{\partial x} + \frac{\partial \varphi_2}{\partial \varphi_2}\frac{\partial \varphi_2}{\partial x} = 0,$$

et, en multipliant ces trois équations par $\frac{d\varphi}{d\rho}$, $\frac{d\varphi_1}{d\rho}$, $\frac{d\varphi_2}{d\rho}$, et ajoutant,

$$\frac{d\rho}{dx} = \frac{\frac{d\varphi}{d\rho}}{\left(\frac{d\varphi}{d\rho}\right)^2 + \left(\frac{d\varphi_1}{d\rho}\right)^2 + \left(\frac{d\varphi_2}{d\rho}\right)^2};$$

on calcule de même $\frac{d\rho}{dy}$ et $\frac{d\rho}{dz}$, et il vient

$$\left(\frac{d\rho}{dx}\right)^2 + \left(\frac{d\rho}{dy}\right)^2 + \left(\frac{d\rho}{dz}\right)^2 = \frac{1}{\left(\frac{d\varphi}{d\rho}\right)^2 + \left(\frac{d\varphi_1}{d\rho}\right)^2 + \left(\frac{d\varphi_2}{d\rho}\right)^2}.$$

Si donc l'on pose

$$\mathrm{H} = \mathbf{S}\left(\frac{d\varphi}{d\rho}\right)^2, \qquad \mathrm{H}_1 = \mathbf{S}\left(\frac{d\varphi}{d\rho_1}\right)^2, \qquad \mathrm{H}_2 = \mathbf{S}\left(\frac{d\varphi}{d\rho_2}\right)^2,$$

le signe $\mathbf{S}$ indiquant toujours qu'on doit remplacer φ par φ_1, puis par φ_2, et ajouter, on a

$$\Delta_1(\rho) = \frac{1}{\mathrm{H}}, \qquad \Delta_1(\rho_1) = \frac{1}{\mathrm{H}_1}, \qquad \Delta_1(\rho_2) = \frac{1}{\mathrm{H}_2}.$$

Lamé obtient les expressions de $\Delta_2(\rho)$, $\Delta_2(\rho_1)$, $\Delta_2(\rho_2)$ en fonction de ρ, ρ_1, ρ_2, par un calcul assez pénible, qu'on peut abréger comme il suit. Dans l'identité (69),

$$\Delta_2 \mathrm{V} = \frac{1}{\mathrm{H}}\frac{d^2\mathrm{V}}{d\rho^2} + \frac{1}{\mathrm{H}_1}\frac{d^2\mathrm{V}}{d\rho_1^2} + \frac{1}{\mathrm{H}_2}\frac{d^2\mathrm{V}}{d\rho_2^2} + \Delta_2(\rho)\frac{d\mathrm{V}}{d\rho} + \Delta_2(\rho_1)\frac{d\mathrm{V}}{d\rho_1} + \Delta_2(\rho_2)\frac{d\mathrm{V}}{d\rho_2},$$

faisons successivement $\mathrm{V} = x$, $\mathrm{V} = y$, $\mathrm{V} = z$; nous avons les trois relations

$$\frac{1}{\mathrm{H}}\frac{d^2\varphi}{d\rho^2} + \frac{1}{\mathrm{H}_1}\frac{d^2\varphi}{d\rho_1^2} + \frac{1}{\mathrm{H}_2}\frac{d^2\varphi}{d\rho_2^2} + \Delta_2(\rho)\frac{d\varphi}{d\rho} + \Delta_2(\rho_1)\frac{d\varphi}{d\rho_1} + \Delta_2(\rho_2)\frac{d\varphi}{d\rho_2} = 0,$$

$$\frac{1}{\mathrm{H}}\frac{d^2\varphi_1}{d\rho^2} + \frac{1}{\mathrm{H}_1}\frac{d^2\varphi_1}{d\rho_1^2} + \frac{1}{\mathrm{H}_2}\frac{d^2\varphi_1}{d\rho_2^2} + \Delta_2(\rho)\frac{d\varphi_1}{d\rho} + \Delta_2(\rho_1)\frac{d\varphi_1}{d\rho_1} + \Delta_2(\rho_2)\frac{d\varphi_1}{d\rho_2} = 0,$$

$$\frac{1}{\mathrm{H}}\frac{d^2\varphi_2}{d\rho^2} + \frac{1}{\mathrm{H}_1}\frac{d^2\varphi_2}{d\rho_1^2} + \frac{1}{\mathrm{H}_2}\frac{d^2\varphi_2}{d\rho_2^2} + \Delta_2(\rho)\frac{d\varphi_2}{d\rho} + \Delta_2(\rho_1)\frac{d\varphi_2}{d\rho_1} + \Delta_2(\rho_2)\frac{d\varphi_2}{d\rho_2} = 0,$$

qu'il n'y a plus qu'à résoudre par rapport à $\Delta_2(\rho)$, $\Delta_2(\rho_1)$, $\Delta_2(\rho_2)$. On en tire, par exemple, en les multipliant par $\frac{d\varphi}{d\rho}$, $\frac{d\varphi_1}{d\rho}$, $\frac{d\varphi_2}{d\rho}$, et ajoutant,

$$\Delta_2(\rho)\mathrm{H} + \frac{1}{\mathrm{H}}\mathbf{S}\frac{d\varphi}{d\rho}\frac{d^2\varphi}{d\rho^2} + \frac{1}{\mathrm{H}_1}\mathbf{S}\frac{d\varphi}{d\rho}\frac{d^2\varphi}{d\rho_1^2} + \frac{1}{\mathrm{H}_2}\mathbf{S}\frac{d\varphi}{d\rho}\frac{d^2\varphi}{d\rho_2^2} = 0.$$

D'ailleurs on a

$$\mathbf{S}\frac{d\varphi}{d\rho}\frac{d^2\varphi}{d\rho^2} = \frac{1}{2}\frac{d\mathrm{H}}{d\rho},$$

et, en différentiant la première des relations (67) par rapport à ρ_1, il vient

$$S \frac{\partial \varphi}{\partial \rho} \frac{\partial^2 \varphi}{\partial \rho_1^2} = - S \frac{\partial \rho}{\partial \rho_1} \frac{\partial^2 \varphi}{\partial \rho \, \partial \rho_1} = - \frac{1}{2} \frac{\partial H_1}{\partial \rho}.$$

On a de même

$$S \frac{\partial \varphi}{\partial \rho} \frac{\partial^2 \varphi}{\partial \rho_2^2} = - \frac{1}{2} \frac{\partial H_2}{\partial \rho},$$

et, par suite,

$$\Delta_2(\rho) = - \frac{1}{2 H^2} \frac{\partial H}{\partial \rho} + \frac{1}{2 H H_1} \frac{\partial H_1}{\partial \rho} + \frac{1}{2 H H_2} \frac{\partial H_2}{\partial \rho}$$

$$= - \frac{1}{2 H} \frac{\partial}{\partial \rho} \left[\log \left(\frac{H}{H_1 H_2} \right) \right].$$

En posant $H = \dfrac{1}{h^2}$, $H_1 = \dfrac{1}{h_1^2}$, $H_2 = \dfrac{1}{h_2^2}$, cette formule devient

$$\Delta_2(\rho) = h^2 \frac{\partial}{\partial \rho} \left(\log \frac{h}{h_1 h_2} \right),$$

et l'on a de même

$$\Delta_2(\rho_1) = h_1^2 \frac{\partial}{\partial \rho_1} \left(\log \frac{h_1}{h h_2} \right), \qquad \Delta_2(\rho_2) = h_2^2 \frac{\partial}{\partial \rho_2} \left(\log \frac{h_2}{h h_1} \right).$$

La formule (34) devient donc en définitive

$$(70) \quad \frac{\partial^2 V}{\partial x^2} + \frac{\partial^2 V}{\partial y^2} + \frac{\partial^2 V}{\partial z^2} = h^2 \frac{\partial^2 V}{\partial \rho^2} + h_1^2 \frac{\partial^2 V}{\partial \rho_1^2} + h_2^2 \frac{\partial^2 V}{\partial \rho_2^2}$$

$$+ h^2 \frac{\partial}{\partial \rho} \left(\log \frac{h}{h_1 h_2} \right) \frac{\partial V}{\partial \rho} + h_1^2 \frac{\partial}{\partial \rho_1} \left(\log \frac{h_1}{h h_2} \right) \frac{\partial V}{\partial \rho_1}$$

$$+ h_2^2 \frac{\partial}{\partial \rho_2} \left(\log \frac{h_2}{h h_1} \right) \frac{\partial V}{\partial \rho_2},$$

ou, sous une forme plus condensée,

$$\Delta_2 V = h h_1 h_2 \left[\frac{\partial}{\partial \rho} \left(\frac{h}{h_1 h_2} \frac{\partial V}{\partial \rho} \right) + \frac{\partial}{\partial \rho_1} \left(\frac{h_1}{h h_2} \frac{\partial V}{\partial \rho_1} \right) + \frac{\partial}{\partial \rho_2} \left(\frac{h_2}{h h_1} \frac{\partial V}{\partial \rho_2} \right) \right].$$

Appliquons cette formule aux coordonnées polaires. Les formules de transformation sont, en remplaçant ρ_1 et ρ_2 par θ et φ,

$$x = \rho \sin\theta \cos\varphi, \qquad y = \rho \sin\theta \sin\varphi, \qquad z = \rho \cos\theta,$$

et les coefficients h, h_1, h_2 ont les valeurs suivantes :

$$h = 1, \qquad h_1 = \frac{1}{\rho}, \qquad h_2 = \frac{1}{\rho \sin\theta};$$

la formule générale devient donc

$$\Delta_2 V = \frac{1}{\rho^2 \sin\theta} \left[\frac{\partial}{\partial \rho} \left(\rho^2 \sin\theta \frac{\partial V}{\partial \rho} \right) + \frac{\partial}{\partial \theta} \left(\sin\theta \frac{\partial V}{\partial \theta} \right) + \frac{\partial}{\partial \varphi} \left(\frac{1}{\sin\theta} \frac{\partial V}{\partial \varphi} \right) \right],$$

ou, en développant,

$$\Delta_2 V = \frac{\partial^2 V}{\partial \rho^2} + \frac{1}{\rho^2} \frac{\partial^2 V}{\partial \theta^2} + \frac{1}{\rho^2 \sin^2 \theta} \frac{\partial^2 V}{\partial \varphi^2} + \frac{2}{\rho} \frac{\partial V}{\partial \rho} + \frac{\cot \theta}{\rho^2} \frac{\partial V}{\partial \theta},$$

comme il est facile de le vérifier directement.

EXERCICES.

1. En posant $u = x^2 + y^2 + z^2$, $v = x + y + z$, $w = xy + yz + zx$, on a identiquement $\dfrac{D(u, v, w)}{D(x, y, z)} = 0$. Trouver la relation qui lie u, v, w.

2. Soient

$$u_1 = \frac{x_1}{\sqrt{1 - x_1^2 - \ldots - x_n^2}}, \quad \ldots, \quad u_n = \frac{x_n}{\sqrt{1 - x_1^2 - \ldots - x_n^2}};$$

on a

$$\frac{D(u_1, u_2, \ldots, u_n)}{D(x_1, x_2, \ldots, x_n)} = \frac{1}{\left(1 - x_1^2 - x_2^2 \ldots - x_n^2\right)^{1 + \frac{n}{2}}},$$

3. Si l'on pose

$$
\begin{aligned}
x_1 &= \cos \varphi_1, \\
x_2 &= \sin \varphi_1 \cos \varphi_2, \\
x_3 &= \sin \varphi_1 \sin \varphi_2 \cos \varphi_3, \\
&\cdots\cdots\cdots\cdots\cdots\cdots \\
x_n &= \sin \varphi_1 \sin \varphi_2 \ldots \sin \varphi_{n-1} \cos \varphi_n,
\end{aligned}
$$

on a

$$\frac{D(x_1, x_2, \ldots, x_n)}{D(\varphi_1, \varphi_2, \ldots, \varphi_n)} = (-1)^n \sin^n \varphi_1 \sin^{n-1} \varphi_2 \sin^{n-2} \varphi_3 \ldots \sin^2 \varphi_{n-1} \sin \varphi_n.$$

4. Vérifier directement que la fonction $z = F(x, y)$ définie par les deux équations

$$
\begin{aligned}
z &= \alpha x + y f(\alpha) + \varphi(\alpha), \\
0 &= x + y f'(\alpha) + \varphi'(\alpha),
\end{aligned}
$$

où α est une variable auxiliaire, satisfait à la relation $rt - s^2 = 0$, quelles que soient les fonctions $f(\alpha)$ et $\varphi(\alpha)$.

5. Vérifier de même que toute fonction implicite $z = F(x, y)$, définie par une équation de la forme

$$y = x \varphi(z) + \psi(z),$$

satisfait, quelles que soient les fonctions $\varphi(z)$ et $\psi(z)$, à la relation

$$rq^2 - 2pqs + tp^2 = 0.$$

6. La fonction $z = F(x, y)$, définie par les deux équations

$$z\,\varphi'(\alpha) = [y - \varphi(\alpha)]^2, \qquad (x + \alpha)\,\varphi'(\alpha) = y - \varphi(\alpha),$$

où α est une variable auxiliaire, satisfait à la relation $pq = z$, quelle que soit $\varphi(\alpha)$.

7. La fonction $z = F(x, y)$, définie par les deux équations

$$[z - \varphi(\alpha)]^2 = x^2(y^2 - \alpha^2), \qquad [z - \varphi(\alpha)]\,\varphi'(\alpha) = \alpha x^2,$$

satisfait de même à la relation $pq = xy$.

8. Si l'on pose $x = f(u, v)$, $y = \varphi(u, v)$, les fonctions $f(u, v)$ et $\varphi(u, v)$ satisfaisant aux conditions

$$\frac{\partial f}{\partial u} = \frac{\partial \varphi}{\partial v}, \qquad \frac{\partial f}{\partial v} = -\frac{\partial \varphi}{\partial u},$$

on a identiquement

$$\frac{\partial^2 V}{\partial u^2} + \frac{\partial^2 V}{\partial v^2} = \left(\frac{\partial^2 V}{\partial x^2} + \frac{\partial^2 V}{\partial y^2} \right) \left[\left(\frac{\partial f}{\partial u} \right)^2 + \left(\frac{\partial f}{\partial v} \right)^2 \right].$$

9. Si la fonction $V(x, y, z)$ satisfait à l'équation $\Delta_2 V = 0$, il en est de même de la fonction

$$\frac{1}{r}\, V\left(k^2\,\frac{x}{r^2},\ k^2\,\frac{y}{r^2},\ k^2\,\frac{z}{r^2} \right),$$

où k est une constante, et où l'on a posé $r^2 = x^2 + y^2 + z^2$.

(Lord Kelvin.)

10. Soient $V(x, y, z)$ et $V_1(x, y, z)$ deux intégrales de l'équation $\Delta_2 V = 0$; la fonction

$$U = V(x, y, z) + (x^2 + y^2 + z^2)\,V_1(x, y, z)$$

satisfait à l'équation

$$\Delta_2 \Delta_2 U = 0.$$

11. Que devient l'équation

$$(x - x^3)\,y'' - (1 - 3x^2)\,y' - xy = 0,$$

quand on fait le changement de variable $x = \sqrt{1 - t^2}$?

12. Même question pour l'équation

$$\frac{\partial^2 z}{\partial x^2} + 2xy^2 \frac{\partial z}{\partial x} - 2(y - y^3)\frac{\partial z}{\partial y} - x^2 y^2 z = 0,$$

quand on fait le changement de variables $x = uc$, $y = \dfrac{1}{c}$.

13. Soient $X = f(x, y, z)$, $Y = \varphi(x, y, z)$, $Z = \psi(x, y, z)$ les équations qui définissent une transformation ponctuelle dans l'espace. A toute direction δ issue d'un point $m(x, y, z)$ correspond une direction Δ issue du point M. A trois directions de paramètres directeurs (a_1, b_1, c_1), (a_2, b_2, c_2), (a_3, b_3, c_3) issues de m correspondent trois directions issues de M, de paramètres (A_1, B_1, C_1), (A_2, B_2, C_2), (A_3, B_3, C_3) respectivement. Démontrer que le déterminant formé par ces neuf coefficients A_i, B_i, C_i est égal au produit du déterminant formé de la même façon avec les neuf coefficients (a_i, b_i, c_i) par le jacobien $\dfrac{D(X, Y, Z)}{D(x, y, z)}$. En déduire que les deux trièdres ont la même disposition ou une disposition inverse, suivant le signe du jacobien. (Les deux systèmes d'axes de coordonnées sont supposés de même disposition.)

14. Si les fonctions f, φ, ψ de l'exercice précédent sont nulles pour $x = y = z = 0$, montrer qu'il existe en général trois directions rectangulaires issues de l'origine, et trois seulement, auxquelles correspondent trois autres directions rectangulaires issues de l'origine.

Mêmes problèmes pour les transformations ponctuelles dans le plan.

15. En chaque point M d'une surface S, on mène la normale MN dont on prend le point de rencontre N avec un plan fixe P, puis on porte sur la perpendiculaire au plan menée par ce point N une longueur $Nm = NM$. Trouver le plan tangent à la surface décrite par le point m.

La transformation précédente est une transformation de contact. Étudier la transformation inverse.

16. A partir des différents points d'une surface donnée S, on porte, sur les normales à cette surface, une longueur constante l; chercher le plan tangent à la surface Σ, lieu des points ainsi obtenus (*surfaces parallèles*).

Même problème pour une courbe plane.

17. *Étant donnés une surface S et un point fixe O, on joint le point O à un point quelconque M de la surface S; par le rayon OM et la normale MN à la surface S au point M on fait passer un plan OVN. Dans ce plan OMN on élève, par le point O, une perpendiculaire au rayon OM sur laquelle on porte une longueur $OP = OM$. Le point P décrit une surface Σ qui est dite l'*apsidale* de la première. Trouver le plan tangent à cette surface. La transformation précédente est une transformation de contact, et il

y a réciprocité entre les surfaces S et Σ. Lorsqu'on prend pour la surface S un ellipsoïde, le point O étant au centre, la surface Σ est la surface des ondes.

18. *Invariants différentiels d'Halphen.* — L'équation différentielle

$$9\left(\frac{d^2y}{dx^2}\right)^2 \frac{d^5y}{dx^5} - 45 \frac{d^2y}{dx^2}\frac{d^3y}{dx^3}\frac{d^4y}{dx^4} + 40\left(\frac{d^3y}{dx^3}\right)^3 = 0$$

ne change pas de forme quand on effectue sur les variables x, y une transformation homographique quelconque.

19. Dans l'expression

$$P\,dx + Q\,dy + R\,dz,$$

où P, Q, R sont des fonctions quelconques de x, y, z, on pose

$$x = f(u, v, w), \qquad y = \varphi(u, v, w), \qquad z = \psi(u, v, w),$$

u, v, w étant de nouvelles variables; elle se change en une expression de même forme

$$P_1\,du + Q_1\,dv + R_1\,dw,$$

P_1, Q_1, R_1 étant des fonctions de u, v, w. Vérifier que l'on a identiquement

$$H_1 = \frac{D(x, y, z)}{D(u, v, w)}\,H.$$

en posant

$$H = P\left(\frac{\partial Q}{\partial z} - \frac{\partial R}{\partial y}\right) + Q\left(\frac{\partial R}{\partial x} - \frac{\partial P}{\partial z}\right) + R\left(\frac{\partial P}{\partial y} - \frac{\partial Q}{\partial x}\right),$$

$$H_1 = P_1\left(\frac{\partial Q_1}{\partial w} - \frac{\partial R_1}{\partial v}\right) + Q_1\left(\frac{\partial R_1}{\partial u} - \frac{\partial P_1}{\partial w}\right) + R_1\left(\frac{\partial P_1}{\partial v} - \frac{\partial Q_1}{\partial u}\right).$$

20. *Covariant bilinéaire.* — Soit Θ_d une forme linéaire de différentielles

$$\Theta_d = X_1\,dx_1 + X_2\,dx_2 + \ldots + X_n\,dx_n,$$

où X_1, X_2, ..., X_n sont des fonctions des n variables x_1, x_2, ..., x_n. On considère l'expression

$$H = \sum_{i=1}^{n}\sum_{k=1}^{n} a_{ik}\,dx_i\,\delta x_k.$$

où l'on a posé

$$a_{ik} = \frac{\partial X_i}{\partial x_k} - \frac{\partial X_k}{\partial x_i},$$

et où figurent deux systèmes de différentielles d, δ. Si l'on fait un changement de variables quelconque

$$x_i = \varphi_i(y_1, y_2, ..., y_n) \qquad (i = 1, 2, ..., n).$$

l'expression θ_d se change en une expression de même forme

$$\theta'_d = Y_1\,dy_1 + \ldots + Y_n\,dy_n,$$

où $Y_1, Y_2, \ldots, Y_n$ sont des fonctions de $y_1, y_2, \ldots, y_n$; soient de même

$$a'_{ik} = \frac{\partial Y_i}{\partial y_k} - \frac{\partial Y_k}{\partial y_i}$$

et

$$H' = \sum_i \sum_k a'_{ik}\,dy_i\,\delta y_k.$$

On a identiquement $H = H'$, pourvu qu'on remplace dx_i et δx_k par

$$\frac{\partial\varphi_i}{\partial y_1}dy_1 + \frac{\partial\varphi_i}{\partial y_2}dy_2 + \ldots + \frac{\partial\varphi_i}{\partial y_n}dy_n,$$
$$\frac{\partial\varphi_k}{\partial y_1}\delta y_1 + \frac{\partial\varphi_k}{\partial y_2}\delta y_2 + \ldots + \frac{\partial\varphi_k}{\partial y_n}\delta y_n$$

respectivement. On appelle H un *covariant bilinéaire* de θ_d.

21. *Schwarzien.* — Si l'on pose $y = \dfrac{ax+b}{cx+d}$, x étant une fonction de t et a, b, c, d étant des constantes quelconques, on a

$$\frac{x'''}{x'} - \frac{3}{2}\left(\frac{x''}{x'}\right)^2 = \frac{y'''}{y'} - \frac{3}{2}\left(\frac{y''}{y'}\right)^2,$$

$x', x'', x''', y', y'', y'''$ désignant les dérivées par rapport à la variable t.

22. *Soient u et v deux fonctions quelconques des deux variables indépendantes x et y. On pose

$$U = \frac{au + bv + c}{a''u + b''v + c''}, \qquad V = \frac{a'u + b'v + c'}{a''u + b''v + c''},$$

$a, b, c, \ldots, c''$ étant des constantes. Démontrer les formules

$$\frac{\dfrac{\partial^2 u}{\partial x^2}\dfrac{\partial v}{\partial x} - \dfrac{\partial^2 v}{\partial x^2}\dfrac{\partial u}{\partial x}}{(u, v)} = \frac{\dfrac{\partial^2 U}{\partial x^2}\dfrac{\partial V}{\partial x} - \dfrac{\partial^2 V}{\partial x^2}\dfrac{\partial U}{\partial x}}{(U, V)},$$

$$\frac{\dfrac{\partial^2 u}{\partial x^2}\dfrac{\partial v}{\partial y} - \dfrac{\partial^2 v}{\partial x^2}\dfrac{\partial u}{\partial y} + 2\left(\dfrac{\partial v}{\partial x}\dfrac{\partial^2 u}{\partial x\,\partial y} - \dfrac{\partial u}{\partial x}\dfrac{\partial^2 v}{\partial x\,\partial y}\right)}{(u, v)}$$
$$= \frac{\dfrac{\partial^2 U}{\partial x^2}\dfrac{\partial V}{\partial y} - \dfrac{\partial^2 V}{\partial x^2}\dfrac{\partial U}{\partial y} + 2\left(\dfrac{\partial V}{\partial x}\dfrac{\partial^2 U}{\partial x\,\partial y} - \dfrac{\partial U}{\partial x}\dfrac{\partial^2 V}{\partial x\,\partial y}\right)}{(U, V)}$$

et les formules analogues obtenues en permutant x et y; on pose

$$(u, v) = \frac{\partial u}{\partial x}\frac{\partial v}{\partial y} - \frac{\partial u}{\partial y}\frac{\partial v}{\partial x}, \qquad (U, V) = \frac{\partial U}{\partial x}\frac{\partial V}{\partial y} - \frac{\partial U}{\partial y}\frac{\partial V}{\partial x}.$$

(GOURSAT et PAINLEVÉ, *Comptes rendus*, 1887.)

23. Trouver les valeurs maxima et minima de la distance d'un point à une courbe plane ou gauche, de deux points de deux courbes, de deux points de deux surfaces.

24. Les points d'une surface S, pour lesquels la somme des carrés des distances à n points fixes est maximum ou minimum, sont les pieds des normales abaissées sur cette surface du centre des moyennes distances des n points fixes donnés.

25. De tous les quadrilatères que l'on peut former avec quatre côtés donnés, celui qui a la plus grande surface est inscriptible dans une circonférence. Extension aux polygones de n côtés.

26. Maximum du volume d'un parallélépipède rectangle inscrit dans un ellipsoïde.

27. Trouver les axes d'une quadrique à centre en considérant les sommets comme les points dont la distance au centre est maximum ou minimum.

28. Même problème pour les axes de la section centrale d'un ellipsoïde.

29. *Trouver l'ellipse d'aire minimum passant par les trois sommets d'un triangle, et l'ellipsoïde de volume minimum passant par les quatre sommets d'un tétraèdre.

30. Trouver la plus courte distance d'un cercle et d'une droite dans l'espace.

31. *Le carré du module d'un déterminant D à éléments imaginaires est au plus égal à la racine carrée du produit des sommes des carrés des modules des éléments d'une même ligne.   (HADAMARD.)

CHAPITRE IV.

INTÉGRALES DÉFINIES.

I. — MÉTHODES DIVERSES DE QUADRATURE.

69. Quadrature de la parabole. — La détermination de l'aire d'une courbe plane est un des problèmes qui ont le plus exercé la sagacité des géomètres. Parmi les exemples que nous ont laissés les anciens, un des plus célèbres est la quadrature de la parabole par Archimède; nous indiquerons une de ses méthodes.

Soit à déterminer l'aire comprise entre l'arc de parabole ACB et

Fig. 8.

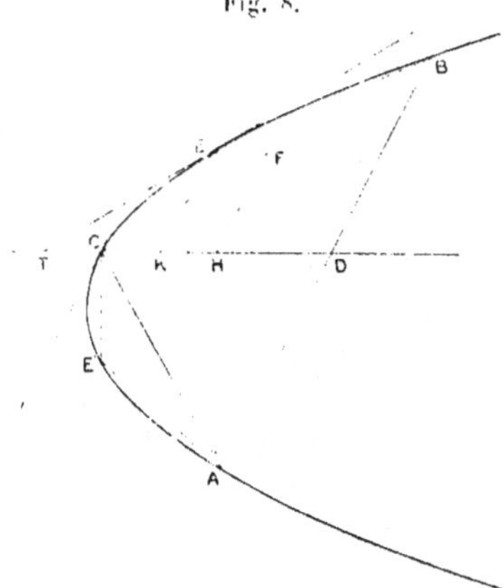

la corde AB. Menons le diamètre CD joignant le milieu D de AB au point C où la tangente est parallèle à AB, les cordes AC et BC, et prenons les points E et E' où la tangente est parallèle respectivement aux deux cordes BC et AC. Nous allons d'abord comparer

l'aire du triangle BEC, par exemple, à celle du triangle ABC.
Menons la tangente ET qui coupe CD au point T, le diamètre EF
qui coupe CB en F, et enfin les parallèles EK, FH à la corde AB.
D'après une propriété élémentaire de la parabole, on a $TC = CK$;
d'ailleurs $CT = EF = KH$ et, par suite, $EF = \dfrac{CH}{2} = \dfrac{CD}{4}$. Les aires
des deux triangles BCE, BDC, ayant la base commune BC, sont
entre elles comme les hauteurs, ou comme les droites EF, CD.
L'aire du triangle BCE est donc égale au quart de l'aire du
triangle BCD, ou au huitième de l'aire S du triangle ABC; l'aire
du triangle ACE′ a évidemment la même valeur. En opérant de la
même façon sur chacune des cordes BE, CE, CE′, E′A, on obtient
quatre nouveaux triangles dont l'aire est égale à $\dfrac{S}{8^2}$, et ainsi de
suite. La $n^{\text{ième}}$ opération conduira à 2^n triangles, l'aire de chacun
d'eux étant égale à $\dfrac{S}{8^n}$. L'aire du segment de parabole est évidemment égale à la limite vers laquelle tend la somme des aires de tous
ces triangles, lorsque n augmente indéfiniment, c'est-à-dire à la
somme de la progression géométrique décroissante

$$S + \frac{S}{4} + \frac{S}{4^2} + \ldots + \frac{S}{4^n} + \ldots,$$

qui a pour valeur $\dfrac{4S}{3}$. On voit donc que l'aire cherchée est *égale*
aux $\frac{2}{3}$ *de l'aire du parallélogramme construit sur* AB *et* CD.

La méthode précédente est une *méthode d'exhaustion;* l'aire
que l'on veut calculer est exprimée par la somme d'une série convergente. Archimède a employé aussi, pour le même problème,
une autre méthode, beaucoup plus voisine des méthodes modernes,
où l'aire du segment parabolique est décomposée en un nombre
indéfiniment croissant de parties infiniment petites. Jusqu'à l'invention du Calcul intégral, les géomètres se sont servis de procédés
plus ou moins analogues à ceux d'Archimède pour le calcul des
aires, des arcs et des volumes (¹). Quelle que soit l'ingéniosité de
ces procédés, ils offrent surtout aujourd'hui un intérêt historique.
Aussi nous allons indiquer tout de suite la méthode générale de

---

(¹) On trouvera, dans le *Traité* de Duhamel, un grand nombre d'exemples de
déterminations d'aires, d'arcs et de volumes, par les procédés des anciens.

décomposition qui nous conduira tout naturellement au Calcul intégral.

70. Méthode générale. — Soit $y = f(x)$ une fonction continue, positive et croissante dans un intervalle (a, b); à cette fonction correspond un arc de courbe AMB situé au-dessus de Ox. Proposons-nous de calculer l'aire comprise entre l'arc AMB, les deux ordonnées AP, BQ et le segment PQ (*fig.* 9). Pour cela, décomposons le segment PQ en un certain nombre de segments plus petits par des points de division d'abscisses $x_1, x_2, \ldots, x_{n-1}$, ces abscisses croissant avec l'indice, puis par ces points de division menons des parallèles à Oy. L'aire à évaluer se trouve ainsi décomposée en un certain nombre de trapèzes mixtilignes.

Considérons, par exemple, le trapèze mixtiligne $c_{i-1} m_{i-1} m_i c_i$;

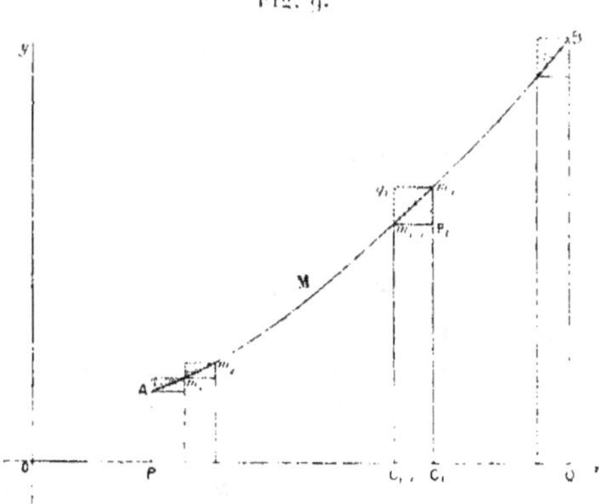

Fig. 9.

l'aire de ce trapèze est évidemment comprise entre l'aire r_i du rectangle $c_{i-1} m_{i-1} p_i c_i$ et l'aire R_i du rectangle $c_{i-1} q_i m_i c_i$. En désignant par $\mathcal{A}$ l'aire à évaluer, on a donc la double inégalité

$$\sum r_i < \mathcal{A} < \sum R_i.$$

Mais il est facile de calculer Σr_i et ΣR_i :

$$s = \sum r_i = f(a)(x_1 - a) + f(x_1)(x_2 - x_1) + \ldots + f(x_{n-1})(b - x_{n-1}).$$

$$S = \sum R_i = f(x_1)(x_1 - a) + f(x_2)(x_2 - x_1) + \ldots + f(b)(b - x_{n-1}).$$

La différence $S - s$ a pour expression

$$S - s = (x_1 - a)[f(x_1) - f(a)] + (x_2 - x_1)[f(x_2) - f(x_1)] + \ldots$$
$$+ (b - x_{n-1})[f(b) - f(x_{n-1})];$$

soit τ, la plus grande des différences $x_1 - a$, $x_2 - x_1$, ...; il est clair qu'on augmente le second membre en remplaçant toutes ces différences par τ. On a donc

$$S - s < \tau[f(x_1) - f(a) + f(x_2) - f(x_1) + \ldots + f(b) - f(x_{n-1})]$$

et, par suite,

$$S - s < \tau[f(b) - f(a)].$$

La différence $S - s$ tend donc vers zéro lorsque le nombre n augmente indéfiniment de façon que la valeur maximum des différences $x_i - x_{i-1}$ tende vers zéro. A plus forte raison, les différences $S - \mathcal{A}$, $\mathcal{A} - s$ tendent vers zéro dans les mêmes conditions, et $\mathcal{A}$ est la limite commune des deux sommes S et s. On a, par exemple,

$$(1) \quad \mathcal{A} = \lim[(x_1 - a)f(a) + (x_2 - x_1)f(x_1) + \ldots + (b - x_{n-1})f(x_{n-1})].$$

Le raisonnement serait le même si la fonction $f(x)$ était décroissante dans l'intervalle (a, b). Si cette fonction présentait un certain nombre de maxima et de minima dans cet intervalle, on décomposerait le segment total en plusieurs segments partiels par les ordonnées des points où $f(x)$ est maximum ou minimum. Nous allons donner un exemple dû à Fermat.

Soit à trouver l'aire comprise entre la courbe $y = Ax^\mu$, l'axe des x et les deux droites $x = a$, $x = b$ ($0 < a < b$), l'exposant μ étant quelconque. Pour cela, nous insérerons, entre a et b, $n - 1$ moyens géométriques, de façon à avoir la suite

$$a, \quad a(1 + \alpha), \quad a(1 + \alpha)^2, \quad \ldots \quad a(1 + \alpha)^{n-1}, \quad b,$$

le nombre α satisfaisant à la condition $a(1 + \alpha)^n = b$; les nombres précédents étant pris pour abscisses des points de division, les ordonnées correspondantes ont pour valeurs

$$A a^\mu, \quad A a^\mu (1 + \alpha)^\mu, \quad A a^\mu (1 + \alpha)^{2\mu}, \quad \ldots,$$

et l'aire du $p^{\text{ième}}$ rectangle a pour expression

$$[a(1 + \alpha)^p - a(1 + \alpha)^{p-1}] A a^\mu (1 + \alpha)^{(p-1)\mu} = A a^{\mu+1} \alpha (1 + \alpha)^{(p-1)(\mu+1)}.$$

La somme des aires de tous ces rectangles est donc égale à

$$A a^{\mu+1}\alpha[1+(1+\alpha)^{\mu+1}+(1+\alpha)^{2(\mu+1)}+\ldots+(1+\alpha)^{(n-1)(\mu+1)}];$$

si $\mu+1$ n'est pas nul, ce que nous supposerons d'abord, la somme entre parenthèses est égale à $\frac{(1+\alpha)^{n(\mu+1)}-1}{(1+\alpha)^{\mu+1}-1}$, et, en remplaçant $a(1+\alpha)^n$ par b, on peut écrire la somme précédente

$$A(b^{\mu+1}-a^{\mu+1})\frac{\alpha}{(1+\alpha)^{\mu+1}-1}.$$

Quand α tend vers zéro, le quotient $\frac{(1+\alpha)^{\mu+1}-1}{\alpha}$ a pour limite la dérivée de $(1+\alpha)^{\mu+1}$ par rapport à α, pour $\alpha=0$, c'est-à-dire $\mu+1$: l'aire cherchée est donc égale à $\frac{A(b^{\mu+1}-a^{\mu+1})}{\mu+1}$.

Lorsque $\mu=-1$, le calcul ne s'applique plus. La somme des aires des rectangles inscrits est égale à $nA\alpha$, et il faut chercher la limite du produit $n\alpha$, n et α étant liés par la relation

$$a(1+\alpha)^n=b.$$

On tire de là

$$n\alpha=\log\frac{b}{a}\,\frac{\alpha}{\log(1+\alpha)}=\log\frac{b}{a}\,\frac{1}{\log(1+\alpha)^{\frac{1}{\alpha}}},$$

log désignant le logarithme népérien : lorsque α tend vers zéro, $(1+\alpha)^{\frac{1}{\alpha}}$ a pour limite le nombre e, et le produit $n\alpha$ a pour limite $\log\frac{b}{a}$. L'aire cherchée est donc égale à $A\log\frac{b}{a}$.

71. **Fonctions primitives**. — L'invention du Calcul intégral a ramené le calcul d'une aire plane à la recherche d'une fonction ayant pour dérivée une fonction connue. Soit $y=f(x)$ l'équation d'une courbe rapportée à deux axes rectangulaires, la fonction $f(x)$ étant continue. Considérons l'aire comprise entre cette courbe, l'axe des x, une ordonnée fixe M_0P_0 et une ordonnée variable MP comme fonction de l'abscisse x de l'ordonnée variable. Cette aire $\mathcal{A}$ est évidemment une fonction continue de x, tant que la fonction $f(x)$ reste elle-même continue. Afin d'embrasser tous les cas possibles, nous conviendrons de désigner par $\mathcal{A}$ la somme algé-

brique des aires limitées par la courbe donnée, l'axe des x et les
droites M_0P_0, MP, chacune des portions dont peut se composer

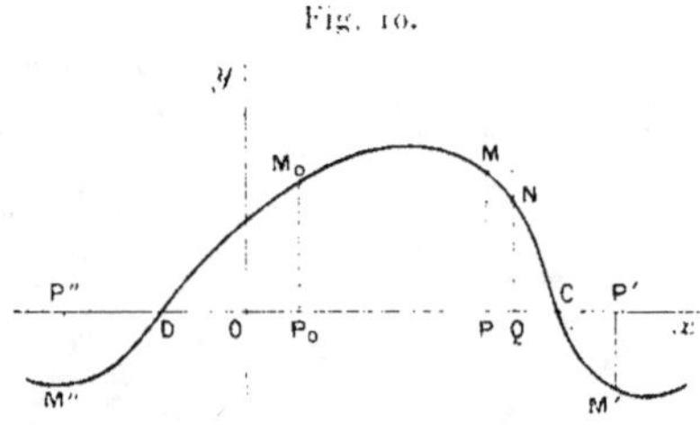

Fig. 10.

cette aire étant affectée d'un signe, le signe $+$ pour les aires à
droite de M_0P_0 et au-dessus de Ox, le signe $-$ pour les aires à
droite de M_0P_0 et au-dessous de Ox, et la convention contraire
étant faite pour les aires à gauche de M_0P_0. Ainsi, lorsque MP
vient en M'P', on prendra $\mathcal{A}$ égal à la différence des deux aires

$$M_0P_0C - M'P'C;$$

de même, si MP est en M''P'', on aura $\mathcal{A} = M''P''D - M_0P_0D$.

Ces conventions étant faites, nous allons montrer que la fonction continue $\mathcal{A}$ ainsi définie a pour dérivée $f(x)$. Prenons, comme
l'indique la figure, deux ordonnées voisines MP, NQ, d'abscisses x
et $x + \Delta x$. L'accroissement de l'aire $\Delta\mathcal{A}$ est évidemment compris
entre les deux rectangles qui auraient pour base commune la dis-
tance PQ et pour hauteurs respectives la plus grande et la plus
petite des ordonnées de l'arc MN; désignons ces ordonnées maxima
et minima par H et h, nous pouvons écrire

$$h\,\Delta x < \Delta\mathcal{A} < H\,\Delta x,$$

ou, en divisant par Δx, $h < \dfrac{\Delta\mathcal{A}}{\Delta x} < H$. Lorsque Δx tend vers zéro,
la fonction $f(x)$ étant continue, H et h ont pour limite com-
mune MP ou $f(x)$; la fonction $\mathcal{A}$ a donc pour dérivée $f(x)$. Le
lecteur vérifiera sans peine que la conclusion est la même, quelle
que soit la position du point M.

Si l'on connaît déjà une fonction primitive de $f(x)$, c'est-
à-dire une fonction $F(x)$ ayant pour dérivée $f(x)$, la diffé-

rence $A - F(x)$ ayant sa dérivée égale à zéro se réduit à une constante C (n° 17). Pour déterminer la constante C, il suffit de remarquer que l'aire A est nulle pour l'abscisse $x = a$ de la droite $M_0 P_0$. On a donc

$$A = F(x) - F(a).$$

Le raisonnement qui précède prouve : d'une part, que la détermination d'une aire plane se ramène à la recherche d'une fonction primitive; d'autre part (et cette conséquence est beaucoup plus importante pour nous), que *toute fonction continue $f(x)$ est la dérivée d'une autre fonction*. Ce théorème fondamental est ainsi établi à l'aide d'une notion géométrique un peu vague, celle de l'aire d'une courbe plane. On s'est contenté pendant longtemps de cette démonstration, mais elle ne saurait suffire aujourd'hui. Pour fournir une base solide au Calcul intégral, il est indispensable de donner de ce théorème une démonstration purement analytique, ne faisant aucun appel à l'intuition géométrique, d'autant plus qu'une fonction continue n'est pas toujours susceptible d'une représentation graphique (n°s 7 et 33). Si j'ai rappelé la démonstration précédente, c'est non seulement à cause de son intérêt historique, mais aussi parce qu'elle nous fournit l'élément analytique essentiel de la nouvelle démonstration. C'est en effet l'étude des sommes telles que (1), et de sommes d'une forme un peu plus générale, qui va jouer un rôle prépondérant (¹).

II. — INTÉGRALES DÉFINIES. — NOTIONS GÉOMÉTRIQUES QUI S'Y RATTACHENT.

72. Les sommes S et s. — Soit $f(x)$ une fonction bornée, continue ou non, dans l'intervalle (a, b), où $a < b$. Imaginons l'intervalle (a, b) décomposé en un certain nombre d'intervalles par-

---

(¹) Parmi les travaux les plus importants sur la notion générale d'intégrale définie, je dois citer ici le Mémoire de Riemann, *Sur la possibilité de représenter une fonction par une série trigonométrique* (*Œuvres de Riemann*, traduites par Laugel, p. 225), et le Mémoire déjà cité de M. Darboux, *Sur les fonctions discontinues* (*Annales de l'École Normale supérieure*, 2° série, t. IV). Nous adoptons la définition de l'intégrale définie qui est due à Riemann. M. Lebesgue a proposé une définition plus générale (*Leçons sur l'intégration et la recherche des fonctions primitives*; Gauthier-Villars, 1904).

tiels plus petits $(a, x_1), (x_1, x_2), \ldots, (x_{n-1}, b)$, les nombres x_1, $x_2, \ldots, x_{n-1}$ allant en croissant; désignons par M et m les bornes de $f(x)$ dans l'intervalle total, et par M_i et m_i les bornes de la même fonction dans l'intervalle (x_{i-1}, x_i), et posons

$$S = M_1(x_1 - a) + M_2(x_2 - x_1) + \ldots + M_n(b - x_{n-1}),$$
$$s = m_1(x_1 - a) + m_2(x_2 - x_1) + \ldots + m_n(b - x_{n-1}).$$

A tout mode de subdivision de (a, b) en intervalles plus petits correspond une somme S et une somme $s < S$. Toutes les sommes S sont évidemment supérieures à $m(b - a)$, car tous les nombres M_i sont supérieurs ou au moins égaux à m; ces sommes S ont donc une borne inférieure I. De même, les sommes s, qui sont toutes plus petites que $M(b - a)$, ont une borne supérieure I'. Nous allons montrer que I' est *au plus égal à* I. Il suffit évidemment pour cela de montrer qu'étant donnés deux modes de subdivision quelconques de l'intervalle (a, b), auxquels correspondent respectivement les sommes S et s, S' et s', on a $s < S'$, $s' < S$ [1].

Supposons d'abord qu'on subdivise chacun des intervalles (a, x_1), $(x_1, x_2), \ldots$ en intervalles plus petits par de nouveaux points de division et soit

$$a, \quad y_1, \quad y_2, \quad \ldots \quad y_{k-1}, \quad x_1, \quad y_{k+1}, \quad \ldots \quad y_{l-1}, \quad x_2, \quad y_{l+1}, \quad \ldots, \quad b$$

la nouvelle suite obtenue; le nouveau mode de subdivision est dit *consécutif* au premier. Désignons par Σ et τ les sommes analogues à S et à s relatives à cette nouvelle division de (a, b), et comparons S et Σ, s et τ. Comparons, par exemple, les portions des deux sommes S et Σ qui proviennent de l'intervalle (a, x_1). Soient M'_1 et m'_1 les bornes de $f(x)$ dans l'intervalle (a, y_1), M'_2 et m'_2 les bornes dans l'intervalle $(y_1, y_2), \ldots, M'_k$ et m'_k les bornes dans l'intervalle (y_{k-1}, x_1). La portion de Σ qui provient de (a, x_1) est donc égale à

$$M'_1(y_1 - a) + M'_2(y_2 - y_1) + \ldots + M'_k(x_1 - y_{k-1}).$$

---

[1] Ce résultat peut s'établir sans aucun calcul. Supposons, pour fixer les idées, $f(x) \geq 0$ dans l'intervalle (a, b), et soit D le domaine formé par l'ensemble des points du plan dont l'abscisse x est comprise entre a et b, et l'ordonnée y entre x et $f(x)$. Toute somme S mesure l'aire d'un domaine polygonal P qui renferme le domaine D à l'intérieur, tandis qu'une somme s mesure l'aire d'un domaine polygonal p' contenu dans D. Le domaine P renferme donc le domaine p', et, par suite, on a $S > s'$.

et, comme les nombres M_1, M_2, ..., M_k ne peuvent dépasser M_1, il est clair que la somme précédente est au plus égale à $M_1(x_1 - a)$; de même, la portion de Σ qui provient de l'intervalle (x_1, x_2) est au plus égale à $M_2(x_2 - x_1)$, et ainsi de suite. En ajoutant toutes ces inégalités, on trouve $\Sigma \leq S$, et l'on verrait de même qu'on a $\tau \geq s$.

Considérons maintenant deux modes de subdivision tout à fait quelconques, auxquels correspondent les sommes S et s, S' et s'. En superposant les points de division des deux subdivisions précédentes, on obtient un troisième mode de subdivision qui peut être considéré comme consécutif à chacun des premiers. Soient Σ et τ les sommes relatives à cette division auxiliaire. D'après ce que nous venons de voir, on a les inégalités

$$\Sigma \leq S, \qquad \tau \geq s, \qquad \Sigma \leq S', \qquad \tau \geq s';$$

comme Σ est supérieur à τ, on en conclut que l'on a $s' < S$, $s < S'$. Toutes les sommes S étant supérieures aux sommes s, la borne I ne peut être inférieure à la borne I'; donc on a $I \geq I'$.

73. Théorème de M. Darboux. — *Les sommes S et s tendent respectivement vers les nombres I et I' lorsque le nombre n croît indéfiniment, de façon que la plus grande des différences $x_i - x_{i-1}$ tende vers zéro.*

Démontrons-le, par exemple, pour les sommes S. Soit ε un nombre positif arbitraire. Puisque I est la borne inférieure des sommes S, il existe une suite de nombres croissants

$$a < a_1 < a_2 < \ldots < a_{p-1} < b$$

tels que la somme Σ, qui correspond à cette division de l'intervalle (a, b), soit inférieure à $I + \dfrac{\varepsilon}{2}$. Prenons maintenant un nombre positif quelconque η, inférieur à la plus petite des différences

$$a_1 - a, \quad a_2 - a_1, \quad \ldots, \quad b - a_{p-1}.$$

et considérons une suite de nombres croissants

$$a = x_0 < x_1 < x_2 < \ldots < x_{n-1} < x_n = b$$

tels que toutes les différences $x_i - x_{i-1}$ soient $< \eta$, et soit S la somme supérieure qui correspond à cette nouvelle division de l'intervalle (a, b). Nous allons montrer que cette somme S sera plus petite que $I + \varepsilon$, pourvu que le nombre η soit assez petit.

Pour cela, imaginons que l'on range tous les nombres x_i et a_k par ordre de grandeur croissante, et soit S' la somme supérieure qui correspond à ce troisième mode de division de l'intervalle (a, b). Comme il peut être considéré comme consécutif à chacun des deux premiers, on a $S' \leq S$, $S' \leq \Sigma$, et par suite $S' < I + \dfrac{\varepsilon}{2}$. Pour avoir une limite supérieure de la différence $S - S'$, remarquons qu'on passe de la division qui donne la somme S à la division qui donne S' par la décomposition de quelques-uns des intervalles (x_{i-1}, x_i) en deux intervalles partiels plus petits au moyen de l'un des points a_1, a_2, ..., a_{p-1}. Le nombre total des intervalles (x_{i-1}, x_i) que l'on décompose ainsi en deux autres est au plus égal à $p - 1$, et l'on a

$$S - S' = \sum [M(x_{i-1}, x_i)(x_i - x_{i-1})$$
$$- M(x_{i-1}, a_k)(a_k - x_{i-1}) - M(a_k, x_i)(x_i - a_k)],$$

en désignant par $M(x', x'')$ la borne supérieure de $f(x)$ dans l'intervalle (x', x''), et la sommation étant étendue à tous les intervalles (x_{i-1}, x_i) qui renferment à l'intérieur un des points a_1, a_2, ..., a_{p-1}. Soit H la borne supérieure de $|f(x)|$ dans l'intervalle (a, b). On aura évidemment $S - S' < 2(p-1)H\eta$, car on peut encore écrire

$$S - S' = \sum [M(x_{i-1}, x_i) - M(x_{i-1}, a_k)](a_k - x_{i-1})$$
$$+ \sum [M(x_{i-1}, x_i) - M(a_k, x_i)](x_i - a_k).$$

Par suite, on a, *a fortiori*,

$$S < I + \frac{\varepsilon}{2} + 2(p-1)H\eta,$$

et si le nombre η est inférieur au plus petit des nombres $\dfrac{\varepsilon}{4(p-1)H}$, $a_1 - a$, $a_2 - a_1$, ..., $b - a_{p-1}$, la somme S, correspondant à un mode quelconque de division de l'intervalle (a, b) en intervalles partiels d'amplitude inférieure à η, sera inférieure à $I + \varepsilon$; ce qui démontre la proposition énoncée [1].

Remarque. — Si l'on change arbitrairement la valeur d'une fonction bornée $f(x)$ en un nombre *fini* de points de l'intervalle, il est clair que les différences $S - S'$, $s - s'$ entre les deux sommes relatives à une même division tendent vers zéro lorsque la longueur maximum des intervalles tend vers zéro. Les nombres I, I' sont les mêmes pour les deux fonctions.

74. Fonctions intégrables. — Une fonction bornée dans un intervalle (a, b) est dite *intégrable* dans cet intervalle si les deux sommes S et s tendent vers une limite commune lorsque le nombre des intervalles partiels augmente indéfiniment de façon que le plus grand de ces intervalles partiels tende vers zéro.

Pour qu'une fonction soit intégrable dans un intervalle (a, b), il faut et il suffit que l'on ait $I' = I$. Cette condition peut être remplacée par la suivante :

Pour qu'une fonction $f(x)$, bornée dans un intervalle (a, b), soit intégrable dans cet intervalle, il faut et il suffit que la différence $S - s$ tende vers zéro, lorsque le nombre des intervalles partiels augmente indéfiniment de façon que le plus grand de ces intervalles partiels tende vers zéro [2].

---

[1] Le raisonnement est absolument pareil à celui qui nous a servi au n° 11. On en trouvera encore d'autres exemples aux n°⁵ 82 (*note*) et 118.

[2] Cette condition peut être établie sans se servir du théorème de M. Darboux. D'abord elle est *nécessaire*, car, si S et s ont une limite commune, la différence $S - s$ tend vers zéro.

Elle est *suffisante*. Nous pouvons écrire, en effet,

$$S - s = S - I + (I - I') + I' - s;$$

aucun des nombres $S - I$, $I - I'$, $I' - s$ ne pouvant être négatif, pour que leur somme tende vers zéro, il faut que chacun d'eux tende vers zéro ou soit nul. En particulier, la différence $I - I'$, qui est un nombre fixe, doit être nulle. Les deux autres nombres $S - I$, $I' - s$ tendant vers zéro, S et s ont pour limite le nombre I.

On doit à Stieltjes (*Annales de la Faculté des Sciences de Toulouse*, 1ʳᵉ série, t. VIII, 1894, p. 1-122) une généralisation de la notion d'intégrale, qui nous sera utile dans la théorie des intégrales curvilignes. Soient $f(x)$ une fonction *continue* dans l'intervalle (a, b), $\varphi(x)$ une fonction *croissante* dans le même intervalle. Remplaçons, dans les expressions des sommes S et s, $x_i - x_{i-1}$

En effet, la différence $S - s$ a pour limite $I - I'$. Si $S - s$ tend vers zéro, c'est que l'on a $I = I'$, et les sommes S et s ont la même limite I.

On peut encore remplacer cette condition par la suivante :

Pour que $f(x)$ soit intégrable dans l'intervalle (a, b), il faut et il suffit qu'étant donné un nombre positif arbitraire ε on puisse trouver une division de l'intervalle (a, b) telle que la différence $S - s$ soit inférieure à ε.

En effet, la différence $S - s$ étant supérieure à $I - I'$, on aura $I - I' < \varepsilon$, et par suite $I = I'$, puisque ε est un nombre positif arbitraire.

Toute fonction continue est intégrable. — La différence $S - s$ est, en effet, inférieure ou au plus égale à $(b - a)\omega$, en désignant par ω une limite supérieure de l'oscillation de $f(x)$ dans chaque intervalle partiel. Or on peut choisir un nombre η tel que l'oscillation soit moindre qu'un nombre positif donné dans tout intervalle inférieur à η (n° 8). Si l'on choisit η de façon que l'oscillation soit plus petite que $\dfrac{\varepsilon}{b - a}$, la différence $S - s$ sera inférieure à ε.

Toute fonction monotone est intégrable. — Supposons, pour fixer les idées, la fonction $f(x)$ croissante, de telle sorte que l'on ait

$$f(a) \leqq f(x_1) , f(x_2) \ldots \leqq f(x_{n-1}) \leqq f(b).$$

---

par $\varphi(x_i) - \varphi(x_{i-1})$: les raisonnements du texte prouvent que les sommes

$$S_\varphi = \sum_i M_i [\varphi(x_i) - \varphi(x_{i-1})], \qquad s_\varphi = m_i [\varphi(x_i) - \varphi(x_{i-1})],$$

ont respectivement une borne inférieure I et une borne supérieure I', et que l'on a $I' \geqq I$. D'ailleurs on a

$$S_\varphi - s_\varphi \leqq \omega [\varphi(b) - \varphi(a)],$$

où ω est une limite supérieure de l'oscillation de $f(x)$ dans chacun des intervalles partiels. On en conclut que les sommes S_φ et s_φ ont une limite commune, que l'on représente par la notation $\displaystyle\int_a^b f(x)\, d[\varphi(x)]$. Il est clair que ces sommes S_φ et s_φ ont aussi une limite commune lorsque $\varphi(x)$ est la différence de deux fonctions croissantes, c'est-à-dire *une fonction à variation bornée*.

On a, pour la division considérée $(a, x_1, x_2, \ldots, x_{n-1}, b)$,

$$S = f(x_1)(x_1 - a) + f(x_2)(x_2 - x_1) + \ldots + f(b)(b - x_{n-1}),$$
$$s = f(a)(x_1 - a) + f(x_1)(x_2 - x_1) + \ldots + f(x_{n-1})(b - x_{n-1}).$$

D'après un calcul déjà fait (n° 70), si toutes les différences $x_1 - a$, $x_2 - x_1$, ... sont inférieures à un nombre η, on a

$$S - s < \eta \,[\, f(b) - f(a)\,],$$

et il suffit que η soit plus petit que $\dfrac{\varepsilon}{f(b) - f(a)}$ pour que $S - s$ soit inférieure à ε.

Soient x_1, x_2, ..., x_p une suite quelconque de nombres croissants de a à b. *Si une fonction bornée $f(x)$ est intégrable dans chacun des intervalles (a, x_1), (x_1, x_2), ..., (x_p, b), elle est intégrable dans l'intervalle total (a, b).* Si l'on considère, en effet, une subdivision de chacun des intervalles (x_i, x_{i+1}) telle que la différence $S - s$ pour chacun de ces intervalles soit inférieure à ε, la différence analogue pour l'intervalle total sera inférieure à $p\varepsilon$.

Une fonction bornée $f(x)$, qui présente un nombre quelconque de points de discontinuité dans un intervalle, est intégrable, *pourvu que l'on puisse renfermer toutes ces discontinuités dans un nombre fini d'intervalles dont la somme soit moindre que tout nombre positif donné.* En effet, ε étant un nombre positif quelconque, soit H une limite supérieure de $|f(x)|$: nous pouvons par hypothèse renfermer les discontinuités de $f(x)$ dans un nombre fini d'intervalles dont la somme des amplitudes est inférieure à $\dfrac{\varepsilon}{2H}$. La portion de $S - s$ provenant de ces intervalles est évidemment inférieure à $\dfrac{\varepsilon}{2}$. D'autre part, la fonction $f(x)$ étant *continue* dans les intervalles restants, on peut les décomposer eux-mêmes en intervalles partiels plus petits tels que la portion correspondante de $S - s$ soit inférieure à $\dfrac{\varepsilon}{2}$. On aura donc $S - s < \varepsilon$. En particulier, *une fonction bornée qui n'admet dans l'intervalle (a, b) qu'un nombre fini de points de discontinuité est intégrable dans cet intervalle.*

Il résulte aussi immédiatement de la définition que, si une fonction $f(x)$ est intégrable, il en est de même de $C f(x)$, quelle que soit la constante C. Si $f_1(x)$ et $f_2(x)$ sont deux fonctions intégrables, il en est de même de leur somme $f_1(x) + f_2(x)$. Soient, en effet, S, s, S', s', Σ, τ les sommes correspondantes à une même division de l'intervalle, pour ces trois fonctions : on vérifie immédiatement que l'on a $\Sigma - \tau \leqq S - s + S' - s'$. En particulier, toute fonction à variation bornée (n° **11**), étant la somme de deux fonctions monotones, est intégrable.

Nous démontrerons encore que *le produit de deux fonctions intégrables est une fonction intégrable*. Supposons d'abord les fonctions $f_1(x)$, $f_2(x)$ *positives*; soient M_i, m_i, M_i', m_i', $\mathfrak{M}_i$, μ_i les bornes supérieures et inférieures des trois fonctions $f_1(x)$, $f_2(x)$, $f_1(x) f_2(x)$ dans l'intervalle (x_{i-1}, x_i), S, s, S', s', Σ, τ les sommes correspondantes pour une certaine division de (a, b). On a évidemment $\mathfrak{M}_i \leqq M_i M_i'$, $\mu_i \geqq m_i m_i'$ et, par suite,

$$\mathfrak{M}_i - \mu_i \leqq M_i M_i' - m_i m_i' = M_i(M_i' - m_i') + m_i'(M_i - m_i),$$

et, *a fortiori*,

$$\mathfrak{M}_i - \mu_i \leqq M(M_i' - m_i') + M'(M_i - m_i),$$

M et M' étant les bornes supérieures de $f_1(x)$ et de $f_2(x)$ dans l'intervalle (a, b). En multipliant cette inégalité par $x_i - x_{i-1}$, et ajoutant toutes les inégalités analogues, il vient

$$\Sigma - \tau < M(S' - s') + M'(S - s).$$

La différence $\Sigma - \tau$ tend donc vers zéro.

Si les deux fonctions $f_1(x)$, $f_2(x)$ ont des signes quelconques, on peut toujours leur ajouter des constantes C_1, C_2 telles que $f_1(x) + C_1$, $f_2(x) + C_2$, soient positives. Le produit

$$[f_1(x) + C_1][f_2(x) + C_2] = f_1 f_2 + C_1 f_2 + C_2 f_1 + C_1 C_2$$

étant intégrable, il en est de même de $f_1 f_2$.

En combinant ces diverses propositions, on voit que, si f_1, f_2, ..., f_p sont des fonctions intégrables, tout polynome entier en f_1, f_2, ..., f_p est aussi une fonction intégrable.

75. Intégrales définies. — Soit $f(x)$ une fonction intégrable dans l'intervalle (a, b). La limite commune des sommes S et s s'appelle une *intégrale définie* et se représente par le symbole

$$I = \int_a^b f(x)\, dx,$$

qui rappelle son origine, et qui se lit *somme* de a à b de $f(x)\,dx$. D'après sa définition même, I est toujours comprise entre les deux sommes S et s, correspondant à un mode quelconque de subdivision ; en prenant pour valeur approchée de I un nombre quelconque compris entre S et s, l'erreur commise est plus petite que la différence S — s.

On peut remplacer, dans la définition de l'intégrale, les sommes S et s par des expressions plus générales. Étant donnée une subdivision de l'intervalle (a, b)

$$a, \quad x_1, \quad x_2, \quad \ldots, \quad x_{i-1}, \quad x_i, \quad \ldots, \quad x_{n-1}, \quad b,$$

soient $\xi_1, \xi_2, \ldots, \xi_i, \ldots$ des valeurs quelconques appartenant respectivement à ces intervalles partiels. La somme

$$(2) \qquad f(\xi_1)(x_1 - a) + f(\xi_2)(x_2 - x_1) + \ldots + f(\xi_n)(b - x_{n-1})$$

$$= \sum_{i=1}^{n} f(\xi_i)(x_i - x_{i-1})$$

est évidemment comprise entre les sommes S et s, car on a toujours $m_i \leqq f(\xi_i) \leqq M_i$; si la fonction est intégrable, cette somme a aussi pour limite I. En particulier, si l'on suppose que $\xi_1, \xi_2, \ldots, \xi_n$ coïncident respectivement avec $a, x_1, \ldots, x_{n-1}$, on retrouve la somme (1), considérée plus haut (n° 70). Le produit $f(\xi_i)(x_i - x_{i-1})$ est appelé un *élément* de l'intégrale.

De la définition de l'intégrale résultent immédiatement quelques conséquences. On a supposé dans le raisonnement $a < b$; si l'on échange les deux limites a et b, tous les facteurs $x_i - x_{i-1}$ sont changés de signe, et la limite des sommes S et s elle-même est changée de signe ; on a donc

$$\int_a^b f(x)\,dx = -\int_b^a f(x)\,dx.$$

Il résulte aussi de la définition que l'on a

$$\int_a^b f(x)\,dx = \int_a^c f(x)\,dx + \int_c^b f(x)\,dx;$$

si c est compris entre a et b, c'est évident. Si b est compris entre a et c, par exemple, la formule subsiste encore pourvu que la fonction $f(x)$ soit intégrable entre a et c, car on peut l'écrire

$$\int_a^c f(x)\,dx = \int_a^b f(x)\,dx - \int_c^b f(x)\,dx = \int_a^b f(x)\,dx + \int_b^c f(x)\,dx.$$

Plus généralement, c, d, ..., l étant des nombres quelconques, on a

$$\int_a^b f(x)\,dx = \int_a^c f(x)\,dx + \int_c^d f(x)\,dx + \ldots + \int_l^b f(x)\,dx;$$

cette décomposition est employée pour le calcul d'une intégrale, lorsque la fonction $f(x)$ présente des points de discontinuité ou n'a pas la même expression analytique dans tout l'intervalle (a, b).

Si l'on a $f(x) = A\,\varphi(x) + B\,\psi(x)$, A et B étant deux constantes quelconques, on a aussi

$$\int_a^b f(x)\,dx = A\int_a^b \varphi(x)\,dx + B\int_a^b \psi(x)\,dx,$$

et il en serait de même pour la somme d'un nombre quelconque de fonctions.

On peut remplacer $f(\xi_i)$ dans la somme (2) par une expression encore plus générale. L'intervalle (a, b) étant partagé en n intervalles partiels (a, x_1), (x_1, x_2), ... associons à chaque intervalle (x_{i-1}, x_i) un nombre ζ_i qui tend *uniformément* vers zéro en même temps que la différence $x_i - x_{i-1}$. Nous entendons par là que, à tout nombre positif ε, on peut faire correspondre un autre nombre positif η, indépendant de x_{i-1} et de x_i, tel que la condition $|x_i - x_{i-1}| < \eta$ entraîne l'inégalité $|\zeta_i| < \varepsilon$. Nous allons montrer que la somme

$$(3) \qquad T = \sum_{i=1}^n [f(x_{i-1}) + \zeta_i](x_i - x_{i-1})$$

a pour limite l'intégrale définie $\int_a^b f(x)\,dx$, pourvu que ζ_i tende uniformément vers zéro. Supposons, en effet, que l'on prenne un nombre η assez petit pour que l'on ait à la fois

$$\left| \sum_{i=1}^n f(x_{i-1})(x_i - x_{i-1}) - \int_a^b f(x)\,dx \right| < \varepsilon, \qquad |\zeta_i| < \varepsilon,$$

lorsque chacun des nombres $|x_i - x_{i-1}|$ est plus petit que η.

Comme on peut écrire

$$T - \int_a^b f(x)\,dx$$

$$= \left[\sum_{i=1}^n f(x_{i-1})(x_i - x_{i-1}) - \int_a^b f(x)\,dx \right] + \sum_{i=1}^n \zeta_i(x_i - x_{i-1}),$$

on voit que l'on aura aussi, dans les mêmes conditions,

$$\left| T - \int_a^b f(x)\,dx \right| < \varepsilon + \varepsilon(b - a);$$

le théorème est donc établi.

C'est le plus souvent comme limites de sommes de la forme (3) que les intégrales définies se présentent dans les applications. Aussi aurons-nous souvent l'occasion d'appliquer cette propriété, qui s'étend aux intégrales doubles et aux intégrales triples.

76. Première formule de la moyenne. — Soient $f(x)$ et $\psi(x)$ deux fonctions intégrables dans un intervalle (a, b), telles que l'on ait constamment $f(x) \leqq \psi(x)$. Si l'on suppose, pour fixer les idées, $a < b$, un élément quelconque de l'intégrale $\int_a^b f(x)\,dx$ est au plus égal à l'élément correspondant de l'intégrale $\int_a^b \psi(x)\,dx$, et l'on a par conséquent

$$\int_a^b f(x)\,dx \leqq \int_a^b \psi(x)\,dx.$$

Si les fonctions sont continues, les deux intégrales ne pourront être égales que si l'on a constamment $f(x) = \psi(x)$; si l'on avait $b < a$, le signe d'inégalité devrait être renversé.

Cela étant, supposons que la fonction à intégrer soit de la forme $f(x)\varphi(x)$, la fonction $\varphi(x)$ conservant un signe constant. Admettons, par exemple, que l'on a $a < b$, et $\varphi(x) > 0$ dans l'intervalle (a, b). Soient M et m les bornes de $f(x)$ dans cet intervalle. De la double inégalité

$$m \leqq f(x) \leqq M$$

on déduit, en multipliant par le facteur positif $\varphi(x)$,

$$m \varphi(x) \leqq f(x) \varphi(x) \leqq M \varphi(x)$$

et, par suite,

$$m \int_a^b \varphi(x)\,dx < \int_a^b f(x)\varphi(x)\,dx < M \int_a^b \varphi(x)\,dx,$$

ce qui peut s'écrire

$$(4) \qquad \int_a^b f(x)\varphi(x)\,dx = \mu \int_a^b \varphi(x)\,dx,$$

μ étant un nombre compris entre M et m. Cette égalité constitue la *première formule de la moyenne*.

Elle s'applique, quelles que soient les limites a et b, pourvu que $\varphi(x)$ conserve un signe constant. Si la fonction $f(x)$ est continue, elle prend la valeur μ pour une valeur ξ comprise entre a et b, et l'on peut écrire la formule de la moyenne

$$(5) \qquad \int_a^b f(x)\varphi(x)\,dx = f(\xi) \int_a^b \varphi(x)\,dx,$$

ξ étant compris entre a et b. Si en particulier on suppose $\varphi(x) = 1$, l'intégrale $\int_a^b dx$ est, d'après la définition même, égale à $(b - a)$, et il reste

$$(6) \qquad \int_a^b f(x)\,dx = (b - a) f(\xi).$$

77. Seconde formule de la moyenne. — On doit à M. Bonnet une autre formule qu'il a déduite d'un lemme d'Abel.

LEMME. — *Soient* $\varepsilon_0, \varepsilon_1, \ldots, \varepsilon_p$ *un nombre quelconque de quantités positives décroissantes, et* $u_0, u_1, \ldots, u_p$ *un même nombre de quantités positives ou négatives quelconques. Si toutes les sommes* $s_0 = u_0, s_1 = u_0 + u_1, \ldots, s_p = u_0 + u_1 + \ldots + u_p$ *sont comprises entre deux nombres* A *et* B, *la somme*

$$S = \varepsilon_0 u_0 + \varepsilon_1 u_1 + \ldots + \varepsilon_p u_p$$

sera comprise entre $A \varepsilon_0$ *et* $B \varepsilon_0$.

On peut écrire, en effet.

$$u_0 = s_0, \qquad u_1 = s_1 - s_0, \qquad \ldots, \qquad u_p = s_p - s_{p-1};$$

la somme S est donc égale à

$$s_0(\varepsilon_0 - \varepsilon_1) + s_1(\varepsilon_1 - \varepsilon_2) + \ldots + s_{p-1}(\varepsilon_{p-1} - \varepsilon_p) + s_p\varepsilon_p.$$

Toutes les différences $\varepsilon_0 - \varepsilon_1$, $\varepsilon_1 - \varepsilon_2$, ..., $\varepsilon_{p-1} - \varepsilon_p$ étant positives, on aura deux limites pour S en remplaçant s_0, s_1, ..., s_p par leur limite supérieure A, puis par leur limite inférieure B. On trouve ainsi

$$S < A(\varepsilon_0 - \varepsilon_1 + \varepsilon_1 - \varepsilon_2 + \ldots + \varepsilon_{p-1} - \varepsilon_p + \varepsilon_p) = A\varepsilon_0,$$

et l'on voit de même que l'on a $S > B\varepsilon_0$.

Cela posé, soient $f(x)$ et $\varphi(x)$ deux fonctions intégrables, la fonction $\varphi(x)$ étant positive et décroissante lorsque x croît de a jusqu'à b. L'intégrale $\int_a^b f(x)\,\varphi(x)\,dx$ est la limite de la somme

$$I = f(a)\varphi(a)(x_1 - a) + f(x_1)\varphi(x_1)(x_2 - x_1) + \ldots,$$

qui est comprise entre les deux sommes

$$I' = \sum_i M_i \varphi(x_{i-1})(x_i - x_{i-1}) \qquad \text{et} \qquad I'' = \sum_i m_i \varphi(x_{i-1})(x_i - x_{i-1}),$$

M_i et m_i étant les bornes de $f(x)$ dans l'intervalle (x_{i-1}, x_i). D'ailleurs la différence $I' - I''$ est inférieure à

$$\varphi(a)\sum_i (M_i - m_i)(x_i - x_{i-1})$$

et, par suite, tend vers zéro, puisque $f(x)$ est intégrable. L'intégrale définie considérée est donc la limite commune des sommes I' et I'', et par conséquent de la somme $I_1 = \sum_i \mu_i \varphi(x_{i-1})(x_i - x_{i-1})$,

μ_i étant un nombre quelconque compris entre m_i et M_i.

Choisissons ces nombres μ_i de façon que

$$\mu_i(x_i - x_{i-1}) = \int_{x_{i-1}}^{x_i} f(x)\,dx,$$

ce qui est possible d'après la première formule de la moyenne. Les nombres $\varphi(a)$, $\varphi(x_1)$, ... étant positifs et décroissants, il résulte du lemme d'Abel que cette dernière somme I_1 est comprise entre $A\varphi(a)$ et $B\varphi(a)$, A et B désignant le maximum et le minimum de l'intégrale $\int_a^c f(x)\,dx$, lorsque c varie de a à b. Comme cette intégrale est évidemment une fonction continue de c, on peut écrire, en passant à la limite,

$$(7) \qquad \int_a^b f(x)\varphi(x)\,dx = \varphi(a)\int_a^\xi f(x)\,dx \qquad (a < \xi < b).$$

Lorsque la fonction $\varphi(x)$ est décroissante, sans rester positive, entre a et b, on peut appliquer une formule plus générale due à Weierstrass. Posons, en effet, $\varphi(x) = \varphi(b) + \psi(x)$; la fonction $\psi(x)$ est positive et décroissante, et l'on peut appliquer la formule (7) qui donne

$$\int_a^b f(x)\,\psi(x)\,dx = [\varphi(a) - \varphi(b)]\int_a^\xi f(x)\,dx.$$

On en tire

$$\int_a^b f(x)\,\varphi(x)\,dx = \int_a^b f(x)\,\varphi(b)\,dx + [\varphi(a) - \varphi(b)]\int_a^\xi f(x)\,dx,$$

ou

$$\int_a^b f(x)\,\varphi(x)\,dx = \varphi(a)\int_a^\xi f(x)\,dx + \varphi(b)\int_\xi^b f(x)\,dx.$$

On a des formules analogues lorsque la fonction $\varphi(x)$ est croissante.

78. Retour sur les fonctions primitives. — Les théorèmes généraux qui précèdent s'appliquent à toutes les fonctions intégrables. Dans les applications qui vont suivre, la fonction à intégrer est le plus souvent une fonction continue ou, du moins, ne présente qu'un nombre fini de discontinuités dans l'intervalle d'intégration. Remarquons, une fois pour toutes, que la valeur d'une intégrale ne dépendant que de la nature de la fonction qu'on intègre et des limites, les symboles $\displaystyle\int_a^b f(x)\,dx$, $\displaystyle\int_a^b f(z)\,dz$, $\displaystyle\int_a^b f(t)\,dt$, … ont absolument la même signification.

Si l'on considère une des limites, la limite inférieure a par exemple, comme fixe, la limite supérieure étant variable, l'intégrale est une fonction de cette limite que nous écrirons

$$F(x) = \int_a^x f(t)\,dt,$$

ou plus simplement $\displaystyle\int_a^x f(x)\,dx$, s'il n'y a aucune ambiguïté à craindre. La fonction $f(x)$ étant bornée, il est évident que $F(x)$ est une fonction continue de x.

Si la fonction $f(x)$ est continue, $F(x)$ admet pour dérivée $f(x)$. Nous avons en effet

$$F(x+h) - F(x) = \int_x^{x+h} f(t)\,dt,$$

ou, en appliquant la formule de la moyenne (6),

$$F(x+h) - F(x) = h\,f(\xi),$$

ξ étant compris entre x et $x+h$. Lorsque h tend vers zéro, $f(\xi)$ a pour limite $f(x)$; la fonction $F(x)$ a donc pour dérivée $f(x)$, et le théorème fondamental du Calcul intégral est ainsi établi sans faire aucun appel à l'intuition géométrique [1].

Toute autre fonction admettant la même dérivée s'obtient en

---

[1] Quand la fonction $f(x)$ est continue, la recherche d'une fonction primitive de $f(x)$, ou le calcul de l'intégrale définie $\displaystyle\int_a^x f(x)\,dx$, ne forment qu'un seul problème. Il n'en est pas de même pour une fonction quelconque. Tout ce qu'on peut affirmer, c'est que, si une fonction intégrable $f(x)$ est la dérivée d'une fonction $F(x)$, la fonction primitive $F(x)$ est égale, à une constante près, à l'intégrale définie $\displaystyle\int_a^x f(x)\,dx$. Cela résulte immédiatement de la relation

$$F(b) - F(a) = (x_1 - a) f(\xi_1) + (x_2 - x_1) f(\xi_2) + \ldots (b - x_{n-1}) f(\xi_n),$$

qui est une conséquence de la formule des accroissements finis. Mais il peut se faire qu'une fonction intégrable $f(x)$ ne soit pas la dérivée d'une autre fonction, ou qu'une fonction dérivée ne soit pas intégrable. (*Voir* l'Ouvrage cité plus haut de M. Lebesgue.)

ajoutant à $F(x)$ une constante arbitraire C. Il existe une de ces fonctions, et une seule, prenant une valeur donnée à l'avance y_0 pour $x = a$; c'est la fonction

$$y_0 + \int_a^x f(t)\, dt.$$

Toute fonction ayant pour dérivée $f(x)$ est une intégrale indéfinie de $f(x)$ et se représente par le symbole

$$\int f(x)\, dx,$$

où l'on n'indique pas les limites. D'après ce qu'on vient de voir, on a

$$\int f(x)\, dx = \int_a^x f(x)\, dx + C.$$

Inversement, si l'on a obtenu par un moyen quelconque une fonction $F(x)$ admettant pour dérivée $f(x)$, on peut écrire

$$\int_a^x f(x)\, dx = F(x) + C;$$

pour déterminer la constante C, il suffit d'observer que le premier membre est nul pour $x = a$. On doit donc prendre $C = -F(a)$, et l'on a la formule fondamentale

$$(8) \qquad \int_a^x f(x)\, dx = F(x) - F(a).$$

Remplaçons dans cette formule $f(x)$ par $F'(x)$; il vient

$$F(x) - F(a) = \int_a^x F'(x)\, dx,$$

ou, en appliquant le théorème de la moyenne,

$$F(x) - F(a) = (x - a)\, F'(\xi),$$

ξ étant compris entre a et x. Nous retrouvons le théorème des accroissements finis; mais la démonstration est moins générale que la première (n° 17), car elle suppose la continuité de la dérivée $F'(x)$.

La formule fondamentale (8) a été établie en supposant la fonction $f(x)$ continue entre a et b. Si l'on n'a pas égard à cette condition, on peut être conduit à des conclusions paradoxales. Ainsi, en prenant $f(x) = \dfrac{1}{x^2}$, la formule (8) donne

$$\int_a^b \frac{dx}{x^2} = \frac{1}{a} - \frac{1}{b};$$

le premier membre n'a de sens jusqu'ici que si a et b sont de même signe, tandis que le second membre a une valeur déterminée, alors même que a et b sont de signes différents. Nous verrons plus tard l'explication de ce paradoxe, en étudiant les intégrales définies prises entre des limites imaginaires.

La valeur absolue de $f(x)$, $|f(x)|$ est, dans tous les cas, une fonction primitive de $f'(x):f(x)$; mais, d'après la remarque qui vient d'être faite, l'égalité correspondante

$$\int_a^b \frac{f'(x)}{f(x)}\,dx = \log\left|\frac{f(b)}{f(a)}\right|$$

n'est valable que si $f(x)$ ne s'annule pas et reste fini et continu entre a et b; dans ces conditions on peut remplacer $\left|\dfrac{f(b)}{f(a)}\right|$ par $\dfrac{f(b)}{f(a)}$. On reviendra plus tard sur cette formule.

La formule (8) peut aussi présenter quelque ambiguïté : ainsi, en prenant $f(x) = \dfrac{1}{1+x^2}$, elle donne

$$\int_a^b \frac{dx}{1+x^2} = \text{arc tang}\,b - \text{arc tang}\,a.$$

Le premier membre a un sens bien déterminé, tandis que le second membre présente une infinité de déterminations. Pour lever l'ambiguïté, posons

$$F(x) = \int_0^x \frac{dx}{1+x^2};$$

cette fonction $F(x)$ est continue dans tout intervalle et s'annule avec x. Désignons, d'autre part, par $\text{Arc tang}\,x$ l'arc compris entre $-\dfrac{\pi}{2}$ et $+\dfrac{\pi}{2}$. Ces deux fonctions ont même dérivée et s'annulent pour $x = 0$; elles sont donc égales, et l'on peut écrire

$$\int_a^b \frac{dx}{1+x^2} = \int_0^b \frac{dx}{1+x^2} - \int_0^a \frac{dx}{1+x^2} = \text{Arc tang}\,b - \text{Arc tang}\,a.$$

en prenant toujours pour Arc tang la valeur comprise entre $-\dfrac{\pi}{2}$ et $+\dfrac{\pi}{2}$.

On établit de même la formule

$$\int_{a}^{b} \frac{dx}{\sqrt{1-x^2}} = \text{Arc sin}\, b - \text{Arc sin}\, a,$$

où le radical est pris en valeur absolue, où a et b sont compris entre -1 et $+1$, et où l'on désigne par Arc sin x l'arc compris entre $-\dfrac{\pi}{2}$ et $+\dfrac{\pi}{2}$.

D'une manière générale, lorsque la fonction primitive $F(x)$ admet plusieurs déterminations, on choisira une des valeurs initiales $F(a)$ et l'on suivra la variation continue de cette détermination lorsque x varie dans le même sens de a à b. Il est quelquefois plus commode d'introduire une fonction primitive discontinue, en généralisant d'abord la formule (8). Cette formule fondamentale (8) a été établie en supposant que les deux fonctions $f(x)$ et $F(x)$ sont continues dans l'intervalle (a, b) et qu'on a, en tout point de cet intervalle, $F'(x) = f(x)$. Nous allons faire des hypothèses un peu plus générales. Supposons que les deux fonctions $F(x)$ et $f(x)$ satisfont aux conditions précédentes, *sauf en un nombre fini de points de l'intervalle (a, b)*, que nous appellerons des points *exceptionnels*. Nous admettrons de plus que $f(x)$ reste bornée, et que $F(x)$ n'a, dans cet intervalle, que des points de discontinuité de première espèce. Pour voir comment on doit modifier la formule (8) dans ce cas, supposons d'abord qu'il n'y ait dans l'intervalle (a, b) qu'un seul point exceptionnel c; ε désignant un nombre positif très petit, nous pouvons écrire, en supposant $a < c < b$,

$$\int_{a}^{b} f(x)\, dx = \int_{a}^{c-\varepsilon} f(x)\, dx + \int_{c-\varepsilon}^{c+\varepsilon} f(x)\, dx + \int_{c+\varepsilon}^{b} f(x)\, dx,$$

ou, puisqu'il n'y a pas de points exceptionnels entre a et $c-\varepsilon$, ni entre $c-\varepsilon$ et b,

$$\int_{a}^{b} f(x)\, dx = F(c-\varepsilon) - F(a) + \int_{c-\varepsilon}^{c+\varepsilon} f(x)\, dx + F(b) - F(c+\varepsilon).$$

Lorsque ε tend vers zéro, il en est de même de $\displaystyle\int_{c-\varepsilon}^{c+\varepsilon} f(x)\, dx$, et il vient à la limite

$$\int_{a}^{b} f(x)\, dx = F(b) - F(a) - \Delta_{c},$$

Δ_c désignant la différence $F(c+o) - F(c-o)$, ou la *discontinuité*
de $F(x)$ relative au point c.

S'il y a plusieurs points exceptionnels dans l'intervalle (a, b), on le
partagera en intervalles partiels ne renfermant chacun qu'un point exceptionnel : en raisonnant sur chacun de ces intervalles partiels comme on
vient de le faire, et en ajoutant les résultats obtenus, il vient

$$(9) \qquad \int_a^b f(x)\,dx = F(b) - F(a) - \sum \Delta,$$

$\Sigma\Delta$ désignant la somme des discontinuités de $F(x)$ dans l'intervalle (a, b).
Cette formule (9) se réduit à la formule (8) lorsque $F(x)$ est continue;
on voit donc que la formule (8) est encore applicable à une fonction
bornée $f(x)$, ayant un nombre fini quelconque de points de discontinuité
dans (a, b), pourvu que la fonction primitive soit continue. Cette remarque
sera encore étendue plus loin au cas d'une fonction non bornée.

79. Indices. — Pour donner une application de la formule générale (9),
considérons l'intégrale définie

$$\int_a^b \frac{f'(x)\,dx}{1 + f^2(x)} = \int_a^b \frac{P'Q - PQ'}{P^2 + Q^2}\,dx,$$

où $f(x) = \dfrac{P}{Q}$, P et Q étant deux fonctions continues, ainsi que leurs
dérivées, dans l'intervalle (a, b), et qui ne s'annulent pas en même temps.
Une fonction primitive est $F(x) = \text{Arc tang}[f(x)]$. Si la fonction $f(x)$ ne
devient pas infinie dans l'intervalle (a, b), cette fonction primitive reste
continue et l'on a, d'après la formule (8),

$$\int_a^b \frac{f'(x)\,dx}{1 + f^2(x)} = \text{Arc tang}\, f(b) - \text{Arc tang}\, f(a).$$

Cette formule n'est plus applicable en général si $f(x)$ devient infinie
entre a et b. Soit c un point où $f(x)$ devient infinie en passant de $-\infty$
à $-\infty$; on a $F(c-o) = \dfrac{\pi}{2}$, $F(c+o) = -\dfrac{\pi}{2}$ et par suite $\Delta_c = -\pi$. Si
$f(x)$ passe de $-\infty$ à $+\infty$ pour $x = c$, la discontinuité est égale à π.
Enfin, on a $\Delta_c = o$, si $f(x)$ devient infinie sans changer de signe. La
somme des discontinuités de $\text{Arc tang}[f(x)]$ est donc égale à $-(K - K')\pi$,
K désignant le nombre de fois que $f(x)$ devient infini en passant de $-\infty$
à $-\infty$, K' le nombre de fois que $f(x)$ passe de $-\infty$ à $+\infty$.

Le nombre $K - K'$ est appelé l'indice de $f(x)$ dans l'intervalle (a, b) et
se représente par $I_a^b[f(x)]$. On a donc la formule générale

$$\int_a^b \frac{f'(x)\,dx}{1 + f^2(x)} = \text{Arc tang}\, f(b) - \text{Arc tang}\, f(a) - \pi\, I_a^b[f(x)].$$

Lorsque $f(x)$ se réduit à une fonction rationnelle $\dfrac{V_1}{V}$, on peut calculer l'indice par des opérations élémentaires, sans connaître les racines de V. Il est clair qu'on peut supposer V_1 premier avec V et de degré inférieur à V, car on ne change pas l'indice en retranchant un polynome. Cela posé, imaginons la suite des divisions à effectuer pour trouver le plus grand commun diviseur entre V et V_1, en changeant chaque fois le signe du reste. On divise d'abord V par V_1, ce qui donne un quotient Q_1 et un reste $-V_2$; on divise ensuite V_1 par V_2, ce qui donne un quotient Q_2 et un reste $-V_3$, et ainsi de suite; on finira par arriver à un reste constant $-V_{n+1}$. Les opérations donnent la suite d'égalités

$$V = V_1 Q_1 - V_2, \qquad V_1 = V_2 Q_2 - V_3. \qquad \ldots, \qquad V_{n-1} = V_n Q_n - V_{n+1},$$

et la suite de polynomes

$$(10) \qquad V, \ V_1, \ V_2, \ \ldots, \ V_{r-1}, \ V_r, \ V_{r+1}, \ \ldots, \ V_n, \ V_{n+1}$$

jouit des propriétés essentielles d'une suite de Sturm : 1° deux polynomes consécutifs ne peuvent s'annuler en même temps, car on en déduirait de proche en proche que cette valeur de x doit annuler tous les autres polynomes, et en particulier V_{n+1}; 2° lorsqu'un des polynomes intermédiaires V_1, V_2, ..., V_n s'annule, le nombre des variations présentées par la suite (10) ne change pas, car, si V_r s'annule pour $x = c$, V_{r-1} et V_{r+1} sont de signes contraires pour $x = c$. Il s'ensuit que le nombre des variations présentées par la suite (10) ne peut changer que lorsque x passe par une racine de $V = o$. Si $\dfrac{V_1}{V}$ passe de $+\infty$ à $-\infty$, ce nombre augmente d'une unité; il diminue au contraire d'une unité, si $\dfrac{V_1}{V}$ passe de $-\infty$ à $+\infty$. L'indice est donc égal à la différence entre le nombre des variations de la suite (10) pour $x = b$ et $x = a$.

80. Aire d'une courbe plane. — Appelons *domaine polygonal* tout domaine plan borné dont la frontière se compose d'un nombre fini de portions de droites; ce domaine peut être formé de plusieurs polygones dont les frontières n'ont aucun point commun. L'aire d'un domaine polygonal a été définie en Géométrie élémentaire [1]. Considérons maintenant une courbe fermée sans point double C (n° 13), qui divise le plan en deux régions, un domaine *intérieur* D et une région extérieure. Attribuer une aire au domaine D, cela revient au fond à admettre le postulat suivant :

---

[1] *Voir*, par exemple, la Note D des *Leçons de Géométrie élémentaire* de M. Hadamard.

I. *Il existe un nombre, et un seul, qui est plus grand que tout nombre mesurant l'aire d'un domaine polygonal quelconque contenu dans* D, *et plus petit que tout nombre mesurant l'aire d'un domaine polygonal quelconque contenant* D.

L'existence d'un nombre *unique* satisfaisant à ces deux conditions peut être établie rigoureusement lorsque la courbe C satisfait à une condition très générale qui est toujours vérifiée par les courbes qu'on considère habituellement.

Soient P un domaine polygonal contenant D, p un autre domaine polygonal contenu dans D, A et a les aires respectives de ces deux domaines. Il est clair que, quels que soient les deux domaines polygonaux P et p, on a A $> a$. Les nombres A ont donc une borne inférieure A, et les nombres a une borne supérieure A'; de plus, on a nécessairement A' $\leqq$ A. Le domaine D est dit *quarrable*, si l'on a A' = A, et le nombre A mesure l'aire du domaine D ([1]). Il est clair que c'est le seul nombre satisfaisant à la condition (I).

Pour que le domaine D *soit quarrable, il faut et il suffit que, quel que soit le nombre positif* ε, *on puisse trouver un domaine polygonal* P *renfermant* D, *et un autre domaine polygonal* p, *contenu dans* D, *tels que la différence* A $- a$ *des aires de* P *et de* p *soit inférieure à* ε.

La condition est nécessaire, d'après la définition même. Elle est aussi suffisante, puisque la différence A $- a$ ne peut être inférieure à la différence A $-$ A'. Il suit de là que, si le domaine D est quarrable et a pour aire A, il est toujours possible de trouver deux domaines polygonaux P et p, l'un contenant D, l'autre contenu dans D, tels que les différences A $-$ A, A $- a$ soient moindres que tout nombre positif donné ε. La condition précédente pour que D soit quarrable peut encore s'énoncer ainsi : *Il faut et il suffit que la frontière* C *puisse être renfermée dans un domaine polygonal dont l'aire soit moindre que tout nombre donné.* Car tout domaine polygonal renfermant C est la

---

([1]) Cette définition de l'aire d'un domaine plan est empruntée aux *Leçons sur les théories générales de l'Analyse* (t. I, p. 148) de M. Baire; elle peut s'appliquer à des domaines définis d'une façon plus générale que ceux considérés ici.

différence de deux domaines polygonaux, l'un contenant D, l'autre contenu dans D.

Imaginons qu'on décompose un domaine D, formé des points intérieurs à C, en deux domaines analogues D_1 et D_2, en joignant par exemple deux points de C par un arc de courbe C' situé dans D. Si D_1 et D_2 sont quarrables, il en est de même de D, et l'aire de D est la somme des aires de D_1 et de D_2.

Soient P_1 et p_1 deux domaines polygonaux, l'un renfermant D_1, l'autre contenu dans D_1, A_1 et a_1 leurs aires respectives; P_2, p_2, A_2, a_2 ayant la même signification pour D_2, il est clair que le domaine polygonal formé par la réunion de p_1 et p_2 est contenu dans D. On a donc $a_1 + a_2 < \mathcal{A}'$. D'autre part, les deux domaines P_1 et P_2 forment par leur réunion un domaine polygonal contenant D. Comme ils ont une partie commune, on a $A_1 + A_2 > \mathcal{A}$, et par suite $\mathcal{A} - \mathcal{A}' < (A_1 - a_1) + (A_2 - a_2)$. Les domaines D_1 et D_2 étant quarrables, les différences $A_1 - a_1$, $A_2 - a_2$ peuvent être rendues aussi petites qu'on le veut. On a donc $\mathcal{A}' = \mathcal{A}$, et la double inégalité $a_1 + a_2 < \mathcal{A} < A_1 + A_2$ montre bien que l'aire de D est égale à la somme des aires de D_1 et de D_2. Inversement, si D et D_1 sont quarrables, il en est de même de D_2; en effet, D et D_1 étant quarrables, on peut enfermer les frontières de ces deux domaines dans des domaines polygonaux dont l'aire est moindre que tout nombre donné. Il en est donc de même de la frontière de D_2; D_2 étant quarrable, il résulte de la première propriété que son aire est la différence des aires de D et de D_1.

Le raisonnement peut être généralisé. Si un domaine D, dont la frontière se compose d'un nombre quelconque de courbes fermées, peut être décomposé en une somme ou une différence de domaines quarrables tels que ceux dont il vient d'être question, ce domaine D est quarrable et son aire est la somme ou la différence des aires des domaines qui le composent.

81. Calcul d'une aire plane. — Nous ne considérerons que des domaines plans limités par des courbes fermées telles que celles que l'on considère habituellement. Il est facile de montrer qu'ils sont quarrables.

Reprenons d'abord un domaine D analogue à celui qui nous a servi de point de départ (n° 70), limité par un arc de courbe AB, qu'une parallèle à Oy ne peut rencontrer en plus d'un point, les deux ordonnées AP, BQ et le segment PQ de l'axe Ox. Soient a et b les abscisses des points P et Q $(a < b)$, $y = f(x)$ l'équation de l'arc AB, $f(x)$ étant une fonction continue et positive dans l'intervalle (a, b). Prenons une suite de nombres croissants x_1, x_2, …, x_{n-1} compris entre a et b, et soient m_i et M_i les valeurs extrêmes de $f(x)$ dans l'intervalle (x_{i-1}, x_i). Considérons les deux séries de rectangles r_i et R_i limités par les droites $y = 0$, $x = x_{i-1}$, $x = x_i$ d'une part, et par les droites $y = m_i$, $y = M_i$ respectivement. Il est clair que les rectangles r_i forment un domaine polygonal contenu dans D, tandis que les rectangles R_i forment un domaine polygonal contenant D. Or, les aires de ces deux domaines sont respectivement

$$\sum r_i = \sum m_i(x_i - x_{i-1}), \qquad \sum R_i = \sum M_i(x_i - x_{i-1});$$

la borne supérieure de Σr_i et la borne inférieure de ΣR_i sont égales. Le domaine D est donc quarrable, et son aire est représentée par l'intégrale définie $\int_a^b f(x)\,dx$. Le résultat est bien conforme à la notion intuitive de l'aire fournie par la Géométrie. Remarquons que, quel que soit le signe de $f(x)$ dans l'intervalle (a, b), on peut regarder l'intégrale définie $\int_a^b f(x)\,dx$ comme représentant une aire, pourvu qu'on adopte la convention faite plus haut (n° 71). On a conservé le nom de *quadrature* pour désigner le calcul d'une intégrale définie.

Considérons en second lieu un domaine limité par deux segments AA′, BB′ de droites parallèles, et deux courbes Am_1B, $A'm_2B'$ situées entre ces droites et rencontrées en un seul point par une parallèle à cette direction, et ne se coupant pas (*fig.* 11). Choisissons pour axe Oy une droite parallèle à AA′, et pour axe Ox une droite perpendiculaire telle que le domaine soit tout entier au-dessus de cet axe. Dans le cas de la figure, le segment BB′ se réduit au point B; soient $y_1 = \psi_1(x)$, $y_2 = \psi_2(x)$ les équations des deux arcs de courbe Am_1B, $A'm_2B'$.

Le domaine D est la différence entre les deux domaines quarrables limités par les contours Am_1BQPA, $A'm_2BQPA'$; il est

G., I.

donc lui-même quarrable et son aire est égale à la différence des deux intégrales

$$\int_a^b \psi_2(x)\,dx, \quad \int_a^b \psi_1(x)\,dx.$$

Tout domaine, qui pourra se décomposer en domaines tels que

Fig. 11.

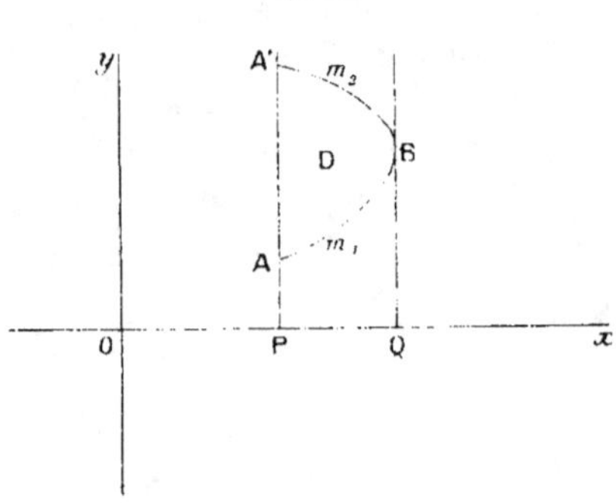

le précédent, sera donc quarrable et son aire s'exprimera par une somme algébrique d'intégrales définies. Si les axes de coordonnées, au lieu d'être rectangulaires, font un angle θ, les intégrales définies devront être multipliées par $\sin\theta$.

Il est quelquefois commode d'employer des coordonnées polaires pour le calcul des aires. Soit à évaluer l'aire d'un domaine limité par deux segments de droite OA, OB faisant des angles ω_0 et Ω avec un axe polaire $Ox\,(\omega_0 < \Omega)$, et un arc AMB situé dans l'angle AOB et qui n'est rencontré qu'en un point par une demi-droite située dans l'angle AOB. Soit $\rho = f(\omega)$ l'équation en coordonnées polaires de cet arc AMB. Divisons l'angle AOB en un certain nombre d'angles plus petits au moyen de rayons vecteurs faisant des angles croissants ω_1, ω_2, ... avec Ox. Soient OM_i, OM_{i+1} deux rayons vecteurs consécutifs faisant avec Ox les angles ω_i, ω_{i+1}, ρ_i' et ρ_i'' le minimum et le maximum de $f(\omega)$ dans l'intervalle (ω_i, ω_{i+1}). Construisons d'une part le triangle isocèle t_i de sommet O, et dont les deux autres sommets sont à une distance ρ_i' de O sur OM_i et OM_{i+1}, d'autre part le triangle rectangle T_i de sommet O, et dont le sommet de l'angle droit s'obtient en portant sur OM_i une longueur égale à ρ''_i, le troisième sommet étant sur OM_{i+1}. Il est clair que l'ensemble des triangles t_i forme un domaine polygonal contenu dans D, et l'ensemble des triangles T_i un autre domaine polygonal contenant D. Les aires de ces deux domaines sont respectivement

$$\frac{1}{2}\sum (\rho'_i)^2 \sin(\omega_{i+1} - \omega_i), \qquad \frac{1}{2}\sum (\rho''_i)^2 \operatorname{tang}(\omega_{i+1} - \omega_i)$$

et ont l'une et l'autre pour limite $\dfrac{1}{2}\displaystyle\int_{\omega_0}^{\Omega} \rho^2\, d\omega$. La première par exemple peut s'écrire

$$\frac{1}{2}\sum (\rho'_i)^2 (1 - \varepsilon_i)(\omega_{i+1} - \omega_i),$$

ε_i tendant *uniformément* vers zéro en même temps que $(\omega_{i+1} - \omega_i)$. L'aire du domaine D est donc égale à l'intégrale définie

$$\frac{1}{2}\int_{\omega_0}^{\Omega} \rho^2\, d\omega\,;$$

$\dfrac{1}{2}\rho^2\, d\omega$ est *l'élément d'aire* en coordonnées polaires. La signification géométrique est évidente.

On ramènera aisément à ce cas particulier le cas d'un domaine limité par un contour de forme habituelle, en le considérant comme la somme ou la différence d'un certain nombre de domaines tels que le précédent.

Remarque I. — Le nombre qui mesure l'aire du domaine limité par une courbe fermée a été défini comme une coupure dans l'ensemble des nombres positifs. De cette définition résultent un certain nombre de propriétés qui pourraient aussi servir de définitions. En voici une qui se rapproche peut-être davantage de la notion vulgaire de l'aire. Soit C une courbe plane fermée limitant un domaine quarrable D d'aire $\mathcal{A}$. Prenons un domaine polygonal P contenant D, et dont l'aire soit inférieure à $\mathcal{A} + \varepsilon$, et un autre domaine polygonal p contenu dans D dont l'aire soit supérieure à $\mathcal{A} - \varepsilon$. L'aire du domaine polygonal K, différence des deux domaines P et p, est alors inférieure à 2ε.

On peut encore remplacer ce domaine polygonal K par un

autre domaine polygonal K_1, renfermant C et d'aire inférieure à $\frac{1}{4}\varepsilon$, et *dont la frontière* L *n'a aucun point commun avec* C. En effet on peut remplacer la ligne polygonale l qui limite K extérieurement par une autre ligne polygonale formée de droites parallèles aux côtés de la première et à une distance assez petite pour que l'aire du domaine compris entre les deux lignes soit inférieure à ε, et opérer de même par la ligne l' qui limite K intérieurement.

Cela posé, effectuons un carrelage plan au moyen de parallèles à deux directions rectangulaires distantes de ρ. Nous aurons trois espèces de carrés : 1° les carrés *intérieurs* à D, ceux dont tous les points intérieurs font partie de D; 2° les carrés *extérieurs*, qui n'ont aucun point commun avec D; 3° les carrés *mixtes*, qui ont à la fois des points dans D et des points extérieurs à D. Il est aisé de voir que *la somme des aires des carrés mixtes tend vers zéro lorsque* ρ *diminue indéfiniment*. En effet, soit δ le minimum de la distance d'un point de C à un point de la ligne polygonale L qui limite le domaine K_1. Si l'on a pris $\rho < \dfrac{\delta}{\sqrt{2}}$, tous les carrés mixtes sont certainement dans le domaine K_1, puisque chacun d'eux a un point sur C. La somme des aires de ces carrés mixtes est donc inférieure à $\frac{1}{4}\varepsilon$, et par conséquent tend vers zéro avec ρ, puisque ε est un nombre positif arbitraire. On voit de la même façon que *la somme des aires des carrés intérieurs tend vers l'aire du domaine* D *lorsque* ρ *diminue indéfiniment*. En effet, cette somme est inférieure à $\mathcal{A}$, mais la somme des aires des carrés intérieurs et des carrés mixtes est supérieure à $\mathcal{A}$, et, comme la somme des aires des carrés mixtes est inférieure à $\frac{1}{4}\varepsilon$, on en conclut que la différence entre l'aire $\mathcal{A}$ du domaine D et la somme des aires des carrés intérieurs est inférieure à $\frac{1}{4}\varepsilon$.

Remarque II. — Considérons, en particulier, un domaine tel que celui de la figure 1 (n° 9), limité par le contour

$$A\,CC'D\,D'B\,B_0\,A_0\,A.$$

L'ordonnée d'un point de la ligne $A\,CC'DD'B$ est une fonction $f(x)$ de l'abscisse qui présente un nombre quelconque de points de discontinuité de première espèce. L'aire de ce domaine est évidemment égale à la somme des aires des domaines $A\,CC_0\,A_0$, $C'DD_0\,C_0$, $D'BB_0\,D_0$, c'est-à-dire à la somme des intégrales

$$(11) \qquad \int_a^c f(x)\,dx + \int_c^d f(x)\,dx + \int_d^b f(x)\,dx = \int_a^b f(x)\,dx.$$

Si l'on remplace l'ordonnée BB_0 par une ordonnée variable, l'intégrale définie $F(x) = \int_a^x f(x)\,dx$ est encore une fonction continue de x. En un point x, où $f(x)$ est continue, on a encore $F'(x) = f(x)$. Pour un point de discontinuité, $x = c$ par exemple, on a

$$F(c + h) - F(c) = \int_c^{c+h} f(x)\,dx = h f(c + \theta h) \qquad (0 < \theta < 1);$$

le rapport $\dfrac{F(c + h) - F(c)}{h}$ a pour limite $f(c + 0)$ ou $f(c - 0)$, suivant que h est positif ou négatif. Cet exemple montre bien clairement que, si $f(x)$ est une fonction intégrable non continue, l'intégrale $F(x) = \int_a^x f(x)\,dx$ n'admet pas nécessairement $f(x)$ pour dérivée.

82. Longueur d'un arc de courbe. — Soient

$$(12) \qquad x = f(t), \qquad y = \varphi(t), \qquad z = \psi(t)$$

trois fonctions continues de t dans un intervalle (a, b), où $a < b$. En faisant croître t de a à b, le point de coordonnées (x, y, z) décrit un arc de courbe AB, fermé ou non, pouvant avoir un nombre quelconque de points doubles. Prenons entre a et b une suite de nombres croissants $(a = t_0 < t_1 < t_2 < \ldots < t_{n-1} < t_n = b)$, et soient P_0, P_1, ..., P_{n-1}, P_n les points correspondants de la courbe. P_0 coïncidant avec A, et P_n avec B. Ces points P_0, P_1, P_2, ..., P_n sont les sommets successifs d'une ligne polygonale inscrite dans l'arc AB, de longueur L. Si le nombre n augmente indéfiniment, de façon que toutes les différences $t_i - t_{i-1}$ tendent vers zéro, tous les côtés de cette ligne polygonale tendent aussi vers zéro. Lorsque la longueur L tend vers une limite S, on dit que la courbe est *rectifiable*, et la limite S représente la longueur de l'arc de courbe AB.

Nous allons démontrer que *la courbe est rectifiable lorsque les fonctions $f(t)$, $\varphi(t)$, $\psi(t)$ admettent des dérivées $f'(t)$, $\varphi'(t)$, $\psi'(t)$ continues dans l'intervalle (a, b)* [1].

Soient x_i, y_i, z_i les coordonnées du sommet P_i et c_i la longueur

---

[1] Ce sont là des conditions *suffisantes*, mais non *nécessaires*. Les conditions à la fois *nécessaires* et *suffisantes* pour qu'une courbe soit rectifiable ont été données par M. Jordan : *Pour qu'une courbe C soit rectifiable, il faut et il suffit que l'ensemble des nombres* L, *qui mesurent les périmètres des lignes polygonales inscrites dans C, soit borné.*

La condition est *nécessaire*. Supposons, en effet, que L tende vers une limite S, quand n croît indéfiniment, le maximum λ des côtés de la ligne polygonale tendant vers zéro. Il ne peut exister aucune ligne polygonale inscrite dans C dont le périmètre L' soit supérieur à S. En effet, s'il en existait une, en divisant chacun des intervalles en intervalles partiels de plus en plus petits, les périmètres des nouvelles lignes polygonales seraient tous supérieurs à L' et, par conséquent, ne pourraient tendre vers S.

La condition est *suffisante*. On le démontre par un raisonnement tout à fait pareil à celui qui a été déjà employé deux fois (n°s 11 et 73). Soit S la borne supérieure des nombres L; ε étant un nombre positif donné à l'avance, il existe une suite de nombres croissants

$$(a = a_0 < a_1 < a_2 < \ldots < a_p = b),$$

telle que le périmètre Λ de la ligne polygonale inscrite correspondante soit supérieur à $S - \dfrac{\varepsilon}{2}$. Considérons une suite quelconque de nombres croissants

$$(a = t_0 < t_1 < t_2 < \ldots < t_{n-1} < t_n = b),$$

telle que tous les intervalles $t_i - t_{i-1}$ soient plus petits qu'un nombre positif τ, qui est lui-même inférieur à la plus petite des différences $a_1 - a_0$, $a_2 - a_1$, ... $b - a_{p-1}$; soit L le périmètre de la ligne polygonale inscrite correspondante. Nous allons montrer que $S - L$ sera $< \varepsilon$, pourvu que τ soit assez petit.

Pour cela, imaginons qu'on range les nombres t_i et a_k par ordre de grandeur croissante, et soit L' la longueur de la ligne polygonale auxiliaire obtenue par ce nouveau mode de division. Le nombre L' est supérieur ou au moins égal à L et à Λ, et par suite plus grand que $S - \dfrac{\varepsilon}{2}$.

On passe de la ligne polygonale de longueur L à la ligne polygonale de longueur L' en remplaçant les côtés c_i, tels qu'il y ait un point a_k dans l'intervalle (t_{i-1}, t_i), par les deux autres côtés du triangle ayant pour sommets les points qui correspondent aux valeurs t_{i-1}, a_k, t_i de t. Le nombre de ces côtés est au plus égal à $p - 1$. Supposons que l'on ait pris le nombre τ assez petit pour que l'inégalité $|t' - t''| < \tau$ entraîne l'inégalité

$$\sqrt{[f(t') - f(t'')]^2 + [\varphi(t') - \varphi(t'')]^2 + [\psi(t') - \psi(t'')]^2} < \frac{\varepsilon}{4(p-1)};$$

ce qui est possible puisque f, φ, ψ sont continues; on aura $L' - L < \dfrac{\varepsilon}{2}$, et, comme du côté $P_{i-1}P_i$; on a

$$c_i = \sqrt{(x_i - x_{i-1})^2 + (y_i - y_{i-1})^2 + (z_i - z_{i-1})^2},$$

ou, en appliquant la formule des accroissements finis à $x_i - x_{i-1}, \ldots,$

$$c_i = (t_i - t_{i-1})\sqrt{[f'(\xi_i)]^2 + [\varphi'(\eta_i)]^2 + [\psi'(\zeta_i)]^2},$$

ξ_i, η_i, ζ_i étant compris entre t_{i-1} et t_i. Lorsque l'intervalle (t_{i-1}, t_i) est très petit, le radical diffère très peu de

$$\sqrt{[f'(t_{i-1})]^2 + [\varphi'(t_{i-1})]^2 + [\psi'(t_{i-1})]^2};$$

pour trouver une limite de la différence, nous pouvons l'écrire

$$\frac{[f'(\xi_i) - f'(t_{i-1})][f'(\xi_i) + f'(t_{i-1})] + \ldots}{\sqrt{f'^2(\xi_i) + \varphi'^2(\eta_i) + \psi'^2(\zeta_i)} + \sqrt{f'^2(t_{i-1}) + \varphi'^2(t_{i-1}) + \psi'^2(t_{i-1})}}.$$

Or, on a

$$|f'(\xi_i)| + |f'(t_{i-1})| \le \sqrt{f'^2(\xi_i) + \ldots} + \sqrt{f'^2(t_{i-1}) + \ldots}$$

et, par suite,

$$\left|\frac{f'(\xi_i) + f'(t_{i-1})}{\sqrt{f'^2(\xi_i) + \ldots} + \sqrt{f'^2(t_{i-1}) + \ldots}}\right| \le 1.$$

Les trois fonctions $f'(t)$, $\varphi'(t)$, $\psi'(t)$ étant continues, à tout nombre positif ε on peut associer un autre nombre positif η, tel que, dans tout intervalle d'amplitude moindre que η, l'oscillation des fonctions $f'(t)$, $\varphi'(t)$, $\psi'(t)$ soit inférieure à $\frac{\varepsilon}{3}$. Nous avons

---

L' est $> S - \frac{\varepsilon}{2}$, on aura aussi $L > S - \varepsilon$. Le nombre L a donc pour limite S.

Le nombre L est au moins égal à chacun des nombres

$$\sum |x_i - x_{i-1}|, \quad \sum |y_i - y_{i-1}|, \quad \sum |z_i - z_{i-1}|.$$

Pour que L soit borné, il faut donc que les trois fonctions $f(t)$, $\varphi(t)$, $\psi(t)$ soient à variation bornée. Ces conditions sont suffisantes, car on a, d'un autre côté,

$$L \le \sum |x_i - x_{i-1}| + \sum |y_i - y_{i-1}| + \sum |z_i - z_{i-1}|.$$

En résumé, *pour qu'une courbe soit rectifiable, il faut et il suffit que les trois fonctions $f(t)$, $\varphi(t)$, $\psi(t)$ soient à variation bornée.*

donc

$$c_i = (t_i - t_{i-1})\left[\sqrt{f'^2(t_{i-1}) + \varphi'^2(t_{i-1}) + \psi'^2(t_{i-1})} + \rho_i\right].$$

ρ_i tendant *uniformément* vers zéro avec $t_i - t_{i-1}$, et par conséquent le périmètre $L = \Sigma c_i$ a pour limite (n° 75) l'intégrale

$$(13) \qquad \qquad \int_a^b \sqrt{f'^2 + \varphi'^2 + \psi'^2}\, dt.$$

La démonstration précédente s'étend aussi au cas où les dérivées f', φ', ψ' seraient discontinues en un nombre fini de points
de l'arc AB; ce qui arriverait si la courbe présentait des points
anguleux. Il suffirait de partager l'arc AB en plusieurs autres,
pour chacun desquels f', φ', ψ' seraient continues.

De la formule (13), on déduit que l'arc compris entre un point
fixe A et un point variable M, correspondant à la valeur t du paramètre, est une fonction de t ayant pour dérivée

$$\frac{dS}{dt} = \sqrt{f'^2 + \varphi'^2 + \psi'^2};$$

en élevant au carré les deux membres et multipliant par dt^2, il
vient

$$(14) \qquad \qquad dS^2 = dx^2 + dy^2 + dz^2,$$

formule qui a lieu, quelle que soit la variable indépendante. On
peut la retenir aisément, d'après sa signification géométrique; elle
exprime que dS est la diagonale d'un parallélépipède rectangle
dont dx, dy, dz sont les trois arêtes.

Remarque. — En appliquant la formule de la moyenne à l'intégrale définie qui représente l'arc $M_0 M_1$, dont les extrémités correspondent aux valeurs t_0, t_1 du paramètre ($t_1 > t_0$), on a

$$s = \text{arc } M_0 M_1 = (t_1 - t_0)\sqrt{f'^2(\theta) + \varphi'^2(\theta) + \psi'^2(\theta)},$$

θ étant compris dans l'intervalle (t_0, t_1). On a de même, en désignant par c la corde $M_0 M_1$,

$$c^2 = [f(t_1) - f(t_0)]^2 + [\varphi(t_1) - \varphi(t_0)]^2 + [\psi(t_1) - \psi(t_0)]^2;$$

en appliquant la formule des accroissements finis à chacune des différences $f(t_1) - f(t_0)$, ..., nous pouvons écrire

$$c = (t_1 - t_0)\sqrt{f'^2(\xi) + \varphi'^2(\eta) + \psi'^2(\zeta)},$$

les trois nombres ξ, η, ζ appartenant à l'intervalle (t_0, t_1). D'après le calcul fait plus haut, la différence des deux radicaux est inférieure à ε, pourvu que l'oscillation des fonctions $f'(t)$, $\varphi'(t)$, $\psi'(t)$ soit inférieure à $\frac{\varepsilon}{3}$ dans l'intervalle (t_0, t_1). On a donc

$$s - c < \varepsilon(t_1 - t_0),$$

et par suite

$$1 - \frac{c}{s} < \frac{\varepsilon}{\sqrt{f'^2(\theta) + \varphi'^2(\theta) + \psi'^2(\theta)}}.$$

Si l'arc $M_0 M_1$ devient infiniment petit, $t_1 - t_0$ tend vers zéro; il en est de même de ε et, par suite, de $1 - \frac{c}{s}$. Donc le *rapport d'un arc infiniment petit à sa corde a pour limite l'unité.*

Exemple. — Soit à trouver l'arc d'une courbe plane donnée par son équation en coordonnées polaires $\rho = f(\omega)$. En prenant ω pour variable indépendante, la courbe est représentée par les trois équations $x = \rho\cos\omega$, $y = \rho\sin\omega$, $z = 0$, d'où l'on tire

$$ds^2 = dx^2 + dy^2 = (\cos\omega\, d\rho - \rho\sin\omega\, d\omega)^2 + (\sin\omega\, d\rho + \rho\cos\omega\, d\omega)^2,$$

ou, en réduisant,

$$ds^2 = d\rho^2 + \rho^2\, d\omega^2.$$

Prenons, par exemple, la *cardioïde* représentée par l'équation

$$\rho = R + R\cos\omega.$$

La formule précédente donne

$$ds^2 = R^2\, d\omega^2[\sin^2\omega + (1 + \cos\omega)^2] = 4R^2\cos^2\frac{\omega}{2}\, d\omega^2;$$

si nous faisons varier ω de 0 à π seulement, on en déduit

$$ds = 2R\cos\frac{\omega}{2}\, d\omega,$$

et la longueur d'un arc a pour expression

$$\left(4R\sin\frac{\omega}{2}\right)_{\omega_0}^{\omega_1}.$$

La longueur totale est donc égale à $8R$.

83. Cosinus directeurs. — Pour étudier les propriétés d'une courbe, on est souvent conduit à prendre l'arc pour variable indépendante. On adopte alors sur la courbe considérée un sens de parcours positif, et l'on désigne par s la longueur de l'arc AM compris entre un point fixe A et un point quelconque M. affectée du signe $+$ ou du signe $-$, suivant que la direction de A en M est la direction positive ou la direction opposée. En un point quelconque M de cette courbe menons la direction de la tangente qui coïncide avec la direction des arcs croissants, et soient α, β, γ les angles que fait cette direction avec les directions positives de trois axes rectangulaires Ox, Oy, Oz. On a

$$\frac{\cos\alpha}{dx} = \frac{\cos\beta}{dy} = \frac{\cos\gamma}{dz} = \pm \frac{1}{\sqrt{dx^2 + dy^2 + dz^2}} = \frac{\pm 1}{ds};$$

pour savoir le signe qui convient, supposons que la direction positive de la tangente fasse un angle aigu avec Ox; x et s croissent en même temps, on doit donc prendre le signe $+$. Si l'angle α est obtus, $\cos\alpha$ est négatif. x diminue quand s augmente. $\frac{dx}{ds}$ est négatif, il faut encore prendre le signe $+$. On a donc, dans tous les cas,

$$(15) \qquad \cos\alpha = \frac{dx}{ds}, \qquad \cos\beta = \frac{dy}{ds}, \qquad \cos\gamma = \frac{dz}{ds},$$

dx, dy, dz, ds étant les différentielles prises par rapport à la variable indépendante, qui peut être quelconque.

84. Variation d'un segment de droite. — Soit MM_1 un segment de droite dont les extrémités décrivent deux courbes C, C_1. Sur chacune des deux courbes adoptons un point pour origine et un sens positif de parcours.

Soient s l'arc AM, s_1 l'arc A_1M_1, ces deux arcs étant pris avec un signe. l la longueur MM_1, θ l'angle de MM_1 avec la direction positive de la tangente MT. θ_1 l'angle de M_1M avec la direction positive de la tangente M_1T_1. Nous allons chercher une relation entre θ, θ_1 et les différentielles ds. ds_1. dl.

Appelons x, y, z, x_1, y_1, z_1 les coordonnées des points M, M_1 respectivement, α, β, γ les angles de MT avec les axes. α_1, β_1, γ_1 les angles de M_1T_1 avec les axes. On a

$$l^2 = (x - x_1)^2 + (y - y_1)^2 + (z - z_1)^2;$$

on en déduit

$$l\, dl = (x - x_1)(dx - dx_1) + (y - y_1)(dy - dy_1) + (z - z_1)(dz - dz_1),$$

ce qui peut s'écrire, en tenant compte des formules (15) et des formules analogues pour C_1,

$$dl = \left(\frac{x - x_1}{l} \cos\alpha + \frac{y - y_1}{l} \cos\beta + \frac{z - z_1}{l} \cos\gamma \right) ds$$

$$- \left(\frac{x_1 - x}{l} \cos\alpha_1 + \frac{y_1 - y}{l} \cos\beta_1 + \frac{z_1 - z}{l} \cos\gamma_1 \right) ds_1.$$

Mais $\dfrac{x - x_1}{l}, \dfrac{y - y_1}{l}, \dfrac{z - z_1}{l}$ sont les cosinus directeurs de $M_1 M$.

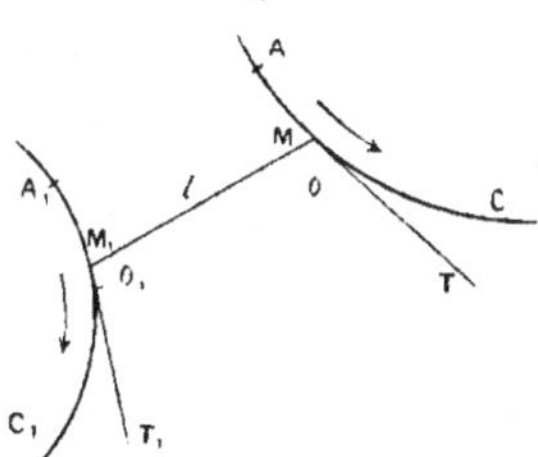

Fig. 12.

et le coefficient de ds est $-\cos\theta$. De même, le coefficient de ds_1 est $-\cos\theta_1$ et l'on obtient la relation cherchée

$$(16) \qquad\qquad dl = - ds \cos\theta - ds_1 \cos\theta_1,$$

dont nous allons indiquer une application intéressante.

85. Théorèmes de Graves et de Chasles. — Soient E, E' deux ellipses homofocales (*fig.* 13); d'un point M de l'ellipse extérieure E', on mène les deux tangentes MA, MB à l'ellipse E; *la différence MA + MB - arc ANB reste constante lorsque le point M parcourt l'ellipse E'.*

Soient s et s' les arcs OA et OB, σ l'arc O'M, l et l' les longueurs AM et BM, θ l'angle de MB avec la direction positive de la tangente MT; d'après les propriétés focales, l'angle de MA avec MT est égal à $\pi - \theta$. En observant que AM coïncide avec la direction positive de la tangente en A et que BM est opposée à la direction positive de la tangente en B, la formule (16) donne successivement

$$dl = - ds - d\sigma \cos\theta,$$
$$dl' = ds' - d\sigma \cos\theta.$$

et, en ajoutant, il vient

$$d(l + l') = d(s' - s) = d \text{ arc } ANB,$$

ce qui démontre la proposition énoncée.

Ce théorème est dû à un géomètre anglais, Graves. On démontre de la

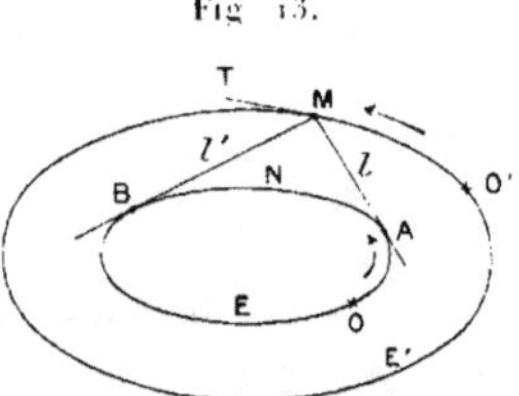

Fig. 13.

même façon le théorème suivant, découvert par Chasles : Étant données une ellipse et une hyperbole homofocales se rencontrant en N, si d'un point M, pris sur la branche d'hyperbole qui passe au point N, on mène les deux tangentes MA, MB à l'ellipse, la différence des arcs NA — NB est égale à la différence des tangentes MA — MB.

III. — CHANGEMENT DE VARIABLE. — INTÉGRATION PAR PARTIES.

Un grand nombre d'intégrales définies, que l'on ne peut obtenir immédiatement, se calculent au moyen de deux procédés généraux que nous allons faire connaître.

86. Changement de variable. — Si, dans une intégrale définie $\int_a^b f(x)\,dx$, on remplace la variable x par une nouvelle variable indépendante t au moyen de la substitution $x = \varphi(t)$, on obtient une nouvelle intégrale définie. Nous supposerons que la fonction $\varphi(t)$ est continue et admet une dérivée continue entre α et β, et que $\varphi(t)$ varie toujours dans le même sens depuis a jusqu'à b lorsque t varie de α à β.

L'intervalle (α, β) étant partagé en intervalles plus petits par des valeurs intermédiaires $\alpha, t_1, t_2, \ldots, t_{n-1}, \beta$, soient $a, x_1, x_2, \ldots x_{n-1}, b$ les valeurs correspondantes de $x = \varphi(t)$. On a, d'après le théorème des accroissements finis,

$$x_i - x_{i-1} = (t_i - t_{i-1})\,\varphi'(\theta_i),$$

θ_i étant compris entre t_{i-1} et t_i: soit $\xi_i = \varphi(\theta_i)$ la valeur correspondante de x, qui est comprise entre x_{i-1} et x_i. La somme

$$f(\xi_1)(x_1 - a) + f(\xi_2)(x_2 - x_1) + \ldots + f(\xi_n)(b - x_{n-1})$$

a pour limite l'intégrale définie considérée. Mais cette somme peut aussi s'écrire

$$f[\varphi(\theta_1)]\varphi'(\theta_1)(t_1 - \alpha) + \ldots + f[\varphi(\theta_i)]\varphi'(\theta_i)(t_i - t_{i-1}) - \ldots,$$

et, sous cette forme, on reconnaît qu'elle a pour limite la nouvelle intégrale définie $\int_{\alpha}^{\beta} f[\varphi(t)]\varphi'(t)\,dt$. On a donc l'égalité

$$(17) \qquad \int_a^b f(x)\,dx = \int_{\alpha}^{\beta} f[\varphi(t)]\varphi'(t)\,dt,$$

qui constitue la formule du *changement de variable*. On voit qu'on obtient la nouvelle différentielle sous le signe d'intégration en remplaçant, dans $f(x)\,dx$, x et dx par leurs valeurs $\varphi(t)$ et $\varphi'(t)\,dt$, tandis que les nouvelles limites sont les valeurs de t correspondant aux anciennes limites. En choisissant convenablement la fonction $\varphi(t)$, il peut se faire que la nouvelle intégrale soit plus facile à calculer que la première, mais on ne saurait donner à cet égard de règles bien précises.

Exemple. — Soient a et b deux nombres positifs; nous avons

$$\int_1^{ab} \frac{dx}{x} = \int_1^{a} \frac{dx}{x} + \int_a^{ab} \frac{dx}{x};$$

en posant dans la dernière intégrale $x = ay$, il vient

$$\int_a^{ab} \frac{dx}{x} = \int_1^{b} \frac{dy}{y} = \int_1^{b} \frac{dx}{x},$$

et, par suite, on a l'égalité

$$\int_1^{ab} \frac{dx}{x} = \int_1^{a} \frac{dx}{x} + \int_1^{b} \frac{dx}{x}.$$

Nous retrouvons la propriété fondamentale du logarithme (*cf.* n° 55).

Toutes les hypothèses qui ont été faites pour établir la for-

mule (17) ne sont pas indispensables. Ainsi il n'est pas nécessaire
que la fonction $\varphi(t)$ varie toujours dans le même sens lorsque t
varie de α à β. Pour fixer les idées, supposons que t croissant de α
à $\gamma\,(\gamma < \beta)$, $\varphi(t)$ aille en croissant de a à $c\,(c > b)$, puis que t
croissant de γ à β, $\varphi(t)$ décroisse de c à b. Si la fonction $f(x)$ est
continue dans l'intervalle (a, c), on peut appliquer la formule à
chacun des intervalles (a, c), (c, b), ce qui donne

$$\int_a^c f(x)\,dx = \int_\alpha^\gamma f[\varphi(t)]\,\varphi'(t)\,dt,$$

$$\int_c^b f(x)\,dx = \int_\gamma^\beta f[\varphi(t)]\,\varphi'(t)\,dt;$$

en ajoutant ces deux égalités, il vient

$$\int_a^b f(x)\,dx = \int_\alpha^\beta f[\varphi(t)]\,\varphi'(t)\,dt.$$

Par contre, il est nécessaire qu'à une valeur de x comprise
entre a et b corresponde au moins une valeur de t entre α et β. Si
l'on ne tient pas compte de cette condition, on peut être conduit
à des résultats absurdes. Par exemple, si à l'intégrale $\displaystyle\int_{-1}^{+1} dx$ on
applique telle quelle la formule (17) en posant $x = t^{\frac{3}{2}}$, on est
conduit à écrire

$$\int_{-1}^{+1} dx = \int_1^1 \tfrac{3}{2}\sqrt{t}\,dt.$$

résultat qui est absurde, puisque la seconde intégrale est nulle.
Pour appliquer correctement la formule, il faut partager l'intervalle $(-1, +1)$ en deux intervalles $(-1, 0)$, $(0, 1)$. Dans le
premier intervalle, on posera $x = -\sqrt{t^3}$, et l'on fera varier t
de 1 à 0; dans le second intervalle, on posera $x = \sqrt{t^3}$, et l'on fera
varier t de 0 à 1. On trouve ainsi un résultat exact

$$\int_{-1}^{+1} dx = 3\int_0^1 \sqrt{t}\,dt = \left(2\,t^{\frac{3}{2}}\right)_0^1 = 2.$$

Remarque. — Si l'on remplace, dans la formule (17), les limites supérieures b et β par les limites variables x et t, il vient

$$\int_a^x f(x)\,dx = \int_\alpha^t f[\varphi(t)]\,\varphi'(t)\,dt;$$

ce qui montre qu'une fonction $F(x)$ dont la dérivée est $f(x)$ se change, quand on pose $x = \varphi(t)$, en une fonction $\Phi(t)$ dont la dérivée est $f[\varphi(t)]\varphi'(t)$. C'est aussi ce qui résulte immédiatement de la formule qui donne la dérivée d'une fonction de fonction. Nous pouvons donc écrire, d'une manière générale,

$$\int f(x)\,dx = \int f[\varphi(t)]\varphi'(t)\,dt;$$

c'est la formule du changement de variable dans les intégrales indéfinies.

87. Intégration par parties. — Soient u et v deux fonctions continues, ainsi que leurs dérivées u' et v', entre a et b. On a

$$\frac{d(uv)}{dx} = u\frac{dv}{dx} + v\frac{du}{dx},$$

et, en intégrant les deux membres de cette égalité,

$$\int_a^b \frac{d(uv)}{dx}\,dx = \int_a^b u\frac{dv}{dx}\,dx + \int_a^b v\frac{du}{dx}\,dx,$$

ce que l'on peut encore écrire

$$(18) \qquad \int_a^b u\,dv = [uv]_a^b - \int_a^b v\,du.$$

en désignant d'une façon générale par $[F(x)]_a^b$ la différence $F(b) - F(a)$. Si l'on remplace la limite b par une limite variable x, a restant fixe, ce qui revient à considérer les intégrales indéfinies au lieu des intégrales définies, on a de même

$$(19) \qquad \int u\,dv = uv - \int v\,du.$$

Le calcul de l'intégrale $\int u\,dv$ est ainsi ramené au calcul de l'intégrale $\int v\,du$, qui peut être plus facile. Soit, par exemple, à calculer l'intégrale définie $\int_a^b x^m \log x \, dx$ $(m + 1 \gtrless 0)$: en posant $u = \log x$, $v = \dfrac{x^{m+1}}{m+1}$, la formule (18) donne

$$\int_a^b \log x . x^m \, dx = \left[\frac{x^{m+1} \log x}{m+1}\right]_a^b - \frac{1}{m+1} \int_a^b x^m \, dx$$

$$= \left[\frac{x^{m+1} \log x}{m+1} - \frac{x^{m+1}}{(m+1)^2}\right]_a^b.$$

La formule ne s'applique plus si $m + 1 = 0$; on a, dans ce cas particulier,

$$\int_a^b \log x \frac{dx}{x} = \left[\frac{1}{2}(\log x)^2\right]_a^b.$$

La formule (18) peut être généralisée. Désignons par u', u'', ..., $u^{(n+1)}$, v', v'', ..., $v^{(n+1)}$ les dérivées successives des deux fonctions u et v. L'application de la formule (18) aux intégrales $\int u \, dv^{(n)}$, $\int u' \, dv^{(n-1)}$, ... conduit aux égalités suivantes :

$$\int_a^b u v^{(n+1)} \, dx = \int_a^b u \, dv^{(n)} = [u v^{(n)}]_a^b - \int_a^b u' v^{(n)} \, dx,$$

$$\int_a^b u' v^{(n)} \, dx = \int_a^b u' \, dv^{(n-1)} = [u' v^{(n-1)}]_a^b - \int_a^b u'' v^{(n-2)} \, dx,$$

$$\dotfill,$$

$$\int_a^b u^{(n)} v' \, dx = \int_a^b u^{(n)} \, dv = [u^{(n)} v]_a^b - \int_a^b u^{(n+1)} v \, dx.$$

En multipliant ces égalités par $+ 1$ et $- 1$ alternativement et ajoutant, il vient

$$(20) \quad \int_a^b u v^{(n+1)} \, dx = [u v^{(n)} - u' v^{(n-1)} + u'' v^{(n-2)} - \ldots - (-1)^n u^{(n)} v]_a^b$$

$$+ (-1)^{n+1} \int_a^b u^{(n+1)} v \, dx,$$

formule qui ramène le calcul de l'intégrale $\int u v^{(n+1)} \, dx$ au calcul de l'intégrale $\int u^{(n+1)} v \, dx$.

Cette formule s'applique en particulier quand on a sous le signe d'intégration le produit d'un polynome u de degré n au plus par la dérivée d'ordre $(n+1)$ d'une fonction connue v; on a, en effet, $u^{(n+1)} = 0$, et le second membre ne renferme plus aucun signe d'intégration. Soit, par exemple, à calculer l'intégrale définie

$$\int_a^b e^{\omega x} f(x)\, dx,$$

où $f(x)$ est un polynome de degré n : on posera $u = f(x)$, $v = \frac{e^{\omega x}}{\omega^{n+1}}$, et la formule (20) donne, en mettant $e^{\omega x}$ en facteur,

$$(21)\quad \int_a^b e^{\omega x} f(x)\, dx = \left\{ e^{\omega x} \left[\frac{f(x)}{\omega} - \frac{f'(x)}{\omega^2} + \ldots + (-1)^n \frac{f^{(n)}(x)}{\omega^{n+1}} \right] \right\}_a^b.$$

La même méthode, ou, ce qui revient au même, une suite d'intégrations par parties, permet de calculer les intégrales définies

$$\int_a^b \cos mx\, f(x)\, dx, \qquad \int_a^b \sin mx\, f(x)\, dx,$$

où $f(x)$ est un polynome.

88. Formule de Taylor. — Dans la formule (20), remplaçons u par $(b-x)^n$, v par une fonction $F(x)$, continue ainsi que ses dérivées jusqu'à l'ordre $n+1$, entre a et b. Elle devient

$$\int_a^b (b-x)^n F^{(n+1)}(x)\, dx$$
$$= \left[(b-x)^n F^{(n)}(x) + n(b-x)^{n-1} F^{(n-1)}(x) + \ldots + n!\,(b-x) F'(x) + n!\, F(x) \right]_a^b.$$

On tire de là

$$F(b) = F(a) + \frac{b-a}{1} F'(a) + \ldots$$
$$+ \frac{(b-a)^n}{n!} F^{(n)}(a) + \frac{1}{n!} \int_a^b F^{(n+1)}(x)(b-x)^n\, dx;$$

le facteur $(b-x)^n$ conservant un signe constant lorsque x varie de a à b, on peut appliquer la formule de la moyenne à l'intégrale du second membre, ce qui donne

$$\int_a^b F^{(n+1)}(x)(b-x)^n\, dx = F^{(n+1)}(\xi) \int_a^b (b-x)^n\, dx$$
$$= \frac{1}{n+1} (b-a)^{n+1} F^{(n+1)}(\xi),$$

ξ étant compris entre a et b. En substituant cette valeur dans l'égalité précédente, nous retrouverons précisément la formule de Taylor, avec la forme du reste de Lagrange.

89. Transcendance de e. — La formule (21) permet de démontrer un théorème célèbre, découvert par M. Hermite : *Le nombre e n'est racine d'aucune équation algébrique à coefficients entiers* [1].

Faisons, dans la formule (21), $a = 0$, $\omega = -1$; il vient

$$\int_0^b e^{-x} f(x)\, dx = -\left| e^{-x} F(x) \right|_0^b,$$

où

$$F(x) = f(x) + f'(x) + \ldots + f^{(n)}(x),$$

ce que nous pouvons encore écrire

$$(22) \qquad F(b) = e^b F(0) - e^b \int_0^b f(x) e^{-x}\, dx.$$

Cela posé, admettons que e soit racine d'une équation algébrique à coefficients entiers

$$c_0 + c_1 e + c_2 e^2 + \ldots + c_m e^m = 0.$$

Dans l'égalité précédente (22), faisons successivement $b = 0, 1, 2, \ldots, m$, et ajoutons les formules obtenues, après les avoir multipliées respectivement par $c_0, c_1, \ldots, c_m$; il vient

$$(23) \quad c_0 F(0) + c_1 F(1) + \ldots + c_m F(m) - \sum_{i=0}^{i=m} c_i e^i \int_0^i f(x) e^{-x}\, dx = 0,$$

l'indice i ne prenant que les valeurs entières $0, 1, 2, \ldots, m$. Nous allons montrer qu'une telle relation est impossible, si le polynome $f(x)$, qui est resté arbitraire jusqu'ici, est convenablement choisi.

Prenons

$$f(x) = \frac{1}{(p-1)!} x^{p-1} (x-1)^p (x-2)^p \ldots (x-m)^p,$$

p étant un nombre premier supérieur à m ; ce polynome est de degré $mp + p - 1$, et, si l'on calcule ses dérivées successives, à partir de la $p^{ième}$, tous les coefficients sont des nombres entiers divisibles par p, car le produit de p entiers consécutifs est divisible par $p!$. D'ailleurs $f(x)$ s'annule, ainsi que ses $(p-1)$ premières dérivées, pour $x = 1, 2, \ldots, m$; il s'ensuit que $F(1), F(2), \ldots, F(m)$ sont des nombres entiers divisibles par p. Reste

---

[1] Cette démonstration est due à M. Hurwitz, qui s'est inspiré de la méthode suivie par M. Hermite.

à calculer $F(o)$:

$$F(o) = f(o) + f'(o) + \ldots + f^{(p-1)}(o) + f^{(p)}(o) + f^{(p+1)}(o) + \ldots;$$

on a d'abord $f(o) = f'(o) = \ldots = f^{(p-2)}(o) = o$, et $f^{(p)}(o)$, $f^{(p-1)}(o)$, $\ldots$ sont des nombres entiers divisibles par p pour la même raison que tout à l'heure. Pour avoir $f^{(p-1)}(o)$, il suffit de multiplier par $(p-1)!$ le coefficient de x^{p-1} dans $f(x)$, ce qui donne $\pm (1.2 \ldots m)^p$. La somme

$$c_0\, F(o) + c_1\, F(1) + \ldots + c_m\, F(m)$$

est donc égale à un nombre entier divisible par p, augmenté de

$$\pm c_0(1.2 \ldots m)^p;$$

si l'on a pris pour p un nombre premier supérieur à m et à c_0, ce dernier nombre ne pourra être divisible par p, et la première partie de la somme (23) sera un nombre entier *différent de zéro*.

Nous allons montrer maintenant qu'en prenant pour p un nombre premier assez grand, la somme

$$\sum_{i=0}^{m} c_i e^i \int_0^i f(x) e^{-x}\, dx$$

peut être rendue plus petite que toute quantité donnée. Lorsque x varie de o à i, chaque facteur de $f(x)$ est plus petit que m; on a donc

$$|f(x)| < \frac{1}{(p-1)!}\, m^{mp+p-1},$$

$$\left| \int_0^i f(x) e^{-x}\, dx \right| < \frac{1}{(p-1)!}\, m^{mp+p-1} \int_0^i e^{-x}\, dx < \frac{1}{(p-1)!}\, m^{mp-p-1},$$

et par suite

$$\left| \sum c_i e^i \int_0^i f(x) e^{-x}\, dx \right| < M\, \frac{m^{mp+p-1}}{(p-1)!}\, e^m = \varphi(p),$$

M étant une limite supérieure de $|c_0| + |c_1| + \ldots + |c_m|$. Lorsque p augmente indéfiniment, la fonction $\varphi(p)$ tend vers zéro, car c'est le terme général d'une série convergente, où le rapport d'un terme au précédent tend vers zéro. On peut donc trouver un nombre premier p assez grand pour que l'égalité (23) soit impossible; ce qui démontre le théorème de M. Hermite.

90. Polynomes de Legendre. — Proposons-nous de déterminer un polynome de degré n, $P_n(x)$, tel que l'intégrale

$$\int_a^b Q P_n\, dx.$$

où Q est un polynome de degré inférieur à n, soit nulle, quel que soit ce polynome Q. On peut considérer P_n comme la dérivée $n^{\text{ième}}$ d'un polynome R de degré $2n$, et ce polynome R n'est pas complètement déterminé, car on peut lui ajouter un polynome arbitraire de degré $n-1$, sans changer la dérivée $n^{\text{ième}}$. Nous pouvons donc toujours supposer que l'on a $P_n = \dfrac{d^n R}{dx^n}$, le polynome R s'annulant ainsi que ses $(n-1)$ premières dérivées pour $x = a$. D'autre part, la formule d'intégration par parties nous donne

$$\int_a^b Q \frac{d^n R}{dx^n}\, dx = \left(Q \frac{d^{n-1} R}{dx^{n-1}} - Q' \frac{d^{n-2} R}{dx^{n-2}} + \ldots \pm R \frac{d^{n-1} Q}{dx^{n-1}} \right)_a^b ;$$

puisque l'on a, par hypothèse,

$$R(a) = 0, \qquad R'(a) = 0, \qquad \ldots, \qquad R^{(n-1)}(a) = 0,$$

il faudra que l'on ait aussi, pour que l'intégrale soit nulle,

$$Q(b) R^{(n-1)}(b) - Q'(b) R^{(n-2)}(b) - \ldots \pm Q^{(n-1)}(b) R(b) = 0.$$

Le polynome Q de degré $n-1$ étant arbitraire, les quantités $Q(b)$, $Q'(b)$, ..., $Q^{(n-1)}(b)$ sont elles-mêmes arbitraires, et il faudra que l'on ait aussi

$$R(b) = 0, \qquad R'(b) = 0, \qquad \ldots, \qquad R^{(n-1)}(b) = 0.$$

Le polynome $R(x)$ est donc égal, à un facteur constant près, au produit $(x-a)^n(x-b)^n$, et le polynome cherché P_n est complètement déterminé, à un facteur constant près,

$$P_n = C \frac{d^n}{dx^n}[(x-a)^n(x-b)^n].$$

Lorsque les limites a et b sont -1 et $+1$, les polynomes P_n sont les polynomes de Legendre. En choisissant la constante C comme Legendre, nous poserons

$$(24) \qquad X_n = \frac{1}{2.4.6 \ldots 2n} \frac{d^n}{dx^n}[(x^2-1)^n].$$

Si l'on convient en outre de poser $X_0 = 1$, on a

$$X_0 = 1, \qquad X_1 = x, \qquad X_2 = \frac{3x^2-1}{2}, \qquad X_3 = \frac{5x^3-3x}{2}, \qquad \ldots;$$

X_n est un polynome de degré n, où tous les exposants de x sont de même parité que n. La formule de Leibniz, qui donne la dérivée $n^{\text{ième}}$ d'un produit de deux facteurs, montre immédiatement que l'on a

$$(25) \qquad X_n(1) = 1, \qquad X_n(-1) = (-1)^n.$$

D'après la propriété générale que nous venons d'établir, on a, $\varphi(x)$ désignant un polynome quelconque de degré inférieur à n,

$$(26) \qquad \int_{-1}^{+1} X_n \varphi(x)\, dx = 0;$$

en particulier, si m et n sont deux nombres entiers différents, on a toujours

$$(27) \qquad \int_{-1}^{+1} X_m X_n\, dx = 0.$$

Cette formule permet d'établir très simplement une relation de récurrence entre trois polynomes X_n consécutifs. Observons d'abord que tout polynome de degré n peut s'exprimer comme fonction linéaire à coefficients constants au moyen de X_0, X_1, ..., X_n. Nous pouvons donc écrire

$$x X_n = C_0 X_{n+1} + C_1 X_n + C_2 X_{n-1} + C_3 X_{n-2} + \ldots,$$

C_0, C_1, C_2, ... étant des coefficients constants. Pour déterminer C_3, par exemple, multiplions les deux membres de cette égalité par X_{n-2} et intégrons entre les limites -1 et $+1$; il reste, en vertu des formules (26) et (27),

$$C_3 \int_{-1}^{+1} X_{n-2}^2\, dx = 0,$$

et, par suite, $C_3 = 0$. On démontrerait de même que l'on a $C_4 = 0$, $C_5 = 0$, ... Le coefficient C_1 est nul aussi, puisque le produit $x X_n$ ne renferme pas de terme en x^n. Enfin, pour déterminer C_0 et C_2, nous n'avons qu'à égaler les coefficients de x^{n+1}, et à égaler les deux membres pour $x = 1$. Nous obtenons ainsi la relation de récurrence

$$(28) \qquad (n+1) X_{n+1} - (2n+1) x X_n + n X_{n-1} = 0,$$

qui permet de calculer très simplement les polynomes X_n de proche en proche.

La relation (28) montre que la suite des polynomes

$$(29) \qquad X_0, \ X_1, \ X_2, \ \ldots, \ X_n$$

jouit des propriétés d'une suite de Sturm; x variant d'une manière continue de -1 à $+1$, le nombre des variations présentées par cette suite ne peut changer que lorsque x passe par une racine de $X_n = 0$. Or, les formules (25) montrent que, pour $x = -1$, la suite (29) présente n variations, et n'en présente aucune pour $x = 1$. L'équation $X_n = 0$ a donc n racines réelles, comprises entre -1 et $+1$; ce qui résulte aussi très facilement du théorème de Rolle.

IV. — EXTENSIONS DIVERSES DE LA NOTION D'INTÉGRALE.
INTÉGRALES CURVILIGNES.

Nous allons généraliser encore la définition de l'intégrale définie. On a toujours supposé jusqu'ici la fonction bornée et l'intervalle d'intégration borné. On peut, dans certains cas, écarter ces restrictions.

91. L'une des limites devient infinie. — Soit $f(x)$ une fonction bornée et intégrable dans tout intervalle (a, l), où a est un nombre fixe, l un nombre quelconque supérieur à a. L'intégrale $\displaystyle\int_a^l f(x)\,dx$, où $l > a$, a une valeur déterminée, aussi grand que soit l; si cette intégrale tend vers une limite lorsque l augmente indéfiniment, on représente cette limite par $\displaystyle\int_a^{+\infty} f(x)\,dx$.

Lorsque l'on connaît une fonction primitive de $f(x)$, il est facile de voir si l'intégrale a une limite. Ainsi l'on a

$$\int_0^l \frac{dx}{1+x^2} = \text{Arc tang}\, l;$$

lorsque l augmente indéfiniment, le second membre a pour limite $\dfrac{\pi}{2}$, et nous pouvons écrire

$$\int_0^{+\infty} \frac{dx}{1+x^2} = \frac{\pi}{2}.$$

On a de même, en supposant a positif et $\mu - 1$ différent de zéro,

$$\int_a^l \frac{k\,dx}{x^\mu} = \frac{k}{1-\mu}\left(\frac{1}{l^{\mu-1}} - \frac{1}{a^{\mu-1}}\right);$$

si μ est plus grand que 1, le second membre tend vers une limite lorsque l croît indéfiniment, et l'on peut écrire

$$\int_a^{+\infty} \frac{k\,dx}{x^\mu} = \frac{k}{(\mu-1)a^{\mu-1}}.$$

Au contraire, si μ est plus petit que 1, l'intégrale augmente indéfiniment avec l. Il en est de même si $\mu = 1$, car l'intégrale s'exprime par un logarithme.

Dans le cas général, il s'agit de reconnaître si la fonction

$$\mathrm{F}(l) = \int_a^l f(x)\, dx$$

tend vers une limite lorsque l augmente indéfiniment. D'après un résultat établi plus haut (n° 9), *il faut et il suffit, pour que* $\mathrm{F}(l)$ *ait une limite, que la différence*

$$\mathrm{F}(q) - \mathrm{F}(p) = \int_p^q f(x)\, dx$$

tende vers zéro lorsque les deux nombres p et q croissent indéfiniment, indépendamment l'un de l'autre.

Le nombre a ne figure pas dans cette condition, ce qui s'explique, puisqu'on peut prendre pour limite inférieure de l'intégrale tout nombre supérieur à a. La condition est facile à vérifier sur l'exemple de tout à l'heure où $f(x) = k x^{\mu}$.

Si q est plus grand que p, on a

$$\left| \int_p^q f(x)\, dx \right| \leqq \int_p^q |f(x)|\, dx,$$

et par conséquent *l'intégrale* $\displaystyle\int_a^l f(x)\, dx$ *a une limite si l'intégrale* $\displaystyle\int_a^l |f(x)|\, dx$ *a elle-même une limite*, mais la réciproque n'est pas vraie.

On remarquera l'analogie de la règle précédente avec la règle générale de convergence des séries (n° 5). Comme celle-ci, elle est, en général, d'une application difficile, si la fonction $f(x)$ est quelconque. Nous allons passer en revue quelques cas particuliers, qu'on rencontre souvent, où l'on peut reconnaître si l'intégrale a une limite ou n'en a pas.

Supposons que la fonction $f(x)$ soit de la forme $x^{-\alpha}\psi(x)$, $\psi(x)$ étant une fonction qui reste bornée, lorsque x augmente indéfiniment. Le premier théorème de la moyenne donne l'égalité

$$(30) \qquad \int_p^q x^{-\alpha}\psi(x)\, dx = \mu \int_p^q x^{-\alpha}\, dx.$$

μ étant un nombre compris entre la borne supérieure M et la borne inférieure m de $\psi(x)$, pour toutes les valeurs de x supérieures à un nombre fixe A, plus petit que les nombres p et q.

Cette formule conduit à une conclusion certaine dans les deux cas suivants :

1° *Si le nombre α est plus grand que un*, l'intégrale $\int_a^\prime f(x)\,dx$ *a une limite*, car le facteur μ reste fini, tandis que le facteur $\int_p^q x^{-\alpha}\,dx$ tend vers zéro lorsque p et q croissent indéfiniment.

2° *Si le nombre α est ≤ 1, et si M et m sont du même signe, l'intégrale n'a pas de limite.*

En effet, la valeur absolue de μ, qui est compris entre deux nombres du même signe M et m, reste forcément plus grande que le plus petit des deux nombres $|m|$ et $|M|$. Quant au facteur $\int_p^q x^{-\alpha}\,dx$, il augmente indéfiniment avec p, si l'on prend par exemple $q = p^2$.

Il y a doute lorsque α est ≤ 1, si les deux nombres M et m sont de signes différents, car le second facteur du produit (30) ne tend pas vers zéro, mais on ne peut rien affirmer du premier facteur μ.

Par exemple, l'intégrale $\int_0^\prime \dfrac{\cos a x}{1 - x^2}\,dx$ a une limite, car le produit $x^2 f(x)$ est constamment plus petit que l'unité en valeur absolue. On ne peut rien dire jusqu'ici de l'intégrale $\int_0^\prime \dfrac{\sin x}{x}\,dx$; nous avons en effet dans ce cas $\alpha = 1$, $M = 1$, $m = -1$.

Les règles précédentes suffisent pour décider si une intégrale a une limite ou non quand on peut trouver un nombre positif α tel que le produit $x^\alpha f(x)$ tende vers une limite *différente de zéro* pour x infini. Dans ce cas, en effet, les deux nombres M et m sont du même signe que la limite de ce produit. L'intégrale a donc une limite si α est plus grand que 1 et n'a pas de limite si α est inférieur ou égal à 1.

Par exemple, pour que l'intégrale d'une fraction rationnelle ait une limite, lorsque la limite supérieure de l'intégrale augmente indéfiniment, il faut et il suffit que le degré du dénominateur surpasse le degré du numérateur d'au moins *deux unités*. Prenons encore

$$f(x) = \frac{P(x)}{\sqrt{R(x)}}.$$

P et R étant deux polynomes de degrés p et r respectivement : le produit $x^{\frac{r}{2}-p} f(x)$ a une limite différente de zéro pour x infini. Pour que l'intégrale ait une limite, il faut et il suffit que l'on ait $p < \frac{r}{2} - 1$.

92. Application de la seconde formule de la moyenne. — Le raisonnement qui précède peut être généralisé. Lorsque la fonction $f(x)$ est de la forme $f(x) = \varphi(x)\psi(x)$, la fonction $\psi(x)$ étant positive et la fonction $\varphi(x)$ restant bornée lorsque x augmente indéfiniment, la première formule de la moyenne donne

$$\int_p^q f(x)\,dx = \mu \int_p^q \psi(x)\,dx,$$

μ étant un nombre qui reste borné lorsque p et q augmentent indéfiniment. Si l'intégrale $\int_a^x \psi(x)\,dx$ tend vers une limite, $\int_p^q \psi(x)\,dx$ tendant vers zéro, il en est de même de $\int_p^q f(x)\,dx$, et par suite l'intégrale $\int_a^x f(x)\,dx$ a aussi une limite.

La seconde formule de la moyenne conduit de même à une nouvelle condition suffisante de convergence.

Si la fonction $f(x)$ est de la forme $\varphi(x)\psi(x)$, $\varphi(x)$ étant une fonction positive décroissante, on a (n° **77**)

$$(31) \qquad \int_p^q \varphi(x)\psi(x)\,dx = \varphi(p)\int_p^\xi \psi(x)\,dx \qquad (p < \xi < q).$$

d'où l'on déduit immédiatement la proposition ci-dessous :

L'intégrale $\int_a^x \varphi(x)\psi(x)\,dx$, où $\varphi(x)$ est une fonction positive décroissante qui tend vers zéro lorsque x croît indéfiniment, a une limite pourvu que la valeur absolue de l'intégrale $\int_p^q \psi(x)\,dx$ reste plus petite qu'un nombre fixe, quels que soient p et q.

On a un exemple simple en prenant $\psi(x) = \sin x$, car la valeur absolue de $\int_p^q \sin x\, dx$ est au plus égale à 2. Il est facile de montrer directement que l'intégrale $\int_a^l \varphi(x) \sin x\, dx$, où $\varphi(x)$ est une fonction positive décroissante, qui tend vers zéro lorsque x croît indéfiniment, a une limite, et que la convergence est comparable à celle d'une série altérée.

Supposons, pour fixer les idées, $a = 0$, le produit $\varphi(x) \sin x$ restant fini pour $x = 0$. La courbe $y = \varphi(x) \sin x$ a l'aspect d'une sinusoïde, traversant l'axe Ox aux points $x = k\pi$. Nous sommes ainsi conduits à étudier la série alternée

$$(32) \qquad a_0 - a_1 + a_2 - a_3 + \ldots + (-1)^n a_n + \ldots.$$

où l'on a posé

$$a_n = \left| \int_{n\pi}^{(n+1)\pi} \varphi(x) \sin x\, dx \right|;$$

a_n représente l'aire de la boucle comprise entre la courbe et le segment de Ox limité par les points d'abscisses $n\pi$ et $(n+1)\pi$. En posant $x = y + n\pi$, on a aussi

$$a_n = \int_0^\pi \varphi(y + n\pi) \sin y\, dy.$$

Il est évident que la fonction sous le signe d'intégration diminue quand n augmente, puisque $\varphi(x)$ est une fonction décroissante, et, par suite, on a $a_{n+1} < a_n$. D'autre part, a_n est plus petit que $\pi \varphi(n\pi)$ et par conséquent tend vers zéro quand n augmente indéfiniment. La série alternée (32) est donc convergente. Soit l un nombre compris entre $n\pi$ et $(n+1)\pi$; nous avons

$$\int_0^l \varphi(x) \sin x\, dx = S_n \pm \theta a_n \qquad (0 \leq \theta < 1),$$

S_n étant la somme des n premiers termes de la série (32). Lorsque l augmente indéfiniment, il en est de même du nombre entier n, a_n tend vers zéro et l'intégrale a pour limite la somme S de la série (32).

On démontre de la même façon que les intégrales $\int_0^{+\infty} \sin x^2\, dx$,

$\int_0^{+\infty} \cos x^2 \, dx$, qui se présentent dans la théorie de la diffraction,
ont une valeur finie. La courbe $y = \sin x^2$, par exemple, a la forme
ondulée d'une sinusoïde, mais les ondulations vont en se resser-
rant de plus en plus, car la différence $\sqrt{(n+1)\pi} - \sqrt{n\pi}$ de deux
racines consécutives de $\sin x^2$ tend vers zéro quand n croît indéfiniment. On peut du reste ramener ces intégrales à la forme précédente en posant $x^2 = y$.

Remarque. — Ce dernier exemple donne lieu à une remarque intéressante. Lorsque x croît indéfiniment, $\sin x^2$ oscille entre -1 et $+1$; l'intégrale peut donc avoir une limite sans que la fonction sous le signe d'intégration tende vers zéro, autrement dit sans que la courbe $y = f(x)$ soit
asymptote à l'axe des x. Voici encore un exemple où il en est de même et
où la fonction $f(x)$ conserve de plus un signe constant. Soit

$$f(x) = \frac{x}{1 + x^6 \sin^2 x};$$

cette fonction est constamment positive si x est positif, elle ne tend pas
vers zéro, car on a $f(k\pi) = k\pi$. Pour faire voir que l'intégrale a une
limite, considérons comme plus haut la série

$$a_0 + a_1 + \ldots + a_n + \ldots,$$

où

$$a_n = \int_{n\pi}^{(n+1)\pi} \frac{x \, dx}{1 + x^6 \sin^2 x};$$

x variant de $n\pi$ à $(n+1)\pi$, x^6 est supérieur à $n^6 \pi^6$, et l'on a

$$a_n < (n-1)\pi \int_{n\pi}^{n+1\,\pi} \frac{dx}{1 + n^6 \pi^6 \sin^2 x}.$$

Une fonction primitive est

$$\frac{1}{\sqrt{1 + n^6 \pi^6}} \operatorname{Arc\,tang}\left(\sqrt{1 + n^6 \pi^6} \, \operatorname{tang} x\right).$$

x variant de $n\pi$ à $(n+1)\pi$, $\operatorname{tang} x$ devient infinie une seule fois en passant de $+\infty$ à $-\infty$; donc l'intégrale est égale (n° 79) à $\dfrac{\pi}{\sqrt{1 + n^6 \pi^6}}$ et
l'on a

$$a_n < \frac{(n-1)\pi^2}{\sqrt{1 + n^6 \pi^6}} < \frac{(n-1)}{n^3 \pi}.$$

La série Σa_n étant convergente, l'intégrale $\int_0^1 f(x) \, dx$ a une limite.

Il est d'ailleurs à peu près évident que, si $f(x)$ a une limite *différente de zéro* pour x infini, l'intégrale ne peut avoir de limite. On a en effet $\int_{p}^{q} f(x)\,dx = \mu(q - p)$; si $f(x)$ a une limite $h > 0$, μ a la même limite h, et le produit $\mu(q - p)$ ne peut tendre vers zéro.

93. La fonction à intégrer devient infinie. — Considérons d'abord le cas particulier suivant. La fonction $f(x)$ est bornée et intégrable dans tout intervalle $(a + \varepsilon, b)$, où $a < b$, ε étant un nombre positif quelconque plus petit que $b - a$, mais elle devient infinie pour $x = a$. L'intégrale de $f(x)$, prise entre les limites $a + \varepsilon$ et b, a une valeur finie, aussi petit que soit ε. Si cette intégrale tend vers une limite lorsque ε tend vers zéro, on convient, comme il est naturel, de représenter cette limite par

$$\int_{a}^{b} f(x)\,dx.$$

Lorsque l'on connaît une fonction primitive de $f(x)$, soit $F(x)$, on a

$$\int_{a+\varepsilon}^{b} f(x)\,dx = F(b) - F(a + \varepsilon)$$

et il suffit d'examiner si $F(a + \varepsilon)$ tend vers une limite lorsque ε tend vers zéro. On a, par exemple,

$$\int_{a+\varepsilon}^{b} \frac{M\,dx}{(x-a)^{\mu}} = -\frac{M}{\mu - 1}\left[\frac{1}{(b-a)^{\mu-1}} - \frac{1}{\varepsilon^{\mu-1}}\right] \qquad (\mu \neq 1).$$

Si $\mu > 1$, le terme $\dfrac{1}{\varepsilon^{\mu-1}}$ augmente indéfiniment lorsque ε tend vers zéro; au contraire, si μ est moindre que 1, on peut écrire $\dfrac{1}{\varepsilon^{\mu-1}} = \varepsilon^{1-\mu}$, et l'on voit que ce terme tend vers zéro avec ε. L'intégrale définie tend donc vers une limite

$$\int_{a}^{b} \frac{M\,dx}{(x-a)^{\mu}} = \frac{M(b-a)^{1-\mu}}{1-\mu};$$

si $\mu = 1$, on a

$$\int_{a+\varepsilon}^{b} \frac{M\,dx}{x-a} = M \log\left(\frac{b-a}{\varepsilon}\right)$$

et le second membre augmente indéfiniment lorsque ε tend vers zéro. En résumé, pour que l'intégrale considérée ait une limite, *il faut et il suffit que μ soit moindre que un.*

La courbe qui a pour équation

$$y = \frac{M}{(x-a)^{\mu}}$$

admet la droite $x = a$ pour asymptote, si μ est positif. Cependant l'aire comprise entre l'axe des x, une ordonnée fixe $x = b$, la courbe et son asymptote a une valeur finie, d'après ce qu'on vient de voir, pourvu qu'on ait $\mu < 1$.

Dans le cas général, la question revient à reconnaître si la fonction de ε

$$F(\varepsilon) = \int_{a+\varepsilon}^{b} f(x)\,dx$$

tend vers une limite lorsque ε tend vers zéro par valeurs positives. *Il faut et il suffit pour cela (n° 9) que la différence*

$$F(\varepsilon) - F(\varepsilon') = \int_{a+\varepsilon}^{a+\varepsilon'} f(x)\,dx$$

tende vers zéro, lorsque les deux nombres positifs ε, ε' tendent vers zéro, indépendamment l'un de l'autre.

On en déduit les mêmes conséquences qu'au n° 91; nous les indiquerons rapidement. Si la fonction $f(x)$ est de la forme $f(x) = \dfrac{\psi(x)}{(x-a)^{\alpha}}$, α étant un exposant positif, et $\psi(x)$ une fonction qui, dans le voisinage du point a, reste comprise entre deux nombres fixes M et m, on a

$$\int_{a-\varepsilon}^{a+\varepsilon'} f(x)\,dx = \mu \int_{a+\varepsilon}^{a+\varepsilon'} \frac{dx}{(x-a)^{\alpha}},$$

μ étant compris entre M et m. Cela étant :

1° *Si α est inférieur à un, l'intégrale a une limite;*

2° *Si $\alpha \geqq 1$, les deux nombres M et m étant de même signe, l'intégrale n'a pas de limite.*

Il y a doute si $\alpha \geqq 1$, lorsque M et m sont de signes différents.

Toutes les fois qu'il existe un nombre α tel que le produit $(x-a)^{\alpha} f(x)$ ait une limite K *différente de zéro,* lorsque x tend vers a, *il faut et il suffit que α soit inférieur à un pour que l'intégrale ait une limite.*

Exemples. — Soit $f(x) = \dfrac{P}{Q}$ une fonction rationnelle; si a est une racine d'ordre m du dénominateur, le produit $(x-a)^m f(x)$ tend vers une limite différente de zéro pour $x = a$. Comme m est au moins égal à 1, on voit que l'intégrale $\displaystyle\int_{a+\varepsilon}^{b} f(x)\,dx$ croît indéfiniment lorsque ε tend vers zéro. Supposons au contraire

$$f(x) = \frac{P(x)}{\sqrt{R(x)}},$$

P et R étant deux polynomes et $R(x)$ étant premier avec sa dérivée; a étant une racine de $R(x)$, le produit $(x-a)^{\frac{1}{2}} f(x)$ a une limite pour $x = a$; l'intégrale a donc elle-même une limite. Ainsi

$$\int_{-1+\varepsilon}^{0} \frac{dx}{\sqrt{1-x^2}}$$

a pour limite $\dfrac{\pi}{2}$ pour $\varepsilon = 0$.

Prenons encore l'intégrale $\displaystyle\int_{\varepsilon}^{1} \log x\,dx$; le produit $x^{\frac{1}{2}} \log x$ a zéro pour limite; à partir d'une valeur de x assez petite on peut donc écrire $|\log x| < M x^{-\frac{1}{2}}$, M étant un nombre positif choisi à volonté. L'intégrale a donc une limite.

Tout ce qui a été dit de la limite inférieure a peut être répété sans modification pour la limite supérieure b. Si la fonction $f(x)$ est infinie pour $x = b$, on définira l'intégrale $\displaystyle\int_{a}^{b} f(x)\,dx$ comme limite de l'intégrale $\displaystyle\int_{a}^{b-\varepsilon'} f(x)\,dx$, lorsque ε' tend vers zéro. Si $f(x)$ est infinie aux deux limites, on définira $\displaystyle\int_{a}^{b} f(x)\,dx$ comme la limite de l'intégrale $\displaystyle\int_{a+\varepsilon}^{b-\varepsilon'} f(x)\,dx$, lorsque ε et ε' tendent vers zéro, indépendamment l'un de l'autre. Soit c un nombre quelconque compris entre a et b; nous pouvons écrire

$$\int_{a+\varepsilon}^{b-\varepsilon'} f(x)\,dx = \int_{a+\varepsilon}^{c} f(x)\,dx + \int_{c}^{b-\varepsilon'} f(x)\,dx.$$

et chacune des intégrales qui sont au second membre doit admettre une limite. Enfin, si $f(x)$ devient infinie pour une valeur c comprise entre a et b, on définit l'intégrale $\int_a^b f(x)\,dx$ comme la somme des limites des deux intégrales $\int_a^{c-\varepsilon'} f(x)\,dx$, $\int_{c+\varepsilon}^b f(x)\,dx$, et l'on procède de la même façon pour un nombre quelconque de discontinuités comprises entre a et b.

Il est à remarquer que la formule fondamentale (8), qui a été établie en supposant $f(x)$ continue entre a et b, s'applique encore si $f(x)$ devient infinie entre ces limites, pourvu que la fonction primitive $F(x)$ reste continue. Pour fixer les idées, supposons que la fonction $f(x)$ ne devienne infinie que pour une valeur c comprise entre a et b. On a

$$\int_a^b f(x)\,dx = \lim_{\varepsilon'=0} \int_a^{c-\varepsilon'} f(x)\,dx + \lim_{\varepsilon=0} \int_{c+\varepsilon}^b f(x)\,dx;$$

si $F(x)$ est une fonction primitive de $f(x)$, nous pouvons écrire ceci :

$$\int_a^b f(x)\,dx = \lim_{\varepsilon'=0} F(c-\varepsilon') - F(a) + F(b) - \lim_{\varepsilon=0} F(c+\varepsilon).$$

La fonction $F(x)$ étant supposée continue pour $x=c$, $F(c+\varepsilon)$ et $F(c-\varepsilon')$ ont la même limite $F(c)$, et par suite il reste

$$\int_a^b f(x)\,dx = F(b) - F(a).$$

Par exemple,

$$\int_{-1}^{+1} \frac{dx}{x^{\frac{2}{3}}} = \left(3x^{\frac{1}{3}}\right)_{-1}^{+1} = 6.$$

Si la fonction primitive $F(x)$ devient elle-même infinie entre a et b, la formule n'est plus applicable, car l'intégrale qui est au premier membre n'a, du moins jusqu'à présent, aucun sens.

Les formules du changement de variable et de l'intégration par parties s'étendent de la même façon aux nouvelles intégrales, en les considérant comme limites d'intégrales ordinaires.

94. La fonction $\Gamma(a)$. — L'intégrale définie

$$(33) \qquad \Gamma(a) = \int_0^{+\infty} x^{a-1} e^{-x}\, dx$$

a une valeur déterminée, pourvu que a soit positif.

Considérons en effet les deux intégrales

$$\int_\varepsilon^1 x^{a-1} e^{-x}\, dx, \qquad \int_1^l x^{a-1} e^{-x}\, dx,$$

où ε est un nombre positif très petit, et l un nombre positif très grand. La seconde intégrale a toujours une limite, car à partir d'une valeur de x assez grande on a $x^{a-1} e^{-x} < \dfrac{1}{x^2}$, ce qui revient à écrire $e^x > x^{a+1}$. Quant à la première intégrale, le produit $x^{1-a} f(x)$ a pour limite 1 lorsque x tend vers zéro; pour que l'intégrale ait une limite, il faut et il suffit que $1-a$ soit inférieur à un, ou que a soit positif. Supposons cette condition remplie : la somme des deux limites est la fonction $\Gamma(a)$, appelée aussi *intégrale eulérienne de seconde espèce*. Cette fonction $\Gamma(a)$ devient infinie lorsque a tend vers zéro; elle a une valeur positive pour toute valeur positive de a, et augmente indéfiniment avec a. Elle présente un minimum pour $x = 1,4616321\ldots$, et la valeur correspondante est $0,8556032\ldots$.

Intégrons par parties la formule (33) et supposons $a > 1$; en considérant $e^{-x}\, dx$ comme la différentielle de $-e^{-x}$, il vient

$$\Gamma(a) = -\left[x^{a-1} e^{-x} \right]_0^{+\infty} - (a-1) \int_0^{-\infty} x^{a-2} e^{-x}\, dx;$$

mais le produit $x^{a-1} e^{-x}$ est nul aux deux limites, puisque $a > 1$, et il reste

$$(34) \qquad \Gamma(a) = (a-1)\, \Gamma(a-1).$$

L'application répétée de cette formule permet de ramener le calcul de $\Gamma(a)$ au cas où l'argument a est compris entre 0 et 1. Il est facile d'en déduire la valeur de $\Gamma(a)$, lorsque a est un nombre entier. On a d'abord

$$\Gamma(1) = \int_0^{+\infty} e^{-x}\, dx = -\left[e^{-x} \right]_0^{+\infty} = 1;$$

la formule précédente donne ensuite successivement, en faisant $a = 2$, $3, \ldots, n, \ldots,$

$$\Gamma(2) = \Gamma(1) = 1, \qquad \Gamma(3) = 2\,\Gamma(2) = 1.2,$$

et, d'une manière générale, si n est un nombre entier positif,

$$(35) \qquad \Gamma(n) = 1.2.3\ldots(n-1).$$

95. Intégrales curvilignes. — Voici une extension d'une autre nature, extrêmement importante, de la notion d'intégrale. Prenons, pour fixer les idées, une courbe plane C, représentée par les deux équations $x = f(t)$, $y = \varphi(t)$; en faisant varier t de a à b, on obtient un certain arc AB de cette courbe. Supposons, par exemple, $a < b$, et prenons entre a et b une suite de nombres croissants $(a = t_0 < t_1 < t_2 < \ldots < t_{n-1} < t_n = b)$, et dans chaque intervalle partiel (t_{i-1}, t_i) prenons à volonté une autre valeur $\theta_i(t_{i-1} \leqq \theta_i \leqq t_i)$. Soient (x_i, y_i) les coordonnées du point de C qui correspond à la valeur t_i du paramètre, (ξ_i, η_i) les coordonnées du point qui correspond à la valeur θ_i. Soit $P(x, y)$ une fonction des deux variables x et y continue tout le long de l'arc AB; considérons la somme

$$(36) \qquad P(\xi_1, \eta_1)(x_1 - x_0) + P(\xi_2, \eta_2)(x_2 - x_1) + \ldots$$
$$+ P(\xi_i, \eta_i)(x_i - x_{i-1}) + \ldots$$

étendue à tous les intervalles partiels. Lorsque le nombre n croît indéfiniment, de façon que la plus grande des différences $t_i - t_{i-1}$ tende vers zéro, la somme précédente tend vers une limite que l'on appelle *l'intégrale curviligne* de $P(x, y)$ étendue à l'arc AB, et que l'on représente par le symbole

$$\int_{AB} P(x, y)\, dx,$$

qui se lit : somme le long de AB de $P(x, y)\, dx$.

Pour démontrer l'existence de cette limite, nous supposerons que l'on peut partager l'intervalle (a, b) en un nombre *fini* d'intervalles partiels dans chacun desquels la fonction $x = f(t)$ va constamment en croissant ou en décroissant, ou reste constante. Supposons d'abord que, t croissant de a à b, x croisse constamment de x_0 à X.

L'arc de courbe AB n'est rencontré qu'en un point par une droite parallèle à Oy, et peut être représenté par une équation $y = \psi(x)$, la fonction $\psi(x)$ étant continue de x_0 à X.

En remplaçant y par $\psi(x)$ dans $P(x, y)$, le résultat est une fonction continue $\Phi(x) = P[x, \psi(x)]$, et l'on a

$$P(\xi_i, \eta_i) = P[\xi_i, \psi(\xi_i)] = \Phi(\xi_i).$$

G., I.

La somme (36) peut donc s'écrire

$$\Phi(\xi_1)(x_1 - x_0) + \Phi(\xi_2)(x_2 - x_1) + \ldots + \Phi(\xi_i)(x_i - x_{i-1}) + \ldots;$$

elle a pour limite l'intégrale définie ordinaire

$$\int_{x_0}^{X} \Phi(x)\,dx = \int_{x_0}^{X} P[x, \psi(x)]\,dx$$

et, par suite, on a l'égalité

$$\int_{AB} P(x, y)\,dx = \int_{x_0}^{X} P[x, \psi(x)]\,dx.$$

Supposons, en second lieu, que l'on ait une courbe telle que ACDB (*fig.* 14), sur laquelle se trouvent deux points C et D,

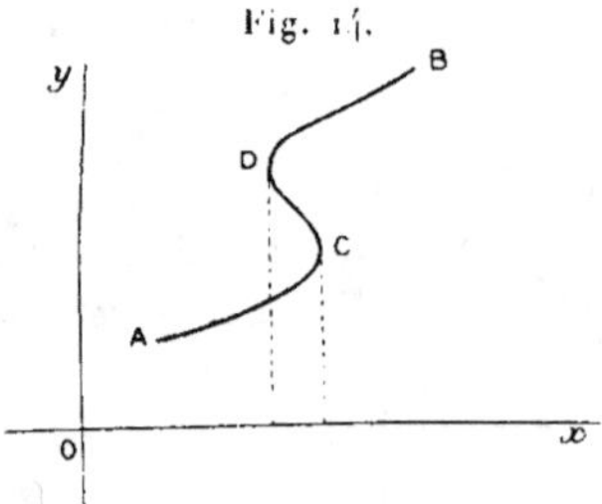

où l'abscisse est maximum ou minimum. Chacun des arcs AC, CD, DB satisfait à la condition précédente, et nous écrirons

$$\int_{ACDB} P(x, y)\,dx = \int_{AC} P(x, y)\,dx + \int_{CD} P(x, y)\,dx + \int_{DB} P(x, y)\,dx;$$

mais il est à remarquer que, pour calculer les trois intégrales du second membre, on devra remplacer y par trois fonctions différentes de la variable x dans $P(x, y)$.

Si la fonction $f(t)$ garde une valeur constante dans un intervalle partiel (c, d), une portion de C se réduit à un segment de parallèle à Oy, et l'intégrale curviligne correspondante $\int P(x, y)\,dx$ est nulle, d'après la définition même.

Les intégrales curvilignes $\int_{AB} Q(x, y)\,dy$ se définissent de la même façon; ces intégrales, comme on le voit, se ramènent immédiatement aux intégrales définies ordinaires, mais leur introduction se justifie par leur utilité. Nous ferons remarquer aussi que lorsque l'arc AB se compose de plusieurs segments de courbe distincts, tels que droites, arcs de cercles, etc., on doit calculer séparément les intégrales curvilignes provenant de chacun de ces segments.

Un cas très fréquent dans les applications est celui où les fonctions $f(t)$, $\varphi(t)$ ont des dérivées continues dans l'intervalle (a, b). Dans ce cas, nous avons

$$x_i - x_{i-1} = f'(\theta_i)(t_i - t_{i-1}).$$

θ_i étant compris entre t_{i-1} et t_i; si l'on prend pour le point (ξ_i, η_i) celui qui correspond à cette valeur θ_i, il vient

$$\sum \mathrm{P}(\xi_i, \eta_i)(x_i - x_{i-1}) = \sum \mathrm{P}[f(\theta_i), \varphi(\theta_i)] f'(\theta_i)(t_i - t_{i-1}).$$

et, en passant à la limite,

$$\int_{AB} \mathrm{P}(x, y)\, dx = \int_a^b \mathrm{P}[f(t), \varphi(t)] f'(t)\, dt.$$

On obtiendrait de la même façon une formule analogue pour $\int Q\, dy$, et, en ajoutant les deux formules, il vient

$$(37) \qquad \int_{AB} \mathrm{P}\, dx + \mathrm{Q}\, dy = \int_a^b [\mathrm{P}\, f'(t) + \mathrm{Q}\, \varphi'(t)]\, dt;$$

c'est la formule du changement de variable dans les intégrales curvilignes. Bien entendu, si l'arc de courbe AB se compose de portions de courbes distinctes, les fonctions $f(t)$ et $\varphi(t)$ n'auront pas la même expression tout le long de AB, et l'on appliquera la formule à chacune des portions séparément (¹).

(¹) Il est facile de démontrer l'existence d'une limite pour la somme (36), dans un cas plus général que celui qui est considéré dans le texte. Cette somme peut s'écrire en effet

$$\sum \Phi(\theta_i)[f(t_i) - f(t_{i-1})];$$

si l'on se reporte à la note du nº 71, on voit que cette somme a une limite lorsque la fonction $f(t)$ est croissante.

Il en sera évidemment de même si $f(t)$ est la différence de deux fonctions

96. Application à l'aire d'une courbe fermée. — Pour donner
un exemple de l'utilité des intégrales curvilignes dans la généralisation des énoncés, reprenons la formule qui donne l'aire du
domaine limité par la courbe fermée $A\,m_1\,B\,m_2\,A'A$ de la figure 11
(n° 81). Les deux intégrales $\int_a^b \psi_2(x)\,dx$, $\int_a^b \psi_1(x)\,dx$ sont
égales respectivement aux intégrales curvilignes $\int_{A'm_2B} y\,dx$,
$\int_{Am_1B} y\,dx$; d'autre part, l'intégrale $\int_{AA'} y\,dx$ est nulle, et l'on
change le signe d'une intégrale curviligne en changeant le sens
de parcours. Si nous convenons de dire que le contour C est
décrit dans le sens direct lorsqu'un observateur debout sur le plan
et décrivant ce contour laisse à sa gauche l'aire enveloppée [les
axes ayant la disposition habituelle, comme dans le cas de la
figure (¹)], le résultat obtenu peut s'exprimer comme il suit :
L'aire Ω enveloppée par le contour fermé C a pour valeur

$$(38) \qquad\qquad \Omega = -\int_{(C)} y\,dx,$$

l'intégrale curviligne étant prise le long du contour fermé C dans
le sens direct. Cette intégrale ne changeant pas, quand on déplace
l'origine des coordonnées, la formule subsiste, quelle que soit la
position du contour C par rapport aux axes de coordonnées.

---

croissantes, c'est-à-dire une fonction à variation bornée. De même, l'intégrale
curviligne $\int_{AB} Q(x,y)\,dy$ aura une valeur déterminée si la fonction $y = \varphi(t)$
est à variation bornée. En appliquant cette remarque aux intégrales curvilignes $\int y\,dx$, $\int x\,dy$. on en conclut que le domaine D, limité par une courbe
fermée $C\,[x = f(t),\ y = \varphi(t)]$, est quarrable pourvu qu'il existe une combinaison linéaire $ax - by$ qui soit une fonction à variation bornée, car on pourra
toujours choisir les axes de façon que l'abscisse soit une fonction à variation
bornée.

(¹) D'une façon générale, quelle que soit la disposition des axes de coordonnées Ox. Oy, on dit qu'un contour fermé C est décrit dans le sens direct si
la rotation de $\frac{\pi}{2}$ qui amène la direction positive de la tangente sur la direction
de la normale intérieure au contour C s'effectue dans le même sens que la rotation de $\frac{\pi}{2}$ qui amène Ox sur Oy.

Considérons maintenant un contour C de forme quelconque. Nous supposerons qu'on peut, en menant des transversales joignant deux points de C, obtenir des contours partiels dont chacun n'est rencontré qu'en deux points par une droite parallèle à Oy. Tel est le cas de la région limitée par le contour C de la figure 15 que l'on

Fig. 15.

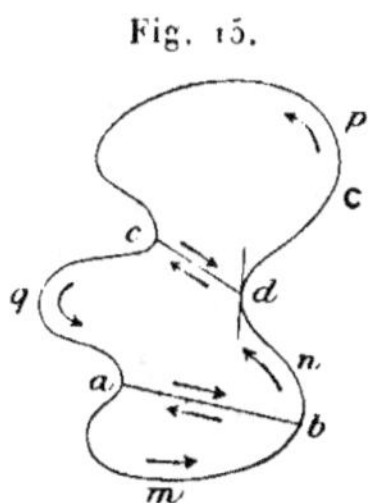

décompose, au moyen des transversales ab, cd, en trois régions limitées respectivement par les contours $amba$, $abndcqa$, $cdpc$, à chacune desquelles on peut appliquer la formule précédente. En ajoutant les résultats obtenus, les intégrales curvilignes provenant des lignes auxiliaires ab, cd se détruisent, et l'aire limitée par C est encore égale à l'intégrale curviligne $-\int y\,dx$, prise le long de C dans le sens direct.

On démontre de la même façon que l'on a

$$(39) \qquad \Omega = \int_{(C)} x\,dy,$$

et, en combinant les deux formules, il vient

$$(40) \qquad \Omega = \frac{1}{2}\int_{(C)} x\,dy - y\,dx,$$

les intégrales étant toujours prises dans le sens direct.

Par exemple, l'aire de l'ellipse, représentée par les formules

$$x = a\cos t, \qquad y = b\sin t,$$

a pour expression

$$\Omega = \frac{1}{2}\int_{0}^{2\pi} ab(\cos^2 t + \sin^2 t)\,dt = \pi ab.$$

Quand on passe des coordonnées rectangulaires aux coordonnées polaires par les formules $x = \rho \cos \omega$, $y = \rho \sin \omega$, on trouve aussitôt la relation $x\,dy - y\,dx = \rho^2\,d\omega$, de sorte que l'intégrale curviligne (40) est identique à l'intégrale $\frac{1}{2}\int \rho^2\,d\omega$, prise le long de la courbe C $(cf.\ \text{n}^\circ\,81)$.

Remarque. — Toute intégrale curviligne $\int \mathrm{P}\,dx + \mathrm{Q}\,dy$, prise le long d'un contour fermé C, dans le sens direct, peut s'écrire sous une forme un peu différente, en faisant intervenir l'arc du contour. Soient α, β les angles de la direction positive de la tangente avec Ox et Oy (comptés de 0 à π), α' et β' les angles de la direction de *la normale intérieure* avec Ox et Oy. Supposons que, par un point M de C, on mène deux demi-droites Mx', My' respectivement parallèles à Ox et à Oy; une rotation qui amène Mx' sur la direction positive de la tangente amènera My' sur la normale intérieure, et par suite on a $\beta' = \alpha$, $\cos\beta' = \cos\alpha$. La relation d'orthogonalité

$$\cos\alpha \cos\alpha' + \cos\beta \cos\beta' = 0$$

donne ensuite

$$\cos\beta = -\cos\alpha',$$

et par suite

$$dx = \cos\alpha\,ds = \cos\beta'\,ds, \qquad dy = \cos\beta\,ds = -\cos\alpha'\,ds.$$

L'intégrale curviligne $\int_C \mathrm{P}\,dx + \mathrm{Q}\,dy$ devient donc

$$\int_C (\mathrm{P}\cos\beta' - \mathrm{Q}\cos\alpha')\,ds,$$

l'élément ds étant essentiellement positif. Si le contour C présente des points anguleux, on le décomposera en plusieurs arcs de façon que sur chacun d'eux α' et β' soient des fonctions continues de s, et l'on fera la somme des intégrales étendues à chacun des arcs.

Par exemple, l'aire d'un domaine D est représentée par l'une ou l'autre des intégrales

$$-\int_C x \cos\alpha'\,ds, \qquad -\int_C y \cos\beta'\,ds,$$

et ce résultat est indépendant de la disposition des axes.

97. Valeur de l'intégrale $\frac{1}{2}\int x\,dy - y\,dx$. — Il est naturel de se demander ce que représente l'intégrale $\frac{1}{2}\int x\,dy - y\,dx$, prise le long d'une courbe de forme quelconque, fermée ou non.

Considérons, par exemple, les deux courbes fermées $OAOBO$, $Ap\,Bq\,Cr\,As\,Bt\,Cu\,A$ $(\mathit{fig.}\ 16)$ qui ont respectivement un point double et trois points doubles. Il est clair que l'on peut les remplacer l'une et l'autre par la réunion de deux courbes fermées sans point double. Ainsi le contour fermé OAOBO est équivalent à la suite des deux contours OAO, OBO. L'intégrale prise le long du contour total est égale à l'aire de la boucle OAO diminuée de l'aire de la boucle OBO. De même, le second contour peut être remplacé par les deux courbes fermées $Ap\,Bq\,CrA$ et $As\,Bt\,CuA$.

Fig. 16.

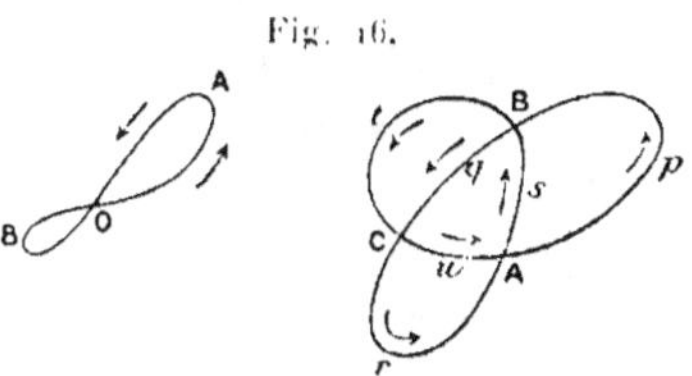

L'intégrale est donc égale à la somme des aires des boucles $Ap\,Bs\,A$, $Bt\,Cq\,B$, $Ar\,Cu\,A$, plus deux fois l'aire de la boucle $As\,Bq\,Cu\,A$. Le raisonnement est général. Un contour fermé, avec un nombre quelconque de points doubles, détermine un certain nombre de domaines partiels, d'aires $\sigma_1, \sigma_2, \ldots, \sigma_p$, qu'il ne traverse plus et qu'il limite complètement. L'intégrale, prise le long du contour total, est égale à une somme de la forme

$$m_1\sigma_1 + m_2\sigma_2 + \ldots + m_p\sigma_p,$$

$m_1, m_2, \ldots, m_p$ étant des nombres entiers positifs ou négatifs, que l'on détermine par la règle suivante : *Étant données deux aires limitrophes σ, σ' séparées par un arc ab du contour C, on imagine un observateur debout sur le plan et décrivant le contour dans le sens indiqué par les flèches ; l'aire laissée à gauche a un coefficient supérieur d'une unité à celui de l'aire laissée à droite.* On donne le coefficient o à l'aire illimitée extérieure au contour, et l'on détermine les autres coefficients de proche en proche.

Si l'on a un arc de courbe AB non fermé, on le transforme en une courbe fermée en joignant les extrémités A et B à l'origine, et l'on applique la règle précédente à ce contour ; car l'intégrale $\int x\,dy - y\,dx$, prise le long des rayons OA et OB, est évidemment nulle.

V. — DIFFÉRENTIATION ET INTÉGRATION SOUS LE SIGNE $\int$.

98. Différentiation sous le signe $\int$. — On a souvent à étudier des intégrales définies où la fonction à intégrer dépend non seulement de la variable d'intégration, mais d'une ou plusieurs variables que l'on considère comme des paramètres. Soit $f(x, \alpha)$ une fonction des deux variables x et α, continue lorsque x varie de x_0 à X et que α varie entre certaines limites α_0, α_1. L'intégrale définie

$$F(\alpha) = \int_{x_0}^{X} f(x, \alpha)\, dx,$$

où l'on suppose que α ait une valeur déterminée comprise entre α_0 et α_1, et où les limites x_0 et X sont indépendantes de α, est une fonction de la variable α, dont nous allons étudier les propriétés.

Nous pouvons écrire

$$(41) \qquad F(\alpha + \Delta\alpha) - F(\alpha) = \int_{x_0}^{X} [f(x, \alpha + \Delta\alpha) - f(x, \alpha)]\, dx;$$

la fonction $f(x, \alpha)$ étant continue, on peut prendre $\Delta\alpha$ assez petit pour que la différence sous le signe d'intégration soit moindre en valeur absolue qu'un nombre positif donné à l'avance ε, quel que soit x. L'accroissement $\Delta F(\alpha)$ sera donc moindre en valeur absolue que $\varepsilon\,|\,X - x_0\,|$; ce qui prouve la continuité.

Si la fonction $f(x, \alpha)$ a une dérivée par rapport à la variable α, on a

$$f(x, \alpha + \Delta\alpha) - f(x, \alpha) = \Delta\alpha\,[f'_\alpha(x, \alpha) + \varepsilon],$$

ε tendant vers zéro en même temps que $\Delta\alpha$. On peut donc écrire, en divisant les deux membres de l'égalité (41) par $\Delta\alpha$,

$$\frac{F(\alpha + \Delta\alpha) - F(\alpha)}{\Delta\alpha} = \int_{x_0}^{X} f'_\alpha(x, \alpha)\, dx + \int_{x_0}^{X} \varepsilon\, dx;$$

désignons par η_1 une limite supérieure de ε en valeur absolue, la dernière intégrale est moindre en valeur absolue que $\eta_1\,|\,X - x_0\,|$ et, en passant à la limite, il vient

$$(42) \qquad \frac{dF}{d\alpha} = \int_{x_0}^{X} f'_\alpha(x, \alpha)\, dx.$$

Pour que la conclusion soit absolument rigoureuse, il faut être assuré que l'on peut prendre $\Delta\alpha$ assez petit pour que la valeur absolue de ε soit moindre que tout nombre positif η donné à l'avance, et cela pour toutes les valeurs de x comprises entre les limites x_0 et X. Il en est certainement ainsi lorsque la dérivée $f'_\alpha(x, \alpha)$ est elle-même continue. En effet, le théorème des accroissements finis donne

$$f(x, \alpha + \Delta\alpha) - f(x, \alpha) = \Delta\alpha\, f'_\alpha(x, \alpha - \theta\,\Delta\alpha) \qquad (0 < \theta < 1).$$

et l'on a, par conséquent,

$$\varepsilon = f'_\alpha(x, \alpha + \theta\,\Delta\alpha) - f'_\alpha(x, \alpha).$$

Si la fonction f'_α est continue, la différence ε sera moindre que η, en valeur absolue, quels que soient x et α, pourvu que $|\Delta\alpha|$ soit inférieur à un nombre positif h choisi assez petit (n° **12**).

Supposons maintenant que les limites X et x_0 sont elles-mêmes des fonctions de α. On peut écrire, en désignant par ΔX et Δx_0 les accroissements correspondant à un accroissement $\Delta\alpha$,

$$F(\alpha + \Delta\alpha) - F(\alpha) = \int_{x_0}^{X} [f(x, \alpha + \Delta\alpha) - f(x, \alpha)]\, dx$$
$$+ \int_{X}^{X+\Delta X} f(x, \alpha + \Delta\alpha)\, dx - \int_{x_0}^{x_0+\Delta x_0} f(x, \alpha + \Delta\alpha)\, dx,$$

ou, en appliquant le théorème de la moyenne aux deux dernières intégrales et divisant par $\Delta\alpha$,

$$\frac{F(\alpha + \Delta\alpha) - F(\alpha)}{\Delta\alpha} = \int_{x_0}^{X} \frac{f(x, \alpha + \Delta\alpha) - f(x, \alpha)}{\Delta\alpha}\, dx$$
$$+ \frac{\Delta X}{\Delta\alpha} f(X + \theta\,\Delta X, \alpha + \Delta\alpha) - \frac{\Delta x_0}{\Delta\alpha} f(x_0 + \theta'\,\Delta x_0, \alpha + \Delta\alpha).$$

Lorsque $\Delta\alpha$ tend vers zéro, la première intégrale a la même limite que plus haut, et il vient, en passant à la limite,

$$(13) \qquad \frac{dF}{d\alpha} = \int_{x_0}^{X} f'_\alpha(x, \alpha)\, dx + \frac{dX}{d\alpha} f(X, \alpha) - \frac{dx_0}{d\alpha} f(x_0, \alpha).$$

C'est la formule générale de *différentiation sous le signe* $\int$.

Toute intégrale curviligne pouvant se ramener à une somme d'intégrales définies ordinaires, la formule s'y étend immédiatement. Par exemple, soit

$$F(\alpha) = \int_{AB} P(x, y, \alpha)\, dx + Q(x, y, \alpha)\, dy$$

une intégrale curviligne prise le long d'un arc AB qui est le même, quel que soit α; on a

$$F'(\alpha) = \int_{AB} P'_\alpha(x, y, \alpha)\, dx + Q'_\alpha(x, y, \alpha)\, dy.$$

l'intégrale étant prise le long de la même courbe.

99. Intégration sous le signe $\int$. — Soit $f(x, y)$ une fonction des deux variables x, y, qui est continue dans le domaine D défini par les conditions $(a \leqq x \leqq b, c \leqq y \leqq d)$, a, b, c, d étant des constantes. La signification de l'expression

$$\int_a^b dx \int_c^d f(x, y)\, dy$$

est bien claire; x ayant une valeur déterminée comprise entre a et b, l'intégrale $\int_c^d f(x, y)\, dy$ est une fonction continue de x que l'on intègre ensuite entre les limites a et b. Dans cette expression, *on peut intervertir l'ordre des intégrations sans changer le résultat.* En d'autres termes, on a l'égalité

$$(44) \qquad \int_a^b dx \int_c^d f(x, y)\, dy = \int_c^d dy \int_a^b f(x, y)\, dx.$$

qui est la *formule d'intégration sous le signe* $\int$.

Pour le démontrer, laissons a, c, d constants et remplaçons b par un nombre variable t compris entre a et b; l'égalité devient

$$(45) \qquad \int_a^t dx \int_c^d f(x, y)\, dy = \int_c^d dy \int_a^t f(x, y)\, dx.$$

Les deux membres de cette formule sont des fonctions de t qui sont nulles pour $t = a$; il suffira donc de prouver que leurs dérivées par rapport à t sont identiques. Or, si l'on pose

$$\int_c^d f(x, y)\, dy = F(x), \qquad \int_a^t f(x, y)\, dx = \Phi(t, y).$$

la relation (45) s'écrit

$$(45') \qquad \int_a^t F(x)\, dx = \int_c^d \Phi(t, y)\, dy.$$

et l'on vérifie immédiatement que les dérivées des deux membres par rapport à t, $F(t)$ et $\int_c^d \frac{\partial \Phi}{\partial t}\, dy$, sont égales à $\int_c^d f(t, y)\, dy$.

Les démonstrations précédentes supposent essentiellement que les fonctions sous le signe d'intégration sont continues et que les limites de l'intégration sont finies. Lorsque ces conditions ne sont pas remplies, les conclusions peuvent être toutes différentes et l'application des formules habituelles (43) et (44) peut conduire à des résultats illusoires ou même absurdes.

On a par exemple

$$F(\alpha) = \int_0^1 \frac{\alpha\, dx}{\alpha^2 + x^2} = \left[\text{Arc tang} \frac{x}{\alpha} \right]_0^1 = \text{Arc tang} \frac{1}{\alpha};$$

cette fonction est discontinue pour $\alpha = 0$, et l'on a

$$F(+0) = \frac{\pi}{2}, \qquad F(-0) = -\frac{\pi}{2};$$

ici la fonction sous le signe $\int$ est discontinue au point $x = \alpha = 0$. Prenons de même l'intégrale

$$F(\alpha) = \int_0^{+\infty} \frac{\sin \alpha x}{x}\, dx;$$

en posant $\alpha x = y$, il vient

$$\int_0^{+\infty} \frac{\sin \alpha x}{x}\, dx = \pm \int_0^{\infty} \frac{\sin y}{y}\, dy,$$

le signe devant la seconde intégrale étant le signe de α, car les limites de la nouvelle intégrale sont 0 et $+\infty$, ou 0 et $-\infty$, suivant que α est positif ou négatif. On a vu plus haut (n° 92) que l'intégrale $\int_0^{+\infty} \frac{\sin y}{y}\, dy$ est une quantité positive N. L'intégrale considérée est donc égale à $\pm$ N, suivant le signe de α. En appliquant à cette intégrale la formule (43), on arrive à l'égalité

$$F'(\alpha) = \int_0^{+\infty} \cos \alpha x\, dx,$$

dont le second membre n'a aucun sens.

Considérons encore la fonction $f(x, y) = \dfrac{x^2 - y^2}{(x^2 + y^2)^2}$, et appliquons-lui la formule (44), les limites des deux intégrations étant 0 et 1: on obtient ainsi l'égalité

$$(46) \qquad \int_0^1 dx \int_0^1 \frac{x^2 - y^2}{(x^2 + y^2)^2} \, dy = \int_0^1 dy \int_0^1 \frac{x^2 - y^2}{(x^2 + y^2)^2} \, dx.$$

Une première intégration nous donne

$$\int_0^1 \frac{x^2 - y^2}{(x^2 + y^2)^2} \, dy = \left(\frac{y}{x^2 + y^2} \right)_0^1 = \frac{1}{1 + x^2}$$

et le premier membre de l'égalité a pour valeur $\frac{\pi}{4}$. En opérant les intégrations dans l'ordre inverse, on trouve de même pour valeur du second membre $-\frac{\pi}{4}$. L'absurdité du résultat tient à ce fait que la fonction $f(x, y)$ est discontinue pour le point $x = y = 0$, situé sur la frontière du domaine considéré (*voir* plus loin n° 136).

100. Intégrales uniformément convergentes. — On peut cependant appliquer les formules (43) et (44) dans des cas plus généraux que ceux qui ont été considérés dans la démonstration. Soit $f(x, \alpha)$ une fonction continue des variables x et α, lorsque x est supérieur à un nombre a et que α reste compris entre α_0 et α_1. Si l'intégrale $\int_a^l f(x, \alpha) \, dx$ tend vers une limite lorsque l augmente indéfiniment, quel que soit α, cette limite

$$(47) \qquad \mathrm{F}(\alpha) = \int_a^{+\infty} f(x, \alpha) \, dx$$

est une fonction de α qui n'est pas nécessairement continue, comme le prouve un des exemples cités tout à l'heure.

Nous dirons que l'intégrale (47) est *uniformément convergente* si à tout nombre positif ε on peut faire correspondre un autre nombre L tel que l'on ait

$$(48) \qquad \left| \int_l^{+\infty} f(x, \alpha) \, dx \right| < \varepsilon.$$

pourvu que l'on ait $l \geqq \mathrm{L}$, ce nombre L étant le même pour toutes les valeurs de α dans l'intervalle (α_0, α_1). La fonction

$$\Phi_n(\alpha) = \int_a^{a+n} f(x, \alpha) \, dx,$$

où n est un nombre entier positif, tend donc uniformément vers sa limite $F(\alpha)$, lorsque n croît indéfiniment, et par suite $F(\alpha)$ est une fonction continue de α.

Supposons maintenant que l'intégrale obtenue par la règle habituelle de différentiation sous le signe $\int$

$$(49.) \qquad F_1(\alpha) = \int_a^{+\infty} \frac{\partial f}{\partial \alpha}\, dx$$

ait un sens et soit elle-même uniformément convergente dans l'intervalle (α_0, α_1). La fonction

$$\Psi_n(\alpha) = \int_a^{a+n} \frac{\partial f}{\partial \alpha}\, dx$$

tend uniformément vers sa limite $F_1(\alpha)$; or, on a, quel que soit n, $\Psi_n(\alpha) = \frac{\partial}{\partial \alpha}[\Phi_n(\alpha)]$ si $\frac{\partial f}{\partial \alpha}$ est continue. Par suite, $F_1(\alpha)$ est la dérivée de $F(\alpha)$ (n° 31).

Ainsi, on a le droit d'appliquer à l'intégrale (47) la formule habituelle de différentiation sous le signe $\int$, *pourvu que l'intégrale obtenue de cette façon soit uniformément convergente.*

De même, si $f(x, \alpha)$ est infinie pour la limite $x = a$ de l'intégration, on dira que l'intégrale

$$(5o) \qquad F(\alpha) = \int_a^b f(x, \alpha)\, dx \qquad (a < b)$$

est uniformément convergente si, à tout nombre positif ε, on peut faire correspondre un autre nombre positif η, indépendant de α, tel que l'on ait

$$\left| \int_a^{a+h} f(x, \alpha)\, dx \right| < \varepsilon$$

pour toutes les valeurs positives de h, inférieures à η. On peut encore appliquer à l'intégrale (5o) la formule habituelle de différentiation, si l'intégrale obtenue ainsi est uniformément convergente; la démonstration est analogue à la précédente.

On peut de même étendre la formule d'intégration sous le signe $\int$ au cas où l'une des limites est infinie. Soit $f(x, \alpha)$ une fonction des deux variables x et α, continue pour $x \geq a$, $\alpha_0 \leq \alpha \leq \alpha_1$.

Si l'intégrale $\int_a^{+\infty} f(x, \alpha)\,dx$ *est uniformément convergente dans l'intervalle* (α_0, α_1), *on a*

$$(51) \qquad \int_a^{+\infty} dx \int_{\alpha_0}^{\alpha_1} f(x, \alpha)\,d\alpha = \int_{\alpha_0}^{\alpha_1} d\alpha \int_a^{+\infty} f(x, \alpha)\,dx.$$

Soit l un nombre quelconque supérieur à a; d'après la formule générale (44), on a

$$(52) \qquad \int_a^l dx \int_{\alpha_0}^{\alpha_1} f(x, \alpha)\,d\alpha = \int_{\alpha_0}^{\alpha_1} d\alpha \int_a^l f(x, \alpha)\,dx.$$

Lorsque l augmente indéfiniment, le second membre de cette égalité a pour limite

$$\int_{\alpha_0}^{\alpha_1} d\alpha \int_a^{+\infty} f(x, \alpha)\,dx,$$

car la différence entre ces deux expressions est égale à

$$\int_{\alpha_0}^{\alpha_1} d\alpha \int_l^{+\infty} f(x, \alpha)\,dx.$$

quantité inférieure en valeur absolue à $\varepsilon\,|\alpha_1 - \alpha_0|$, pourvu que l soit supérieur à un nombre L. Le premier membre de l'équation (52) tend donc aussi vers une limite qui est représentée par le symbole

$$\int_a^{+\infty} dx \int_{\alpha_0}^{\alpha_1} f(x, \alpha)\,d\alpha.$$

En égalant ces deux limites, on obtient la formule (51).

Exemples. — 1° Considérons l'intégrale $\mathrm{F}(\alpha) = \int_0^{+\infty} e^{-\alpha x} \dfrac{\sin x}{x}\,dx$, où $\alpha \gtreqless 0$. Cette intégrale est uniformément convergente, car on peut écrire, d'après la seconde formule de la moyenne,

$$\int_l^q e^{-\alpha x} \frac{\sin x}{x}\,dx = \frac{e^{-\alpha l}}{l} \int_l^\xi \sin x\,dx,$$

où $l < \xi < q$, et, par suite, on a

$$\left| \int_l^{+\infty} e^{-\alpha x} \frac{\sin x}{x}\,dx \right| < \frac{2}{l};$$

si l est supérieur à $\frac{2}{\varepsilon}$, le premier membre de cette inégalité sera inférieur à ε, quel que soit $\alpha > 0$. Donc la fonction $F(\alpha)$ est continue pour $\alpha \geq 0$.

L'intégrale obtenue par la différentiation est uniformément convergente pour toutes les valeurs de α supérieures à un nombre positif k. On a, en effet,

$$\left| \int_l^{+\infty} e^{-\alpha x} \sin x \, dx \right| < \int_l^{\infty} e^{-\alpha x} \, dx = \frac{1}{\alpha} e^{-\alpha l},$$

et il suffit de prendre l assez grand de façon que l'on ait $ke^{kl} > \frac{1}{\varepsilon}$ pour que la valeur absolue de cette intégrale soit inférieure à ε, lorsque α est supérieur à k. On a donc

$$F'(\alpha) = -\int_0^{+\infty} e^{-\alpha x} \sin x \, dx;$$

l'intégrale indéfinie s'obtient aisément, et l'on trouve

$$F'(\alpha) = \left[\frac{e^{-\alpha x}(\cos x + \alpha \sin x)}{1 + \alpha^2} \right]_0^{+\infty} = \frac{-1}{1 + \alpha^2};$$

on tire de là

$$F(\alpha) = C - \operatorname{Arc\,tang} \alpha,$$

et l'on détermine la constante C en remarquant que l'intégrale définie $F(\alpha)$ tend vers zéro lorsque α croît indéfiniment, ce qui donne $C = \frac{\pi}{2}$. On a donc en définitive

$$(53) \qquad \int_0^{+\infty} e^{-\alpha x} \frac{\sin x}{x} \, dx = \operatorname{Arc\,tang} \frac{1}{\alpha}.$$

Cette formule n'est établie que pour les valeurs positives de α, mais on a remarqué que $F(\alpha)$ est une fonction continue de α, même pour $\alpha = 0$. En faisant tendre α vers zéro, il vient donc à la limite

$$(54) \qquad \int_0^{+\infty} \frac{\sin x}{x} \, dx = \frac{\pi}{2}.$$

2° Soit

$$F(\alpha) = \int_0^{\alpha} \frac{f(x) \, dx}{\sqrt{\alpha - x}},$$

la fonction $f(x)$ étant continue, ainsi que $f'(x)$, dans un intervalle $(0, a)$, et α étant compris dans cet intervalle. La formule habituelle de différentiation conduit à un résultat illusoire, car on obtient la différence de deux infinis. En posant $x = \alpha t$, il vient

$$F(\alpha) = \int_0^1 \frac{\sqrt{\alpha} f(\alpha t) \, dt}{\sqrt{1 - t}};$$

l'intégrale obtenue par différentiation

$$\int_0^1 \frac{\dfrac{1}{2\sqrt{\alpha}}\,f(\alpha t) + t\sqrt{\alpha}\,f'(\alpha t)}{\sqrt{1-t}}\,dt$$

est uniformément convergente dans tout intervalle (α_0, α_1), α_0 et α_1 étant positifs et inférieurs à a, car elle est comparable à une intégrale $\int_0^1 \dfrac{M\,dt}{\sqrt{1-t}}$, M étant un nombre fixe. En revenant à la variable x, on a donc

$$F'(\alpha) = \int^\alpha \frac{f(x) + 2x f'(x)}{2\alpha\sqrt{\alpha - x}}\,dx.$$

Proposons-nous, comme application, de déterminer la fonction $f(x)$ de façon que la fonction $F(\alpha)$ soit indépendante de α. La dérivée $F'(\alpha)$ doit être nulle, ce qui ne peut avoir lieu que si la fonction $f(x) + 2x f'(x)$ est nulle identiquement, du moins si l'on admet que cette expression n'admet pas une infinité de zéros dans le voisinage de l'origine. Cette condition peut s'écrire

$$\frac{f'(x)}{f(x)} + \frac{1}{2x} = 0,$$

et l'on en tire $f(x) = \dfrac{C}{\sqrt{x}}$. Cette fonction répond bien à la question ; on a, en effet,

$$\int_0^\alpha \frac{C\,dx}{\sqrt{x(\alpha - x)}} = C\pi,$$

comme on le voit aisément au moyen de la substitution $x = \alpha \sin^2\varphi$.

101. Théorème de D'Alembert. — Si, en calculant séparément les deux membres de la formule (44), on arrive à des résultats différents, on doit en conclure que la fonction $f(x, y)$ est discontinue pour un système au moins de valeurs de x et de y, vérifiant les conditions $a \leqq x \leqq b$, $c \leqq y \leqq d$. Gauss a déduit de cette remarque une démonstration très simple du théorème de D'Alembert.

Soit $F(z)$ un polynome entier en z de degré m, dont nous supposerons, pour fixer les idées, les coefficients réels. En remplaçant z par

$$\rho(\cos\omega + i\sin\omega),$$

et séparant les parties réelles et les parties imaginaires, on peut écrire

$$F(z) = P + iQ,$$

en posant

$$P = A_0 \rho^m \cos m\omega + A_1 \rho^{m-1} \cos(m-1)\omega + \ldots,$$
$$Q = A_0 \rho^m \sin m\omega + A_1 \rho^{m-1} \sin(m-1)\omega + \ldots.$$

Soit V la fonction $\arctan \dfrac{P}{Q}$; on a

$$\frac{\partial V}{\partial \rho} = \frac{Q\dfrac{\partial P}{\partial \rho} - P\dfrac{\partial Q}{\partial \rho}}{P^2 + Q^2}, \qquad \frac{\partial V}{\partial \omega} = \frac{Q\dfrac{\partial P}{\partial \omega} - P\dfrac{\partial Q}{\partial \omega}}{P^2 + Q^2},$$

et, sans qu'il soit nécessaire de développer le calcul, on voit que la dérivée seconde $\dfrac{\partial^2 V}{\partial \rho\, \partial \omega}$ est de la forme

$$\frac{\partial^2 V}{\partial \rho\, \partial \omega} = \frac{M}{(P^2 + Q^2)^2},$$

M étant une fonction continue de ρ et de ω. Cette dérivée seconde ne peut devenir discontinue que pour les systèmes de valeurs (ρ, ω) qui annulent à la fois P et Q, c'est-à-dire pour les racines de l'équation $F(z) = o$. Si donc on démontre que les deux intégrales

$$(55) \qquad \int_0^{2\pi} d\omega \int_0^R \frac{\partial^2 V}{\partial \rho\, \partial \omega}\, d\rho, \qquad \int_0^R d\rho \int_0^{2\pi} \frac{\partial^2 V}{\partial \rho\, \partial \omega}\, d\omega$$

sont inégales, pour une valeur donnée de R, on peut en conclure que l'équation $F(z) = o$ a au moins une racine de module inférieur à R. Or la seconde intégrale est toujours nulle, car on a $\displaystyle\int_0^{2\pi} \frac{\partial^2 V}{\partial \rho\, \partial \omega}\, d\omega = \left[\frac{\partial V}{\partial \rho}\right]_{\omega=0}^{\omega=2\pi}$, et $\dfrac{\partial V}{\partial \rho}$ est une fonction périodique de ω, de période 2π. Calculons de même la première intégrale; on a

$$\int_0^R \frac{\partial^2 V}{\partial \rho\, \partial \omega}\, d\rho = \left[\frac{\partial V}{\partial \omega}\right]_{\rho=0}^{\rho=R},$$

et un calcul facile montre que $\dfrac{\partial V}{\partial \omega}$ est de la forme

$$\frac{\partial V}{\partial \omega} = \frac{-m\,A_0^2\,\rho^{2m} + \ldots}{A_0^2\,\rho^{2m} + \ldots},$$

les termes non écrits étant de degré inférieur à $2m$ en ρ, et le numérateur n'ayant pas de terme indépendant de ρ. Lorsque ρ augmente indéfiniment, le second membre a pour limite $-m$; on peut donc choisir R assez grand pour que la valeur de $\dfrac{\partial V}{\partial \rho}$, pour $\rho = R$, soit égale à $-m + \varepsilon$, ε étant inférieur à m en valeur absolue. L'intégrale $\displaystyle\int_0^{2\pi} (-m - \varepsilon)\, d\omega$ est évidemment négative et, par conséquent, la première des intégrales (55) ne peut être nulle.

G.. I.

EXERCICES.

1. Démontrer que la somme $\dfrac{1}{n} + \dfrac{1}{n+1} + \ldots + \dfrac{1}{2n}$ a pour limite $\log 2$, lorsque n augmente indéfiniment.

$$\left[\text{On prouve que cette somme a pour limite l'intégrale définie } \int_0^1 \frac{dx}{1+x}\cdot\right]$$

2. Trouver de même les limites des sommes

$$\frac{n}{n^2+1} + \frac{n}{n^2+2^2} + \ldots + \frac{n}{n^2+(n-1)^2},$$

$$\frac{1}{\sqrt{n^2-1}} + \frac{1}{\sqrt{n^2-2^2}} + \ldots + \frac{1}{\sqrt{n^2-(n-1)^2}},$$

en les rattachant à des intégrales définies. D'une façon générale, la limite de la somme $\displaystyle\sum_{i=0}^{n} \varphi(i, n)$ pour n infini est égale à une intégrale définie lorsque $\varphi(i, n)$ est une fonction homogène de degré -1 de i et de n

3. Trouver la valeur de l'intégrale définie $\displaystyle\int_0^{\frac{\pi}{2}} \log(\sin x)\, dx = -\frac{\pi}{2}\log 2.$

$$\Bigg[$$

On peut partir de la formule connue de Trigonométrie

$$\sin\frac{\pi}{n}\sin\frac{2\pi}{n}\ldots\sin\frac{(n-1)\pi}{n} = \frac{n}{2^{n-1}},$$

ou s'appuyer sur les égalités presque évidentes

$$\int_0^{\frac{\pi}{2}} \log(\sin x)\, dx = \int_0^{\frac{\pi}{2}} \log(\cos x)\, dx = \frac{1}{2}\int_0^{\frac{\pi}{2}} \log\left(\frac{\sin 2x}{2}\right) dx.\Bigg]$$

4. Déduire de la précédente la valeur de l'intégrale définie

$$\int_0^{\frac{\pi}{2}} \left(x - \frac{\pi}{2}\right) \tang x\, dx.$$

5. Démontrer que l'on a $\displaystyle\int_0^1 \frac{\log(1+x)}{1-x^2}\, dx = \frac{\pi}{8}\log 2.$

[On peut poser $x = \tang\varphi$ et partager l'intégrale obtenue en trois parties.]

6. Trouver la valeur de l'intégrale définie $\displaystyle\int_0^\pi \log(1 - 2\alpha \cos x - \alpha^2)\,dx$.

[POISSON.]

En partageant l'intervalle de 0 à π en n parties égales et appliquant une formule connue de Trigonométrie, on est conduit à chercher la limite, pour n infini, de l'expression

$$\frac{\pi}{n} \log\left[\frac{\alpha - 1}{\alpha - 1} (\alpha^{2n} - 1) \right];$$

si α est compris entre -1 et $+1$, cette limite est nulle. Elle est égale à $\pi \log \alpha^2$, si $\alpha^2 > 1$.

7. L'intégrale définie $\displaystyle\int_0^\pi \frac{\sin x\,dx}{\sqrt{1 - 2\alpha \cos x + \alpha^2}}$, où α est positif, est égale à 2 si α est < 1, et à $\dfrac{2}{\alpha}$ si α est > 1.

8. Les fonctions $\displaystyle F(\alpha) = \int_0^1 \frac{\alpha x\,dx}{(x^2 + \alpha^2)^{\frac{3}{2}}}$, $\displaystyle F_1(\alpha) = \int_{-1}^{+1} \frac{\sin \alpha\,dx}{1 - 2x \cos \alpha + x^2}$ sont discontinues pour $\alpha = 0$.

9. Soient $f(x)$ et $\varphi(x)$ deux fonctions intégrables dans l'intervalle (a, b). Démontrer l'inégalité de Schwarz

$$\left(\int_b^b f\varphi\,dx \right)^2 \leqq \int_a^b f^2(x)\,dx \times \int_a^b \varphi^2(x)\,dx.$$

l'égalité ne pouvant avoir lieu que si le rapport $\dfrac{f}{\varphi}$ est constant.

On peut remarquer, par exemple, que l'intégrale $\displaystyle\int_a^b [\alpha f(x) + \beta \varphi(x)]^2\,dx$ est une forme quadratique définie positive en α, β.

10. Soient $f(x)$ et $\varphi(x)$ deux fonctions continues dans l'intervalle (a, b) et $(a, x_1, x_2, \ldots, b)$ une division de cet intervalle. Si l'on prend deux valeurs quelconques ξ_i, η_i dans chaque intervalle partiel (x_{i-1}, x_i), la somme $\displaystyle\sum f(\xi_i)\varphi(\eta_i)(x_i - x_{i-1})$ a pour limite l'intégrale définie

$$\int_a^b f(x)\varphi(x)\,dx.$$

11. Soit $f(x)$ une fonction continue et positive dans l'intervalle (a, b). Le produit des deux intégrales définies $\displaystyle\int_a^b f(x)\,dx$, $\displaystyle\int_a^b \frac{dx}{f(x)}$ est minimum lorsque la fonction est constante.

12. Soit $\mathbf{I}_{x_0}^{x_1}$ l'indice d'une fonction (n° 79) entre x_0 et x_1. On a la relation

$$\mathbf{I}_{x_0}^{x_1} f(x) + \mathbf{I}_{x_0}^{x_1} \frac{1}{f(x)} = \varepsilon,$$

où $\varepsilon = +1$ lorsque $f(x_0) > 0$, $f(x_1) < 0$, $\varepsilon = -1$ lorsque $f(x_0) < 0$, $f(x_1) > 0$, $\varepsilon = 0$ lorsque $f(x_0)$ et $f(x_1)$ ont le même signe.

On applique la formule de la page 189 aux deux fonctions $f(x)$ et $\dfrac{1}{f(x)}$.

*13. Soient U et V deux polynomes de degrés n et $n-1$ premiers entre eux. L'indice de la fraction rationnelle $\dfrac{V}{U}$, entre les limites $-\infty$ et $+\infty$ de la variable, est égal à la différence entre le nombre des racines imaginaires de l'équation $U + iV = 0$, où le coefficient de i est positif, et le nombre de ces racines où il est négatif.

[HERMITE, *Bulletin de la Société mathématique*, t. VII, p. 128.]

*14. Établir le second théorème de la moyenne au moyen d'une intégration par parties.

Soient $f(x)$ et $\varphi(x)$ deux fonctions continues dans l'intervalle (a, b) dont la première $f(x)$ est constamment croissante ou constamment décroissante et admet une dérivée continue. On a, en posant

$$\Phi(x) = \int_a^x \varphi(x)\, dx,$$

et intégrant par parties,

$$\int_a^b f(x)\varphi(x)\, dx = f(b)\Phi(b) - \int_a^b f'(x)\Phi(x)\, dx;$$

la dérivée $f'(x)$ ayant un signe constant, il suffit maintenant d'appliquer la première formule de la moyenne à la nouvelle intégrale.

*15. Soit $f(x)$ une fonction continue positive dans l'intervalle (a, b). L'expression

$$I_n = \left\{ \int_a^b [f(x)]^n\, dx \right\}^{\frac{1}{n}}$$

tend vers le maximum M de $f(x)$ dans l'intervalle (a, b), lorsque n augmente indéfiniment. [RIEZ.]

R. On peut, pour la démonstration, supposer $b - a = 1$. Il est évident alors que l'on a $I_n < M$. D'autre part, si $f(x)$ est supérieur à $M - \varepsilon$ dans un intervalle (α, β), on a aussi $I_n > (M - \varepsilon)(\beta - \alpha)^{\frac{1}{n}}$, d'où l'on conclut aisément qu'en prenant n assez grand, on a aussi $I_n > M - 2\varepsilon$.

16. Étant données deux courbes planes quelconques C, C', on fait correspondre les points (x, y), (x', y') des deux courbes où les tangentes sont parallèles. Le point de coordonnées $x_1 = px + qx'$, $y_1 = py - qy'$, où p et q sont des constantes données, décrit une nouvelle courbe C_1, et l'on a, entre les arcs correspondants des trois courbes, la relation

$$s_1 = \pm ps \pm qs'.$$

17. Les arcs correspondants des deux courbes

$$C \begin{cases} x = t f'(t) - f(t) + \varphi'(t), \\ y = f'(t) - t \varphi'(t) + \varphi(t), \end{cases} \qquad C' \begin{cases} x' = t f'(t) - f(t) - \varphi'(t), \\ y' = f'(t) + t \varphi'(t) - \varphi(t) \end{cases}$$

ont la même longueur, quelles que soient les fonctions $f(t)$, $\varphi(t)$.

18. Soient C une courbe fermée, C_1 la podaire de cette courbe relativement à un point A, C_2 le lieu des pieds des perpendiculaires abaissées du point A sur les normales à C. On a, entre les aires de ces trois courbes, la relation $\mathcal{A} = \mathcal{A}_1 - \mathcal{A}_2$.

D'après les propriétés de la podaire (n° 62), si ρ et ω sont les coordonnées polaires d'un point de C_1, les coordonnées du point correspondant de C_2 sont ρ' et $\omega + \dfrac{\pi}{2}$, et celles du point correspondant de C sont $r = \sqrt{\rho^2 - \rho'^2}$ et $\varphi = \omega + \operatorname{arc\,tang} \dfrac{\rho'}{\rho}$.

*19. Lorsqu'une courbe C roule sans glisser sur une droite, tout point A invariablement lié à la courbe C décrit une courbe appelée *roulette* : 1° l'aire comprise entre un arc de la roulette et la base est égale au double de l'aire correspondante de la podaire du point A par rapport à C; 2° l'arc de la roulette est égal à l'arc correspondant de la podaire.

[STEINER.]

Pour démontrer ces théorèmes par l'analyse, soient X, Y les coordonnées du point A par rapport à un système d'axes mobiles formé par la tangente et la normale en un point M de C, s l'arc OM compté à partir d'un point fixe O de C, et ω l'angle des tangentes en O et en M. On établit les relations

$$ds + dX = Y\, d\omega, \qquad dY + X\, d\omega = 0,$$

d'où les propositions se déduisent.

20. Les intégrales $\displaystyle\int_0^{+\infty} \frac{|\sin x|}{x^n}\, dx$, où $n > 1$, $\displaystyle\int_0^{+\infty} \frac{dx}{(1 + x^2)(\sin x)^{\frac{2}{3}}}$

ont-elles des valeurs finies?

CHAPITRE V.

CALCUL DES INTÉGRALES DÉFINIES.

I. — INTÉGRALES INDÉFINIES.

Il est, en général, très difficile de calculer la valeur d'une intégrale définie, en partant de la définition ([1]), tandis que l'intégrale s'obtient immédiatement, quelles que soient les limites, quand on connaît une fonction primitive de $f(x)$. On a vu, en Algèbre ([2]), comment on trouve les fonctions primitives des fonctions rationnelles, et de celles qui s'y ramènent par un changement de variable, comme les fonctions rationnelles de x et d'un radical carré portant sur un polynome du second degré, et les fonctions rationnelles de $\sin x$ et de $\cos x$. Ce calcul n'exige que la résolution d'une équation algébrique, et l'intégration d'une fonction rationnelle n'introduit qu'une seule transcendante, le logarithme, car nous verrons plus loin (t. II) que la fonction $\operatorname{Arc} \tan g\, x$ se ramène à la fonction logarithmique.

En dehors de ce cas très simple, l'intégrale indéfinie d'une fonction algébrique $f(x)$ est, en général, une fonction transcendante, qui ne peut s'exprimer par une combinaison en nombre fini de symboles élémentaires. L'étude des propriétés de ces transcendantes et leur classification sont un des objets les plus importants du Calcul intégral. Au point de vue du calcul pratique des intégrales définies, il y a un intérêt évident à réduire ces transcendantes nouvelles au plus petit nombre possible, afin de pouvoir

---

([1]) *Voir* l'exemple du n° 70 et les exercices 3 et 6 du Chapitre IV.

([2]) *Voir*, par exemple, les *Leçons d'Algèbre* de Ch. Briot, 2° Partie. 18ᵉ édition revue par E. Goursat (Paris, Delagrave: 1905).

dresser des Tables de leurs valeurs numériques pour des valeurs suffisamment rapprochées de la variable.

102. Formule générale de réduction. — Dans l'intégration des fonctions rationnelles et de quelques autres fonctions, on a souvent l'occasion d'appliquer la méthode générale de réduction suivante. Rappelons d'abord que toute fonction rationnelle $R(x)$ peut être décomposée en une partie entière $E(x)$ et une somme de fractions rationnelles de la forme $\frac{A}{X^n}$, X étant premier avec sa dérivée et avec A, et ce dernier polynome étant de degré inférieur à X^n. Si l'on connaît les racines du dénominateur, on peut prendre pour X un binome du premier degré, provenant d'une racine réelle, ou un trinome du second degré, provenant d'un couple de racines imaginaires conjuguées. Mais cette décomposition de la fraction rationnelle $R(x)$ en une somme de fractions de la forme $\frac{A}{X^n}$ n'exige pas que l'on connaisse les racines du dénominateur, et peut être obtenue par des opérations rationnelles, multiplications et divisions de polynomes. Seulement les polynomes X peuvent être de degré quelconque, chacun d'eux étant le produit des facteurs binomes qui correspondent aux racines du dénominateur de $R(x)$ d'un même degré de multiplicité. Le calcul d'une intégrale indéfinie de la forme $\int R(x)\varphi(x)\,dx$, $R(x)$ étant une fonction rationnelle et $\varphi(x)$ une fonction quelconque, se ramène donc au calcul de deux types particuliers d'intégrales

$$\int E(x)\varphi(x)\,dx, \qquad \int \frac{A\,\varphi(x)}{X^n}\,dx.$$

Lorsque n est > 1, on peut, dans bien des cas, remplacer la seconde intégrale par une intégrale de même forme, où l'exposant de X au dénominateur est diminué d'une unité.

En effet, X étant premier avec sa dérivée, d'après un théorème classique d'Algèbre, on peut trouver deux autres polynomes B et C donnant lieu à l'identité

$$BX + CX' = A,$$

et nous pouvons écrire

$$\int \frac{A\,\varphi(x)\,dx}{X^n} = \int \frac{BX + CX'}{X^n}\varphi(x)\,dx = \int \frac{B\,\varphi(x)}{X^{n-1}}\,dx + \int \frac{X'C\,\varphi(x)}{X^n}\,dx.$$

Intégrons par parties la dernière intégrale, en posant

$$u = C\,\varphi(x), \qquad c = -\frac{1}{(n-1)X^{n-1}};$$

il vient

$$\int C\,\varphi(x)\frac{X'\,dx}{X^n} = -\frac{C\,\varphi(x)}{(n-1)X^{n-1}} + \frac{1}{n-1}\int \frac{[C\,\varphi(x)]'}{X^{n-1}}\,dx,$$

et, en portant dans la relation précédente, on a

$$(1) \quad \int \frac{A\,\varphi(x)}{X^n}\,dx = \int \frac{B\,\varphi(x) + \dfrac{1}{n-1}[C\,\varphi(x)]'}{X^{n-1}}\,dx - \frac{C\,\varphi(x)}{(n-1)X^{n-1}}.$$

Il peut se faire que cette formule de réduction (1) soit avantageuse *pour certaines formes de la fonction* φ.

Supposons par exemple $\varphi(x) = e^{\omega x}$, ω étant un facteur constant. Une intégrale $\int R(x)^{\omega x}\,dx$ se ramène à une intégrale que l'on sait calculer $\int P(x)e^{\omega x}\,dx$, $P(x)$ étant un polynome (n° 87), augmentée d'une somme d'intégrales de la forme

$$(2) \qquad \int \frac{A\,e^{\omega x}\,dx}{X^n}.$$

La formule générale de réduction (1) devient dans ce cas

$$(3) \quad \int \frac{A\,e^{\omega x}\,dx}{X^n} = -\frac{C\,e^{\omega x}}{(n-1)X^{n-1}} + \int \frac{e^{\omega x}\left(B + \dfrac{C' + C\omega}{n-1}\right)dx}{X^{n-1}},$$

et le calcul de l'intégrale (2) est ramené au calcul d'une intégrale de même forme, où l'exposant de X est diminué d'une unité. En continuant de la sorte, on est conduit à une intégrale

$$\int \frac{B\,e^{\omega x}\,dx}{X},$$

où l'on peut toujours supposer B de degré inférieur à X, augmentée d'une partie toute intégrée de la forme

$$\frac{\varphi(x)\,e^{\omega x}}{X^{n-1}},$$

$\varphi(x)$ étant un polynome.

Considérons maintenant une fonction rationnelle quelconque $\frac{f(x)}{F(x)}$, où $f(x)$ est premier avec $F(x)$.

Supposons cette fonction rationnelle décomposée en une partie entière E et une suite de fractions $\frac{\lambda}{X^n}$, X étant premier avec sa dérivée; imaginons qu'on applique la méthode précédente à chacune de ces fractions, qu'on ajoute les résultats obtenus ainsi que l'intégrale $\int e^{\omega x} E(x)\,dx$; on obtiendra finalement une identité de la forme

$$(4) \qquad \int e^{\omega x} \frac{f(x)}{F(x)}\,dx = e^{\omega x} \frac{P(x)}{V(x)} + \int e^{\omega x} \frac{Q(x)\,dx}{U(x)},$$

$V(x)$ étant le plus grand commun diviseur entre $F(x)$ et sa dérivée, $U(x)$ le quotient de $F(x)$ par $V(x)$, $P(x)$ et $Q(x)$ deux polynomes. Si l'équation $F(x) = 0$, de degré n, a r racines distinctes, U est un polynome de degré r premier avec sa dérivée, V est de degré $n - r$, et ces deux polynomes s'obtiennent par des opérations rationnelles. Quant au polynome $Q(x)$, on peut toujours le supposer de degré au plus égal à $r - 1$. Les deux polynomes P et Q s'obtiennent aussi par des opérations rationnelles. En effet, égalons les dérivées des deux membres de l'identité (4); il vient, après avoir multiplié par $UV e^{-\omega x}$,

$$(5) \qquad f(x) = \omega\,PU + P'U - P\frac{V'U}{V} + QV.$$

Soit p le degré inconnu du polynome P. Le produit $V'U$ est divisible par V, d'après la définition des polynomes U et V, et, si $\omega \neq 0$, l'ensemble des trois premiers termes du second membre est de degré $p + r$. Quant au produit QV, il est au plus de degré $n - 1$. Cela posé, deux cas sont à distinguer suivant le degré m de $f(x)$:

$1°$ Si l'on a $m > n - 1$, on doit avoir forcément $p + r = m$;

$2°$ Si $m \leq n - 1$, on a aussi $p + r \leq n - 1$ et, par suite, $p \leq n - r - 1$.

Connaissant ainsi une limite supérieure des degrés des deux polynomes P et Q, on n'a plus qu'à identifier les deux membres de la relation (5). Les coefficients inconnus sont déterminés par des équations linéaires, dont le nombre, il est aisé de le voir, est égal au nombre des inconnues.

La méthode s'applique encore pour $\omega = 0$. Supposons, pour simplifier, $m \leqq n - 1$, ce qui est évidemment permis. On voit alors aisément que le degré du second membre de (5) serait supérieur à $n - 1$ si le degré p de $P(x)$ était supérieur à $n - r$. Si $P(x)$ est de degré $n - r$, on peut évidemment, en retranchant une constante convenable, remplacer la fraction rationnelle $\frac{P}{V}$ par une fraction rationnelle $\frac{P_1}{V}$, dont le numérateur est, au plus, de degré $n - r - 1$, et la conclusion est la même que tout à l'heure. Dans ce cas particulier où $\omega = 0$, on a ainsi obtenu, par des calculs rationnels, toute la partie rationnelle de l'intégrale indéfinie d'une fonction rationnelle. Il est clair, en effet, que l'intégrale

$$\int \frac{Q(x)\,dx}{U(x)},$$

où $Q(x)$ est de degré inférieur à celui de U, et U premier avec sa dérivée, ne renferme que des termes transcendants. On ne peut pousser plus loin le calcul sans décomposer U en un produit de facteurs de degrés moindres, sauf dans le cas où $Q(x)$ serait, à un facteur constant près, la dérivée de $U(x)$. Pour que l'intégrale d'une fonction rationnelle soit elle-même une fonction rationnelle, il faut et il suffit que $Q(x)$ soit identiquement nul.

Si ω est différent de zéro, on ne peut plus simplifier l'intégrale $\int e^{\omega x} \frac{Q(x)\,dx}{U(x)}$; mais, si l'on connaît les racines de U, on peut ramener cette intégrale à une seule transcendante nouvelle. Supposons, pour fixer les idées, toutes les racines réelles; l'intégrale se décompose en plusieurs intégrales de la forme

$$\int \frac{x\,e^{\omega x}\,dx}{x - a},$$

que l'on peut ramener à l'une ou l'autre des formes suivantes, en posant $x = a + \frac{y}{\omega}$, $u = e^y$, et faisant abstraction d'un facteur constant,

$$\int \frac{e^y\,dy}{y}, \quad \int \frac{du}{\log u}.$$

Cette dernière intégrale $\int \dfrac{du}{\log u}$ est une fonction transcendante qu'on appelle *logarithme intégral*.

103. Courbes unicursales.

— Considérons maintenant d'une façon générale les intégrales de fonctions algébriques. Soient

$$(6) \qquad \mathrm{F}(x, y) = 0$$

l'équation d'une courbe algébrique, et $\mathrm{R}(x, y)$ une fonction rationnelle de x et de y; imaginons que dans $\mathrm{R}(x, y)$ on remplace y par une des racines de l'équation (6); le résultat est fonction de la seule variable x et l'intégrale

$$\int \mathrm{R}(x, y)\, dx$$

est une *intégrale abélienne* attachée à la courbe (6). Lorsque la courbe donnée et la fonction $\mathrm{R}(x, y)$ sont quelconques, ces intégrales sont des fonctions transcendantes. Mais, dans le cas particulier où la courbe est unicursale, c'est-à-dire où les coordonnées x et y d'un point de cette courbe peuvent s'exprimer par des fonctions rationnelles d'un paramètre variable t, les intégrales abéliennes attachées à cette courbe se ramènent immédiatement à des intégrales de fonctions rationnelles. Soient, en effet,

$$x = f(t), \qquad y = \varphi(t)$$

les expressions des coordonnées x et y en fonction de t; en prenant t pour nouvelle variable indépendante, on a

$$\int \mathrm{R}(x, y)\, dx = \int \mathrm{R}[f(t), \varphi(t)]\, f'(t)\, dt,$$

et la nouvelle fonction à intégrer est évidemment rationnelle.

On démontre dans les Cours de Géométrie analytique que toute courbe unicursale de degré n possède $\dfrac{(n-1)(n-2)}{2}$ points doubles, et que réciproquement toute courbe de degré n possédant ce nombre de points doubles est unicursale. Je rappellerai seulement comment on peut obtenir les expressions des coordonnées en fonction du paramètre auxiliaire. Étant donnée une courbe C_n de degré n, possédant $\delta = \dfrac{(n-1)(n-2)}{2}$ points doubles, par ces δ points doubles et $n-3$ points simples de C_n, faisons passer un faisceau de courbes de degré $n-2$; ces points déterminent bien un faisceau de courbes de degré $n-2$, car

$$\frac{(n-1)(n-2)}{2} + n - 3 = \frac{(n-2)(n+1)}{2} - 1$$

et il faut $\dfrac{(n-2)(n+1)}{2}$ points pour déterminer une courbe de degré $n-2$. Soit $P(x,y) + t\,Q(x,y) = 0$ l'équation des courbes de ce faisceau, t désignant un paramètre arbitraire; chaque courbe du faisceau rencontre la courbe C_n en $n(n-2)$ points, dont un certain nombre sont indépendants de t, les $n-3$ points simples choisis et les δ points doubles dont chacun compte pour deux points d'intersection. Mais on a

$$n - 3 + 2\delta = n - 3 + (n-1)(n-2) = n(n-2) - 1;$$

il reste donc un seul point d'intersection variable avec t. Les coordonnées de ce point sont données par des équations du premier degré dont les coefficients sont des polynomes entiers en t; ces coordonnées sont donc elles-mêmes des fonctions rationnelles de t. On pourrait aussi employer un faisceau de courbes de degré $n-1$ passant par les $\dfrac{(n-1)(n-2)}{2}$ points doubles et $2n-3$ points simples pris à volonté sur C_n.

Si $n = 2$, on a $\dfrac{(n-1)(n-2)}{2} = 0$; toute courbe du second degré est donc unicursale. Si $n = 3$, on a $\dfrac{(n-1)(n-2)}{2} = 1$; les courbes unicursales du troisième degré sont donc celles qui ont un point double. Le point double étant pris pour origine, l'équation de la cubique est de la forme

$$\varphi_3(x, y) + \varphi_2(x, y) = 0,$$

φ_2 et φ_3 étant des polynomes homogènes d'un degré marqué par leur indice. Une sécante $y = tx$ passant par le point double rencontre la cubique en un seul point variable avec t, dont les coordonnées sont

$$x = -\frac{\varphi_2(1, t)}{\varphi_3(1, t)}, \qquad y = -\frac{t\,\varphi_2(1, t)}{\varphi_3(1, t)}.$$

Une courbe unicursale du quatrième degré possède trois points doubles. Pour avoir les coordonnées d'un point, on formera l'équation d'un faisceau de coniques passant par les trois points doubles et par un autre point simple pris à volonté sur la courbe. Chaque conique de ce faisceau rencontre la quartique en un seul point variable avec le paramètre ; si l'on forme, par exemple, l'équation aux abscisses des points d'intersection, cette équation, débarrassée des facteurs qui correspondent aux racines connues, se réduira au premier degré et donnera x en fonction rationnelle du paramètre. On opérera de même pour y.

Prenons par exemple la lemniscate

$$(x^2 + y^2)^2 = a^2(x^2 - y^2),$$

qui a un point double à l'origine et qui admet en outre pour points doubles les points circulaires à l'infini. Un cercle passant par l'origine et tangent en ce point à une des branches de la lemniscate

$$x^2 + y^2 = t(x - y)$$

rencontre cette courbe en un seul point variable avec t. Une combinaison facile de ces deux équations donne

$$t^2(x - y)^2 = a^2(x^2 - y^2),$$

et, en divisant par $x - y$, il reste

$$t^2(x - y) = a^2(x + y);$$

cette dernière équation représente une droite passant par l'origine, qui coupe le cercle en un point différent de l'origine, dont les coordonnées sont

$$x = \frac{a^2 t(t^2 + a^2)}{t^4 + a^4}, \qquad y = \frac{a^2 t(t^2 - a^2)}{t^4 - a^4}.$$

On arrive encore plus vite à ces formules par la méthode suivante, qui est applicable à toute courbe unicursale du quatrième ordre dont on connaît un point double. Coupons la lemniscate par la sécante $y = \lambda x$; elle rencontre la courbe en deux points de coordonnées

$$x = \frac{\pm\, a\sqrt{1 - \lambda^2}}{1 + \lambda^2}, \qquad y = \lambda x.$$

Le polynome sous le radical est du second degré et, pour faire disparaître l'irrationalité, il suffira de poser $\frac{1 - \lambda}{1 + \lambda} = \left(\frac{a}{t}\right)^2$, ce qui conduit bien aux formules précédentes.

Remarque I. — Lorsqu'une courbe plane admet des points singuliers d'espèce supérieure, on démontre que chacun d'eux est équivalent à un certain nombre de points doubles distincts. Pour qu'une courbe soit unicursale, il suffit que ses points singuliers soient équivalents à $\frac{(n - 1)(n - 2)}{2}$ points doubles. Par exemple, une courbe de degré n ayant un point multiple d'ordre $n - 1$ est unicursale, car une sécante issue du point multiple la rencontre en un seul point variable.

Remarque II. — Il peut se faire que l'on ait sous le signe $\int$ une fonction rationnelle de x et de plusieurs irrationnelles distinctes y, z, … : on démontre, en Algèbre, que toutes ces irrationnelles peuvent s'exprimer au moyen d'une seule irrationnelle auxiliaire. Supposons, par exemple, que l'on ait l'intégrale

$$\int R(x,\, x^\alpha,\, x^{\alpha'},\, \ldots)\, dx,$$

R étant une fonction rationnelle et les exposants α, α', α'', … étant des nombres fractionnaires. La fonction R ne contient, en réalité, qu'une irrationnelle $x^{\frac{1}{D}}$, D désignant le dénominateur commun des fractions α, α', α'', … réduites au même dénominateur, et il suffit de poser $x = t^D$ pour être ramené à une fonction rationnelle.

104. Intégrales algébrico-logarithmiques. — Toute intégrale abélienne attachée à une courbe unicursale est, d'après le paragraphe précédent, une fonction *algébrico-logarithmique*, c'est-à-dire qu'elle est égale à une fonction rationnelle de x et de y, augmentée d'une somme de logarithmes de fonctions rationnelles de x et de y multipliés par des facteurs constants. Lorsque la courbe (6) n'est pas une courbe unicursale, une intégrale abélienne attachée à cette courbe est, en général, une fonction transcendante qui ne peut s'exprimer au moyen de la seule transcendante logarithmique. Cependant, quelle que soit la relation

$$F(x, y) = o.$$

il existe toujours une infinité de fonctions rationnelles $R(x, y)$ telles que l'intégrale $\int R(x, y)\, dx$ soit algébrico-logarithmique, car la dérivée d'une fonction de cette espèce est toujours une fonction rationnelle de x et de y. La fonction $R(x, y)$ étant donnée, il est en général très difficile de reconnaître si l'intégrale $\int R(x, y)\, dx$ est une fonction algébrico-logarithmique. Il en est ainsi en particulier lorsqu'une substitution algébrique, mais non forcément rationnelle, permet de ramener $R(x, y)\, dx$ à une différentielle rationnelle.

Nous citerons comme exemple les *différentielles binomes*

$$x^{m}(a x^{n} + b)^{p}\, dx,$$

où m, n, p sont *commensurables*. Il est clair que la relation $y = x^{m}(a x^{n} + b)^{p}$ peut être remplacée par une relation algébrique entière en x et y, $F(x, y) = o$, qui ne représente pas, en général, une courbe unicursale.

Cette courbe est unicursale *si p est un nombre entier*. En effet, en désignant par D le dénominateur commun des deux nombres m et n, il est clair qu'en posant $x = t^{D}$, y sera aussi une fonction rationnelle de t. Mais ce n'est pas le seul cas où l'on puisse faire disparaître l'irrationalité et achever l'intégration. Pour découvrir de nouveaux cas d'intégrabilité, essayons du changement de variable

$$a x^{n} + b = t:$$

il vient

$$x = \left(\frac{t - b}{a}\right)^{\frac{1}{n}}, \qquad dx = \frac{1}{na}\left(\frac{t - b}{a}\right)^{\frac{1}{n} - 1} dt.$$

$$\int x^{m}(a x^{n} + b)^{p}\, dx = \frac{1}{na}\int t^{p}\left(\frac{t - b}{a}\right)^{\frac{m + 1}{n} - 1} dt;$$

la nouvelle intégrale est de même forme que la première, et l'exposant qui remplace p est ici $\dfrac{m+1}{n}-1$; on pourra donc achever l'intégration si $\dfrac{m+1}{n}$ est un nombre entier.

D'autre part, l'intégrale peut s'écrire

$$\int x^{m+np}(a+bx^{-n})^p\,dx,$$

et l'on voit qu'on a un nouveau cas d'intégrabilité lorsque $\dfrac{m+np+1}{n}=\dfrac{m+1}{n}+p$ est un nombre entier. En résumé, on peut effectuer l'intégration *lorsque l'un des trois nombres* p, $\dfrac{m+1}{n}$, $\dfrac{m+1}{n}+p$ *est entier*. Ces trois cas sont les seuls où l'intégrale s'exprime au moyen d'un nombre fini de symboles élémentaires lorsque m, n, p sont commensurables.

Pour effectuer l'intégration lorsqu'elle est possible, il est commode de ramener d'abord l'intégrale à une forme plus simple où ne figurent que deux exposants. Posons pour cela $ax^n=bt$; il vient

$$x=\left(\frac{b}{a}\right)^{\frac{1}{n}}t^{\frac{1}{n}}, \qquad dx=\frac{1}{n}\left(\frac{b}{a}\right)^{\frac{1}{n}}t^{\frac{1}{n}-1}\,dt,$$

$$\int x^m(ax^n+b)^p\,dx=\frac{b^p}{n}\left(\frac{b}{a}\right)^{\frac{m+1}{n}}\int t^{\frac{m+1}{n}-1}(1+t)^p\,dt.$$

En faisant abstraction du facteur constant et posant

$$q=\frac{m+1}{n}-1,$$

on est conduit à l'intégrale

$$\int t^q(1+t)^p\,dt,$$

et les cas d'intégrabilité sont les suivants : *l'un des trois nombres* p, q, $p+q$ *doit être un nombre entier.*

Si p est entier et $q=\dfrac{r}{s}$, on posera $t=u^s$; si q est entier et $p=\dfrac{r}{s}$, on posera de même $1+t=u^s$. Enfin, si $p+q$ est entier, on peut écrire l'intégrale

$$\int t^{p+q}\left(\frac{1+t}{t}\right)^p\,dt$$

et l'on n'a qu'à poser $1 + t = tu^s$, en supposant $p = \dfrac{r}{s}$, pour faire disparaître l'irrationalité.

Prenons par exemple l'intégrale

$$\int x \sqrt[3]{1 + x^3}\, dx;$$

on a $m = 1$, $n = 3$, $p = \dfrac{1}{3}$, $\dfrac{m+1}{n} + p = 1$. On est donc dans un cas d'intégrabilité. En posant d'abord $x^3 = t$, on est conduit à la nouvelle intégrale

$$\frac{1}{3} \int \sqrt[3]{\frac{1+t}{t}}\, dt,$$

et il suffira du nouveau changement de variable $1 + t = tu^3$, pour faire disparaître le radical.

105. Réduction des intégrales elliptiques et hyperelliptiques. — Soit $P(x)$ un polynome entier de degré p, premier avec sa dérivée. Une intégrale

$$\int R\left[x, \sqrt{P(x)}\right] dx,$$

où R désigne une fonction rationnelle de x et du radical $y = \sqrt{P(x)}$, ne peut pas en général s'exprimer au moyen des fonctions élémentaires, lorsque le degré de $P(x)$ est supérieur à 2. Ces intégrales, qui sont des cas particuliers des intégrales abéliennes les plus générales, se décomposent en une partie algébrique et logarithmique, et en un certain nombre d'intégrales spéciales qui constituent des transcendantes nouvelles qu'on ne peut exprimer au moyen d'un nombre fini de symboles élémentaires. Nous allons exposer cette réduction.

La fonction rationnelle $R(x, y)$ est le quotient de deux polynomes entiers en x et en y: en remplaçant une puissance paire de y, telle que y^{2q}, par $[P(x)]^q$, et une puissance impaire, telle que y^{2q+1}, par $y[P(x)]^q$, on voit qu'on peut supposer les deux termes de la fraction du premier degré en y,

$$R(x, y) = \frac{A + By}{C + Dy},$$

A, B, C, D étant des polynomes entiers en x. En multipliant les deux termes par $C - Dy$ et remplaçant de nouveau y^2 par $P(x)$, on peut encore écrire

$$R(x, y) = \frac{F - Gy}{k},$$

et l'intégrale considérée se partage en deux autres, dont l'une $\int \frac{F\,dx}{k}$ est l'intégrale d'une fonction rationnelle et dont la seconde $\int \frac{Gy}{k}\,dx$, qui peut s'écrire

$$\int \frac{M\,dx}{N\sqrt{P(x)}},$$

M et N étant deux polynomes entiers en x, doit seule nous occuper. La fraction rationnelle $\frac{M}{N}$ peut être décomposée en une partie entière $E(x)$ et en une somme de termes fractionnaires

$$\frac{M}{N} = E(x) + \frac{A_1}{X_1} + \frac{A_2}{X_2^2} + \ldots + \frac{A_p}{X_p^p},$$

chaque polynome X_i étant premier avec sa dérivée. On n'a donc à considérer que deux sortes d'intégrales

$$Y_m = \int \frac{x^m\,dx}{\sqrt{P(x)}}, \qquad Z_n = \int \frac{A\,dx}{X^n\sqrt{P(x)}}.$$

Les intégrales Y_m s'expriment toutes au moyen des $p - 1$ premières Y_0, Y_1, ..., Y_{p-2}, et de quantités algébriques, si $P(x)$ est de degré p.

Soit, en effet,

$$P(x) = a_0 x^p + a_1 x^{p-1} + \ldots.$$

On a

$$\frac{d}{dx}\left[x^m \sqrt{P(x)} \right] = m x^{m-1} \sqrt{P(x)} + \frac{x^m P'(x)}{2\sqrt{P(x)}}$$

$$= \frac{2 m x^{m-1} P(x) + x^m P'(x)}{2\sqrt{P(x)}};$$

le numérateur est un polynome de degré $m + p - 1$ dont le terme de degré le plus élevé est $(2m + p)a_0 x^{m+p-1}$. Il vient, en intégrant les deux membres de l'égalité précédente,

$$2 x^m \sqrt{P(x)} = (2m + p)a_0 Y_{m-p-1} + \ldots,$$

les termes non écrits contenant les intégrales Y d'indice inférieur à $m+p-1$. Faisons successivement dans cette formule $m=0, 1, 2, \ldots$; nous pourrons calculer de proche en proche $Y_{p-1}, Y_p, \ldots$, au moyen d'un terme algébrique et des $p-1$ intégrales $Y_0, Y_1, \ldots, Y_{p-2}$.

Relativement aux intégrales de la seconde forme, il y a deux cas à distinguer, suivant que X est premier ou non avec $P(x)$.

1° *Si* X *est premier avec* $P(x)$, *l'intégrale* Z_n *se ramène à un terme algébrique, à une somme d'intégrales* Y_k, *et à une nouvelle intégrale*

$$\int \frac{B\,dx}{X\sqrt{P(x)}},$$

où B *est un polynome d'un degré inférieur à celui de* X.

Puisque X est premier avec sa dérivée X' et avec $P(x)$, X^n est premier avec le produit PX'. On peut donc trouver deux polynomes λ et μ tels que l'on ait identiquement $\lambda X^n + \mu X'P = A$, et l'intégrale se partage en deux autres

$$\int \frac{A\,dx}{X^n\sqrt{P(x)}} = \int \frac{\lambda\,dx}{\sqrt{P(x)}} - \int \frac{\mu\sqrt{P}\,X'}{X^n}\,dx.$$

La première partie est une somme d'intégrales Y_i; si $n>1$, on peut intégrer par parties la seconde intégrale en posant

$$\mu\sqrt{P} = u, \qquad v = \frac{-1}{(n-1)X^{n-1}},$$

ce qui donne

$$\int \frac{\mu\sqrt{P}\,X'\,dx}{X^n} = \frac{-\mu\sqrt{P}}{(n-1)X^{n-1}} - \frac{1}{n-1}\int \frac{\mu'P - \mu P'}{2X^{n-1}\sqrt{P(x)}}\,dx.$$

La nouvelle intégrale est de même forme que la première, sauf que l'exposant de X est diminué d'une unité. En continuant la réduction autant de fois que possible, c'est-à-dire tant que l'exposant de X est supérieur à 1, on arrivera à un résultat de la forme

$$\int \frac{A\,dx}{X^n\sqrt{P(x)}} = \int \frac{B\,dx}{X\sqrt{P}} - \int \frac{C\,dx}{\sqrt{P}} + \frac{D\sqrt{P}}{X^{n-1}},$$

B, C, D étant trois polynomes, et l'on peut toujours supposer le premier B de degré inférieur à celui de X.

2° Supposons que X et P aient un diviseur commun D, de façon que $X = YD$, $P = SD$, les polynomes D, S, Y étant premiers entre eux deux à deux. On peut trouver deux polynomes λ, μ tels que $A = \lambda D^n + \mu Y^n$, et, par suite, on peut écrire

$$\int \frac{A\,dx}{X^n \sqrt{P}} = \int \frac{\lambda\,dx}{Y^n \sqrt{P}} + \int \frac{\mu\,dx}{D^n \sqrt{P}}.$$

La première intégrale est de la forme de celles dont on vient de s'occuper; *quant à l'intégrale*

$$\int \frac{\mu\,dx}{D^n \sqrt{P}},$$

où D est un diviseur de P, elle se ramène à un terme algébrique et aux intégrales Y.

En effet, D^n étant premier avec le produit $D'S$, soient λ_1 et μ_1 deux polynomes tels que l'on ait $\lambda_1 D^n + \mu_1 D'S = \mu$: l'intégrale considérée peut s'écrire

$$\int \frac{\mu\,dx}{D^n \sqrt{P}} = \int \frac{\lambda_1\,dx}{\sqrt{P}} + \int \frac{\mu_1 S D'}{D^n \sqrt{P}}\,dx.$$

Écrivons la seconde de ces deux intégrales, en remplaçant P par SD,

$$\int \mu_1 \sqrt{S}\, \frac{D'}{D^{n+\frac{1}{2}}}\,dx,$$

et intégrons par parties en posant

$$u = \mu_1 \sqrt{S}, \qquad v = \frac{-1}{n - \frac{1}{2}}\, \frac{1}{D^{n-\frac{1}{2}}};$$

il vient

$$\int \frac{\mu\,dx}{D^n \sqrt{P}} = \int \frac{\lambda_1\,dx}{\sqrt{P}} - \frac{\mu_1 \sqrt{S}}{\left(n - \frac{1}{2}\right) D^{n-\frac{1}{2}}} + \frac{1}{2n-1} \int \frac{2\mu_1' S + \mu_1 S'}{D^{n-1} \sqrt{P}}\,dx.$$

C'est encore une formule de réduction; mais ici, à cause de l'exposant fractionnaire $n - \frac{1}{2}$, on peut pousser la réduction jusqu'au terme où D ne figure plus qu'à la première puissance au dénominateur et l'on arrive à un résultat de la forme

$$\int \frac{\mu\,dx}{D^n\,\sqrt{P}} = \frac{K\,\sqrt{P}}{D^n} - \int \frac{H\,dx}{\sqrt{P}},$$

H et K étant deux polynomes.

En définitive, toute intégrale $\int \frac{M\,dx}{X\sqrt{P}}$ se ramène à une partie algébrique et à une somme d'intégrales de la forme

$$\int \frac{x^m\,dx}{\sqrt{P}}, \quad \int \frac{X_1\,dx}{X\sqrt{P}},$$

où m est au plus égal à $p - 2$, où X est premier avec sa dérivée X et avec P, et où X_1 est d'un degré inférieur à celui de X. *Cette réduction n'exige que des additions, multiplications et divisions de polynomes.*

Si l'on connaît les racines de l'équation $X = o$, on peut décomposer chacune des fractions rationnelles $\frac{X_1}{X}$ en une somme de fractions simples de la forme

$$\frac{A}{x - a}, \quad \frac{Bx + C}{(x - \alpha)^2 - \beta^2},$$

A, B, C étant des constantes, de sorte qu'on est conduit à deux nouveaux types d'intégrales

$$\int \frac{dx}{(x - a)\sqrt{P(x)}}, \quad \int \frac{(Bx + C)\,dx}{[(x - \alpha)^2 - \beta^2]\sqrt{P(x)}},$$

qu'on peut ramener à un seul, le premier des deux, en convenant d'admettre pour le paramètre a des valeurs imaginaires. Les intégrales de cette forme sont appelées intégrales de *troisième espèce*. On appelle intégrales de *première espèce* les intégrales Y_m, où m est inférieur à $\frac{p}{2} - 1$; les intégrales Y_m, où m est égal ou supérieur à $\frac{p}{2} - 1$, sont les intégrales de *deuxième espèce*. Les intégrales de première espèce possèdent une propriété caractéristique : elles conservent une valeur finie lorsque la limite supérieure de l'intégrale croît indéfiniment ou devient égale à une racine de $P(x)$ (n°s 91, 92, 93). Mais la distinction actuelle entre

les intégrales de deuxième et de troisième espèce ne doit être
acceptée qu'à titre provisoire. La véritable distinction sera faite
plus tard.

Remarque. — Nous n'avons rien supposé jusqu'ici sur le
degré p du polynome $P(x)$. Si ce polynome est de degré impair,
on peut toujours augmenter le degré d'une unité. Soit en effet
$P(x)$ un polynome de degré $2q - 1$

$$P(x) = A_0 x^{2q-1} + A_1 x^{2q-2} + \ldots + A_{2q-1};$$

posons $x = a + \dfrac{1}{y}$, a n'étant pas racine de $P(x)$. Il vient

$$P(x) = P(a) + P'(a)\frac{1}{y} + \ldots + \frac{P^{(2q-1)}(a)}{(2q-1)!}\frac{1}{y^{2q-1}} = \frac{P_1(y)}{y^{2q}},$$

$P_1(y)$ désignant un polynome de degré $2q$. On a par suite

$$\sqrt{P(x)} = \frac{\sqrt{P_1(y)}}{y^q},$$

et toute intégrale qui contient rationnellement x et $\sqrt{P(x)}$ se
change en une intégrale d'une fonction rationnelle de y et
de $\sqrt{P_1(y)}$.

Inversement, si l'on a sous le radical un polynome $P(x)$ de
degré pair $2q$, on peut abaisser d'une unité le degré de ce polynome, *pourvu qu'on en connaisse une racine.* Soit en effet a
une racine de l'équation $P(x) = o$; en posant $x = a + \dfrac{1}{y}$, il vient

$$P(x) = P'(a)\frac{1}{y} + \ldots + \frac{P^{(2q)}(a)}{(2q)!}\frac{1}{y^{2q}} = \frac{P_1(y)}{y^{2q}},$$

$P_1(y)$ étant de degré $2q - 1$, et l'on a par suite

$$\sqrt{P(x)} = \frac{\sqrt{P_1(y)}}{y^q}.$$

La nouvelle intégrale ne contiendra d'autre irrationnalité que
$\sqrt{P_1(y)}$ sous le signe d'intégration.

106. Cas d'intégration algébrique. — On peut obtenir par un calcul
plus direct la formule finale qui exprime toute intégrale $\displaystyle\int \frac{M}{N}\frac{dx}{\sqrt{P}}$, sans

passer par tous les intermédiaires qui ont été employés. Soient V le plus grand commun diviseur du polynome N et de sa dérivée, W le plus grand commun diviseur des deux polynomes N et P, et enfin U le quotient de N par le produit VW. D'après ce qui a été démontré au numéro précédent, l'intégrale considérée est égale à une partie algébrique de la forme $\dfrac{Q\sqrt{P}}{VW}$, augmentée d'un certain nombre d'intégrales Y_i, et d'une intégrale $\displaystyle\int \dfrac{S\,dx}{U\sqrt{P}}$, Q et S étant deux polynomes. Comme toute expression $F(x,\sqrt{P})$, où $F(x)$ est un polynome, est une somme d'intégrales Y_i, on peut écrire

$$\int \frac{M\,dx}{N\sqrt{P}} = \int \frac{T\,dx}{\sqrt{P}} - \frac{Q\sqrt{P}}{VW} + \int \frac{S\,dx}{U\sqrt{P}},$$

le degré de Q étant inférieur au degré de VW, et le degré de S inférieur au degré de U. Les trois polynomes U, V, W s'obtiennent par des opérations rationnelles; il en est de même des trois polynomes Q, S, T. En effet, en égalant les dérivées des deux membres de la formule précédente et multipliant par $N\sqrt{P}$, il vient

$$M = TN + Q'PU + \frac{1}{2}P'QU - QP\frac{UW'}{W} - QP\frac{UV'}{V} - SVW,$$

et l'on a une limite supérieure du degré de T en observant que le degré de TN est au plus égal au plus haut degré de tous les autres termes. Ayant ainsi obtenu une limite supérieure du degré des polynomes Q, S, T, on déterminera leurs coefficients par un calcul d'identification. On est assuré à l'avance que les équations trouvées sont compatibles, puisque cette décomposition est possible. L'intégrale $\displaystyle\int \frac{T\,dx}{\sqrt{P}}$ peut à son tour se décomposer en une partie algébrique et une combinaison linéaire des $p-1$ intégrales $Y_0, \ldots, Y_{p-2}$. On peut donc toujours, par des opérations rationnelles, mettre l'intégrale proposée sous la forme

$$\int \frac{M}{N\sqrt{P}}\,dx = R(x)\sqrt{P} - \int \frac{T_1\,dx}{\sqrt{P}} + \int \frac{S\,dx}{U\sqrt{P}},$$

le degré de T_1 étant au plus égal à $p-2$, et celui de S étant inférieur au degré de U. $R(x)$ désignant une fonction rationnelle.

Pour que l'intégrale soit une fonction algébrique, il faut et il suffit que les deux polynomes T_1 et S soient nuls. Toute intégrale $\displaystyle\int R(x, \sqrt{P})\,dx$ se décomposant en une intégrale de fonction rationnelle et une intégrale de la forme précédente, on peut donc toujours, par des opérations rationnelles, reconnaître si cette intégrale est une fonction algébrique et dans ce cas l'obtenir explicitement.

107. Intégrales elliptiques. — Lorsque le polynome $P(x)$ est du second degré, la méthode de réduction générale qui vient d'être exposée permet de ramener l'intégration d'une fonction rationnelle de x et de $\sqrt{P(x)}$ au calcul des intégrales

$$\int \frac{dx}{\sqrt{P(x)}}, \quad \int \frac{dx}{(x-a)\sqrt{P(x)}},$$

qu'on a appris à calculer directement en Algèbre.

Le cas le plus simple après celui-là est celui des intégrales elliptiques, où $P(x)$ est du troisième ou du quatrième degré; les deux cas se ramènent d'ailleurs l'un à l'autre, comme nous venons de le voir. Soit donc $P(x)$ un polynome du quatrième degré, n'ayant que des facteurs linéaires simples, et à coefficients réels; nous allons d'abord montrer qu'on peut toujours, par une substitution linéaire *réelle*, le ramener à un polynome n'ayant que des termes de degré pair.

Soient a, b, c, d les quatre racines de $P(x) = o$. Il existe une relation d'involution

$$(7) \qquad L x' x'' + M(x' + x'') + N = o,$$

qui est vérifiée par $x' = a$, $x'' = b$ et par $x' = c$, $x'' = d$. On a, pour déterminer les coefficients L, M, N, les deux relations

$$L ab + M(a + b) + N = o,$$
$$L cd + M(c + d) + N = o,$$

et l'on voit qu'on peut prendre

$$L = a + b - c - d, \qquad M = cd - ab, \qquad N = ab(c + d) - cd(a + b).$$

Appelons α et β les points doubles de l'involution précédente, c'est-à-dire les racines de l'équation

$$L u^2 + 2 M u + N = o;$$

la condition de réalité de ces racines

$$(cd - ab)^2 - (a + b - c - d)[ab(c + d) - cd(a + b)] > o$$

peut s'écrire, comme le prouve un calcul facile,

$$(8) \qquad (a - c)(a - d)(b - c)(b - d) > o.$$

On peut toujours s'arranger de façon que cette condition soit vérifiée. Si les quatre racines a, b, c, d sont réelles, il suffira de prendre pour a et b les deux plus grandes; les quatre facteurs de (8) sont alors positifs. Si l'équation $P(x) = 0$ a deux racines réelles seulement, on prendra pour a et b ces deux racines réelles et pour c et d les deux racines imaginaires conjuguées; les facteurs $a - c$ et $a - d$ sont alors des imaginaires conjuguées, ainsi que $b - c$ et $b - d$. Enfin, si les quatre racines sont imaginaires, on prendra pour a et b deux racines conjuguées, et pour c et d les deux autres racines conjuguées. Les quatre facteurs de (8) sont encore conjugués deux à deux. D'ailleurs les valeurs correspondantes de L, M, N sont réelles.

Cela posé, observons que la relation (7) peut s'écrire

$$(9) \qquad \frac{x' - \alpha}{x' - \beta} + \frac{x'' - \alpha}{x'' - \beta} = 0;$$

si nous posons $\dfrac{x - \alpha}{x - \beta} = y$, ou $x = \dfrac{\beta y - \alpha}{y - 1}$, il vient

$$P(x) = \frac{P_1(y)}{(y - 1)^4},$$

$P_1(y)$ étant un nouveau polynome du quatrième degré à coefficients réels dont les racines sont

$$\frac{a - \alpha}{a - \beta}, \quad \frac{b - \alpha}{b - \beta}, \quad \frac{c - \alpha}{c - \beta}, \quad \frac{d - \alpha}{d - \beta}.$$

D'après la formule (9), ces quatre racines vérifient par couples la relation $y' + y'' = 0$; le polynome $P_1(y)$ n'a donc que des termes de degré pair.

Si les quatre racines a, b, c, d vérifient la relation $a + b = c + d$, on a $L = 0$, et l'un des points doubles de l'involution s'en va à l'infini. En posant $\alpha = -\dfrac{N}{2M}$, l'équation (7) peut s'écrire

$$x' - \alpha + x'' - \alpha = 0,$$

et il suffira de poser $x = \alpha + y$, pour obtenir un polynome n'ayant que des termes de degré pair.

Nous pouvons donc supposer $P(x)$ ramené à la forme canonique

$$P(x) = A_0 x^4 + A_1 x^2 + A_2;$$

toute intégrale elliptique se ramène alors, abstraction faite d'un terme algébrique et de l'intégrale d'une fonction rationnelle, aux intégrales

$$\int \frac{dx}{\sqrt{A_0 x^4 + A_1 x^2 + A_2}}, \quad \int \frac{x\,dx}{\sqrt{A_0 x^4 + A_1 x^2 + A_2}}, \quad \int \frac{x^2\,dx}{\sqrt{A_0 x^4 + A_1 x^2 + A_2}},$$

et à des intégrales de la forme

$$\int \frac{dx}{(x-a)\sqrt{A_0 x^4 + A_1 x^2 + A_2}}.$$

L'intégrale

$$u = \int_{x_0}^{x} \frac{dx}{\sqrt{A_0 x^4 + A_1 x^2 + A_2}}$$

est l'intégrale elliptique de première espèce; si l'on considère inversement x comme fonction de u, on a une *fonction elliptique*. La seconde intégrale se ramène à une intégrale élémentaire en posant $x^2 = u$. La troisième intégrale

$$\int \frac{x^2\,dx}{\sqrt{A_0 x^4 + A_1 x^2 + A_2}}$$

est l'intégrale de seconde espèce de Legendre. Enfin on peut écrire

$$\int \frac{dx}{(x-a)\sqrt{P(x)}} = \int \frac{x\,dx}{(x^2-a^2)\sqrt{P(x)}} + a \int \frac{dx}{(x^2-a^2)\sqrt{P(x)}};$$

l'intégrale

$$\int \frac{dx}{(x^2+h)\sqrt{A_0 x^4 + A_1 x^2 + A_2}}$$

est l'intégrale de troisième espèce de Legendre.

Les intégrales elliptiques ont été appelées ainsi, parce qu'on les a d'abord rencontrées dans le problème de la rectification de l'ellipse. Soient

$$x = a\cos\varphi, \qquad y = b\sin\varphi$$

les coordonnées d'un point d'une ellipse; on a

$$ds^2 = dx^2 + dy^2 = (a^2 \sin^2\varphi + b^2 \cos^2\varphi)\,d\varphi^2,$$

ce qu'on peut encore écrire, en posant $a^2 - b^2 = e^2 a^2$,

$$ds = a \sqrt{1 - e^2 \cos^2 \varphi}\, d\varphi,$$

et l'intégrale qui représente un arc d'ellipse devient, en posant $\cos \varphi = t$,

$$s = a \int \frac{\sqrt{1 - e^2 t^2}}{\sqrt{1 - t^2}}\, dt = a \int \frac{1 - e^2 t^2}{\sqrt{(1 - t^2)(1 - e^2 t^2)}}\, dt;$$

un arc d'ellipse s'exprime, comme l'on voit, par la somme d'une intégrale de première espèce et d'une intégrale de seconde espèce.

Prenons encore la lemniscate représentée par les équations

$$x = a^2 \frac{t(t^2 + a^2)}{t^4 + a^4}, \qquad y = a^2 \frac{t(t^2 - a^2)}{t^4 + a^4};$$

on trouve, en faisant le calcul, qu'on a

$$ds^2 = dx^2 + dy^2 = \frac{2 a^4}{t^4 + a^4}\, dt^2.$$

L'arc de la lemniscate s'exprime donc par une intégrale elliptique de première espèce [1].

108. Intégrales pseudo-elliptiques. — Il arrive quelquefois qu'une intégrale $\int F[x, \sqrt{P(x)}]\, dx$, où $P(x)$ est un polynome du troisieme ou du quatrième degré, peut s'exprimer au moyen d'une fonction algébrique et d'une somme de logarithmes de fonctions algébriques, en nombre fini; de pareilles intégrales sont dites *pseudo-elliptiques*. Voici un cas assez étendu où il en est ainsi. *Soit*

$$(10) \qquad L x' x'' + M(x' + x'') + N = 0$$

une relation d'involution faisant correspondre deux à deux les quatre racines de l'équation du quatrième degré $P(x) = 0$; *si la fonction rationnelle* $f(x)$ *est telle qu'on ait identiquement*

$$(11) \qquad f(x) + f\left(- \frac{M x - N}{L x - M}\right) = 0.$$

l'intégrale $\int \dfrac{f(x)\, dx}{\sqrt{P(x)}}$ *est pseudo-elliptique.*

---

[1] Cette propriété appartient à toute une classe de courbes découvertes par Serret (*Cours de Calcul différentiel et intégral*, t. II, p. 264).

Soient α, β les points doubles de l'involution; la relation (10) peut s'écrire, comme on l'a déjà remarqué,

$$(12) \qquad \frac{x'-\alpha}{x'-\beta} + \frac{x''-\alpha}{x''-\beta} = 0.$$

Cela étant, faisons dans l'intégrale la substitution $\dfrac{x-\alpha}{x-\beta} = y$: il vient

$$dx = \frac{(\alpha-\beta)\,dy}{(1-y)^2}, \qquad \mathrm{P}(x) = \frac{\mathrm{P}_1(y)}{(1-y)^4},$$

et par suite

$$\frac{dx}{\sqrt{\mathrm{P}(x)}} = \frac{(\alpha-\beta)\,dy}{\sqrt{\mathrm{P}_1(y)}},$$

$\mathrm{P}_1(y)$ étant un polynome du quatrième degré qui ne renferme que les puissances paires de y (n° 107). Quant à la fraction rationnelle $f(x)$, elle se change en une fraction rationnelle $\varphi(y)$, telle qu'on ait identiquement $\varphi(y) + \varphi(-y) = 0$: car, si deux valeurs de x sont liées par la relation (12), les valeurs correspondantes y', y'' de y vérifient la relation $y' + y'' = 0$. On voit donc que la fonction $\varphi(y)$ est de la forme $y\psi(y^2)$, ψ étant une fonction rationnelle de y^2; l'intégrale proposée devient par conséquent

$$\int \frac{y\,\psi(y^2)\,dy}{\sqrt{\mathrm{A}_0\,y^4 + \mathrm{A}_1\,y^2 + \mathrm{A}_2}},$$

et il suffit de poser $y^2 = z$ pour être ramené à une intégrale élémentaire. La proposition est donc établie, et l'on a de plus le moyen d'effectuer la réduction.

Le théorème est encore vrai si le polynome $\mathrm{P}(x)$ est du troisième degré, pourvu qu'on regarde une des racines de ce polynome comme infinie. La démonstration est tout à fait semblable à la précédente.

Par exemple, si l'équation $\mathrm{P}(x) = 0$ est une équation réciproque, une des relations d'involution qui permutent les racines deux à deux est $x'x'' = 1$. Par suite, si une fonction rationnelle $f(x)$ est telle qu'on ait identiquement $f(x) + f\left(\dfrac{1}{x}\right) = 0$, l'intégrale $\displaystyle\int \frac{f(x)\,dx}{\sqrt{\mathrm{P}(x)}}$ est pseudo elliptique, et il suffit de poser successivement $\dfrac{x-1}{x+1} = y$, puis $y^2 = z$, pour être ramené à une intégrale élémentaire.

Supposons encore que $\mathrm{P}(x)$ soit un polynome du troisième degré

$$\mathrm{P}(x) = x(x-1)\left(x - \frac{1}{k^2}\right);$$

nous poserons $a = \infty$, $b = 0$, $c = 1$, $d = \dfrac{1}{k^2}$. Il existe trois relations d'involution permutant ces racines deux à deux,

$$x' = \frac{1}{k^2 x''}, \qquad x' = \frac{1 - k^2 x''}{k^2(1 - x'')}, \qquad x' = \frac{1 - x''}{1 - k^2 x''};$$

si donc une fonction rationnelle $f(x)$ satisfait à l'une des relations

$$f(x) + f\left(\frac{1}{k^2 x}\right) = 0, \qquad f(x) + f\left[\frac{1 - k^2 x}{k^2(1 - x)}\right] = 0,$$

$$f(x) + f\left(\frac{1 - x}{1 - k^2 x}\right) = 0,$$

l'intégrale

$$\int \frac{f(x)\, dx}{\sqrt{x(1 - x)(1 - k^2 x)}}$$

est pseudo-elliptique. De celles-là on peut en déduire de nouvelles. Par exemple, en posant $x = z^2$, l'intégrale précédente devient

$$\int \frac{2 f(z^2)\, dz}{\sqrt{(1 - z^2)(1 - k^2 z^2)}}$$

et l'on en conclut que cette nouvelle intégrale est aussi pseudo-elliptique, si $f(z^2)$ satisfait à l'une des relations

$$f(z^2) + f\left(\frac{1}{k^2 z^2}\right) = 0, \qquad f(z^2) + f\left[\frac{1 - k^2 z^2}{k^2(1 - z^2)}\right] = 0,$$

$$f(z^2) + f\left(\frac{1 - z^2}{1 - k^2 z^2}\right) = 0;$$

le premier cas avait déjà été remarqué par Euler [1].

109. Intégration de quelques fonctions transcendantes. — Considérons un produit d'un nombre quelconque de facteurs de la forme $\cos(ax + b)$, a et b étant des constantes, et un même facteur pouvant figurer plusieurs fois dans le produit. La formule

$$\cos u \cos v = \frac{\cos(u + v)}{2} + \frac{\cos(u - v)}{2}$$

remplace un produit de deux facteurs de cette espèce par une somme de deux cosinus de fonctions linéaires de x, et un produit de n facteurs par la somme de deux produits de $(n - 1)$ facteurs. En appliquant la même formule autant de fois qu'il est nécessaire, on arrivera à remplacer le produit considéré par une somme telle

---

[1] *Voir* le *Cours* lithographié de M. Hermite (4ᵉ édit., p. 55-58).

que $\Sigma H \cos(A x + B)$, dont chaque terme s'intègre immédiatement: si A n'est pas nul, on a

$$\int \cos(A x + B) \, dx = \frac{\sin(A x + B)}{A} + C,$$

et, dans le cas particulier où $A = 0$, $\int \cos B \, dx = x \cos B + C.$

Cette transformation s'applique en particulier aux produits

$$\cos^m x \sin^n x,$$

qu'on peut écrire

$$\cos^m x \cos^n \left(\frac{\pi}{2} - x \right),$$

lorsque m et n sont deux nombres entiers positifs; en appliquant le procédé précédent, on remplace ce produit par une somme de sinus et de cosinus de multiples de l'arc, et l'intégration est immédiate.

Considérons encore les intégrales

$$\int e^{ax} f(\sin x, \cos x) \, dx,$$

où f est une fonction *entière* de $\sin x$ et de $\cos x$. Un terme quelconque de cette intégrale est de la forme

$$\int e^{ax} \sin^m x \cos^n x \, dx,$$

m et n étant des nombres entiers et positifs. D'après ce qu'on vient de dire, le produit $\sin^m x \cos^n x$ peut être remplacé par une somme de sinus ou de cosinus de multiples de x, et l'on n'a en définitive que deux types d'intégrales à étudier,

$$\int e^{ax} \cos b x \, dx, \qquad \int e^{ax} \sin b x \, dx.$$

En intégrant par parties chacune de ces intégrales, il vient

$$\int e^{ax} \cos b x \, dx = \frac{e^{ax} \sin b x}{b} - \frac{a}{b} \int e^{ax} \sin b x \, dx,$$

$$\int e^{ax} \sin b x \, dx = - \frac{e^{ax} \cos b x}{b} + \frac{a}{b} \int e^{ax} \cos b x \, dx,$$

et l'on tire de ces relations

$$\int e^{ax}\cos b\,x\,dx = \frac{e^{ax}(a\cos b\,x - b\sin b\,x)}{a^2 + b^2},$$

$$\int e^{ax}\sin b\,x\,dx = \frac{e^{ax}(a\sin b\,x - b\cos b\,x)}{a^2 + b^2}.$$

Parmi les intégrales qu'on peut ramener aux précédentes, citons encore les types suivants :

$$\int f(\log x)\,x^m\,dx, \qquad \int f(\arcsin x)\,dx,$$

$$\int f(x)\arcsin x\,dx, \qquad \int f(x)\arctan x\,dx.$$

où f désigne une fonction entière. Dans les deux premières, on prendra pour nouvelle variable $\log x$ ou $\arcsin x$; dans les deux dernières, on appliquera d'abord une intégration par parties en considérant $f(x)\,dx$ comme la différentielle d'un polynôme $F(x)$, ce qui conduira à des types déjà étudiés.

II. — CALCUL APPROCHÉ DES INTÉGRALES DÉFINIES.

110. Généralités. — Quand on ne connaît pas de fonction primitive de $f(x)$, on a recours à des méthodes d'approximation pour trouver la valeur approchée de l'intégrale définie $\int_a^b f(x)\,dx$. Le théorème de la moyenne fournit deux limites entre lesquelles est comprise cette intégrale, et l'on peut, par un procédé analogue, en trouver une infinité d'autres. Supposons que, x variant de a à $b\,(a < b)$, on ait constamment $\varphi(x) < f(x) < \psi(x)$; il est évident qu'on aura aussi

$$\int_a^b \varphi(x)\,dx < \int_a^b f(x)\,dx < \int_a^b \psi(x)\,dx;$$

si l'on a choisi, pour les fonctions $\varphi(x)$ et $\psi(x)$ les dérivées de deux fonctions connues, on obtiendra de cette façon deux limites entre lesquelles sera comprise la valeur de l'intégrale considérée. Prenons, par exemple, l'intégrale

$$I = \int_0^1 \frac{dx}{\sqrt{1 - x^6}};$$

on peut écrire $\sqrt{1-x^4} = \sqrt{1-x^2}\sqrt{1+x^2}$, et, x variant de 0 à 1, $\sqrt{1+x^2}$ reste compris entre 1 et $\sqrt{2}$. L'intégrale cherchée est donc comprise entre les deux intégrales

$$\frac{1}{\sqrt{2}}\int_0^1 \frac{dx}{\sqrt{1-x^2}}, \qquad \int_0^1 \frac{dx}{\sqrt{1-x^2}},$$

c'est-à-dire entre $\dfrac{\pi}{2\sqrt{2}}$ et $\dfrac{\pi}{2}$. On peut trouver deux limites plus rapprochées en observant que $(1+x^2)^{-\frac{1}{2}}$ est plus grand que $1-\dfrac{x^2}{2}$, comme le montre le développement de $(1+u)^{-\frac{1}{2}}$ par la formule de Taylor, limitée aux deux premiers termes. L'intégrale I est donc supérieure à

$$\int_0^1 \frac{dx}{\sqrt{1-x^2}} - \frac{1}{2}\int_0^1 \frac{x^2\,dx}{\sqrt{1-x^2}};$$

la dernière intégrale a pour valeur $\dfrac{\pi}{4}$, et, par suite, I est compris entre $\dfrac{3\pi}{8}$ et $\dfrac{\pi}{2}$.

Il est clair qu'on n'obtient de cette façon que des indications sur la valeur exacte de l'intégrale. Pour avoir des valeurs plus approchées, on partagera l'intervalle (a, b) en intervalles plus petits à chacun desquels on appliquera la formule de la moyenne. Pour fixer les idées, supposons que $f(x)$ aille constamment en croissant depuis a jusqu'à b. Divisons l'intervalle (a, b) en n parties égales $(b-a = nh)$; d'après la définition même de l'intégrale, $\int_a^b f(x)\,dx$ est comprise entre les deux sommes

$$s = h\{f(a) + f(a+h) + \ldots + f[a+(n-1)h]\},$$
$$S = h[f(a+h) + f(a+2h) + \ldots + f(a+nh)].$$

En prenant pour valeur de l'intégrale $\dfrac{S+s}{2}$, l'erreur commise est certainement inférieure à $S - s = \dfrac{b-a}{n}[f(b) - f(a)]$. La valeur $\dfrac{S+s}{2}$ peut s'écrire

$$h\left\{ \frac{f(a) + f(a+h)}{2} + \frac{f(a+h) + f(a+2h)}{2} + \ldots + \frac{f[a+(n-1)h] + f(a+nh)}{2} \right\};$$

si l'on observe que $\frac{h}{2}\{f(a+ih)+f[a+(i-1)h]\}$ représente l'aire du trapèze qui aurait pour hauteur h et pour bases $f(a+ih)$ et $f(a+ih+h)$, on voit que la méthode revient à remplacer l'aire de la courbe $y=f(x)$, comprise entre deux ordonnées voisines, par l'aire du trapèze rectiligne ayant pour bases ces deux ordonnées. La méthode est pratique, quand on n'a pas besoin d'une grande approximation.

Prenons, par exemple, l'intégrale $\displaystyle\int_0^1 \frac{dx}{1+x^2}$; si l'on prend $n=4$, on a pour valeur approchée de l'intégrale

$$\frac{1}{4}\left(\frac{1}{2}+\frac{16}{17}+\frac{4}{5}+\frac{16}{25}+\frac{1}{4}\right)=0,7827\ldots,$$

et l'erreur commise est moindre que $\frac{1}{16}=0,0625$. On en déduit une valeur approchée de π qui a une décimale exacte 3,1308.

Si la fonction $f(x)$ ne varie pas dans le même sens lorsque x croît de a à b, on partage cet intervalle en plusieurs autres pour lesquels cette condition soit satisfaite.

111. Interpolation. — Voici une autre méthode pour évaluer l'intégrale $\displaystyle\int_a^b f(x)\,dx$: On fait passer une courbe parabolique d'ordre n

$$y=\varphi(x)=a_0+a_1 x+\ldots+a_n x^n$$

par $(n+1)$ points $B_0, B_1, \ldots, B_n$ pris sur la courbe $y=f(x)$, entre les deux points d'abscisses a et b, et l'on prend pour valeur approchée de l'intégrale à évaluer la valeur de l'intégrale définie $\displaystyle\int_a^b \varphi(x)\,dx$, qu'il est facile de calculer.

Soient (x_0, y_0), (x_1, y_1), $\ldots$, (x_n, y_n) les coordonnées des $(n+1)$ points $B_0, B_1, \ldots, B_n$. Le polynome $\varphi(x)$ est donné par la formule d'interpolation de Lagrange

$$\varphi(x)=y_0 X_0+y_1 X_1+\ldots+y_i X_i+\ldots+y_n X_n,$$

où le coefficient X_i de y_i

$$X_i=\frac{(x-x_0)\ldots(x-x_{i-1})(x-x_{i+1})\ldots(x-x_n)}{(x_i-x_0)\ldots(x_i-x_{i-1})(x_i-x_{i+1})\ldots(x_i-x_n)}$$

est un polynome de degré n qui s'annule pour les valeurs données x_0, x_1, ..., x_n, sauf pour $x = x_i$, et qui est égal à un pour $x = x_i$. On a donc

$$\int_a^b \varphi(x)\,dx = \sum_{i=0}^{1} y_i \int_a^b X_i\,dx ;$$

or, nous pouvons écrire

$$x_0 = a + \theta_0(b-a), \quad x_1 = a + \theta_1(b-a), \quad \ldots, \quad x_n = a + \theta_n(b-a),$$

θ_0, θ_1, ..., θ_n étant des nombres croissant avec l'indice entre o et 1 ; en faisant le changement de variable $x = a + (b-a)t$, la valeur approchée de l'intégrale prend la forme

$$(13) \qquad (b-a)(K_0 y_0 + K_1 y_1 + \ldots + K_n y_n),$$

où l'on a posé

$$K_i = \int_0^1 \frac{(t - \theta_0)\ldots(t - \theta_{i-1})(t - \theta_{i+1})\ldots(t - \theta_n)}{(\theta_i - \theta_0)\ldots(\theta_i - \theta_{i-1})(\theta_i - \theta_{i+1})\ldots(\theta_i - \theta_n)}\,dt.$$

Si, quelle que soit la fonction $f(x)$, on décompose l'intervalle (a, b) en intervalles plus petits dans un rapport constant, les nombres θ_0, θ_1, ..., θ_n et, par suite, les coefficients K_i sont indépendants de $f(x)$. Ces coefficients étant calculés une fois pour toutes, on n'a plus qu'à remplacer y_0, y_1, ..., y_n par leurs valeurs correspondantes dans la formule (13).

Lorsque la courbe $y = f(x)$, dont on veut avoir l'aire, est donnée graphiquement, il est commode de diviser l'intervalle (a, b) en parties égales. et l'on n'a plus qu'à mesurer sur cette courbe des ordonnées équidistantes. Si l'on divise en deux parties égales, on doit prendre $\theta_0 = 0$, $\theta_1 = \frac{1}{2}$, $\theta_2 = 1$. ce qui donne pour valeur approchée de l'intégrale

$$I = \frac{b-a}{6}(y_0 + 4y_1 + y_2).$$

On trouve de même, pour $n = 3$.

$$I = \frac{b-a}{8}(y_0 + 3y_1 + 3y_2 + y_3)$$

et, pour $n = 4$,

$$I = \frac{b-a}{90}(7y_0 + 32y_1 + 12y_2 + 32y_3 + 7y_4).$$

La méthode précédente est due à Côtes. Celle de Simpson est un peu différente. Imaginons l'intervalle (a, b) divisé en $2n$ parties égales, et soient $y_0, y_1, y_2, \ldots, y_{2n}$ les ordonnées correspondant aux points de division. Si l'on applique la première formule de Côtes à l'aire comprise entre deux ordonnées d'indice pair consécutives, telles que y_0 et y_2, y_2 et y_4, ..., on trouve pour valeur de l'aire totale à évaluer

$$I = \frac{b-a}{6n}[(y_0 + 4y_1 + y_2) + (y_2 + 4y_3 + y_4) + \ldots + (y_{2n-2} + 4y_{2n-1} + y_{2n})]$$

et, en réduisant, on est conduit à la formule de Simpson

$$I = \frac{b-a}{6n}[y_0 + y_{2n} + 2(y_2 + y_4 + \ldots + y_{2n-2}) + 4(y_1 + y_3 + \ldots + y_{2n-1})].$$

112. Méthode de Gauss. — Dans la méthode de Gauss, on prend d'autres valeurs pour les quantités θ_i. Voici comment on y est conduit : Admettons qu'on puisse trouver des polynomes de degrés croissants, qui diffèrent de moins en moins de la fonction à intégrer $f(x)$, dans l'intervalle (a, b). Admettons, par exemple, qu'on ait

$$f(x) = \alpha_0 + \alpha_1 x + \alpha_2 x^2 + \ldots + \alpha_{2n-1} x^{2n-1} + R_{2n}(x),$$

le reste $R_{2n}(x)$ étant moindre en valeur absolue qu'un nombre fixe positif ε_n pour toutes les valeurs de x comprises entre a et b [1]; nous ne connaissons pas en général les coefficients α_i, mais ils n'interviennent pas, comme on va le voir, dans le calcul. Soient maintenant $x_0, x_1, \ldots, x_{n-1}$ des valeurs de x comprises entre a et b, et $\varphi(x)$ le polynome de degré $n-1$, qui prend les mêmes valeurs que $f(x)$ pour les valeurs $x_0, x_1, x_2, \ldots, x_{n-1}$. La formule d'interpolation de Lagrange montre que ce polynome peut

---

[1] C'est une propriété générale des fonctions continues dans l'intervalle (a, b), d'après un théorème de Weierstrass. (*Voir* Chap. IX.)

s'écrire

$$\varphi(x) = \sum_{m=0}^{2n-1} \alpha_m \varphi_m(x) + R_{2n}(x_0)\Psi_0(x) + \ldots + R_{2n}(x_{n-1})\Psi_{n-1}(x),$$

φ_m et Ψ_k étant des polynomes de degré $n-1$ au plus. Il est visible que le polynome $\varphi_m(x)$ ne dépend que des valeurs choisies x_0, x_1, ..., x_{n-1}. D'autre part, ce polynome $\varphi_m(x)$ doit prendre les mêmes valeurs que x^m pour $x = x_0$, $x = x_1$, ..., $x = x_{n-1}$; car, si l'on supposait tous les α_i nuls, sauf α_m, ainsi que $R_{2n}(x)$, $f(x)$ se réduirait à $\alpha_m x^m$ et $\varphi(x)$ à $\alpha_m \varphi_m(x)$. La différence $x^m - \varphi_m(x)$ doit donc être divisible par le produit

$$P_n(x) = (x - x_0)(x - x_1)\ldots(x - x_{n-1}),$$

et l'on doit avoir $x^m - \varphi_m(x) = P_n Q_{m-n}(x)$, $Q_{m-n}(x)$ étant un polynome de degré $m-n$, si $m \geq n$, et $x^m - \varphi_m(x) = 0$, si m est $\leq n-1$. Cela posé, l'erreur commise en remplaçant $\int_a^b f(x)\,dx$ par $\int_a^b \varphi(x)\,dx$ est égale à

$$(14) \qquad \sum_{m=0}^{n-1} \alpha_m \int_a^b [x^m - \varphi_m(x)]\,dx + \int_a^b R_{2n}(x)\,dx - \sum_{i=0}^{n-1} R_{2n}(x_i) \int_a^b \Psi_i(x)\,dx.$$

Les termes qui dépendent des coefficients α_0, α_1, ..., α_{n-1} sont identiquement nuls, et l'on voit que l'erreur commise dépend uniquement des coefficients α_n, α_{n+1}, ..., α_{2n-1} et du reste $R_{2n}(x)$. Or, en général, ce reste R_{2n} est très petit par rapport aux coefficients α_n, α_{n+1}, ..., α_{2n-1}; on aura donc de grandes chances pour augmenter l'approximation, si l'on peut disposer de x_0, x_1, ..., x_{n-1}, de façon que les termes qui dépendent de α_n, α_{n+1}, ..., α_{2n-1} soient nuls aussi. Pour qu'il en soit ainsi, il faut et il suffit que les n intégrales

$$\int_a^b P_n Q_0\,dx, \qquad \int_a^b P_n Q_1\,dx, \qquad \ldots \qquad \int_a^b P_n Q_{n-1}\,dx$$

soient nulles, Q_i étant un polynome de degré i. Nous avons vu plus haut (n° 90) qu'on satisfait à ces conditions en prenant

$$P_n = \frac{d^n}{dx^n}\left[(x-a)^n(x-b)^n\right];$$

il suffira donc de prendre pour x_0, x_1, ..., x_{n-1} les n racines de l'équation $P_n = 0$, racines qui sont bien comprises entre a et b.

Lorsqu'on a $a = -1$, $b = +1$, cas auquel on peut ramener tous les autres par la substitution $x = \frac{b+a}{2} + \frac{b-a}{2}t$, les valeurs x_0, x_1, ..., x_{n-1} sont les racines du polynome de Legendre $X_n = 0$. On trouvera, dans le *Traité de Calcul intégral* de M. Bertrand (p. 342), les valeurs de ces racines, ainsi que des coefficients K_i de la formule (13), jusqu'à $n = 5$, avec 7 et 8 décimales.

L'erreur commise dans la méthode de Gauss est égale à

$$\int_a^b R_{2n}(x)\,dx - \sum_{i=0}^{n-1} R_{2n}(x_i) \int_a^b \Psi_i(x)\,dx;$$

les fonctions $\Psi_i(x)$ ne dépendent pas de la fonction dont on cherche l'intégrale. Pour avoir une limite de l'erreur commise, il suffit donc de connaître une limite de $R_{2n}(x)$, c'est-à-dire de savoir avec quelle approximation la fonction $f(x)$ peut être représentée par un polynome de degré $2n-1$ dans l'intervalle (a, b), sans qu'il soit nécessaire de connaître ce polynome.

113. Planimètre d'Amsler. — On a imaginé un grand nombre d'appareils pour mesurer, par des moyens mécaniques, l'aire d'une courbe plane ([1]). Un des plus ingénieux est le planimètre d'Amsler, dont la théorie offre une application intéressante des intégrales curvilignes.

Considérons une droite rigide mobile dans un plan, et les aires $\mathcal{A}_1$, $\mathcal{A}_2$ des courbes décrites par deux points A_1, A_2 de cette droite, lorsque, dans son mouvement, elle revient à sa position initiale au bout d'un certain temps. Soient (x_1, y_1), (x_2, y_2) les coordonnées des deux points A_1, A_2, dans un système d'axes rectangulaires, l la distance des deux points, et θ l'angle que fait avec Ox la direction A_1A_2. Pour définir le mouvement de la droite, il faut supposer que x_1, y_1 et θ sont des fonctions périodiques

---

([1]) On en trouvera la description dans un Ouvrage de M. ABDANK-ABAKANO-WICS : *Les intégrales, la courbe intégrale et ses applications.* Gauthier-Villars. 1886.

d'une certaine variable indépendante t, qui reprennent les mêmes valeurs lorsque t augmente de T. On a $x_2 = x_1 + l \cos\theta$, $y_2 = y_1 + l \sin\theta$, et, par suite,

$$x_2\, dy_2 - y_2\, dx_2 = x_1\, dy_1 - y_1\, dx_1 + l^2\, d\theta$$
$$+ l(\cos\theta\, dy_1 - \sin\theta\, dx_1 + x_1 \cos\theta\, d\theta + y_1 \sin\theta\, d\theta).$$

En désignant par $\mathcal{A}_1$, $\mathcal{A}_2$ les aires des courbes décrites par les points A_1, A_2, ces aires étant évaluées avec la convention générale faite plus haut (n° 97), on a

$$\mathcal{A}_1 = \frac{1}{2} \int x_1\, dy_1 - y_1\, dx_1, \qquad \mathcal{A}_2 = \frac{1}{2} \int x_2\, dy_2 - y_2\, dx_2,$$

et, par conséquent, en intégrant les deux membres de l'égalité précédente,

$$\mathcal{A}_2 = \mathcal{A}_1 + \frac{l^2}{2} \int d\theta + \frac{l}{2} \int \cos\theta\, dy_1 - \sin\theta\, dx_1 + \frac{l}{2} \int (x_1 \cos\theta + y_1 \sin\theta)\, d\theta,$$

toutes les intégrales étant prises entre les limites t_0 et $t_0 + T$ pour la variable t. Il est clair que $\int d\theta = 2 \mathrm{K} \pi$, K étant un nombre entier qui dépend du mouvement de la droite. D'autre part, on a, en intégrant par parties,

$$\int x_1 \cos\theta\, d\theta = x_1 \sin\theta - \int \sin\theta\, dx_1,$$

$$\int y_1 \sin\theta\, d\theta = -y_1 \cos\theta + \int \cos\theta\, dy_1;$$

or $x_1 \sin\theta$ et $y_1 \cos\theta$ reprennent la même valeur lorsque t croît de t_0 à $t_0 + T$. Nous pouvons donc écrire

$$\mathcal{A}_2 = \mathcal{A}_1 + \mathrm{K} \pi l^2 + l \int \cos\theta\, dy_1 - \sin\theta\, dx_1;$$

soient s l'arc de la courbe décrite par A_1, compté positivement dans un sens déterminé, à partir d'une origine arbitraire, et α l'angle que fait avec Ox la direction positive de la tangente; on a encore

$$\cos\theta\, dy_1 - \sin\theta\, dx_1 = (\sin\alpha \cos\theta - \sin\theta \cos\alpha)\, ds = \sin \mathrm{V}\, ds,$$

V étant l'angle que fait avec la direction choisie sur la droite la direction positive de la tangente, compté positivement comme en Trigonométrie. La formule précédente peut encore s'écrire

$$(15) \qquad\qquad \mathcal{A}_2 = \mathcal{A}_1 + \mathrm{K} \pi l^2 + l \int \sin \mathrm{V}\, ds.$$

Soit A_3 un troisième point de la droite, à une distance l' de A_1: on a de même, pour l'aire de la courbe décrite par A_3,

$$(16) \qquad \mathcal{A}_3 = \mathcal{A}_1 + K \pi l'^2 + l' \int \sin V \, ds.$$

Si entre ces deux formules on élimine l'intégrale inconnue $\int \sin V \, ds$, il vient

$$l' \mathcal{A}_2 - l \mathcal{A}_3 = (l' - l) \mathcal{A}_1 + K \pi l l' (l - l'),$$

relation qui peut encore s'écrire

$$(17) \qquad \mathcal{A}_1 (23) + \mathcal{A}_2 (31) + \mathcal{A}_3 (12) + K \pi (12)(23)(31) = 0,$$

en désignant par (ik) la distance des deux points A_i, A_k ($i, k = 1, 2, 3$) affectée d'un signe. Pour donner une application de cette formule, considérons une droite $A_1 A_2$ de longueur $(a + b)$ dont les extrémités A_1 et A_2 décrivent une même courbe fermée convexe C: le point A_3 qui divise $A_1 A_2$ en deux segments de longueur a et b décrit aussi une courbe fermée C' intérieure à C. On a ici

$$\mathcal{A}_2 = \mathcal{A}_1, \qquad (12) = a + b, \qquad (23) = -b, \qquad (31) = -a, \qquad K = 1,$$

et il vient, en divisant par $a + b$,

$$\mathcal{A}_1 - \mathcal{A}_3 = \pi ab;$$

or $\mathcal{A}_1 - \mathcal{A}_3$ représente l'aire comprise entre les deux courbes C, C'. On voit que cette aire est indépendante de la forme de la courbe C. Ce théorème est dû à M. Holditch.

Au lieu d'éliminer $\int \sin V \, ds$ entre les formules (15) et (16), éliminons $\mathcal{A}_1$; il vient

$$(18) \qquad \mathcal{A}_3 = \mathcal{A}_2 + K \pi (l'^2 - l^2) + (l' - l) \int \sin V \, ds;$$

le planimètre d'Amsler offre une application de cette dernière formule. Soit $A_1 A_2 A_3$ une tige rigide articulée en A_2 avec une autre tige OA_2. Le point O étant fixé, on fait décrire à l'extrémité A_3, qui est munie d'une pointe, le contour de l'aire qu'on veut évaluer; le point A_2 décrit un arc de cercle, ou une circonférence entière suivant la nature du mouvement. Dans tous les cas, on connaît $\mathcal{A}_2$, K, l, l', et il suffira de connaître l'intégrale $\int \sin V \, ds$ pour avoir l'aire cherchée $\mathcal{A}_3$. Cette intégrale est prise le long de la courbe C_1 décrite par l'extrémité A_1. Cette extrémité porte un cylindre de révolution gradué dont l'axe coïncide avec l'axe même de la tige $A_1 A_3$, et qui peut tourner autour de cet axe.

Considérons un déplacement infiniment petit de la tige qui amène $A_1 A_2 A_3$ dans la position $A'_1 A'_2 A'_3$. Soit Q le point de rencontre des deux droites

$A_1 A_3$ et $A'_1 A'_3$: du point Q comme centre décrivons un arc de cercle $A'_1 \alpha$, et du point A'_1 abaissons la perpendiculaire $A'_1 P$ sur $A_1 A_2$. Pour amener la tige de la première position à la seconde, on peut imaginer qu'elle glisse d'abord sur elle-même de façon que A_1 vienne en α. Dans ce mouvement, le cylindre glisse le long de la génératrice de contact, et la rotation est nulle.

Fig. 17.

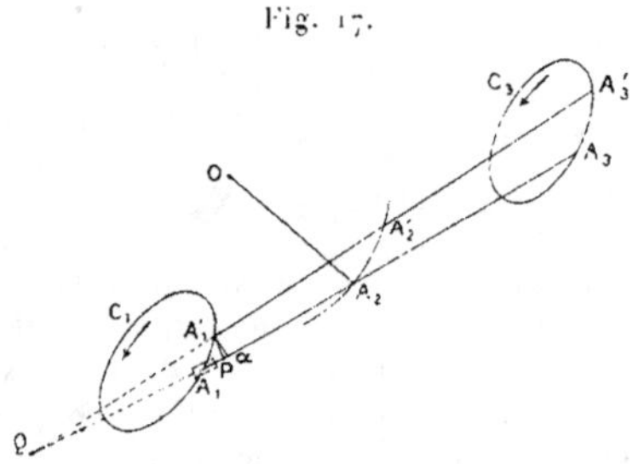

Si l'on fait ensuite tourner la tige autour de Q, de façon que α vienne en A'_1, la rotation du cylindre est mesurée par l'arc $\alpha A'_1$. Or les deux rapports $\dfrac{\alpha A'_1}{A'_1 P}$, $\dfrac{A'_1 P}{\text{arc } A_1 A'_1}$ tendent respectivement vers 1 et $\sin V$ lorsque $A'_1 A_1$ tend vers zéro. On peut donc écrire $\alpha A'_1 = \Delta s (\sin V + \varepsilon)$, ε étant infiniment petit avec Δs. La rotation totale du cylindre est, par suite, proportionnelle à la limite de la somme $\Sigma \Delta s (\sin V + \varepsilon)$, c'est-à-dire à l'intégrale $\int \sin V \, ds$. Il suffit donc de mesurer cette rotation pour en déduire l'aire cherchée.

114. Intégration des séries. — Lorsque la fonction à intégrer $f(x)$ peut être développée en une série, dont les termes sont continus, on en déduira un développement en série de l'intégrale $\int_a^b f(x) \, dx$, pourvu que la série qui représente $f(x)$ soit *uniformément convergente* dans l'intervalle (a, b). Nous allons démontrer, en effet, que *toute série uniformément convergente à termes continus peut être intégrée terme à terme.*

Soit

$$(19) \qquad f(x) = u_0(x) + u_1(x) + \ldots + u_n(x) + u_{n+1}(x) + \ldots$$

une série uniformément convergente dans un intervalle (a, b), les termes de cette série étant des fonctions continues dans cet intervalle. A un nombre positif ε donné à l'avance, faisons correspondre un nombre entier N tel que l'on ait

$$|R_n(x)| = |u_{n+1}(x) + \ldots| < \varepsilon,$$

pourvu que $n \geqq N$. La relation (19) peut s'écrire

$$f(x) = u_0(x) + u_1(x) + \ldots + u_n(x) + R_n(x),$$

et l'on en déduit

$$(20) \qquad \int_a^b f(x)\,dx = U_0 + U_1 + \ldots + U_n + \int_a^b R_n(x)\,dx,$$

en posant pour abréger $U_i = \int_a^b u_i(x)\,dx$. La relation (20) prouve que la différence entre l'intégrale $\int_a^b f(x)\,dx$ et la somme des $n+1$ premiers termes de la série $\sum_{i=1}^{+\infty} U_i$ est plus petite en valeur absolue que $\varepsilon|b-a|$, dès que l'on a $n \geqq N$; ce qui revient à dire que cette série est convergente et a pour somme $\int_a^b f(x)\,dx$. On a donc l'égalité

$$(21) \qquad \int_a^b f(x)\,dx = \int_a^b u_0(x)\,dx + \int_a^b u_1(x)\,dx + \ldots + \int_a^b u_n(x)\,dx + \ldots.$$

qu'on énonce d'une façon abrégée en disant que la série (19) peut être intégrée terme à terme.

On peut encore énoncer ce résultat comme il suit (*voir* n°s 30, 31, 98). Lorsqu'une fonction continue $f_n(x)$ tend uniformément vers une limite $f(x)$, on a $\int_a^b f(x)\,dx = \lim_{n \to \infty} \int_a^b f_n(x)\,dx$, ou encore

$$(22) \qquad \int_a^b \left[\lim_{n \to \infty} f_n(x)\right]dx = \lim_{n \to \infty} \left[\int_a^b f_n(x)\,dx\right],$$

de sorte qu'on peut intervertir le signe d'intégration et le signe *limite* [1].

---

[1] D'une façon plus générale, si des fonctions intégrables $f_n(x)$ bornées dans leur ensemble, c'est-à-dire quels que soient x et n, ont une limite $f(x)$, l'intégrale de $f_n(x)$ a pour limite l'intégrale de $f(x)$ (LEBESGUE. *Leçons sur l'intégration, etc.*, p. 114). Le cas particulier de ce théorème, où f et f_n sont continues, avait déjà été démontré par M. Osgood (*American Journal*, 1897).

Lorsque la fonction $f_n(x)$ ne tend pas uniformément vers $f(x)$, l'égalité (22) n'est pas toujours vérifiée. Prenons, par exemple,

$$f_n(x) = n x e^{-nx^2}, \qquad a = 0, \qquad b = 1.$$

On a ici $f(x) = \lim_{n=\infty} \left[n x e^{-nx^2} \right] = 0$: le premier membre de la formule (22) est nul, tandis que le second a pour valeur

$$\lim_{n=\infty} \left(\int_0^1 n x e^{-nx^2} \, dx \right) = \lim_{n=\infty} \left(-\frac{e^{-nx^2}}{2} \right)_0^1 = \lim \left(\frac{1 - e^{-n}}{2} \right) = \frac{1}{2}.$$

De même, une série peut être différentiée terme à terme *pourvu que la série des dérivées soit uniformément convergente*.

Soit

$$f(x) = u_0(x) + u_1(x) + \ldots + u_n(x) + \ldots$$

une série convergente dans l'intervalle (a, b) ; supposons que la série formée par les dérivées est uniformément convergente dans le même intervalle, et désignons par $\varphi(x)$ la somme de cette nouvelle série

$$\varphi(x) = \frac{du_0}{dx} + \frac{du_1}{dx} + \ldots + \frac{du_n}{dx} + \ldots.$$

En intégrant terme à terme entre deux limites x_0 et x, comprises entre a et b, il vient

$$\int_{x_0}^x \varphi(x) \, dx = [u_0(x) - u_0(x_0)] + [u_1(x) - u_1(x_0)] + \ldots,$$

c'est-à-dire

$$\int_{x_0}^x \varphi(x) \, dx = f(x) - f(x_0),$$

relation qui montre que $\varphi(x)$ est la dérivée de $f(x)$.

Cette démonstration suppose que les dérivées $\dfrac{du_i}{dx}$ sont des fonctions continues, hypothèse qui est inutile dans la première démonstration [1] (n° **32**).

---

[1] Le théorème du n° 100, relatif à la différentiation sous le signe $\int$, peut de même se déduire de la formule (51) du même paragraphe. Supposons que les deux fonctions $f(x, \alpha)$ et $f'_\alpha(x, \alpha)$ sont continues pour $x \geq a$, $\alpha_0 \leq \alpha \leq \alpha_1$, que

Exemples. — 1° L'intégrale $\int \dfrac{e^x}{x}\,dx$ ne peut s'exprimer par une combinaison en nombre fini de fonctions élémentaires; écrivons-la comme il suit :

$$\int \frac{e^x}{x}\,dx = \int \frac{dx}{x} + \int \frac{e^x-1}{x}\,dx = \log x + \int \frac{e^x-1}{x}\,dx.$$

On peut trouver pour la dernière intégrale un développement en série valable pour toute valeur de x; on a, en effet,

$$\frac{e^x-1}{x} = 1 + \frac{x}{1.2} + \frac{x^2}{1.2.3} + \ldots + \frac{x^{n-1}}{1.2\ldots n} + \ldots$$

et cette série est uniformément convergente, dans l'intervalle de $-R$ à $+R$, aussi grand que soit R, car les valeurs absolues de ses termes sont moindres que les termes de la série

$$1 + \frac{R}{1.2} + \ldots + \frac{R^{n-1}}{1.2\ldots n} + \ldots$$

On en conclut que la série, obtenue par l'intégration

$$F(x) = 1 + \frac{x}{1} + \frac{1}{2}\frac{x^2}{1.2} + \ldots + \frac{1}{n}\frac{x^n}{1.2\ldots n} + \ldots$$

qui est convergente quel que soit x, représente une fonction dont la dérivée est $\dfrac{e^x-1}{x}$.

2° Le périmètre d'une ellipse, dont le grand axe est $2a$ et l'excentri-

---

les deux intégrales

$$F(\alpha) = \int_a^{+\infty} f(x, \alpha)\,dx \qquad \text{et} \qquad \Phi(\alpha) = \int_a^{+\infty} f'_\alpha(x, \alpha)\,dx$$

ont un sens, et enfin que la dernière converge uniformément dans l'intervalle (α_0, α_1). Si α est compris entre α_0 et α_1, nous avons, d'après la formule (51),

$$\int_{\alpha_0}^{\alpha} du \int_a^{+\infty} f'_u(x, u)\,dx = \int_a^{+\infty} dx \int_{\alpha_0}^{\alpha} f'_u(x, u)\,du,$$

ce qui peut encore s'écrire

$$\int_{\alpha_0}^{\alpha} \Phi(u)\,du = \int_a^{+\infty} f(x, \alpha)\,dx - \int_a^{+\infty} f(x, \alpha_0)\,dx = F(\alpha) - F(\alpha_0);$$

d'où l'on déduit l'égalité

$$F'(\alpha) = \Phi(\alpha).$$

cité e, est égal à l'intégrale définie (n° **107**)

$$S = 4a \int_0^{\frac{\pi}{2}} \sqrt{1 - e^2 \sin^2\varphi}\, d\varphi.$$

Le produit $e^2 \sin^2\varphi$ est compris entre 0 et $e^2 < 1$, de sorte que le radical est égal à la somme de la série, obtenue par la formule du binome

$$\sqrt{1 - e^2 \sin^2\varphi} = 1 - \frac{1}{2} e^2 \sin^2\varphi - \frac{1}{2.4} e^4 \sin^4\varphi - \ldots$$
$$- \frac{1.3.5\ldots(2n-3)}{2.4.6\ldots2n} e^{2n} \sin^{2n}\varphi - \ldots,$$

et la série du second membre est uniformément convergente, car ses termes sont moindres en valeur absolue que ceux de la série obtenue en faisant $\sin\varphi = 1$. On peut donc intégrer terme à terme, et, en observant que l'on a, d'après une formule connue [1],

$$\int_0^{\frac{\pi}{2}} \sin^{2n}\varphi\, d\varphi = \frac{1.3.5\ldots(2n-1)}{2.4.6\ldots2n} \frac{\pi}{2},$$

il vient

$$\int_0^{\frac{\pi}{2}} \sqrt{1 - e^2 \sin^2\varphi}\, d\varphi = \frac{\pi}{2} \left\{ 1 - \frac{1}{4} e^2 - \frac{3}{64} e^4 - \frac{5}{256} e^6 - \ldots \right.$$
$$\left. - \left[\frac{1.3.5\ldots(2n-3)}{2.4.6\ldots2n} \right]^2 (2n-1) e^{2n} - \ldots \right\}.$$

Si l'excentricité e est très petite, il suffit de prendre un petit nombre de termes dans le second membre pour avoir la valeur de l'intégrale avec une grande approximation.

On peut, de la même façon, développer en série l'intégrale

$$\int_0^{\varphi} \sqrt{1 - e^2 \sin^2\varphi}\, d\varphi,$$

quelle que soit la limite supérieure φ. Nous citerons encore la formule

$$\int_0^{\frac{\pi}{2}} \frac{d\varphi}{\sqrt{1 - e^2 \sin^2\varphi}} = \frac{\pi}{2} \left\{ 1 + \frac{1}{4} e^2 + \frac{9}{64} e^4 + \ldots \right.$$
$$\left. + \left[\frac{1.3.5\ldots(2n-1)}{2.4.6\ldots2n} \right]^2 e^{2n} + \ldots \right\}$$

qui donne le développement de l'intégrale complète de première espèce de Legendre.

---

[1] Briot, *Leçons d'Algèbre*, 18ᵉ édition, p. 545.

III. — MÉTHODES DIVERSES.

115. Application des formules de différentiation et d'intégration sous le signe $\int$. — Les formules des n°s 98 et 99 permettent souvent de trouver la valeur de certaines intégrales définies, en les rattachant à d'autres intégrales définies qui sont connues. Par exemple, on a, si a est positif,

$$\int_0^x \frac{dx}{x^2 + a} = \frac{1}{\sqrt{a}} \operatorname{Arc\,tang} \frac{x}{\sqrt{a}};$$

en appliquant la formule (42) $n - 1$ fois de suite, on en déduit

$$(-1)^{n-1} 1 . 2 \ldots (n - 1) \int_0^x \frac{dx}{(x^2 + a)^n} = \frac{d^{n-1}}{da^{n-1}} \left(\frac{1}{\sqrt{a}} \operatorname{Arc\,tang} \frac{x}{\sqrt{a}} \right).$$

Dans cet exemple, on aurait pu obtenir directement la valeur de l'intégrale définie en calculant d'abord l'intégrale indéfinie. Il n'en est plus de même dans l'exemple suivant.

On démontrera plus loin (Chap. VI, n° 135) la formule

$$\int_0^{+\infty} e^{-x^2} dx = \frac{\sqrt{\pi}}{2};$$

en posant $x = y\sqrt{\alpha}$, α étant positif, il vient

$$(23) \qquad \int_0^{+\infty} e^{-\alpha y^2} dy = \frac{\sqrt{\pi}}{2} \alpha^{-\frac{1}{2}},$$

et il est facile de vérifier que toutes les intégrales que l'on déduit de celle-là par des différentiations successives par rapport au paramètre α sont uniformément convergentes, pourvu que α reste supérieur à un nombre fixe $k > 0$. De la formule précédente on déduit donc les valeurs de toute une série d'intégrales

$$(24) \quad \begin{cases} \displaystyle\int_0^{+\infty} y^2 e^{-\alpha y^2} dy = \frac{\sqrt{\pi}}{2^2} \alpha^{-\frac{3}{2}}, \\[2ex] \displaystyle\int_0^{+\infty} y^4 e^{-\alpha y^2} dy = \frac{1.3}{2^3} \sqrt{\pi}\, \alpha^{-\frac{5}{2}}, \\[1ex] \cdots\cdots\cdots\cdots\cdots\cdots\cdots\cdots\cdots\cdots, \\[1ex] \displaystyle\int_0^{+\infty} y^{2n} e^{-\alpha y^2} dy = \frac{1.3.5\ldots(2n-1)}{2^{n+1}} \sqrt{\pi}\, \alpha^{-\frac{2n+1}{2}}, \end{cases}$$

et, en les combinant, on pourra en déduire une infinité d'autres. On a, par exemple,

$$\int_0^{+\infty} e^{-\alpha y^2} \cos 2\beta y \, dy$$

$$= \int_0^{+\infty} e^{-\alpha y^2} dy \left[1 - \frac{(2\beta y)^2}{1.2} - \ldots + (-1)^n \frac{(2\beta y)^{2n}}{1.2\ldots 2n} + \ldots \right]$$

$$= \int_0^{+\infty} e^{-\alpha y^2} dy - \int_0^{+\infty} e^{-\alpha y^2} \frac{(2\beta y)^2}{1.2} dy + \ldots$$

$$+ (-1)^n \int_0^{+\infty} e^{-\alpha y^2} \frac{(2\beta y)^{2n}}{1.2\ldots 2n} dy + \ldots$$

Toutes ces intégrales viennent d'être calculées, et il reste

$$\int_0^{+\infty} e^{-\alpha y^2} \cos 2\beta y \, dy$$

$$= \frac{1}{2}\sqrt{\frac{\pi}{\alpha}} - \frac{(2\beta)^2}{1.2} \frac{\sqrt{\pi}}{2} \frac{\alpha^{-\frac{3}{2}}}{2} + \ldots$$

$$+ (-1)^n \frac{(2\beta)^{2n}}{1.2.3\ldots 2n} \frac{\sqrt{\pi}}{2} \frac{1.3.5\ldots(2n-1)}{2^n} \alpha^{-\frac{2n+1}{2}} + \ldots$$

ou, en réduisant,

$$(25) \qquad \int_0^{+\infty} e^{-\alpha y^2} \cos 2\beta y \, dy = \frac{1}{2}\sqrt{\frac{\pi}{\alpha}} \, e^{-\frac{\beta^2}{\alpha}}.$$

Dans d'autres cas, on calcule d'abord la dérivée de l'intégrale que l'on veut obtenir par rapport à un paramètre. Soit, par exemple, l'intégrale

$$I = F(\alpha) = \int_0^{\alpha} \frac{\log(1 + \alpha x)}{1 + x^2} dx;$$

la formule de différentiation sous le signe $\int$ donne

$$\frac{dI}{d\alpha} = \frac{\log(1 + \alpha^2)}{1 + \alpha^2} + \int_0^{\alpha} \frac{x \, dx}{(1 + \alpha x)(1 + x^2)}.$$

Mais on a, en décomposant en fractions simples,

$$\frac{x}{(1 + \alpha x)(1 + x^2)} = \frac{1}{1 + \alpha^2} \left(\frac{x - \alpha}{1 + x^2} - \frac{\alpha}{1 + \alpha x} \right)$$

et par suite

$$\int_0^{\alpha} \frac{x \, dx}{(1 + \alpha x)(1 + x^2)} = - \frac{\log(1 + \alpha^2)}{2(1 + \alpha^2)} + \frac{\alpha}{1 + \alpha^2} \operatorname{Arc} \operatorname{tang} \alpha.$$

Il reste donc

$$\frac{dI}{d\alpha} = \frac{\alpha}{1 + \alpha^2} \operatorname{Arc\,tang} \alpha + \frac{\log(1 - \alpha^2)}{2(1 + \alpha^2)},$$

et, en observant que I est nul pour $\alpha = 0$, on peut écrire

$$I = \int_0^\alpha \frac{\log(1 - \alpha^2)}{2(1 + \alpha^2)}\, d\alpha - \int_0^\alpha \frac{\alpha}{1 + \alpha^2} \operatorname{Arc\,tang} \alpha\, d\alpha\,;$$

en intégrant par parties la première intégrale, il vient

$$(26) \qquad\qquad I = \frac{1}{2} \operatorname{Arc\,tang} \alpha \log(1 + \alpha^2).$$

La formule d'intégration sous le signe $\int$ permet aussi quelquefois de calculer certaines intégrales.

Considérons, par exemple, la fonction x^y; elle est continue lorsque x varie de 0 à 1, et y de a à b, les deux nombres a et b étant positifs. On a donc, d'après la formule générale (11) (n° 99),

$$\int_0^1 dx \int_a^b x^y\, dy = \int_a^b dy \int_0^1 x^y\, dx.$$

Mais $\int_0^1 x^y\, dx = \left(\frac{x^{y+1}}{y+1}\right)_0^1 = \frac{1}{y+1}$, et, par conséquent, le second membre a pour valeur

$$\int_a^b \frac{dy}{y+1} = \log\left(\frac{b+1}{a+1}\right).$$

D'autre part, on a aussi $\int_a^b x^y\, dy = \left(\frac{x^y}{\log x}\right)_a^b = \frac{x^b - x^a}{\log x}$, et il vient

$$(27) \qquad\qquad \int_0^1 \frac{x^b - x^a}{\log x}\, dx = \log\left(\frac{b+1}{a+1}\right).$$

D'une façon générale, soient $P(x, y)$, $Q(x, y)$ deux fonctions telles que l'on ait $\dfrac{\partial P}{\partial y} = \dfrac{\partial Q}{\partial x}$, et x_0, x_1, y_0, y_1 des constantes. On a, d'après la formule d'intégration sous le signe $\int$,

$$\int_{x_0}^{x_1} dx \int_{y_0}^{y_1} \frac{\partial P}{\partial y}\, dy = \int_{y_0}^{y_1} dy \int_{x_0}^{x_1} \frac{\partial Q}{\partial x}\, dx.$$

c'est-à-dire

$$\int_{x_0}^{x_1} [P(x, y_1) - P(x, y_0)]\, dx = \int_{y_0}^{y_1} [Q(x_1, y) - Q(x_0, y)]\, dy.$$

Cauchy a déduit de là un grand nombre d'intégrales définies.

116. Calcul de $\displaystyle\int_0^\pi \log(1 - 2\alpha \cos x + \alpha^2)\, dx$. — Voici encore un exemple d'intégrale définie calculée par un artifice tout particulier (cf. *Exercice* 6, p. 243). L'intégrale

$$F(\alpha) = \int_0^\pi \log(1 - 2\alpha \cos x + \alpha^2)\, dx$$

a une valeur finie même pour $\alpha = \pm 1$. Cette fonction $F(\alpha)$ possède les propriétés suivantes :

1° $F(-\alpha) = F(\alpha)$. En effet, on a

$$F(-\alpha) = \int_0^\pi \log(1 + 2\alpha \cos x + \alpha^2)\, dx,$$

ou, en changeant x en $\pi - y$,

$$F(-\alpha) = \int_0^\pi \log(1 - 2\alpha \cos y + \alpha^2)\, dy = F(\alpha).$$

2° $F(\alpha^2) = 2 F(\alpha)$. Nous pouvons écrire en effet

$$2 F(\alpha) = F(\alpha) + F(-\alpha),$$

ou

$$2 F(\alpha) = \int_0^\pi [\log(1 - 2\alpha \cos x + \alpha^2) + \log(1 + 2\alpha \cos x + \alpha^2)]\, dx$$

$$= \int_0^\pi \log(1 - 2\alpha^2 \cos 2x + \alpha^4)\, dx.$$

Posons $2x = y$; il vient

$$2 F(\alpha) = \frac{1}{2} \int_0^\pi \log(1 - 2\alpha^2 \cos y + \alpha^4)\, dy + \frac{1}{2} \int_\pi^{2\pi} \log(1 - 2\alpha^2 \cos y + \alpha^4)\, dy;$$

si dans la dernière intégrale on pose encore $y = 2\pi - z$, on trouve

$$\int_{\pi}^{2\pi} \log(1 - 2\alpha^2 \cos y - \alpha^4)\, dy = \int_0^{\pi} \log(1 - 2\alpha^2 \cos z + \alpha^4)\, dz$$

et, par suite,

$$2\,\mathrm{F}(\alpha) = \frac{1}{2}\,\mathrm{F}(\alpha^2) + \frac{1}{2}\,\mathrm{F}(\alpha^2) = \mathrm{F}(\alpha^2).$$

De la formule précédente on déduit successivement

$$\mathrm{F}(\alpha) = \frac{1}{2}\,\mathrm{F}(\alpha^2) = \frac{1}{4}\,\mathrm{F}(\alpha^4) = \ldots = \frac{1}{2^n}\,\mathrm{F}(\alpha^{2^n}).$$

Remarquons maintenant que, si $|\alpha|$ est inférieur à un, α^{2^n} tend vers zéro lorsque n augmente indéfiniment; il en est de même de $\mathrm{F}(\alpha^{2^n})$, car le logarithme tend uniformément vers zéro. On a donc, si $|\alpha| < 1$, $\mathrm{F}(\alpha) = 0$, et il en est de même pour $\alpha = \pm 1$. Lorsque $|\alpha|$ est supérieur à un, on a, en posant $\alpha = \dfrac{1}{\beta}$,

$$\mathrm{F}(\alpha) = \int_0^{\pi} \log\left(1 - \frac{2\cos x}{\beta} + \frac{1}{\beta^2}\right) dx$$

$$= \int_0^{\pi} \log(1 - 2\beta \cos x + \beta^2)\, dx - \pi \log \beta^2;$$

$|\beta|$ étant inférieur à un, il reste

$$\mathrm{F}(\alpha) = -\pi \log \beta^2 = \pi \log \alpha^2.$$

L'intégrale définie $\mathrm{F}(\alpha)$ est, comme on voit, une fonction discontinue de α, au sens eulérien, pour les valeurs $\alpha = \pm 1$.

117. **Valeur approchée de** $\log \Gamma(n+1)$. — On peut employer aussi des artifices très variés pour avoir, sinon la valeur exacte, du moins une valeur approchée d'une intégrale définie. Nous allons en donner un exemple. On a, par définition,

$$\Gamma(n+1) = \int_0^{+\infty} x^n e^{-x}\, dx;$$

la fonction $x^n e^{-x}$ est maximum pour $x = n$ et sa valeur maximum est $n^n e^{-n}$. Lorsque x croît de 0 à n, $x^n e^{-x}$ croît de 0 à $n^n e^{-n}$ ($n > 0$), et, lorsque x croît de n à $+\infty$, $x^n e^{-x}$ décroît de $n^n e^{-n}$ à 0. La fonction $n^n e^n e^{-t}$ croît de même de 0 à $n^n e^{-n}$ lorsque t croît de $-\infty$ à 0, pour décroître ensuite de $n^n e^{-n}$ à o, lorsque t croît de o à $+\infty$. Nous pouvons donc, en faisant le changement de variable

$$(28) \qquad x^n e^{-x} = n^n e^{-n} e^{-t^2}.$$

faire correspondre les valeurs de x et de t de telle façon que, t croissant de $-\infty$ à $+\infty$, x croisse de o à $+\infty$.

Il nous faut encore calculer $\dfrac{dx}{dt}$. En prenant les dérivées logarithmiques des deux membres de la formule (28), il vient

$$\frac{dx}{dt} = \frac{2 t x}{x - n}.$$

D'autre part, on a aussi, d'après la formule (28),

$$t^2 = x - n - n \log\left(\frac{x}{n}\right).$$

Posons, pour faciliter le calcul, $x = n + z$ et développons $\log\left(1 + \dfrac{z}{n}\right)$ par la formule de Taylor limitée au second terme ; nous trouvons

$$t^2 = z - n\left[\frac{z}{n} - \frac{z^2}{2 n^2 \left(1 + \theta\, \frac{z}{n}\right)^2}\right] = \frac{n z^2}{2 (n + \theta z)^2},$$

θ étant compris entre zéro et 1. On en tire successivement

$$\frac{n}{z} + \theta = \frac{1}{t}\sqrt{\frac{n}{2}},$$

$$\frac{2 t x}{x - n} = 2 t \left(\frac{n}{z} + 1\right) = 2\left[\sqrt{\frac{n}{2}} + (1 - \theta) t\right],$$

et la formule du changement de variable donne, par suite,

$$\Gamma(n + 1) = 2 n^n e^{-n} \sqrt{\frac{n}{2}} \int_{-\infty}^{+\infty} e^{-t^2}\, dt + 2 n^n e^{-n} \int_{-\infty}^{+\infty} e^{-t^2}(1 - \theta) t\, dt.$$

La première intégrale (*voir* plus loin n° 135)

$$\int_{-\infty}^{+\infty} e^{-t^2}\, dt = 2 \int_{0}^{+\infty} e^{-t^2}\, dt = \sqrt{\pi}.$$

Quant à la seconde intégrale, on ne peut la calculer exactement, puisqu'on ne connaît pas θ, mais il est facile d'en trouver une limite. En effet, entre $-\infty$ et zéro, tous les éléments sont négatifs ; ils sont tous positifs de zéro à $+\infty$. D'ailleurs, chacune des intégrales $\displaystyle\int_{-\infty}^{0}$, $\displaystyle\int_{0}^{+\infty}$ est moindre en valeur absolue que $\int_0^\infty t e^{-t^2} dt = \frac{1}{2}$. Nous pouvons donc écrire

$$(29) \qquad \Gamma(n+1) = \sqrt{2n}\, n^n e^{-n} \left(\sqrt{\pi} + \frac{\omega}{\sqrt{2n}} \right),$$

ω étant compris entre -1 et $+1$.

Si n est un nombre très grand, $\dfrac{\omega}{\sqrt{2n}}$ est très petit, et, en prenant pour valeur approchée de $\Gamma(n+1)$

$$\Gamma(n+1) = n^n e^{-n} \sqrt{2n\pi},$$

l'erreur relative est très petite, quoique l'erreur absolue puisse être considérable. En prenant les logarithmes des deux membres de la formule (29), on a aussi

$$(30) \qquad \log \Gamma(n+1) = \left(n - \frac{1}{2} \right) \log n - n + \frac{1}{2} \log(2\pi) + \varepsilon,$$

ε étant très petit, lorsque n est très grand. En négligeant ε, on a ce qu'on appelle la *valeur asymptotique* de $\log \Gamma(n+1)$. Cette formule est intéressante, parce qu'elle nous a fait connaître l'ordre de grandeur d'une factorielle.

EXERCICES.

1. Calculer les intégrales indéfinies des fonctions suivantes :

$$\frac{1}{(x^4+1)^2}, \quad \frac{1}{x(x^3+1)^3}, \quad \frac{x^4 - x^3 - 3x^2 - x}{(x^2+1)^3}, \quad \frac{1+\sqrt{1+x}}{1-\sqrt{x}},$$

$$\frac{1}{1+x+\sqrt{1+x^2}}, \quad \frac{1+\sqrt[3]{1+x}}{1-\sqrt[3]{1+x}}, \quad \frac{1}{\sqrt{x}-\sqrt{x+1}-\sqrt{x(x+1)}}, \quad \frac{x}{\cos^2 x},$$

$$x e^x \cos x, \quad \frac{x^2}{\sqrt[n]{a-x^{n+2}}}, \quad x^\mu \operatorname{arc\,tang} x,$$

où μ est un nombre fractionnaire $\dfrac{p}{q}$.

2. Déterminer le polynome le plus général du cinquième degré $P(x)$, tel que l'intégrale

$$\int \frac{P(x)\,dx}{x^3(x^4+1)^2}$$

soit une fonction rationnelle.

3. Calculer l'intégrale $\int y\,dx$, x et y étant liés par l'une des relations

$$(x^2 - a^2)^2 - a y^2 (2y + 3a) = 0, \qquad y^2(a - x) = x^3,$$
$$y(x^2 - y^2) = a(y^2 - x^2). \qquad x^3 - y^3 - 3axy = 0.$$

4. Établir les formules

$$\int \sin^{n-1} x \cos(n+1)x\,dx = \frac{\sin^n x \cos n x}{n} + C,$$

$$\int \sin^{n-1} x \sin(n+1)x\,dx = \frac{\sin^n x \sin n x}{n} + C,$$

$$\int \cos^{n-1} x \cos(n+1)x\,dx = \frac{\cos^n x \sin n x}{n} + C,$$

$$\int \cos^{n-1} x \sin(n+1)x\,dx = - \frac{\cos^n x \cos n x}{n} + C.$$

(EULER.)

5. Calculer les intégrales pseudo-elliptiques

$$\int \frac{(1+x^2)\,dx}{(1-x^2)\sqrt{1+x^4}}, \qquad \int \frac{(1-x^2)\,dx}{(1-x^2)\sqrt{1+x^4}}.$$

6. Ramener aux intégrales elliptiques les intégrales

$$\int \frac{R(x)\,dx}{\sqrt{a(1+x^6) + bx(1+x^4) + cx^2(1+x^2) + dx^3}},$$

$$\int \frac{R(x)\,dx}{\sqrt{a(1+x^8) + bx^2(1+x^4) + cx^4}},$$

où $R(x)$ désigne une fonction rationnelle.

7. La rectification des courbes $y = A x^\mu$ conduit à des intégrales de différentielles binomes. Cas d'intégrabilité.

8. On a, en supposant $a > 1$,

$$\int_{-1}^{+1} \frac{dx}{(a-x)\sqrt{1-x^2}} = \frac{\pi}{\sqrt{a^2-1}}.$$

En déduire les intégrales définies

$$\int_{-1}^{+1} \frac{x^{2n}\,dx}{\sqrt{1-x^2}} = \frac{1.3.5\ldots(2n-1)}{2.4.6\ldots 2n}\,\pi.$$

9. On a, en supposant $AC - B^2 > 0$,

$$\int_{-\infty}^{+\infty} \frac{dx}{(Ax^2 + 2Bx + C)^n} \cdot \frac{1.3.5\ldots(2n-3)}{2.4.6\ldots(2n-2)} \pi = \frac{A^{n-1}}{(AC - B^2)^{n-\frac{1}{2}}}.$$

On applique la formule de réduction du n° 102.

10. Calculer l'intégrale définie $\displaystyle\int_0^\pi \frac{\sin^2 x\, dx}{1 + 2a\cos x + a^2}$.

11. Établir les formules

$$\int_{-1}^{+1} \frac{dx}{\sqrt{1 - 2\alpha x + \alpha^2}\sqrt{1 - 2\beta x + \beta^2}} = \frac{1}{\sqrt{\alpha\beta}} \log\left(\frac{1 + \sqrt{\alpha\beta}}{1 - \sqrt{\alpha\beta}}\right) \qquad (\alpha\beta > 0),$$

$$\int_{-1}^{+1} \frac{(1 - \alpha x)(1 - \beta x)\, dx}{(1 - 2\alpha x + \alpha^2)(1 - 2\beta x + \beta^2)\sqrt{1 - x^2}} = \frac{\pi}{2} \frac{2 - \alpha\beta}{1 - \alpha\beta}.$$

12. On a, en désignant par m et n deux entiers positifs $(m < n)$,

$$\int_0^{+\infty} \frac{x^{m-1}\, dx}{1 + x^n} = \frac{\pi}{n \sin\dfrac{m\pi}{n}}.$$

On emploie la décomposition en fractions rationnelles.

13. Déduire de la formule qui précède la relation

$$\int_0^{+\infty} \frac{x^{a-1}\, dx}{1 + x} = \frac{\pi}{\sin a\pi} \qquad (0 < a < 1).$$

14. On a, en posant $I_{p,q} = \displaystyle\int t^q (t+1)^p\, dt$, les formules de réduction

$$(p + q + 1)I_{p,q} = t^{q+1}(t-1)^p + p\, I_{p-1,q},$$
$$(p - 1)I_{p,q} = t^{q+1}(t+1)^{1-p} - (2 + q - p)I_{-p+1,q}$$

et deux formules analogues pour réduire l'exposant q.

15. Établir des formules de réduction pour le calcul des intégrales

$$I_n = \int \frac{x^n\, dx}{\sqrt{Ax^2 + 2Bx + C}}, \qquad Z_m = \int \frac{dx}{(x - a)^m \sqrt{Ax^2 + 2Bx + C}}.$$

16. Établir une formule de réduction pour les intégrales définies

$$\int_0^1 \frac{x^n\, dx}{\sqrt{1-x^4}}.$$ En déduire une formule analogue à celle de Wallis pour l'intégrale définie $\displaystyle\int_0^1 \frac{dx}{\sqrt{1-x^4}}.$

17. Calculer l'intégrale définie $\displaystyle\int_{-1}^{+1} \frac{x^4\, dx}{(x^2+1)\sqrt{1-x^2}}.$

18. L'aire d'un secteur elliptique compris entre l'axe focal et un rayon vecteur issu du foyer a pour expression

$$\mathcal{A} = \frac{p^2}{2}\int_0^\omega \frac{d\omega}{(1+e\cos\omega)^2},$$

p désignant le paramètre $\dfrac{b^2}{a}$ et e l'excentricité. En posant suivant la méthode générale $\tang\dfrac{\omega}{2} = t$, puis $t = \sqrt{\dfrac{1-e}{1-e}}\,u$, on trouve

$$\mathcal{A} = ab\left(\arc\tang u - e\,\frac{u}{1+u^2}\right).$$

Démontrer que cette expression peut aussi s'écrire

$$\mathcal{A} = \frac{ab}{2}(\varphi - e\sin\varphi),$$

φ désignant l'anomalie excentrique.

19. Étant donnée une courbe plane C, soient M un point de cette courbe, N et T les points d'intersection de la normale et de la tangente en M avec la perpendiculaire élevée en un point fixe O au rayon vecteur OM. Trouver les courbes telles que la longueur NT ou l'aire du triangle MNT soit constante; construire les deux branches de la courbe.

20. Soit $A_n = \dfrac{x^{2n+1}}{2.4.6\ldots 2n}\displaystyle\int_0^1 (1-z^2)^n \cos xz\, dz.$

Démontrer la loi de récurrence

$$A_{n+1} = (2n+1)A_n - x\,\frac{dA_n}{dx}.$$

On déduit de là les formules

$$A_{2p} = U_{2p}\sin x + V_{2p}\cos x,$$
$$A_{2p+1} = U_{2p+1}\sin x + V_{2p+1}\cos x.$$

où U_{2p}, V_{2p}, U_{2p+1}, V_{2p+1} sont des polynomes à coefficients entiers, U_{2p}, U_{2p+1} ne renfermant que les puissances paires de x. On vérifie que la loi est vraie pour $n = 1$, et l'on en déduit qu'elle est générale au moyen de la formule de récurrence.

Cette expression de A_{2p} permet de démontrer que π^2 est incommensurable. Si l'on avait $\dfrac{\pi^2}{4} = \dfrac{b}{a}$, en remplaçant x par $\dfrac{\pi}{2}$ dans A_{2p}, on aurait une relation de la forme

$$H_1 = a^p \sqrt{\frac{b}{a}} \; \frac{\left(\frac{b}{a}\right)^{2p}}{2 \cdot 4 \cdot 6 \ldots 4p} \cdot \int_0^1 (1 - z^2)^{2p} \cos \frac{\pi z}{2} \, dz,$$

H_1 étant un nombre entier. Une telle égalité est impossible, car le second membre tend vers zéro lorsque p augmente indéfiniment.

21. Calculer l'intégrale définie

$$\int_0^{+\infty} \frac{1 - e^{-x^2}}{x^2} \, dx$$

en utilisant la différentiation sous le signe $\int$.

22. Démontrer la formule

$$I = \int_0^{+\infty} e^{-x^2 - \frac{a^2}{x^2}} \, dx = \frac{\sqrt{\pi}}{2} e^{-2a}.$$

$$\left[\text{On démontre que l'on a } \frac{dI}{da} = -2I. \right]$$

23. Déduire de la formule précédente l'intégrale définie

$$\int_0^{+\infty} e^{-x - \frac{k^2}{x}} \frac{dx}{\sqrt{x}} = \sqrt{\pi} \, e^{-2k}.$$

24. De la relation $\dfrac{1}{a^3} = \dfrac{1}{2} \displaystyle\int_0^{+\infty} x^2 e^{-ax} \, dx$ déduire la formule

$$\sum_{n=1}^{+\infty} \frac{1}{n^3} = \int_0^{+\infty} \frac{x^2 \, dx}{e^x - 1}.$$

25. Démontrer que l'intégrale $\displaystyle\int_0^1 \frac{x^n \log x}{1 - x^2} \, dx$ tend vers zéro lorsque le nombre n augmente indéfiniment. En déduire un développement en série pour l'intégrale définie

$$\int_0^1 \frac{\log x \, dx}{1 - x^2}.$$

CHAPITRE VI.
INTÉGRALES DOUBLES.

I. — INTÉGRALES DOUBLES. — PROCÉDÉS DE CALCUL. FORMULE DE GREEN.

118. Les sommes S et s pour une fonction de deux variables.
— Soit A un domaine plan borné, limité par un contour Γ, qui
peut se composer d'une seule courbe fermée C, ou d'une courbe
fermée C et de plusieurs autres courbes fermées C', C'', ... intérieures à C. Imaginons que l'on décompose ce domaine A en n
domaines partiels $a_1, a_2, ..., a_n$, au moyen de lignes auxiliaires.
Cette décomposition peut être effectuée d'une façon arbitraire;
nous supposerons seulement que les domaines a_i sont *quarrables*.
Soient $\omega_1, \omega_2, ..., \omega_n$ les aires de ces domaines partiels et Ω l'aire
du domaine A. On a évidemment, quelle que soit la façon dont on
a partagé A, la relation $\Omega = \displaystyle\sum_{1}^{n} \omega_i$.

Soient $f(x, y)$ une fonction bornée dans le domaine A (y compris le contour Γ), M et m la borne supérieure et la borne inférieure
de $f(x, y)$ dans ce domaine. La portion A du plan étant divisée
en parties plus petites $a_1, a_2, ..., a_n$ d'une façon arbitraire,
soient ω_i l'aire de la portion a_i, M_i et m_i les bornes de $f(x, y)$
dans cette portion a_i. Considérons les deux sommes

$$S = \sum_{i=1}^{n} \omega_i M_i, \qquad s = \sum_{i=1}^{n} \omega_i m_i;$$

à chaque subdivision de A correspond ainsi une somme supérieure S
et une somme inférieure s. Toutes les sommes S sont évidemment
supérieures à $m\Omega$, elles ont donc une borne inférieure I. De même,
toutes les sommes s sont inférieures à $M\Omega$; elles ont donc une
borne supérieure I'. On démontrerait comme plus haut (n° **72**) que

l'on a I=I, ce qui résulte d'ailleurs de la proposition générale suivante, tout à fait pareille à celle du n° 73 :

Les sommes S et s ont respectivement pour limites les nombres I et I', lorsque le nombre n croît indéfiniment, de façon que tous les domaines a_i tendent vers zéro dans toutes leurs dimensions.

Nous dirons, pour abréger, qu'une portion finie du plan A est inférieure à l dans toutes ses dimensions, s'il est possible de trouver un cercle de diamètre l renfermant A à l'intérieur. Une portion variable du plan sera dite *infiniment petite* dans toutes ses dimensions, s'il est possible de trouver un cercle de rayon aussi petit qu'on le voudra renfermant cette portion du plan à l'intérieur. Par exemple, un carré dont le côté tend vers zéro ou une ellipse dont les deux axes tendent vers zéro sont infiniment petits dans toutes leurs dimensions. Au contraire, un rectangle dont un seul côté tend vers zéro, ou une ellipse dont un seul axe tend vers zéro, ne sont pas infiniment petits dans toutes leurs dimensions.

Démontrons, par exemple, que S a pour limite I. Nous pouvons supposer que $f(x, y)$ est positif dans le domaine A, car on peut toujours trouver une constante positive C telle que la fonction

$$\varphi(x, y) = C + f(x, y)$$

soit positive dans A, et les sommes S et S', relatives à un même mode de subdivision, pour les deux fonctions f et φ, diffèrent d'une quantité constante $C\Omega$.

Soit ε un nombre positif quelconque; le nombre I étant la borne inférieure des sommes S, il existe un mode de partage du domaine A en n domaines partiels $a_1, a_2, \ldots, a_n$, tel que la somme S correspondante soit inférieure à $I + \frac{\varepsilon}{2}$. Désignons par L l'ensemble du contour Γ et des lignes auxiliaires qui ont été tracées dans A pour obtenir ce mode particulier de subdivision. Soient ω_i l'aire du domaine a_i, et γ_i le contour de ce domaine. A l'intérieur du domaine a_i traçons un contour fermé γ_i', n'ayant aucun point commun avec γ_i, mais suffisamment voisin de γ_i pour que l'aire comprise entre les deux contours γ_i, γ_i' soit inférieure à $\frac{\tau}{n}$, τ étant un nombre positif arbitraire. Imaginons que l'on opère de même avec tous les domaines partiels $a_1, a_2, \ldots, a_n$, et soit L' l'ensemble des lignes γ'_i ainsi tracées. Ce système L' décompose le domaine A en deux domaines A' et A''; A' se compose de l'ensemble des domaines a'_i intérieurs aux lignes γ'_i, et A'' du domaine restant après que l'on a supprimé A'. Si Ω', Ω'' désignent les aires de ces deux domaines, on a $\Omega = \Omega' + \Omega''$, et, d'après la façon dont on a choisi les lignes γ'_i, la différence $\Omega - \Omega'$ ou Ω'' est inférieure à η. Les lignes L et L' n'ayant aucun point commun, désignons par λ le minimum de la distance d'un point de L à un point de L'.

Considérons maintenant une décomposition quelconque du domaine A en domaines partiels, inférieurs à λ dans toutes leurs dimensions, et soit S' la somme supérieure correspondante. La portion de S' qui provient des domaines partiels n'ayant aucun point commun avec la ligne L est évidemment inférieure à S. D'autre part, les domaines partiels qui ont un point commun avec la ligne L sont à l'intérieur du domaine A'' et fournissent dans S' une somme inférieure à $M\eta$. On a donc

$$S' < S + M\eta < I + \frac{\varepsilon}{2} + M\eta \, ;$$

si l'on a pris le nombre arbitraire η inférieur à $\dfrac{\varepsilon}{2M}$, on aura $S' < I + \varepsilon$, ce qui démontre le théorème.

On démontrerait de même que s a pour limite I'. Si le domaine A est décomposé en p domaines partiels $A_1, A_2, \ldots, A_p$, il est clair qu'on a les relations $I = I_1 + \ldots + I_p$, $I' = I'_1 + \ldots + I'_p$, I_i et I'_i étant les nombres qui viennent d'être définis relatifs au domaine A_i.

119. Intégrales doubles. — Lorsque les deux nombres I et I' sont égaux, la fonction $f(x, y)$ est dite *intégrable* dans le domaine A. La limite commune I des sommes S et s s'appelle l'*intégrale double* de la fonction $f(x, y)$ étendue au domaine A. On la représente par la notation ([1])

$$I = \int\int_A f(x, y)\, dx\, dy,$$

et la portion A du plan est le *champ d'intégration*.

---

[1] On la représente aussi par $\displaystyle\int\int_A F(x, y)\, d\omega$, $d\omega$ étant un *élément d'aire*, et l'on emploie une notation analogue pour les intégrales multiples.

On voit immédiatement, comme dans le cas d'une intégrale simple, que, *pour qu'une fonction $f(x, y)$ soit intégrable dans A, il faut et il suffit que la différence $S - s$ tende vers zéro lorsque la plus grande dimension des domaines partiels tend vers zéro.* Il en résulte que *toute fonction continue $f(x, y)$ est intégrable.* Supposons, en effet, que l'on ait pris un nombre positif η, tel que l'oscillation de la fonction soit moindre que ε dans toute portion de A dont toutes les dimensions sont inférieures à η. Si toutes les portions a_1, a_2, ..., a_n sont de dimensions inférieures à η, chacune des différences $M_i - m_i$ sera inférieure à ε et la différence $S - s$ sera inférieure à $\varepsilon \Omega$.

On démontre comme plus haut (n° 74) que la somme ou le produit d'un nombre quelconque de fonctions intégrables est aussi intégrable. Si une fonction $f(x, y)$ est intégrable dans un domaine A, elle est intégrable dans tout domaine A' intérieur à A ; si le domaine A est décomposé en plusieurs domaines partiels A_1, A_2, ..., A_p, l'intégrale double étendue au champ A est égale à la somme des intégrales doubles étendues aux champs A_1, A_2, ..., A_p.

Considérons encore le cas plus général d'une fonction $f(x, y)$ bornée dans le domaine A, et admettant dans ce domaine une infinité de points de discontinuité, tels qu'on puisse renfermer tous les points de discontinuité dans un domaine δ dont l'aire soit inférieure à tout nombre positif donné à l'avance. *Une telle fonction est intégrable dans A.* La condition pour qu'une fonction $f(x, y)$ soit intégrable peut, en effet, s'énoncer ainsi : *il faut et il suffit qu'à tout nombre positif ε on puisse faire correspondre un partage de A en domaines partiels tels que la différence correspondante $S - s$ soit inférieure à ε.* Cela résulte immédiatement de ce que la différence $S - s$ est au moins égale à $I - I'$.

Cela étant, supposons, pour fixer les idées, que la fonction bornée $f(x, y)$ soit continue dans tout le domaine A limité par la courbe fermée C, à l'exception des points d'une ligne L, qui décompose le domaine A en deux domaines A' et A''. Dans le domaine A', $f(x, y)$ coïncide avec une fonction continue $f_1(x, y)$ et dans le domaine A'' avec une fonction continue $f_2(x, y)$. Nous ne faisons aucune hypothèse sur les valeurs de la fonction $f(x, y)$ le long de L, sauf qu'elles restent bornées. De part et d'autre de la ligne L, menons dans A deux lignes infiniment voisines L', L'', telles que l'aire comprise entre L' et L" soit inférieure à $\dfrac{\varepsilon}{2\,(M-m)}$, ε étant un nombre positif donné. Ces deux lignes L', L" décom-

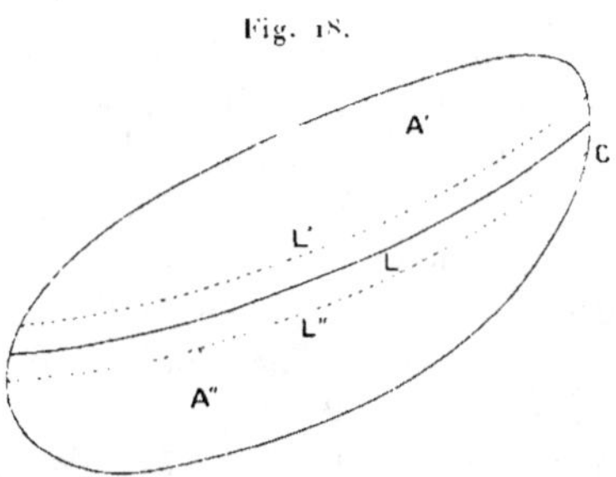

posent A en trois domaines A', A", A''', A''' étant le domaine qui renferme L. Imaginons qu'on décompose A', A", A''' en domaines plus petits; la portion de $S - s$ provenant de A''' est inférieure à $\dfrac{\varepsilon}{2}$, et, comme $f(x, y)$ est continue dans les domaines A' et A", la portion de $S - s$ provenant de A' et A' est aussi inférieure à $\dfrac{\varepsilon}{2}$, pourvu qu'on choisisse convenablement le mode de subdivision. On aura donc $S - s < \varepsilon$; ε étant un nombre positif arbitraire, $f(x, y)$ est donc intégrable dans A. Il est clair que le raisonnement est général.

L'intégrale double dans le champ A est égale à la somme des intégrales doubles dans les champs A', A", A'''. Lorsque les lignes L', L" se rapprochent indéfiniment de L, l'intégrale double dans A''' tend vers zéro; l'intégrale double dans A est donc la limite de la somme des intégrales dans les domaines A' et A", et ne dépend pas des valeurs de la fonction le long de la ligne L. Plus généralement, si une fonction $f(x, y)$ est intégrable dans un champ A, on peut changer arbitrairement la valeur de la fonction en une infinité de points, pourvu qu'elle reste bornée et que tous ces points puissent être renfermés dans un domaine δ (connexe ou non), dont l'aire soit inférieure à tout nombre positif donné, sans changer la valeur de l'intégrale. Cette remarque est à rapprocher de la suivante. Si l'on calcule I comme limite de la somme S, on peut négliger dans cette somme les portions provenant d'un nombre quelconque de domaines partiels, pourvu que la somme des aires de ces domaines tende vers zéro.

La définition de l'intégrale double peut être généralisée. Soit (ξ_i, η_i) un point quelconque à l'intérieur ou sur le contour de la portion a_i: il est clair que la somme $\Sigma f(\xi_i, \eta_i)\omega_i$ est comprise entre les deux sommes S et s; elle a donc aussi pour limite l'intégrale double, quelle que soit la façon dont on choisit le point (ξ_i, η_i).

Le premier théorème de la moyenne s'étend sans difficulté aux intégrales doubles. Soient $f(x, y)$, $\varphi(x, y)$ deux fonctions intégrables dont l'une, $\varphi(x, y)$, garde un signe constant dans A; nous supposerons, par exemple, $\varphi(x, y) > 0$. Si M et m sont les bornes de $f(x, y)$ dans A, il est clair que l'on a

$$M\,\varphi(\xi_i, \eta_i)\omega_i > f(\xi_i, \eta_i)\varphi(\xi_i, \eta_i)\omega_i > m\,\varphi(\xi_i, \eta_i)\omega_i;$$

en ajoutant toutes ces inégalités, et passant à la limite, on en conclut que l'on a

$$(1) \qquad \iint_{(A)} f(x, y)\varphi(x, y)\,dx\,dy = \mu \iint_{(A)} \varphi(x, y)\,dx\,dy,$$

μ étant compris entre M et m. Si la fonction $f(x, y)$ est continue, elle prend la valeur μ pour un point (ξ, η) *intérieur* au contour C et l'on peut encore écrire

$$(1)' \qquad \iint_{(A)} f(x, y)\varphi(x, y)\,dx\,dy = f(\xi, \eta) \iint_{(A)} \varphi(x, y)\,dx\,dy:$$

c'est la formule de la moyenne pour les intégrales doubles. Si par exemple $\varphi(x, y) = 1$, l'intégrale $\iint dx\,dy$, étendue à la portion du plan A, est évidemment égale à l'aire Ω de cette portion du plan, et la formule (1) devient

$$(2) \qquad \iint_{(A)} f(x, y)\,dx\,dy = \Omega f(\xi, \eta).$$

120. Calcul d'une intégrale double. — Le calcul d'une intégrale double se ramène au calcul de deux intégrales simples prises successivement. Prenons d'abord le cas où le champ d'intégration est un rectangle R, limité par les droites $x = x_0$, $x = X$, $y = y_0$, $y = Y$, où $x_0 < X$, $y_0 < Y$. Imaginons ce rectangle décomposé en rectangles plus petits par des parallèles aux deux axes de coordonnées

$x = x_i$, $y = y_k$ ($i = 1, 2, \ldots, n$; $k = 1, 2, \ldots, m$). L'aire du rectangle élémentaire R_{ik}, limité par les droites $x = x_{i-1}$, $x = x_i$, $y = y_{k-1}$, $y = y_k$, a pour expression

$$(x_i - x_{i-1})(y_k - y_{k-1}),$$

et l'intégrale double cherchée est la limite de la somme

$$(3) \qquad S = \sum_{i=1}^{n} \sum_{k=1}^{m} f(\xi_{ik}, \eta_{ik})(x_i - x_{i-1})(y_k - y_{k-1}),$$

où (ξ_{ik}, η_{ik}) sont les coordonnées d'un point quelconque pris à l'intérieur ou sur les côtés du rectangle R_{ik}.

Nous allons profiter de l'indétermination de ces points (ξ_{ik}, η_{ik})

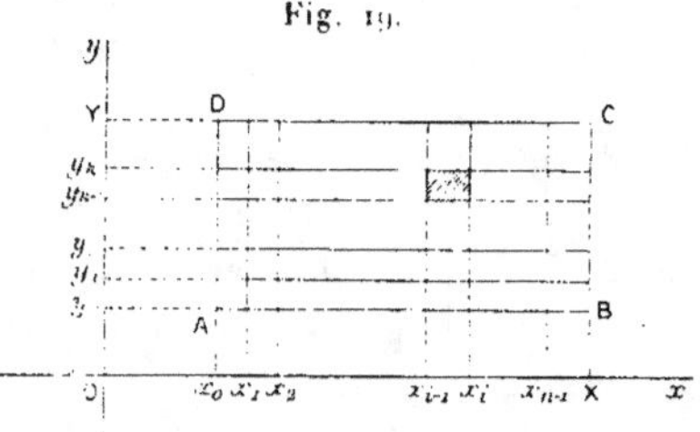

Fig. 19.

pour simplifier le calcul. Remarquons pour cela que, si une fonction $f(x)$ est continue dans un intervalle (a, b), et si l'on subdivise (a, b) en intervalles particls d'une façon arbitraire par des points de division $x_1, x_2, \ldots, x_{n-1}$, on peut choisir dans chaque intervalle (x_{i-1}, x_i) une valeur ξ_i de telle façon que l'on ait

$$(4) \qquad \int_a^b f(x)\,dx = f(\xi_1)(x_1 - a) + f(\xi_2)(x_2 - x_1) + \ldots + f(\xi_n)(b - x_{n-1});$$

il suffit, en effet, d'appliquer la formule de la moyenne à chacun des intervalles (a, x_1), (x_1, x_2), $\ldots$, (x_{n-1}, b).

Cela étant, la portion de la somme S qui provient de la file de rectangles comprise entre les deux droites $x = x_{i-1}$, $x = x_i$, a pour expression

$$(x_i - x_{i-1})[f(\xi_{i1}, \eta_{i1})(y_1 - y_0) + f(\xi_{i2}, \eta_{i2})(y_2 - y_1) + \ldots + f(\xi_{ik}, \eta_{ik})(y_k - y_{k-1}) + \ldots].$$

Nous prendrons $\xi_{i1} = \xi_{i2} = \ldots = \xi_{im} = x_{i-1}$, et nous choisirons η_{i1}, η_{i2}, ..., de telle façon que la somme

$$f(x_{i-1}, \eta_{i1})(y_1 - y_0) + f(x_{i-1}, \eta_{i2})(y_2 - y_1) + \ldots$$

soit égale à l'intégrale $\int_{y_0}^{Y} f(x_{i-1}, y)\, dy$, l'intégrale étant prise en regardant x_{i-1} comme constant. Si nous opérons de même avec toutes les files de rectangles comprises entre deux parallèles voisines à Oy, nous pouvons écrire

$$(5) \quad S = \Phi(x_0)(x_1 - x_0) + \Phi(x_1)(x_2 - x_1) + \ldots + \Phi(x_{i-1})(x_i - x_{i-1}) + \ldots$$

en posant, pour abréger,

$$\Phi(x) = \int_{y_0}^{Y} f(x, y)\, dy.$$

Cette fonction $\Phi(x)$, représentée par une intégrale définie, où x est considéré comme un paramètre, est une fonction continue de x; lorsque tous les intervalles $x_i - x_{i-1}$ tendent vers zéro, la formule (5) montre que S a pour limite l'intégrale définie

$$\int_{x_0}^{X} \Phi(x)\, dx.$$

On a donc, pour l'intégrale double cherchée,

$$(6) \quad \iint_{(R)} f(x, y)\, dx\, dy = \int_{x_0}^{X} dx \int_{y_0}^{Y} f(x, y)\, dy;$$

pour avoir la valeur de l'intégrale double, *on doit d'abord intégrer $f(x, y)$ entre les limites y_0 et Y, en y regardant x comme constant et y comme variable : le résultat est une fonction de la seule variable x, que l'on doit intégrer de nouveau entre les limites x_0 et X.*

En opérant dans l'ordre inverse, c'est-à-dire en évaluant d'abord la portion de S provenant d'une file de rectangles comprise entre deux parallèles à Ox, on trouverait de même

$$\iint_{(R)} f(x, y)\, dx\, dy = \int_{y_0}^{Y} dy \int_{x_0}^{X} f(x, y)\, dx,$$

et le rapprochement de ces deux formules permet d'écrire

$$\int_{x_0}^{X} dx \int_{y_0}^{Y} f(x, y)\,dy = \int_{y_0}^{Y} dy \int_{x_0}^{X} f(x, y)\,dx;$$

nous retrouvons *la formule d'intégration sous le signe* $\int$. La démonstration suppose, comme la première (n° 99), que les limites x_0, y_0, X, Y sont fixes, et que la fonction $f(x, y)$ est continue entre ces limites.

Exemple. — Soit $z = \dfrac{xy}{a}$. La formule générale nous donne

$$\int\int_{(R)} \frac{xy}{a}\,dx\,dy = \int_{x_0}^{X} dx \int_{y_0}^{Y} \frac{xy}{a}\,dy$$

$$= \int_{x_0}^{X} \frac{x}{2a}(Y^2 - y_0^2)\,dx = \frac{1}{4a}(X^2 - x_0^2)(Y^2 - y_0^2).$$

D'une façon générale, lorsque la fonction $f(x, y)$ est le produit d'une fonction de la seule variable x par une fonction de la seule variable y, on a

$$\int\int_{(R)} \varphi(x)\psi(y)\,dx\,dy = \int_{x_0}^{X} \varphi(x)\,dx \times \int_{y_0}^{Y} \psi(y)\,dy;$$

les deux intégrales du second membre sont absolument indépendantes l'une de l'autre.

M. Franklin (*American Journal of Mathematics*, t. VII, p. 77) a déduit de cette remarque une démonstration très simple de quelques théorèmes intéressants dus à Tchebicheff. Soient $\varphi(x)$ et $\psi(x)$ deux fonctions continues dans un intervalle (a, b), où $a < b$. L'intégrale double

$$\int\int [\varphi(x) - \varphi(y)][\psi(x) - \psi(y)]\,dx\,dy,$$

étendue au carré limité par les quatre droites $x = a$, $x = b$, $y = a$, $y = b$, est égale, d'après la remarque précédente, à la différence

$$2(b - a)\int_{a}^{b} \varphi(x)\psi(x)\,dx - 2\int_{a}^{b} \varphi(x)\,dx \times \int_{a}^{b} \psi(x)\,dx.$$

Mais tous les éléments de l'intégrale double ont le même signe lorsque les deux fonctions $\varphi(x)$ et $\psi(x)$ sont toujours croissantes ou décroissantes en même temps, ou si l'une d'elles est toujours croissante lorsque l'autre est décroissante. Dans le premier cas, les deux différences $\varphi(x) - \varphi(y)$, $\psi(x) - \psi(y)$ ont toujours le même signe, tandis qu'elles sont de signes différents dans le second cas. Par suite, nous avons

$$(b-a)\int_a^b \varphi(x)\psi(x)\,dx > \int_a^b \varphi(x)\,dx \times \int_a^b \psi(x)\,dx,$$

si les deux fonctions $\varphi(x)$ et $\psi(x)$ sont toutes deux croissantes, ou toutes deux décroissantes dans l'intervalle (a, b). Nous avons au contraire

$$(b-a)\int_a^b \varphi(x)\psi(x)\,dx < \int_a^b \varphi(x)\,dx \times \int_a^b \psi(x)\,dx,$$

lorsque l'une des fonctions est croissante et l'autre décroissante dans le même intervalle.

Le signe de l'intégrale double n'est pas douteux, lorsque $\psi(x) = \varphi(x)$, car la fonction à intégrer est alors un carré parfait. On a donc la relation

$$(b-a)\int_a^b [\varphi(x)]^2\,dx > \left[\int_a^b \varphi(x)\,dx\right]^2,$$

quelle que soit la fonction $\varphi(x)$, l'égalité ne pouvant avoir lieu que si $\varphi(x)$ est une constante.

On peut déduire de ce résultat la solution d'un problème intéressant du calcul des variations. Soient P et Q deux points donnés du plan, de coordonnées (a, A) et (b, B) respectivement. Soit $y = f(x)$ l'équation d'une courbe joignant ces deux points, $f(x)$ étant continue, ainsi que sa dérivée première $f'(x)$, dans l'intervalle (a, b). Il s'agit de trouver, parmi ces courbes, celle pour laquelle l'intégrale $\int_a^b y'^2\,dx$ est minimum.

En remplaçant $\varphi(x)$ par y' dans l'inégalité précédente, et observant qu'on a par hypothèse $f(a) = A$, $f(b) = B$, il vient

$$(b-a)\int_a^b y'^2\,dx \geq (B-A)^2.$$

La valeur minimum de l'intégrale est donc égale à $\dfrac{(B-A)^2}{b-a}$, et cette valeur minimum est atteinte lorsque y' est constant, c'est-à-dire lorsque la courbe se réduit à la ligne droite PQ.

121. Cas d'un champ quelconque. — Avant de passer au cas d'un champ d'intégration quelconque, nous allons d'abord généraliser la formule (6), en supposant que la fonction $f(x, y)$ admet dans le rectangle ABCD une ou plusieurs lignes de discon-

tinuité, tout en restant bornée. Pour fixer les idées, supposons
que la fonction $f(x, y)$ est discontinue le long d'une ligne L (ou
du moins sur certaines portions de cette ligne), joignant un point
de AD à un point de BC, et représentée par une équation $y = \varphi(x)$,
la fonction $\varphi(x)$ étant continue dans l'intervalle (x_0, X). Cette
ligne L décompose le rectangle R en deux portions, une portion R′
au-dessous de L, où l'on a $f(x, y) = f_1(x, y)$, $f_1(x, y)$ étant
continue dans R′, et une portion R″ au-dessus de L où

$$f(x, y) = f_2(x, y),$$

la fonction $f_2(x, y)$ étant continue dans R″. On a déjà remarqué
(n° 119) que $f(x, y)$ est intégrable. Pour calculer l'intégrale
double, nous décomposerons encore le champ en petits rectangles
comme au paragraphe précédent. Considérons la file de rectangles
comprise entre les deux parallèles $x = x_{i-1}$, $x = x_i$ à Oy. La
droite $x = x_{i-1}$ rencontre la ligne de discontinuité L en un point m
d'ordonnée $\varphi(x_{i-1})$, cette ordonnée étant comprise par exemple
entre y_{k-1} et y_k. Décomposons le petit rectangle limité par les
quatre droites $x = x_{i-1}$, $x = x_i$, $y = y_{k-1}$, $y = y_k$ en deux autres
au moyen d'une parallèle à Ox menée par m. En évaluant la portion de la somme, dont il s'agit de trouver la limite, qui provient
de cette file de rectangles, on trouve encore que, en choisissant
convenablement les points (ξ, η) dans chaque rectangle, cette
somme a pour expression

$$(x_i - x_{i-1}) \left[\int_{y_0}^{\varphi(x_{i-1})} f_1(x_{i-1}, y)\,dy + \int_{\varphi(x_{i-1})}^{Y} f_2(x_{i-1}, y)\,dy \right].$$

Le raisonnement s'achève de la même façon. En posant

$$\int_{y_0}^{Y} f(x, y)\,dy = \int_{y_0}^{\varphi(x)} f_1(x, y)\,dy + \int_{\varphi(x)}^{Y} f_2(x, y)\,dy,$$

la valeur de l'intégrale double $\int\int_{(R)} f(x, y)\,dx\,dy$ est donnée par
la formule (6). Il est clair que la méthode est générale, et la conclusion est la même, quel que soit le nombre des lignes de discontinuité analogues à L dans le rectangle ABCD, pourvu que la
fonction $f(x, y)$ reste bornée.

Cela étant, considérons maintenant un contour qui n'est rencontré qu'en deux points par une parallèle à Oy. On peut toujours

le supposer formé par deux segments de droites AA', BB', appartenant à deux parallèles $x = a$, $x = b$ à l'axe Oy $(a < b)$, et deux arcs de courbe $A m_1 B$, $A' m_2 B'$, représentés par les deux équations $y_1 = \varphi_1(x)$, $y_2 = \varphi_2(x)$, $y_2 > y_1$, les fonctions φ_1 et φ_2 étant continues entre a et b. Il peut d'ailleurs se faire que les points A et A' se confondent, ainsi que B et B' : c'est ce qui aura lieu, par exemple, si le contour est une courbe fermée analogue à une ellipse. Soit $f(x, y)$ une fonction continue dans le champ R limité par ce contour et sur le contour lui-même. Pour calculer l'intégrale double, imaginons deux parallèles $y = y_0$, $y = Y$ à l'axe Ox, telles que le champ R soit tout entier entre ces deux parallèles, et soit T le rectangle limité par les quatre droites $x = a$, $x = b$, $y = y_0$, $y = Y$ (*fig.* 20).

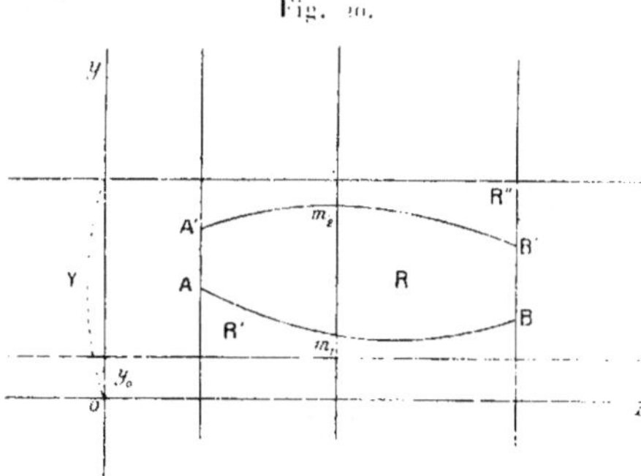
Fig. 20.

Les courbes $A m_1 B$, $A' m_2 B'$ décomposent le rectangle T en trois domaines, le domaine R, le domaine R' au-dessous de $A m_1 B$, et le domaine R'' au-dessus de $A' m_2 B'$. Soit $F(x, y)$ une fonction auxiliaire définie de la manière suivante dans T : 1° $F(x, y) = f(x, y)$ dans R et sur le contour de R ; 2° $F(x, y) = 0$ dans R' et R''. Il est évident qu'on a

$$\int\int_R f(x, y)\, dx\, dy = \int\int_T F(x, y)\, dx\, dy.$$

Mais la formule (6) est applicable à la fonction $F(x, y)$ qui admet les lignes de discontinuité $A m_1 B$ et $A' m_2 B'$, et l'on a

$$\int\int_T F(x, y)\, dx\, dy = \int_a^b dx \int_{y_0}^Y F(x, y)\, dy.$$

D'autre part, d'après la définition même de la fonction $F(x, y)$, on a

$$\int_{y_0}^{Y} F(x, y)\, dy = \int_{y_1}^{y_2} f(x, y)\, dy,$$

et, par conséquent,

$$(7) \qquad \int\int_{(R)} f(x, y)\, dx\, dy = \int_a^b dx \int_{y_1}^{y_2} f(x, y)\, dy.$$

La première intégration doit encore être effectuée en regardant x comme constant, mais les limites y_1 et y_2 sont elles-mêmes des fonctions de x, et non des constantes.

Exemple. — Soit à calculer l'intégrale double de la fonction $\dfrac{xy}{a}$ à l'intérieur d'un quart de cercle limité par les axes et la circonférence

$$x^2 + y^2 - R^2 = 0.$$

Les limites pour x sont o et R, et, x restant constant, y peut varier de o à $\sqrt{R^2 - x^2}$. L'intégrale a donc pour expression

$$\int_0^R dx \int_0^{\sqrt{R^2 - x^2}} \frac{xy}{a}\, dy = \int_0^R \frac{x}{2a}\left[y^2 \right]_0^{\sqrt{R^2 - x^2}} dx = \int_0^R \frac{x(R^2 - x^2)}{2a}\, dx;$$

cette intégrale s'obtient aisément et a pour valeur $\dfrac{R^4}{8a}$.

Lorsque le champ d'intégration est limité par un contour de forme quelconque, on le décomposera en plusieurs parties, de façon que le contour de chacune d'elles ne soit rencontré qu'en deux points par une parallèle à l'axe Oy. On pourrait aussi le décomposer en parties telles que le contour de chacune d'elles ne soit rencontré qu'en deux points par une parallèle à Ox, et commencer par une intégration relative à la variable x. Prenons, par exemple, une courbe fermée convexe comprise à l'intérieur du rectangle $x = a$, $x = b$, $y = c$, $y = d$, dont les côtés passent par les quatre points A, B, C, D pour lesquels x ou y est minimum ou maximum. Soient (¹) $y_1 = \varphi_1(x)$, $y_2 = \varphi_2(x)$ les équations des deux arcs de courbe ACB, ADB; soient de même $x_1 = \psi_1(y)$,

---

$x_2 = \psi_2(y)$ les équations des deux arcs de courbe CAD, CBD; $\varphi_1(x)$ et $\varphi_2(x)$ sont continues entre a et b, $\psi_1(y)$ et $\psi_2(y)$ sont continues lorsque y varie de c à d. On peut calculer l'intégrale double d'une fonction $f(x, y)$, continue à l'intérieur de ce contour, de deux façons différentes et, en égalant les deux expressions obtenues, il vient

$$(8) \qquad \int_a^b dx \int_{y_1}^{y_2} f(x, y)\, dy = \int_c^d dy \int_{x_1}^{x_2} f(x, y)\, dx;$$

on voit que les limites sont tout à fait différentes dans les deux intégrales. Tout contour convexe fournit une formule de cette nature. Par exemple, si l'on prend pour champ d'intégration le triangle limité par les droites $y = o$, $x = a$, $y = x$, on parvient à une formule donnée par Lejeune-Dirichlet.

$$\int_0^a dx \int_0^x f(x, y)\, dy = \int_0^a dy \int_y^a f(x, y)\, dx.$$

122. Analogies avec les intégrales simples. — L'intégrale $\displaystyle\int_a^x f(t)\, dt$, considérée comme fonction de x, a pour dérivée $f(x)$. Il existe un théorème analogue pour les intégrales doubles. Soit $f(x, y)$ une fonction continue à l'intérieur d'un rectangle limité par les droites $x = a$, $x = A$, $y = b$, $y = B$ $(a < A, b < B)$. L'intégrale double de $f(x, y)$, étendue à l'aire du rectangle limité par les droites $x = a$, $x = X$, $y = b$, $y = Y$, $(a < X < A, b < Y < B)$, est une fonction des coordonnées X, Y du sommet variable, qu'on peut écrire

$$F(X, Y) = \int_a^X dx \int_b^Y f(x, y)\, dy.$$

Soit $\Phi(x) = \displaystyle\int_b^Y f(x, y)\, dy$; une première différentiation par rapport à X nous donne

$$\frac{\partial F}{\partial X} = \Phi(X) = \int_b^Y f(X, y)\, dy,$$

et, en différentiant de nouveau par rapport à Y, il vient

$$(9) \qquad \frac{\partial^2 F}{\partial X\, \partial Y} = f(X, Y).$$

La fonction la plus générale $u(X, Y)$ satisfaisant à la relation précédente (9) s'obtiendra facilement en ajoutant à $F(X, Y)$ une fonction z

dont la dérivée seconde $\dfrac{\partial^2 z}{\partial X \, \partial Y}$ sera nulle. Elle est donc de la forme (n° 63)

$$(10) \qquad u(X, Y) = \int_a^X dx \int_b^Y f(x, y)\, dy - \varphi(X) + \psi(Y),$$

$\varphi(X)$ et $\psi(Y)$ étant deux fonctions arbitraires. On peut disposer de ces deux fonctions arbitraires de façon que, pour $X = a$, $u(X, Y)$ se réduise à une fonction donnée $V(Y)$ et, pour $Y = b$, à une autre fonction donnée $U(X)$; ces deux fonctions étant liées nécessairement par la relation $U(a) = V(b)$. En faisant successivement $X = a$, $Y = b$ dans la relation précédente, on a les deux conditions

$$V(Y) = \varphi(a) + \psi(Y), \qquad U(X) = \varphi(X) + \psi(b);$$

on en tire

$$\psi(Y) = V(Y) - \varphi(a), \qquad \psi(b) = V(b) - \varphi(a),$$
$$\varphi(X) = U(X) - V(b) + \varphi(a).$$

et la formule (10) devient

$$(11) \qquad u(X, Y) = \int_a^X dx \int_b^Y f(x, y)\, dy - U(X) + V(Y) - V(b).$$

Réciproquement, si, par un moyen quelconque, on a obtenu une fonction $u(X, Y)$ vérifiant la relation (9), on trouve, par un calcul tout pareil au précédent, qu'on a, pour valeur de l'intégrale double,

$$(12) \qquad \int_a^X dx \int_b^Y f(x, y)\, dy = u(X, Y) - u(X, b) - u(a, Y) + u(a, b).$$

Plaçons-nous maintenant dans une hypothèse un peu différente, en remplaçant les deux côtés du rectangle par un arc de courbe tel que AB (*fig.* 24), où l'ordonnée va constamment en diminuant lorsque l'abscisse augmente.

Soit $f(x, y)$ une fonction continue à l'intérieur du rectangle ACBD; M étant un point quelconque de ce rectangle, les parallèles aux axes menées par M rencontrent l'arc AB en deux points P et Q respectivement, et l'intégrale double

$$F(X, Y) = \int\int_{(PMQ)} f(x, y)\, dx\, dy,$$

étendue à l'aire du triangle mixtiligne PMQ, est une fonction continue dans ce rectangle. En écrivant cette intégrale double sous la forme (7), on en déduirait aisément qu'elle satisfait aussi à la relation (9). On peut encore le voir directement comme il suit. Donnons à X et à Y des accroissements h et k; on passe ainsi du point M au point voisin M'.

Désignons par (1) (2), (3), (4) les intégrales doubles étendues aux domaines désignés par les mêmes chiffres sur la figure. On a

$$F(X + h, Y + k) = (1) + (2) + (3) + (4),$$
$$F(X + h, Y) = (1) + (3), \qquad F(X, Y + k) = (1) + (2),$$

et, par suite,

$$\frac{F(X + h, Y + k) - F(X, Y + k) - F(X + h, Y) + F(X, Y)}{hk} = \frac{(4)}{hk};$$

le rapport dans le premier membre a pour limite $\dfrac{\partial^2 F}{\partial X \, \partial Y}$ lorsque h et k tendent vers zéro (n° 22). D'autre part, si l'on applique la formule de la moyenne à l'intégrale double (4), il vient $(4) = hk \, f(X - \theta h, Y + \theta' k)$. En faisant tendre h et k vers zéro, on obtient précisément la formule (9).

Fig. 11.

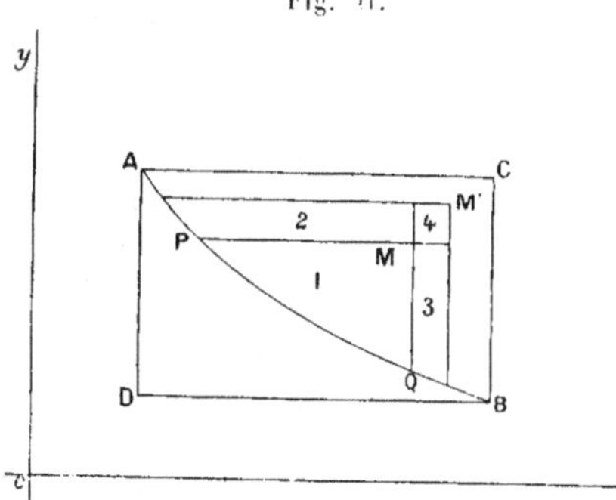

L'intégrale $F(X, Y)$ de l'équation (9) est nulle tout le long de AB. Il en est de même de ses deux dérivées partielles du premier ordre; on voit en effet immédiatement sur la figure que, si le point M est sur AB, à un accroissement h de X correspond un accroissement infiniment petit du second ordre de $F(X, Y)$.

La formule (12) est analogue à la formule fondamentale (8) (*voir* n° 78).

La formule suivante offre aussi une certaine analogie avec la formule d'intégration par parties.

Soit A une région finie du plan, limitée par une ou plusieurs courbes de forme quelconque. Une fonction $f(x, y)$, continue dans A, varie entre un minimum c_0 et un maximum V. Imaginons qu'on ait tracé les *courbes de niveau* $f(x, y) = c$, où c est compris entre c_0 et V, et supposons qu'on puisse trouver l'aire de la portion de A pour laquelle $f(x, y)$ est compris entre c_0 et c. Cette aire est une fonction $F(c)$ qui croît avec c, et l'aire comprise entre deux courbes de niveau infiniment voisines est égale à $F(v + \Delta v) - F(v) = \Delta v\, F'(v + \theta \Delta v)$. Si l'on décompose cette aire en parties infiniment petites par des lignes joignant les deux courbes de niveau voisines, on peut prendre dans chacune de ces parties un point (ξ, η), tel qu'on ait $f(\xi, \eta) = v + \theta \Delta v$, et la somme des éléments de l'intégrale double $\int\int f\, dx\, dy$, provenant de cette région, a pour expression

$$(v + \theta \Delta v)\, F'(v + \theta \Delta v)\, \Delta v.$$

L'intégrale double est donc égale à la limite de

$$\Sigma(v + \theta \Delta v)\, F'(v + \theta \Delta v)\, \Delta v,$$

c'est-à-dire à l'intégrale simple

$$\int_{v_0}^{V} v\, F'(v)\, dv = V\, F(V) - \int_{v_0}^{V} F(v)\, dv.$$

Cette méthode est surtout commode lorsque le champ d'intégration est limité par deux courbes de niveau

$$f(x, y) = v_0, \qquad f(x, y) = V.$$

Soit, par exemple, à évaluer l'intégrale double $\int\int \sqrt{1 + x^2 + y^2}\, dx\, dy$ étendue à l'intérieur du cercle $x^2 + y^2 = 1$. Si nous posons $v = \sqrt{1 + x^2 + y^2}$, le champ d'intégration est limité par les deux courbes de niveau $v = 1$, $v = \sqrt{2}$, et la fonction $F(v)$, qui est l'aire d'un cercle de rayon $\sqrt{v^2 - 1}$, est égale à $\pi(v^2 - 1)$. L'intégrale double est donc égale à

$$\int_{1}^{\sqrt{2}} 2\pi v^2\, dv = \frac{2\pi}{3}(2\sqrt{2} - 1) \quad (^1).$$

La formule précédente s'étend aisément aux intégrales doubles

$$\int\int f(x, y)\, \varphi(x, y)\, dx\, dy.$$

en désignant par $F(v)$ l'intégrale double $\int\int \varphi(x, y)\, dx\, dy$, étendue à la portion du champ d'intégration limitée par la courbe de niveau $v = f(x, y)$.

123. Formule de Green. — Si la fonction $f(x, y)$ est la dérivée partielle, par rapport à x ou à y, d'une fonction connue, une des intégrations s'effectue immédiatement et l'on est ramené à une

---

(^{1}) On trouvera de nombreuses applications de cette méthode dans un Mémoire de M. Catalan (*Journal de Liouville*, 1ʳᵉ série, t. IV, p. 233).

seule quadrature. Cette remarque bien simple conduit à une formule importante, appelée *formule de Green*.

Considérons d'abord une intégrale double $\int\int \frac{\partial P}{\partial y}\,dx\,dy$, étendue à la portion du plan, limitée par un contour C tel que celui de la figure 20, composé de deux segments de droites AA', BB' parallèles à Oy et de deux arcs Am_1B, $A'm_2B'$. Une parallèle à Oy comprise entre AA' et BB' rencontre les arcs Am_1B et $A'm_2B'$ en deux points m_1 et m_2 d'ordonnées y_1 et y_2. L'intégrale double a pour expression, en intégrant d'abord par rapport à y,

$$\int\int \frac{\partial P}{\partial y}\,dx\,dy = \int_a^b dx \int_{y_1}^{y_2} \frac{\partial P}{\partial y}\,dy = \int_a^b [P(x,y_2) - P(x,y_1)]\,dx.$$

Mais les deux intégrales $\int_a^b P(x,y_1)\,dx$, $\int_a^b P(x,y_2)\,dx$ sont précisément des intégrales curvilignes prises respectivement le long des arcs Am_1B et $A'm_2B'$. Comme les intégrales curvilignes $\int_{AA'} P\,dx$, $\int_{BB'} P\,dx$ sont nulles, nous pouvons écrire la formule précédente

$$(13) \qquad \int\int \frac{\partial P}{\partial y}\,dx\,dy = -\int_C P\,dx,$$

l'intégrale curviligne étant prise le long du contour C dans le sens direct, si les axes ont la disposition de la *figure*. Pour étendre la formule à une aire limitée par un contour de forme quelconque, on procède comme plus haut (n° 96) en partageant cette aire en plusieurs autres par des transversales, de façon que le contour de chacune des aires partielles satisfasse à la condition précédente, et appliquant la formule à chacune d'elles. On établit de même la formule

$$(14) \qquad \int\int \frac{\partial Q}{\partial x}\,dx\,dy = \int_C Q\,dy,$$

l'intégrale curviligne étant toujours prise dans le même sens. En retranchant les égalités (13) et (14), il vient

$$(15) \qquad \int_C P\,dx + Q\,dy = \int\int \left(\frac{\partial Q}{\partial x} - \frac{\partial P}{\partial y}\right)dx\,dy.$$

l'intégrale double étant étendue à l'aire limitée par C. C'est la
formule de Green, qui a d'importantes applications. En posant
$Q = x$, $P = -y$, on retrouve la formule obtenue plus haut (n° **96**)
qui exprime l'aire d'une courbe fermée par une intégrale curviligne.

En désignant par α', β' les angles de la normale intérieure avec les axes
(*voir* n° 96), on peut encore écrire la formule de Green, en remplaçant Q
par $-Q$.

$$(15')\qquad \int\int \left(\frac{\partial Q}{\partial x} - \frac{\partial P}{\partial y}\right) dx\, dy + \int_C (P\cos\beta' + Q\cos\alpha')\, ds = 0.$$

Cette formule est indépendante de la disposition des axes Ox, Oy. La
formule (15) s'applique aussi, quelle que soit cette disposition, pourvu
qu'on définisse le sens direct de parcours d'un contour fermé comme plus
haut (*note de la page* 218).

Remarque. — Remplaçons P par un produit de deux facteurs uv
dans la formule (13); il vient

$$\int\int u\frac{\partial v}{\partial y}\, dx\, dy + \int\int v\frac{\partial u}{\partial y}\, dx\, dy = -\int_{(C)} uv\, dx,$$

et par suite

$$\int\int u\frac{\partial v}{\partial y}\, dx\, dy = -\int_{(C)} uv\, dx - \int\int v\frac{\partial u}{\partial y}\, dx\, dy.$$

On trouverait de même

$$\int\int v\frac{\partial u}{\partial x}\, dx\, dy = \int_C uv\, dy - \int\int u\frac{\partial v}{\partial x}\, dx\, dy.$$

L'analogie avec la formule d'intégration par parties est évidente.

II. — CHANGEMENTS DE VARIABLES. — VOLUMES. AIRE D'UNE SURFACE COURBE.

Pour évaluer une intégrale double, nous avons supposé jusqu'ici
qu'on décomposait le champ d'intégration en rectangles infiniment petits par des parallèles aux axes de coordonnées. Nous
allons maintenant supposer qu'on décompose le champ d'intégration par deux familles de courbes absolument quelconques.

124. Formule préliminaire. — Soient u et v les coordonnées d'un point par rapport à un système d'axes rectangulaires dans un plan, x et y les coordonnées d'un autre point par rapport à un autre système d'axes rectangulaires de même disposition que les premiers, dans le même plan ou dans un plan différent. Les formules

$$(16) \qquad x = f(u, v), \qquad y = \varphi(u, v)$$

définissent une certaine correspondance entre les points de ces deux plans. Nous supposerons : 1° que ces fonctions $f(u, v)$, $\varphi(u, v)$ sont continues et admettent des dérivées partielles continues, lorsque le point (u, v) décrit une portion A_1 du plan (u, v) limitée par un contour C_1 ; 2° que les formules (16) font correspondre à la portion A_1 du plan (u, v) une portion A du plan (x, y), limitée par un contour C, et qu'il y a correspondance *univoque* entre les points des deux aires et des deux contours, de façon qu'à un point de A ne correspond qu'un point de A_1 ; 3° que le déterminant fonctionnel $\Delta = \dfrac{D(f, \varphi)}{D(u, v)}$ ne change pas de signe à l'intérieur de C_1 (il peut d'ailleurs s'annuler en certains points de A_1).

Il peut encore se présenter deux cas. Lorsque le point (u, v) décrit le contour C_1 dans le sens direct, le point (x, y) décrit le contour C en marchant toujours dans le même sens, qui peut être le sens direct ou le sens inverse. Nous dirons, suivant les cas, que la correspondance est directe ou inverse.

Cela posé, l'aire Ω de la portion A du plan a pour expression

$$\Omega = \int_C x \, dy,$$

l'intégrale étant prise le long du contour C dans le sens direct. Si l'on emploie le changement de variables défini par les formules (16), on a encore

$$\Omega = \pm \int_{(C_1)} f(u, v) \, d\varphi(u, v),$$

la nouvelle intégrale étant prise le long de C_1 dans le sens direct ; on doit prendre le signe $+$ ou le signe $-$, suivant que la correspondance est directe ou inverse. Appliquons à cette nouvelle inté-

grale la formule de Green, en posant $u = x$, $v = y$, $P = f\dfrac{\partial \varphi}{\partial u}$,
$Q = f\dfrac{\partial \varphi}{\partial v}$, ce qui nous donne (*voir* plus loin Exercice 13, p. 355)

$$\frac{\partial Q}{\partial u} - \frac{\partial P}{\partial v} = \Delta = \frac{D(f, \varphi)}{D(u, v)},$$

et il vient

$$(17) \qquad \int_{(C_1)} f(u, v)\, d\varphi(u, v) = \int\int_{(A_1)} \frac{D(f, \varphi)}{D(u, v)}\, du\, dv,$$

ou encore, en appliquant à l'intégrale double le théorème de la moyenne,

$$(17') \qquad \Omega = \pm\, \Omega_1 \frac{D(f, \varphi)}{D(\xi, \eta)},$$

(ξ, η) étant les coordonnées d'un point intérieur à C_1, et Ω_1 l'aire de la portion A_1 du plan (u, v). On voit d'abord qu'on doit prendre le signe $+$ ou le signe $-$ devant le second membre, suivant que Δ est lui-même positif ou négatif. Par suite, *la correspondance est directe ou inverse, suivant que Δ est positif ou négatif* (*cf* Exercices 13 et 14, p. 161).

La formule $(17')$ établit une analogie de plus entre les déterminants fonctionnels et les dérivées. Imaginons, en effet, que la portion A_1 du plan diminue indéfiniment dans tous les sens, tous les points tendant vers un point déterminé (u, v). Il en sera de même de A, et le rapport des aires Ω, Ω_1 a pour limite la valeur absolue du déterminant Δ; de même que la dérivée est la limite du rapport de deux éléments linéaires, Δ est la limite du rapport de deux éléments superficiels. La formule $(17')$ est, à ce point de vue-là, l'analogue de la formule des accroissements finis.

Remarques. — Les hypothèses que nous avons faites sur la correspondance entre A et A_1 ne sont pas toutes indépendantes. Ainsi, pour que la correspondance soit univoque, il est *nécessaire* que Δ ne change pas de signe dans la portion A_1 du plan (u, v). Supposons, en effet, que Δ soit nul tout le long d'une courbe γ_1, séparant la région de A_1 où Δ est positif de la région où Δ est négatif. Prenons un petit arc $m_1 n_1$ de γ_1 et une région très petite de A_1 renfermant l'arc $m_1 n_1$; elle se décompose en deux régions a_1 et a'_1 ayant $m_1 n_1$ pour ligne de séparation (*fig.* 22).

Lorsque le point (u, v) décrit l'aire a_1, où Δ est positif, le point (x, y) décrit une aire a, de contour $mnpm$, et les deux contours $m_1 n_1 p_1 m_1$, $mnpm$ sont parcourus en même temps dans le sens direct. Lorsque le point (u, v) décrit l'aire a'_1, où Δ est négatif, le point (x, y) décrit une aire a', dont le contour $nmqr$ doit être décrit dans le sens inverse, lorsque $n_1 m_1 q_1 n_1$ est décrit dans le sens direct. Cette aire a' doit donc recouvrir en partie l'aire précédente a: à tout point (x, y) de la partie commune nrm correspondent deux points (u, v) de part et d'autre de la ligne $m_1 n_1$.

Posons, par exemple, $X = x$, $Y = y^2$; on a $\Delta = 2y$. Si le point (x, y)

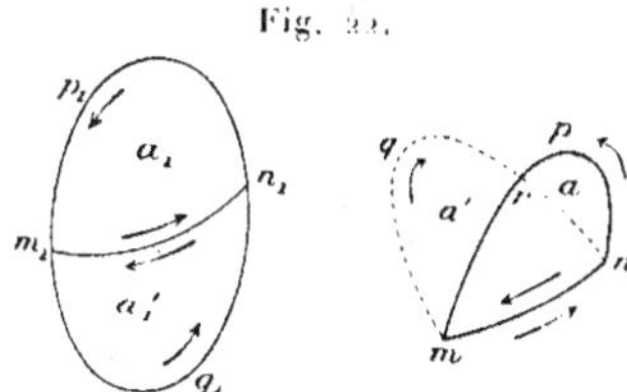

Fig. 22.

décrit une aire fermée renfermant un segment ab de l'axe des x, on voit sans peine que le point (X, Y) décrit deux aires situées au-dessus de l'axe des X, et terminées l'une et l'autre à un même segment AB de cet axe. Une feuille de papier repliée sur elle-même suivant une ligne droite tracée dans cette feuille donne une idée nette de la surface décrite par le point (X, Y).

Il ne suffit pas que Δ conserve le même signe dans A_1 pour que la correspondance soit univoque. Prenons par exemple $X = x^2 - y^2$, $Y = 2xy$; le jacobien $\Delta = 4(x^2 + y^2)$ est toujours positif. Or, les formules précédentes peuvent s'écrire, en désignant par (r, θ), (R, ω) les coordonnées polaires des deux points (x, y), (X, Y) respectivement, $R = r^2$, $\omega = 2\theta$. Cela posé, faisons varier r de a à $b(a < b)$ et θ de o à $\pi + \alpha$ $\Big($ α étant compris entre o et $\dfrac{\pi}{2}\Big)$. Le point (R, ω) décrit la couronne circulaire comprise entre les deux cercles de rayons a^2 et b^2. Mais à toute valeur de l'angle ω comprise entre o et 2α correspondent deux valeurs de θ, l'une θ_1 comprise entre o et α, l'autre entre π et $\pi + \alpha$. On peut encore se représenter l'aire décrite par le point (X, Y) au moyen d'une couronne circulaire en papier qui se recouvrirait partiellement.

125. Changement de variables : première méthode. — Conservons les hypothèses faites plus haut sur les régions A et A_1, et les formules (16), et soit $F(x, y)$ une fonction continue dans la région A. Décomposons la région A_1 en régions plus petites α_1, α_2, ..., α_n d'une façon arbitraire; il y correspond une division de la région A en régions plus petites a_1, a_2, ..., a_n. Soient ω_i et τ_i les aires des deux régions correspondantes a_i et α_i; on a, d'après la formule (17),

$$\omega_i = \sigma_i \left| \frac{D(f, \varphi)}{D(u_i, v_i)} \right|,$$

u_i, v_i étant les coordonnées d'un point de la région σ_i. A ce point (u_i, v_i) correspond un point $x_i = f(u_i, v_i)$, $y_i = \varphi(u_i, v_i)$ de la région a_i. En posant $\Phi(u, v) = F[f(u, v), \varphi(u, v)]$, nous pouvons donc écrire

$$\sum_{i=1}^{n} F(x_i, y_i)\omega_i = \sum_{i=1}^{n} \Phi(u_i, v_i) \left| \frac{D(f, \varphi)}{D(u_i, v_i)} \right| \sigma_i;$$

en passant à la limite, nous obtenons l'égalité

$$(18) \quad \int\!\!\int_A F(x, y)\, dx\, dy = \int\!\!\int_{A_1} F[f(u, v), \varphi(u, v)] \left| \frac{D(f, \varphi)}{D(u, v)} \right| du\, dv.$$

Donc, *pour effectuer un changement de variables dans une intégrale double, on doit remplacer x et y par leurs valeurs en fonction des nouvelles variables u, v, et le produit $dx\, dy$ par $|\Delta|\, du\, dv$*. Quant au nouveau champ d'intégration, nous avons expliqué comment on le détermine.

Pour trouver entre quelles limites doivent être effectuées les intégrations qui donnent la valeur de la nouvelle intégrale double, il est en général inutile de tracer le contour C_1 du nouveau champ d'intégration A_1. Considérons, en effet, u et v comme un système de coordonnées curvilignes; lorsque, dans les formules (16), on attribue à l'une des variables u, v une valeur constante, et qu'on fait varier l'autre, on obtient deux familles de courbes $u =$ const., $v =$ const. D'après les hypothèses faites sur les formules (16), par chaque point de la région A il passe une courbe et une seule de chacune des deux familles. Supposons, pour fixer les idées, qu'une courbe $v =$ const. rencontre le contour C en deux points seulement M_1, M_2 correspondant aux valeurs u_1, u_2 de u ($u_1 < u_2$) et que toutes les courbes (v) rencontrant le contour C sont comprises entre les deux courbes $v = a$, $v = b$ ($a < b$) (*fig.* 23). Alors, si l'on intègre d'abord par rapport à u, v restant constant, on doit faire varier u de u_1 à u_2 (u_1 et u_2 sont en général des fonctions de v) et intégrer ensuite le résultat entre les limites a et b.

L'intégrale double cherchée a donc pour expression

$$\int_a^b dv \int_{u_1}^{u_2} \mathrm{F}\left[f(u,v), \varphi(u,v)\right]\left|\Delta\right| du\, dv.$$

Un changement de variables revient au fond à décomposer le champ d'intégration en régions infiniment petites par les deux systèmes de courbes (u et v). Soit ω l'aire du quadrilatère curviligne limité par les courbes (u), $(u+du)$, (v), $(v+dv)$, où

Fig. 63.

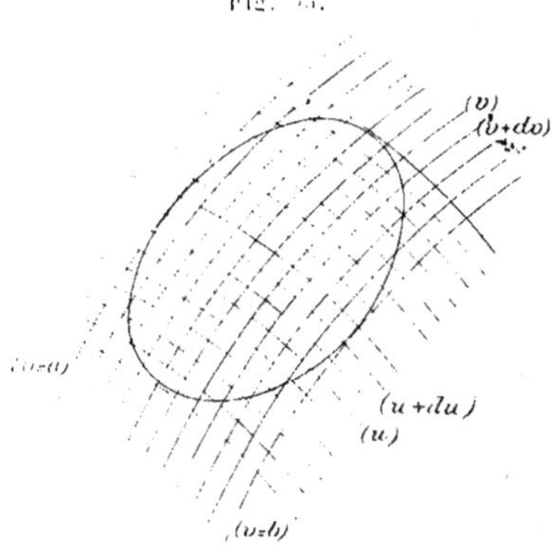

du et dv sont positifs; à ce quadrilatère correspond, sur le plan (u, v), un rectangle de côtés du et dv. On a donc, d'après la formule (17'), $\omega = \left|\Delta(\xi, \eta)\right| du\, dv$, ξ étant compris entre u et $u+du$, η entre v et $v+dv$. L'expression $\left|\Delta(u, v)\right| du\, dv$ s'appelle l'élément d'aire dans le système de coordonnées (u, v). La valeur exacte de ω est $\omega = \left|\left|\Delta(u, v)\right| + \varepsilon\right| du\, dv$, ε étant infiniment petit en même temps que du et dv. Mais, quand on cherche la limite de la somme $\Sigma \mathrm{F}(x, y)\omega$, on peut négliger ε; en effet, $\Delta(u, v)$ étant une fonction continue, on peut supposer les courbes (u) et (v) assez rapprochées pour que tous les ε soient moindres en valeur absolue que tout nombre positif donné et, par conséquent, pour que la somme $\Sigma \mathrm{F}(x, y) \varepsilon\, du\, dv$ soit elle-même plus petite en valeur absolue que tout nombre positif.

126. Exemples : 1° *Coordonnées polaires.* — Supposons qu'on passe des coordonnées rectangulaires aux coordonnées polaires.

On a $x = \rho \cos\omega$, $y = \rho \sin\omega$, et l'on obtient tous les points du plan en faisant varier ρ de zéro à $+\infty$, et ω de zéro à 2π. On trouve $\Delta = \rho$, de sorte que l'élément d'aire est $\rho \, d\omega \, d\rho$, comme la Géométrie le montre sans peine. Supposons d'abord qu'il s'agisse d'évaluer une intégrale double dans la portion du plan limité par un arc AB qui n'est rencontré qu'en un point par une demi-droite issue de l'origine, et par les deux droites OA, OB faisant avec Ox des angles ω_1, ω_2. Soit $R = \varphi(\omega)$ l'équation de l'arc AB; ω étant compris entre ω_1 et ω_2, ρ peut varier de zéro à R, et l'intégrale double de $f(x, y)$ a pour valeur

$$\int_{\omega_1}^{\omega_2} d\omega \int_0^R f(\rho \cos\omega, \rho \sin\omega)\rho \, d\rho.$$

Si l'arc AB forme une courbe fermée comprenant l'origine à son intérieur, on prendra $\omega_1 = 0$, $\omega_2 = 2\pi$. Tout champ d'intégration peut être décomposé en plusieurs régions telles que la précédente. Supposons, par exemple, que le contour C soit une courbe fermée convexe laissant l'origine à l'extérieur. Soient OA et OB les tangentes menées par l'origine à ce contour, $R_1 = f_1(\omega)$, $R_2 = f_2(\omega)$ les équations des deux arcs de courbe ANB, AMB. Pour une valeur donnée de ω, comprise entre ω_1 et ω_2, ρ peut varier de R_1 à R_2, et l'on a pour valeur de l'intégrale double

$$\int_{\omega_1}^{\omega_2} d\omega \int_{R_1}^{R_2} f(\rho \cos\omega, \rho \sin\omega)\rho \, d\rho.$$

$2°$ *Coordonnées elliptiques.* — Considérons une famille de coniques homofocales

$$(19) \qquad \frac{x^2}{\lambda} + \frac{y^2}{\lambda - c^2} = 1,$$

où λ désigne un paramètre arbitraire. Par tout point du plan passent deux coniques de cette espèce, une ellipse et une hyperbole, car l'équation (19) a, quels que soient x et y, une racine λ supérieure à c^2, et une racine positive μ, inférieure à c^2. De la relation (19) et de la relation analogue, où λ est remplacé par μ, on tire

$$(20) \qquad x = \frac{\sqrt{\lambda\mu}}{c}, \qquad y = \frac{\sqrt{(\lambda - c^2)(c^2 - \mu)}}{c} \qquad (0 \leqq \mu \leqq c^2 \leqq \lambda);$$

pour éviter toute ambiguïté, nous ne considérons que la région du plan des xy située dans l'angle xOy. Cette région correspond, point par point, d'une façon univoque, à la région du plan (λ, μ) limitée par les droites

$$\lambda = c^2, \qquad \mu = 0, \qquad \mu = c^2.$$

Lorsque le point (λ, μ) décrit le contour de cette région dans le sens

Fig. 74.

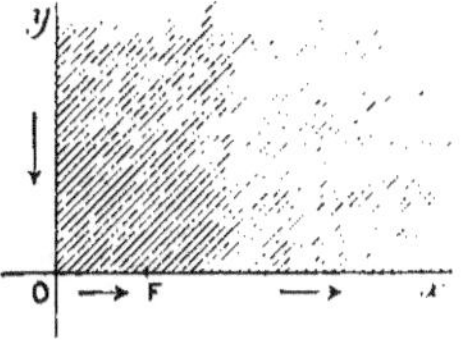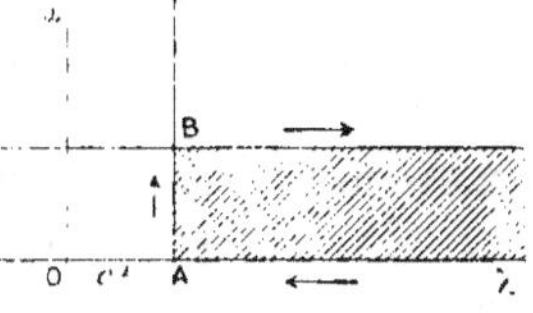

indiqué par les flèches, les formules (20) montrent que le point (x, y) décrit les deux axes Ox, Oy dans le sens indiqué par les flèches. La correspondance est donc inverse ; c'est ce qu'on vérifie en calculant Δ,

$$\Delta = \frac{D(x, y)}{D(\lambda, \mu)} = -\frac{1}{4} \frac{\lambda - \mu}{\sqrt{\lambda \mu (\lambda - c^2)(c^2 - \mu)}}.$$

127. Changement de variables : deuxième méthode. — Nous allons établir la formule générale (18) par une autre méthode, qui s'appuie uniquement sur la façon même dont on calcule une intégrale double. Nous conservons, bien entendu, les hypothèses faites au début sur la correspondance entre les points des deux régions A, A_1. Observons d'abord que, si la formule est vraie pour deux transformations particulières,

$$x = f(u, v), \qquad u = f_1(u', v'),$$
$$y = \varphi(u, v), \qquad v = \varphi_1(u', v'),$$

elle est vraie pour la transformation obtenue en les effectuant successivement ; cela résulte de la propriété connue des déterminants fonctionnels (n° 55)

$$\frac{D(x, y)}{D(u', v')} = \frac{D(x, y)}{D(u, v)} \frac{D(u, v)}{D(u', v')}.$$

De même, si la formule est vraie pour plusieurs régions distinctes A, B, C, ..., L, auxquelles correspondent des régions A_1, B_1, C_1, ..., L_1, elle est vraie aussi pour la région $A + B + C + ... + L$. Enfin, la formule est vraie si le changement de variables se réduit à une transformation de coordonnées

$$x = x_0 + x'\cos\alpha - y'\sin\alpha, \qquad y = y_0 + x'\sin\alpha + y'\cos\alpha:$$

on a $\Delta = 1$, et les deux intégrales sont égales

$$\int\int_{(A)} F(x, y)\, dx\, dy$$

$$= \int\int_{(A')} F(x_0 + x'\cos\alpha - y'\sin\alpha,\, y_0 + x'\sin\alpha + y'\cos\alpha)\, dx'\, dy',$$

d'après la définition même des intégrales doubles.

Cela posé, nous allons d'abord démontrer la formule pour la transformation particulière

$$(21) \qquad\qquad x = \varphi(x', y'), \qquad y = y',$$

qui fait correspondre à la région A une région A' comprise entre les mêmes parallèles à Ox, $y = y_0$, $y = y_1$. Nous supposons qu'à tout point de A ne correspond qu'un point de A' et inversement. Si une parallèle à Ox ne rencontre le contour C de A qu'en deux points, il en sera de même du contour C' de A'. Aux deux points m_0

Fig. 25.

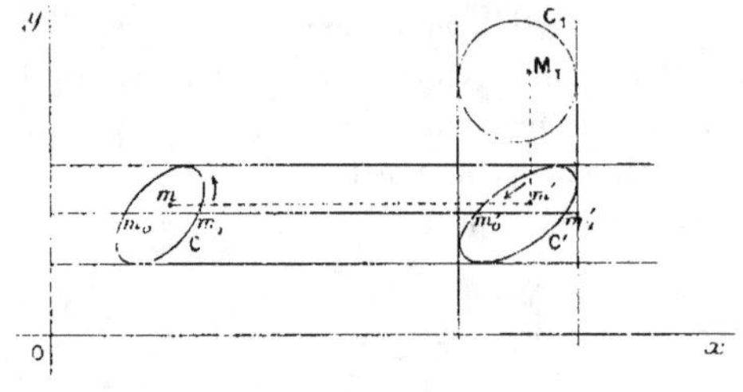

et m_1 d'ordonnée y du contour C correspondent deux points m'_0 et m'_1 du contour C'. Mais il peut se présenter deux cas suivant que la correspondance est directe ou inverse. Pour distinguer les deux cas, remarquons que, si $\dfrac{\partial\varphi}{\partial x'}$ est positif, x croît avec x', les points m_0 et m_1, m'_0 et m'_1 sont disposés comme la figure 25 l'indique, et la correspondance est directe. Au contraire, si $\dfrac{\partial\varphi}{\partial x'}$ était négatif, la correspondance serait inverse.

Prenons le premier cas, et soient x_0, x_1, x'_0, x'_1 les abscisses des points m_0, m_1, m'_0, m'_1. On a, en appliquant la formule du changement de variable dans une intégrale simple,

$$\int_{x_0}^{x_1} F(x, y)\,dx = \int_{x'_0}^{x'_1} F[\varphi(x', y'), y']\,\frac{\partial\varphi}{\partial x'}\,dx',$$

y et y' étant considérés comme constants, et, par suite,

$$\int_{y_0}^{y_1} dy \int_{x_0}^{x_1} F(x, y)\,dx = \int_{y_0}^{y_1} dy' \int_{x'_0}^{x'_1} F[\varphi(x', y'), y']\,\frac{\partial\varphi}{\partial x'}\,dx'.$$

Mais le jacobien se réduit ici à $\frac{\partial\varphi}{\partial x'}$ et la formule précédente peut s'écrire

$$\int\int_{(A)} F(x, y)\,dx\,dy = \int\int_{(A')} F[\varphi(x', y'), y']\,|\Delta|\,dx'\,dy'.$$

La formule se démontre de la même façon si $\frac{\partial\varphi}{\partial x'}$ est négatif et s'étend évidemment à une région limitée par un contour de forme quelconque.

On établira tout pareillement qu'en posant

$$(22) \qquad\qquad x = x', \qquad y = \psi(x', y'),$$

on a la formule

$$\int\int_{(A)} F(x, y)\,dx\,dy = \int\int_{(A')} F[x', \psi(x', y')]\,|\Delta|\,dx'\,dy',$$

le nouveau champ d'intégration A' correspondant point par point à la région A.

Considérons maintenant les formules générales de transformation

$$(23) \qquad\qquad x = f(x_1, y_1), \qquad y = f_1(x_1, y_1),$$

et, pour plus de clarté, désignons par (x, y), (x_1, y_1) les coordonnées de deux points correspondants m, M_1, par rapport à un même système d'axes. Soient A, A_1 les régions correspondantes limitées par les contours C, C_1. Si, aux deux points m, M_1, on associe un point m' de coordonnées $x' = x_1$, $y' = y$, ce point m' décrit une région auxiliaire A', et nous supposerons d'abord qu'elle correspond point par point à chacune des régions A, A_1. Entre les six coordonnées x, y, x_1, y_1, x', y', on a les quatre relations

$$x = f(x_1, y_1), \qquad y = f_1(x_1, y_1), \qquad x' = x_1, \qquad y' = y;$$

on en tire d'abord

$$(24) \qquad\qquad x' = x_1, \qquad y' = f_1(x_1, y_1),$$

ce qui définit une transformation de la forme (22) De la relation $y' = f_1(x', y_1)$ on tire ensuite $y_1 = \pi(x', y')$ et, par suite,

$$(25) \qquad\qquad x = f(x', y_1) = \varphi(x', y'), \qquad y = y'.$$

La transformation considérée (23) résulte donc des deux transformations particulières (24) et (25), auxquelles s'applique la formule générale. Elle s'applique donc aussi à la transformation (23) elle-même.

Remarque. — Nous avons supposé que la région décrite par le point m' correspondait point par point à chacune des aires A, A_1. On peut toujours supposer qu'il en est ainsi. En effet, considérons les courbes de la région A_1 qui correspondent aux droites de A parallèles à Ox. Si ces courbes ne sont rencontrées qu'en un point par une parallèle à Oy, il est clair qu'à un point m de A ne correspondra qu'un point m' de A'. Il suffira donc de partager l'aire A_1 en régions assez petites pour que, dans chacune d'elles, la condition soit satisfaite. Si ces courbes étaient des parallèles à Oy, on commencerait par effectuer sur (x_1, y_1) une transformation de coordonnées.

128. Volumes. — De même que la notion intuitive de l'aire d'une courbe plane conduit à la notion analytique d'intégrale définie (n°s 69 à 71), de même l'expression analytique que nous avons prise pour définition d'une intégrale double pourrait se déduire de la notion intuitive du volume limité par un cylindre, un plan perpendiculaire aux génératrices et une portion de surface quelconque. Laissant de côté cette extension bien facile du raisonnement employé plus haut (n° 70), nous allons inversement donner une définition purement analytique du volume limité par une surface fermée. Soit Σ une surface fermée, qui décompose l'espace en *deux* domaines distincts, un domaine *intérieur* D, et un domaine *extérieur* D′; deux points d'un même domaine peuvent toujours être joints par une ligne polygonale qui ne traverse pas la surface Σ, tandis que toute ligne polygonale joignant deux points de deux domaines différents a au moins un point commun avec Σ.

Pour définir le volume d'un pareil domaine, nous suivrons exactement la même marche que pour définir l'aire d'une courbe plane. Appelons *domaine polyédral* tout domaine borné dont la frontière est constituée par un nombre fini de domaines polygonaux plans, qu'on appelle ses *faces*. Tout domaine polyédral peut s'obtenir par la réunion d'un nombre fini de polyèdres convexes, et son volume a été défini en Géométrie élémentaire. Cela posé, soient P et p deux domaines polyédraux, le premier contenant D, le second contenu dans D, V_P et V_p leurs volumes respectifs. On a toujour $V_P > V_p$, et par suite les nombres V_P ont une borne inférieure V, tandis que les nombres V_p ont une borne supérieure V′; de plus, on a $V' \leq V$. Lorsque $V' = V$, on dit que le domaine D a un *volume déterminé*, et l'on prend le nombre V pour mesure de ce volume. Les propositions suivantes se démontrent comme dans le cas des aires planes (n°s 80 et 81) :

Pour que le domaine D ait un volume, il faut et il suffit que, quel que soit le nombre positif ε, on puisse trouver deux domaines polyédraux P et p, l'un contenant D, l'autre contenu dans D, tels que la différence $V_P - V_p$ soit inférieure à ε.

Si un domaine D peut se décomposer en plusieurs domaines D_1, D_2, ..., D_n, dont les volumes sont respectivement V_1, V_2, ..., V_n, le domaine D admet un volume

$$V = V_1 + V_2 + \ldots + V_n.$$

Si l'on divise l'espace en cubes de côté ρ au moyen de plans parallèles à trois plans rectangulaires et équidistants, la somme des volumes des cubes intérieurs à D a pour limite le volume V, lorsque le côté ρ tend vers zéro, tandis que la somme des volumes des cubes qui ont un ou plusieurs points communs avec la frontière de D tend vers zéro.

Prenons d'abord un domaine D limité par un cylindre dont la section droite est une courbe plane fermée C sans point double.

par un plan Q perpendiculaire aux génératrices du cylindre et par
une portion de surface S, intérieure au cylindre, que toute parallèle aux génératrices du cylindre rencontre en un point et en un
seul. Ayant pris le plan Q pour plan des xy, une parallèle aux
génératrices du cylindre pour axe des z, soit $z = f(x, y)$ l'équation de la surface S; $f(x, y)$ est une fonction continue à l'intérieur
du domaine plan d intérieur à la courbe C, section droite du
cylindre par le plan $z = o$. Nous supposerons de plus que l'on a
$f(x, y) \geqq o$. Cela étant, effectuons un carrelage du plan des xy
au moyen de parallèles aux axes équidistantes de ρ, puis formons
deux domaines polyédraux P et p de la façon suivante. Sur chaque
carré mixte du plan des xy plaçons un prisme droit ayant pour
base ce carré et pour hauteur la borne supérieure M de $f(x, y)$;
sur chaque carré intérieur à C plaçons de même un prisme droit
ayant pour base ce carré et pour hauteur la borne supérieure M_i
de $f(x, y)$ dans le carré. Il est clair que cet ensemble de prismes
forme un domaine polyédral P qui contient D. Sur chaque carré
intérieur plaçons de même un prisme droit ayant pour base ce
carré et pour hauteur la borne inférieure m_i de $f(x, y)$ dans le
même carré. L'ensemble de ces nouveaux prismes forme un domaine
polyédral p contenu dans D. La différence $V_P - V_p$ des volumes de
ces deux domaines polyédraux est inférieure à $M \eta + A \omega$, η étant
la somme des aires des carrés mixtes, A l'aire du domaine d, ω la
borne supérieure de l'oscillation de $f(x, y)$ dans un carré de
côté ρ. Or, on peut prendre ρ assez petit pour que chacun des produits $M \eta$, $A \omega$ soit inférieur à tout nombre donné ε. Le domaine D
a donc un volume déterminé.

Ce volume est égal à l'intégrale double

$$V = \int \int_{(d)} f(x, y)\, dx\, dy,$$

car, quel que soit ρ, le volume V_P est supérieur à cette intégrale
double, tandis que le volume V_p lui est inférieur.

Un domaine limité par une surface fermée qui n'est rencontrée
qu'en deux points par une parallèle à Oz peut être considéré
comme la différence entre deux domaines tels que le précédent.
Le volume sera donc égal à la différence de deux intégrales doubles.
Enfin, tout domaine limité par une surface fermée quelconque, qui

n'est rencontrée qu'en un nombre *fini* de points par une parallèle
à Oz, se décompose en un certain nombre de domaines dont la
frontière n'est rencontrée qu'en deux points par une parallèle à Oz.
Le volume de ce domaine s'exprimera donc par une somme algébrique d'intégrales doubles.

129. Calcul des volumes. — Considérons, comme tout à l'heure,
une portion de l'espace limitée par une surface S située au-dessus
du plan xOy, ce plan lui-même et un cylindre ayant ses génératrices parallèles à Oz; nous supposerons que la section par le
plan $z = o$ est un contour tel que celui de la figure 20, formé de
deux parallèles à l'axe Oy et de deux arcs de courbe $A m_1 B$, $A' m_2 B'$.
Si $z = f(x, y)$ est l'équation de la surface S, le volume ainsi limité
a pour expression

$$V = \int_a^b dx \int_{y_1}^{y_2} f(x, y)\, dy.$$

Mais l'intégrale $\int_{y_1}^{y_2} f(x, y)\, dy$ représente l'aire A de la section
faite dans ce volume par un plan parallèle au plan des yz, et la
formule précédente peut s'écrire

$$(26) \qquad\qquad V = \int_a^b A\, dx.$$

Or, un volume limité d'une façon quelconque est égal à la somme
algébrique d'un certain nombre de volumes limités comme le précédent. Par exemple, pour évaluer le volume limité par une surface
fermée convexe, on peut circonscrire à cette surface un cylindre
ayant ses génératrices parallèles à Oz, et l'on aura à calculer la
différence de deux volumes tels que le premier. La formule (26)
s'applique donc à tout volume compris entre deux plans parallèles $x = a$, $x = b \,(a < b)$, et une surface de forme quelconque,
A désignant l'aire de la section faite dans ce volume par un plan
parallèle aux premiers. Supposons l'intervalle (a, b) décomposé
en intervalles plus petits par des nombres croissants $a, x_1, x_2, \ldots,$
x_{n-1}, b, et soient $A_0, A_1, \ldots, A_i, \ldots$ les aires des sections correspondant aux plans $x = a$, $x = x_1, \ldots$. L'intégrale définie $\int_a^b A\, dx$

est la limite de la somme

$$\mathcal{A}_0(x_1 - a) + \mathcal{A}_1(x_2 - x_1) + \ldots + \mathcal{A}_{i-1}(x_i - x_{i-1}) + \ldots$$

dont la signification géométrique est évidente, car $\mathcal{A}_i (x_i - x_{i-1})$, par exemple, représente le volume d'une tranche cylindrique ayant pour base la section faite par le plan $x = x_{i-1}$, et pour hauteur la distance des deux plans voisins. Le volume cherché est donc la limite d'une somme de tranches cylindriques infiniment minces, définies comme la précédente ; ce qui est bien conforme à la notion vulgaire du volume.

Si l'on connaît l'expression de l'aire $\mathcal{A}$ en fonction de x, le volume cherché s'obtient par une seule quadrature. Supposons, par exemple, qu'on veuille avoir le volume compris entre une surface de révolution et deux plans perpendiculaires à l'axe. Cet axe étant pris pour axe des x, soit $z = f(x)$ l'équation de la méridienne dans le plan des xz ; la section par un plan parallèle au plan des yz est un cercle de rayon $f(x)$ et le volume cherché a pour expression $\pi \int_a^b [f(x)]^2 \, dx$.

Cherchons encore le volume de l'ellipsoïde

$$\frac{x^2}{a^2} + \frac{y^2}{b^2} + \frac{z^2}{c^2} = 1,$$

compris entre les deux plans $x = x_0$, $x = X$. La section par un plan parallèle à $x = 0$ est une ellipse dont les demi-axes sont égaux à $b\sqrt{1 - \dfrac{x^2}{a^2}}$, $c\sqrt{1 - \dfrac{x^2}{a^2}}$; on a donc pour le volume cherché

$$V = \int_{x_0}^{X} \pi bc \left(1 - \frac{x^2}{a^2}\right) dx = \pi bc \left(X - x_0 - \frac{X^3 - x_0^3}{3a^2}\right).$$

Pour avoir le volume total, il suffira de prendre $x_0 = -a$, $X = a$, ce qui donne $\frac{4}{3}\pi abc$.

130. Volume limité par une surface réglée. — Lorsque l'aire $\mathcal{A}$ est une fonction entière et du second degré de x, le volume s'exprime très simplement au moyen des aires B, B', b des deux sections extrêmes et de la section moyenne, et de la distance h des deux sections extrêmes. Si l'on prend le plan de la section moyenne pour plan des yz, on a

$$V = \int_{-a}^{a} (lx^2 - 2mx + n)\,dx = 2l\frac{a^3}{3} + 2na;$$

d'autre part, on a

$$h = 2a, \qquad b = n, \qquad B = la^2 - 2ma + n, \qquad B' = la^2 + 2ma + n.$$

et l'on en tire $n = b$, $a = \dfrac{h}{2}$, $2la^2 = B + B' - 2b$, ce qui conduit à la formule

$$(27) \qquad V = \frac{h}{6}\,[B + B' + 4b].$$

Cette formule s'applique en particulier au volume limité par deux plans parallèles et une surface réglée quelconque. Soient, en effet, $y = ax + p$, $z = bx + q$ les équations d'une droite mobile où a, b, p, q sont des fonctions continues d'un paramètre variable, qui reviennent à leurs valeurs initiales lorsque t croît de t_0 à T. Cette droite décrit une surface réglée, et l'aire de la section faite dans cette surface par un plan parallèle au plan $x = 0$ a pour expression (n° 96)

$$A = \int_{t_0}^{T} (ax + p)(b'x + q')\,dt,$$

a', b', p', q' étant les dérivées de a, b, p, q par rapport à t; ces dérivées peuvent être discontinues pour un nombre fini de valeurs de t entre t_0 et T, ce qui arrivera si la surface réglée se compose de plusieurs morceaux de surfaces distinctes. Nous pouvons encore écrire

$$A = x^2 \int_{t_0}^{T} ab'\,dt + x \int_{t_0}^{T} (aq' + pb')\,dt + \int_{t_0}^{T} pq'\,dt,$$

et les intégrales qui figurent dans le second membre sont évidemment indépendantes de x. La formule (27) est donc applicable au volume cherché; on peut remarquer qu'elle donne la plupart des volumes que l'on calcule en Géométrie élémentaire.

131. Aire d'une surface courbe. — Une surface est définie analytiquement comme il suit. Soient $f(u, v)$, $\varphi(u, v)$, $\psi(u, v)$ trois fonctions continues des deux variables u, v, lorsque le point de coordonnées (u, v) reste dans un domaine R du plan, limité par un contour fermé L. Le lieu des points de l'espace dont les coordonnées rectangulaires sont $x = f(u, v)$, $y = \varphi(u, v)$, $z = \psi(u, v)$, lorsque le point (u, v) décrit la région R, est une surface S, et la courbe Γ, qui correspond à la courbe L du plan (u, v), est le contour de cette surface. Nous dirons que la surface S est *régulière* lorsqu'on peut choisir les paramètres u et v de façon à satisfaire aux conditions suivantes : 1° la surface S et la région R du plan (u, v) se correspondent point par point d'une façon univoque ainsi que les contours Γ et L; 2° les fonctions f, φ, ψ admettent des dérivées partielles du premier ordre continues dans R et sur L; 3° les trois jacobiens $\dfrac{D(x, y)}{D(u, v)}$, $\dfrac{D(y, z)}{D(u, v)}$, $\dfrac{D(z, x)}{D(u, v)}$ ne s'annulent en même temps pour aucun point de R ou de L. Nous ne considérerons d'abord que des surfaces régulières ou se composant d'un nombre *fini* de portions de surfaces régulières.

En un point M d'une surface régulière, correspondant au point (u, v) de R, cette surface admet un plan tangent qui a pour équation (n° 64)

$$A(X - x) + B(Y - y) + C(Z - z) = o,$$

où

$$A = \frac{D(y, z)}{D(u, v)}, \qquad B = \frac{D(z, x)}{D(u, v)}, \qquad C = \frac{D(x, y)}{D(u, v)};$$

les cosinus directeurs de la normale ont pour expressions

$$\alpha = \frac{\pm A}{\sqrt{A^2 + B^2 + C^2}}, \qquad \beta = \frac{\pm B}{\sqrt{A^2 + B^2 + C^2}}, \qquad \gamma = \frac{\pm C}{\sqrt{A^2 + B^2 + C^2}},$$

le signe étant le même dans les trois formules. Ce double signe correspond aux deux directions opposées que l'on peut prendre sur la normale. Si, par exemple, on veut avoir les cosinus de la direction qui fait un angle aigu avec Oz, on prendra le signe de C.

Si l'on remplace u et v par des fonctions d'un paramètre t, le point (x, y, z) décrit sur S une courbe, et le carré de l'élément linéaire de cette courbe, obtenu en élevant au carré les expressions de dx, dy, dz, et les ajoutant, est donné par la formule

$$(28) \qquad ds^2 = E\,du^2 + 2F\,du\,dv + G\,dv^2,$$

où l'on a posé

$$E = S\left(\frac{\partial x}{\partial u}\right)^2, \qquad F = S\,\frac{\partial x}{\partial u}\,\frac{\partial x}{\partial v}, \qquad G = S\left(\frac{\partial x}{\partial v}\right)^2;$$

le signe S indiquant qu'il faut remplacer x par y, puis par z, et faire la somme. Ces fractions E, F, G jouent un rôle important dans l'étude des surfaces : si f, φ, ψ sont des fonctions réelles, comme nous le supposons, il est clair que E, G, EG — F² sont positifs.

Les coefficients A, B, C dépendent non seulement du point considéré sur la surface, mais aussi des axes de coordonnées, tandis que E, F, G ne dépendent pas du choix des axes de coordonnées, mais seulement de la surface S et des variables u et v que l'on a prises. Cela est évident, d'après la signification géométrique de ces coefficients ; la vérification est d'ailleurs immédiate au moyen des formules de transformations de coordonnées. Mais ces six fonctions sont liées par une relation importante

$$A^2 + B^2 + C^2 = EG - F^2,$$

que l'on déduit de l'identité de Lagrange

$$(ab' - ba')^2 + (bc' - cb')^2 + (ca' - ac')^2$$
$$= (a^2 + b^2 + c^2)(a'^2 + b'^2 + c'^2) - (aa' + bb' + cc')^2$$

en y remplaçant a, b, c, a', b', c' par $\dfrac{\partial x}{\partial u}$, $\dfrac{\partial y}{\partial u}$, $\ldots$, $\dfrac{\partial z}{\partial v}$ respectivement.

Nous établirons encore une formule préliminaire. Soient r une portion de R limitée par un contour fermé c, m un point intérieur à r, s la portion de S qui correspond à r, γ le contour de s et M le point de s qui correspond à m. Supposons la région r assez petite pour qu'une parallèle à la normale en M ne puisse rencontrer s en plus d'un point. Cette surface s se projette orthogonalement sur le plan tangent en M suivant une portion de plan s', limitée par une courbe fermée γ', projection de γ. Soient ω l'aire de r et σ l'aire de s' : nous allons d'abord chercher une expression du rapport $\dfrac{\sigma}{\omega}$ (*cf.* n° 124). Pour cela, imaginons qu'on ait choisi le point M pour origine des coordonnées, pour axe des z la normale en M et pour axes des x et des y deux droites rectangulaires quelconques du plan tangent issues de M. Si u_0, v_0 sont les coordonnées du point m dans le plan (u, v), le plan tangent à l'origine étant le plan $z = 0$, on a $A_0 = B_0 = 0$, et par suite $C_0^2 = E_0 G_0 - F_0^2$, en désignant par l'indice zéro la valeur d'une fonction de u et de v pour $u = u_0$, $v = v_0$.

L'aire σ est l'aire enveloppée par la courbe γ' décrite par le point (x, y) dans le plan $z = 0$ lorsque le point (u, v) décrit le contour c; on a donc (n° **124**) $\sigma = \omega \,|\, \mathrm{C}(u', v')\,|$, u' et v' étant les coordonnées d'un point m' intérieur à c. Les deux fonctions $|\,\mathrm{C}(u, v)\,|$ et $\sqrt{\mathrm{EG} - \mathrm{F}^2}$ sont égales, on vient de l'observer, pour $u = u_0$, $v = v_0$; ces fonctions étant continues, si la région r est très petite, leur différence est aussi très petite pour $u = u'$, $v = v'$, et l'on a

$$\sigma = \omega\, \{\, \sqrt{\mathrm{E'G'} - \mathrm{F'^2}} + \varepsilon \,\},$$

$\mathrm{E'}$, $\mathrm{F'}$, $\mathrm{G'}$ étant les valeurs de E, F, G pour les coordonnées u', v' d'un point de r, et ε étant infiniment petit en même temps que les dimensions de cette région r.

Ce nombre ε tend *uniformément* vers zéro en même temps que la plus grande dimension de la région r. Nous avons en effet

$$|\varepsilon| = \frac{\mathrm{A'^2} + \mathrm{B'^2}}{|\,\mathrm{C'} + \sqrt{\mathrm{A'^2} + \mathrm{B'^2} + \mathrm{C'^2}}\,|} \cdot \sqrt{\mathrm{A'^2} + \mathrm{B'^2} + \mathrm{C'^2}} \left\{ \frac{\mathrm{A'^2} + \mathrm{B'^2}}{\mathrm{A'^2} + \mathrm{B'^2} + \mathrm{C'^2}} \right\} < \mathrm{H} \sin^2 \theta,$$

H étant la valeur maximum de $\sqrt{\mathrm{EG} - \mathrm{F}^2}$, et θ l'angle des normales aux deux points (u_0, v_0) et (u', v') de S. Il suffit donc de montrer que l'angle aigu θ des normales en deux points voisins M, M' de S tend uniformément vers zéro avec la distance MM'. Or on a, quel que soit le système d'axes,

$$\sin^2 \theta = \frac{(\mathrm{AB'} - \mathrm{BA'})^2 + (\mathrm{BC'} - \mathrm{CB'})^2 + (\mathrm{CA'} - \mathrm{AC'})^2}{(\mathrm{A}^2 + \mathrm{B}^2 + \mathrm{C}^2)(\mathrm{A'^2} + \mathrm{B'^2} + \mathrm{C'^2})},$$

et le second membre est une fonction continue des quatre variables u, v, u', v', qui est nul pour $u' = u$, $v' = v$. Il tend donc uniformément vers zéro en même temps que $(u' - u)^2 + (v' - v)^2$ (n°⁵ **8, 12**).

Cela posé, imaginons qu'on décompose la région R du plan (u, v) en n portions r_1, r_2, ..., r_n, la région r_i étant limitée par une courbe fermée c_i, et prenons un point quelconque $m_i(u_i, v_i)$ à l'intérieur de r_i. A cette région r_i et à la courbe c_i correspondent sur S une portion de surface s_i et son contour γ_i. Soit M_i le point de s_i qui correspond au point m_i: nous supposerons qu'on a pris toutes les régions r_i assez petites pour qu'une parallèle à la normale au point M_i ne puisse rencontrer s_i en plus d'un point [1].

---

[1] Ce point peut être démontré rigoureusement (*Bulletin de la Société mathématique*, t. XXXVIII, 1910, p. 149). On évite toute difficulté en appelant *aire de la projection de s*, la valeur absolue de l'intégrale $\int y \, dx$ prise le long de γ, (*cf.* n° 97).

La surface s_i se projette sur le plan tangent en M_i suivant une portion de surface plane d'aire σ_i. Lorsque le nombre n augmente indéfiniment, de façon que les régions r_i tendent vers zéro dans toutes leurs dimensions, la somme de ces aires planes

$$\sigma_1 + \sigma_2 + \ldots + \sigma_n = \Omega$$

tend vers une limite qui est, par définition, *l'aire de la surface* S. Nous avons en effet, d'après ce qu'on vient d'établir,

$$\Omega = \Sigma \omega_i \left\{ \sqrt{E_i' G_i' - F_i'^2} + \varepsilon_i \right\},$$

ω_i étant l'aire de r_i, u_i', v_i' les coordonnées d'un point de r_i, ε_i un infiniment petit. La somme $\Sigma \omega_i \varepsilon_i$ tend vers zéro, puisque ε_i tend uniformément vers zéro, et par suite Ω a pour limite l'intégrale double

$$(29) \qquad \mathcal{A} = \int\int_{(R)} \sqrt{EG - F^2}\, du\, dv.$$

Telle est l'expression de l'aire de la surface S ([1]).

132. Élément de surface. — L'expression $\sqrt{EG - F^2}\, du\, dv$ est l'élément d'aire de la surface S dans le système de coordonnées (u, v). L'aire de la petite portion de surface comprise entre les courbes (u), $(u + du)$, (v), $(v + dv)$ a pour valeur exacte $\left(\sqrt{EG - F^2} + \varepsilon\right) du\, dv$, ε étant infiniment petit en même temps que du et dv, et l'on voit comme plus haut qu'on peut négliger le terme $\varepsilon\, du\, dv$. Quelques considérations de Géométrie infinitésimale permettent de retrouver aisément la valeur de l'élément d'aire. En effet, si nous assimilons la portion de surface considérée à un parallélogramme situé dans le plan tangent à S au point (u, v),

---

([1]) Cette définition revient, au fond, à remplacer un morceau infiniment petit de la surface S par un morceau infiniment petit du plan tangent en un point de ce morceau. Il semblerait plus naturel d'adopter une définition analogue à celle de la longueur d'un arc de courbe, c'est-à-dire de définir l'aire de S comme la limite de l'aire d'une surface polyédrale inscrite dont le nombre des faces augmente indéfiniment, la longueur maximum des arêtes tendant vers zéro. On doit à M. Schwarz un exemple simple qui met bien en évidence un fait d'apparence paradoxale : l'aire de cette surface polyédrale ne tend pas vers une limite si l'on n'ajoute pas quelque autre condition (*voir* l'Exercice 12 de la page 354).

l'aire sera égale au produit des longueurs des deux côtés par le sinus de l'angle des deux courbes (u) et (v). Si l'on confond de même l'accroissement de l'arc avec la différentielle ds, les longueurs des côtés seront, d'après la formule (28), $\sqrt{E}\,du$, $\sqrt{G}\,dv$, en supposant du et dv positifs. Quant à l'angle α des deux courbes, les paramètres directeurs des tangentes à ces courbes sont respectivement $\dfrac{\partial x}{\partial u}$, $\dfrac{\partial y}{\partial u}$, $\dfrac{\partial z}{\partial u}$ et $\dfrac{\partial x}{\partial v}$, $\dfrac{\partial y}{\partial v}$, $\dfrac{\partial z}{\partial v}$; on a donc

$$\cos\alpha = \frac{S\,\dfrac{\partial x}{\partial u}\,\dfrac{\partial x}{\partial v}}{\sqrt{S\left(\dfrac{\partial x}{\partial u}\right)^2}\,\sqrt{S\left(\dfrac{\partial x}{\partial v}\right)^2}} = \frac{F}{\sqrt{EG}},$$

et, par suite, $\sin\alpha = \dfrac{\sqrt{EG - F^2}}{\sqrt{EG}}$. En faisant le produit, on retrouve bien l'expression de l'élément d'aire. On peut remarquer, sur la formule qui donne $\cos\alpha$, que le coefficient F est nul lorsque les deux familles de courbes (u) et (v) forment un réseau orthogonal, et dans ce cas seulement.

Lorsque la surface S se réduit à un plan, on retrouve la *valeur obtenue plus haut* (n° **124**). En effet, si l'on suppose $\psi(u, v) = 0$, on a

$$E = \left(\frac{\partial x}{\partial u}\right)^2 + \left(\frac{\partial y}{\partial u}\right)^2, \qquad F = \frac{\partial x}{\partial u}\frac{\partial x}{\partial v} + \frac{\partial y}{\partial u}\frac{\partial y}{\partial v}, \qquad G = \left(\frac{\partial x}{\partial v}\right)^2 + \left(\frac{\partial y}{\partial v}\right)^2,$$

et la règle pour former le carré d'un déterminant donne

$$\Delta^2 = \begin{vmatrix} \dfrac{\partial x}{\partial u} & \dfrac{\partial x}{\partial v} \\[2mm] \dfrac{\partial y}{\partial u} & \dfrac{\partial y}{\partial v} \end{vmatrix}^2 = \begin{vmatrix} E & F \\ F & G \end{vmatrix} = EG - F^2;$$

$\sqrt{EG - F^2}$ se réduit donc à $|\Delta|$.

Exemples. — 1° Soit à trouver l'aire d'une portion de surface représentée par l'équation $z = f(x, y)$, qui se projette sur le plan xOy suivant une région R où la fonction $f(x, y)$ et ses dérivées $p = \dfrac{\partial f}{\partial x}$ et $q = \dfrac{\partial f}{\partial y}$ sont continues. En prenant x et y pour variables indépendantes, on a $E = 1 + p^2$, $F = pq$, $G = 1 + q^2$, et l'aire cherchée est représentée par l'intégrale double

$$(30) \qquad \mathcal{A} = \int\int_{(R)} \sqrt{1+p^2+q^2}\, dx\, dy = \int\int_{(R)} \frac{dx\, dy}{\cos\gamma},$$

γ désignant l'angle aigu que fait avec Oz la normale à la surface.

2° Soit à calculer l'aire d'une portion de surface de révolution comprise entre deux parallèles. Prenons pour axe des z l'axe de la surface, et soit $z = f(x)$ l'équation de la méridienne dans le plan des xz. Les coordonnées d'un point de la surface sont

$$x = \rho \cos\omega, \qquad y = \rho \sin\omega, \qquad z = f(\rho),$$

en prenant pour variables indépendantes les coordonnées polaires ρ et ω de la projection sur le plan xOy. On a ici

$$ds^2 = d\rho^2[1 + f'^2(\rho)] + \rho^2 d\omega^2,$$
$$E = 1 + f'^2(\rho), \qquad F = 0, \qquad G = \rho^2.$$

Pour obtenir la portion de surface comprise entre les deux parallèles de rayons ρ_1 et ρ_2 ($\rho_1 < \rho_2$), il faut évidemment faire varier ρ de ρ_1 à ρ_2 et ω de zéro à 2π. On a donc, pour l'aire cherchée,

$$\mathcal{A} = \int_{\rho_1}^{\rho_2} d\rho \int_0^{2\pi} \rho \sqrt{1 + f'^2(\rho)}\, d\omega = 2\pi \int_{\rho_1}^{\rho_2} \rho \sqrt{1 + f'^2(\rho)}\, d\rho,$$

et l'on a une seule quadrature à effectuer. En désignant par s l'arc de la méridienne, on a

$$ds^2 = d\rho^2 + dz^2 = d\rho^2[1 + f'^2(\rho)],$$

et la formule précédente peut s'écrire

$$\mathcal{A} = \int_{\rho_1}^{\rho_2} 2\pi\rho\, ds.$$

L'interprétation géométrique est immédiate : $2\pi\rho\, ds$ est la surface latérale d'un tronc de cône dont le côté serait ds et dont la circonférence moyenne aurait pour rayon ρ. En assimilant l'aire comprise entre deux parallèles infiniment voisins à l'aire latérale d'un tronc de cône, on retrouve précisément la formule qui donne $\mathcal{A}$. Par exemple, l'aire de la calotte d'un paraboloïde de révolution, engendré par la rotation de la parabole $x^2 = 2pz$, comprise entre le sommet et le parallèle de rayon r, a pour valeur

$$A = 2\pi \int_p^{r} \frac{\rho}{p} \sqrt{\rho^2 + p^2}\, d\rho = \frac{2\pi}{3p}\left[(r^2 + p^2)^{\frac{3}{2}} - p^3 \right].$$

133. Problème de Viviani. — Sur un rayon OA d'une sphère de rayon R comme diamètre décrivons un cercle C, et proposons-nous de trouver le volume de la portion de sphère intérieure au cylindre de révolution ayant pour section droite le cercle C. Le centre de la sphère étant pris pour origine, le quart du volume cherché est égal à l'intégrale double

$$\frac{V}{4} = \int\int \sqrt{R^2 - x^2 - y^2}\, dx\, dy,$$

étendue au demi-cercle décrit sur OA comme diamètre. Si nous passons aux coordonnées polaires ρ, ω, l'angle ω pourra varier de 0 à $\frac{\pi}{2}$ et ρ de 0 à $R\cos\omega$, et l'on a encore

$$\frac{V}{4} = \int_0^{\frac{\pi}{2}} d\omega \int_0^{R\cos\omega} \rho\sqrt{R^2 - \rho^2}\, d\rho = -\int_0^{\frac{\pi}{2}} \frac{1}{3}\left[(R^2 - \rho^2)^{\frac{3}{2}} \right]_0^{R\cos\omega} d\omega$$

ou

$$\frac{V}{4} = \frac{1}{3} \int_0^{\frac{\pi}{2}} (R^3 - R^3\sin^3\omega)\, d\omega = \frac{R^3}{3}\left(\frac{\pi}{2} - \frac{2}{3} \right).$$

Si l'on retranche de la sphère la portion intérieure au cylindre considéré

Fig. 26.

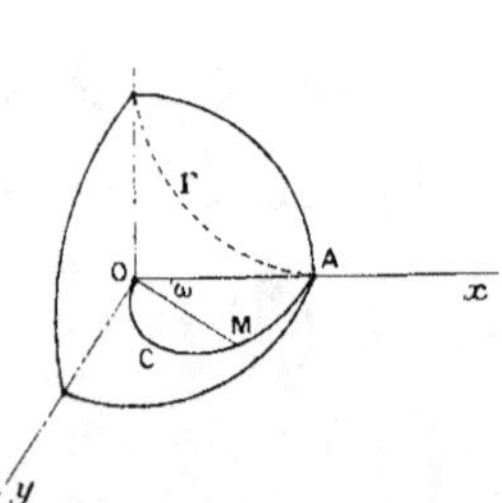

et au cylindre symétrique par rapport à Oz, le volume de la portion restante est égal à

$$\frac{4}{3}\pi R^3 - \frac{8R^3}{3}\left(\frac{\pi}{2} - \frac{2}{3} \right) = \frac{16}{9} R^3.$$

L'aire Ω de la surface de la sphère intérieure au cylindre précédent est donnée de même par la formule

$$\Omega = 4 \int \int \sqrt{1 - p^2 - q^2}\, dx\, dy\,;$$

remplaçons p et q par leurs valeurs $-\dfrac{x}{\rho}$ et $-\dfrac{y}{\rho}$, et passons aux coordonnées polaires. Il vient

$$\Omega = 4 \int_0^{\frac{\pi}{2}} d\omega \int_0^{R\cos\omega} \frac{R\,\rho\,d\rho}{\sqrt{R^2 - \rho^2}} = -4 \int_0^{\frac{\pi}{2}} R \left(\sqrt{R^2 - \rho^2} \right)_0^{R\cos\omega} d\omega,$$

ou encore

$$\Omega = 4 R^2 \int_0^{\frac{\pi}{2}} (1 - \sin\omega)\, d\omega = 4 R^2 \left(\frac{\pi}{2} - 1 \right).$$

Si l'on retranche de la surface totale de la sphère la portion intérieure aux deux cylindres, l'aire de la partie restante est égale à

$$4 \pi R^2 - 8 R^2 \left(\frac{\pi}{2} - 1 \right) = 8 R^2.$$

III. — EXTENSION DE LA NOTION D'INTÉGRALE DOUBLE. INTÉGRALES DE SURFACE.

134. Intégrales doubles dans un champ illimité. — Soit $f(x, y)$ une fonction bornée et intégrable dans toute portion du plan extérieure à une courbe fermée Γ. L'intégrale double $\int \int f(x, y)\, dx\, dy$, étendue au domaine compris entre Γ et une autre courbe fermée C extérieure à Γ, a une valeur finie. Si cette intégrale tend vers une limite lorsque la courbe C s'éloigne indéfiniment dans tous les sens, cette limite est par définition l'intégrale double de $f(x, y)$ étendue à la région du plan extérieure à Γ. Nous disons qu'une courbe variable C s'éloigne indéfiniment dans tous les sens si, à partir d'un certain moment, cette courbe reste à l'extérieur d'un cercle de rayon R arbitraire, décrit d'un point fixe pour centre.

La condition nécessaire et suffisante pour que cette limite existe est la suivante : soient C, C' deux courbes fermées quelconques enveloppant la courbe Γ, et $\delta(C, C')$ la différence des deux intégrales doubles étendues aux deux domaines limités par les courbes (Γ, C) et (Γ, C') respectivement. *Il faut et il suffit que la différence $\delta(C, C')$ tende vers zéro, lorsque les deux courbes*

C et C' *s'éloignent indéfiniment dans tous les sens, indépendamment l'une de l'autre.*

Il est évident que cette condition est *nécessaire*. Elle est aussi *suffisante*. Considérons, en effet, une suite de courbes fermées $C_1, C_2, \ldots, C_n, \ldots$ entourant Γ, s'enveloppant mutuellement et s'éloignant indéfiniment lorsque n croît indéfiniment. La différence $\delta(C_m, C_n)$ tendant vers zéro lorsque les deux nombres m et n augmentent indéfiniment, l'intégrale double étendue au domaine compris entre Γ et C_n tend vers une limite I (n° 5). Prenons maintenant une autre courbe fermée C', de forme quelconque, qui s'éloigne indéfiniment dans tous les sens. Puisque, par hypothèse, la différence $\delta(C', C_n)$ tend vers zéro, l'intégrale double étendue au domaine compris entre Γ et C' tend aussi vers I.

Nous avons supposé, pour fixer les idées, que le domaine d'intégration était illimité dans tous les sens, mais il est clair que cette hypothèse n'a rien d'indispensable. On peut, par exemple, considérer un champ d'intégration limité par deux droites fixes, et une courbe variable qui s'éloigne indéfiniment dans l'angle formé par ces deux droites. Les raisonnements qui précèdent s'appliquent sans modification.

Exemple. — Soit $f(x, y)$ une fonction qui, à l'extérieur d'un cercle de rayon a décrit de l'origine comme centre, est de la forme

$$f(x, y) = \frac{\psi(x, y)}{(x^2 + y^2)^{\alpha}},$$

le numérateur $\psi(x, y)$ restant compris entre deux nombres positifs m et M. L'intégrale double étendue à la couronne circulaire comprise entre deux cercles de rayon r et R, décrits de l'origine pour centre, a pour expression

$$\int_0^{2\pi} d\omega \int_r^R \frac{\psi(\rho \cos\omega, \rho \sin\omega)\rho\, d\rho}{\rho^{2\alpha}};$$

elle est donc comprise entre les deux intégrales

$$2\pi m \int_r^R \frac{d\rho}{\rho^{2\alpha-1}}, \qquad 2\pi M \int_r^R \frac{d\rho}{\rho^{2\alpha-1}}.$$

Pour que cette intégrale tende vers zéro lorsque r et R augmentent indéfiniment, il faut et il suffit que l'on ait $\alpha > 1$. L'intégrale double, étendue au domaine compris entre deux courbes fermées quelconques, tendra alors vers zéro lorsque ces deux courbes s'éloignent indéfiniment, car ce domaine est compris dans une couronne circulaire telle que la précédente. L'intégrale double de $f(x, y)$, étendue à la région du plan extérieure au cercle de rayon a, a donc une valeur finie si l'on a $\alpha > 1$, et dans ce cas seulement.

De la condition nécessaire et suffisante obtenue plus haut, il résulte aussitôt que l'intégrale double $\int\int f(x, y)\,dx\,dy$ a une limite toutes les fois que l'intégrale $\int\int |f(x, y)|\,dx\,dy$ en a une. Mais ici se présente une distinction importante. Lorsque la fonction $f(x, y)$ conserve un signe constant, si, par exemple elle est positive, pour reconnaître si l'intégrale a une limite, il suffit de considérer une suite de courbes fermées C_1, C_2, ..., C_n, ... s'enveloppant mutuellement, de telle façon que C_n s'éloigne indéfiniment lorsque n croît indéfiniment. Si l'intégrale double $I_n = \int\int f(x, y)\,dx\,dy$, étendue à la région R_n comprise entre Γ et C_n, tend vers une limite I, lorsque n croît indéfiniment, l'intégrale I', étendue à la région R' compris entre Γ et une courbe fermée C' de forme quelconque qui s'éloigne indéfiniment dans tous les sens, tend vers la même limite. En effet, le contour C' est compris entre deux contours C_m, C_{m+n} qui s'éloignent indéfiniment en même temps que C'. On a donc $I_m < I' < I_{m+n}$, et par suite I' a pour limite I.

Si la fonction $f(x, y)$ n'a pas un signe constant, l'intégrale double étendue à un domaine quelconque est la différence de deux intégrales doubles à éléments positifs

$$\int\int f(x, y)\,dx\,dy = \int\int f_1(x, y)\,dx\,dy - \int\int f_2(x, y)\,dx\,dy,$$

tandis que l'on a

$$\int\int |f(x, y)|\,dx\,dy = \int\int f_1(x, y)\,dx\,dy + \int\int f_2(x, y)\,dx\,dy;$$

on a posé $f_1 = f$, si $f > 0$, et $f_1 = 0$, si $f < 0$, et de même $f_2 = 0$, si $f > 0$, et $f_2 = -f$, si $f < 0$. Cela étant, si l'intégrale double $\int\int |f(x, y)|\,dx\,dy$ n'a pas de limite, l'une au moins des intégrales doubles $\int\int f_1\,dx\,dy$, $\int\int f_2\,dx\,dy$ croît indéfiniment. Si les deux intégrales augmentent indéfiniment l'une et l'autre, leur différence est *indéterminée*. On démontre, en effet. en raisonnant comme pour les séries semi-convergentes (*voir* plus loin, n° 165), qu'il est possible de choisir une famille de courbes variables telles que la limite de l'intégrale double $\int\int f(x, y)\, dx\, dy$ soit un nombre quelconque donné à l'avance, en supposant la fonction f bornée.

Voici un exemple dû à Cayley. Soit $f(x, y) = \sin(x^2 + y^2)$; si nous intégrons d'abord à l'intérieur d'un carré de côté a, nous trouvons pour l'intégrale double

$$\int_0^a dx \int_0^a \sin(x^2 + y^2)\, dy$$
$$= \int_0^a \sin x^2\, dx \times \int_0^a \cos y^2\, dy + \int_0^a \cos x^2\, dx \times \int_0^a \sin y^2\, dx.$$

Lorsque a augmente indéfiniment, les intégrales qui figurent au second membre ont une limite (n° 92). On démontre que cette limite est égale à $\frac{1}{2}\sqrt{\frac{\pi}{2}}$, et le second membre a pour limite $\frac{\pi}{4}$. Au contraire, si l'on intègre à l'intérieur d'un cercle de rayon R, on a pour l'intégrale double

$$\int_0^{\frac{\pi}{2}} d\omega \int_0^R \rho \sin \rho^2\, d\rho = -\frac{\pi}{4}\left[\cos \rho^2\right]_0^R = \frac{\pi}{4}\left[1 - \cos R^2\right].$$

et le second membre est indéterminé lorsque R croît indéfiniment.

135. La fonction $B(p, q)$. — Soit

$$f(x, y) = 4\, x^{2p-1} y^{2q-1}\, e^{-x^2-y^2},$$

où l'on suppose $p > 0$, $q > 0$: cette fonction est continue et positive dans l'angle xOy. Si nous intégrons d'abord à l'intérieur du carré de côté a, formé par les axes et les droites $x = a$, $y = a$, on a pour valeur de l'intégrale double

$$\int_0^a 2\, x^{2p-1} e^{-x^2}\, dx \times \int_0^a 2\, y^{2q-1} e^{-y^2}\, dy:$$

chacune des intégrales du second membre a une limite lorsque a augmente indéfiniment. En effet, si, dans l'intégrale qui définit la fonction $\Gamma(p)$ (n° 94),

$$\Gamma(p) = \int_0^{+\infty} t^{p-1} e^{-t}\, dt,$$

on pose $t = x^2$, il vient

$$(31) \qquad \Gamma(p) = \int_0^{+\infty} 2 x^{2p-1} e^{-x^2}\, dx.$$

L'intégrale double a donc pour limite le produit $\Gamma(p)\Gamma(q)$.

Intégrons maintenant à l'intérieur d'un quart de cercle limité par les axes et le cercle $x^2 + y^2 = R^2$; nous avons pour l'intégrale double, en coordonnées polaires,

$$\int_0^R 2\rho^{2(p+q)-1} e^{-\rho^2}\, d\rho \times \int_0^{\frac{\pi}{2}} 2\cos^{2p-1}\varphi \sin^{2q-1}\varphi\, d\varphi.$$

Lorsque R augmente indéfiniment, l'intégrale double a donc pour limite

$$\Gamma(p+q)\, B(p, q)$$

en posant

$$(32) \qquad B(p, q) = \int_0^{\frac{\pi}{2}} 2\cos^{2p-1}\varphi \sin^{2q-1}\varphi\, d\varphi;$$

en écrivant que ces deux limites sont les mêmes, on a la relation

$$(33) \qquad \Gamma(p)\Gamma(q) = \Gamma(p+q)\, B(p, q).$$

L'intégrale $B(p, q)$ est l'intégrale eulérienne *de première espèce*; on peut encore l'écrire, en posant $\sin^2\varphi = t$,

$$(34) \qquad B(p, q) = \int_0^1 t^{q-1}(1-t)^{p-1}\, dt.$$

La formule (33) ramène le calcul de la fonction $B(p, q)$ à celui de la fonction Γ. Si l'on y fait, par exemple, $p = q = \frac{1}{2}$, il vient

$$\left[\Gamma\left(\frac{1}{2}\right)\right]^2 = \Gamma(1) \int_0^{\frac{\pi}{2}} 2\, d\varphi = \pi,$$

et par suite $\Gamma\left(\frac{1}{2}\right) = \sqrt{\pi}$. La formule (31) donne alors

$$\int_0^{+\infty} e^{-x^2}\, dx = \frac{\sqrt{\pi}}{2}.$$

D'une façon générale, en faisant $q = 1 - p$ et supposant p compris entre o et 1, on a

$$\Gamma(p)\Gamma(1-p) = \mathrm{B}(p, 1-p) = \int_0^1 \left(\frac{1-t}{t}\right)^{p-1}\frac{dt}{t};$$

on verra plus tard que cette intégrale a pour valeur $\dfrac{\pi}{\sin p\pi}$.

136. Intégrales de fonctions non bornées. — On définit de la
même façon l'intégrale double d'une fonction $f(x, y)$ qui devient
infinie en un point ou tout le long d'une ligne. Pour cela, on commence par enlever le point ou la ligne du champ d'intégration en
les entourant d'un contour très petit, ou très voisin de la ligne
de discontinuité, et l'on fait ensuite diminuer indéfiniment le
domaine intérieur à cette ligne. Par exemple, lorsque, dans le
voisinage d'un point (a, b), la fonction $f(x, y)$ peut s'écrire

$$f(x, y) = \frac{\psi(x, y)}{[(x-a)^2 + (y-b)^2]^\alpha},$$

où la valeur absolue de $\psi(x, y)$ est comprise entre deux nombres
positifs m et M, l'intégrale double de $f(x, y)$, dans une région
qui ne contient pas d'autre discontinuité que le point (a, b), a une
valeur finie pourvu que α soit inférieur à un, et dans ce cas seulement. La démonstration est toute pareille à celle qui a été donnée
tout à l'heure (n° **134**).

Considérons encore une fonction $f(x, y)$ satisfaisant aux conditions suivantes : 1° elle est continue dans le domaine Λ défini
par les conditions $a \leq x \leq b$, $0 \leq y < g(x)$, $g(x)$ étant une fonction
continue positive entre a et b: 2° dans le voisinage de la ligne
$y = g(x)$, elle est de la forme

$$f(x, y) = \frac{\psi(x, y)}{[g(x) - y]^\alpha},$$

α étant un exposant positif, et le numérateur restant borné. L'intégrale double étendue au domaine δ limité par les droites $x = a$,
$x = b$ et les deux courbes $y = g(x) - \varepsilon$, $y = g(x) - \eta$, ε et η
étant deux infiniment petits positifs, a pour expression

$$\int_a^b dx \int_\varepsilon^\eta \frac{\psi[x, g(x) - u]\,du}{u^\alpha}$$

et tend vers zéro pourvu que α soit inférieur à un. L'intégrale
double de $f(x, y)$, dans le domaine Λ, a donc une valeur finie.

Quand on a reconnu que l'intégrale double d'une fonction non bornée dans un certain domaine a une valeur déterminée, on peut, pour le calcul de cette intégrale, procéder comme dans le cas d'une fonction bornée. Soit, par exemple, à calculer l'intégrale double de la fonction

$$f(x, y) = \frac{\psi(x, y)}{(x - y)^z},$$

à l'intérieur du triangle T limité par les droites $y = o$, $y = x$, $x = a$, la fonction ψ étant continue dans ce domaine, et z étant inférieur à un. Cette intégrale est la limite de l'intégrale double

$$I' = \int_h^a dx \int_o^{x-h} f(x, y)\, dy.$$

lorsque h tend vers zéro. Mais on a

$$\int_o^{x-h} f(x, y)\, dy = \int_o^x f(x, y)\, dy - \tau_1(x, h),$$

$\tau_1(x, h)$ étant un infiniment petit qui tend *uniformément* vers zéro avec h, lorsque x est dans l'intervalle (o, a). Par suite, nous pouvons écrire

$$I' = \int_h^a dx \int_o^x f(x, y)\, dy - \int_h^a \tau_1(x, h)\, dx,$$

et I' a pour limite l'expression

$$I = \int_o^a dx \int_o^x f(x, y)\, dy.$$

On trouverait de même pour I l'expression

$$I = \int_o^a dy \int_y^a f(x, y)\, dx.$$

La formule de Dirichlet (n° **121**) est donc encore applicable.

Remarque. — Lorsque l'intégrale double d'une fonction non bornée, qui n'a pas constamment le même signe dans un domaine R, n'a pas de valeur déterminée dans ce domaine, on peut avoir une indétermination toute pareille à celle qui a déjà été remarquée dans le cas d'un champ illimité. Supposons, pour fixer les idées, qu'on ait un point de discontinuité. Si l'on isole ce point au moyen d'une courbe c, l'intégrale double étendue au champ qui reste peut avoir des limites tout à fait différentes, suivant la forme de la courbe c. Prenons, par exemple,

$$f(x, y) = \frac{y^2 - x^2}{(x^2 + y^2)^2},$$

le champ d'intégration étant le rectangle R limité par les droites $x = 0$, $x = a$, $y = 0$, $y = b$, a et b étant positifs. Commençons par isoler l'origine en retranchant la portion intérieure au rectangle limité par les axes et les droites $x = \varepsilon$, $y = \varepsilon'$, ε et ε' étant deux nombres positifs très petits. Le champ restant R′ peut être décomposé en trois rectangles au moyen des droites $x = 0$, $x = \varepsilon$, $x = a$, $y = 0$, $y = \varepsilon'$, $y = b$. D'autre part, on a

$$f(x, y) = \frac{\partial^2}{\partial x \, \partial y} \left(\text{Arc tang} \frac{y}{x} \right),$$

et, en appliquant la formule (12) à chacun des trois rectangles successivement, il vient, après quelques réductions faciles,

$$\int\!\!\int_{R'} f(x, y)\, dx\, dy = \text{Arc tang} \frac{b}{a} - \text{Arc tang} \frac{\varepsilon'}{\varepsilon}.$$

On voit que la limite de cette intégrale double varie avec la limite du rapport $\frac{\varepsilon'}{\varepsilon}$, lorsque ε et ε' tendent vers zéro ($cf.$ n° 99).

137. Équation fonctionnelle d'Abel. — L'étude d'un problème de Mécanique a conduit Abel à l'équation suivante :

$$(35) \qquad \varphi(x) = \int_0^x \frac{f(y)\, dy}{\sqrt{x - y}},$$

où $\varphi(x)$ est une fonction donnée, continue dans un intervalle $(0, a)$, a étant positif, et $f(y)$ la fonction à déterminer. Si cette fonction est continue pour $y = 0$, il est clair qu'on doit avoir $\varphi(0) = 0$. C'est ce que nous supposerons tout d'abord.

Multiplions les deux membres de l'équation (35) par $\dfrac{1}{\sqrt{z - x}}$, z étant compris dans l'intervalle $(0, a)$, et intégrons les deux membres de la nouvelle égalité entre les limites 0 et z. Il vient

$$\int_0^z \frac{\varphi(x)\, dx}{\sqrt{z - x}} = \int_0^z dx \int_0^x \frac{f(y)\, dy}{\sqrt{(z - x)(x - y)}}$$

ou, en appliquant la formule de Dirichlet à l'intégrale double du second membre,

$$\int_0^z \frac{\varphi(x)\, dx}{\sqrt{z - x}} = \int_0^z f(y)\, dy \int_y^z \frac{dx}{\sqrt{(z - x)(x - y)}}.$$

La première quadrature s'effectue immédiatement en posant

$$x = y \cos^2 \varphi + \alpha \sin^2 \varphi,$$

et il reste

$$(36) \qquad \int_0^\alpha \frac{\varphi(x)\, dx}{\sqrt{\alpha - x}} = \pi \int_0^\alpha f(y)\, dy.$$

Les deux membres de la formule sont nuls pour $\alpha = 0$, il suffira donc d'exprimer que les dérivées sont égales. La dérivée du second membre est $\pi f(\alpha)$; la dérivée du premier membre, qui a été déjà calculée (n° 100), a pour expression

$$\int_0^\alpha \frac{\varphi(x) + 2 x \varphi'(x)}{2 \alpha \sqrt{\alpha - x}}\, dx.$$

ou, comme on le vérifie immédiatement,

$$\int_0^\alpha \frac{\varphi'(x)\, dx}{\sqrt{\alpha - x}} - \frac{1}{\alpha} \left[\varphi(x) \sqrt{\alpha - x} \right]_0^\alpha.$$

Par hypothèse $\varphi(0) = 0$: il reste donc

$$(37) \qquad f(\alpha) = \frac{1}{\pi} \int_0^\alpha \frac{\varphi'(x)\, dx}{\sqrt{\alpha - x}}.$$

Si $\varphi(0)$ n'est pas nul, on peut écrire l'équation (35) sous la forme équivalente (n° 100)

$$\varphi(x) - \varphi(0) = \int_0^x \frac{f(y) - \dfrac{\varphi(0)}{\pi \sqrt{y}}}{\sqrt{x - y}}\, dy.$$

Le premier membre de la nouvelle équation s'annule pour $x = 0$, et il vient, d'après la formule (37), en y remplaçant α par y,

$$(38) \qquad f(y) = \frac{1}{\pi} \left[\frac{\varphi(0)}{\sqrt{y}} - \int_0^y \frac{\varphi'(x)\, dx}{\sqrt{y - x}} \right].$$

138. **Intégrales de surface.** — Soient S une surface régulière, F(M) une fonction qui varie d'une manière continue avec la position du point M sur cette surface. Les raisonnements des n°ˢ 118-119 peuvent être repris sans modification en remplaçant les portions de plan par des portions de la surface S. Imaginons qu'on décompose S en portions plus petites s_1, s_2, ..., s_n, d'aires σ_1, σ_2, ..., σ_n, et qu'on prenne à volonté un point M_i dans s_i. La somme $\Sigma F(M_i) \sigma_i$ tend vers une limite lorsque le nombre n augmente indéfiniment, de façon que les dimensions de chaque portion de surface tendent vers zéro. Cette limite est une *intégrale de surface*

étendue à la surface S et se représente par $\int\int_S F \, d\sigma$. Si les coordonnées x, y, z d'un point de S sont exprimées en fonction de deux paramètres u, v, de façon que S corresponde point par point à un domaine D
du plan (u, v), $F(M)$ est une fonction continue $f(u, v)$ des variables u, v
dans ce domaine, et l'intégrale de surface a pour expression, avec les
notations du n° 131,

$$\int\int_D f(u, v) \sqrt{EG - F^2} \, du \, dv.$$

Dans beaucoup de questions, où interviennent les intégrales de surface,
$F(M)$ est une fonction linéaire des cosinus directeurs de la normale à la
surface. Nous supposerons, dans ce qui va suivre, que cette surface présente deux côtés distincts, que si l'on peint, par exemple, un des côtés en
rouge, l'autre en bleu, il est impossible de passer du côté rouge au côté
bleu par un chemin situé sur la surface sans franchir une des courbes qui
limitent cette surface (¹). Regardons la surface S comme une surface
matérielle ayant une certaine épaisseur, et soient m, m' deux points infiniment voisins, pris sur deux côtés différents. Menons au point m la normale mn suivant la direction qui ne traverse pas la surface; on dit, pour
abréger, que la direction ainsi définie sur la surface correspond à ce côté.
La direction de la normale à l'autre côté de la surface au point m' sera
opposée à la première. Par exemple, toute surface S qui ne peut être rencontrée en plusieurs points par une parallèle à Oz a évidemment deux
côtés; les directions correspondantes de la normale font respectivement un
angle aigu et un angle obtus avec Oz: le *côté supérieur* est celui pour
lequel la normale fait un angle aigu avec Oz.

Cela posé, soient $P(x, y, z)$, $Q(x, y, z)$, $R(x, y, z)$ trois fonctions
continues sur S; α, β, γ les angles que fait avec les axes la direction de la
normale correspondant à un côté déterminé de la surface. Les intégrales
de surface qui interviennent le plus souvent dans les applications sont les
intégrales de la forme

$$(39) \qquad \int\int_S (P \cos\alpha + Q \cos\beta + R \cos\gamma) \, d\sigma;$$

quand on change le côté de la surface, $\cos\alpha$, $\cos\beta$, $\cos\gamma$, et par suite
l'intégrale elle-même, changent de signe. Supposons, comme tout à l'heure,
que les coordonnées d'un point de S soient exprimées en fonction de deux
paramètres u, v, de façon que S corresponde point par point à un

---

(¹) Il est très facile de former une surface ne satisfaisant pas à cette condition. Il n'y a qu'à déformer une feuille de papier rectangulaire, telle que ABCD,
de façon à coller le côté BC sur le côté AD, le point C venant en A et le point B
en D.

domaine D du plan (u, v); on a

$$(40) \qquad \frac{\cos\alpha}{\dfrac{D(y, z)}{D(u, v)}} = \frac{\cos\beta}{\dfrac{D(z, x)}{D(u, v)}} = \frac{\cos\gamma}{\dfrac{D(x, y)}{D(u, v)}} = \frac{1}{\sqrt{EG - F^2}},$$

et l'intégrale précédente prend la forme

$$(41) \qquad \pm \int\!\!\int_{(D)} \left[P\frac{D(y, z)}{D(u, v)} - Q\frac{D(z, x)}{D(u, v)} + R\frac{D(x, y)}{D(u, v)} \right] du\, dv,$$

où l'on doit prendre le signe $+$ ou le signe $-$ suivant le côté de la surface auquel l'intégrale est étendue.

Si la surface S se compose de plusieurs morceaux de surfaces régulières, ce qui a lieu par exemple s'il y a sur cette surface des *arêtes*, suivant lesquelles se croisent deux nappes de surfaces régulières avec des plans tangents distincts, l'intégrale de surface étendue à S est par définition la somme des intégrales étendues à chaque portion de surface régulière. Nous raisonnerons toujours en supposant que S forme une seule surface régulière, mais les propriétés établies plus loin s'appliquent aussi à ce cas plus général, comme on le voit aussitôt en appliquant le raisonnement à chaque portion régulière, et ajoutant les formules obtenues.

On est conduit à des intégrales de la forme (39), quand on veut généraliser la définition des intégrales curvilignes, en remplaçant une ligne par une surface et une intégrale simple par une intégrale double. Soit

$$z = \varphi(x, y)$$

l'équation d'une surface S, limitée par un contour fermé Γ, la fonction $\varphi(x, y)$ étant continue à l'intérieur du domaine A du plan des xy, limité par la courbe fermée C projection du contour Γ. Soit d'autre part $R(x, y, z)$ une fonction continue sur cette surface S. L'intégrale double

$$(42) \qquad \int\!\!\int_{(A)} R[x, y, \varphi(x, y)]\, dx\, dy$$

est évidemment l'analogue d'une intégrale curviligne, et l'on pourrait prendre cette expression pour définition d'une intégrale de surface. Mais cette intégrale se ramène immédiatement à une intégrale de surface de la forme déjà considérée, car on peut l'écrire (n° 132)

$$\int\!\!\int_{S} R(x, y, z) \cos\gamma\, d\sigma,$$

γ étant l'angle aigu de la normale à S avec l'axe Oz; elle est donc identique à une intégrale de surface étendue au côté supérieur de la surface S. La même intégrale changée de signe représenterait de même une intégrale de surface étendue au côté inférieur de S. En particulier, on peut dire que l'intégrale double ordinaire $\int\int_A f\,dx\,dy$ représente une intégrale de surface étendue au côté supérieur du plan des xy.

Cette remarque conduit à une notation abrégée pour l'intégrale de surface (39) que l'on représente aussi par

$$(43) \qquad \int\int_S \mathrm{P}\,dy\,dz + \mathrm{Q}\,dz\,dx + \mathrm{R}\,dx\,dy,$$

en ayant soin d'indiquer le côté de la surface auquel l'intégrale est étendue. Mais cette notation est moins explicite que les précédentes (39) et (41), auxquelles il faut toujours revenir pour le calcul effectif de l'intégrale.

Remarque. — Soit V le vecteur de composantes P, Q, R, ayant pour origine un point $\mathrm{M}(x, y, z)$ de la surface: $\mathrm{P}\cos\alpha + \mathrm{Q}\cos\beta + \mathrm{R}\cos\gamma$ représente la valeur algébrique de la projection de ce vecteur sur la direction positive de la normale en M. L'élément de l'intégrale double (39) est donc égal, au signe près, au volume d'un cylindre ayant pour base un élément $d\sigma$ de S et pour hauteur la projection du vecteur V qui a pour origine un point de cet élément sur la normale à S en ce point.

139. Formule de Stokes. — Étant donné un système d'axes rectangulaires Ox, Oy, Oz, nous conviendrons d'appeler *sens direct* de rotation le sens de rotation de Ox vers Oy pour un observateur placé sur Oz, les pieds en O et la tête sur la direction Oz. Si, par exemple, le trièdre a la disposition de la figure 27, l'axe Ox étant en avant du plan de la figure pris pour le plan yOz, le sens direct est le sens de rotation de droite à gauche; mais le résultat que nous allons établir est indépendant de la disposition des axes.

Soit S une surface régulière à deux côtés distincts, limitée par une courbe fermée Γ. Ce contour Γ peut être décrit dans deux sens différents; à chacun d'eux nous ferons correspondre un côté de S d'après la convention suivante. Soient AB un petit arc de Γ, P un point de S voisin de cet arc; menons en P la direction Pn de la normale telle qu'un observateur ayant les pieds en P et la tête sur la direction Pn voit un mobile parcourant l'arc AB de A vers B se mouvoir dans le sens direct de rotation.

Au sens de parcours précédent du contour Γ nous ferons correspondre le côté de la surface S pour lequel la direction de la normale est Pn. Si par exemple S est une portion de surface représentée par une équation $z = \varphi(x, y)$, la fonction $\varphi(x, y)$ étant continue dans le domaine limité par le contour fermé C, projection du contour Γ de S sur le plan des xy, lorsque le point M décrit Γ de façon que sa projection m décrive C dans le sens direct (*fig.* 27), le côté correspondant de la surface S est le côté supérieur.

Supposons que la surface S corresponde point par point à un domaine D

du plan (u, v) limité par une courbe fermée L. Ces variables auxiliaires u, v disparaissant du résultat, nous pouvons supposer que le
plan (u, v) est parallèle au plan des xy et que les axes Ou, Ov ont la même
disposition que les axes Ox, Oy. Lorsque le point (u, v) décrit ce contour L
dans le sens direct (n° 96, note), le point (x, y, z) décrit le contour Γ

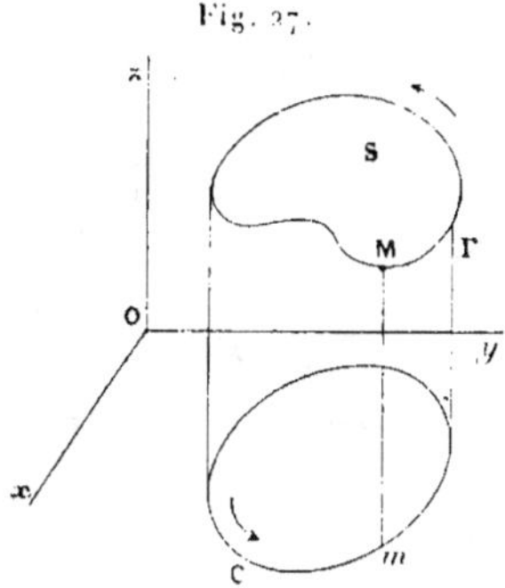

Fig. 27.

dans un certain sens que nous appellerons le *sens positif*; à ce sens positif
de parcours de Γ correspond un côté déterminé de la surface, que nous
appellerons aussi le *côté positif*. Les cosinus directeurs de la direction
correspondante de la normale à la surface sont donnés par les formules (40),
où l'on prend le signe $+$ devant $\sqrt{EG - F^2}$. Il suffit, pour le prouver, de
montrer que $\cos\gamma$ a le même signe que $\dfrac{D(x, y)}{D(u, v)}$. Considérons, en effet, un
point P de S et une courbe fermée λ autour de ce point assez petite pour
que la portion s de S intérieure à λ ne puisse être rencontrée en plus d'un
point par une parallèle à Oz: cette surface s se projette sur le plan des xy
suivant un petit domaine s', limité par la courbe fermée λ' projection de λ.
A cette région s de S correspond dans le plan (u, v) un petit domaine r
limité par une courbe fermée l. Supposons que dans ce domaine le jaco-
bien $\dfrac{D(x, y)}{D(u, v)}$ soit positif; alors, quand le point (u, v) décrit le contour l
dans le sens direct, le point (x, y, o) décrit aussi λ' dans le sens direct, et
le point (x, y, z) décrit λ dans le sens positif. A ce sens positif de parcours
de λ correspond le côté positif de s qui est évidemment, d'après la remarque
de tout à l'heure, le côté supérieur de s. L'angle γ est donc aigu, et l'on
verrait de même que cet angle est obtus en tout point où le jacobien $\dfrac{D(x, y)}{D(u, v)}$
est négatif. On a donc, pour les cosinus directeurs de la normale au côté
positif de S, les formules

$$(44) \quad \begin{cases} \cos\alpha \, d\sigma = \dfrac{D(y, z)}{D(u, v)} \, du\, dv, \qquad \cos\beta \, d\sigma = \dfrac{D(z, x)}{D(u, v)} \, du\, dv, \\[3mm] \cos\gamma \, d\sigma = \dfrac{D(x, y)}{D(u, v)} \, du\, dv. \end{cases}$$

Cela posé, soit $\displaystyle\int_\Gamma P(x, y, z)\,dx$ une intégrale curviligne prise le long de Γ dans le sens positif; on peut la remplacer par l'intégrale curviligne

$$\int_L P(x, y, z)\left\{ \frac{\partial x}{\partial u}\,du + \frac{\partial x}{\partial v}\,dv \right\}$$

prise le long de L dans le sens direct. En appliquant à celle-ci la formule de Green (n° 123), il vient

$$\int_\Gamma P\,dx = \int\int_{(D)} \left\{ \frac{\partial}{\partial u}\left[P\frac{\partial x}{\partial v} \right] - \frac{\partial}{\partial v}\left[P\frac{\partial x}{\partial u} \right] \right\}\,du\,dv$$

$$= \int\int_{(D)} \left[\frac{\partial P}{\partial z}\,\frac{D(z, x)}{D(u, v)} - \frac{\partial P}{\partial y}\,\frac{D(x, y)}{D(u, v)} \right]\,du\,dv.$$

Cette dernière intégrale double est identique, d'après les formules (44), à l'intégrale de surface

$$\int\int_S \left[\frac{\partial P}{\partial z}\cos\beta - \frac{\partial P}{\partial y}\cos\gamma \right]\,d\sigma = \int\int_S \frac{\partial P}{\partial z}\,dz\,dx - \frac{\partial P}{\partial y}\,dx\,dy$$

étendue au côté positif de S. En permutant circulairement x, y, z, on a deux formules toutes pareilles

$$\int_\Gamma Q(x, y, z)\,dy = \int\int_S \frac{\partial Q}{\partial x}\,dx\,dy - \frac{\partial Q}{\partial z}\,dy\,dz,$$

$$\int_\Gamma R(x, y, z)\,dz = \int\int_S \frac{\partial R}{\partial y}\,dy\,dz - \frac{\partial R}{\partial x}\,dz\,dx;$$

en les ajoutant à la première, on obtient la formule générale de Stokes

$$(45)\quad \begin{cases} \displaystyle\int_\Gamma P(x, y, z)\,dx + Q(x, y, z)\,dy + R(x, y, z)\,dz \\[2mm] \displaystyle = \int\int_S \left(\frac{\partial Q}{\partial x} - \frac{\partial P}{\partial y}\right)dx\,dy + \left(\frac{\partial R}{\partial y} - \frac{\partial Q}{\partial z}\right)dy\,dz + \left(\frac{\partial P}{\partial z} - \frac{\partial R}{\partial x}\right)dz\,dx; \end{cases}$$

le sens de parcours du contour Γ et le côté de la surface auquel l'intégrale est étendue se correspondent comme on l'a expliqué.

140. Application aux volumes. — De même que l'aire d'une courbe plane fermée s'exprime par une intégrale curviligne prise le long de cette courbe, tout volume intérieur à une surface fermée S s'exprime par une intégrale de surface. Considérons d'abord une surface fermée S qui n'est rencontrée qu'en deux points par une parallèle à Oz. Les points de cette surface se projettent sur le plan des xy à l'intérieur d'un domaine A, et tout point de A est la projection de deux points m_1 et m_2 de S. Soient

$z_1 = f_1(x, y)$, $z_2 = f_2(x, y)$) les équations des deux nappes S_1 et S_2 décrites par les points m_1 et m_2 respectivement ($f_1 < f_2$). Le volume est égal à la différence des deux intégrales doubles

$$V = \int \int_{S} f_2(x, y)\, dx\, dy - \int \int_{S} f_1(x, y)\, dx\, dy.$$

dont la première représente l'intégrale de surface $\int \int z\, dx\, dy$ prise suivant le côté *supérieur* de S_2, tandis que la seconde est l'intégrale $\int \int z\, dx\, dy$, prise suivant le côté *supérieur* de S_1. Leur différence est donc égale à l'intégrale $\int \int z\, dx\, dy$, étendue à la surface S tout entière, suivant le côté qui correspond à la direction extérieure de la normale. Par raison de symétrie, on peut prendre pour expression du volume l'une quelconque des intégrales de surface

$$\int \int_{(S)} z\, dx\, dy, \qquad \int \int_{(S)} x\, dy\, dz, \qquad \int \int_{(S)} z\, dx\, dy,$$

chacune d'elles étant prise suivant le côté extérieur, et la formule s'étend à un volume limité par une surface quelconque (*cf.* n° 96, *Remarque*).

***

EXERCICES.

1. En un point quelconque M de la chainette définie en coordonnées rectangulaires par l'équation

$$y = \frac{a}{2}\left(e^{\frac{x}{a}} + e^{-\frac{x}{a}} \right),$$

on mène la tangente qu'on prolonge jusqu'à son point de rencontre T avec l'axe Ox, puis on fait tourner la figure autour de cet axe. Exprimer la différence des aires décrites par l'arc de chainette AM, A étant le sommet de la chainette, et par la tangente MT : 1° en fonction de l'abscisse du point M; 2° en fonction de l'abscisse du point T.

[LICENCE : Paris, 1880.]

2. Soient Ox, Oy, Oz trois axes rectangulaires. Une surface réglée est engendrée de la manière suivante : le plan zOA tourne autour de Oz; la génératrice D, située dans le plan, fait avec Oz un angle constant dont la tangente est λ; elle intercepte sur OA (située dans le plan xOy) un segment OG égal à $\lambda a\theta$, a désignant une ligne donnée et θ l'angle des deux plans zOx, zOA.

1° Calculer le volume limité par la surface réglée et les plans xOy, zOx, zOA, l'angle θ des deux derniers étant moindre que 2π;

2° Calculer l'aire de la portion de surface limitée par les plans xOy, zOx, zOA.

[Licence : Paris, juillet 1882.]

3. Soient Ox, Oy, Oz trois axes rectangulaires. Calculer le volume limité par la surface du paraboloïde elliptique qui a pour équation

$$\frac{2z}{c} = \frac{x^2}{p^2} + \frac{y^2}{q^2},$$

le plan des xy et la surface du cylindre $b^2x^2 + a^2y^2 = a^2b^2$.

[Licence : Paris, 1882.]

4. Les axes Ox et Oy étant rectangulaires et A et B étant deux points de l'axe Oy, calculer l'intégrale curviligne

$$\int [\varphi(y)e^x - my]\,dx + [\varphi'(y)e^x - m]\,dy$$

prise le long d'un chemin quelconque AMB, allant du point A au point B, mais limitant avec AB une aire AMBA de grandeur donnée S; m désigne une constante, et $\varphi(y)$ une fonction continue ainsi que sa dérivée $\varphi'(y)$.

[Licence : Nancy, 1895.]

5. Établir la formule $\Gamma(p)\Gamma(q) = \Gamma(p+q)\,B(p,q)$ en évaluant l'intégrale double

$$\iint e^{-x-y}x^{p-1}y^{q-1}\,dx\,dy$$

étendue à l'angle xOy, au moyen du changement de variables $x+y=u$, $y=uv$.

6. Trouver l'aire de la portion d'un ellipsoïde ou d'un hyperboloïde de révolution, comprise entre deux parallèles.

*7. *Aire d'un ellipsoïde à trois axes inégaux.* — La moitié de l'aire totale $\mathcal{A}$ est égale à l'intégrale double

$$\frac{\mathcal{A}}{2} = \iint \sqrt{\frac{1 - \dfrac{a^2-c^2}{a^4}x^2 - \dfrac{b^2-c^2}{b^4}y^2}{1 - \dfrac{x^2}{a^2} - \dfrac{y^2}{b^2}}}\,dx\,dy,$$

étendue à l'intérieur de l'ellipse $b^2x^2 + a^2y^2 = a^2b^2$. Parmi les moyens employés pour ramener cette intégrale double à des intégrales elliptiques, un des plus simples, dû à Catalan, consiste dans la transformation du n° 122. En désignant par v la fonction sous le signe $\int\int$, et faisant varier v de 1 à $+\infty$, on trouve que l'intégrale double est égale à la limite, pour l infini, de la différence

$$\frac{\pi\,abl(l^2-1)}{\sqrt{\left(l^2-1+\dfrac{c^2}{a^2}\right)\left(l^2-1+\dfrac{c^2}{b^2}\right)}}-\pi\,ab\int_1^{l}\frac{(v^2-1)\,dv}{\sqrt{\left(v^2-1+\dfrac{c^2}{a^2}\right)\left(v^2-1+\dfrac{c^2}{b^2}\right)}};$$

cette expression se présente sous forme indéterminée, mais on peut écrire

$$\int_1^{l}\frac{v^2\,dv}{\sqrt{\left(v^2-1+\dfrac{c^2}{a^2}\right)\left(v^2-1+\dfrac{c^2}{b^2}\right)}}=\left[\frac{\sqrt{\left(v^2-1+\dfrac{c^2}{a^2}\right)\left(v^2-1+\dfrac{c^2}{b^2}\right)}}{v}\right]_1^{l}$$

$$+\int_1^{l}\frac{\left(1-\dfrac{c^2}{a^2}\right)\left(1-\dfrac{c^2}{b^2}\right)\,dv}{v^2\sqrt{\left(v^2-1+\dfrac{c^2}{a^2}\right)\left(v^2-1+\dfrac{c^2}{b^2}\right)}}$$

et l'expression écrite plus haut a pour limite, comme on le voit aisément,

$$\pi\,ab\left[\frac{c^2}{ab}+\int_1^{+\infty}\frac{dv}{\sqrt{\left(v^2-1+\dfrac{c^2}{a^2}\right)\left(v^2-1+\dfrac{c^2}{b^2}\right)}}\right.$$

$$\left.-\left(1-\frac{c^2}{a^2}\right)\left(1-\frac{c^2}{b^2}\right)\int_1^{+\infty}\frac{dv}{v^2\sqrt{\left(v^2-1+\dfrac{c^2}{a^2}\right)\left(v^2-1+\dfrac{c^2}{b^2}\right)}}\right].$$

8° L'aire d'une surface définie par son équation en coordonnées polaires $\rho=F(\theta,\varphi)$ s'exprime par l'intégrale double $\int\int\dfrac{\rho^3}{\delta}\sin\theta\,d\theta\,d\varphi$, δ étant la distance de l'origine au plan tangent au point (θ,φ). Interprétation géométrique.

Application. — L'aire de la surface d'élasticité de Fresnel,

$$(x^2+y^2+z^2)^2=a^2x^2+b^2y^2+c^2z^2,$$

podaire d'un ellipsoïde par rapport à son centre, est égale à celle de l'ellipsoïde de demi-axes $\dfrac{bc}{a}$, $\dfrac{ca}{b}$, $\dfrac{ab}{c}$ (WILLIAM ROBERTS, *Journal de Liouville*, t. XI, 1re série, p. 81).

G., I.

9. En évaluant de deux façons différentes l'intégrale double de

$$(x-y)^n f(y)$$

étendue à l'aire du triangle formé par les droites $y = x_0$, $y = x$. $x = X$, démontrer qu'on a

$$\int_{x_0}^{X} dx \int_{x_0}^{x} (x-y)^n f(y)\, dy = \int_{x_0}^{X} \frac{(X-y)^{n+1}}{n+1} f(y)\, dy.$$

En déduire la relation

$$\int_{x_0}^{x} dx \int_{x_0}^{x} dx \ldots \int_{x_0}^{x} f(x)\, dx = \frac{1}{(n-1)!} \int_{x_0}^{x} (x-y)^{n-1} f(y)\, dy.$$

Établir de même la formule

$$\int_{x_0}^{x} x\, dx \int_{x_0}^{x} x\, dx \ldots \int_{x_0}^{x} x\, dx \int_{x_0}^{x} f(x)\, dx$$

$$= \frac{1}{2.4.6\ldots 2n} \int_{x_0}^{x} (x^2 - y^2)^n f(y)\, dy,$$

et vérifier ces formules au moyen de la différentiation sous le signe $\int$.

10. Calculer l'intégrale double

$$\iint x^{\frac{1}{2}} y^{\frac{1}{3}} (1 - x - y)^{\frac{2}{3}}\, dx\, dy,$$

étendue à l'aire du triangle formé par les droites

$$x = 0, \qquad y = 0, \qquad x + y - 1 = 0.$$

11. Calculer l'intégrale double

$$\iint x^2 y^3 \sqrt{1 - x^3 - y^3}\, dx\, dy,$$

étendue à l'aire de la portion du plan définie par les inégalités

$$x \geq 0, \qquad y \geq 0, \qquad x^3 + y^3 \leq 1.$$

12. *Exemple de Schwarz* (note de la page 333). — Étant donné un cylindre de révolution de rayon r et de hauteur h, partageons la hauteur en m parties égales, et par les points de division menons des plans parallèles aux plans des deux bases; puis, dans les sections droites ainsi obtenues, inscrivons des polygones réguliers convexes de n côtés, de façon que la

génératrice qui passe par un sommet de ces polygones passe par le milieu
de l'arc sous-tendu par un côté dans les deux polygones voisins. Les sommets de ces polygones sont les sommets d'une surface polyédrale inscrite
composée de $2mn$ triangles isoscèles égaux, et l'aire de cette surface polyédrale est égale à

$$2mnr \sin\frac{\pi}{n}\sqrt{4r^2\left(\sin\frac{\pi}{2n}\right)^4 + \frac{h^2}{m^2}}.$$

La limite de cette expression, lorsque les deux nombres m et n augmentent indéfiniment, dépend de la limite du rapport $\dfrac{m}{n^2}$. Cette limite n'est
égale à $2\pi rh$ que si ce rapport tend vers zéro.

13* *Généralisation de la formule* (17) (n° 124). — La démonstration
de cette formule semble exiger l'existence de la dérivée seconde φ''_{uv}. Il
est possible de se passer de cette hypothèse. En effet, la formule est vraie
pour un polynome quelconque $P(u, v)$, si $f(u, v)$, f'_u, f'_v sont continues
dans le domaine A_1,

$$(\alpha) \qquad \int_{(C_1)} f(u, v)\left(\frac{\partial P}{\partial u}\,du + \frac{\partial P}{\partial v}\,dv\right) = \int\int_{(A_1)} \frac{D(f, P)}{D(u, v)}\,du\,dv.$$

Or, si la fonction φ est continue dans le domaine A_1, ainsi que les dérivées φ'_u, φ'_v, il est possible de trouver un polynome $P(u, v)$ tel que les
différences $\varphi - P$, $\varphi'_u - P'_u$, $\varphi'_v - P'_v$ soient moindres en valeur absolue que
tout nombre positif ε dans A_1 (voir, par exemple, le *Cours d'Analyse*
de M. de la Vallée Poussin). On peut donc choisir $P(u, v)$ de façon que
les deux membres de la formule (17) diffèrent d'aussi peu qu'on le veut
des deux membres de l'égalité (α) et, par conséquent, ils sont égaux.

14. *Transformations ponctuelles qui conservent les aires.* — Toute
transformation ponctuelle définie par les formules

$$X = \frac{\partial U(x, Y)}{\partial Y}, \qquad \frac{\partial U(x, Y)}{\partial x} = y$$

est telle que l'on ait

$$\frac{D(X, Y)}{D(x, y)} = 1$$

et, par conséquent, conserve les aires. Pour démontrer la réciproque, on
supposera la transformation ponctuelle définie par les formules

$$X = f(x, Y), \qquad \varphi(x, Y) = y,$$

ce qui donne

$$\frac{D(X, Y)}{D(x, y)} = \frac{\partial f}{\partial x} : \frac{\partial \varphi}{\partial Y}.$$

CHAPITRE VII.

INTÉGRALES MULTIPLES.
INTÉGRATION DES DIFFÉRENTIELLES TOTALES.

I. — INTÉGRALES MULTIPLES. — CHANGEMENTS DE VARIABLES.

141. Intégrales triples. — On définit les intégrales triples en procédant exactement comme pour les intégrales doubles (n°s 118-119). Il n'y a qu'à remplacer les domaines à deux dimensions par des domaines à trois dimensions et l'aire par le volume. Soit $F(x, y, z)$ une fonction bornée dans un domaine borné de l'espace D. Imaginons ce domaine décomposé d'une façon quelconque en n domaines partiels $d_1, d_2, \ldots, d_n$, de volumes $v_1, v_2, \ldots v_n$, et soient M_i, m_i les bornes supérieure et inférieure de F dans d_i. Les deux sommes

$$S = \sum_{i=1}^{n} M_i v_i, \qquad s = \sum_{i=1}^{n} m_i v_i$$

tendent respectivement vers deux limites I, I' lorsque le nombre n augmente indéfiniment de façon que chaque domaine partiel diminue indéfiniment dans toutes ses dimensions, et l'on a $I' \leqq I$.

La fonction $F(x, y, z)$ est dite *intégrable* dans le domaine D, si l'on a $I' = I$, et la limite commune des sommes S et s est l'intégrale triple de $F(x, y, z)$ étendue au domaine D. On la représente par le symbole

$$I = \int \int \int_{(D)} F(x, y, z)\, dx\, dy\, dz,$$

et le domaine D est le champ d'intégration. Le nombre I est encore la limite de la somme

$$(1) \qquad S' = \sum_{i=1}^{n} F(\xi_i, \eta_i, \zeta_i) v_i.$$

(ξ_i, η_i, ζ_i) étant les coordonnées d'un point quelconque du domaine d_i ou de sa frontière.

Toute fonction continue est intégrable. Il en est de même de toute fonction bornée admettant un nombre quelconque de points de discontinuité, pourvu que l'on puisse enfermer tous ces points de discontinuité dans un domaine dont le volume soit inférieur à un nombre positif quelconque. C'est ce qui arrive par exemple pour une fonction bornée $F(x, y, z)$ admettant dans le domaine D une ou plusieurs surfaces de discontinuité.

Les intégrales triples se présentent dans diverses questions de Mécanique, en particulier quand on cherche la masse ou le centre de gravité d'un corps solide. Supposons la région (D) remplie d'une substance hétérogène et soit $\mu(x, y, z)$ la densité en un point, c'est-à-dire la limite du rapport de la masse renfermée dans une sphère de rayon infiniment petit, décrite du point (x, y, z) comme centre, au volume de cette sphère. Si μ_1 et μ_2 sont les valeurs maximum et minimum de μ dans la région (d_i), il est clair que la masse renfermée dans cette région est comprise entre $\mu_1 v_i$ et $\mu_2 v_i$; elle est donc égale à $v_i \mu(\xi_i, \eta_i, \zeta_i)$, le point (ξ_i, η_i, ζ_i) étant un point convenablement choisi de (d_i). La masse totale est donc égale à l'intégrale triple $\int\int\int \mu\, dx\, dy\, dz$, prise dans la région (D).

142. Procédés de calcul. — Considérons d'abord une fonction $F(x, y, z)$ continue dans un domaine D, limité par deux plans $z = z_0$, $z = Z$, parallèles au plan $z = 0$, et un cylindre ayant ses génératrices parallèles à Oz, dont la section par le plan des xy est une courbe fermée C, limitant un domaine plan A. Supposons ce domaine plan A décomposé en domaines plus petits $a_1, a_2, \ldots, a_n$, d'aires $\omega_1, \omega_2, \ldots, \omega_n$, et considérons les cylindres ayant leurs génératrices parallèles à Oz et pour bases les domaines $a_1, a_2, \ldots, a_n$. Menons ensuite les plans $z = z_i$ $(i = 1, 2, \ldots, m-1)$, $z_1, z_2, \ldots, z_{m-1}$ formant une suite de nombres croissants compris entre z_0 et Z. Le domaine D se trouve ainsi décomposé en petits domaines cylindriques. Considérons la file de ces petits domaines situés dans le cylindre qui a pour base le domaine plan a_i. Soient (ξ_i, η_i) les coordonnées d'un point quelconque de ce domaine ; la portion de la somme S', provenant de cette file de petits domaines, peut s'écrire

$$\omega_i\left[\,F(\xi_i, \eta_i, \zeta_{i1})(z_1 - z_0) + F(\xi_i, \eta_i, \zeta_{i2})(z_2 - z_1) + \ldots\right],$$

ζ_{i1} étant un nombre quelconque compris entre z_0 et z_1, ζ_{i2} un nombre quelconque compris entre z_1 et z_2, et ainsi de suite. En choisissant convenablement ces nombres $\zeta_{i1}, \zeta_{i2}, \ldots$, le coefficient de ω_i est égal à $\Phi(\xi_i, \eta_i)$, où l'on a posé

$$(2) \qquad \Phi(x, y) = \int_{z_0}^{Z} F(x, y, z)\, dz.$$

La somme S', dont nous cherchons la limite, est donc égale à $\displaystyle\sum_{i=1}^{n} \Phi(\xi_i, \eta_i)\, \omega_i$; sa limite est l'intégrale double de la fonction $\Phi(x, y)$ étendue au domaine A, et l'on a

$$(3) \qquad \iiint_{(\mathrm{D})} F(x, y, z)\, dx\, dy\, dz = \iint_{(\mathrm{A})} \Phi(x, y)\, dx\, dy$$

$$= \iint_{(\mathrm{A})} dx\, dy \int_{z_0}^{Z} F(x, y, z)\, dz.$$

On a vu plus haut comment le calcul d'une intégrale double se ramenait lui-même à des quadratures. Par exemple, si le champ D est le parallélépipède formé par les six plans $x = x_0$, $x = X$, $y = y_0$, $y = Y$, $z = z_0$, $z = Z$, le domaine A est un rectangle, et l'intégrale triple a pour expression

$$(4) \qquad \int_{x_0}^{X} dx \int_{y_0}^{Y} dy \int_{z_0}^{Z} F(x, y, z)\, dz.$$

Le sens de ce symbole est bien clair. On effectue la première intégration en regardant x et y comme constants; le résultat est une fonction des deux variables x et y, que l'on intègre ensuite entre les limites y_0 et Y, en regardant x comme constant et y comme variable. Le résultat de cette seconde intégration ne dépend plus que de x, et on l'intègre de nouveau entre les limites x_0 et X.

Il y a évidemment autant de manières d'effectuer le calcul qu'il y a de permutations de trois lettres, c'est-à-dire six. On peut, par

exemple, écrire l'intégrale triple

$$\int_{z_0}^{Z} dz \int_{x_0}^{X} dx \int_{y_0}^{Y} F(x, y, z)\, dy = \int_{z_0}^{Z} \Psi(z)\, dz,$$

en désignant par $\Psi(z)$ l'intégrale double de $F(x, y, z)$ étendue au rectangle formé par les droites $x = x_0$, $x = X$, $y = y_0$, $y = Y$. On serait aussi conduit à cette expression en commençant par décomposer D en petits parallélépipèdes par trois séries de plans parallèles aux plans de coordonnées et en évaluant la portion de S′ provenant de la tranche de parallélépipèdes comprise entre les deux plans voisins $z = z_{l-1}$, $z = z_l$; en prenant convenablement les points (ξ, η, ζ), cette tranche donne, dans S′, la somme

$$\Psi(z_{l-1})\,(z_l - z_{l-1}),$$

et le raisonnement s'achève comme plus haut.

La formule (3) s'applique encore à une fonction bornée $F(x, y, z)$ admettant dans le domaine une ou plusieurs surfaces de discontinuité. Supposons, par exemple, que la fonction F soit discontinue sur certaines portions de deux surfaces S_1 et S_2 représentées par les deux équations

(S_1) $\qquad\qquad\qquad\qquad z = \varphi_1(x, y),$

(S_2) $\qquad\qquad\qquad\qquad z = \varphi_2(x, y),$

φ_1 et φ_2 étant deux fonctions continues dans le domaine A $(z_0 < \varphi_1 < \varphi_2 < Z)$. Ces deux surfaces S_1 et S_2 décomposent D en trois régions en chacune desquelles la fonction F est continue. Pour fixer les idées, nous supposerons que l'on a :

1° Entre le plan $z = z_0$ et S_1, $F = f_1(x, y, z)$;
2° Entre S_1 et S_2, $F = f_2(x, y, z)$;
3° Entre S_2 et le plan $z = Z$, $F = f_3(x, y, z)$.

Chacune des fonctions f_1, f_2, f_3 est supposée continue dans le domaine correspondant. La formule (3) s'applique encore au calcul de l'intégrale triple, pourvu que l'on pose (n° 75)

$$\int_{z_0}^{Z} F(x, y, z)\, dz$$
$$= \int_{z_0}^{\varphi_1} f_1(x, y, z)\, dz + \int_{\varphi_1}^{\varphi_2} f_2(x, y, z)\, dz + \int_{\varphi_2}^{Z} f_3(x, y, z)\, dz.$$

Cette remarque donne immédiatement le moyen de calculer l'intégrale triple d'une fonction continue $F(x, y, z)$ dans un domaine D limité par un cylindre tel que le précédent et deux portions de surfaces $z_1 = \varphi_1(x, y)$, $z_2 = \varphi_2(x, y)$, φ_1 et φ_2 étant continues dans le domaine plan A. Il n'y a pour cela qu'à prendre deux plans auxiliaires $z = z_0$, $z = Z\,(z_0 < \varphi_1 < \varphi_2 < Z)$, et une fonction auxiliaire $\mathcal{F}(x, y, z)$ égale à $F(x, y, z)$ dans le domaine D et nulle en dehors de ce domaine. Le raisonnement du n° **124** s'applique sans modification et l'intégrale triple de $F(x, y, z)$ dans D a pour valeur

$$\iint_{(A)} dx\,dy \int_{\varphi_1}^{\varphi_2} F(x, y, z)\,dz.$$

Si le contour C du domaine A est formé de deux segments de droites parallèles à Oy et de deux arcs de courbes $y_1 = \psi_1(x)$, $y_2 = \psi_2(x)\,(\psi_1 < \psi_2)$, on a aussi

$$(5) \qquad \iiint_{(D)} F(x, y, z)\,dx\,dy\,dz = \int_a^b dx \int_{\psi_1}^{\psi_2} dy \int_{\varphi_1}^{\varphi_2} F(x, y, z)\,dz.$$

Les limites φ_1 et φ_2 de la première intégration dépendent à la fois de x et de y, les limites ψ_1 et ψ_2 dépendent de x seulement, enfin a et b sont des constantes.

Lorsque le champ d'intégration D est limité par une surface fermée Σ, qui n'est rencontrée qu'en deux points par une parallèle à l'un des axes (comme une surface convexe), on peut effectuer les quadratures dans un ordre arbitraire, mais les limites sont en général tout à fait différentes, suivant l'ordre des intégrations.

Exemple. — Soit à évaluer l'intégrale triple $\iiint z\,dx\,dy\,dz$, étendue au huitième de la sphère $x^2 + y^2 + z^2 = R^2$, compris dans le trièdre $Oxyz$. Si l'on intègre d'abord par rapport à z, puis par rapport à y et enfin par rapport à x, les limites sont les suivantes : x et y étant donnés, z peut varier de zéro à $\sqrt{R^2 - x^2 - y^2}$; x étant donné, y peut varier de zéro à $\sqrt{R^2 - x^2}$, et x varie de zéro à R. On a donc

$$\iiint z\,dx\,dy\,dz = \int_0^R dx \int_0^{\sqrt{R^2 - x^2}} dy \int_0^{\sqrt{R^2 - x^2 - y^2}} z\,dz,$$

et l'on en tire successivement

$$\int_0^{\sqrt{R^2-x^2-y^2}} z\,dz = \frac{1}{2}(R^2-x^2-y^2),$$

$$\frac{1}{2}\int_0^{\sqrt{R^2-x^2}}(R^2-x^2-y^2)\,dy = \left[\frac{1}{2}(R^2-x^2)y - \frac{1}{6}y^3\right]_0^{\sqrt{R^2-x^2}} = \frac{1}{3}(R^2-x^2)^{\frac{3}{2}},$$

et il reste à calculer l'intégrale définie $\dfrac{1}{3}\displaystyle\int_0^R (R^2-x^2)^{\frac{3}{2}}\,dx$, qui devient, en posant $x = R\cos\varphi$,

$$\frac{1}{3}\int_0^{\frac{\pi}{2}} R^4 \sin^4\varphi\,d\varphi.$$

L'intégrale triple a donc pour valeur $\dfrac{\pi R^4}{16}$.

Remarque. — Au lieu d'évaluer d'abord la somme des éléments provenant d'une file de domaines cylindriques, on pourrait procéder autrement. Soit D un domaine borné, compris entre les deux plans parallèles $z = z_0$, $z = Z$; décomposons-le d'abord en tranches par des plans $z = z_i$ $(i = 1, 2, \ldots, m-1)$, $z_1, z_2, \ldots,$ z_{m-1} formant une suite de nombres croissants compris entre z_0 et Z. Décomposons ensuite chaque tranche en petits domaines cylindriques ; on voit encore que, en choisissant convenablement les points ξ, η, ζ dans chaque domaine partiel, la somme des éléments de la tranche comprise entre les deux plans $z = z_i$, $z = z_{i-1}$, a pour expression

$$(z_i - z_{i-1})\int\!\!\int_{A_{i-1}} F(x, y, z_{i-1})\,dx\,dy.$$

A_{i-1} étant le domaine plan commun au domaine D et au plan $z = z_{i-1}$. Si donc on pose

$$\Psi(z) = \int\!\!\int_{(A_z)} F(x, y, z)\,dx\,dy,$$

A_z étant le domaine plan que l'on vient de définir, l'intégrale triple a pour expression

$$\int_{z_0}^{Z} \Psi(z)\,dz.$$

Pour évaluer une intégrale triple étendue à un domaine quelconque D, on le décomposera en une somme de domaines tels que les précédents, par exemple en domaines tels qu'une droite parallèle à une direction fixe ne rencontre la surface limite en plus de deux points.

143. Formule de Green. — Il existe pour les intégrales triples une formule toute pareille à la formule (15) du n° 123. Considérons d'abord une surface fermée S qui n'est rencontrée qu'en deux points par une parallèle à l'axe Oz, et une fonction $R(x, y, z)$ continue, ainsi que $\dfrac{\partial R}{\partial z}$, à l'intérieur de cette surface. Tous les points de S se projettent sur le plan des xy suivant les points d'une aire A limitée par un contour fermé C. A tout point (x, y) de la région A correspondent deux points de coordonnées $z_1 = \varphi_1(x, y)$ et $z_2 = \varphi_2(x, y)$ de la surface S. Cette surface se trouve ainsi décomposée en deux morceaux S_1 et S_2 ; nous supposerons $z_1 < z_2$. Cela posé, l'intégrale triple

$$\iiint \frac{\partial R}{\partial z}\, dx\, dy\, dz,$$

étendue à l'intérieur de la surface fermée S, peut s'obtenir en intégrant d'abord par rapport à z entre les limites z_1 et z_2 (n° 142). Le résultat de cette première intégration est $R(x, y, z_2) - R(x, y, z_1)$, et l'on doit ensuite prendre l'intégrale double

$$\iint [R(x, y, z_2) - R(x, y, z_1)]\, dx\, dy,$$

dans la région A. Or l'intégrale double $\displaystyle\iint R(x, y, z_2)\, dx\, dy$ n'est autre chose que l'intégrale de surface (n° 138)

$$\iint_{(S_2)} R(x, y, z)\, dx\, dy,$$

prise sur le côté supérieur de la surface S_2. De même, l'intégrale double de $R(x, y, z_1)$, changée de signe, est l'intégrale de surface

$$\iint_{(S_1)} R(x, y, z)\, dx\, dy,$$

prise suivant le côté inférieur de S_1. En ajoutant les deux intégrales, nous pouvons donc écrire

$$\iiint \frac{\partial R}{\partial z}\, dx\, dy\, dz = \iint_{(S)} R(x, y, z)\, dx\, dy,$$

l'intégrale de la surface étant prise suivant le côté *extérieur* de S.

Ce résultat s'applique aussi si la limite totale S du domaine comprend, oùtre les surfaces S_1 et S_2, une portion de surface cylindrique dont les génératrices sont parallèles à Oz, car l'intégrale de surface $\iint \dfrac{\partial R}{\partial z} \, dx \, dy$, prise le long de cette surface cylindrique, est nulle.

Cette formule s'étend, comme on l'a déjà expliqué plusieurs fois, à un volume limité par une surface de forme quelconque, et, en permutant x, y, z, on en déduit deux autres formules toute pareilles,

$$\int \int \int \frac{\partial P}{\partial x} \, dx \, dy \, dz = \int \int_{(S)} P(x, y, z) \, dy \, dz,$$

$$\int \int \int \frac{\partial Q}{\partial y} \, dx \, dy \, dz = \int \int_{(S)} Q(x, y, z) \, dz \, dx.$$

En les ajoutant, on obtient la formule générale de Green pour les intégrales triples

$$\int \int \int \left(\frac{\partial P}{\partial x} + \frac{\partial Q}{\partial y} + \frac{\partial R}{\partial z} \right) dx \, dy \, dz$$

$$= \int \int_{(S)} P(x, y, z) \, dy \, dz + Q(x, y, z) \, dz \, dx + R(x, y, z) \, dx \, dy,$$

les intégrales de surfaces étant toujours prises suivant le côté extérieur.

Pour retrouver les expressions du volume obtenues plus haut, il suffit de faire $P = x$, $Q = R = o$, ou $Q = y$, $P = R = o$, ou $R = z$, $P = Q = o$.

144. Rapport de deux éléments de surface. — Pour établir la formule du changement de variables dans une intégrale triple, on peut suivre une méthode tout à fait analogue à celles des n⁰ˢ 124-125. Nous démontrerons d'abord une formule préliminaire. Soient

$$(6) \qquad x = f(x', y', z'), \qquad y = \varphi(x', y', z'), \qquad z = \psi(x', y', z')$$

des formules définissant une transformation ponctuelle dans l'espace; x', y', z' sont les coordonnées rectangulaires d'un point m' par rapport à un système d'axes rectangulaires $O'x'$, $O'y'$, $O'z'$, et x, y, z sont les coordonnées du point correspondant m par rapport à un système d'axes rectangulaires Ox, Oy, Oz, *de même disposition que le premier*, et qui peut être confondu avec lui. Nous supposerons : 1° que le point x, y, z décrit un domaine borné (E), lorsque le point x', y', z' décrit un autre domaine borné (E'); 2° que les points de ces deux domaines se correspondent un à un d'une façon univoque; 3° que les fonctions f, φ, ψ sont continues et admettent des dérivées partielles continues dans (E'); et que le jacobien $\dfrac{D(x, y, z)}{D(x', y', z')}$ ne s'annule pas dans (E').

La correspondance entre les points des deux domaines peut être directe ou inverse. Soient $m't'_1$, $m't'_2$, $m't'_3$ trois éléments linéaires formant un trièdre dans le domaine (E'); à ces éléments linéaires correspondent dans le domaine (E) trois éléments linéaires mt_1, mt_2, mt_3, formant aussi un trièdre, puisque le jacobien des fonctions f, φ, ψ, n'est pas nul au point m' (*cf.* Exercice 13, p. 161). Si ce trièdre $mt_1 t_2 t_3$ a la même disposition que le trièdre $m't'_1 t'_2 t'_3$. on dit que la correspondance définie par les formules (6) est *directe;* elle est dite *inverse* dans le cas contraire. Cette définition peut être remplacée par la suivante. Soient S, S' deux surfaces correspondantes dans les domaines E, E', ayant deux côtés distincts, et Γ, Γ' les courbes fermées qui les limitent respectivement. Choisissons sur ces contours deux sens de parcours se correspondant par les formules (6); à ce sens de parcours correspond un côté déterminé de chaque surface, d'après la convention qui a été faite au n° 139. Si ces deux côtés des surfaces S, S' se correspondent aussi par les formules (6), la correspondance définie par ces formules est directe ; sinon elle est inverse.

Cela posé, considérons sur les surfaces S, S' deux côtés qui se correspondent dans la transformation ponctuelle considérée, et soient (α, β, γ), $(\alpha', \beta', \gamma')$ les angles que font avec les axes les directions des normales à ces côtés. Supposons les coordonnées des points des deux surfaces S, S' exprimées au moyen de deux paramètres u et v ; on a expliqué plus haut ce qu'il fallait entendre par sens positif sur les contours Γ, Γ', et côtés positifs des deux surfaces. Si la correspondance est directe, au côté positif de S correspond le côté positif de S', et d'après les formules (44) du n° 139 et les formules analogues relatives à la surface S', on a

$$\cos\gamma \, d\sigma = \frac{D(x, y)}{D(u, v)} \, du \, dv, \qquad \cos\gamma' \, d\sigma' = \frac{D(x', y')}{D(u, v)} \, du \, dv,$$

$d\sigma$ et $d\sigma'$ étant les éléments d'aires des surfaces. Si la correspondance est inverse, au côté positif de S correspond le côté négatif de S' et $\cos\gamma'$ doit être remplacé par $-\cos\gamma'$ dans la seconde formule. En divisant ces deux formules membre à membre, il vient

$$(7) \qquad \frac{\cos\gamma \, d\sigma}{\cos\gamma' \, d\sigma'} = \pm \frac{D(x, y)}{D(u, v)} : \frac{D(x', y')}{D(u, v)},$$

formule où l'on doit prendre le signe $+$ ou le signe $-$ suivant que la correspondance est directe ou inverse.

On peut faire disparaître les variables auxiliaires u, v de cette relation; on a en effet

$$\frac{D(x, y)}{D(u, v)} = \frac{D(f, \varphi)}{D(x', y')} \frac{D(x', y')}{D(u, v)} - \frac{D(f, \varphi)}{D(y', z')} \frac{D(y', z')}{D(u, v)}$$
$$- \frac{D(f, \varphi)}{D(z', x')} \frac{D(z', x')}{D(u, v)}.$$

La relation obtenue étant homogène par rapport aux jacobiens $\dfrac{D(x', y')}{D(u, v)}, \ldots$ si on les remplace par les quantités proportionnelles $\cos\alpha'$, $\cos\beta'$, $\cos\gamma'$, elle devient

$$(7')\quad \cos\gamma\, d\sigma = \pm\left[\frac{D(f,\varphi)}{D(y',z')}\cos\alpha' + \frac{D(f,\varphi)}{D(z',x')}\cos\beta' + \frac{D(f,\varphi)}{D(x',y')}\cos\gamma'\right] d\sigma'.$$

On a deux formules analogues pour $\cos\alpha\, d\sigma$, $\cos\beta\, d\sigma$, et ces formules permettent de remplacer toute intégrale de surface étendue à S par une intégrale de surface sur S'.

145. Changements de variables. Première méthode. — Soient D, D' deux domaines correspondants pris respectivement dans les domaines (E), (E'), et limités par deux surfaces fermées S, S'. Nous allons d'abord chercher une expression du rapport $\dfrac{V}{V'}$ des volumes de ces deux domaines. Nous avons

$$(8)\qquad\qquad V = \int_{(S)} z\, dx\, dy = \int_{(S)} z\cos\gamma\, d\sigma,$$

$d\sigma$ étant l'élément de surface de S, γ l'angle que fait avec Oz la direction de la normale extérieure au domaine (E). Mais la formule $(7')$ permet de remplacer l'intégrale de surface (8) par une intégrale de surface étendue à S'. On a ainsi

$$V = \pm \int\!\!\int_{(S')} \psi(x',y',z')$$
$$\times\left[\cos\alpha'\,\frac{D(f,\varphi)}{D(y',z')} + \cos\beta'\,\frac{D(f,\varphi)}{D(z',x')} + \cos\gamma'\,\frac{D(f,\varphi)}{D(x',y')}\right] d\sigma',$$

α', β', γ' étant les angles que fait avec les axes $O'x'$, $O'y'$, $O'z'$ la normale extérieure à la surface S'; on doit prendre le signe $+$ ou le signe $-$ devant l'intégrale suivant que la correspondance est directe ou inverse. Cette nouvelle intégrale n'est autre que l'intégrale de surface (*voir*, n°s 131, 132 et 138)

$$\int\!\!\int_{(S')} \psi\,\frac{D(f,\varphi)}{D(y',z')}\, dy'\, dz' + \psi\,\frac{D(f,\varphi)}{D(z',x')}\, dz'\, dx' + \psi\,\frac{D(f,\varphi)}{D(x',y')}\, dx'\, dy',$$

étendue à la surface S' suivant le côté extérieur.

Appliquons à cette dernière intégrale la formule générale de Green; il vient

$$(8')\quad V = \pm \int\!\!\int\!\!\int_{(C)} \left\{\frac{\partial}{\partial x'}\left[\psi\,\frac{D(f,\varphi)}{D(y',z')}\right]\right.$$
$$\left. + \frac{\partial}{\partial y'}\left[\psi\,\frac{D(f,\varphi)}{D(z',x')}\right] + \frac{\partial}{\partial z'}\left[\psi\,\frac{D(f,\varphi)}{D(x',y')}\right]\right\} dx'\, dy'\, dz'.$$

En développant la fonction sous le signe intégral, on a deux sortes de termes; les uns, tels que $\psi\,\dfrac{\partial^2 f}{\partial y'\,\partial x'}\,\dfrac{\partial\varphi}{\partial z'}$, contiennent une dérivée du second

ordre, mais ces termes, on le voit aisément, se détruisent deux à deux.
Quant aux termes qui ne renferment que des dérivées de premier ordre,
leur somme est

$$\frac{\partial \psi}{\partial x'}\frac{D(f,\varphi)}{D(y',z')} + \frac{\partial \psi}{\partial y'}\frac{D(f,\varphi)}{D(z',x')} + \frac{\partial \psi}{\partial z'}\frac{D(f,\varphi)}{D(x',y')} = \frac{D(f,\varphi,\psi)}{D(x',y',z')}.$$

On a donc aussi

$$V = \pm \int\int\int_{(E')} \frac{D(f,\varphi,\psi)}{D(x',y',z')}\, dx'\, dy'\, dz'$$

et enfin, en appliquant le théorème de la moyenne,

$$(9) \qquad V = \pm V' \frac{D(f,\varphi,\psi)}{D(\xi,\eta,\zeta)},$$

(ξ, η, ζ) étant les coordonnées d'un point du domaine (E'). On déduit
d'abord de cette formule que la correspondance est *directe* ou *inverse*,
suivant que le jacobien $\dfrac{D(f,\varphi,\psi)}{D(x',y',z')}$ est *positif* ou *négatif* (*cf.* Exercice 13, p. 161), puisque **V** et **V'** sont essentiellement **positifs**, et l'on **peut**
encore écrire la formule (9)

$$(9') \qquad V = V' \left| \frac{D(f,\varphi,\psi)}{D(\xi,\eta,\zeta)} \right|.$$

Cette nouvelle formule (9') est entièrement analogue à la formule (17) du
Chapitre VI, et l'on en tire la même série de conséquences. En particulier, on en déduit immédiatement la formule générale du changement de
variables dans les intégrales triples : il suffit de reproduire sans modification la méthode du n° **125**. Si $F(x, y, z)$ est une fonction intégrable dans
le domaine (E), on a

$$(10) \qquad \int\int\int_{(E)} F(x,y,z)\, dx\, dy\, dz$$

$$= \int\int\int_{(E')} F(f,\varphi,\psi) \left| \frac{D(f,\varphi,\psi)}{D(x',y',z')} \right| dx'\, dy'\, dz'.$$

146. Changements de variables. Deuxième méthode. — La
formule (10) peut encore se démontrer de la façon suivante :
Remarquons d'abord que, si cette formule a été établie pour deux
ou plusieurs changements de variables particuliers, elle est vraie
aussi pour le changement de variables obtenu en les effectuant
successivement, d'après les propriétés connues du déterminant
fonctionnel (n° **55**). Si elle s'applique à plusieurs régions de l'espace, elle s'applique aussi à la région obtenue en les ajoutant.

Cela posé, nous démontrerons, comme dans le cas d'une intégrale double, que la formule s'applique à toute transformation où l'on ne change qu'une des variables indépendantes, par exemple à une transformation de la forme

$$(11) \qquad x = x', \qquad y = y', \qquad z = \psi(x', y', z').$$

Nous supposerons que les deux points $M(x, y, z)$ et $M'(x', y', z')$ sont rapportés au même système d'axes et qu'une parallèle à Oz ne rencontre qu'en deux points la surface qui limite la région (E). Les formules (11) font correspondre à cette surface une autre surface limitant la région (E'), et le cylindre circonscrit à ces deux surfaces, ayant ses génératrices parallèles à Oz, est coupé par le

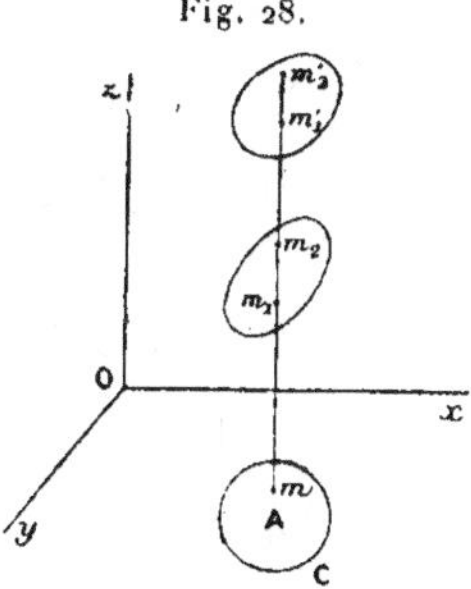

Fig. 28.

plan $z = o$ suivant une courbe fermée C. Tout point m de la région A, intérieure au contour C, est la projection de deux points m_1 et m_2 de la première surface, de coordonnées z_1 et z_2, et de deux points m'_1, m'_2 de la seconde surface de coordonnées z'_1, z'_2. Nous choisissons les notations de façon que l'on ait $z_1 < z_2$ et $z'_1 < z'_2$. Au point m_1, les formules (11) font correspondre le point m'_1 ou le point m'_2. Pour distinguer les deux cas, il suffit de consulter le signe de $\dfrac{\partial\psi}{\partial z'}$. Si $\dfrac{\partial\psi}{\partial z'}$ est positif, z augmente avec z'; les points m_1 et m'_1 se correspondent, ainsi que les deux points m_2 et m'_2. Au contraire, si $\dfrac{\partial\psi}{\partial z'}$ est négatif, z diminue quand z' augmente; m_1 correspond à m'_2 et m_2 à m'_1. Dans le premier cas, on a

$$\int_{z_1}^{z_2} F(x, y, z)\, dz = \int_{z'_1}^{z'_2} F[x, y, \psi(x, y, z')]\frac{\partial\psi}{\partial z'}\, dz' :$$

dans le second cas on a, au contraire,

$$\int_{z_1}^{z_2} \mathrm{F}(x, y, z)\, dz = -\int_{z'_1}^{z'_2} \mathrm{F}[x, y, \psi(x, y, z')] \frac{\partial \psi}{\partial z'}\, dz'.$$

Dans les deux cas, nous pouvons écrire

$$(12)\qquad \int_{z_1}^{z_2} \mathrm{F}(x, y, z)\, dz = \int_{z'_1}^{z'_2} \mathrm{F}[x, y, \psi(x, y, z')]\left|\frac{\partial \psi}{\partial z'}\right|\, dz'.$$

Si nous prenons maintenant les intégrales doubles des deux membres de cette égalité dans la région A, l'intégrale double

$$\int\int_{(\mathrm{A})} dx\, dy \int_{z_1}^{z_2} \mathrm{F}(x, y, z)\, dz$$

n'est autre chose que l'intégrale triple $\int\int\int \mathrm{F}(x, y, z)\, dx\, dy\, dz$, prise dans la portion (E) de l'espace. De même l'intégrale double du second membre de (12) est égale à l'intégrale triple de

$$\mathrm{F}[x', y', \psi(x', y', z')]\left|\frac{\partial \psi}{\partial z'}\right|,$$

prise dans (E'), comme on le voit, en remplaçant x par x' et y par y'. On a donc, dans ce cas particulier,

$$\int\int\int_{(\mathrm{E})} \mathrm{F}(x, y, z)\, dx\, dy\, dz$$
$$= \int\int\int_{(\mathrm{E}')} \mathrm{F}[x', y', \psi(x', y', z')]\left|\frac{\partial \psi}{\partial z'}\right|\, dx'\, dy'\, dz';$$

or ici le déterminant $\dfrac{\mathrm{D}(x, y, z)}{\mathrm{D}(x', y', z')}$ se réduit à $\dfrac{\partial \psi}{\partial z'}$. La formule (10) est donc établie pour les changements de variables de la forme (11).

La formule générale (10) s'applique encore aux changements de variables définis par les formules

$$(13)\qquad x = f(x', y', z'),\qquad y = \varphi(x', y', z'),\qquad z = z',$$

où la variable z ne change pas. Nous supposons que ces formules font correspondre point par point deux régions (E), (E') de l'espace, et, en particulier, que les sections R, R' faites dans (E), (E') par un même plan parallèle au plan $z = o$ se correspondent point par point. On a donc, d'après la formule du changement de variables dans une intégrale double,

$$(14) \quad \iint_{R} F(x, y, z)\, dx\, dy$$
$$= \iint_{R_1} F[f(x', y', z'), \varphi(x', y', z'), z']\left|\frac{D(f, \varphi)}{D(x', y')}\right| dx'\, dy';$$

les deux membres de cette égalité dépendent seulement de la variable $z = z'$. Si l'on intègre de nouveau entre les limites z_1 et z_2 entre lesquelles peut varier z dans la région (E), l'égalité obtenue peut s'écrire

$$(15) \quad \iiint_{E} F(x, y, z)\, dx\, dy\, dz$$
$$= \iiint_{E_1} F[f(x', y', z'), \varphi(x', y', z'), z']\left|\frac{D(f, \varphi)}{D(x', y')}\right| dx'\, dy'\, dz'.$$

Or, on a ici $\dfrac{D(x, y, z)}{D(x', y', z')} = \dfrac{D(x, y)}{D(x', y')}$, de sorte que la formule (10) s'applique encore aux changements de variables de la forme (13).

Nous allons montrer maintenant que tout changement de variables

$$(16) \quad x = f(x_1, y_1, z_1), \qquad y = \varphi(x_1, y_1, z_1), \qquad z = \psi(x_1, y_1, z_1)$$

peut s'obtenir par une combinaison des précédents. Posons, en effet, $x' = x_1$, $y' = y_1$, $z' = z$; la dernière équation (16) peut s'écrire $z' = \psi(x', y', z_1)$ et l'on en tire $z_1 = \pi(x', y', z')$. Les formules (16) peuvent alors être remplacées par le système des six équations

$$(17) \quad x = f[x', y', \pi(x', y', z')], \qquad y = \varphi[x', y', \pi(x', y', z')], \qquad z = z',$$
$$(18) \quad x' = x_1, \qquad y' = y_1, \qquad z' = \psi(x_1, y_1, z_1);$$

la formule générale (10) s'applique, on vient de le voir, aux transformations définies par les formules (17) et (18), et par conséquent aussi au changement de variables (16).

On pourrait encore, comme le lecteur le prouvera aisément, remplacer la transformation générale (16) par une suite de trois transformations telles que (11).

G., I.

24

147. Élément de volume. — Écrivons les formules (6) qui définissent le changement de variables, en remplaçant x', y', z' par u, v, w.

$$(19) \qquad x = f(u, v, w), \qquad y = \varphi(u, v, w), \qquad z = \psi(u, v, w).$$

En modifiant un peu l'interprétation adoptée jusqu'ici, regardons maintenant u, v, w comme un système de coordonnées curvilignes. Les surfaces (u), par exemple, sont les surfaces décrites par le point (x, y, z) lorsque v et w varient arbitrairement, u conservant une valeur constante, et les surfaces (v) et (w) se définissent de la même façon. Si par chaque point d'une région (E) de l'espace il passe une surface et une seule de chacune de ces familles, elles décomposent cette région en hexaèdres à faces courbes, analogues aux parallélépipèdes formés par les plans parallèles aux trois plans coordonnés.

Le volume du petit solide compris entre les surfaces (u), (v), (w), $(u + du)$, $(v + dv)$, $(w + dw)$, où du, dv, dw sont positifs, a pour expression, d'après la formule (9),

$$\left[\left| \frac{D(f, \varphi, \psi)}{D(u, v, w)} \right| + \varepsilon \right] du\, dv\, dw.$$

ε étant infiniment petit en même temps que du, dv, dw. On peut négliger, comme on l'a déjà expliqué plusieurs fois (n°s 75, 125), le terme $\varepsilon\, du\, dv\, dw$, et le produit

$$(20) \qquad dV = \left| \frac{D(f, \varphi, \psi)}{D(u, v, w)} \right| du\, dv\, dw$$

s'appelle *l'élément de volume* dans le système de coordonnées curvilignes (u, v, w).

Soit ds^2 le carré de l'élément linéaire dans le même système de coordonnées ; on déduit des formules (19)

$$dx = \frac{\partial f}{\partial u} du + \frac{\partial f}{\partial v} dv + \frac{\partial f}{\partial w} dw, \qquad dy = \frac{\partial \varphi}{\partial u} du + \ldots$$

et, en élevant au carré et ajoutant, il vient

$$(21) \qquad ds^2 = H_1\, du^2 + H_2\, dv^2 + H_3\, dw^2 + 2F_1\, dv\, dw$$
$$+ 2F_2\, dw\, du + 2F_3\, du\, dv.$$

en posant

$$(22) \qquad \mathrm{H}_1 = S\left(\frac{\partial x}{\partial u}\right)^2, \qquad \mathrm{H}_2 = S\left(\frac{\partial x}{\partial v}\right)^2, \qquad \mathrm{H}_3 = S\left(\frac{\partial x}{\partial w}\right)^2,$$

$$\mathrm{F}_1 = S\,\frac{\partial x}{\partial v}\,\frac{\partial x}{\partial w}, \qquad \mathrm{F}_2 = S\,\frac{\partial x}{\partial w}\,\frac{\partial x}{\partial u}, \qquad \mathrm{F}_3 = S\,\frac{\partial x}{\partial u}\,\frac{\partial x}{\partial v};$$

le signe S indique toujours qu'on doit remplacer x par y, puis par z, et faire la somme. La formule qui donne dV se déduit très aisément de la formule qui donne ds^2 : on trouve, en effet, en faisant le carré du déterminant par la règle habituelle.

$$\begin{vmatrix} \dfrac{\partial x}{\partial u} & \dfrac{\partial y}{\partial u} & \dfrac{\partial z}{\partial u} \\[2mm] \dfrac{\partial x}{\partial v} & \dfrac{\partial y}{\partial v} & \dfrac{\partial z}{\partial v} \\[2mm] \dfrac{\partial x}{\partial w} & \dfrac{\partial y}{\partial w} & \dfrac{\partial z}{\partial w} \end{vmatrix}^2 = \begin{vmatrix} \mathrm{H}_1 & \mathrm{F}_3 & \mathrm{F}_2 \\ \mathrm{F}_3 & \mathrm{H}_2 & \mathrm{F}_1 \\ \mathrm{F}_2 & \mathrm{F}_1 & \mathrm{H}_3 \end{vmatrix} = \mathrm{M},$$

et l'élément de volume est égal à $\sqrt{\mathrm{M}}\,du\,dv\,dw$.

Considérons en particulier le cas très important où les surfaces coordonnées (u), (v), (w) forment un système triple orthogonal, c'est-à-dire où les trois surfaces qui passent par un point quelconque de l'espace s'y coupent deux à deux à angle droit. Les tangentes aux courbes d'intersection des trois surfaces prises deux à deux forment alors un trièdre trirectangle ; il faut donc que l'on ait $\mathrm{F}_1 = \mathrm{F}_2 = \mathrm{F}_3 = 0$, et ces conditions sont suffisantes. Les formules qui donnent ds^2 et dV prennent alors la forme simple

$$(23) \quad ds^2 = \mathrm{H}_1\,du^2 + \mathrm{H}_2\,dv^2 + \mathrm{H}_3\,dw^2, \qquad dV = \sqrt{\mathrm{H}_1\mathrm{H}_2\mathrm{H}_3}\,du\,dv\,dw.$$

On peut retrouver facilement ces formules par quelques considérations de géométrie infinitésimale. Supposons du, dv, dw très petits, et assimilons le solide élémentaire défini tout à l'heure à un petit parallélépipède rectangle à faces planes. Les arêtes de ce parallélépipède sont respectivement $\sqrt{\mathrm{H}_1}\,du$, $\sqrt{\mathrm{H}_2}\,dv$, $\sqrt{\mathrm{H}_3}\,dw$, en négligeant les infiniment petits d'ordre supérieur. Nous aurons les formules (23) en prenant pour élément linéaire et pour élément de volume la diagonale et le volume de ce solide élémentaire. L'aire d'une des faces $\sqrt{\mathrm{H}_1\mathrm{H}_2}\,du\,dv$ représente de même l'élément d'aire de la surface (w).

Prenons pour exemple les coordonnées polaires dans l'espace

$$(24) \qquad x = \rho \sin\theta \cos\varphi, \qquad y = \rho \sin\theta \sin\varphi, \qquad z = \rho \cos\theta;$$

ρ représente la distance du point $M(x, y, z)$ à l'origine, θ l'angle que fait OM avec Oz, et φ l'angle que fait avec Ox la trace du demi-plan MOz sur le plan $z = 0$. Pour obtenir tous les points de l'espace, il suffit de faire varier ρ de o à $+\infty$, θ de o à π, et φ de o à 2π. Des formules (24) on déduit, en faisant le calcul,

$$(25) \qquad ds^2 = d\rho^2 + \rho^2 d\theta^2 + \rho^2 \sin^2\theta \, d\varphi^2$$

et, par suite,

$$(26) \qquad dV = \rho^2 \sin\theta \, d\rho \, d\theta \, d\varphi.$$

On retrouve aisément ces formules sans aucun calcul. Les trois familles de surfaces (ρ), (θ), (φ) sont respectivement des sphères concentriques à l'origine, des cônes de révolution autour de Oz

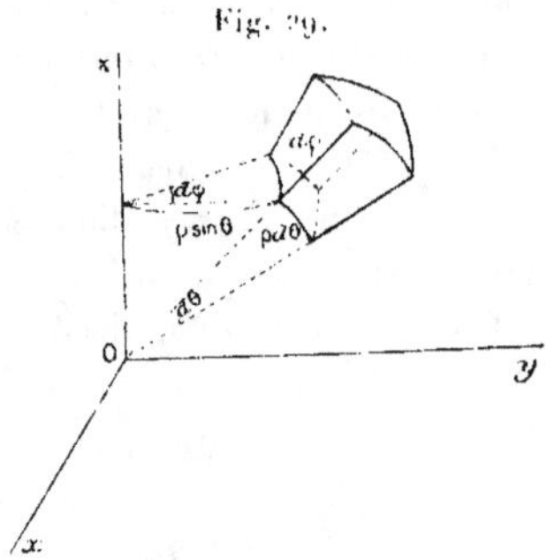
Fig. 79.

ayant l'origine pour sommet et des plans passant par Oz. Ces surfaces forment bien un système triple orthogonal, et les dimensions du solide élémentaire sont, comme on le voit immédiatement sur la figure, $d\rho$, $\rho \, d\theta$, $\rho \sin\theta \, d\varphi$; ce qui conduit aux formules (25) et (26).

Pour calculer au moyen des variables ρ, θ, φ une intégrale triple étendue à la région limitée par une surface fermée S qui n'est rencontrée qu'en un point par une demi-droite issue de l'origine, et qui renferme l'origine à l'intérieur, on devra faire varier ρ de o à R, si $R = f(\theta, \varphi)$ est l'équation de la surface, puis θ de o à π et φ de o à 2π. Par exemple, le volume limité par cette surface est égal à l'intégrale triple

$$V = \int_0^{2\pi} d\varphi \int_0^{\pi} d\theta \int_0^R \rho^2 \sin\theta \, d\rho;$$

la première intégration s'effectue immédiatement et il reste

$$V = \int_0^{2\pi} d\varphi \int_0^{\pi} \frac{R^2 \sin\theta}{3} \, d\theta.$$

On emploie aussi quelquefois les coordonnées semi-polaires r, ω, z, où $x = r\cos\omega$, $y = r\sin\omega$. Dans ce cas, on a

$$ds^2 = dr^2 + r^2 \, d\omega^2 + dz^2$$

et

$$dV = r \, d\omega \, dr \, dz.$$

148. Coordonnées elliptiques. — Les surfaces représentées par l'équation

$$(27) \qquad \frac{x^2}{\lambda - a} + \frac{y^2}{\lambda - b} + \frac{z^2}{\lambda - c} - 1 = 0,$$

où λ est un paramètre variable et $a > b > c > 0$, forment une famille de quadriques homofocales. Par chaque point de l'espace, il passe trois surfaces de cette famille, un ellipsoïde, un hyperboloïde à deux nappes et un hyperboloïde à une nappe, car l'équation (27) a toujours une racine λ_1 comprise entre b et c, une racine λ_2 comprise entre a et b, et une racine λ_3 supérieure à a; ces trois racines λ_1, λ_2, λ_3 sont appelées *coordonnées elliptiques* du point de coordonnées rectangulaires x, y, z. Deux surfaces quelconques de la famille sont orthogonales, car si l'on remplace λ par λ_1, puis par λ_2, dans l'équation (27), et qu'on les retranche membre à membre, il vient, en divisant par $\lambda_1 - \lambda_2$,

$$(28) \qquad \frac{x^2}{(\lambda_1 - a)(\lambda_2 - a)} + \frac{y^2}{(\lambda_1 - b)(\lambda_2 - b)} + \frac{z^2}{(\lambda_1 - c)(\lambda_2 - c)} = 0,$$

relation qui démontre l'orthogonalité des deux surfaces (λ_1) et (λ_2).

Pour avoir facilement x, y, z en fonction de λ_1, λ_2, λ_3, remarquons que l'on doit avoir identiquement

$$(\lambda - a)(\lambda - b)(\lambda - c) - x^2(\lambda - b)(\lambda - c) - y^2(\lambda - a)(\lambda - c)$$
$$- z^2(\lambda - a)(\lambda - b) = (\lambda - \lambda_1)(\lambda - \lambda_2)(\lambda - \lambda_3);$$

en faisant successivement $\lambda = a$, $\lambda = b$, $\lambda = c$ dans cette identité, on en tire

$$(29) \qquad \begin{cases} x^2 = \dfrac{(\lambda_1 - a)(a - \lambda_2)(a - \lambda_3)}{(a - b)(a - c)}, \\[2ex] y^2 = \dfrac{(\lambda_3 - b)(\lambda_2 - b)(b - \lambda_1)}{(a - b)(b - c)}, \\[2ex] z^2 = \dfrac{(\lambda_1 - c)(\lambda_2 - c)(\lambda_3 - c)}{(a - c)(b - c)}. \end{cases}$$

On déduit de là, en prenant les dérivées logarithmiques,

$$dx = \frac{x}{2}\left(\frac{d\lambda_1}{\lambda_1 - a} + \frac{d\lambda_2}{\lambda_2 - a} + \frac{d\lambda_3}{\lambda_3 - a}\right),$$

$$dy = \frac{y}{2}\left(\frac{d\lambda_1}{\lambda_1 - b} + \frac{d\lambda_2}{\lambda_2 - b} + \frac{d\lambda_3}{\lambda_3 - b}\right),$$

$$dz = \frac{z}{2}\left(\frac{d\lambda_1}{\lambda_1 - c} + \frac{d\lambda_2}{\lambda_2 - c} + \frac{d\lambda_3}{\lambda_3 - c}\right);$$

en faisant la somme des carrés, les termes en $d\lambda_1\,d\lambda_2$, $d\lambda_2\,d\lambda_3$, $d\lambda_1\,d\lambda_3$ doivent disparaître d'après la relation (28) et les relations analogues. Le coefficient de $d\lambda_1^2$ est

$$\frac{1}{4}\left[\frac{x^2}{(\lambda_1 - a)^2} + \frac{y^2}{(\lambda_1 - b)^2} + \frac{z^2}{(\lambda_1 - c)^2}\right]$$

ou, en remplaçant x^2, y^2, z^2 par leurs valeurs et réduisant,

$$M_1 = \frac{1}{4}\frac{(\lambda_3 - \lambda_1)(\lambda_2 - \lambda_1)}{(\lambda_1 - a)(\lambda_1 - b)(\lambda_1 - c)},$$

et les coefficients M_2 et M_3 de $d\lambda_2^2$ et de $d\lambda_3^2$ s'en déduiront par permutation circulaire. L'élément de volume est alors $\sqrt{M_1 M_2 M_3}\, d\lambda_1\, d\lambda_2\, d\lambda_3$.

149. Intégrales de Dirichlet. — Soit à calculer l'intégrale triple

$$\int\int\int x^p y^q z^r (1 - x - y - z)^s\, dx\, dy\, dz,$$

prise à l'intérieur du tétraèdre formé par les quatre plans $x = 0$, $y = 0$, $z = 0$, $x + y + z = 1$. Posons

$$x + y + z = \xi, \qquad y + z = \xi\eta, \qquad z = \xi\eta\zeta,$$

ξ, η, ζ étant trois nouvelles variables; ces formules peuvent encore s'écrire

$$\xi = x + y + z, \qquad \eta = \frac{y + z}{x + y + z}, \qquad \zeta = \frac{z}{y + z},$$

et l'on a inversement $x = \xi(1 - \eta)$, $y = \xi\eta(1 - \zeta)$, $z = \xi\eta\zeta$. Lorsque x, y, z sont positifs et que la somme $x + y + z$ est inférieure à un, ξ, η, ζ sont compris entre zéro et un. Inversement, lorsque ξ, η, ζ sont compris entre zéro et un, on a $x > 0$, $y > 0$, $z > 0$, $x + y + z < 1$. Le tétraèdre précédent est donc remplacé par un cube.

Pour calculer le déterminant fonctionnel, posons $X = \xi$, $Y = \xi\eta$, $Z = \xi\eta\zeta$, ce qui donne $x = X - Y$, $y = Y - Z$, $z = Z$; on a

$$\frac{D(x, y, z)}{D(\xi, \eta, \zeta)} = \frac{D(x, y, z)}{D(X, Y, Z)}\cdot\frac{D(X, Y, Z)}{D(\xi, \eta, \zeta)} = \xi^2\eta,$$

et l'intégrale triple devient, par ce changement de variables,

$$\int_0^1 d\xi \int_0^1 d\eta \int_0^1 \xi^{p+q+r+2}(1 - \xi)^s \eta^{q+r+1}(1 - \eta)^p \zeta^r (1 - \zeta)^s\, d\zeta.$$

La fonction sous le signe $\int$ est le produit d'une fonction de ξ par une fonction de η et une fonction de ζ. L'intégrale triple est donc le produit

$$\int_0^1 \xi^{p+q+r+2}(1-\xi)^s\,d\xi \times \int_0^1 \eta^{q+r+1}(1-\eta)^p\,d\eta \times \int_0^1 \zeta^r(1-\zeta)^q\,d\zeta,$$

ou, en introduisant les fonctions Γ [*voir* formules (33) et (34), n° 135],

$$\frac{\Gamma(p+q+r+3)\Gamma(s+1)}{\Gamma(p+q+r+s+4)} \times \frac{\Gamma(q+r+2)\Gamma(p+1)}{\Gamma(p+q+r+3)} \times \frac{\Gamma(r+1)\Gamma(q+1)}{\Gamma(q+r+2)};$$

en supprimant les facteurs communs, il reste, pour valeur de l'intégrale triple,

$$\frac{\Gamma(p+1)\Gamma(q+1)\Gamma(r+1)\Gamma(s+1)}{\Gamma(p+q+r+s+4)}.$$

150. Intégrales multiples. — Les expressions purement analytiques que l'on a obtenues pour une intégrale double et une intégrale triple permettent d'étendre la définition aux fonctions d'un nombre quelconque de variables indépendantes. Nous nous bornerons à indiquer sommairement la marche à suivre.

Soient $x_1, x_2, \ldots, x_n$ un système de n variables indépendantes. Nous dirons, pour abréger, qu'un système de valeurs $x_1^0, x_2^0, \ldots, x_n^0$ attribuées à ces variables représente *un point* dans l'espace à n dimensions. Toute relation $F(x_1, x_2, \ldots, x_n) = 0$, dont le premier membre est une fonction continue, représentera de même *une surface;* si F est du premier degré, nous continuerons à dire que cette équation représente un plan. Considérons l'ensemble des points dont les coordonnées vérifient certaines relations d'inégalité, telles que

$$(30) \qquad \psi_i(x_1, x_2, \ldots, x_n) > 0 \qquad (i = 1, 2, \ldots, k);$$

nous dirons que cet ensemble de points forme un *domaine* D dans l'espace à n dimensions. Si, pour tous les points de ce domaine, la valeur absolue de l'une quelconque des coordonnées x_i reste inférieure à un nombre fixe, on dira que D est tout entier à distance finie. Si les inégalités qui définissent D ont la forme suivante :

$$(31) \qquad x_1^0 \leqq x_1 \leqq x_1^1, \qquad x_2^0 \leqq x_2 \leqq x_2^1, \qquad \ldots, \qquad x_n^0 \leqq x_n \leqq x_n^1,$$

nous appellerons ce domaine un *prismatoïde*, et nous dirons que les n nombres positifs $x_i^1 - x_i^0$ sont les dimensions de ce prismatoïde. Enfin nous dirons qu'un point du domaine D appartient à la *frontière* de ce domaine, si l'une au moins des fonctions ψ_i des formules (30) est nulle pour les coordonnées de ce point.

Cela posé, soient D un domaine fini et $f(x_1, x_2, \ldots, x_n)$ une fonction continue dans ce domaine. Imaginons D décomposé en domaines plus petits au moyen de plans parallèles aux plans $x_i = 0$ $(i = 1, 2, \ldots, n)$. Prenons l'un quelconque de ceux des prismatoïdes déterminés par ces plans, qui sont tout entiers intérieurs à D; soient $\Delta x_1, \Delta x_2, \ldots, \Delta x_n$ les dimensions de ce prismatoïde, et $\xi_1, \xi_2, \ldots, \xi_n$ les coordonnées d'un point quelconque appartenant au prismatoïde. La somme

$$(32) \qquad S = \Sigma f(\xi_1, \xi_2, \ldots, \xi_n)\, \Delta x_1\, \Delta x_2 \ldots \Delta x_n,$$

étendue à tous les prismatoïdes qui sont tout entiers à l'intérieur du domaine D, tend vers une limite I lorsque le nombre de ces prismatoïdes augmente indéfiniment, de façon que toutes leurs dimensions tendent vers zéro [1]. On appelle cette limite l'intégrale n^{ple} de $f(x_1, x_2, \ldots, x_n)$, prise dans le domaine D,

$$I = \int \int \ldots \int f(x_1, x_2, \ldots, x_n)\, dx_1\, dx_2 \ldots dx_n.$$

Le calcul d'une intégrale n^{ple} se ramène encore au calcul de n intégrales simples successives. Pour établir que la loi est générale, il suffit de montrer que, si elle est vraie pour une intégrale $(n-1)^{\text{ple}}$, elle s'étend à une intégrale n^{ple}. Considérons pour cela un point quelconque

$$(x_1, x_2, \ldots, x_n)$$

de D; si nous faisons abstraction pour un moment de la variable x_n, le point $(x_1, x_2, \ldots, x_{n-1})$ décrit un certain domaine D', dans l'espace à $(n-1)$ dimensions. Nous supposerons que le domaine D satisfait à la condition suivante : à tout point $(x_1, x_2, \ldots, x_{n-1})$ intérieur à D' correspondent seulement deux points sur la frontière de D, de coordonnées $(x_1, x_2, \ldots, x_{n-1}; x_n^{(1)})$ et $(x_1, x_2, \ldots, x_{n-1}; x_n^{(2)})$, les coordonnées $x_n^{(1)}$ et $x_n^{(2)}$ étant des fonctions continues des $(n-1)$ variables $x_1, x_2, \ldots, x_{n-1}$ à l'intérieur de D'. Si cette condition n'était pas satisfaite, on partagerait D en domaines assez petits pour vérifier séparément cette condition. Cela posé, considérons la file de prismatoïdes du domaine D, qui correspondent à un même point $(x_1, x_2, \ldots, x_{n-1})$: on démontre facilement qu'en choisissant convenablement les points $(\xi_1, \xi_1, \ldots, \xi_n)$, ces prismatoïdes donnent dans S une somme égale à

$$\Delta x_1\, \Delta x_2 \ldots \Delta x_{n-1} \left[\int_{x_n^{(1)}}^{x_n^{(2)}} f(x_1, x_2, \ldots, x_n)\, dx_n + \varepsilon \right],$$

$|\varepsilon|$ pouvant être rendu moindre que tout nombre positif pourvu que

---

[1] Pour $n = 2$ ou $n = 3$, la limite de S est bien égale à l'intégrale double ou à l'intégrale triple, car la somme des aires ou des volumes des domaines négligés tend vers zéro.

toutes les quantités Δx_i soient assez petites. Si nous posons

$$(33) \qquad \Phi(x_1, x_2, \ldots, x_{n-1}) = \int_{x_n^{(1)}}^{x_n^{(2)}} f(x_1, x_2, \ldots, x_n)\, dx_n,$$

nous voyons que I est égal à la limite de la somme

$$\Sigma \Phi(x_1, x_2, \ldots, x_{n-1})\, \Delta x_1\, \Delta x_2 \ldots \Delta x_{n-1},$$

c'est-à-dire à l'intégrale $(n-1)^{\text{ple}}$

$$(34) \qquad I = \int \int \int \ldots \int \Phi(x_1, x_2, \ldots, x_{n-1})\, dx_1 \ldots dx_{n-1}$$

dans le domaine D'. La loi étant supposée vraie pour une intégrale $(n-1)^{\text{ple}}$, elle est donc générale.

On pourrait encore opérer autrement. Considérons l'ensemble des points $(x_1, x_2, \ldots, x_{n-1})$ pour lesquels la coordonnée x_n a une valeur donnée; le point $(x_1, x_2, \ldots, x_{n-1})$ décrit dans l'espace à $(n-1)$ dimensions un domaine δ, et l'on voit sans peine que l'intégrale n^{ple} I est aussi égale à l'expression

$$(35) \qquad I = \int_{X_n^1}^{X_n^2} \theta(x_n)\, dx_n,$$

$\theta(x_n)$ étant l'intégrale $(n-1)^{\text{ple}}$ $\int \int \int \ldots \int f\, dx_1 \ldots dx_{n-1}$ étendue au domaine δ, et X_n^1, X_n^2 les bornes inférieure et supérieure de x_n dans le domaine D. Quelle que soit la façon dont on opère, les limites pour les diverses intégrations que l'on a à effectuer dépendent de la nature du domaine D et varient en général avec l'ordre des intégrations. Il y a exception si D est un prismatoïde défini par les conditions

$$x_1^0 < x_1 < X_1, \qquad \ldots \qquad x_i^0 < x_i < X_i, \qquad \ldots$$

L'intégrale multiple a, dans ce cas, pour expression

$$I = \int_{x_1^0}^{X_1} dx_1 \int_{x_2^0}^{X_2} dx_2 \ldots \int_{x_n^0}^{X_n} f\, dx_n,$$

et l'on peut intervertir d'une façon quelconque l'ordre des intégrations, sans changer les limites correspondant à chaque variable.

La formule du changement de variables s'étend aussi aux intégrales n^{ples}. Soient

$$(36) \qquad x_i = \varphi_i(x_1', x_2', \ldots, x_n') \qquad (i = 1, 2, \ldots, n)$$

des formules de transformation, faisant correspondre point par point à un domaine D', décrit par le point $(x_1', x_2', \ldots, x_n')$, un domaine D décrit par le point $(x_1, x_2 \ldots, x_n)$. On a

$$(37) \quad \int \int \ldots \int_{(D)} F(x_1, x_2 \ldots, x_n)\, dx_1 \ldots dx_n$$

$$= \int \int \ldots \int_{(D')} F(\varphi_1, \ldots \varphi_n) \left| \frac{D(\varphi_1, \ldots, \varphi_n)}{D(x'_1, \ldots, x'_n)} \right| dx'_1 \ldots dx'_n.$$

La démonstration est toute semblable aux précédentes. Je me bornerai à indiquer, dans ses grandes lignes, la marche à suivre :

1° Si la formule (37) est vraie pour deux transformations, elle est vraie pour celle que l'on obtient en les effectuant successivement ;

2° Tout changement de variables s'obtient par la combinaison de deux changements tels que les suivants :

$$(38) \quad x_1 = x'_1, \quad x_2 = x'_2, \quad \ldots \quad x_{n-1} = x'_{n-1}, \quad x_n = \varphi_n(x'_1, x'_2, \ldots, x'_n),$$

$$(39) \quad x_1 = \psi_1(x'_1, \ldots, x'_n), \quad \ldots, \quad x_{n-1} = \psi_{n-1}(x'_1, \ldots, x'_n), \quad x_n = x'_n.$$

3° La formule (37) s'applique au changement de variables de la forme (38), comme il résulte de la forme (34) sous laquelle on peut mettre une intégrale n^{ple}. Elle s'applique aussi au changement de variables (39), d'après la seconde forme (35) de l'intégrale multiple, si l'on admet que la formule est établie pour les intégrales multiples d'ordre $n-1$. On démontrera donc de proche en proche que la formule est générale.

Supposons, pour donner un exemple, que l'on veuille calculer l'intégrale définie

$$I = \int \int \ldots \int x_1^{\alpha_1} x_2^{\alpha_2} \ldots x_n^{\alpha_n} (1 - x_1 - x_2 - \ldots \quad x_n)^{\beta}\, dx_1\, dx_2 \ldots dx_n,$$

où $\alpha_1, \alpha_2, \ldots, \alpha_n, \beta$ sont des nombres positifs, dans le domaine D défini par les inégalités

$$0 \stackrel{.}{<} x_1, \quad 0 \stackrel{.}{<} x_2, \quad \ldots \quad 0 \stackrel{.}{<} x_n, \quad x_1 + x_2 \ldots + x_n \leqq 1.$$

Le changement de variables donné par les formules

$$x_1 + x_2 + \ldots + x_n = \xi_1, \quad x_2 + \ldots + x_n = \xi_1 \xi_2, \quad \ldots \quad x_n = \xi_1 \xi_2 \ldots \xi_n$$

remplace D par un domaine D' défini par les inégalités

$$0 \stackrel{.}{<} \xi_1 \leqq 1, \quad 0 \stackrel{.}{<} \xi_2 \leqq 1, \quad \ldots, \quad 0 \stackrel{.}{<} \xi_n \stackrel{.}{<} 1,$$

et l'on a de plus, comme le prouve un calcul facile (n° 149).

$$\frac{D(x_1, x_2, \ldots, x_n)}{D(\xi_1, \xi_2, \ldots, \xi_n)} = \xi_1^{n-1} \xi_2^{n-2} \ldots \xi_{n-1}.$$

La fonction à intégrer prend la forme

$$\xi_1^{\alpha_1 + \ldots + \alpha_n + n - 1} \xi_2^{\alpha_2 + \ldots + \alpha_n + n - 2} \ldots \xi_n^{\alpha_n} (1 - \xi_1)^{\beta} (1 - \xi_2)^{\alpha} \ldots (1 - \xi_n)^{\alpha_{n-1}}.$$

et l'intégrale cherchée s'exprime encore au moyen de la fonction Γ

$$(40) \qquad I = \frac{\Gamma(\alpha_1+1)\Gamma(\alpha_2+1)\dots\Gamma(\alpha_n+1)\Gamma(\beta+1)}{\Gamma(\alpha_1+\alpha_2+\dots+\alpha_n+\beta+n+1)}.$$

II. — INTÉGRATION DES DIFFÉRENTIELLES TOTALES.

151. Méthode générale. — Soient $P(x, y)$, $Q(x, y)$ deux fonctions des deux variables indépendantes x et y; l'expression

$$P\,dx + Q\,dy$$

n'est pas, en général, la différentielle totale d'une fonction des deux variables x, y. En effet, l'équation

$$(41) \qquad du = P\,dx + Q\,dy$$

est, comme l'on sait, équivalente à deux équations distinctes

$$(42) \qquad \frac{du}{dx} = P(x, y), \qquad \frac{du}{dy} = Q(x, y);$$

différentions la première par rapport à y, la seconde par rapport à x; nous voyons que $u(x, y)$ doit satisfaire aux deux relations

$$\frac{\partial^2 u}{\partial x\,\partial y} = \frac{\partial P(x, y)}{\partial y}, \qquad \frac{\partial^2 u}{\partial y\,\partial x} = \frac{\partial Q(x, y)}{\partial x}.$$

Pour qu'il existe une fonction $u(x, y)$ répondant à la question, il faut donc que l'on ait identiquement

$$(43) \qquad \frac{\partial P}{\partial y} = \frac{\partial Q}{\partial x}.$$

Cette condition nécessaire est aussi suffisante. En effet, il existe une infinité de fonctions $u(x, y)$ dont la dérivée partielle par rapport à x est égale à $P(x, y)$; toutes ces fonctions sont comprises dans la formule

$$u = \int_{x_0}^{x} P(x, y)\,dx + Y.$$

x_0 étant une constante choisie à volonté, et Y une fonction arbitraire de la variable y. Pour que cette fonction $u(x, y)$ vérifie l'équation (41), il faut et il suffit que sa dérivée partielle par rapport à y soit égale à $Q(x, y)$, c'est-à-dire que l'on ait

$$\int_x^{x} \frac{\partial P}{\partial y}\, dx + \frac{dY}{dy} = Q(x, y).$$

Mais on a, d'après la condition d'intégrabilité (43),

$$\int_{x_0}^{x} \frac{\partial P}{\partial y}\, dx = \int_{x_0}^{x} \frac{\partial Q}{\partial x}\, dx = Q(x, y) - Q(x_0, y),$$

et la relation précédente se réduit à

$$\frac{dY}{dy} = Q(x_0, y).$$

Le second membre ne dépend que de y; il y a donc une infinité de fonctions de y qui satisfont à cette relation. Elles sont comprises dans la formule

$$Y = \int_{y_0}^{y} Q(x_0, y)\, dy + C,$$

y_0 étant une valeur particulière de y, et C une constante arbitraire. Il existe donc une infinité de fonctions $u(x, y)$ satisfaisant à l'équation (41); elles sont données par la formule

$$(44) \qquad u = \int_{x_0}^{x} P(x, y)\, dx + \int_{y_0}^{y} Q(x_0, y)\, dy + C$$

et ne diffèrent l'une de l'autre que par la valeur de la constante additive C.

Soit, par exemple,

$$P = \frac{x + my}{x^2 + y^2}, \qquad Q = \frac{y - mx}{x^2 + y^2};$$

la condition (43) est vérifiée, et l'on a, en posant $x_0 = 0,\ y_0 = 1$,

$$u = \int_0^{x} \frac{x + my}{x^2 + y^2}\, dx + \int_1^{y} \frac{dy}{y} + C.$$

En effectuant les intégrations indiquées, il vient

$$u = \frac{1}{2}\left[\log(x^2 + y^2)\right]_0^x + m\left(\operatorname{arc\,tang}\frac{x}{y}\right)_0^x + \log y + C,$$

ou, en réduisant,

$$u = \frac{1}{2}\log(x^2 + y^2) + m\operatorname{arc\,tang}\frac{x}{y} + C.$$

La méthode précédente s'étend au cas d'un nombre quelconque de variables indépendantes. Nous développerons encore les calculs pour trois variables. Soient P, Q, R trois fonctions de x, y, z; l'équation aux différentielles totales

$$(45) \qquad du = P\,dx + Q\,dy + R\,dz$$

est équivalente à trois équations distinctes

$$(46) \qquad \frac{\partial u}{\partial x} = P, \qquad \frac{\partial u}{\partial y} = Q, \qquad \frac{\partial u}{\partial z} = R.$$

En calculant de deux façons différentes les dérivées $\dfrac{\partial^2 u}{\partial x\,\partial y}$, $\dfrac{\partial^2 u}{\partial x\,\partial z}$, $\dfrac{\partial^2 u}{\partial y\,\partial z}$, on obtient trois conditions pour que le problème soit possible :

$$(47) \qquad \frac{\partial P}{\partial y} = \frac{\partial Q}{\partial x}, \qquad \frac{\partial P}{\partial z} = \frac{\partial R}{\partial x}, \qquad \frac{\partial Q}{\partial z} = \frac{\partial R}{\partial y}.$$

Supposons-les satisfaites. D'après la première, il existe une infinité de fonctions $u(x, y, z)$ dont les dérivées partielles par rapport à x et y sont respectivement P et Q; elles sont comprises dans la formule

$$u = \int_{x_0}^{x} P(x, y, z)\,dx + \int_{y_0}^{y} Q(x_0, y, z)\,dy + Z,$$

Z désignant une fonction arbitraire de z. Pour que la dérivée $\dfrac{\partial u}{\partial z}$ soit égale à R, il faut, de plus, que l'on ait

$$\int_{x_0}^{x} \frac{\partial P}{\partial z}\,dx + \int_{y_0}^{y} \frac{\partial Q(x_0, y, z)}{\partial z}\,dy + \frac{dZ}{dz} = R,$$

condition qui se réduit, en tenant compte des relations (47), à

$$R(x, y, z) - R(x_0, y, z) + R(x_0, y, z) - R(x_0, y_0, z) + \frac{dZ}{dz} = R(x, y, z)$$

ou

$$\frac{dZ}{dz} = R(x_0, y_0, z).$$

On en conclut qu'il existe une infinité de fonctions $u(x, y, z)$ satisfaisant à l'équation (45); elles sont représentées par la formule

$$(48) \quad u = \int_{x_0}^{x} P(x, y, z)\,dz + \int_{y_0}^{y} Q(x_0, y, z)\,dy + \int_{z_0}^{z} R(x_0, y_0, z)\,dz + C,$$

x_0, y_0, z_0 étant trois valeurs numériques choisies à volonté, et C une constante arbitraire.

152. Étude de l'intégrale $\int_{x_0, y_0}^{x, y} P\,dx + Q\,dy$. — La question précédente peut être traitée à un autre point de vue qui permet une étude plus approfondie et conduit à des résultats nouveaux. Soient $P(x, y)$ et $Q(x, y)$ deux fonctions continues, et admettant des dérivées partielles du premier ordre continues, dans une région A limitée par un seul contour fermé C; il peut d'ailleurs arriver que cette région A embrasse tout le plan, ce qui revient à supposer le contour C rejeté à l'infini. L'intégrale curviligne

$$\int P\,dx + Q\,dy,$$

prise le long d'un chemin L situé tout entier dans A, dépend en général du chemin d'intégration; nous allons d'abord chercher à quelles conditions cette intégrale ne dépend que des coordonnées (x_0, y_0), (x_1, y_1) des extrémités de cette ligne. Soient M et N deux points quelconques de la région A, et L, L' deux chemins joignant ces deux points, sans se croiser entre les extrémités; ils forment, par leur réunion, un contour fermé. Pour que les intégrales curvilignes prises le long de L et de L' soient égales, il faut évidemment et il suffit que l'intégrale prise le long du **contour** fermé que forment ces deux lignes, en marchant toujours dans le même sens, soit nulle. La question proposée est donc équivalente à celle-ci : *Que faut-il pour que l'intégrale curviligne*

$$\int P\,dx + Q\,dy,$$

prise le long d'un contour fermé quelconque situé dans A, soit nulle?

La réponse se déduit immédiatement de la formule de Green,

$$(49) \qquad \int_C P\,dx + Q\,dy = \int\int \left(\frac{\partial Q}{\partial x} - \frac{\partial P}{\partial y} \right) dx\,dy,$$

où C est un contour fermé quelconque situé dans A, et où l'intégrale double est étendue à l'intérieur de C. Il est clair que si les dérivées des fonctions P et Q satisfont à la relation (43) l'inté-

grale curviligne du premier membre est toujours nulle. Cette
condition est nécessaire. En effet, si $\dfrac{\partial P}{\partial y} - \dfrac{\partial Q}{\partial x}$ n'est pas identiquement nul dans la région A, comme c'est une fonction continue,
on pourra toujours trouver une région a assez petite pour que le
signe soit constant dans a; il est clair que l'intégrale curviligne
prise le long du contour de a ne pourra être nulle, d'après la formule (49).

Si la condition (43) est vérifiée identiquement, deux chemins L, L', ayant les mêmes extrémités M, N et ne se croisant pas
entre ces extrémités, donnent la même valeur pour l'intégrale curviligne. Il en est encore de même s'ils se coupent un nombre quelconque de fois entre M et N, car il suffit de les comparer à un
troisième chemin L'', ne rencontrant aucun des deux premiers,
sauf aux points M et N.

Cela posé, supposons que l'une des extrémités de la ligne d'intégration soit un point fixe (x_0, y_0), la seconde extrémité (x, y)
étant un point variable de A; l'intégrale

$$(50) \qquad F(x, y) = \int_{(x_0, y_0)}^{(x, y)} P\,dx + Q\,dy,$$

prise suivant un chemin de forme arbitraire, ne dépend que des
coordonnées (x, y) de l'extrémité variable. Les dérivées partielles
de cette fonction sont précisément $P(x, y)$ et $Q(x, y)$. On a, par
exemple,

$$F(x + \Delta x, y) = F(x, y) + \int_{(x, y)}^{(x + \Delta x, y)} P(x, y)\,dx,$$

car on peut supposer que l'on va d'abord du point (x_0, y_0) au
point (x, y), puis du point (x, y) au point $(x + \Delta x, y)$ en restant
sur la parallèle à Ox et, le long de cette droite, on a $dy = 0$.
Appliquons la formule de la moyenne; nous pouvons écrire

$$\frac{F(x + \Delta x, y) - F(x, y)}{\Delta x} = P(x + \theta\,\Delta x, y) \qquad (0 < \theta < 1);$$

en faisant tendre Δx vers zéro, il vient $F'_x = P$, et l'on verrait de
même que l'on a $F'_y = Q$. L'intégrale curviligne $F(x, y)$ vérifie
donc l'équation aux différentielles totales (41), et l'on obtient
l'intégrale générale de cette équation en ajoutant à $F(x, y)$ une
constante arbitraire.

La nouvelle formule est plus générale que la formule (44), puisque le chemin d'intégration reste indéterminé. Il est, du reste, facile d'en déduire la formule (44). Pour éviter toute ambiguïté, désignons par (x_0, y_0), (x_1, y_1) les coordonnées des deux extrémités, et prenons comme chemin d'intégration les deux droites $x = x_0$, $y = y_1$. Le long de la première on a $x = x_0$, $dx = 0$, et y varie de y_0 à y_1 ; le long de la seconde, on a $y = y_1$, $dy = 0$, x varie de x_0 à x_1. L'intégrale est donc égale à

$$\int_{y_0}^{y_1} Q(x_0, y)\,dy + \int_{x_0}^{x_1} P(x, y_1)\,dx ;$$

c'est, à une différence de notation près, la formule (44).

Mais il peut être plus avantageux de prendre un autre chemin d'intégration. Supposons qu'en posant $x = f(t)$, $y = \varphi(t)$, et faisant varier t de t_0 à t_1, le point (x, y) décrive un arc de courbe joignant le point (x_0, y_0) au point (x_1, y_1) ; on a

$$\int_{(x_0, y_0)}^{(x_1, y_1)} P\,dx + Q\,dy = \int_{t_0}^{t_1} [P(x, y) f'(t) + Q(x, y) \varphi'(t)]\,dt,$$

et l'on n'a plus qu'une quadrature à effectuer. Si l'on suit, par exemple, la ligne droite, on posera $x = x_0 + t(x_1 - x_0)$, $y = y_0 + t(y_1 - y_0)$ et l'on fera varier t de 0 à 1.

Inversement, si l'on connaît une intégrale particulière $\Phi(x, y)$ de l'équation (41), on en déduira l'intégrale curviligne par la formule

$$\int_{(x_0, y_0)}^{(x, y)} P\,dx + Q\,dy = \Phi(x, y) - \Phi(x_0, y_0).$$

qui est l'analogue de la formule (8) du Chapitre IV.

153. Périodes. — On peut étudier des cas plus étendus. Observons d'abord que la formule de Green s'applique aussi à des aires limitées par plusieurs contours. Considérons, pour fixer les idées, une aire A limitée par un contour extérieur C et deux contours C', C″, intérieurs au premier (*fig.* 30), et soient P et Q deux fonctions continues, ainsi que leurs dérivées du premier ordre, dans cette aire. (On doit regarder les portions du plan intérieures aux contours C', C″ comme ne faisant pas par   de A ; on ne suppose rien sur les fonctions P et Q dans ces deux régions.) Joignons les contours C', C" au contour fermé C par les transversales ab, cd. Nous obtenons ainsi un contour fermé $abmcdndepbhaqa$ ou Γ, qui peut être décrit d'un seul trait. Si nous appliquons la formule de Green à l'aire limitée par ce contour, les intégrales curvilignes

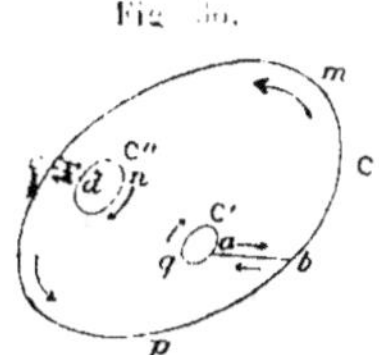

Fig. 30.

provenant des transversales ab et cd se détruisent, car chacune d'elles est décrite deux fois avec des sens différents, et il reste

$$\int P\,dx + Q\,dy = \int\int \left(\frac{\partial Q}{\partial x} - \frac{\partial P}{\partial y} \right) dx\,dy.$$

l'intégrale curviligne étant prise le long du contour total de l'aire A, c'est-à-dire le long des trois contours C, C', C" dans le sens indiqué par les flèches, de façon à avoir toujours à gauche l'aire A.

Si les fonctions P et Q vérifient la relation $\frac{\partial Q}{\partial x} = \frac{\partial P}{\partial y}$ dans la région A, l'intégrale double est nulle et nous pouvons écrire la relation obtenue

$$(51) \qquad \int_{(C)} P\,dx + Q\,dy = \int_{(C')} P\,dx + Q\,dy + \int_{(C'')} P\,dx + Q\,dy,$$

en convenant maintenant de prendre les trois intégrales curvilignes dans le même sens.

Cela posé, reprenons une région A limitée par un seul contour C, et soient P, Q deux fonctions continues, ainsi que leurs dérivées, vérifiant la relation $\frac{\partial P}{\partial y} = \frac{\partial Q}{\partial x}$, sauf en un nombre fini de points où l'une au moins des fonctions P, Q est discontinue. Nous supposerons, pour fixer les idées, qu'il y ait dans A trois points a, b, c de discontinuité. Entourons chacun de ces points d'une circonférence de rayon très petit et joignons ces circonférences au contour C par une coupure (*fig.* 31). L'intégrale $\int P\,dx + Q\,dy$,

prise depuis un point fixe (x_0, y_0) jusqu'à un point variable (x, y)
sur une ligne ne franchissant aucune coupure, a une valeur unique
en chaque point, d'après le cas déjà étudié, car le contour C, les

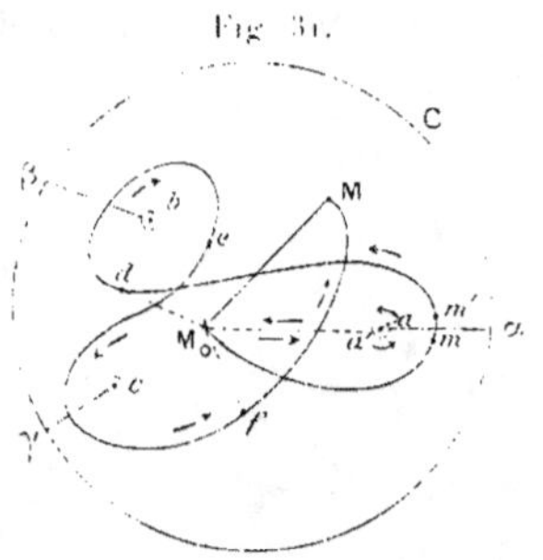

Fig. 31.

coupures et les petites circonférences forment une seule ligne
pouvant être décrite d'un seul trait continu. Nous désignerons
par $\overline{F(x, y)}$ la valeur de cette intégrale prise suivant le chemin
direct allant de $M_0 (x_0, y_0)$ en $M (x, y)$.

On appelle *lacet* le chemin composé de la ligne droite joignant
le point M_0 à un point a' infiniment voisin de a, de la petite circonférence de rayon aa' et de centre a, et de la droite $a' M_0$. L'intégrale curviligne $\int P\,dx + Q\,dy$, prise le long d'un lacet, se réduit
à l'intégrale curviligne prise le long de la circonférence. Cette dernière intégrale n'est pas nulle en général, si l'une des fonctions P
ou Q est infinie au point a, mais elle est indépendante du rayon
de la petite circonférence; c'est une constante $\pm \mathcal{A}$, le double
signe correspondant aux deux sens de parcours. Nous désignerons
de même, par $\pm \mathcal{B}$ et $\pm \mathcal{C}$, la valeur de l'intégrale curviligne
prise le long d'un lacet décrit autour de l'un des points singuliers
b ou c.

Cela posé, tout chemin joignant le point M_0 au point M peut se
ramener à une suite de lacets, suivis du chemin direct allant de M_0
en M. Par exemple, le chemin $M_0\,md e f\,M$ peut se ramener à la
suite des chemins suivants $M_0\,md M_0$, $M_0\,de\,M_0$, $M_0\,ef\,M_0$, $M_0 f\,M$;
le chemin $M_0\,md\,M_0$ peut à son tour se ramener à un lacet décrit
autour du point singulier a, et de même pour les autres. Enfin,
$M_0 f M$ est équivalent au chemin direct. Il s'ensuit que, quel que
soit le chemin d'intégration, la valeur de l'intégrale curviligne est

de la forme

$$(52) \qquad F(x, y) = \overline{F(x, y)} + mA + nB + pC.$$

m, n, p étant trois nombres entiers, positifs ou négatifs, absolument quelconques. Les quantités A, B, C sont les *périodes* de l'intégrale curviligne. Cette intégrale est donc une fonction des variables x, y, qui admet une infinité de déterminations, et nous voyons l'origine de ces déterminations multiples.

Remarque. — La fonction $\overline{F(x, y)}$ est une fonction bien déterminée dans la région A, quand on a tracé les coupures $a\alpha$, $b\beta$, $c\gamma$; mais on doit remarquer qu'en deux points infiniment voisins tels que m, m', de part et d'autre d'une coupure, la différence $\overline{F(m)} - \overline{F(m')}$ a une valeur finie. On a, en effet,

$$A = \int_{M_0}^{m} + \int_{m}^{m'} - \int_{m'}^{M_0},$$

ce qui peut s'écrire

$$\int_{M_0}^{m} = \int_{M_0}^{m'} + A + \int_{m'}^{m};$$

mais $\displaystyle\int_{m'}^{m}$ est infiniment petit, et il reste

$$\overline{F(m)} - \overline{F(m')} = A.$$

La différence $\overline{F(m)} - \overline{F(m')}$ est donc constante et égale à A tout le long de $a\alpha$. Il en est de même pour les autres coupures.

Exemple. — L'intégrale curviligne

$$\int_{A_0}^{(x, y)} \frac{x\, dy - y\, dx}{x^2 + y^2}$$

présente un seul point critique, l'origine. Pour avoir la période correspondante, intégrons le long du cercle $x^2 + y^2 = \rho^2$; on a

$$x = \rho\cos\omega, \qquad y = \rho\sin\omega, \qquad x\, dy - y\, dx = \rho^2\, d\omega,$$

et la période est égale à $\displaystyle\int_0^{2\pi} d\omega = 2\pi$. La vérification est immédiate, car on a sous le signe $\int$ la différentielle totale de $\arctan\dfrac{y}{x}$.

154. Racines communes à deux équations. — Soient X, Y deux fonctions continues des variables x, y, dans une région A limitée par un seul contour fermé C; nous supposons que les dérivées partielles du premier ordre sont aussi continues.

L'expression $\dfrac{X\,dY - Y\,dX}{X^2 + Y^2}$ satisfait à la condition d'intégrabilité, car elle est la différentielle totale de $\operatorname{arc\,tang}\dfrac{Y}{X}$. Il s'ensuit que l'intégrale définie

$$(53) \qquad \int_{(C)} \frac{X\,dY - Y\,dX}{X^2 + Y^2},$$

prise le long du contour C dans le sens direct, est nulle si les coefficients de dx et de dy sous le signe $\int$ restent continus à l'intérieur de C, c'est-à-dire si les deux courbes $X = 0$, $Y = 0$ n'ont aucun point commun à l'intérieur de ce contour. Mais si ces deux courbes ont un certain nombre de points communs $a, b, c, \ldots$, l'intégrale (53) est égale à la somme des intégrales prises dans le sens direct le long des petites circonférences décrites des points $a, b, c, \ldots$ comme centres. Soient (α, β) les coordonnées d'un de ces points communs; nous supposerons qu'en ce point le déterminant fonctionnel $\dfrac{D(X, Y)}{D(x, y)}$ n'est pas nul, c'est-à-dire que les deux courbes $X = 0$, $Y = 0$ ne sont pas tangentes en ce point. Nous pouvons alors décrire du point (α, β) comme centre un cercle c de rayon assez petit pour que le point (X, Y) décrive autour du point $(0, 0)$ une petite portion de surface plane, limitée par un contour γ, qui corresponde point par point au cercle c (n°s 40 et 124).

Lorsque le point (x, y) décrit la circonférence c dans le sens direct, le point (X, Y) décrit le contour γ dans le sens direct ou dans le sens rétrograde, suivant le signe du déterminant fonctionnel dans ce petit cercle. Or l'intégrale définie le long de la petite circonférence est égale à la variation de $\operatorname{arc\,tang}\dfrac{Y}{X}$, et par suite à $\pm 2\pi$. En raisonnant de même pour toutes les racines, on en conclut que l'on a

$$(54) \qquad \int_{(C)} \frac{X\,dY - Y\,dX}{X^2 + Y^2} = 2\pi(P - N),$$

P désignant le nombre des points communs aux deux courbes pour lesquels $\dfrac{D(X, Y)}{D(x, y)}$ est positif, et N le nombre des points communs pour lesquels le déterminant est négatif.

L'intégrale définie du premier membre est aussi égale à la variation de $\operatorname{arc\,tang}\dfrac{Y}{X}$ le long de C, c'est-à-dire à l'indice de la fonction $\dfrac{Y}{X}$ lorsque le point (x, y) décrit le contour C. Si les fonctions X, Y sont des polynomes, et si le contour C est formé d'arcs de courbes unicursales, on est ramené à calculer l'indice d'une ou plusieurs fonctions rationnelles, ce qui n'exige que des opérations élémentaires (n° 79). D'ailleurs, quelles que soient les fonctions X, Y, on peut toujours calculer l'intégrale définie (54) avec une erreur inférieure à π, ce qui suffit, puisque le second membre doit être un multiple de 2π.

La formule (54) ne fait connaître le nombre exact des points communs aux deux courbes que si le déterminant fonctionnel conserve un signe constant à l'intérieur de C. Des travaux récents de M. Picard ont permis de compléter ce résultat [1].

155. Extension des résultats précédents. — Les résultats des derniers paragraphes s'étendent sans modification essentielle aux intégrales curvilignes dans l'espace

$$(55) \qquad \mathrm{I} = \int_{x_0,\,y_0,\,z_0}^{x,\,y,\,z} \mathrm{P}\,dx + \mathrm{Q}\,dy + \mathrm{R}\,dz.$$

Nous désignerons par P, Q, R trois fonctions continues ainsi que leurs dérivées partielles du premier ordre, dans une région (E) de l'espace, limitée par une seule surface fermée S. Cherchons d'abord les conditions pour que l'intégrale curviligne précédente ne dépende que des extrémités (x_0, y_0, z_0), (x, y, z) de la ligne d'intégration. Cela revient encore à chercher dans quels cas l'intégrale curviligne, prise le long d'une courbe fermée quelconque Γ, est nulle. Or, d'après la formule de Stokes (n° 139), cette intégrale curviligne est égale à l'intégrale de surface

$$\int\int \left(\frac{\partial Q}{\partial x} - \frac{\partial P}{\partial y} \right) dx\,dy + \left(\frac{\partial R}{\partial y} - \frac{\partial Q}{\partial z} \right) dy\,dz + \left(\frac{\partial P}{\partial z} - \frac{\partial R}{\partial x} \right) dz\,dx.$$

étendue à une surface Σ limitée par le contour Γ. Pour que cette intégrale de surface soit nulle, quelle que soit le contour Γ, il faut évidemment et il suffit que l'on ait

$$(56) \qquad \frac{\partial P}{\partial y} = \frac{\partial Q}{\partial x}, \qquad \frac{\partial Q}{\partial z} = \frac{\partial R}{\partial y}, \qquad \frac{\partial P}{\partial z} = \frac{\partial R}{\partial x}.$$

Si ces conditions sont remplies, I est une fonction des variables x, y, z, dont la différentielle totale est $\mathrm{P}\,dx + \mathrm{Q}\,dy + \mathrm{R}\,dz$, et qui est uniforme dans la région E de l'espace. Pour avoir la valeur de I en un point, on pourra choisir arbitrairement le chemin d'intégration.

Si les fonctions P, Q, R vérifient les relations (56), mais deviennent infinies en tous les points d'une ou plusieurs lignes dans (E), on en déduit des conséquences analogues à celles qui ont été développées au n° 153.

Si, par exemple, l'une des fonctions P, Q, R devient infinie en tous les

---

[1] *Traité d'Analyse*, t. II.

points d'une courbe fermée γ, l'intégrale U admettra une période égale à la valeur de l'intégrale curviligne prise le long d'un contour fermé traversant une fois, et une seule fois, une surface σ limitée par la courbe γ.

On peut aussi se proposer, pour les intégrales de surface, une question tout à fait pareille à celle qui a été traitée pour les intégrales curvilignes. Désignons par A, B, C trois fonctions continues, ainsi que leurs dérivées du premier ordre, dans la région E de l'espace limitée par une seule surface fermée S. Soit Σ une surface prise dans E, et limitée par un contour de forme quelconque Γ. L'intégrale de surface

$$(57) \qquad I = \int\!\!\int_{(\Sigma)} A\,dy\,dz + B\,dz\,dx + C\,dx\,dy$$

dépend en général de la surface Σ elle-même, et non pas seulement du contour Γ. Pour que cette intégrale ne dépende que du contour Γ, il faudra que l'intégrale double étendue à une surface fermée quelconque prise dans E soit nulle. La condition pour qu'il en soit ainsi nous est donnée immédiatement par la formule de Green (n° 143). Nous savons, en effet, que l'intégrale double précédente, étendue à une surface fermée, est égale à l'intégrale triple

$$\int\!\!\int\!\!\int \left(\frac{\partial A}{\partial x} + \frac{\partial B}{\partial y} + \frac{\partial C}{\partial z} \right) dx\,dy\,dz,$$

étendue au volume limité par cette surface. Pour que cette dernière intégrale soit nulle, quel que soit ce volume, il faut évidemment que les fonctions A, B, C vérifient la relation

$$(58) \qquad \frac{\partial A}{\partial x} + \frac{\partial B}{\partial y} + \frac{\partial C}{\partial z} = 0,$$

et cette condition est suffisante.

La formule de Stokes en donne une vérification facile. En effet, étant données trois fonctions A, B, C vérifiant la relation (58), on peut, d'une infinité de manières, déterminer trois autres fonctions P, Q, R, telles que l'on ait

$$(59) \qquad \frac{\partial R}{\partial y} - \frac{\partial Q}{\partial z} = A, \qquad \frac{\partial P}{\partial z} - \frac{\partial R}{\partial x} = B, \qquad \frac{\partial Q}{\partial x} - \frac{\partial P}{\partial y} = C.$$

D'abord, si ces équations admettent une solution, elles en admettent une infinité, car elles ne changent pas quand on remplace P, Q, R par

$$P + \frac{\partial \lambda}{\partial x}, \qquad Q + \frac{\partial \lambda}{\partial y}, \qquad R + \frac{\partial \lambda}{\partial z}$$

respectivement, λ étant une fonction quelconque de x, y, z. Cela étant, prenons $R = 0$; on tire des deux premières relations (59)

$$P = \int_{z_0}^{z} B(x, y, z)\,dz + \varphi(x, y), \qquad Q = -\int_{z_0}^{z} A(x, y, z)\,dz + \psi(x, y),$$

$\varphi(x, y)$ et $\psi(x, y)$ étant deux fonctions quelconques de x et de y. En portant ces valeurs dans la dernière équation (59), elle devient

$$-\int_{z_0}^{z}\left(\frac{\partial A}{\partial x}-\frac{\partial B}{\partial y}\right)dz-\frac{\partial \psi}{\partial x}-\frac{\partial \varphi}{\partial y}=C(x, y, z),$$

ou, en tenant compte de la condition (58),

$$\frac{\partial \psi}{\partial x}-\frac{\partial \varphi}{\partial y}=C(x, y, z_0);$$

on peut encore choisir arbitrairement une des fonctions φ, ψ.

Ayant ainsi déterminé trois fonctions P, Q, R satisfaisant aux équations (59), l'intégrale de surface est égale, d'après la formule de Stokes, à l'intégrale curviligne

$$\int_{(\Gamma)} P\,dx+Q\,dy+R\,dz;$$

elle ne dépend donc que du contour Γ.

EXERCICES.

---

1. Étudier les propriétés de la fonction

$$F(X, Y, Z)=\int_{x_0}^{X}dx\int_{y_0}^{Y}dy\int_{z_0}^{Z}f(x, y, z)\,dz,$$

considérée comme fonction de X, Y, Z. Étendre les résultats du n° 122.

2. Trouver le volume limité par la portion de la surface représentée par l'équation

$$(x^2+y^2+z^2)^3=3a^3xyz,$$

qui est située dans le trièdre $Oxyz$.

3. Ramener à une intégrale simple l'intégrale multiple

$$\int\int\cdots\int x_1^{\alpha_1}x_2^{\alpha_2}\cdots x_n^{\alpha_n}F(x_1+x_2+\cdots+x_n)\,dx_1\,dx_2\cdots dx_n$$

étendue au domaine D défini par les inégalités

$$0 \le x_1,\quad 0 \le x_2,\quad \cdots\quad 0 \le x_n,\quad x_1+x_2+\cdots+x_n \le a$$

on procède comme au n° 149.

4. Même question pour l'intégrale multiple

$$\int \int \cdots \int x_1^{\alpha_1} x_2^{\alpha_2} \cdots x_n^{\alpha_n} \, \mathrm{F}\left[\left(\frac{x_1}{a_1}\right)^{p_1} + \cdots + \left(\frac{x_n}{a_n}\right)^{p_n}\right] dx_1 \, dx_2 \ldots dx_n,$$

étendue au domaine D défini par les inégalités

$$0 \leqq x_1, \qquad 0 \leqq x_2, \qquad \ldots \qquad 0 \leqq x_n, \qquad \left(\frac{x_1}{a_1}\right)^{p_1} + \cdots + \left(\frac{x_n}{a_n}\right)^{p_n} \leqq 1.$$

5°. Démontrer la formule

$$\int \int \int \cdots \int dx_1 \, dx_2 \ldots dx_n = \frac{\pi^{\frac{n}{2}}}{\Gamma\left(\frac{n}{2} + 1\right)},$$

l'intégrale multiple étant étendue au domaine D défini par l'inégalité

$$x_1^2 + x_2^2 + \ldots + x_n^2 < 1.$$

6°. Démontrer la formule

$$\int_0^\pi d\theta \int_0^{2\pi} \mathrm{F}(a\cos\theta + b\sin\theta\cos\varphi + c\sin\theta\sin\varphi)\sin\theta \, d\varphi = 2\pi \int_{-1}^{+1} \mathrm{F}(u\mathrm{R}) \, du,$$

où a, b, c sont des constantes quelconques et où l'on pose $\mathrm{R} = \sqrt{a^2 + b^2 + c^2}$.

[POISSON.]

[On peut observer que l'intégrale double représente une certaine intégrale de surface étendue à la sphère $x^2 + y^2 + z^2 = 1$, et prendre le plan $bx - cy - az = 0$ pour nouveau plan des xy.]

7°. Soit $\rho = \mathrm{F}(\theta, \varphi)$ l'équation d'une surface fermée en coordonnées polaires. Démontrer que le volume limité par cette surface est égal à l'intégrale double étendue à toute la surface

$$(\alpha) \qquad\qquad \frac{1}{3} \int \int \rho \cos\gamma \, d\sigma.$$

$d\sigma$ étant l'élément d'aire, et γ l'angle que fait le rayon vecteur avec la normale extérieure. Interprétation géométrique.

8°. Un ellipsoïde étant représenté par l'équation

$$\frac{x^2}{\mu^2} + \frac{y^2}{\mu^2 - b^2} + \frac{z^2}{\mu^2 - c^2} = 1,$$

définissons un point de sa surface par les coordonnées elliptiques ν et ρ, c'est-à-dire par les racines de l'équation précédente où l'on aurait remplacé μ par l'inconnue (*voir* n° **148**). L'application des formules du n° **140** au volume de cet ellipsoïde conduit à la relation suivante :

$$\int_0^b d\rho \int_b^c \frac{(\nu^2 - \rho^2)\sqrt{(c^2 - \rho^2)(c^2 - \nu^2)}}{\sqrt{(b^2 - \rho^2)(\nu^2 - b^2)}} \, d\nu = \frac{1}{6}\pi c^2(c^2 - b^2).$$

L'application de la formule (α) donne de même

$$\int_0^b d\mu \int_b^c \frac{(\nu^2-\mu^2)\,d\nu}{\sqrt{(b^2-\mu^2)(c^2-\mu^2)(\nu^2-b^2)(c^2-\nu^2)}} = \frac{\pi}{2}.$$

[Lamé.]

9. *Principe d'Archimède.* — Étant donné un corps solide plongé dans un liquide homogène en équilibre, chaque élément de surface supporte une pression normale égale au poids d'un cylindre de liquide ayant pour base cet élément de surface et pour hauteur la distance de cet élément à la surface libre horizontale. Démontrer que toutes ces pressions ont une résultante verticale, dirigée de bas en haut, et égale au poids d'un volume de liquide égal à celui du corps immergé.

10*. *Transformations qui conservent les volumes.* — Soient $U(x, Y, Z)$ et $V(x, y, Z)$ deux fonctions telles que $\frac{\partial^2 V}{\partial y\,\partial Z}$ et $\frac{\partial^2 U}{\partial x\,\partial Y}$ ne soient pas nuls. La transformation ponctuelle définie par les formules

$$X = \frac{\partial U}{\partial Y}, \qquad \frac{\partial U}{\partial x} = \frac{\partial V}{\partial Z}, \qquad \frac{\partial V}{\partial y} = z$$

est telle que l'on ait $\frac{D(X, Y, Z)}{D(x, y, z)} = 1$. En combinant cette transformation avec une permutation des variables x, y, z, on obtient toutes les transformations ponctuelles qui conservent les volumes.

Généralisation. — Soient $U_1(x_1, X_2, \ldots, X_n)$, $U_2(x_1, x_2, X_3, \ldots, X_n)$, $\ldots$, $U_i(x_1, \ldots, x_i, X_{i+1}, \ldots, X_n)$, $\ldots$, $U_{n-1}(x_1, \ldots, x_{n-1}, X_n)$ un système de $n-1$ fonctions des n variables qui y figurent. Les fonctions $X_1, X_2, \ldots, X_n$ des n variables indépendantes $x_1, x_2, \ldots, x_n$, définies par les équations

$$X_1 = \frac{\partial U_1}{\partial X_2}, \quad \frac{\partial U_1}{\partial x_1} = \frac{\partial U_2}{\partial X_3}, \quad \frac{\partial U_2}{\partial x_2} = \frac{\partial U_3}{\partial X_4}, \quad \ldots, \quad \frac{\partial U_{n-2}}{\partial x_{n-2}} = \frac{\partial U_{n-1}}{\partial X_n}, \quad \frac{\partial U_{n-1}}{\partial x_{n-1}} = x_n,$$

vérifient la relation

$$\frac{D(X_1, X_2, \ldots, X_n)}{D(x_1, x_2, \ldots, x_n)} = 1.$$

CHAPITRE VIII.

I. — RÈGLES DE CONVERGENCE.

156. Généralités. — On a vu plus haut (n° 5) la condition générale de convergence d'une série. Dans la pratique, pour reconnaître si une série donnée est convergente ou divergente, on se sert le plus souvent de règles moins générales, mais d'une application plus commode. Nous allons rappeler les règles de convergence les plus usitées, qui suffisent dans la plupart des applications. Nous présenterons d'abord un certain nombre de remarques, qui se déduisent immédiatement de la définition même de la convergence :

1° Si l'on multiplie tous les termes d'une série par un nombre constant a, différent de zéro, la nouvelle série est convergente ou divergente en même temps que la première ; lorsque la première est convergente et a pour somme S, la somme de la seconde série est aS.

2° Si l'on a deux séries convergentes

$$(1) \qquad u_0 + u_1 + u_2 + \ldots + u_n + \ldots$$

$$(2) \qquad v_0 + v_1 + v_2 + \ldots + v_n + \ldots$$

ayant respectivement pour sommes S et S', la nouvelle série obtenue en les ajoutant terme à terme,

$$(3) \qquad (u_0 + v_0) + (u_1 + v_1) + \ldots + (u_n + v_n) + \ldots$$

est convergente et a pour somme $S + S'$. Il en serait de même si l'on ajoutait terme à terme p séries convergentes.

3° On ne modifie pas la convergence ou la divergence d'une

série en changeant la valeur d'un nombre fini de termes de cette série; car cela revient à augmenter ou à diminuer toutes les sommes S_n d'une quantité constante, à partir d'une valeur assez grande de n. En particulier, une série est convergente ou divergente en même temps que la série obtenue en supprimant un certain nombre de termes au début.

1° Soient S la somme d'une série convergente, S_n la somme des $n + 1$ premiers termes de la série, et R_n la somme de la série commençant au terme u_{n+1}: si l'on prend pour valeur approchée de S la somme S_n des $n + 1$ premiers termes, l'erreur commise est évidemment égale à R_n. Puisque S_n a pour limite S lorsque n augmente indéfiniment, la différence R_n tend vers zéro, et l'on peut toujours prendre un nombre de termes assez grand pour que l'erreur commise en remplaçant S par S_n soit moindre que tout nombre donné à l'avance, du moins théoriquement. Il suffit de connaître une limite supérieure de R_n pour se rendre compte de l'approximation obtenue. Il est clair que, dans la pratique, les seules séries qui se prêtent aux calculs numériques sont celles pour lesquelles le reste R_n tend assez rapidement vers zéro.

157. Séries à termes positifs. — Les séries dont tous les termes sont positifs ont une grande importance, et nous commencerons par les étudier. Dans une telle série, la somme S_n va en croissant avec n; pour que la série soit convergente, il suffira donc que cette somme S_n reste inférieure à une limite fixe, quel que soit n. Le procédé le plus général pour décider de la convergence ou de la divergence d'une série consiste à comparer la série proposée à une autre série déjà étudiée. On s'appuie pour cela sur les deux propositions suivantes :

1° Si une série à termes positifs a tous ses termes inférieurs ou au plus égaux respectivement à ceux d'une autre série convergente à termes positifs, la première série est convergente.

Car la somme S_n des n premiers termes de la série proposée est évidemment plus petite que la somme S de la seconde série; elle a donc une limite S' inférieure à S.

2° Si une série à termes positifs a tous ses termes plus grands respectivement que ceux d'une série divergente à termes positifs, elle est également divergente.

Car la somme des n premiers termes de la première série est supérieure à la somme des n premiers termes de la seconde, et par suite augmente indéfiniment avec n.

On peut faire la comparaison de deux séries d'une autre façon, en s'appuyant sur le lemme suivant : Soient

$$(U) \qquad u_0 + u_1 + u_2 + \ldots + u_n + \ldots$$

$$(V) \qquad v_0 + v_1 + v_2 + \ldots + v_n + \ldots$$

deux séries à termes positifs. Si la série (U) est convergente et si, à partir d'un certain rang, on a constamment $\dfrac{v_{n+1}}{v_n} < \dfrac{u_{n+1}}{u_n}$, la série (V) est aussi convergente. Si la série (U) est divergente et si, à partir d'un certain rang, on a constamment $\dfrac{u_{n+1}}{u_n} < \dfrac{v_{n+1}}{v_n}$, la série (V) est également divergente.

Pour démontrer la première partie, supposons que l'inégalité $\dfrac{v_{n+1}}{v_n} < \dfrac{u_{n+1}}{u_n}$ soit vérifiée pour $n \geq p$. Comme on n'altère pas la convergence d'une série, ni le rapport d'un terme au précédent, en multipliant tous les termes par un même facteur constant, on peut supposer $v_p < u_p$, et il est évident que l'on aura $v_{p+1} < u_{p+1}$, puis $v_{p+2} < u_{p+2}, \ldots$ La série (V) sera donc convergente. La seconde partie du lemme s'établit de la même façon.

Étant donnée une série à termes positifs, de caractère connu, on peut la prendre comme terme de comparaison, et l'on obtient ainsi deux propositions permettant dans certains cas d'affirmer la convergence ou la divergence d'une autre série à termes positifs, suivant que l'on compare les termes eux-mêmes des deux séries, ou les rapports de deux termes consécutifs.

158. Règles de Cauchy et de d'Alembert. — La série la plus simple que l'on puisse prendre comme terme de comparaison est la progression géométrique de raison r, qui est convergente si $r < 1$, et divergente si $r \geq 1$. La comparaison d'une série à termes positifs avec une progression géométrique conduit à la règle suivante, due à Cauchy :

Lorsque, dans une série à termes positifs, $\sqrt[n]{u_n}$ est, à partir d'un certain rang, constamment moindre qu'un nombre fixe, inférieur à l'unité, la série est convergente; si $\sqrt[n]{u_n}$ est, à partir *d'un certain rang, constamment supérieur à l'unité, la série est divergente.*

Dans le premier cas, on a, en effet, $\sqrt[n]{u_n} < k < 1$ et, par suite, $u_n < k^n$. Les termes de la série sont donc, à partir d'un certain rang, moindres que ceux d'une progression géométrique de raison plus petite que l'unité. Dans le second cas, au contraire, on a $\sqrt[n]{u_n} > 1$ et $u_n > 1$: le terme général ne tend donc pas vers zéro. La règle précédente est applicable toutes les fois que $\sqrt[n]{u_n}$ tend vers une limite, et l'on peut encore énoncer la proposition suivante :

Si $\sqrt[n]{u_n}$ tend vers une limite l, lorsque n croît indéfiniment, la série est convergente si l est inférieur à un, et divergente si l est supérieur à un.

Si $l = 1$, il y a doute, sauf dans le cas où $\sqrt[n]{u_n}$ tend vers l'unité en lui restant supérieur; la série est alors divergente.

En comparant de même le rapport de deux termes consécutifs d'une série à termes positifs au rapport de deux termes consécutifs d'une progression géométrique, on obtient la règle de d'Alembert :

Lorsque, dans une série à termes positifs, le rapport d'un terme au précédent est, à partir d'un certain rang, inférieur à un nombre fixe plus petit que l'unité, la série est convergente. Si ce rapport est, à partir d'un certain rang, supérieur à l'unité, la série est divergente.

On en déduit comme corollaire que, *si le rapport $\dfrac{u_{n+1}}{u_n}$ tend vers une limite l, lorsque n augmente indéfiniment, la série est convergente si $l < 1$, et divergente si $l > 1$.* Le seul cas douteux est celui où $l = 1$, à moins que $\dfrac{u_{n+1}}{u_n}$ ne tende vers *un* en lui restant supérieur. La série est alors divergente.

159. Remarques diverses. — I. La règle de Cauchy est plus générale que celle de d'Alembert. Supposons, en effet, que les termes d'une série soient, à partir d'un certain rang, plus petits que ceux d'une progression géométrique décroissante: le terme général u_n sera, pourvu que n soit plus grand qu'un nombre fixe p, inférieur à $A r^n$. A étant une constante et r

étant plus petit que u_n. On aura donc $\sqrt[n]{u_n} < r A^{\frac{1}{n}}$, et le second membre a pour limite r lorsque n augmente indéfiniment. En désignant par k un nombre fixe compris entre r et 1, on aura donc, à partir d'un certain rang, $\sqrt[n]{u_n} < k$. Nous sommes donc toujours dans un cas où la règle de Cauchy est applicable, mais il peut se faire que le rapport $\frac{u_{n+1}}{u_n}$ prenne des valeurs supérieures à un, aussi loin qu'on aille dans la série. Prenons, par exemple, la série

$$1 + r\,|\sin\alpha| + r^2\,|\sin 2\alpha| + \ldots + r^n\,|\sin n\alpha| + \ldots,$$

où $r < 1$, α étant une constante quelconque. On a $\sqrt[n]{u_n} = r\sqrt[n]{\overline{\sin n\alpha}} < r$, tandis que le rapport

$$\frac{u_{n+1}}{u_n} = r \cdot \frac{\sin(n+1)\alpha}{\sin n\alpha}$$

peut prendre en général une infinité de valeurs supérieures à un, lorsque n augmente indéfiniment.

Il y a cependant avantage à conserver la règle de d'Alembert, qui est souvent d'une application plus facile. Ainsi, dans la série

$$1 + \frac{x}{1} + \frac{x^2}{1.2} + \frac{x^3}{1.2.3} + \ldots + \frac{x^n}{1.2\ldots n} + \ldots$$

le rapport d'un terme au précédent $\dfrac{x}{n+1}$ a zéro pour limite lorsque n augmente indéfiniment, tandis qu'on ne voit pas immédiatement ce que devient $\sqrt[n]{u_n} = \dfrac{x}{\sqrt[n]{1.2\ldots n}}$ pour des valeurs très grandes de n.

II. Quand on a reconnu, par l'application d'une des règles précédentes, que les termes d'une série sont respectivement moindres, à partir d'un certain rang, que ceux d'une progression géométrique décroissante dont le terme général est $A r^n$, il est facile d'avoir une limite de l'erreur commise quand on prend pour somme de la série la somme de ses m premiers termes : cette erreur est évidemment moindre que la somme de la progression

$$A r^m + A r^{m+1} + A r^{m+2} + \ldots = \frac{A r^m}{1-r}.$$

III. Lorsque les deux expressions $\sqrt[n]{u_n}$ et $\dfrac{u_{n+1}}{u_n}$ ont chacune une limite, ces deux limites sont les mêmes. Considérons, en effet, la série auxiliaire

$$(4)\qquad u_0 + u_1 x + u_2 x^2 + \ldots + u_n x^n + \ldots,$$

où x est positif. Dans cette série, le rapport d'un terme au précédent a pour limite lx, l étant la limite du rapport $\dfrac{u_{n+1}}{u_n}$. la série (4) est donc convergente si l'on a $x < \frac{1}{l}$, et divergente si $x > \frac{1}{l}$. De même, en désignant par l' la limite de $\sqrt[n]{u_n}$, l'expression $\sqrt[n]{u_n x^n}$ a pour limite $l'x$, de sorte que la série (1) doit être convergente si l'on a $x < \frac{1}{l'}$, et divergente si $x > \frac{1}{l'}$. Pour que ces deux caractères de convergence ne soient pas en contradiction, il faut évidemment que $l = l'$; si l'on avait, par exemple, $l < l'$, tout nombre x compris entre $\frac{1}{l}$ et $\frac{1}{l'}$ rendrait la série convergente d'après la règle de Cauchy, tandis que le même nombre rendrait la série divergente d'après la règle de d'Alembert.

IV. Plus généralement, lorsque $\frac{u_{n+1}}{u_n}$ tend vers une limite l, $\sqrt[n]{u_n}$ tend vers la même limite. Supposons, en effet, qu'à partir d'un certain rang tous les rapports

$$\frac{u_{n+1}}{u_n}, \quad \frac{u_{n+2}}{u_{n+1}}, \quad \ldots, \quad \frac{u_{n+p}}{u_{n+p-1}}$$

soient compris entre $l-\varepsilon$ et $l+\varepsilon$, ε désignant un nombre positif qu'on peut supposer aussi petit qu'on veut, pourvu que n soit assez grand. On aura aussi

$$(l-\varepsilon)^p < \frac{u_{n+p}}{u_n} < (l+\varepsilon)^p.$$

ou encore

$$u_n^{\frac{1}{n+p}}(l-\varepsilon)^{\frac{p}{n+p}} < \sqrt[n+p]{u_{n+p}} < u_n^{\frac{1}{n+p}}(l+\varepsilon)^{\frac{p}{n+p}};$$

lorsque, n restant fixe, le nombre p augmente indéfiniment, les deux termes extrêmes de cette double inégalité tendent respectivement vers $l-\varepsilon$ et $l+\varepsilon$. On aura donc, pour toute valeur de m supérieure à une limite convenable,

$$l-2\varepsilon < \sqrt[m]{u_m} < l+2\varepsilon.$$

et, comme ε est arbitraire, on en conclut que $\sqrt[m]{u_m}$ a pour limite le nombre l.

Il est à remarquer que la réciproque n'est pas vraie. Prenons, par exemple, la série

$$1, \quad a, \quad ab, \quad a^2b, \quad a^2b^2, \quad \ldots, \quad a^nb^{n-1}, \quad a^nb^n, \quad \ldots$$

où a et b sont deux nombres différents. Le rapport d'un terme au précédent est alternativement a ou b, tandis que l'expression $\sqrt[n]{u_n}$ a pour limite $\sqrt{ab}$ lorsque n augmente indéfiniment.

La proposition précédente peut servir à trouver la limite de certaines expressions qui se présentent sous forme indéterminée. Elle nous montre, par exemple, que $\sqrt[n]{1.2\ldots n}$ augmente indéfiniment avec n, car le rapport $\dfrac{1.2\ldots n}{1.2\ldots(n-1)}$ augmente lui-même indéfiniment. On verra de même que $\sqrt[n]{n}$ a pour limite l'unité, ainsi que $\sqrt[n]{\log n}$.

160. Application de la plus grande des limites. — Cauchy a présenté la règle précédente sous une forme plus générale. Soit a_n le terme général d'une série à termes positifs. Considérons la suite

$$(5) \qquad a_1, \quad a_2^{\frac{1}{2}}, \quad a_3^{\frac{1}{3}}, \quad \ldots, \quad a_n^{\frac{1}{n}}, \quad \ldots;$$

si les termes de cette suite n'ont pas de borne supérieure, le terme général a_n ne tend pas vers zéro, et la série est divergente. Si tous les termes de la suite (5) sont moindres qu'un nombre fixe, soit ω la plus grande des limites des termes de cette suite.

La série Σa_n est convergente si ω est inférieur à un, *et divergente si ω est supérieur à* un.

Pour démontrer la première partie, soit $1 - \alpha$ un nombre compris entre ω et 1. D'après la définition de la plus grande des limites (n° 4), il n'y a qu'un nombre fini de termes de la suite (5) supérieurs à $1 - \alpha$; on peut donc trouver un nombre entier p tel que, pour toute valeur de n supérieure à p, on ait $\sqrt[n]{a_n} < 1 - \alpha$. La série Σa_n est donc convergente. Au contraire, si l'on a $\omega > 1$, soit $1 + \alpha$ un nombre compris entre 1 et ω; il y a une infinité de termes de la suite (5) supérieurs à $1 + \alpha$, et par suite une infinité de valeurs de n pour lesquelles a_n est plus grand que 1^n. La série Σa_n est donc divergente. Il n'y a doute que dans le cas où $\omega = 1$.

161. Théorème de Cauchy. — Lorsque $\dfrac{u_{n+1}}{u_n}$ ou $\sqrt[n]{u_n}$ tend vers l'unité, sans être constamment supérieur à 1, les règles de d'Alembert et de Cauchy ne permettent pas d'affirmer la convergence ou la divergence d'une série. Il faut dans ce cas prendre pour termes de comparaison d'autres séries jouissant de la même propriété, et de caractère connu. La proposition suivante, que Cauchy a déduite de l'étude des intégrales définies, permet souvent de décider de la convergence ou de la divergence d'une série, lorsque les règles précédentes sont en défaut :

Soit $\varphi(x)$ une fonction positive à partir d'une certaine valeur a de x, allant constamment en décroissant et tendant vers zéro quand x augmente indéfiniment. La courbe $y = \varphi(x)$ est asymptote à l'axe des x, et l'intégrale définie $\displaystyle\int_a^l \varphi(x)\,dx$ peut tendre vers une limite finie ou non, lorsque l croît indéfiniment. Cela posé, *la série*

$$(6) \qquad \varphi(a) + \varphi(a+1) + \ldots + \varphi(a+n) + \ldots$$

est convergente si l'intégrale précédente tend vers une limite, et divergente dans le cas contraire.

Supposons, en effet, x compris entre $a+p-1$ et $a+p$, p étant un nombre entier positif. De la double inégalité

$$\varphi(a+p-1) > \varphi(x) > \varphi(a+p)$$

on tire, en intégrant entre les limites $a+p-1$, $a+p$,

$$\varphi(a+p-1) > \int_{a+p-1}^{a+p} \varphi(x)\,dx > \varphi(a+p).$$

Faisons successivement $p = 1, 2, \ldots, n$ et ajoutons les inégalités obtenues : il vient

$$\varphi(a) + \varphi(a+1) + \ldots + \varphi(a+n-1) > \int_a^{a+n} \varphi(x)\,dx,$$

$$\varphi(a+1) + \varphi(a+2) + \ldots + \varphi(a+n) < \int_a^{a+n} \varphi(x)\,dx.$$

Cela posé, si l'intégrale $\int_a^l \varphi(x)\,dx$ tend vers une limite L, lorsque l augmente indéfiniment, la somme $\varphi(a) + \ldots + \varphi(a+n)$, restant constamment moindre que $\varphi(a) + $ L, tend vers une limite ; la série (6) est donc convergente. Au contraire, si l'intégrale $\int_a^{a+n} \varphi(x)\,dx$ croît au delà de toute limite, il en est de même, d'après la première inégalité, de la somme $\sum_{i=0}^{n} \varphi(a+i)$: la série (6) est donc divergente.

Prenons, par exemple, $\varphi(x) = \dfrac{1}{x^\mu}$, où μ est positif, et $a = 1$. Cette fonction $\varphi(x)$ satisfait bien à toutes les conditions de l'énoncé, et l'intégrale $\int_1^l \dfrac{dx}{x^\mu}$ tend vers une limite lorsque l croît indéfiniment, pourvu que μ soit supérieur à l'unité, et dans ce cas seulement. Il en résulte que la série dont le terme général est $n^{-\mu}$ est convergente si μ est plus grand que *un*, et divergente si $\mu < 1$.

Supposons encore $\varphi(x) = \frac{1}{x(\log x)^{\mu}}$, $a = 2$, μ étant positif et $\log x$ désignant le logarithme népérien. On a, en supposant $\mu \neq 1$,

$$\int_{2}^{n} \frac{dx}{x(\log x)^{\mu}} = \frac{-1}{\mu-1}\left[(\log n)^{1-\mu} - (\log 2)^{1-\mu}\right];$$

le second membre a une limite finie si $\mu > 1$ et augmente indéfiniment si $\mu < 1$. Dans le cas particulier où $\mu = 1$, on voit de la même façon que l'intégrale croît au delà de toute limite. La série

$$\frac{1}{2(\log 2)^{\mu}} + \frac{1}{3(\log 3)^{\mu}} + \ldots + \frac{1}{n(\log n)^{\mu}} + \ldots$$

est donc convergente si $\mu > 1$, et divergente si $\mu \leq 1$.

Plus généralement, la série dont le terme général est

$$\frac{1}{n \log n \log^2 n \log^3 n \ldots \log^{p-1} n (\log^p n)^{\mu}}$$

est convergente, si l'on a $\mu > 1$ et divergente si $\mu \leq 1$. On a écrit, pour abréger, $\log^2 n$ à la place de $\log\log n$, et d'une façon générale $\log^p n$ à la place de p signes log superposés. Bien entendu on ne donne à l'entier n que les valeurs assez grandes pour que $\log n$, $\log^2 n$, $\log^3 n$, ..., $\log^p n$ soient positifs, et l'on suppose les termes manquants remplacés par des zéros. On le démontre comme pour les séries précédentes: si, par exemple, on a $\mu \neq 1$, la fonction

$$\frac{1}{x \log x \log^2 x \ldots (\log^p x)^{\mu}}$$

est la dérivée de $\frac{1}{1-\mu}(\log^p x)^{1-\mu}$, et cette dernière fonction ne tend vers une limite finie lorsque x augmente indéfiniment que si l'on a $\mu > 1$.

La proposition de Cauchy est susceptible d'applications d'un autre genre. La fonction $\varphi(x)$ satisfaisant toujours aux conditions énoncées plus haut, considérons la somme

$$(7) \qquad \varphi(n) + \varphi(n+1) + \ldots + \varphi(n+p),$$

où n et p sont deux nombres entiers qu'on fait croître indéfiniment. Si la série, dont le terme général est $\varphi(n)$, est convergente, la somme précédente a zéro pour limite, car elle est la différence des deux sommes S_{n+p}

et S_n, qui tendent l'une et l'autre vers la somme de la série. Mais si cette série est divergente, on ne peut plus rien affirmer. En reprenant le raisonnement de tout à l'heure, on parvient à la double inégalité

$$\int_n^{n+p} \varphi(x)\,dx < \varphi(n) + \varphi(n-1) + \ldots + \varphi(n-p) < \varphi(n) + \int_n^{n+p} \varphi(x)\,dx;$$

comme $\varphi(n)$ tend vers zéro lorsque n croît indéfiniment, on voit que la limite de la somme considérée est la même que celle de l'intégrale $\int_n^{n+p} \varphi(x)\,dx$, et elle dépend de la façon dont les nombres n et p croissent au delà de toute limite.

Par exemple, pour avoir la limite de la somme $\sum_{i=0}^{p} (n+i)^{-1}$, il suffit de chercher la limite de l'intégrale définie $\int_n^{n+p} \frac{dx}{x} = \log\left(1 + \frac{p}{n}\right)$. Il est clair que cette intégrale n'a une limite que si le rapport $\frac{p}{n}$ a une limite; si α est la limite de ce rapport, la somme précédente a pour limite $\log(1+\alpha)$, comme on l'a déjà démontré (n° 49).

Pour avoir la limite de la somme $\sum_{i=0}^{p} (n+i)^{\frac{1}{2}}$, il faut de même chercher la limite de l'intégrale

$$\int_n^{n+p} \frac{dx}{\sqrt{x}} = 2(\sqrt{n+p} - \sqrt{n});$$

pour que cette expression ait une limite, il faut que le quotient $\frac{p}{\sqrt{n}}$ ait lui-même une limite α. L'expression précédente a aussi pour limite α.

162. Critères logarithmiques. — En prenant comme terme de comparaison la série $\sum n^{-\mu}$, Cauchy a été conduit à une nouvelle règle de convergence, tout à fait analogue à celle qui est relative à $\sqrt[n]{u_n}$:

Si, à partir d'un certain rang, $\dfrac{\log\frac{1}{u_n}}{\log n}$ est constamment supérieur à un nombre fixe plus grand que l'unité, la série est convergente. Si $\dfrac{\log\frac{1}{u_n}}{\log n}$ est constamment inférieur à l'unité, la série est divergente.

Lorsque $\dfrac{\log \dfrac{1}{u_n}}{\log n}$ *tend vers une limite* l *quand* n *augmente indéfiniment, la série est convergente si* $l > 1$, *et divergente si* $l < 1$. *Il y a doute si* $l = 1$.

Pour démontrer la première partie, remarquons que de l'inégalité

$$\log \frac{1}{u_n} > k \log n$$

on déduit que u_n est inférieur à n^{-k}; la série est donc convergente, si l'on a $k > 1$.

De même, si l'on a

$$\log \frac{1}{u_n} < \log n,$$

on en déduit $u_n > \dfrac{1}{n}$; la série est donc divergente.

Cette règle permet de reconnaître la convergence d'une série toutes les fois qu'à partir d'un certain rang les termes de cette série sont respectivement moindres que ceux de la série $\sum A\, n^{-\mu}$, où A est un facteur constant, et $\mu > 1$. Si l'on a, en effet,

$$u_n < \frac{A}{n^\mu},$$

on en déduit

$$\log u_n + \mu \log n < \log A,$$

ou

$$\frac{\log \dfrac{1}{u_n}}{\log n} > \mu - \frac{\log A}{\log n},$$

et le second membre a pour limite μ lorsque n augmente indéfiniment. A partir d'un certain rang on aura donc, en désignant par k un nombre compris entre un et μ,

$$\frac{\log \dfrac{1}{u_n}}{\log n} > k.$$

En prenant de même comme termes de comparaison les séries

$$\sum \frac{1}{n (\log n)^\mu}, \quad \sum \frac{1}{n \log n (\log^2 n)^\mu}, \quad \ldots,$$

on obtient une infinité de règles de convergence, qui se déduiront de la précédente ([1]) en remplaçant dans l'énoncé $\dfrac{\log \frac{1}{u_n}}{\log n}$ par $\dfrac{\log \frac{1}{n u_n}}{\log^2 n}$, puis par $\dfrac{\log \frac{1}{n u_n \log n}}{\log^3 n}$, ... Ces règles s'appliquent à des cas de plus en plus étendus; il est facile de s'assurer, en effet, que si l'une d'elles permet de reconnaître la convergence ou la divergence d'une série, il en sera de même de toutes les suivantes. Mais, aussi loin que l'on aille dans la série des essais, il peut se faire que l'application de ces règles ne permette jamais de reconnaître le caractère d'une série. MM. du Bois-Reymond ([2]) et Pringsheim ([3]) ont, en effet, formé des séries, tant convergentes que divergentes, pour lesquelles les critères logarithmiques ne donnent aucune indication. Ce résultat est d'un grand intérêt théorique, mais les séries convergentes de cette espèce sont évidemment très lentement convergentes et ne paraissent pas susceptibles d'applications au calcul numérique ([4]).

163. Règle de Raabe et Duhamel. — En conservant les mêmes séries comme termes de comparaison, mais en comparant les rapports de deux termes consécutifs au lieu de comparer les termes eux-mêmes, on est conduit à de nouvelles règles, moins générales, il est vrai, que les précédentes, mais qui sont souvent d'une application plus commode dans la pratique. Ainsi, soit (U) une série à termes positifs dans laquelle le rapport $\dfrac{u_{n+1}}{u_n}$ tend vers l'unité, en étant constamment inférieur à un. On peut représenter ce rapport par $\dfrac{1}{1 - \alpha_n}$, α_n étant un nombre positif qui tend vers zéro lorsque n augmente indéfiniment. La comparaison de ce rap-

---

([1]) Voir BERTRAND, *Traité de Calcul différentiel et intégral*, t. I, p. 38; *Journal de Liouville*, 1re série, t. VII, p. 35.

([2]) *Ueber Convergenz von Reihen* (*Journal de Crelle*, t. 66, 1873, p. 85).

([3]) *Allgemeine Theorie der Divergenz...* (*Mathematische Annalen*, t. XXV, 1890).

([4]) Dans un exemple de série convergente, dû à M. du Bois-Reymond, il faudrait, d'après l'auteur, calculer la somme d'un nombre de termes égal au *volume de la Terre exprimé en millimètres cubes* pour avoir seulement la moitié de la somme de cette série.

port avec $\left(\dfrac{n}{n+1}\right)^{\mu}$ conduit à la règle suivante, obtenue d'abord par Raabe [1], puis par Duhamel [2] :

Si, à partir d'un certain rang, le produit $n\alpha_n$ est constamment supérieur à un nombre fixe, plus grand que un, la série est convergente. Si, à partir d'un certain rang, ce produit est constamment plus petit que un, la série est divergente.

La seconde partie de la proposition est immédiate. Si, à partir d'un certain rang, on a $n\alpha_n < 1$, on en déduit

$$\frac{1}{1-\alpha_n} > \frac{n}{n+1},$$

et le rapport $\dfrac{u_{n+1}}{u_n}$ est supérieur au rapport de deux termes consécutifs de la série harmonique : la série est donc divergente.

Pour démontrer la première partie, supposons qu'à partir d'un certain rang on ait constamment $n\alpha_n > k > 1$. Soit μ un nombre compris entre 1 et k, $1 < \mu < k$; la convergence de la série sera assurée si, à partir d'un certain rang, le rapport $\dfrac{u_{n+1}}{u_n}$ est moindre que le rapport $\left(\dfrac{n}{n+1}\right)^{\mu}$ de deux termes consécutifs de la série dont le terme général est $n^{-\mu}$. Il faut, pour cela, que l'on ait

$$(8) \qquad \frac{1}{1+\alpha_n} < \frac{1}{\left(1+\dfrac{1}{n}\right)^{\mu}},$$

ce qu'on peut écrire, en développant $\left(1+\dfrac{1}{n}\right)^{\mu}$ par la formule de Taylor limitée au terme en $\dfrac{1}{n^2}$,

$$1 + \frac{\mu}{n} + \frac{\lambda_n}{n^2} < 1 + \alpha_n,$$

λ_n restant toujours moindre qu'un nombre fixe lorsque n augmente indéfiniment. Cette condition devient, en simplifiant,

$$\mu + \frac{\lambda_n}{n} < n\alpha_n ;$$

[1] *Zeitschrift für Mathematik und Physik*, t. X, 1855.
[2] *Journal de Liouville*, t. IV, 1838.

or le premier membre a pour limite μ lorsque n croît indéfiniment. À partir d'une valeur de n assez grande, ce premier membre sera donc moindre que $n\alpha_n$, ce qui suffit pour démontrer l'inégalité (8) et par suite la convergence de la série.

Lorsque le produit $n\alpha_n$ tend vers une limite l pour n infini, on peut appliquer la règle précédente. La série est convergente si $l > 1$, et divergente si $l < 1$. Il y a doute pour $l = 1$, sauf dans le cas où $n\alpha_n$ tend vers *un* en lui restant constamment inférieur : la série est alors divergente.

Lorsque le produit $n\alpha_n$ a pour limite l'unité, on compare $\frac{u_{n+1}}{u_n}$ au rapport de deux termes consécutifs de la série

$$\frac{1}{2(\log 2)^{\mu}} + \ldots + \frac{1}{n(\log n)^{\mu}} + \ldots,$$

qui est convergente si $\mu > 1$, et divergente si $\mu \leq 1$. Écrivons le rapport de deux termes consécutifs

$$\frac{u_{n+1}}{u_n} = \frac{1}{1 + \frac{1}{n} + \frac{\beta_n}{n}},$$

β_n tendant vers zéro lorsque n augmente indéfiniment. *Si, à partir d'un certain rang, le produit $\beta_n \log n$ est constamment supérieur à un nombre fixe plus grand que l'unité, la série est convergente. Si ce produit est constamment inférieur à l'unité, la série est divergente.*

Pour démontrer la première partie, supposons que, pour toutes les valeurs de n supérieures à un nombre p, on ait $\beta_n \log n > k > 1$. Soit μ un nombre tel que $1 < \mu < k$. La convergence de la série sera établie si, à partir d'un certain rang, on a

$$(9) \qquad \frac{u_{n+1}}{u_n} < \frac{n}{n+1}\left[\frac{\log n}{\log(n+1)}\right]^{\mu},$$

ce qui peut s'écrire

$$1 + \frac{1}{n} + \frac{\beta_n}{n} > \left(1 + \frac{1}{n}\right)\left[1 + \frac{\log\left(1 + \frac{1}{n}\right)}{\log n}\right]^{\mu}$$

ou, en appliquant la formule de Taylor au second membre,

$$1 + \frac{1}{n} + \frac{\beta_n}{n} > \left(1 + \frac{1}{n}\right)\left\{1 + \frac{\mu \log\left(1 + \frac{1}{n}\right)}{\log n} + \lambda_n \left[\frac{\log\left(1 + \frac{1}{n}\right)}{\log n}\right]^2\right\},$$

λ_n restant inférieur en valeur absolue à un nombre fixe lorsque n croît indéfiniment. Cette inégalité devient, en simplifiant,

$$\beta_n \log n > \mu(n+1) \log\left(1 - \frac{1}{n}\right) - \frac{\gamma_n(n+1)\left[\log\left(1 - \frac{1}{n}\right)\right]^2}{\log n} ;$$

or le produit $(n+1) \log\left(1 - \frac{1}{n}\right)$ a pour limite l'unité lorsque n augmente indéfiniment, car on peut l'écrire, d'après la formule de Taylor,

$$(10) \qquad (n+1) \log\left(1 - \frac{1}{n}\right) = 1 + \frac{1}{2n}(1 + \varepsilon),$$

ε tendant vers zéro. Le second membre de l'inégalité précédente a donc pour limite μ, et l'inégalité est assurée à partir d'un certain rang, puisque le premier membre est supérieur à un nombre $k > \mu$.

On démontre de même la seconde partie en comparant le rapport $\frac{u_{n+1}}{u_n}$ au rapport de deux termes consécutifs de la série dont le terme général est $\frac{1}{n \log n}$. L'inégalité

$$\frac{u_{n+1}}{u_n} > \frac{n}{n-1} \frac{\log n}{\log(n+1)}$$

peut s'écrire

$$1 - \frac{1}{n} - \frac{\beta_n}{n} < \left(1 - \frac{1}{n}\right)\left[1 - \frac{\log\left(1 - \frac{1}{n}\right)}{\log n}\right]$$

ou

$$\beta_n \log n < (n+1) \log\left(1 - \frac{1}{n}\right) ;$$

or le second membre tend vers l'unité par valeurs supérieures a l'unité, comme le montre la formule (10). L'inégalité est donc assurée, à partir d'un certain rang, puisque le premier membre ne dépasse pas l'unité.

De la proposition précédente on déduit encore, comme corollaire, que, si le produit $\beta_n \log n$ tend vers une limite l, lorsque n croît indéfiniment, la série est convergente si $l > 1$, et divergente si $l < 1$. Il y a doute pour $l = 1$, sauf dans le cas où le produit $\beta_n \log n$ reste toujours inférieur à un; la série est alors divergente.

Lorsque $\beta_n \log n$ tend vers l'unité en lui restant supérieur, on écrira de même

$$\frac{u_{n+1}}{u_n} = \frac{1}{1 - \frac{1}{n} + \frac{1 + \gamma_n}{n \log n}},$$

γ_n tendant vers zéro lorsque n augmente indéfiniment. On aura des énoncés tout pareils aux précédents en considérant le produit $\gamma_n \log^2 n$, et ainsi de suite.

Corollaire. — Lorsque, dans une série à termes positifs, le rapport d'un terme au précédent est de la forme

$$\frac{u_{n+1}}{u_n} = 1 - \frac{r}{n} + \frac{H_n}{n^{1+\mu}},$$

μ étant un nombre positif, r étant constant, et la valeur absolue de H_n restant inférieure à un nombre fixe lorsque n croît indéfiniment, *la série est convergente si r est plus grand que un, et divergente dans tous les autres cas.*

Si l'on représente toujours par $\frac{1}{1+\alpha_n}$ le rapport de deux termes consécutifs, on a, en effet,

$$n\alpha_n = \frac{r - \frac{H_n}{n^{\mu}}}{1 - \frac{r}{n} + \frac{H_n}{n^{1+\mu}}},$$

et par suite $\lim n\alpha_n = r$. La série est donc convergente si $r > 1$ et divergente si $r < 1$. Le seul cas douteux est celui où $r = 1$. Pour lever l'ambiguïté, posons

$$\frac{u_{n+1}}{u_n} = \frac{1}{1 + \frac{1}{n} + \frac{\beta_n}{n}};$$

il vient

$$\beta_n \log n = \frac{\frac{\log n}{n} - \frac{n+1}{n} H_n \frac{\log n}{n^{\mu}}}{1 - \frac{1}{n} + \frac{H_n}{n^{1+\mu}}};$$

et le second membre tend vers zéro lorsque n augmente indéfiniment, aussi petit que soit le nombre positif μ. La série est donc divergente.

Supposons, par exemple, que $\frac{u_{n+1}}{u_n}$ soit une fonction rationnelle de n tendant vers l'unité lorsque n croît indéfiniment,

$$\frac{u_{n+1}}{u_n} = \frac{n^p + a_1 n^{p-1} + a_2 n^{p-2} + \ldots}{n^p + b_1 n^{p-1} + b_2 n^{p-2} + \ldots};$$

on peut aussi l'écrire, en effectuant la division et s'arrêtant au terme en $\frac{1}{n^2}$,

$$\frac{u_{n+1}}{u_n} = 1 + \frac{a_1 - b_1}{n} + \frac{\varphi(n)}{n^2},$$

$\varphi(n)$ étant une fonction rationnelle de n qui tend vers une limite finie lorsque n croît indéfiniment. D'après le résultat qui précède, *pour que la série soit convergente, il faut et il suffit qu'on ait*

$$b_1 > a_1 + 1.$$

Ce théorème est dû à Gauss, qui l'a démontré directement ; c'est une des premières règles générales de convergence [1].

164. Séries absolument convergentes. — Occupons-nous maintenant des séries dont les termes peuvent avoir des signes quelconques. Lorsque, à partir d'un rang assez élevé, tous les termes ont le même signe, ce cas se ramène immédiatement au précédent. Il suffit donc d'étudier le cas où il y a dans la série une infinité de termes positifs et une infinité de termes négatifs. Nous allons d'abord démontrer la proposition suivante, qui est fondamentale :

Une série à termes quelconques est convergente lorsque la série formée par les valeurs absolues de ses termes est elle-même convergente.

Soient

$$(11) \qquad u_0 + u_1 + \ldots + u_n + \ldots$$

une série dont les termes peuvent avoir un signe quelconque et

$$(12) \qquad U_0 + U_1 + \ldots + U_n + \ldots$$

la série formée par les valeurs absolues des termes de la première, où l'on a posé $U_n = |u_n|$. Si la série (12) est convergente, il en est de même de la série (11) ; c'est une conséquence du théorème général de convergence, puisqu'on a

$$|u_n + u_{n+1} + \ldots + u_{n+p}| < U_n + U_{n+1} + \ldots + U_{n+p},$$

et que la seconde somme peut être rendue moindre que tout nombre donné, pourvu que l'on prenne le nombre n assez grand, le nombre p restant arbitraire.

On peut encore s'en rendre compte autrement. Écrivons

$$u_n = (u_n + U_n) - U_n,$$

et considérons la série auxiliaire dont le terme général est $u_n + U_n$,

$$(13) \qquad (u_0 + U_0) + (u_1 + U_1) + \ldots + (u_n + U_n) + \ldots;$$

---

[1] *Disquisitiones generales circa seriem infinitam* $1 + \frac{\alpha.\beta}{1.\gamma}x + \ldots$ (*Œuvres complètes*, t. III, p. 138).

S_n, S_n', S_n'' désignant respectivement les sommes des n premiers termes des séries (11), (12) et (13), on a évidemment

$$S_n = S_n'' - S_n'.$$

Or la série (12) est convergente par hypothèse; il en est de même de la série (13) qui n'a aucun terme négatif et dont le terme général est au plus égal à $2U_n$. Les sommes S_n'', S_n', et par suite S_n, tendent donc vers des limites lorsque n augmente indéfiniment, c'est-à-dire que la série proposée (11) est convergente. On voit de plus que cette série peut être considérée comme provenant de la soustraction terme à terme de deux séries convergentes à termes positifs.

Toute série, telle que les valeurs absolues de ses termes forment une série convergente, est dite *absolument convergente*. On peut, dans une pareille série, modifier l'ordre des termes d'une façon arbitraire sans changer la somme de cette série. Considérons d'abord une série convergente (U) à termes positifs, de somme S, et soit (V) une autre série ayant les mêmes termes que la première, rangés dans un ordre différent, de telle façon que chaque terme de la série (U) se retrouve dans la série (V) à une place quelconque, et qu'inversement chaque terme de la série (V) se retrouve aussi dans la série (U), mais à un rang qui peut être différent.

Soit S_m' la somme des m premiers termes de la série (V); puisque tous ces termes se retrouvent dans la série (U), il est clair que l'on peut prendre un nombre n assez grand pour que les m premiers termes de la série (V) fassent partie des n premiers termes de la série (U). On a donc

$$S_m' \leqq S_n < S.$$

ce qui prouve que la série (V) est convergente et a une somme $S' \leqq S$. Tout pareillement, on doit avoir $S \leqq S'$, et par suite $S' = S$. Le même raisonnement prouve que, si l'une des séries (U) et (V) est divergente, il en est de même de la seconde.

On peut aussi, dans une série convergente à termes positifs, grouper les termes ensemble d'une façon arbitraire, c'est-à-dire former une nouvelle série dont chaque terme soit égal à la somme d'un certain nombre de termes de la première, pris d'une façon quelconque, sans changer la somme de la série. Supposons d'abord que l'on groupe ensemble un certain nombre de termes consécutifs, et soit

$$(14) \qquad A_0 + A_1 + A_2 + \ldots + A_n + \ldots$$

la nouvelle série ainsi obtenue, où l'on a, par exemple,

$$A_0 = a_0 + a_1 + \ldots + a_p, \qquad A_1 = a_{p+1} + \ldots + a_q,$$
$$A_2 = a_{q+1} + \ldots + a_r, \qquad \ldots$$

La somme S'_m des m premiers termes de la série (14) est égale à la somme S_N des N premiers termes de la série proposée ($N > m$). Lorsque m augmente indéfiniment, il en est de même de N et, par suite, S'_m a aussi pour limite S.

En combinant les deux opérations précédentes, on voit que, étant donnée une série convergente à termes positifs, on peut, sans changer la somme, la remplacer par une autre série dont chaque terme est formé par la somme d'un certain nombre de termes de la première pris dans un ordre quelconque. Il suffit que chaque terme de la première série entre dans un des groupes qui forment les termes de la seconde série et dans un seul.

Toute série absolument convergente pouvant être regardée comme la différence de deux séries convergentes à termes positifs, les opérations précédentes sont encore légitimes pour une pareille série. On voit donc qu'une série absolument convergente peut être, au point de vue du calcul numérique, traitée comme une somme d'un nombre fini de termes.

165. Séries semi-convergentes. — Une série à termes quelconques peut être convergente, sans que la série formée par les valeurs absolues de ses termes soit convergente. C'est ce que prouve très clairement le théorème sur les séries alternées dont je me borne à rappeler l'énoncé :

Une série à termes alternativement positifs et négatifs est convergente si la valeur absolue de chaque terme est plus petite que la valeur absolue du terme précédent, et si, en outre, les termes décroissent indéfiniment en valeur absolue quand leur rang augmente indéfiniment.

Par exemple la série

$$(15)\qquad 1-\frac{1}{2}+\frac{1}{3}-\frac{1}{4}+\ldots+(-1)^{n-1}\frac{1}{n}+\ldots$$

est convergente, tandis que la série formée par les valeurs absolues des termes, qui est la série harmonique, est divergente. Les séries convergentes, qui ne sont pas absolument convergentes, sont dites *semi-convergentes*. Les travaux de Cauchy, de Lejeune-Dirichlet et de Riemann ont bien montré la nécessité de distinguer entre les séries absolument convergentes et les séries semi-convergentes. Ainsi, dans une pareille série, on n'a pas le droit de changer l'ordre dans lequel les termes se succèdent ou de grouper ces termes d'une façon arbitraire; ces opérations peuvent avoir pour résultat de modifier la somme de la série, ou même de changer une série convergente en une série divergente, et inversement. Reprenons, par exemple, la série convergente (15) dont la somme est évidemment la limite de l'expression

$$\sum_{n=0}^{n=m}\left(\frac{1}{2n+1}-\frac{1}{2n+2}\right)$$

lorsque m augmente indéfiniment. Écrivons les termes de cette série dans un autre ordre, en faisant suivre chaque terme positif de deux termes négatifs,

$$(16)\quad 1-\frac{1}{2}-\frac{1}{4}+\frac{1}{3}-\frac{1}{6}-\frac{1}{8}+\ldots+\frac{1}{2n+1}-\frac{1}{4n+2}-\frac{1}{4n+4}+\ldots;$$

on démontre aisément, en considérant les sommes S_{3n}, S_{3n+1}, S_{3n+2}, que cette nouvelle série est convergente. Elle a pour somme la limite de l'expression

$$\sum_{n=0}^{n=m}\left(\frac{1}{2n+1}-\frac{1}{4n+2}-\frac{1}{4n+4}\right)$$

lorsque m augmente indéfiniment. Mais on a

$$\frac{1}{2n+1}-\frac{1}{4n+2}-\frac{1}{4n+4}=\frac{1}{2}\left(\frac{1}{2n+1}-\frac{1}{2n+2}\right),$$

et, par conséquent, la somme de la seconde série est égale à la moitié de la somme de la première.

D'une façon générale, étant donnée une série qui est convergente sans l'être absolument, on peut ranger les termes de cette série dans un ordre tel que la nouvelle série soit convergente et ait pour somme un nombre quelconque A donné à l'avance. Désignons par S_p la somme des p premiers termes positifs de cette série, par S'_q la somme des valeurs absolues des q premiers termes négatifs; la somme des $p + q$ premiers termes est évidemment $S_p — S'_q$. Lorsque les deux nombres p et q augmentent indéfiniment, il doit en être de même des deux sommes S_p et S'_q, sans quoi la série serait divergente ou absolument convergente. D'autre part, la série étant convergente, le terme général doit tendre vers zéro.

Cela posé, nous formerons une nouvelle série ayant pour somme A de la manière suivante : Prenons les termes positifs de la série proposée dans l'ordre où ils se présentent jusqu'à ce que leur somme soit supérieure à A; écrivons à leur suite les premiers termes négatifs dans l'ordre où ils se présentent, et arrêtons-nous dès que la somme des termes écrits est inférieure à A; écrivons ensuite les termes positifs en commençant par le premier des termes négligés, et arrêtons-nous dès que la somme des termes écrits est supérieure à A, puis reprenons les termes négatifs, et ainsi de suite. Il est visible que les sommes des termes de cette nouvelle série sont tantôt plus grandes et tantôt plus petites que A, mais qu'elles diffèrent de A d'une quantité qui décroît indéfiniment et tend vers zéro.

166. Règle d'Abel. — On doit à Abel un théorème permettant de reconnaître la convergence de certaines séries, qui échappent aux règles précédentes. La démonstration repose sur un lemme dont on s'est déjà servi (n° 77).

Soit $\sum u_i$ une série convergente ou *indéterminée* (c'est-à-dire telle que la somme des n premiers termes soit toujours moindre en valeur absolue qu'un nombre fixe A) : considérons d'autre part une suite de nombres positifs ε_i, dont chacun est plus petit que le précédent et tels que $\lim \varepsilon_n = 0$, pour $n = \infty$. Cela posé, *la série*

$$(17) \qquad \varepsilon_0 u_0 + \varepsilon_1 u_1 + \ldots + \varepsilon_n u_n + \ldots$$

est convergente, sous les conditions énoncées.

Il résulte en effet des hypothèses que l'on a, quels que soient les nombres n et p,

$$|u_{n+1} + \ldots + u_{n+p}| < 2A,$$

et, par suite, d'après le lemme rappelé tout à l'heure,

$$|u_{n+1}\varepsilon_{n+1} + \ldots + u_{n+p}\varepsilon_{n+p}| < 2A\varepsilon_{n+1};$$

puisque ε_{n+1} tend vers zéro lorsque n augmente indéfiniment, on peut prendre n assez grand pour que la valeur absolue de la somme

$$\varepsilon_{n+1}u_{n+1} + \ldots + \varepsilon_{n+p}u_{n+p}$$

soit moindre que tout nombre donné à l'avance, quel que soit p. La série (17) est donc convergente, en vertu du théorème général (n° 3).

Lorsque la série $u_0 + u_1 + \ldots + u_n + \ldots$ se réduit à la série

$$1 - 1 + 1 - 1 + 1 - 1 + \ldots$$

dont les termes sont alternativement $+1$ et -1, la proposition précédente se réduit au théorème rappelé plus haut, concernant les séries alternées.

Voici un autre exemple. La série

$$\sin\theta - \sin2\theta + \sin3\theta - \ldots \pm \sin n\theta - \ldots$$

est convergente ou indéterminée. Lorsque $\sin\theta = 0$ la série a tous ses termes nuls; lorsque $\sin\theta \gtrless 0$, la somme des n premiers termes est égale, d'après une formule de Trigonométrie, à

$$\frac{\sin\dfrac{n\theta}{2}}{\sin\dfrac{\theta}{2}} \, \sin\left(\frac{n+1}{2}\,\theta\right).$$

et par conséquent est moindre en valeur absolue que $\dfrac{1}{\left|\sin\dfrac{\theta}{2}\right|}$. On en conclut que la série

$$\varepsilon_1 \sin\theta + \varepsilon_2 \sin2\theta + \ldots + \varepsilon_n \sin n\theta + \ldots$$

est convergente, pour toute valeur de θ, et l'on démontre de la même façon que la série

$$\varepsilon_1 \cos\theta + \varepsilon_2 \cos2\theta + \ldots + \varepsilon_n \cos n\theta + \ldots$$

est convergente, sauf peut-être pour $\theta = 2k\pi$.

Corollaire. — On peut énoncer une propriété plus générale, en se bornant aux séries convergentes. Soient

$$u_0 + u_1 + \ldots + u_n + \ldots$$

une série convergente, et

$$x_0, \quad x_1, \quad \ldots \quad x_n, \quad \ldots$$

une suite de nombres positifs, allant toujours en croissant ou en décroissant, et tendant vers une limite k, différente de zéro, lorsque n augmente indéfiniment; *la série*

$$(18) \qquad x_0 u_0 + x_1 u_1 + \ldots + x_n u_n + \ldots$$

est aussi convergente.

Supposons, pour fixer les idées, que les nombres x_i aillent en croissant ; nous pouvons écrire

$$x_0 = k - \varepsilon_0, \quad x_1 = k - \varepsilon_1, \quad \ldots \quad x_n = k - \varepsilon_n, \quad \ldots.$$

et les nombres $\varepsilon_0, \varepsilon_1, \dots, \varepsilon_n, \dots$ forment une suite de nombres positifs décroissants, ε_n tendant vers zéro lorsque n croît indéfiniment. Les deux séries

$$ku_0 + ku_1 + \dots + ku_n + \dots$$

$$\varepsilon_0 u_0 + \varepsilon_1 u_1 + \dots + \varepsilon_n u_n + \dots$$

sont l'une et l'autre convergentes et, par suite, il en est de même de la série (18).

II. — SÉRIES A TERMES IMAGINAIRES. — SÉRIES MULTIPLES.

167. Définitions. — Nous indiquerons dans les paragraphes suivants quelques généralisations de la notion de série. Soit

$$(19) \qquad u_0 + u_1 + u_2 + \dots + u_n + \dots$$

une série dont les termes sont des quantités imaginaires

$$u_0 = a_0 + b_0 i, \qquad u_1 = a_1 + b_1 i, \qquad \dots \qquad u_n = a_n + b_n i,$$

cette série est dite *convergente*, si les deux séries formées par les parties réelles et les coefficients de i sont séparément convergentes,

$$(20) \qquad a_0 + a_1 + a_2 + \dots + a_n + \dots$$

$$(21) \qquad b_0 + b_1 + b_2 + \dots + b_n + \dots$$

Soient S' et S'' les sommes des deux séries (20) et (21); la somme de la série (19) est $S = S' + iS''$; il est évident que cette somme est encore la limite de la somme S_n des n premiers termes de la série (19) lorsque le nombre n augmente indéfiniment. On voit qu'une série à termes imaginaires n'est au fond que l'ensemble de deux séries à termes réels.

Lorsque la série formée par les modules des différents termes de la série (19)

$$(22) \qquad \sqrt{a_0^2 + b_0^2} + \sqrt{a_1^2 + b_1^2} + \dots + \sqrt{a_n^2 + b_n^2} + \dots$$

est convergente, il est clair que chacune des séries (20) et (21) est absolument convergente, car les valeurs absolues de a_n et de b_n sont au plus égales au terme général de la série (22); la série (19) est dite elle-même *absolument convergente*. On peut modifier l'ordre des termes d'une pareille série, ou grouper ces termes d'une façon arbitraire, sans changer la somme.

A toute règle permettant d'affirmer qu'une série à termes positifs est convergente correspond une règle permettant d'affirmer qu'une série à termes quelconques, réels ou imaginaires, est absolument convergente. Ainsi, lorsque dans une série le module du rapport $\dfrac{u_{n+1}}{u_n}$ est, à partir d'un certain rang, plus petit qu'un nombre fixe inférieur à l'unité, la série est absolument convergente. Soit en effet $U_i = |u_i|$: si, à partir d'un certain rang, on a constamment $\left|\dfrac{u_{n+1}}{u_n}\right| < k < 1$, le rapport de deux termes consécutifs de la série

$$U_0 + U_1 + \ldots + U_n + \ldots$$

étant inférieur à k, à partir d'un certain rang, cette série est convergente. Si le rapport $\dfrac{u_{n+1}}{u_n}$ tend vers une limite l lorsque n croît indéfiniment, la série est convergente lorsque $|l| < 1$, et divergente lorsque $|l| > 1$; dans ce dernier cas, en effet, le module du terme général u_n ne tend pas vers zéro, les deux séries (20) et (21) ne peuvent être à la fois convergentes. Il y a doute si $|l| = 1$.

D'une façon générale, soit ω la plus grande des limites de $\sqrt[n]{U_n}$ lorsque n augmente indéfiniment. La série (19) est absolument convergente si $\omega < 1$, et divergente si $\omega > 1$, car dans ce cas le module du terme général ne tend pas vers zéro (n° 160). Il y a doute si $\omega = 1$; la série peut être absolument convergente, simplement convergente, ou divergente.

168. Multiplication des séries. — Soient

$$(23) \qquad u_0 + u_1 + u_2 + \ldots + u_n + \ldots,$$
$$(24) \qquad v_0 + v_1 + v_2 + \ldots + v_n + \ldots$$

deux séries à termes quelconques. Multiplions, de toutes les manières possibles, un terme de la première série par un terme de la seconde, et groupons ensemble tous les produits $u_i v_j$ pour lesquels la somme $i + j$ des indices est la même; nous obtenons ainsi une nouvelle série

$$(25) \quad u_0 v_0 + (u_0 v_1 + u_1 v_0) + (u_0 v_2 + u_1 v_1 + u_2 v_0) + \ldots$$
$$+ (u_0 v_n + u_1 v_{n-1} + \ldots + u_n v_0) + \ldots$$

Lorsque les deux séries (23) et (24) sont absolument convergentes, la série (25) est aussi convergente et a pour somme le produit des sommes des deux premières. Ce théorème, dû à Cauchy, a été généralisé par M. Mertens ([1]), qui a montré qu'il était encore vrai, pourvu qu'une seule des deux séries (23) et (24) fût absolument convergente, la seconde pouvant être simplement convergente.

Supposons, pour fixer les idées, que la série (23) soit absolument convergente, et soit w_n le terme général de la série (25)

$$w_n = u_0 c_n + u_1 c_{n-1} + \ldots + u_n c_0.$$

Pour démontrer la proposition, il suffit de faire voir que les deux différences

$$w_0 + w_1 + \ldots + w_{2n} - (u_0 + u_1 + \ldots + u_n)(c_0 + c_1 + \ldots + c_n),$$

$$w_0 + w_1 + \ldots + w_{2n+1} - (u_0 + u_1 + \ldots + u_{n+1})(c_0 + c_1 + \ldots + c_{n+1})$$

tendent vers zéro, lorsque n croît indéfiniment. La démonstration étant la même dans les deux cas, considérons la première différence, que nous pouvons écrire, en ordonnant par rapport aux u_i,

$$\delta = u_0(c_{n+1} + \ldots + c_{2n}) + u_1(c_{n+1} + \ldots + c_{2n-1}) + \ldots + u_{n-1} c_{n+1}$$

$$+ u_{n+1}(c_0 + \ldots + c_{n-1}) + u_{n+2}(c_0 + \ldots + c_{n-2}) + \ldots + u_{2n}c_0.$$

La série (23) étant absolument convergente, la somme

$$U_0 + U_1 + \ldots + U_n$$

reste inférieure, quel que soit n, à un nombre positif fixe A; de même, la série (24) étant convergente, le module de la somme $c_0 + c_1 + \ldots + c_n$ reste inférieur, quel que soit n, à un nombre positif fixe B. Cela posé, ε étant un nombre positif quelconque donné à l'avance, nous pouvons choisir un nombre positif m assez grand pour que l'on ait

$$U_{n+1} + \ldots + U_{n+p} < \frac{\varepsilon}{A + B},$$

$$|c_{n+1} + \ldots + c_{n+p}| < \frac{\varepsilon}{A + B},$$

quel que soit le nombre p, pourvu que $n \geq m$. Le nombre n étant choisi de cette façon, on aura une limite supérieure du module

____

([1]) *Journal de Crelle*, t. 79.

de δ en remplaçant $u_0, u_1, \ldots, u_{2n}$ par $U_0, U_1, \ldots, U_{2n}$ respectivement, puis $v_{n+1} + v_{n+2} + \ldots + v_{n+p}$ par $\dfrac{\varepsilon}{A+B}$ et enfin $v_0 + \ldots + v_n + v_0 + \ldots + v_{n-2} + \ldots + v_0$ par B. Il vient alors

$$|\delta| \quad U_0 \frac{\varepsilon}{A+B} + U_1 \frac{\varepsilon}{A+B} + \ldots + U_n \frac{\varepsilon}{A+B}$$
$$+ U_{n+1} B + U_{n+2} B + \ldots + U_{2n} B,$$

ou encore

$$\frac{\varepsilon}{A+B}(U_0 + U_1 + \ldots + U_{n-1})$$
$$+ B(U_{n+1} + \ldots + U_{2n}) < \frac{\varepsilon A}{A+B} + \frac{\varepsilon B}{A+B},$$

ou enfin $|\delta| < \varepsilon$. La différence δ a donc zéro pour limite.

169. Séries doubles. — Considérons un échiquier rectangulaire qui serait limité en haut et à gauche, mais qui se prolongerait indéfiniment en bas et à droite. Cet échiquier contient une infinité de colonnes verticales, qui seront numérotées de 0 à $+\infty$, et une infinité de files horizontales qui seront numérotées également de 0 à $+\infty$. Concevons maintenant qu'à chaque case de cet échiquier on fasse correspondre un nombre qui sera inscrit dans la case correspondante: soit a_{ik} le nombre correspondant à la case qui est située dans la file de rang i et dans la colonne de rang k.

Nous obtenons ainsi un tableau disposé comme le suivant :

$$(26) \quad \begin{array}{cccccc}
a_{00} & a_{01} & a_{02} & \ldots & a_{0n} & \ldots \\
a_{10} & a_{11} & a_{12} & \ldots & a_{1n} & \ldots \\
a_{20} & a_{21} & a_{22} & \ldots & a_{2n} & \ldots \\
\ldots & \ldots & \ldots & \ldots & \ldots & \ldots \\
\ldots & \ldots & \ldots & \ldots & \ldots & \ldots \\
a_{m0} & a_{m1} & a_{m2} & \ldots & a_{mn} & \ldots \\
\ldots & \ldots & \ldots & \ldots & \ldots & \ldots
\end{array}$$

Nous supposerons d'abord que tous les termes de ce tableau sont réels et positifs.

Imaginons maintenant une suite de courbes $C_1, C_2, \ldots, C_n, \ldots$ s'éloignant indéfiniment dans toutes les directions et formant, avec les deux droites qui limitent le tableau, une suite de courbes fermées s'enveloppant mutuellement. Soient $S_1, S_2, \ldots, S_n, \ldots$

les sommes des termes du tableau qui sont à l'intérieur de ces courbes fermées. Si la somme S_n tend vers une limite S lorsque n augmente indéfiniment, on dit que la série double

$$(27) \qquad \sum_{i=0}^{+\infty} \sum_{k=0}^{+\infty} a_{ik}$$

est convergente et a pour somme S. Pour justifier cette définition, il est indispensable de démontrer que la limite S est indépendante de la forme des courbes C. Imaginons, en effet, une autre suite de courbes s'éloignant indéfiniment dans tous les sens, C'_1, C'_2, ... C'_m. ..., et soient S'_1, S'_2, ..., S'_m, ... les sommes correspondantes. Le nombre m étant fixé, on peut toujours choisir le nombre n assez grand pour que la courbe C_n soit tout entière à l'extérieur de C'_m; on a donc $S'_m < S_n$ et, par suite, $S'_m < S$, quel que soit m. Or cette somme S'_m croît avec l'indice ; elle tend donc vers une limite $S' \leqq S$. On démontrera de la même façon que l'on a aussi $S \leqq S'$: par suite $S' = S$.

On pourra prendre, par exemple, pour former les courbes C, les deux côtés d'un carré dont le côté augmente indéfiniment, ou des droites également inclinées sur les deux côtés de l'échiquier: les sommes correspondantes seront les suivantes

$$a_{00} + (a_{10} + a_{11} + a_{01}) + \ldots + (a_{n0} + a_{n1} + \ldots + a_{nn} + a_{n-1,n} + \ldots + a_{0n});$$
$$a_{00} + (a_{10} + a_{01}) + (a_{20} + a_{11} + a_{02}) + \ldots + (a_{n0} + a_{n-1,1} + \ldots + a_{0n});$$

si l'une de ces sommes tend vers une limite lorsque n croît indéfiniment, il en est de même de la seconde et ces limites sont égales. On peut aussi faire la somme du tableau par lignes ou par colonnes. Supposons en effet que la série double (27) soit convergente, et soit S la somme. Il est clair que la somme d'un nombre quelconque de termes du tableau est inférieure à S, et il en résulte que toutes les séries telles que

$$(28) \qquad a_{i0} + a_{i1} + \ldots + a_{in} + \ldots \qquad (i = 0, 1, 2, \ldots),$$

obtenues en prenant les termes d'une file horizontale, sont convergentes, car la somme

$$a_{i0} + a_{i1} + \ldots + a_{in}$$

est toujours inférieure à S et va en croissant avec n.

Soient σ_0, σ_1, ..., σ_i, ... les sommes des diverses séries convergentes ainsi obtenues : la nouvelle série

$$(29) \qquad \sigma_0 + \sigma_1 + \ldots + \sigma_i + \ldots$$

est également convergente. En effet, considérons la somme des termes du tableau Σa_{ik}, tels que l'on ait $i \leqq p$, $k \leqq r$. Cette somme est toujours moindre que S ; si, laissant fixe le nombre p, on fait croître indéfiniment le nombre r, elle a pour limite

$$\sigma_0 + \sigma_1 + \ldots + \sigma_p.$$

On a donc toujours $\sigma_0 + \sigma_1 + \ldots + \sigma_p < S$, et, comme cette somme va en croissant avec le nombre p, on en conclut que la série (29) est convergente et a pour somme un nombre $\Sigma \leqq S$. Inversement, si toutes les séries (28) sont convergentes, et si la nouvelle série (29) formée par les sommes des premières est convergente et a pour somme Σ, il est évident que la somme d'un nombre quelconque de termes du tableau (26) est inférieure à Σ. On a donc aussi $S \leqq \Sigma$, et par suite $\Sigma = S$.

Tout ce que nous venons de dire des séries obtenues en prenant des files horizontales s'applique évidemment aux séries obtenues en prenant des colonnes verticales. Pour avoir la somme d'une série double dont tous les éléments sont positifs, on peut l'évaluer soit par lignes, soit par colonnes, soit en prenant des courbes limites de forme quelconque. En particulier, si la série est convergente quand on fait la somme par lignes horizontales, il en sera de même quand on l'évaluera par colonnes, et la somme sera la même. On pourrait énoncer pour les séries doubles à termes positifs une suite de théorèmes analogues à ceux qui ont été établis pour les séries simples. Par exemple, si une série à double entrée, à termes positifs, a ses termes respectivement moindres que ceux d'une autre série double convergente, la première série est également convergente, etc.

Une série double à termes positifs, qui n'est pas convergente, est appelée *divergente*. La somme des éléments du tableau correspondant, qui sont situés à l'intérieur d'une courbe fermée, croît au delà de toute limite lorsque la courbe s'éloigne indéfiniment dans tous les sens.

Considérons maintenant un tableau dont les éléments ne sont

pas tous positifs. Il est évident qu'il est inutile de considérer le cas où tous les éléments sont négatifs, et le cas où il y aurait seulement un nombre fini d'éléments positifs ou d'éléments négatifs, puisque chacun de ces cas se ramène immédiatement au précédent. Nous supposerons donc qu'il y a une infinité d'éléments positifs et une infinité d'éléments négatifs dans le tableau. Soit a_{ik} le terme général de ce tableau T. Si le tableau à termes positifs T_1, dont le terme général est égal à la valeur absolue $|a_{ik}|$ du terme correspondant de T est convergent, le tableau T est dit *absolument convergent*. Un pareil tableau possède toutes les propriétés essentielles d'un tableau convergent à termes positifs.

Pour le prouver, considérons deux tableaux auxiliaires T' et T'', définis comme il suit. Le tableau T' se déduit du tableau T en remplaçant chaque élément négatif par zéro, les éléments positifs étant conservés. De même, le tableau T'' s'obtient en remplaçant dans T chaque élément positif par zéro, et en changeant le signe de chaque élément négatif. Chacun de ces tableaux T' et T'' est convergent, si le tableau T_1 est convergent, car un élément de T' par exemple est au plus égal à l'élément correspondant de T_1. La somme des éléments de la série T, qui sont à l'intérieur d'une courbe fermée, est égale à la différence entre les sommes des éléments des deux tableaux T' et T'' intérieurs à la même courbe. Puisque ces deux dernières sommes tendent vers une limite lorsque cette courbe fermée s'éloigne indéfiniment dans tous les sens, la première somme tend aussi vers une limite indépendante de la forme de la courbe fermée. C'est cette limite qu'on appelle *la somme du tableau* T. Les raisonnements employés tout à l'heure pour les tableaux à termes positifs montrent qu'on obtiendrait la même somme en évaluant le tableau T par lignes ou par colonnes. Il est clair d'après cela qu'un tableau, dont les éléments ont des signes quelconques, *s'il est absolument convergent*, peut être traité comme un tableau convergent à termes positifs. Mais il est indispensable de s'assurer que le tableau T_1 formé par les valeurs absolues des éléments de T est convergent.

Par exemple, une série double dont le terme général est de la forme $u_m v_n$, u_m et v_n étant les termes généraux de deux séries ordinaires U et V, est absolument convergente si ces deux séries sont absolument convergentes et dans ce cas seulement, et la somme de cette série double est égale au produit des sommes des deux séries. En faisant la somme de cette série double par diagonales, on obtient le théorème de Cauchy sur le produit de deux séries absolument convergentes.

Si le tableau T_1 est divergent, l'un au moins des tableaux T', T" est divergent. Si un seul de ces tableaux, T' par exemple, est divergent, T" étant convergent, la somme des éléments du tableau T compris à l'intérieur d'une courbe fermée C augmente au delà de toute limite, lorsque la courbe s'éloigne indéfiniment dans tous les sens, quelle que soit la forme de cette courbe.

Si les deux tableaux T', T" sont divergents, le raisonnement qui précède prouve uniquement que la somme des éléments du tableau T situés à l'intérieur de la courbe fermée C est égale à la différence de deux sommes qui augmentent l'une et l'autre indéfiniment lorsque la courbe C s'éloigne indéfiniment dans tous les sens. Il peut arriver que cette différence tende vers les limites différentes suivant la forme de la courbe C, c'est-à-dire suivant la façon dont on fait croître indéfiniment le nombre des termes positifs et le nombre des termes négatifs. Cette somme peut d'ailleurs croître indéfiniment ou ne tendre vers aucune limite quand on ajoute les termes du tableau dans un certain ordre. En particulier, il peut se faire qu'en faisant la somme des éléments du tableau par lignes ou par colonnes on obtienne des résultats tout à fait différents.

L'exemple suivant est dû à Arndt (*Grunert's Archiv*, vol. XI, p. 319). Considérons le tableau

$$
\begin{array}{llll}
\dfrac{1}{2}\left(\dfrac{1}{2}\right) - \dfrac{1}{3}\left(\dfrac{2}{3}\right), & \dfrac{1}{3}\left(\dfrac{2}{3}\right) - \dfrac{1}{4}\left(\dfrac{3}{4}\right), & \ldots, & \dfrac{1}{p}\left(\dfrac{p-1}{p}\right) - \dfrac{1}{p+1}\left(\dfrac{p}{p+1}\right), \quad \ldots, \\[2mm]
\dfrac{1}{2}\left(\dfrac{1}{2}\right)^2 - \dfrac{1}{3}\left(\dfrac{2}{3}\right)^2, & \dfrac{1}{3}\left(\dfrac{2}{3}\right)^2 - \dfrac{1}{4}\left(\dfrac{3}{4}\right)^2, & \ldots, & \dfrac{1}{p}\left(\dfrac{p-1}{p}\right)^2 - \dfrac{1}{p+1}\left(\dfrac{p}{p+1}\right)^2, \quad \ldots, \\[1mm]
\cdots\cdots\cdots, & \cdots\cdots\cdots, & \cdots & \cdots\cdots\cdots\cdots \quad \ldots, \\[1mm]
\dfrac{1}{2}\left(\dfrac{1}{2}\right)^n - \dfrac{1}{3}\left(\dfrac{2}{3}\right)^n, & \dfrac{1}{3}\left(\dfrac{2}{3}\right)^n - \dfrac{1}{4}\left(\dfrac{3}{4}\right)^n, & \ldots, & \dfrac{1}{p}\left(\dfrac{p-1}{p}\right)^n - \dfrac{1}{p+1}\left(\dfrac{p}{p+1}\right)^n, \quad \ldots, \\[1mm]
\cdots\cdots\cdots, & \cdots\cdots\cdots, & \cdots & \cdots\cdots\cdots\cdots \quad \ldots,
\end{array}
$$

qui contient une infinité d'éléments positifs et une infinité d'éléments négatifs. Les séries formées par les éléments d'une ligne ou d'une colonne sont toutes convergentes. La série formée par les éléments de la $n^{\text{ième}}$ ligne a évidemment pour somme $\dfrac{1}{2^{n+1}}$, de sorte qu'en faisant la somme du tableau par lignes, on trouve pour résultat

$$
\frac{1}{4} + \frac{1}{8} + \cdots + \frac{1}{2^{n+1}} + \cdots
$$

c'est-à-dire $\dfrac{1}{2}$. D'autre part, la série formée par les éléments de la

$(p-1)^{\text{ième}}$ colonne, c'est-à-dire

$$\frac{1}{p}\left[\left(\frac{p-1}{p}\right)+\left(\frac{p-1}{p}\right)^2+\ldots+\left(\frac{p-1}{p}\right)^n+\ldots\right]$$
$$-\frac{1}{p+1}\left[\left(\frac{p}{p+1}\right)+\left(\frac{p}{p+1}\right)^2+\ldots+\left(\frac{p}{p+1}\right)^n+\ldots\right],$$

est convergente et a pour somme

$$\frac{p-1}{p}-\frac{p}{p+1}=-\frac{1}{p(p+1)}=\frac{1}{p+1}-\frac{1}{p}.$$

En évaluant le tableau par colonnes, on trouve donc pour somme

$$\left(\frac{1}{3}-\frac{1}{2}\right)+\left(\frac{1}{4}-\frac{1}{3}\right)+\ldots+\left(\frac{1}{p+1}-\frac{1}{p}\right)+\ldots,$$

c'est-à-dire $-\dfrac{1}{2}$. Cet exemple montre bien clairement qu'on ne doit employer dans le calcul que des séries doubles absolument convergentes.

On peut avoir aussi des séries doubles dont les éléments sont des nombres complexes. Si les éléments du tableau (26) sont complexes, on peut former deux autres tableaux T', T'' en prenant d'une part la partie réelle, d'autre part le coefficient de $\sqrt{-1}$ dans chaque élément du tableau T.

Si le tableau T, à termes positifs, formé par les modules des éléments correspondants de T, est convergent, chacun des tableaux T', T'' est absolument convergent, et le tableau est dit aussi *absolument convergent*. La somme des éléments de ce tableau qui sont situés à l'intérieur d'une courbe fermée variable tend vers une limite lorsque cette courbe s'éloigne indéfiniment dans tous les sens. Cette limite est indépendante de la forme de la courbe variable, et s'appelle la *somme* du tableau. La somme d'un tableau absolument convergent peut encore être évaluée par lignes ou par colonnes.

170. Une série double absolument convergente peut être remplacée par une série ordinaire formée des mêmes termes. Il suffit de montrer qu'on peut toujours numéroter les cases d'un échiquier indéfini tel que (26), de telle façon que chaque case ait un numéro déterminé, aucune d'elles n'étant oubliée. En d'autres termes, si l'on considère, d'une part, la suite naturelle des nombres, d'autre part tous les systèmes des deux nombres entiers (i, k), où $i \gtrless 0$, $k \gtrless 0$, on peut, à chacun de ces systèmes, faire correspondre un des nombres de la suite naturelle de façon qu'inversement à un nombre n ne

corresponde qu'un seul de ces systèmes. Écrivons, en effet, tous ces systèmes, les uns à la suite des autres, de la manière suivante :

$$(30) \qquad (o, o), \quad (1, o), \quad (o, 1), \quad (2, o), \quad (1, 1), \quad (o, 2), \quad \ldots$$

et, d'une façon générale, après avoir écrit tous les systèmes pour lesquels on a $i + k < n$, écrivons tous les systèmes pour lesquels $i + k = n$, en commençant par le système (n, o) et faisant décroître i successivement d'une unité jusqu'à zéro. Il est clair que chaque système (i, k) n'en aura qu'un nombre *fini* avant lui et occupera par conséquent un rang déterminé dans la suite. Imaginons maintenant qu'on écrive les termes de la série double absolument convergente $\Sigma\Sigma a_{ik}$ dans l'ordre que nous venons de définir; nous obtenons une série ordinaire

$$(31) \qquad a_{00} + a_{10} + a_{01} + a_{20} + a_{11} + a_{02} + \ldots + a_{n0} + a_{n-1,1} + \ldots,$$

dont les termes sont les mêmes que ceux de la série double considérée, qui est absolument convergente comme elle et a la même somme. Il est clair que ce mode de transformation n'est pas unique, puisqu'on peut permuter l'ordre des termes d'une façon arbitraire. Inversement, toute série ordinaire absolument convergente peut être, d'une infinité de manières, transformée en une série double, et ce procédé constitue un moyen puissant de démonstration pour certaines identités.

On voit que la notion de série à double entrée n'est pas distincte, au fond, de la notion ordinaire de série. Dans une série absolument convergente, on a vu plus haut qu'on pouvait remplacer un nombre fini de termes par leur somme effectuée, ou ranger les termes dans un ordre arbitraire. En cherchant à généraliser encore cette propriété, on est conduit tout naturellement à introduire les séries à double entrée.

171. Séries multiples. — La notion de série à double entrée est encore susceptible d'une grande extension. Tout d'abord, on peut considérer des séries dont chaque terme a_{mn} dépend de deux indices dont chacun peut varier de $-\infty$ à $+\infty$. On peut imaginer les termes de cette série disposés suivant les cases d'un échiquier rectangulaire indéfini dans tous les sens, et l'on voit que la série à double entrée $\Sigma\Sigma a_{mn}$ peut se partager en quatre séries doubles, telles que celles que nous avons étudiées jusqu'ici. Une extension plus importante est la suivante. Considérons une série dont chaque terme $a_{m_1,m_2,\ldots,m_p}$ dépend de p indices $m_1, m_2, \ldots, m_p$, pouvant varier de o à $+\infty$, ou de $-\infty$ à $+\infty$, ces indices pouvant d'ailleurs être assujettis à vérifier certaines inégalités. Quoiqu'on ne puisse plus se servir d'une représentation géométrique analogue à la précédente dès qu'il y a plus de trois indices, un peu de réflexion suffit pour montrer que les propositions établies pour les séries doubles s'étendent sans difficulté aux séries multiples d'ordre p.

Supposons d'abord que tous les termes $a_{m_1, m_2, \ldots, m_p}$ soient réels et positifs. Imaginons qu'on prenne la somme d'un certain nombre de termes de cette série, qu'on ajoute ensuite à cette somme la somme d'un certain nombre de termes négligés, et ainsi de suite, de telle sorte qu'un terme quelconque de la série figure dans toutes les sommes successives au bout d'un certain nombre d'opérations. Soient S_1, S_2, ..., S_n, ... les sommes successives ainsi obtenues; si S_n tend vers une limite S lorsque n augmente indéfiniment, la série est convergente et a pour somme S; comme dans le cas de deux indices, cette limite S est indépendante de la façon dont on fait croître le nombre des termes ajoutés. Si les termes ont des signes quelconques ou sont imaginaires, la série est encore convergente pourvu que la série formée par les modules soit convergente.

172. Généralisation du théorème de Cauchy. — On peut souvent décider de la convergence ou de la divergence d'une série multiple, au moyen du théorème suivant, qui est la généralisation du théorème de Cauchy (n° 161). Soit $f(x, y)$ une fonction des deux variables x et y, qui est positive pour tous les points (x, y) extérieurs à une certaine courbe fermée Γ, et telle que $f(x, y)$ diminue lorsque le point (x, y) s'éloigne de l'origine. Considérons, d'une part, l'intégrale double $\int \int f(x, y)\,dx\,dy$, étendue à la couronne comprise entre la courbe Γ et une autre courbe extérieure C qui grandit indéfiniment; d'autre part, la série à double entrée $\Sigma f(m, n)$, où l'on attribue aux indices m, n toutes les valeurs entières, positives et négatives, telles que le point (m, n) soit extérieur à Γ. Dans ces conditions, *la série double est convergente lorsque l'intégrale double a une limite, et inversement.*

Les parallèles aux axes de coordonnées $x = 0$, ± 1, ± 2, ..., et $y = 0$, ± 1, ± 2, ..., décomposent l'aire comprise entre les deux courbes C et Γ en un certain nombre de carrés et de portions irrégulières. Si nous prenons dans chacun des carrés le sommet le plus éloigné de l'origine, il est clair que la somme $\Sigma f(m, n)$ correspondante sera inférieure à l'intégrale double $\int\int f(x, y) \, dx \, dy$, étendue à l'aire comprise entre C et Γ. Si cette intégrale double tend vers une limite S, lorsque la courbe C s'éloigne indéfiniment, il suit de là que la somme d'un nombre quelconque de termes de la série double est toujours moindre qu'un nombre fixe : cette série est donc convergente. On voit de la même façon que, si la série double est convergente, l'intégrale double est toujours moindre qu'un nombre fixe : cette intégrale tend donc vers une limite. Le théorème s'étend à une série multiple à p indices, sous des hypothèses convenables : le terme de comparaison est alors une intégrale multiple d'ordre p.

Par exemple, la série double dont le terme général est $\dfrac{1}{(m^2 + n^2)^\mu}$, les indices m et n prenant toutes les valeurs entières de $-\infty$ à $+\infty$, sauf $m = n = 0$, est convergente si $\mu > 1$, et divergente si $\mu \leq 1$. Car l'intégrale double

$$(32) \qquad \int\int \frac{dx \, dy}{(x^2 + y^2)^\mu},$$

étendue à la portion du plan extérieure à un cercle concentrique à l'origine, a une valeur finie si $\mu > 1$ et augmente indéfiniment si $\mu \leq 1$ (n° 134).

Plus généralement, la série multiple dont le terme général est

$$\frac{1}{(m_1^2 + m_2^2 \ldots + m_p^2)^\mu},$$

la combinaison $m_1 = m_2 = \ldots = m_p = 0$ étant exclue, est convergente si l'on a $2\mu > p$.

173. Séries multiples à termes variables. — Étant donnée une série double ou, plus généralement, une série multiple à p dimensions, dont les termes sont fonctions d'un nombre quelconque de variables x, y, z, ..., et qui est absolument convergente dans un domaine D, on dit que la série est *uniformément convergente* dans ce domaine lorsque la condition suivante est remplie. Étant donné un nombre positif quelconque ε, il existe un nombre fini N de termes de la série tel que la différence entre la somme S de la série et la somme d'un nombre quelconque n de termes de cette série, comprenant les N premiers, est en valeur absolue inférieure à ε, pour tous les systèmes de valeurs des variables x, y, z, ... dans le domaine D.

En reprenant les raisonnements des nᵒˢ 31 et 114, on démontre que la somme d'une série uniformément convergente, dont les termes sont des fonctions continues dans D, est elle-même une fonction continue dans ce domaine, qui peut être intégrée terme à terme dans tout domaine fini ∂ à q dimensions ($q \leqq n$), contenu dans D. On peut de même différentier terme à terme un nombre quelconque de fois une série absolument convergente, pourvu que toutes les séries ainsi obtenues soient uniformément convergentes.

Une série multiple est encore uniformément **convergente**, lorsque la valeur absolue d'un terme quelconque est inférieure ou au plus égale au terme correspondant d'une série convergente à termes positifs indépendants des variables (nᵒ 31).

III. — PRODUITS INFINIS.

174. Définitions et généralités. — Étant donnée une suite indéfinie, à termes réels ou imaginaires, dont le terme général est u_n, considérons les produits successifs P_0, P_1, ..., P_n, où l'on a posé

$$P_n = (1 + u_0)(1 + u_1)\ldots(1 + u_n);$$

si le produit P_n tend vers une limite P lorsque n augmente indéfiniment, on dit que le produit infini

$$(33) \qquad \prod_{n=0}^{+\infty} (1 + u_n) = (1 + u_0)(1 + u_1)(1 + u_2)\ldots(1 + u_n)\ldots$$

est *convergent* : le nombre P est par définition la valeur de ce produit.

Il est clair que si l'un des facteurs $1 + u_m$ est nul, tous les produits P_n, où $n \geqq m$, sont nuls; on a donc $P = 0$. Mais il peut aussi arriver que le produit P_n tende vers zéro sans qu'aucun des facteurs $1 + u_m$ soit nul. Tel est le cas du produit des inverses des n premiers nombres, qui tend évidemment vers zéro lorsque n croît indéfiniment. Les règles qui permettent de décider de la **convergence** d'un produit infini ne s'appliquant pas toujours à ce cas singulier, nous réserverons le nom de *produit convergent* aux produits infinis pour lesquels P_n tend vers une limite P *différente de zéro*; lorsque P_n a zéro pour limite, nous dirons que le produit est *nul*, tandis qu'il sera appelé *divergent*, si P_n ne tend vers aucune limite.

Pour qu'un produit infini soit convergent, sans être nul, il est *nécessaire* que u_n tende vers zéro. En effet, si P_n tend vers une limite P, la différence $P_n - P_{n-1} = P_{n-1} u_n$ doit tendre vers zéro: le facteur P_{n-1}, ayant une limite différente de zéro, il faut donc que le facteur u_n tende vers zéro. Le raisonnement ne s'applique plus si le produit est nul; on vérifie aisément sur l'exemple cité plus haut que u_n ne tend pas vers zéro.

D'après une remarque antérieure (n° 5), l'étude de la convergence ou de la divergence d'un produit infini se ramène à l'étude de la même question pour une série. Posons $c_0 = 1 + u_0$ et, pour $n > 0$,

$$(34) \qquad c_n = P_n - P_{n-1} = (1 + u_0)(1 + u_1)\ldots(1 + u_{n-1})u_n.$$

et considérons la série auxiliaire

$$(35) \qquad c_0 + c_1 + \ldots + c_n + \ldots$$

La somme $\Sigma_n = c_0 + c_1 + \ldots + c_n$ est évidemment égale à P_n, de sorte que cette série est convergente ou divergente en même temps que le produit infini $\Pi(1 + u_n)$; lorsque la série est convergente, sa somme Σ est égale à la valeur P du produit infini.

175. Produits absolument convergents. — Supposons d'abord que tous les nombres u_n sont réels et positifs. Le produit P_n va en croissant avec n et, pour démontrer la convergence, il suffira de prouver que ce produit P_n reste inférieur à un nombre fixe, quel que soit n. On a, d'une part,

$$P_n > 1 + u_0 + u_1 + \ldots + u_n;$$

d'autre part, on a, x étant positif, $1 + x < e^x$ et, par suite,

$$P_n < e^{u_0 + u_1 + \ldots + u_n}.$$

La première inégalité montre que, si le produit P_n tend vers une limite P, on a constamment $u_0 + u_1 + \ldots + u_n < P$. La série à termes positifs

$$(36) \qquad u_0 + u_1 + \ldots + u_n + \ldots$$

est donc convergente. Inversement, supposons cette série convergente et soit S sa somme; la seconde inégalité donne $P_n < e^S$. Le produit P_n tend donc vers une limite, et l'on en conclut que *le produit infini* $\prod_0^{+\infty}(1 + u_n)$, *où tous les nombres* u_n *sont réels et positifs, est convergent ou divergent en même temps que la série* (36).

Considérons maintenant un produit infini, à termes quelconques, réels ou imaginaires,

$$(37) \qquad (1 + u_0)(1 + u_1)\ldots(1 + u_n)\ldots$$

et soit $U_i = |u_i|$. *Si la série*

$$(38) \qquad U_0 + U_1 + \ldots + U_n + \ldots$$

est convergente, il en est de même du produit infini (37). Posons, en effet, comme plus haut,

$$v_n = (1 + u_0)(1 + u_1)\ldots(1 + u_{n-1})\,u_n,$$
$$V_n = (1 + U_0)(1 + U_1)\ldots(1 + U_{n-1})\,U_n.$$

D'après ce qui précède, la série à termes positifs ΣU_i étant convergente, il en est de même du produit infini $\Pi(1 + U_i)$, et par suite de la série

$$(39) \qquad V_0 + V_1 + \ldots + V_n + \ldots$$

Or, on a évidemment $|v_n| < V_n$: la série

$$(40) \qquad v_0 + v_1 + \ldots + v_n + \ldots$$

est donc absolument convergente, et la somme de cette série est, comme on l'a fait remarquer, la limite du produit

$$P_n = (1 + u_0)(1 + u_1)\ldots(1 + u_n)$$

lorsque n augmente indéfiniment. Dans ces conditions, le produit $\prod_{n=0}^{+\infty}(1 + u_n)$ est dit *absolument convergent*.

Les produits infinis absolument convergents offrent un intérêt particulier, comme les séries absolument convergentes, avec lesquelles ils ont de grandes analogies. Ainsi, *dans un produit infini absolument convergent, on peut modifier l'ordre des facteurs d'une façon arbitraire sans changer le produit.* Nous démontrerons d'abord qu'étant donné un produit infini absolument convergent, à tout nombre positif ε on peut faire correspondre un nombre entier n tel que la différence entre l'unité et le produit d'un nombre quelconque de facteurs

$$(1+u_\alpha)(1+u_\beta)\ldots(1+u_\lambda)$$

ait un module inférieur à ε, lorsque tous les indices α, β, ..., λ sont supérieurs à n. On a, en effet, comme on le voit immédiatement en supposant les deux produits développés,

$$|(1+u_\alpha)(1+u_\beta)\ldots(1+u_\lambda)-1| < (1+U_\alpha)\ldots(1+U_\lambda)-1,$$

et, par suite,

$$|(1+u_\alpha)(1+u_\beta)\ldots(1+u_\lambda)-1| < e^{U_\alpha+U_\beta+\ldots+U_\lambda}-1;$$

mais, la série ΣU_i étant convergente, on peut prendre le nombre n assez grand pour que la somme $U_\alpha+U_\beta+\ldots+U_\lambda$ soit plus petite que $\log(1+\varepsilon)$, lorsque tous les indices α, β, ..., λ sont supérieurs à n. Le second membre de l'inégalité précédente peut donc être rendu moindre que tout nombre positif ε, en prenant le nombre entier n assez grand

Ceci prouve, observons-le en passant, *qu'un produit absolument convergent ne peut être nul à moins qu'un des facteurs du produit ne soit nul.* Supposons en effet qu'aucun des facteurs du produit ne soit nul; choisissons le nombre n assez grand pour qu'on ait, quel que soit le nombre positif p,

$$|(1+u_{n+1})(1+u_{n+2})\ldots(1+u_{n+p})-1| < \alpha,$$

α étant un nombre positif inférieur à l'unité. Il est clair que le module du produit infini $\displaystyle\prod_{\nu=1}^{+\infty}(1+u_{n+\nu})$ sera supérieur à $1-\alpha$, et, par conséquent, le produit P qui est égal au précédent multiplié par P_n ne pourra être nul.

Cela posé, soient

$$(41) \qquad (1+u_0)(1+u_1)\ldots(1+u_n)\ldots$$

un produit infini absolument convergent et

$$(42) \qquad (1+u'_0)(1+u'_1)\ldots(1+u'_n)\ldots$$

un autre produit infini composé des mêmes facteurs pris dans un autre ordre. Ce second produit est aussi absolument convergent, car la série $\Sigma U'_i$ est composée des mêmes termes que la série ΣU_i. Appelons P et P' les valeurs de ces deux produits (41) et (42). Soit P_n le produit des $n+1$ premiers facteurs du produit (41); tous ces facteurs se retrouvent dans le produit (42), et nous pouvons prendre un nombre $m > n$ tel que le produit P'_m renferme tous les facteurs de P_n. Nous avons alors

$$\frac{P'_m}{P'_n} = (1+u_\alpha)(1+u_\beta)\ldots(1+u_\lambda),$$

tous les indices α, β, ..., λ étant supérieurs à n, et, d'après ce que nous venons de voir, on peut choisir le nombre n assez grand pour qu'on ait

$$\left| \frac{P'_m}{P_n} - 1 \right| < \varepsilon,$$

aussi petit que soit le nombre positif ε. Or, lorsque n augmente indéfiniment, il en est de même de m, et le rapport $\dfrac{P'_m}{P_n}$ a pour limite $\dfrac{P'}{P}$. Il faut donc qu'on ait $P' = P$.

176. Produits uniformément convergents. — Considérons encore un produit infini (33), où u_0, u_1, ..., u_n, ... sont des fonctions continues, réelles ou imaginaires, d'une ou plusieurs variables x, y, t, ..., ce qui comprend évidemment le cas où u_0, u_1, u_2, ... seraient des fonctions d'une variable complexe z. Nous dirons que ce produit est *uniformément convergent* dans un certain domaine D, si la série Σc_n définie plus haut, dont la somme est égale au produit infini, est elle-même uniformément convergente dans ce domaine. Le produit P est alors une fonction continue des variables indépendantes.

Un produit infini est uniformément convergent, s'il en est ainsi de la série

$$(43) \qquad U_0 + U_1 + \ldots + U_n + \ldots ;$$

reprenons en effet la série (35), nous avons

$$v_{n+1} + \ldots + v_{n+p} = P_{n+p} - P_n = P_n [(1 + u_{n+1}) \ldots (1 + u_{n+p}) - 1];$$

on a d'ailleurs les inégalités évidentes

$$|P_n| < (1 + U_0)(1 + U_1) \ldots (1 + U_n) < e^{U_0 + U_1 + \ldots + U_n},$$
$$|(1 + u_{n+1})(1 + u_{n+2}) \ldots (1 + u_{n+p}) - 1| < e^{U_{n+1} + U_{n+2} + \ldots + U_{n+p}} - 1.$$

Mais la série (43), étant uniformément convergente dans le
domaine D, représente une fonction continue qui reste inférieure
à une certaine limite M, et l'on peut choisir un nombre N assez
grand pour que la somme suivante, où $n \geq N$,

$$U_{n+1} + U_{n+2} + \ldots + U_{n+p}$$

reste inférieure, quel que soit p, à un nombre positif α dans le
même domaine. On aura donc, le nombre n ayant été choisi de
cette façon,

$$|v_{n+1} + \ldots + v_{n+p}| < e^{M}(e^{\alpha} - 1).$$

Ceci prouve bien que la série Σv_n est uniformément convergente,
puisqu'on peut toujours choisir α de façon à satisfaire à la condition $e^{M}(e^{\alpha} - 1) < \varepsilon$, aussi petit que soit ε.

Remarque. — Toutes les propriétés précédentes s'étendent
sans difficulté aux produits infinis $\Pi(1 + u_{mn})$, où chaque facteur
est affecté de deux indices distincts m, n, pouvant varier séparément de o à $+\infty$. Lorsque la série double ΣU_{mn} est convergente, le produit précédent a une valeur bien déterminée, qui ne
dépend pas de la façon dont on fait croître le nombre des facteurs.
De même qu'une série double absolument convergente peut être,
d'une infinité de manières, transformée en une série ordinaire, un
produit doublement infini, tel que le précédent, peut être d'une
infinité de manières transformé en un produit simplement infini
absolument convergent. Si tous les termes u_{mn} sont des fonctions
continues de certaines variables x, y, $\ldots$, et si la série ΣU_{mn} est
uniformément convergente dans un certain domaine D, le produit

G.. I.   28 infini $\Pi(1 - u_{mn})$ est lui-même uniformément convergent, et représente une fonction continue de x, y, ... dans le domaine D.

177. Produits infinis réels. — Reprenons un produit infini de facteurs réels

$$(1 + u_0)(1 + u_1)\ldots(1 + u_n)\ldots$$

pour étudier le cas où il y une infinité de termes négatifs dans la suite u_0, u_1, u_2, ... Lorsque tous ces termes sont, à partir d'un certain rang, compris entre -1 et 0, on est conduit à étudier un produit infini tel que

$$(44) \qquad (1 - v_0)(1 - v_1)\ldots(1 - v_n)\ldots$$

où v_0, v_1, ..., v_n, ... sont positifs et inférieurs à 1. Il est clair que le produit $(1 - v_0)\ldots(1 - v_n)$ va en décroissant lorsque n augmente, et que ce produit reste positif; il tend donc vers une limite lorsque n croît indéfiniment, mais cette limite peut être zéro ou un nombre positif. Si la série Σv_i est convergente, le produit infini (44) est absolument convergent; le produit $(1 - v_0)\ldots(1 - v_n)$ a donc une limite différente de zéro (n° 175).

Pour voir ce qui arrive lorsque la série Σv_i est divergente, remarquons que $1 + x$ est toujours inférieur à e^x quelle que soit la valeur réelle de x, car la fonction $e^x - x - 1$ est minimum pour $x = 0$. On peut donc écrire

$$1 - v_0 < e^{-v_0}, \qquad 1 - v_1 < e^{-v_1}, \qquad \ldots, \qquad 1 - v_n < e^{-v_n}$$

et, par suite,

$$(1 - v_0)(1 - v_1)\ldots(1 - v_n) < e^{-(v_0 + v_1 + \ldots + v_n)}.$$

La somme $v_0 + v_1 + \ldots + v_n$ augmente indéfiniment avec n, et par suite le produit infini est nul.

Lorsque la suite u_0, u_1, ..., u_n, ... renferme une infinité de termes positifs et une infinité de termes négatifs, le produit infini ne peut être convergent sans être nul que si le terme général u_n tend vers zéro (n° 174). Supposons qu'il en soit ainsi; comme on peut toujours négliger un nombre fini de facteurs au début, nous admettrons que tous les facteurs sont positifs. Le produit P_n contient alors un certain nombre de facteurs supérieurs à 1 et un certain nombre de facteurs inférieurs à 1; le seul cas douteux est évidemment celui où le produit des facteurs supérieurs à 1 augmente indéfiniment, tandis que le produit des facteurs inférieurs à 1 tend vers zéro, lorsque n augmente indéfiniment. Le produit infini peut être convergent ou divergent suivant les cas; mais il est facile de démontrer, en raisonnant comme pour les séries semi-convergentes (n° 165), que, dans un produit de cette espèce, on peut toujours disposer les facteurs dans un ordre tel que le produit P_n ait pour limite un nombre positif quelconque donné à l'avance.

Lorsque la série Σu_n est convergente, on a une règle précise. *Le produit P_n tend vers une limite positive ou tend vers zéro, suivant que la série Σu_n^2 est convergente ou divergente.*

Pour le démontrer, remarquons que le rapport

$$\frac{\log(1+x)-x}{x^2}$$

a pour limite $-\dfrac{1}{2}$, lorsque x tend vers zéro; nous pouvons donc écrire

$$\log(1+x)=x-\frac{x^2}{2}(1-\alpha),$$

la valeur absolue de α étant inférieure à $\dfrac{1}{2}$ pourvu que la valeur absolue de x soit inférieure à une certaine limite. Puisque u_n tend vers zéro quand n croît indéfiniment, et qu'on peut faire commencer le produit infini à tel facteur qu'on veut, il est donc permis de supposer qu'on a

$$\log(1+u_0)=u_0-\frac{u_0^2}{2}(1+\theta_0),$$

$$\log(1+u_1)=u_1-\frac{u_1^2}{2}(1+\theta_1).$$

$$\cdots\cdots\cdots\cdots\cdots\cdots\cdots\cdots$$

$$\log(1+u_n)=u_n-\frac{u_n^2}{2}(1+\theta_n),$$

tous les nombres $\theta_0, \theta_1, \ldots, \theta_n$ étant compris entre $-\dfrac{1}{2}$ et $+\dfrac{1}{2}$. On déduit de là

$$(45)\quad \log P_n = u_0+u_1+\ldots+u_n-\frac{1}{2}u_0^2(1+\theta_0)-\ldots-\frac{1}{2}u_n^2(1+\theta_n);$$

lorsque les deux séries Σu_n et Σu_n^2 sont convergentes, le second membre tend vers une limite finie quand n croît indéfiniment, car $u_n^2(1+\theta_n)$ est compris entre $\dfrac{u_n^2}{2}$ et $\dfrac{3}{2}u_n^2$. Le produit P_n tend donc vers une limite différente de zéro. Au contraire, lorsque la série Σu_n^2 est divergente, le second membre de la formule (45) croît indéfiniment en valeur absolue en restant négatif, et par suite P_n tend vers zéro.

La même égalité (45) prouve que le produit infini est divergent ou nul lorsque la série Σu_n est divergente et la série Σu_n^2 convergente. Mais il est à remarquer que le produit infini peut être convergent lorsque les deux séries Σu_n et Σu_n^2 sont divergentes. Prenons par exemple $u_0=u_1=u_2=0$, et, pour $n>1$,

$$u_{2n-1}=-\frac{1}{\sqrt{n}}, \qquad u_{2n}=\frac{1}{\sqrt{n}}+\frac{1}{n}+\frac{1}{n\sqrt{n}},$$

la série Σu_n est divergente, car la somme S_{2n} est supérieure à

$$\frac{1}{2} + \frac{1}{3} + \ldots + \frac{1}{n};$$

il en est de même, pour la même raison, de Σu_n^2. Cependant le produit infini

$$\left(1 - \frac{1}{\sqrt{2}}\right)\left(1 + \frac{1}{\sqrt{2}} + \frac{1}{2} - \frac{1}{2\sqrt{2}}\right) \cdots \left(1 - \frac{1}{\sqrt{n}}\right)\left(1 + \frac{1}{\sqrt{n}} + \frac{1}{n} + \frac{1}{n\sqrt{n}}\right) \cdots$$

est convergent, car le produit de $2n - 2$ facteurs est égal à

$$\left(1 - \frac{1}{4}\right)\left(1 - \frac{1}{9}\right) \cdots \left(1 - \frac{1}{n^2}\right),$$

tandis que le produit de $2n - 1$ facteurs est égal au produit précédent multiplié par le facteur $1 - \dfrac{1}{\sqrt{n+1}}$ qui a pour limite l'unité ([1]).

Exemples. — 1° La série

$$-\frac{1}{2} + \frac{1}{2} - \frac{1}{4} + \frac{1}{4} + \ldots - \frac{1}{2n} + \frac{1}{2n} + \ldots$$

est convergente ainsi que la série obtenue en élevant ses termes au carré. Le produit infini correspondant

$$\frac{1}{2} \cdot \frac{3}{2} \cdot \frac{3}{4} \cdot \frac{5}{4} \cdots \frac{2n-1}{2n} \cdot \frac{2n-1}{2n} \cdots$$

est donc convergent; on sait, d'après la formule de Wallis, qu'il est égal à $\dfrac{2}{\pi}$. Pour le transformer en un produit absolument convergent, il suffit de réunir deux facteurs consécutifs, ce qui donne

$$\frac{2}{\pi} = \prod_{n=1}^{+\infty} \left(1 - \frac{1}{4n^2}\right).$$

2° Soit $u_0 + u_1 + \ldots + u_n + \ldots$ une série à termes réels dans laquelle le rapport de deux termes consécutifs est une fonction rationnelle de n tendant vers l'unité lorsque n augmente indéfiniment,

$$\frac{u_{n+1}}{u_n} = \frac{n^p + a_1 n^{p-1} + \ldots}{n^p + b_1 n^{p-1} + \ldots}.$$

([1]) *Voir* CAUCHY, *Cours d'Analyse* ou *Œuvres complètes*, 2° série, t. II, Note IX; PRINGSHEIM, *Mathematische Annalen*, t. XXII, XXXIII et XLII.

En laissant de côté le cas où l'un des termes de cette série serait nul ou
infini, on peut écrire

$$u_{n+1} = u_1 \prod_{\nu=1}^{n} \left[1 + \frac{a_1 - b_1}{\nu} - \frac{\varphi(\nu)}{\nu^2} \right],$$

$\varphi(\nu)$ étant une fonction rationnelle de ν qui reste inférieure en valeur
absolue à un nombre fixe. Si l'on a $a_1 - b_1 > 0$, tous les termes de la série

$$(16) \qquad \sum \left[\frac{a_1 - b_1}{\nu} - \frac{\varphi(\nu)}{\nu^2} \right]$$

finissent par être positifs, et cette série est divergente; le terme général
u_{n+1} de la première série augmente donc indéfiniment en valeur absolue.
Si $a_1 - b_1 = 0$, la série (16) est absolument convergente, et u_{n+1} tend vers
une limite finie différente de zéro. Enfin, si $a_1 - b_1 < 0$, tous les termes de
la série (46) finissent par être négatifs, et cette série est divergente; u_{n+1}
tend donc vers zéro lorsque n croît indéfiniment. Ces résultats sont dus à
Gauss (*voir* n° 163).

178. Déterminants d'ordre infini. — Soit $\sum\limits_{i,k} a_{ik}$ une série double absolument convergente dans laquelle chacun des indices i, k varie de $-\infty$
à $+\infty$. Considérons le déterminant suivant :

$$D_m = \begin{vmatrix} 1 + a_{-m,-m} & \cdots & \cdots & \cdots & a_{-m,m} \\ a_{-m+1,-m} & \cdots & \cdots & \cdots & a_{-m+1,m} \\ \cdots & \cdots & \cdots & \cdots & \cdots \\ a_{0,-m} & \cdots & 1 + a_{0,0} & \cdots & a_{0,m} \\ \cdots & \cdots & \cdots & \cdots & \cdots \\ a_{m,-m} & \cdots & \cdots & \cdots & 1 + a_{m,m} \end{vmatrix}.$$

Le produit $\Pi_m = \prod\limits_{i,k} (1 + |a_{ik}|)$, où les deux indices i et k varient
de $-m$ à $+m$, est supérieur à $|D_m|$, car un terme quelconque de D_m a
pour module un terme de Π_m, et ce produit contient, en outre, d'autres
termes tous positifs. On voit de même qu'un terme quelconque de la différence $D_{m+p} - D_m$ a pour module un terme de la différence $\Pi_{m+p} - \Pi_m$,
qui renferme d'autres termes tous positifs. On a donc

$$|D_{m+p} - D_m| < \Pi_{m+p} - \Pi_m.$$

Mais la série $\sum |a_{ik}|$ étant convergente. le produit Π_m tend vers une
limite lorsque m croît indéfiniment; la différence $\Pi_{m+p} - \Pi_m$ et, par suite,
la différence $D_{m+p} - D_m$ tend donc vers zéro lorsque les deux nombres m
et $m+p$ augmentent indéfiniment. Il en résulte que le déterminant D_m
tend vers une limite (n° 5).

EXERCICES.

1. Pour qu'un produit infini soit convergent sans être nul, il faut et il suffit qu'à tout nombre positif ε on puisse faire correspondre un nombre entier n tel que l'on ait

$$\left| (1 + u_{n+1})(1 + u_{n+2})\ldots(1 + u_{n+p}) - 1 \right| < \varepsilon,$$

quel que soit le nombre entier p.

2*. La série à termes positifs $u_0 + u_1 + \ldots + u_n + \ldots$ est convergente ou divergente en même temps que la série $\dfrac{u_0}{s_0} + \dfrac{u_1}{s_1} + \ldots + \dfrac{u_n}{s_n} + \ldots$

$$\left[\text{On peut écrire } \frac{s_0}{s_n} = \prod_{i=1}^{n}\left(1 - \frac{u_i}{s_i}\right), \text{ et appliquer le théorème du n° 177.} \right]$$

3. En évaluant de deux façons différentes la somme des termes d'un tableau à double entrée, établir les formules

$$\frac{q}{1-q} - \frac{q^3}{1-q^3} + \frac{q^5}{1-q^5} + \ldots = \frac{q}{1-q^2} + \frac{q^2}{1-q^4} + \frac{q^3}{1-q^6} + \ldots + \frac{q^n}{1-q^{2n}} + \ldots,$$

$$\frac{1}{1+q} - \frac{q}{1+q^3} + \frac{q^2}{1+q^5} + \ldots = \frac{1}{1-q} - \frac{q}{1-q^3} + \frac{q^2}{1-q^5} - \ldots,$$

$$\frac{q}{1-q} + \frac{2q^2}{1-q^2} + \frac{3q^3}{1-q^3} + \ldots = \frac{q}{(1-q)^2} + \frac{q^2}{(1-q^2)^2} + \frac{q^3}{(1-q^3)^2} + \ldots,$$

$$\frac{q}{1-q^2} + \frac{3q^3}{1-q^6} + \frac{5q^5}{1-q^{10}} + \ldots = \frac{q(1+q^2)}{(1-q^2)^2} + \frac{q^3(1+q^6)}{(1-q^6)^2} + \frac{q^5(1+q^{10})}{(1-q^{10})^2} + \ldots,$$

$$\frac{\sqrt{q}}{1+q} - \frac{\sqrt{q^3}}{3(1+q^3)} + \frac{\sqrt{q^5}}{5(1+q^5)} - \ldots = \operatorname{arc\,tang}\sqrt{q} - \operatorname{arc\,tang}\sqrt{q^3} + \operatorname{arc\,tang}\sqrt{q^5} - \ldots,$$

où l'on suppose $|q| < 1$.

4*. Soit q un nombre positif inférieur à l'unité. Posons

$$Q_1 = \prod_{n=1}^{+\infty}(1 + q^{2n}), \qquad Q_2 = \prod_{n=1}^{+\infty}(1 + q^{2n-1}), \qquad Q_3 = \prod_{n=1}^{+\infty}(1 - q^{2n-1});$$

démontrer la formule

$$Q_1 Q_2 Q_3 = 1.$$

CHAPITRE IX.

SÉRIES ENTIÈRES. — SÉRIES TRIGONOMÉTRIQUES.

I. — SÉRIE DE TAYLOR. — GÉNÉRALITÉS.

179. Série de Taylor. — Lorsque la suite des dérivées d'une fonction $f(x)$ est illimitée dans un intervalle $(a, a + h)$, on peut supposer le nombre n qui figure dans la formule (7) (p. 41) aussi grand qu'on le veut; *si le reste R_n tend vers zéro lorsque n augmente indéfiniment,* on est conduit à écrire

$$(1) \quad f(a+h) = f(a) + \frac{h}{1} f'(a) + \frac{h^2}{1.2} f''(a) + \ldots + \frac{h^n}{1.2\ldots n} f^{(n)}(a) + \ldots,$$

formule qui exprime que la série

$$f(a) + \frac{h}{1} f'(a) + \ldots + \frac{h^n}{1.2\ldots n} f^n(a) + \ldots$$

est convergente et a pour somme $f(a + h)$. C'est cette formule (1) qui constitue la formule de Taylor proprement dite, mais elle n'est légitime que si l'on a établi que le reste R_n tend vers zéro pour n infini, tandis que la formule générale (7) ne suppose que l'existence des dérivées jusqu'à la $(n+1)^{\text{ième}}$. La formule (1) peut encore s'écrire, en remplaçant a par x.

$$f(x+h) = f(x) + \frac{h}{1} f'(x) + \ldots + \frac{h^n}{1.2\ldots n} f^{(n)}(x) + \ldots;$$

au contraire, si l'on fait $a = 0$, et qu'on remplace h par x, il vient

$$(2) \quad f(x) = f(0) + \frac{x}{1} f'(0) + \ldots + \frac{x^n}{1.2\ldots n} f^{(n)}(0) + \ldots.$$

Cette dernière formule (2) est appelée aussi quelquefois *formule de Maclaurin;* mais on doit remarquer que ces différentes formules sont au fond équivalentes. Tandis que la formule (2) donne le développement d'une fonction de x suivant les puissances de x, la formule (1) donne le développement d'une fonction de h suivant les puissances de h; il suffit d'un simple changement de notation pour passer de l'une à l'autre.

Il est un cas assez étendu où l'on peut affirmer que le terme complémentaire R_n tend vers zéro lorsque n augmente indéfiniment : c'est celui où la valeur absolue d'une dérivée d'ordre quelconque reste inférieure à un nombre fixe M, lorsque x varie dans l'intervalle $(a, a+h)$. On a, en effet,

$$|R_n| < M \frac{|h|^{n+1}}{1.2\ldots(n+1)},$$

et le second membre est le terme général d'une série convergente. C'est ce qui arrive pour les fonctions e^x, $\sin x$, $\cos x$; toutes les dérivées de e^x sont égales à e^x et admettent, par conséquent, le même maximum dans l'intervalle considéré. Quant aux dérivées de $\sin x$ et de $\cos x$, leur valeur absolue ne dépasse jamais l'unité. La formule (1) est donc applicable à ces trois fonctions, quelles que soient les valeurs de a et de h. Bornons-nous à la formule (2); si $f(x) = e^x$, la fonction et toutes ses dérivées sont égales à *un* pour $x = 0$, et, par suite, nous avons le développement

$$(3) \qquad e^x = 1 + \frac{x}{1} + \frac{x^2}{1.2} + \ldots + \frac{x^n}{1.2\ldots n} + \ldots$$

qui s'applique à toutes les valeurs, positives ou négatives, de x. Si a est un nombre positif quelconque, on a $a^x = e^{x \log a}$ et, par conséquent,

$$(4) \qquad a^x = 1 + \frac{x \log a}{1} + \frac{(x \log a)^2}{1.2} + \ldots + \frac{(x \log a)^n}{1.2\ldots n} + \ldots$$

Prenons encore $f(x) = \sin x$; les dérivées successives forment une suite périodique à quatre termes $\cos x$, $-\sin x$, $-\cos x$, $\sin x$, et les valeurs de ces dérivées pour $x = 0$ forment également une suite périodique 1, 0, -1, 0. On a donc, pour toute valeur positive ou négative de x,

$$(5) \qquad \sin x = \frac{x}{1} - \frac{x^3}{1.2.3} + \frac{x^5}{1.2.3.4.5} - \ldots + (-1)^n \frac{x^{2n+1}}{1.2.3\ldots(2n+1)} + \ldots$$

et l'on trouve de même

$$(6) \qquad \cos x = 1 - \frac{x^2}{1.2} + \frac{x^4}{1.2.3.4} - \ldots + (-1)^n \frac{x^{2n}}{1.2.3\ldots 2n} + \ldots$$

Revenons au cas général. La discussion du reste R_n est rarement aussi simple que dans les exemples précédents; mais on peut la faciliter en remarquant que, si ce reste tend vers zéro, la série

$$f(a) + \frac{h}{1} f'(a) + \ldots + \frac{h^n}{1.2\ldots n} f^{(n)}(a) + \ldots$$

est nécessairement convergente. En général, il vaut mieux s'assurer, avant d'examiner R_n, que la série est convergente; si, pour des valeurs données de a et de h, cette série est divergente, il est inutile de pousser la discussion plus loin : on peut affirmer que R_n ne tend pas vers zéro lorsque n augmente indéfiniment.

La réciproque n'est pas exacte. La série

$$f(0) + \frac{x}{1} f'(0) + \frac{x^2}{1.2} f''(0) + \ldots + \frac{x^n}{1.2\ldots n} f^{(n)}(0) + \ldots$$

peut fort bien être convergente, sans représenter la fonction $f(x)$ qui lui a donné naissance; l'exemple suivant est dû à Cauchy. Soit $f(x) = e^{-\frac{1}{x^2}}$; on a $f'(x) = \frac{2}{x^3} e^{-\frac{1}{x^2}}$ et, d'une manière générale, la dérivée $n^{\text{ième}}$ est de la forme

$$f^{(n)}(x) = \frac{P}{x^m} e^{-\frac{1}{x^2}},$$

P désignant un polynome. Toutes ces dérivées sont nulles pour $x = 0$, car le quotient de $e^{-\frac{1}{x^2}}$ par une puissance positive quelconque de x tend vers zéro avec x; on peut écrire en effet

$$\frac{1}{x^m} e^{-\frac{1}{x^2}} = \frac{z^m}{e^{z^2}}$$

en posant $x = \frac{1}{z}$, et l'on sait que $\frac{e^{z^2}}{z^m}$ augmente indéfiniment avec z, aussi grand que soit m. Soit, d'autre part, $\varphi(x)$ une fonction à laquelle s'applique la formule (2)

$$\varphi(x) = \varphi(0) + \frac{x}{1} \varphi'(0) + \ldots + \frac{x^n}{1.2\ldots n} \varphi^{(n)}(0) + \ldots$$

Posons $F(x) = \varphi(x) + e^{-\frac{1}{x^2}}$: on a

$$F(o) = \varphi(o), \qquad F'(o) = \varphi'(o), \qquad \dots \qquad F^{(n)}(o) = \varphi^{(n)}(o), \qquad \dots$$

de sorte que le développement de $F(x)$ par la formule de Maclaurin serait identique au précédent. La somme de la série que l'on obtient ainsi représente donc une fonction tout à fait différente de celle qui a donné naissance à cette série.

D'une façon générale, si deux fonctions $f(x)$ et $\varphi(x)$ sont égales, ainsi que toutes leurs dérivées, pour $x = o$, sans être identiques, il est clair qu'elles ne peuvent être toutes les deux développables en série par la formule de Maclaurin, puisque les coefficients du développement seraient les mêmes pour les deux fonctions.

180. Formule du binome. — Prenons comme dernier exemple la fonction $(1 + x)^m$, qui est continue, ainsi que toutes ses dérivées, pourvu que $1 + x$ soit positif. La série (2) correspondante

$$1 + \frac{m}{1} x + \frac{m(m-1)}{1 \cdot 2} x^2 + \dots + \frac{m(m-1)\dots(m-n+1)}{1 \cdot 2 \dots n} x^n + \dots$$

est divergente si l'on a $|x| > 1$, à moins que m ne soit un nombre entier positif. Pour démontrer que le reste tend vers zéro, lorsque x est compris entre -1 et $+1$, écrivons ce reste sous forme d'intégrale définie (n° **88**)

$$R_n = \frac{1}{n!} \int_0^x F^{(n+1)}(z)(x-z)^n \, dz$$

$$= \frac{m(m-1)\dots(m-n)}{n!} \int_0^x (1+z)^{m-1} \left(\frac{x-z}{1+z}\right)^n \, dz.$$

Lorsque z varie de o à x, $(1+z)^{m-1}$ reste inférieur à un maximum M indépendant de n. Le quotient $\dfrac{x-z}{1+z}$ reste plus petit que x en valeur absolue, car si l'on pose $z = \theta x$, il vient

$$\frac{x-z}{1+z} = x \left(\frac{1-\theta}{1+\theta x}\right)$$

et le coefficient de x est plus petit que un, lorsque θ croît de o à 1.

Il s'ensuit que la valeur absolue de R_n est inférieure au terme général d'une série convergente.

Pour toute valeur de x comprise entre -1 et $+1$, on a, par conséquent,

$$(7) \qquad (1+x)^m = 1 + \frac{m}{1}x + \ldots + \frac{m(m-1)\ldots(m-n+1)}{1.2\ldots n}x^n + \ldots$$

La même méthode conduit aussi au développement

$$(8) \qquad \log(1+x) = \frac{x}{1} - \frac{x^2}{2} + \frac{x^3}{3} - \frac{x^4}{4} + \ldots$$

qui s'applique pour $-1 < x < 1$.

En dehors des exemples que nous venons de traiter, et de quelques autres, la discussion du reste offre de grandes difficultés, à cause de la complication croissante des dérivées successives. Il semblerait donc, d'après ce premier aperçu, que les applications de la formule de Taylor pour le développement d'une fonction en série doivent être très limitées. Une telle vue serait absolument inexacte, et ces développements jouent, au contraire, un rôle fondamental dans l'Analyse moderne. Mais, pour apprécier leur importance, il faut se placer à un autre point de vue, et étudier en elles-mêmes les propriétés des séries entières, sans se préoccuper de leur origine.

II. — SÉRIES ENTIÈRES A UNE VARIABLE.

Nous allons maintenant faire une étude directe des séries entières à une ou plusieurs variables, auxquelles conduit tout naturellement la formule de Taylor. Quoiqu'on ne s'occupe que de variables réelles, les raisonnements s'étendent d'eux-mêmes aux variables imaginaires, en remplaçant partout les mots *valeur absolue* par *module*.

181. Région de convergence. — Considérons d'abord une série

$$(9) \qquad A_0 + A_1 X + A_2 X^2 + \ldots + A_n X^n + \ldots$$

où tous les coefficients A_0, A_1, A_2, ... sont positifs et où l'on n'attribue à la variable indépendante X que des valeurs positives.

Nous pouvons ranger les nombres positifs en deux classes : nous dirons qu'un nombre positif X appartient à la classe (α) si la série (9) est convergente, et qu'il appartient à la classe (β) si cette série est divergente. Supposons d'abord qu'il existe des nombres positifs des deux classes. Comme un terme quelconque de la série (9), dont le coefficient n'est pas nul, va en croissant avec X, il est clair qu'un nombre quelconque de la classe (α) est plus petit qu'un nombre quelconque de la classe (β). Il existe donc un nombre $R > 0$ (n° 2) tel que tout nombre X supérieur à R rend la série (9) divergente, tandis que tout nombre positif X inférieur à R rend la série convergente. Ce nombre R lui-même, mis à la place de X, peut donner une série convergente ou une série divergente.

Il peut se faire qu'une des deux classes (α) ou (β) disparaisse :

1° S'il n'existe aucun nombre de la classe (β), la série (9) est convergente quel que soit X, et l'on dit que R est infini. Tel est le cas de la série

$$1 + \frac{X}{1} + \frac{X^2}{1.2} + \cdots + \frac{X^n}{1.2\ldots n} + \cdots$$

2° S'il n'existe aucun nombre positif de la classe (α), la série (9) est divergente, sauf pour $X = 0$, et l'on pose $R = 0$. Telle est la série

$$1 + X + 1.2\,X^2 + \cdots + 1.2\ldots n\,X^n + \cdots$$

Considérons maintenant une série entière

$$(10) \qquad a_0 + a_1 x + a_2 x^2 + \cdots + a_n x^n + \cdots,$$

où les coefficients a_i et la variable x peuvent avoir des signes quelconques. Nous poserons dorénavant $X_i = |a_i|$, $X = |x|$, de façon que la série (9) sera formée par les valeurs absolues des termes de la série (10). Soit R le nombre qui vient d'être défini pour cette série (9); il est évident que la série (10) est absolument convergente pour toute valeur de x comprise entre $-R$ et $+R$, d'après la définition même du nombre R. Il nous reste à montrer que la série (10) est divergente lorsque la valeur absolue de x est supérieure à R. C'est ce qui résulte de la proposition fondamentale d'Abel [1] : *Si la série* (10) *est convergente pour une valeur particulière x_0, elle est absolument convergente pour toute valeur de x dont la valeur absolue est inférieure à $|x_0|$.*

En effet, la série (10) étant supposée convergente pour $x = x_0$, désignons par M un nombre positif supérieur à la valeur absolue de l'un quelconque des termes de cette série, de telle sorte qu'on ait, quel que soit le nombre n,

$$A_n |x_0|^n < M.$$

Nous pouvons écrire

$$A_n X^n = A_n |x_0|^n \left(\frac{X}{|x_0|} \right)^n < M \left(\frac{X}{|x_0|} \right)^n ;$$

la série (9) est donc convergente si l'on suppose $X < |x_0|$, ce qui démontre la proposition énoncée.

Cela posé, si la série (10) est convergente pour $x = x_0$, on voit que la série des valeurs absolues (9) sera convergente pourvu que X soit inférieur à $|x_0|$. On ne peut donc avoir $|x_0| > R$, car alors le nombre R ne serait pas la borne supérieure des valeurs de X qui rendent convergente la série (9).

En résumé, étant donnée une série entière (10) où les coefficients ont des signes quelconques, il existe un nombre positif R possédant la propriété suivante : *La série* (10) *est absolument convergente pour toute valeur de x comprise entre* $-R$ *et* $+R$, *et divergente pour toute valeur de x supérieure à* R *en valeur absolue.* L'intervalle ($-R$, $+R$) s'appellera la *région de convergence;* cette région s'étend de $-\infty$ à $+\infty$ dans le cas limite où R est infini. Elle se réduit à l'origine si $R = 0$; nous laisserons de côté, dans la suite, ce cas particulier.

La démonstration ne nous apprend rien sur ce qui arrive pour les valeurs limites $x = R$, $x = -R$. La série (10) peut être absolument convergente, simplement convergente, ou divergente.

Considérons, par exemple, les trois séries

$$1 + \sum_{\nu=1}^{+\infty} x^\nu, \qquad 1 + \sum_{\nu=1}^{+\infty} \frac{x^\nu}{\nu}, \qquad 1 + \sum_{\nu=1}^{+\infty} \frac{x^\nu}{\nu^2} ;$$

---

[1] *Recherches sur la série* $1 + \frac{m}{1}x + \frac{m(m-1)}{1.2}x^2 + \dots$

on a, pour ces trois séries, $R = 1$, car le rapport d'un terme au précédent a pour limite x. La première série est divergente pour $x = \pm 1$, la deuxième est divergente pour $x = 1$ et convergente pour $x = -1$; la troisième est absolument convergente pour $x = \pm 1$.

Remarque. — L'énoncé de la proposition d'Abel peut être généralisé; il suffit, en effet, pour la suite du raisonnement, de supposer que la valeur absolue d'un terme quelconque de la série

$$a_0 + a_1 x_0 + \ldots + a_n x_0^n + \ldots$$

reste inférieure à un nombre fixe. Lorsqu'il en est ainsi, la série (10) est absolument convergente pour toute valeur de la variable dont la valeur absolue est inférieure à $|x_0|$.

Le nombre R est lié par une relation très simple au nombre ω défini plus haut (n° 160), qui est la plus grande des limites des termes de la suite

$$A_1, \quad \sqrt[2]{A_2}, \quad \sqrt[3]{A_3}, \quad \ldots \quad \sqrt[n]{A_n}, \quad \ldots$$

En effet, si l'on considère la suite analogue

$$A_1 X, \quad \sqrt[2]{A_2 X^2}, \quad \ldots \quad \sqrt[n]{A_n X^n}, \quad \ldots$$

il est clair que la plus grande des limites des termes de cette suite est ωX. La série (9) est donc convergente, si l'on a $X < \dfrac{1}{\omega}$, et divergente si $X > \dfrac{1}{\omega}$; par conséquent, $R = \dfrac{1}{\omega}$ [1].

182. Continuité d'une série entière. — Désignons par $f(x)$ la somme d'une série entière convergente dans l'intervalle de $-R$ à $+R$,

$$(11) \qquad f(x) = a_0 + a_1 x + \ldots + a_n x^n + \ldots$$

et soit R' un nombre positif inférieur à R. Nous allons d'abord montrer que la série (11) est uniformément convergente dans l'intervalle de $-R'$ à $+R'$. En effet, pour une valeur de x, dont la

---

[1] Ce théorème, démontré par Cauchy dans son *Cours d'Analyse*, a été retrouvé par M. Hadamard dans sa thèse.

valeur absolue ne dépasse pas R', la valeur absolue d'un terme quelconque $|a_n x^n|$ est au plus égale au terme correspondant de la série convergente

$$A_0 + A_1 R' + \ldots + A_n R'^n + \ldots$$

Il suit de là que *la somme* $f(x)$ *de la série est une fonction continue de* x, *pour toute valeur de la variable comprise entre* $-R$ *et* $+R$. En effet, étant donné un nombre x_0, plus petit que R en valeur absolue, il est évident qu'on peut trouver un autre nombre positif R', inférieur à R et supérieur à $|x_0|$. D'après ce qu'on vient de voir, la série est uniformément convergente dans l'intervalle de $-R'$ à $+R'$; la somme $f(x)$ est donc continue pour la valeur x_0 qui appartient à cet intervalle.

La démonstration ne s'applique plus aux limites $+R$ et $-R$ de la région de convergence. La continuité subsiste cependant, pourvu que la série soit convergente. Abel a démontré, en effet, que *si la série* (10) *est convergente pour* $x = R$, *la somme de cette série est la limite vers laquelle tend la somme de la série* $f(x)$ *lorsque* x *tend vers* R *en étant inférieur à* R.

Il suffit de prouver que la série (11) est uniformément convergente dans tout l'intervalle (0, R), y compris la limite $x = R$. En effet, ε étant un nombre positif arbitraire, choisissons un nombre entier n assez grand pour que l'on ait, quel que soit p,

$$|a_{n+1} R^{n+1} + a_{n+2} R^{n+2} + \ldots + a_{n+p} R^{n+p}| < \varepsilon;$$

cela est possible puisque, par hypothèse, la série (10) est convergente pour $x = R$. Soit x un nombre positif inférieur à R; on peut écrire $a_n x^n = a_n R^n \times \left(\dfrac{x}{R}\right)^n$, et appliquer le lemme d'Abel (n° **77**), en observant que les puissances successives de $\dfrac{x}{R}$ forment une suite décroissante. On a donc aussi, quel que soit p,

$$\left| a_{n+1} x^{n+1} + \ldots + a_{n+p} x^{n+p} \right| < \varepsilon \left(\frac{x}{R}\right)^{n+1} < \varepsilon.$$

Cette inégalité, rapprochée de la précédente, prouve que la série (10) est uniformément convergente dans tout l'intervalle (0, R). La somme de la série est donc continue pour la limite supérieure de cet intervalle, car les démonstrations données plus haut (nos **31-32**) s'appliquent aussi à une limite de l'intervalle de convergence, si la série est uniformément convergente dans tout l'intervalle, la limite comprise.

On voit de la même façon que, si la série (11) est convergente pour $x = -R$, la somme de cette série pour $x = -R$ est la limite vers laquelle tend la somme $f(x)$ lorsque x tend vers $-R$. Il suffit, du reste, de changer x en $-x$ pour être ramené au premier cas.

Application. — Cette proposition permet de compléter le théorème établi plus haut (n° **168**) sur la multiplication de deux séries.

Soient

$$S = u_0 + u_1 + u_2 + \ldots + u_n + \ldots$$
$$S' = v_0 + v_1 + v_2 + \ldots + v_n + \ldots$$

deux séries convergentes, dont aucune n'est absolument convergente, la série obtenue par la règle de multiplication

$$u_0 v_0 + (u_0 v_1 + u_1 v_0) + \ldots + (u_0 v_n + \ldots + u_n v_0) + \ldots$$

peut être convergente ou divergente: mais, si elle est convergente, sa somme Σ est égale au produit des sommes des deux premières séries, $\Sigma = SS'$. Considérons, en effet, les trois séries entières

$$f(x) = u_0 + u_1 x + \ldots + u_n x^n + \ldots,$$
$$\varphi(x) = v_0 + v_1 x + \ldots + v_n x^n + \ldots,$$
$$\psi(x) = u_0 v_0 + (u_0 v_1 + u_1 v_0)x + \ldots + (u_0 v_n + \ldots + u_n v_0)x^n + \ldots;$$

ces séries sont convergentes, par hypothèse, pour $x = 1$, et, par suite, sont absolument convergentes lorsque x est compris entre -1 et $+1$. Pour ces valeurs de x, le théorème de Cauchy sur la multiplication des séries est applicable et nous donne la relation

$$(12) \qquad\qquad f(x)\varphi(x) = \psi(x);$$

or, lorsque x tend vers l'unité, $f(x)$, $\varphi(x)$, $\psi(x)$ ont respectivement pour limites, d'après le théorème d'Abel, S, S' et Σ. Les deux membres de la formule (12) restant constamment égaux, on a donc, à la limite, $\Sigma = SS'$.

Le théorème est encore vrai pour les séries à termes imaginaires et s'établit de la même façon.

183. Dérivées successives d'une série entière. — En différentiant terme à terme une série entière

$$f(x) = a_0 + a_1 x + a_2 x^2 + \ldots + a_n x^n + \ldots$$

convergente dans l'intervalle $(-R, +R)$, on obtient une nouvelle série entière

$$(13) \qquad a_1 + 2a_2x + \ldots + na_nx^{n-1} + \ldots$$

qui est convergente dans le même intervalle. Il suffit, pour le prouver, de montrer que la série des valeurs absolues

$$(14) \qquad A_1 + 2A_2X + \ldots + nA_nX^{n-1} + \ldots$$

est convergente si $X < R$, et divergente si $X > R$.

Pour démontrer la première partie, supposons $X < R$, et soit R' un nombre compris entre X et R, $X < R' < R$. La série auxiliaire

$$\frac{1}{R'} + \frac{2}{R'}\frac{X}{R'} + \frac{3}{R'}\left(\frac{X}{R'}\right)^2 + \ldots + \frac{n}{R'}\left(\frac{X}{R'}\right)^{n-1} + \ldots$$

est convergente, car le rapport d'un terme au précédent a pour limite un nombre $\frac{X}{R'}$, inférieur à l'unité. En multipliant les différents termes de cette série par les facteurs

$$A_1R', \quad A_2R'^2, \quad \ldots, \quad A_nR'^n, \quad \ldots$$

qui sont tous plus petits qu'un nombre fixe, puisque $R' < R$, il est évident que la nouvelle série obtenue

$$A_1 + 2A_2X + \ldots + nA_nX^{n-1} + \ldots$$

est encore convergente.

La seconde partie se démontre de même. Si la série

$$A_1 + 2A_2X_1 + \ldots + nA_nX_1^{n-1} + \ldots,$$

où X_1 est supérieur à R, était convergente, il en serait de même de la série

$$A_1X_1 + 2A_2X_1^2 + \ldots + nA_nX_1^n + \ldots$$

et, par suite, de la série $\sum_1^{\infty} A_nX_1^n$ qui a ses termes plus petits que ceux de la précédente. Le nombre R ne serait donc pas la borne supérieure des valeurs de X qui rendent la série (9) convergente.

La somme $f_1(x)$ de la série entière (13) est une fonction continue de la variable dans le même intervalle. Cette série étant uniformément convergente dans tout intervalle $(-R', +R')$, où $R' < R$, représente la dérivée de $f(x)$ dans cet intervalle (n° **32**). Comme le nombre R' peut être pris aussi rapproché de R qu'on le veut, on en conclut que la fonction $f(x)$ admet, pour toute valeur de x comprise entre $-R$ et $+R$, une dérivée qui est représentée par la série obtenue en différentiant terme à terme

$$(15) \qquad f'(x) = a_1 + 2a_2 x + \ldots + n a_n x^{n-1} + \ldots$$

En raisonnant sur cette série entière comme on a raisonné sur la première, on en conclut que $f(x)$ admet une dérivée seconde

$$f''(x) = 2a_2 + 6a_3 x + \ldots + n(n-1) a_n x^{n-2} + \ldots$$

et ainsi de suite. La fonction $f(x)$ admet, dans l'intervalle $(-R, +R)$, une suite illimitée de dérivées qui sont représentées par les séries obtenues en différentiant terme à terme

$$(16) \qquad f^{(n)}(x) = 1.2\ldots n\, a_n + 2.3\ldots n(n+1) a_{n+1} x + \ldots$$

Si l'on fait dans ces formules $x = 0$, il vient

$$a_0 = f(0), \qquad a_1 = f'(0), \qquad a_2 = \frac{f''(0)}{2}, \qquad \ldots,$$

et, d'une manière générale,

$$a_n = \frac{f^{(n)}(0)}{1.2\ldots n};$$

de sorte que le développement de $f(x)$ est identique au développement que fournirait la formule de Maclaurin

$$f(x) = f(0) + \frac{x}{1} f'(0) + \frac{x^2}{1.2} f''(0) + \ldots + \frac{x^n}{1.2\ldots n} f^{(n)}(0) + \ldots$$

Les coefficients a_0, a_1, ..., a_n étant égaux, à des facteurs numériques près, aux valeurs que prennent la fonction $f(x)$ et ses dérivées successives pour $x = 0$, il est clair que le développement d'une fonction en série entière ne peut être possible que d'une seule manière.

De même, en intégrant terme à terme une série entière, on obtient une nouvelle série entière, avec un terme constant arbitraire, qui est convergente dans le même intervalle que la première, et l'admet pour dérivée. En intégrant de nouveau, on obtiendra une nouvelle série dont les deux premiers coefficients seront arbitraires, et ainsi de suite.

Exemples. — 1° Pour toute valeur de x comprise entre -1 et $+1$, la progression géométrique de raison $-x$

$$1 - x + x^2 - x^3 \cdots + (-1)^n x^n \cdots$$

est convergente et a pour somme $\dfrac{1}{1+x}$. En intégrant terme à terme entre les limites 0 et x, où $|x| < 1$, on retrouve le développement de $\log(1+x)$ (n° **180**)

$$\log(1+x) = \frac{x}{1} - \frac{x^2}{2} + \frac{x^3}{3} - \cdots (-1)^n \frac{x^{n+1}}{n+1} + \cdots,$$

et la formule est encore vraie pour $x = 1$, puisque la série qui est au second membre reste convergente pour $x = 1$.

2° Pour toute valeur de x comprise entre -1 et $+1$, on a aussi

$$\frac{1}{1+x^2} = 1 - x^2 + x^4 - x^6 \cdots + (-1)^n x^{2n} + \cdots;$$

en intégrant terme à terme entre les limites 0 et x, où $|x| < 1$, il vient

$$\text{Arc tang.} x = \frac{x}{1} - \frac{x^3}{3} + \frac{x^5}{5} - \cdots (-1)^n \frac{x^{2n+1}}{2n+1} + \cdots$$

La série restant convergente pour $x = 1$, on en conclut l'égalité

$$\frac{\pi}{4} = 1 - \frac{1}{3} + \frac{1}{5} - \frac{1}{7} \cdots + (-1)^n \frac{1}{2n+1} + \cdots$$

3° Soit $F(x)$ la somme de la série convergente

$$F(x) = 1 + \frac{m}{1} x + \frac{m(m-1)}{1.2} x^2 + \cdots \frac{m(m-1)\ldots(m-p+1)}{1.2\ldots p} x^p + \cdots,$$

où m est un nombre quelconque, et où $|x| < 1$. On en déduit

$$F'(x) = m \left[1 + \frac{m-1}{1} x + \cdots \frac{(m-1)\ldots(m-p+1)}{1.2\ldots(p-1)} x^p + \cdots \right];$$

si l'on multiplie les deux membres par $(1 + x)$ et qu'on réunisse les deux termes qui contiennent une même puissance de x, il vient, d'après l'identité

$$\frac{(m-1)\ldots(m-p+1)}{1.2\ldots(p-1)} + \frac{(m-1)\ldots(m-p)}{1.2\ldots p} = \frac{m(m-1)\ldots(m-p+1)}{1.2\ldots p}$$

qu'il est facile de vérifier,

$$(1+x)\,\mathrm{F}'(x) = m\left[1 + \frac{m}{1}x + \frac{m(m-1)}{1.2}x^2 + \ldots + \frac{m(m-1)\ldots(m-p+1)}{1.2\ldots p}x^p + \ldots\right],$$

c'est-à-dire

$$(1+x)\,\mathrm{F}'(x) = m\,\mathrm{F}(x).$$

Cette relation peut s'écrire

$$\frac{\mathrm{F}'(x)}{\mathrm{F}(x)} = \frac{m}{1+x},$$

et l'on en déduit que $\mathrm{F}(x)$ est de la forme

$$\mathrm{F}(x) = \mathrm{C}(1+x)^m.$$

Pour déterminer la constante C, il suffit de remarquer qu'on a $\mathrm{F}(o) = 1$, ce qui donne $\mathrm{C} = 1$, et nous retrouvons le développement de $(1+x)^m$ (n° **180**)

$$(1+x)^m = 1 + \frac{m}{1}x + \ldots + \frac{m(m-1)\ldots(m-p+1)}{1.2\ldots p}x^p + \ldots.$$

4° Remplaçons, dans la formule précédente, x par $-x^2$, m par $-\frac{1}{2}$; il vient

$$\frac{1}{\sqrt{1-x^2}} = 1 + \frac{1}{2}x^2 + \frac{1.3}{2.4}x^4 + \ldots + \frac{1.3.5\ldots(2n-1)}{2.4.6\ldots 2n}x^{2n} + \ldots.$$

formule qui est valable pour toute valeur de x comprise entre -1 et $+1$. En intégrant les deux membres entre les limites o et x, où $|x| < 1$, on obtient le développement de $\operatorname{Arc}\sin x$

$$\operatorname{Arc}\sin x = \frac{x}{1} + \frac{1}{2}\frac{x^3}{3} + \frac{1.3}{2.4}\frac{x^5}{5} + \ldots + \frac{1.3.5\ldots(2n-1)}{2.4.6\ldots 2n}\frac{x^{2n+1}}{2n+1} + \ldots.$$

184. Seconde démonstration. — Les propriétés des fonctions représentées par des séries entières peuvent être établies par une méthode plus élémentaire. Soient x_0 un nombre compris entre $-R$ et $+R$, et x_1 un nombre voisin compris dans le même intervalle. Pour démontrer que la différence $f(x_1) - f(x_0)$ tend vers zéro lorsque, x_0 restant fixe, x_1 tend vers x_0, retranchons terme à terme les deux séries qui représentent $f(x_0)$ et $f(x_1)$; il vient

$$f(x_1) - f(x_0) = a_1(x_1 - x_0) + a_2(x_1^2 - x_0^2) + \ldots + a_n(x_1^n - x_0^n) + \ldots$$

Le terme général de cette nouvelle série peut s'écrire

$$a_n(x_1 - x_0)(x_1^{n-1} + x_1^{n-2}x_0 + \ldots + x_0^{n-1}).$$

Pour avoir une limite supérieure de la valeur absolue de ce terme, désignons par l un nombre positif inférieur à R et supérieur à $|x_0|$; comme on doit faire tendre x_1 vers x_0, nous supposerons aussi que l'on a $l > |x_1|$. La valeur absolue de l'un quelconque des produits x_1^{n-1}, $x_1^{n-2}x_0$, ... est alors inférieure à l^{n-1} et par suite la valeur absolue du terme général considéré est inférieure à $n A_n l^{n-1} |x_1 - x_0|$. Nous avons donc

$$|f(x_1) - f(x_0)| < |x_1 - x_0|(A_1 + 2A_2 l + \ldots + n A_n l^{n-1} + \ldots);$$

or la série entre parenthèses est une série convergente puisque $l < R$ (n° 183). Donc la différence $f(x_1) - f(x_0)$ tend bien vers zéro en même temps que $x_1 - x_0$, et la fonction $f(x)$ est continue en tout point compris entre $-R$ et $+R$.

Pour démontrer que $f_1(x)$ est la dérivée de $f(x)$, il suffit de même de prouver que la différence

$$D = \frac{f(x_1) - f(x_0)}{x_1 - x_0} - f_1(x_0)$$

tend vers zéro, lorsque x_1 tend vers x_0. Le quotient $\dfrac{f(x_1) - f(x_0)}{x_1 - x_0}$ est égal, nous venons de le voir, à la somme de la série convergente

$$a_1 + a_2(x_1 + x_0) + \ldots + a_n(x_1^{n-1} + x_1^{n-2}x_0 + \ldots + x_0^{n-1}) + \ldots$$

En retranchant terme à terme de cette série la série qui représente $f_1(x_0)$, on trouve pour D une série dont le terme général peut s'écrire

$$a_n[(x_1^{n-1} - x_0^{n-1}) + (x_1^{n-2}x_0 - x_0^{n-1}) + \ldots + (x_1 x_0^{n-2} - x_0^{n-1})]$$

et chacune des différences $x_1^{n-1} - x_0^{n-1}$, $x_1^{n-2} x_0 - x_0^{n-1}$, ... est le produit de $x_1 - x_0$ par des produits de la forme $x_0^p x_1^q$, p et q étant deux nombres entiers, dont aucun n'est négatif, et dont la somme est égale à $n - 2$. Le nombre total de ces produits est, il est aisé de le voir, $(n-1) + (n-2) + \ldots + 2 + 1 = \dfrac{n(n-1)}{2}$, et la valeur absolue de chacun d'eux est inférieure à l^{n-2}, le nombre l ayant la même signification que plus haut. On a donc

$$|D| < \frac{|x_1 - x_0|}{2} [2A_2 + 6A_3 l + \ldots + n(n-1)A_n l^{n-2} + \ldots].$$

et la série entre parenthèses est convergente lorsque l est un nombre positif inférieur à R, car c'est la série des modules de la série entière $f_2(x)$, que l'on déduit de $f_1(x)$ en différentiant terme à terme. Par conséquent D tend vers zéro lorsque x_1 tend vers x_0.

185. Extension de la formule de Taylor. — Soient $f(x)$ la somme d'une série entière convergente dans l'intervalle $(-R, +R)$, x_0 un point de cet intervalle, et $x_0 + h$ un autre point du même intervalle, tel que $|x_0| + |h| < R$. La série qui a pour somme $f(x_0 + h)$

$$a_0 + a_1(x_0 + h) + a_2(x_0 + h)^2 + \ldots + a_n(x_0 + h)^n + \ldots$$

peut être remplacée par une série à double entrée, que l'on obtient en développant les diverses puissances de $x_0 + h$ et écrivant sur une même ligne les termes de même degré en h

$$(17) \qquad \begin{aligned} & a_0 + a_1 x_0 + a_2 x_0^2 + \ldots + a_n x_0^n + \ldots \\ & \quad + a_1 h + 2a_2 x_0 h + \ldots + n a_n x_0^{n-1} h + \ldots \\ & \qquad + a_2 h^2 + \ldots + \frac{n(n-1)}{1 \cdot 2} a_n x_0^{n-2} h^2 + \ldots \\ & \qquad \ldots \ldots \ldots \ldots \ldots \ldots \ldots \ldots \end{aligned}$$

Cette série à double entrée est absolument convergente; en effet, si l'on remplace chaque terme par sa valeur absolue, on a la nouvelle série à double entrée et à termes positifs

$$(18) \qquad \begin{aligned} & A_0 + A_1|x_0| + A_2|x_0|^2 + \ldots + A_n|x_0|^n + \ldots \\ & \quad + A_1|h| + 2A_2|x_0||h| + \ldots + n A_n|x_0|^{n-1}|h| + \ldots \\ & \qquad + A_2|h|^2 + \ldots + \frac{n(n-1)}{1 \cdot 2} A_n|x_0|^{n-2}|h|^2 + \ldots \\ & \qquad \ldots \ldots \ldots \ldots \ldots \ldots \ldots \ldots \end{aligned}$$

Si l'on fait la somme des éléments de ce tableau par colonnes verticales, on obtient la série

$$A_0 + A_1 [|x_0| + |h|] + \ldots + A_n [|x_0| + |h|]^n + \ldots$$

qui est convergente puisqu'on suppose $|x_0| + |h| < R$. On peut donc faire la somme des éléments du tableau (17), soit par lignes, soit par colonnes. En faisant la somme par colonnes, on retrouve $f(x_0 + h)$; en faisant la somme par lignes horizontales, le résultat est ordonné suivant les puissances de h et les coefficients de h, h^2, … sont respectivement $f'(x_0)$, $\dfrac{f''(x_0)}{1.2}$, …. Nous pouvons donc écrire, en supposant $|h| < R - |x_0|$,

$$(19) \qquad f(x_0 + h) = f(x_0) + \frac{h}{1} f'(x_0) + \ldots + \frac{h^n}{1.2\ldots n} f^{(n)}(x_0) + \ldots$$

La formule (19) s'applique certainement dans l'intervalle de $x_0 - R + |x_0|$ à $x_0 + R - |x_0|$, mais il peut se faire que la série qui est au second membre soit convergente dans un intervalle plus étendu. Considérons par exemple la fonction $(1 + x)^m$, où m n'est pas un nombre entier positif; le développement suivant les puissances de x est valable de $x = -1$ jusqu'à $x = +1$. Soit x_0 une valeur de x comprise dans cette intervalle, nous pouvons écrire

$$(1 + x)^m = (1 + x_0 + x - x_0)^m = (1 + x_0)^m [1 + z]^m,$$

ou

$$z = \frac{x - x_0}{1 + x_0}$$

et développer $(1 + z)^m$ suivant les puissances de z. Ce nouveau développement sera valable pourvu que $|z| < 1$, c'est-à-dire pour les valeurs de x comprises entre -1 et $1 + 2x_0$. Si x_0 est positif, le nouvel intervalle est plus grand que le premier $(-1, +1)$ et, par conséquent, la nouvelle formule permettra de calculer la valeur de la fonction pour des valeurs de la variable situées en dehors de l'intervalle primitif. En approfondissant cette remarque, on est conduit à une notion extrêmement importante, celle du *prolongement analytique*, dont nous réservons l'étude pour le Volume suivant.

Remarque. — Les propriétés établies pour les séries ordon-

nées suivant les puissances positives d'une variable x s'étendent
évidemment sans difficulté aux séries ordonnées suivant les puissances positives de $x - a$ et, plus généralement, aux séries ordonnées suivant les puissances positives d'une fonction continue
quelconque $\varphi(x)$; il suffit de les traiter comme des fonctions
composées, la fonction intermédiaire étant $\varphi(x)$. Ainsi, une série
ordonnée suivant les puissances positives de $\frac{1}{x}$ est convergente
pour les valeurs de x dont la valeur absolue dépasse une certaine
limite, et représente une fonction continue pour toutes ces valeurs
de la variable. Considérons, par exemple, la fonction $\sqrt{x^2 - a}$, que
nous pouvons écrire $= x \left(1 - \frac{a}{x^2}\right)^{\frac{1}{2}}$; pour des valeurs de x dont
la valeur absolue est supérieure à $\sqrt{a}$, $\left(1 - \frac{a}{x^2}\right)^{\frac{1}{2}}$ peut être développé suivant les puissances de $\frac{1}{x^2}$, et l'on obtient ainsi la formule

$$\sqrt{x^2 - a} = x - \frac{1}{2}\frac{a}{x} - \frac{1}{2.4}\frac{a^2}{x^3} - \ldots - \frac{1.3\ldots(2p-3)}{2.4.6\ldots 2p}\frac{a^p}{x^{2p-1}} \ldots$$

qui donne le développement de $\sqrt{x^2 - a}$, lorsque x est $> \sqrt{a}$.
Lorsque $x < -\sqrt{a}$, la série est encore convergente et a pour
somme $-\sqrt{x^2 - a}$. Cette formule peut servir à trouver le développement de la racine carrée d'un nombre entier, lorsque l'on
connaît le carré parfait immédiatement supérieur.

186. Fonctions majorantes. — Les propriétés déjà démontrées
établissent une grande analogie entre les polynomes et les séries
entières. Étant données plusieurs séries entières $f_1(x)$, $f_2(x)$, ...,
$f_n(x)$, soit $(-r, +r)$ la plus petite des régions de convergence
de ces séries; pourvu que $|x| < r$, ces séries sont absolument con-
vergentes et l'on peut les combiner par addition et multiplication,
comme des polynomes. D'une façon générale, tout polynome
entier en $f_1(x)$, $f_2(x)$, ..., $f_n(x)$ peut être développé en une
série entière convergente dans le même intervalle.

Pour étendre ces propriétés, nous définirons d'abord certaines
expressions, qui seront employées par la suite. Soient $f(x)$ une série
entière

$$f(x) = a_0 + a_1 x + a_2 x^2 + \ldots + a_n x^n \ldots$$

et $\varphi(x)$ une autre série entière convergente dans un intervalle convenable

$$\varphi(x) = \alpha_0 + \alpha_1 x + \alpha_2 x^2 + \ldots + \alpha_n x^n + \ldots,$$

dont tous les coefficients α_i sont positifs. On dit que la fonction $\varphi(x)$ est *majorante* pour la fonction $f(x)$ si chacun des coefficients α_n est supérieur ou au moins égal à la valeur absolue du coefficient correspondant de $f(x)$

$$|a_0| \leqq \alpha_0, \qquad |a_1| \leqq \alpha_1, \qquad \ldots \qquad |a_n| \leqq \alpha_n, \qquad \ldots;$$

d'après une notation proposée par M. Poincaré, on indique ainsi cette relation entre les deux fonctions $f(x)$ et $\varphi(x)$:

$$f(x) \lessdot \varphi(x).$$

L'utilité des fonctions majorantes dans les raisonnements tient à la propriété suivante, qui est une conséquence immédiate de la définition : Soit $P_n(a_0, a_1, \ldots, a_n)$ un polynome dépendant des $n+1$ premiers coefficients de $f(x)$, et dont les coefficients sont réels et positifs; si l'on remplace dans ce polynome a_0, $a_1, \ldots, a_n$ par les coefficients correspondants de la fonction majorante $\varphi(x)$, on a évidemment

$$|P(a_0, a_1, \ldots, a_n)| \leqq P(\alpha_0, \alpha_1, \ldots, \alpha_n).$$

Par exemple, si $\varphi(x)$ est une fonction majorante pour $f(x)$, la série qui représente $[\varphi(x)]^2$ sera majorante pour $[f(x)]^2, \ldots$ et, en général, $[\varphi(x)]^n$ sera majorante pour $[f(x)]^n$. De même, si φ et φ_1 sont des fonctions majorantes pour f et f_1 respectivement, le produit $\varphi\varphi_1$ sera une fonction majorante pour $f f_1, \ldots$

Étant donnée une série entière $f(x)$ convergente dans l'intervalle $(-R, +R)$, la recherche d'une fonction majorante est un problème d'une grande indétermination. Mais il y a intérêt, pour la suite des raisonnements, à choisir une fonction majorante aussi simple que possible. Soit r un nombre positif inférieur à R, mais aussi voisin de R qu'on le voudra. La série étant absolument convergente pour $x = r$, soit M la borne supérieure de la valeur absolue des termes de cette série : on a, quel que soit n,

$$|a_n| r^n \leqq M, \quad \text{ou} \quad |a_n| \leqq \frac{M}{r^n}.$$

La série dont le terme général est $M\dfrac{x^n}{r^n}$, c'est-à-dire

$$M + M\frac{x}{r} + \ldots + \frac{M x^n}{r^n} + \ldots = \frac{M}{1 - \dfrac{x}{r}},$$

est donc une fonction majorante pour $f(x)$; c'est celle dont on se sert le plus souvent. Lorsque la série $f(x)$ ne présente pas de terme constant, on peut de même prendre pour fonction majorante la fonction

$$\frac{M}{1 - \dfrac{x}{r}} - M.$$

On peut prendre pour r un nombre quelconque inférieur à R, et il est clair que le nombre correspondant M diminue en général avec r, mais ne peut jamais être inférieur à A_0, si A_0 n'est pas nul. Lorsqu'il en est ainsi, on peut toujours trouver un nombre positif $\rho < R$, tel que la fonction $\dfrac{A_0}{1 - \dfrac{x}{\rho}}$ soit majorante pour $f(x)$.

En effet, soit

$$M + M\frac{x}{r} + M\frac{x^2}{r^2} + \ldots + M\frac{x^n}{r^n} + \ldots,$$

où $M > A_0$, une première fonction majorante. Prenons un nombre ρ inférieur à $r\dfrac{A_0}{M}$; on peut écrire, en supposant $n \geq 1$,

$$|a_n \rho^n| = |a_n r^n| \cdot \left(\frac{\rho}{r}\right)^n < M\frac{\rho}{r}\left(\frac{\rho}{r}\right)^{n-1},$$

et par suite $|a_n \rho^n| < A_0$: d'ailleurs, on a $|a_0| = A_0$. La série

$$A_0 + A_0\frac{x}{\rho} + A_0\frac{x^2}{\rho^2} + \ldots + A_0\frac{x^n}{\rho^n} + \ldots$$

est donc majorante pour $f(x)$: cette propriété nous servira tout à l'heure. Plus généralement, on peut prendre pour M un nombre quelconque supérieur ou au moins égal à A_0.

On verra de la même façon que, dans le cas où $a_0 = 0$, on peut prendre pour fonction majorante une expression de la forme

$$\frac{\mu x}{\rho - x},$$

où μ est un nombre positif arbitraire.

Remarque. — La connaissance d'une progression géométrique décroissante comme fonction majorante permet aussi de se rendre compte de l'approximation obtenue quand on remplace la somme $f(x)$ de la série par la somme des $n+1$ premiers termes (*voir* n° 159, *Remarque* II).

187. Substitution d'une série dans une autre série. — Soit

$$(20) \qquad z = f(y) = a_0 + a_1 y + \ldots + a_n y^n + \ldots$$

une série ordonnée suivant les puissances d'une variable y, et convergente pourvu que l'on ait $|y| < R$. Soit, d'autre part,

$$(21) \qquad y = \varphi(x) = b_0 + b_1 x + \ldots + b_n x^n + \ldots$$

une autre série convergente dans l'intervalle de $-r$ à $+r$. Imaginons qu'on remplace, dans la série (20), y, y^2, y^3, ... par leurs développements en séries ordonnées suivant les puissances de x, déduits de la formule (21); nous obtenons de cette façon un tableau à double entrée

$$(22) \quad
\begin{aligned}
& a_0 + a_1 b_0 \;\; + \;\; a_2 b_0^2 && \ldots + a_n b_0^n + \ldots \\
& \quad + a_1 b_1 x + 2 a_2 b_0 b_1 x && \ldots + n a_n b_0^{n-1} b_1 x + \ldots \\
& \quad + a_1 b_2 x^2 + a_2 (b_1^2 + 2 b_0 b_2) x^2 + \ldots \\
& \quad + \ldots\ldots\ldots\ldots\ldots\ldots\ldots\ldots\ldots\ldots\ldots
\end{aligned}$$

et nous allons chercher si ce tableau à double entrée peut être absolument convergent. Il faut d'abord que la série obtenue en prenant les termes de la première ligne, c'est-à-dire

$$a_0 + a_1 b_0 + a_2 b_0^2 + \ldots$$

soit absolument convergente, ou que l'on ait $|b_0| < R$. *Cette condition est suffisante.* En effet, si elle est remplie, on peut prendre pour fonction majorante de $\varphi(x)$ une expression de la forme $\dfrac{m}{1 - \dfrac{x}{\rho}}$, où m est un nombre positif quelconque supérieur à $|b_0|$, et où $\rho < r$; on peut donc supposer que l'on a pris $m < R$. Soit R' un nombre positif compris entre m et R; la fonction $f(y)$ admet elle-même pour fonction majorante une expression de la forme

$$\frac{M}{1 - \dfrac{y}{R'}} \qquad M \qquad M\frac{y}{R'} \qquad M\frac{y^2}{R'^2} \qquad \ldots$$

Si dans cette dernière série on remplace y par $\dfrac{m}{1 - \dfrac{x}{\rho}}$, et qu'on développe les diverses puissances de y suivant les puissances croissantes de x par la formule du binome, on obtient un nouveau tableau à double entrée

$$(23) \qquad \mathrm{M} + \mathrm{M}\left(\frac{m}{\mathrm{R}'}\right) + \ldots + \mathrm{M}\left(\frac{m}{\mathrm{R}'}\right)^{n} + \ldots$$
$$+ \mathrm{M}\,\frac{m}{\mathrm{R}'}\,\frac{x}{\rho} + \ldots + n\,\mathrm{M}\left(\frac{m}{\mathrm{R}'}\right)^{n}\frac{x}{\rho} + \ldots$$
$$\ldots\ldots\ldots\ldots\ldots\ldots\ldots\ldots\ldots\ldots,$$

dont tous les coefficients sont positifs et supérieurs aux valeurs absolues des coefficients correspondants du tableau (22), car un coefficient quelconque du tableau (22) se déduit des coefficients a_0, a_1, a_2, ..., b_0, b_1, b_2, ..., par des additions et des multiplications seulement. Si donc la série double (23) est absolument convergente, il en sera de même *a fortiori* de la série double (22). Si dans la série (23) on remplace x par sa valeur absolue, il faudra, pour que le tableau soit convergent, que les série obtenues en prenant les termes d'une même colonne soient convergentes, c'est-à-dire que l'on ait $|x| < \rho$. Cette condition étant remplie, la somme des termes de la $(n+1)^{\mathrm{ième}}$ colonne est égale à

$$\mathrm{M}\left[\frac{m}{\mathrm{R}'\left(1 - \dfrac{|x|}{\rho}\right)}\right]^{n},$$

et il faudra en outre qu'on ait aussi

$$m < \mathrm{R}'\left(1 - \frac{|x|}{\rho}\right),$$

c'est-à-dire

$$(24) \qquad |x| < \rho\left(1 - \frac{m}{\mathrm{R}'}\right).$$

La dernière inégalité (24) entraînant la précédente $|x| < \rho$, il s'ensuit qu'elle exprime la condition nécessaire et suffisante pour que la série double (23) soit absolument convergente. La série double (22) sera donc aussi absolument convergente pour les valeurs de x satisfaisant à cette condition; remarquons que toutes ces valeurs de x rendent convergente la série $\varphi(x)$, et que la valeur correspondante de y est moindre que R′ en valeur absolue, car les inégalités

$$|\varphi(x)| < \frac{m}{1-\frac{|x|}{\rho}}, \qquad \frac{|x|}{\rho} < 1 - \frac{m}{R'}$$

entraînent l'inégalité $|\varphi(x)| < R'$. Si l'on fait la somme de cette série (22) en ajoutant par colonnes, on trouve

$$a_0 + a_1\varphi(x) + a_2[\varphi(x)]^2 + \ldots + a_n[\varphi(x)]^n + \ldots,$$

c'est-à-dire $f[\varphi(x)]$; au contraire, si l'on ajoute par lignes horizontales, on obtient une série ordonnée suivant les puissances croissantes de x, et l'on peut écrire

$$f[\varphi(x)] = c_0 + c_1 x + c_2 x^2 + \ldots + c_n x^n + \ldots, \tag{25}$$

les coefficients $c_0, c_1, c_2, \ldots$ s'exprimant au moyen des coefficients des deux séries par des formules faciles à établir

$$\left\{\begin{array}{l} c_0 = a_0 + a_1 b_0 + a_2 b_0^2 + \ldots + a_n b_0^n + \ldots, \\ c_1 = a_1 b_1 + 2 a_2 b_1 b_0 + \ldots + n a_n b_0^{n-1} b_1 + \ldots, \\ c_2 = a_1 b_2 + a_2(b_1^2 + 2 b_0 b_2) + \ldots, \\ \ldots\ldots\ldots\ldots\ldots\ldots\ldots\ldots\ldots\ldots \end{array}\right. \tag{26}$$

La relation (25) n'est établie que pour les valeurs de x qui satisfont à l'inégalité (24) mais ce n'est là qu'une limite inférieure de l'intervalle où cette relation est applicable. Il peut se faire qu'elle subsiste dans un intervalle beaucoup plus étendu. C'est une question dont la solution complète exige l'étude des fonctions d'une variable imaginaire et qui sera reprise plus tard.

Cas particuliers. — 1° Le nombre R′ qui figure dans l'inégalité (24) pouvant être supposé aussi voisin de R qu'on le veut, il s'ensuit que la formule (25) s'applique pourvu que l'on ait $|x| < \rho\left(1 - \frac{m}{R}\right)$. Cela posé, si la série (20) est convergente, quel que soit y, on peut supposer R infini, et ρ aussi voisin de r qu'on le voudra. La formule (25) sera donc applicable pourvu que l'on ait $|x| < r$, c'est-à-dire dans le même intervalle que la formule (21). En particulier, si la série $\varphi(x)$ est convergente quel que soit x, comme $f(y)$, on peut aussi supposer r infini, et la formule (25) subsiste quel que soit x.

2° Lorsque le terme constant b_0 de la série (21) est nul, on peut prendre comme fonction majorante de $\varphi(x)$ une expression de la forme

$$\frac{m}{1 - \dfrac{x}{\rho}} - m,$$

où $\rho < r$, m pouvant être quelconque. En raisonnant comme dans le cas général, on démontrera que la formule (25) est applicable, pourvu que l'on ait

$$(27) \qquad |x| < \rho \frac{R'}{R + m},$$

R' étant aussi voisin de R qu'on le voudra. L'intervalle fourni par cette dernière inégalité est plus étendu que celui qui est donné par la condition générale (24).

Ce cas particulier se présente fréquemment dans la pratique. L'inégalité $|b_0| < R$ est alors satisfaite d'elle-même, et le coefficient c_n ne dépend que de $a_0, a_1, \ldots, a_n, b_1, \ldots, b_n$,

$$c_0 = a_0, \quad c_1 = a_1 b_1, \quad c_2 = a_1 b_2 + a_2 a_1^2, \quad \ldots, \quad c_n = a_1 b_n + \ldots + a_n b_1^n.$$

Exemples. — 1° Cauchy a montré qu'on pouvait déduire la formule du binome du développement de $\log(1 + x)$. On peut écrire en effet

$$(1 + x)^\mu = e^{\mu \log(1 + x)} = e^y = 1 + \frac{y}{1} + \frac{y^2}{1 \cdot 2} + \ldots$$

en posant

$$y = \mu \log(1 + x) = \mu\left(\frac{x}{1} - \frac{x^2}{2} + \frac{x^3}{3} - \frac{x^4}{4} \ldots\right),$$

ce qui donne, en substituant le second développement dans le premier,

$$(1 + x)^\mu = 1 + \mu\left(\frac{x}{1} - \frac{x^2}{2} + \frac{x^3}{3} \ldots\right) + \frac{\mu^2}{1 \cdot 2}\left(\frac{x}{1} - \frac{x^2}{2} + \frac{x^3}{3} \ldots\right)^2 + \ldots.$$

Il est clair qu'en ordonnant le second membre suivant les puissances de x, on obtient pour coefficient de x^n un polynome de degré n en μ, soit $P_n(\mu)$. Ce polynome doit s'annuler pour $\mu = 0, 1, 2 \ldots, n - 1$ et se réduire à l'unité pour $\mu = n$, ce qui suffit à le déterminer

$$P_n = \frac{\mu(\mu - 1)\ldots(\mu - n + 1)}{1 \cdot 2 \ldots n}.$$

2° Soit $z = (1 + x)^{\frac{1}{r}}$, x étant compris entre -1 et $+1$. On peut écrire

$$z = e^y = 1 + \frac{y}{1} + \frac{y^2}{1 \cdot 2} \ldots$$

en posant

$$y = \frac{1}{x}\log(1-x) = 1 - \frac{x}{2} - \frac{x^2}{3} - \ldots - (-1)^n \frac{x^n}{n-1} - \ldots$$

Le premier développement est valable quel que soit y; le second n'est valable que si $|x| < 1$. La formule obtenue en substituant le second développement dans le premier s'appliquera donc aux valeurs de x comprises entre -1 et $+1$.

En se bornant aux deux premiers termes, on a

$$(1+x)^{\frac{1}{x}} = e - \frac{x}{2}\left(1 + 1 + \frac{1}{1.2} + \ldots + \frac{1}{1.2\ldots n} + \ldots\right) - \ldots$$

$$= e - \frac{e}{2}x + \ldots$$

Lorsque x tend vers zéro par valeurs positives, $(1+x)^{\frac{1}{x}}$ tend donc vers e en croissant.

188. Division des séries entières. — Considérons d'abord l'inverse d'une série entière commençant par l'unité

$$f(x) = \frac{1}{1 + b_1 x + b_2 x^2 + \ldots}$$

et convergente dans l'intervalle $(-r, +r)$. Posons

$$y = b_1 x + b_2 x^2 + \ldots;$$

on peut écrire

$$f(x) = \frac{1}{1 + y} = 1 - y + y^2 - y^3 + \ldots,$$

et, en substituant le premier développement dans le second, on obtient pour $f(x)$ un développement en série entière

$$f(x) = 1 - b_1 x + (b_1^2 - b_2)x^2 - \ldots$$

qui est valable dans un certain intervalle.

On développerait de même l'inverse d'une série entière quelconque commençant par un terme constant différent de zéro.

Soit maintenant à développer le quotient de deux séries entières convergentes

$$\frac{\varphi(x)}{\psi(x)} = \frac{a_0 + a_1 x + a_2 x^2 + \ldots}{b_0 + b_1 x + b_2 x^2 + \ldots}.$$

Si b_0 n'est pas nul on peut écrire

$$\frac{\varphi(x)}{\psi(x)} = (a_0 + a_1 x + a_2 x^2 + \ldots) \times \frac{1}{b_0 + b_1 x + b_2 x^2 + \ldots}$$

et, d'après le cas que nous venons de traiter, le second membre
est le produit de deux séries entières convergentes : le quotient
peut donc se mettre sous forme d'une série entière convergente
pour des valeurs de x voisines de zéro

$$\frac{a_0 + a_1 x + a_2 x^2 + \ldots}{b_0 + b_1 x + b_2 x^2 + \ldots} = c_0 + c_1 x + c_2 x^2 + \ldots$$

En chassant le dénominateur et égalant les coefficients des
mêmes puissances de x dans les deux membres, on obtient les
relations suivantes

$$a_n = b_0 c_n + b_1 c_{n-1} + \ldots + b_n c_0 \qquad (n = 0, 1, 2, \ldots),$$

qui déterminent de proche en proche les coefficients $c_0, c_1, \ldots, c_n$.
On remarquera que ces coefficients sont précisément ceux que
l'on obtiendrait en effectuant la division des deux séries par la
règle ordinaire de la division de deux polynomes ordonnés suivant
les puissances croissantes de x.

Lorsque $b_0 = 0$, le résultat est différent. Supposons, pour plus
de généralité, $\psi(x) = x^k \psi_1(x)$, k étant un nombre entier positif,
et $\psi_1(x)$ désignant une série entière où le terme constant est différent de zéro.

On peut écrire

$$\frac{\varphi(x)}{\psi(x)} = \frac{1}{x^k} \frac{\varphi(x)}{\psi_1(x)},$$

et, d'après ce qu'on vient de voir, on a

$$\frac{\varphi(x)}{\psi_1(x)} = c_0 + c_1 x + \ldots + c_{k-1} x^{k-1} + c_k x^k + c_{k+1} x^{k+1} + \ldots$$

On en déduit

$$(98) \qquad \frac{\varphi(x)}{\psi(x)} = \frac{c_0}{x^k} + \frac{c_1}{x^{k-1}} + \ldots + \frac{c_{k-1}}{x} + c_k + c_{k+1} x + \ldots;$$

le quotient est donc égal à la somme d'une fraction rationnelle,
qui devient infinie pour $x = 0$, et d'une série entière qui est convergente dans un certain intervalle autour de l'origine.

Remarque. — Pour calculer les puissances successives d'une série entière, il est avantageux dans la pratique d'opérer comme il suit. Si dans l'identité

$$(a_0 + a_1 x + \ldots + a_n x^n + \ldots)^m = c_0 + c_1 x + \ldots + c_n x^n + \ldots$$

on prend les dérivées logarithmiques des deux membres et qu'on chasse les dénominateurs, on parvient à une nouvelle identité

$$(29) \quad m(a_1 + 2a_2 x + \ldots + na_n x^{n-1} + \ldots)(c_0 + c_1 x + \ldots + c_n x^n + \ldots)$$
$$= (a_0 + a_1 x + \ldots + a_n x^n + \ldots)(c_1 + 2c_2 x + \ldots + nc_n x^{n-1} + \ldots).$$

Il est facile de former les coefficients des diverses puissances de x dans les deux membres, et, en égalant les coefficients des mêmes puissances, on a une suite de relations qui déterminent de proche en proche c_1, c_2, ..., c_n, ..., connaissant c_0. Or on a évidemment $c_0 = a_0^m$.

189. Développement de $\dfrac{1}{\sqrt{1-2xz+z^2}}$.

— Proposons-nous de développer $\dfrac{1}{\sqrt{1-2xz+z^2}}$ suivant les puissances de z. En posant $y = 2xz - z^2$, on peut écrire, pourvu que $|y| < 1$,

$$\frac{1}{\sqrt{1-y}} = (1-y)^{-\frac{1}{2}} = 1 + \frac{1}{2}y + \frac{1.3}{2.4}y^2 + \ldots$$

c'est-à-dire

$$(30) \quad \frac{1}{\sqrt{1-2xz+z^2}} = 1 + \frac{2xz-z^2}{2} + \frac{3}{8}(2xz - z^2)^2 + \ldots$$

et, en réunissant ensemble tous les termes qui sont divisibles par une même puissance de z, on obtient un développement de la forme

$$(31) \quad \frac{1}{\sqrt{1-2xz+z^2}} = P_0 + P_1 z + P_2 z^2 + \ldots + P_n z^n + \ldots$$

où

$$P_0 = 1, \quad P_1 = x, \quad P_2 = \frac{3x^2-1}{2}, \quad \ldots,$$

P_n étant un polynome de degré n en x. Ces polynomes se déterminent de proche en proche par une loi de récurrence. En différentiant la formule précédente par rapport à z, il vient en effet

$$\frac{x-z}{(1-2xz+z^2)^{\frac{3}{2}}} = P_1 + 2P_2 z + \ldots + nP_n z^{n-1} + \ldots,$$

ce qui peut s'écrire, en tenant compte de la formule (31) elle-même,

$$(x-z)(P_0 + P_1 z + \ldots + P_n z^n + \ldots) = (1-2xz+z^2)(P_1 + 2P_2 z + \ldots)$$

égaions les coefficients de z^n dans les deux membres, et nous trouvons la relation de récurrence

$$(n+1)P_{n+1} = (2n+1)xP_n - nP_{n-1}.$$

Or cette relation est identique à celle qui lie trois polynômes de Legendre consécutifs (n° 90), et l'on a $P_0 = X_0$, $P_1 = X_1$, $P_2 = X_2$. On a donc $P_n = X_n$, quel que soit n, et la formule (31) devient

$$(32) \qquad \frac{1}{\sqrt{1 - 2xz + z^2}} = 1 + X_1 z + X_2 z^2 + \ldots + X_n z^n + \ldots,$$

X_n étant le $n^{\text{ième}}$ polynôme de Legendre

$$X_n = \frac{1}{2.4.6\ldots 2n} \frac{d^n}{dx^n} [(x^2 - 1)^n].$$

On verra plus tard dans quel intervalle cette formule est applicable.

III. — SÉRIES ENTIÈRES A PLUSIEURS VARIABLES.

190. Région de convergence. — Considérons d'abord une série entière

$$(33) \qquad \sum A_{mn} X^m Y^n,$$

dont tous les coefficients A_{mn} sont positifs, et où les variables X et Y ont elles-mêmes des valeurs positives. Il est clair que si la série est convergente pour un système de valeurs positives X_0, Y_0, elle sera convergente pour tout système de valeurs (X, Y) tel qu'on ait $X < X_0$, $Y < Y_0$. Au contraire, si la série (33) est divergente pour les valeurs X_0, Y_0, elle sera *a fortiori* divergente si l'on a à la fois $X > X_0$, $Y > Y_0$. En d'autres termes, si la série (33) est convergente pour les coordonnées d'un point M situé dans l'angle XOY, elle est aussi convergente pour tous les points situés à l'intérieur ou sur les côtés du rectangle OPMQ (*fig.* 32); au contraire si la série est divergente pour les coordonnées du point M, elle est divergente en tout point situé à l'intérieur ou sur les côtés de l'angle droit P'MQ'.

Cela posé, considérons une demi-droite indéfinie OL, dans l'angle XOY, et un point m décrivant cette demi-droite à partir de l'origine. Les coordonnées de ce point m, et par suite tous les

termes de la série (33), où λ_{pq} n'est pas nul, vont en croissant
lorsque le point m s'éloigne de l'origine. Il y a donc sur la droite
OL un point séparatif M tel que la série (33) est convergente pour
tout point du segment OM compris entre l'origine et le point M,
et divergente pour tout point de OL au delà du point M [1].

Fig. 34.

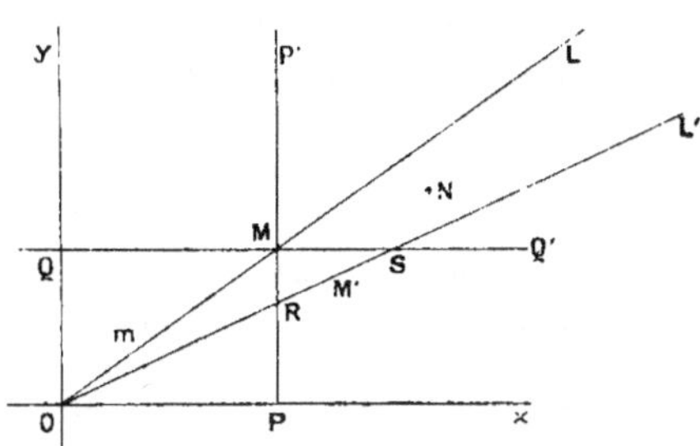

Comme cas particuliers, il peut arriver que le point M soit à
l'origine; la série (33) est alors divergente pour tout point non
situé sur l'un des axes OX ou OY. Si le point M est rejeté à l'infini, la série (33) est au contraire convergente quels que soient X
et Y, c'est-à-dire dans tout l'angle XOY.

Laissant de côté ces deux cas extrêmes, sur chaque demi-droite OL
située dans l'angle XOY nous avons ainsi un point M, dont la
distance à l'origine varie d'une manière continue avec le coefficient
angulaire λ de cette droite. Soit en effet OL' une demi-droite voisine de OL (*fig.* 34). La série (33), étant convergente en tout
point du segment OM, est convergente en tout point situé à l'intérieur du rectangle OPMQ et, par suite, en tout point du segment OR.
Au contraire, la série (33), étant divergente en tout point
de ML, est aussi divergente en tout point de SL'. Le point séparatif M' de la demi-droite OL' est donc un point du segment RS,
et par conséquent ce point M' vient se confondre avec le point M
lorsque OL' vient se confondre avec OL. Le lieu décrit par le

___

[1] Si λ est le coefficient angulaire de la droite OL, l'abscisse du point M est
l'inverse de *la plus grande des limites de l'ensemble des nombres* $\sqrt[n]{\lambda_{pq}\lambda^q}$, où
$n = p + q$ (LECLAIRE, *Bulletin des Sciences mathématiques*, 1895, p. 189).

point M lorsque la demi-droite OL décrit l'angle XOY est une courbe Γ qui sépare cet angle XOY en deux régions distinctes, une région intérieure (I) et une région extérieure (E). Un point m est dans la région (I) si ce point est situé entre l'origine et le point séparatif M de la droite Om, et il est dans la région (E) dans le cas contraire. Il résulte de la définition même de cette courbe Γ que *la série* (33) *est convergente en tout point de la région* (I) *et divergente en tout point de la région* (E). En un point de la courbe séparatrice Γ la série peut être convergente ou divergente suivant les cas.

Cette courbe séparatrice Γ peut avoir des formes très diverses, suivant la série considérée. Il résulte seulement du raisonnement fait plus haut que l'ordonnée d'un point de cette courbe ne peut augmenter lorsque l'abscisse augmente et inversement. Pour voir ce qui arrive lorsque OL tend vers OX, il suffit de remarquer que l'abscisse du point M ne peut décroître et que l'ordonnée de ce point ne peut augmenter; y tend donc vers une limite, tandis que x peut tendre vers une limite ou augmenter indéfiniment. La courbe Γ peut donc aboutir à un point A de OX, ou avoir une asymptote parallèle à OX, qui peut être l'axe lui-même. Remarquons seulement que, lorsque la courbe Γ aboutit à un point A de OX, la série (33) n'est pas forcément divergente pour tout point de l'axe OX au delà du point A. Il est clair que tout cela s'applique aussi à l'axe OY.

Exemples. — 1° La série $\Sigma M \dfrac{X^m Y^n}{a^m b^n}$ est convergente si l'on a à la fois $X < a$, $Y < b$, et dans ce cas seulement, et a pour somme $\dfrac{M}{\left(1 - \dfrac{X}{a}\right)\left(1 - \dfrac{Y}{b}\right)}$.

La courbe Γ est formée ici des deux côtés d'un rectangle parallèles aux axes.

2° La série double

$$\Sigma M \frac{(m+n)!}{m!\,n!} \frac{X^m Y^n}{a^m b^n} = \frac{M}{1 - \left(\dfrac{X}{a} + \dfrac{Y}{b}\right)}$$

est convergente si l'on a $\dfrac{X}{a} + \dfrac{Y}{b} < 1$. La courbe Γ est ici un segment de droite compris entre les deux axes OX, OY.

3° La série double $\Sigma A_{mn} X^m Y^n$, où l'on a $A_{mm} = 1$, et $A_{mn} = 0$ (pour $m \neq n$), n'est convergente que si l'on a $XY < 1$. La courbe Γ est une branche d'hyperbole asymptote aux deux axes.

La série

$$\Sigma\, \mathrm{M} \left(\frac{\mathrm{X}}{a}\right)^{m}\left(\frac{\mathrm{Y}}{b}\right)^{n},$$

où les indices m et n varient de un à $+\infty$, est convergente à l'intérieur du même rectangle que la série du premier exemple et en outre en tous les points des axes OX et OY. Lorsque la demi-droite OL tend vers OX, le point M de OL tend vers le point d'abscisse a de OX tandis que le point séparatif de OX est rejeté à l'infini.

5° La série $\Sigma\, n!\, \mathrm{X}^{n}\mathrm{Y}^{n}$ est divergente en tout point non situé sur les axes.

191. Propriétés des séries entières. — Prenons maintenant une série entière à coefficients quelconques

$$\mathrm{F}(x,\ y) = \sum_{m,n} a_{mn}\, x^{m}\, y^{n}. \tag{34}$$

et soient $\mathrm{A}_{mn} = |a_{mn}|$, $\mathrm{X} = |x|$, $\mathrm{Y} = |y|$. La série des valeurs absolues (33) est convergente si le point de coordonnées X, Y

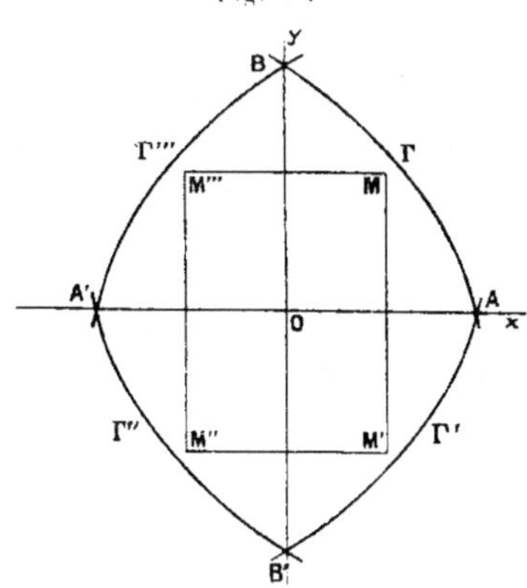

Fig. 33.

se trouve dans la région (I) qui vient d'être définie et dans ce cas seulement. Par suite, la série (34) est absolument convergente si le point de coordonnées (x, y) se trouve dans la région du plan (D) limitée par quatre courbes égales à la courbe séparatrice Γ, l'une étant la courbe Γ elle-même et les autres s'en déduisant par symétrie (fig. 33).

En un point extérieur à la région (D), *non situé sur les axes*, la série (34) n'est pas absolument convergente. On ne peut la transformer en une série convergente, quel que soit l'ordre dans lequel on range les termes. Soient, en effet, x_0, y_0 les coordonnées d'un point extérieur à D, et non situé sur les axes; la valeur absolue du terme général de la série $\Sigma a_{mn} x_0^m y_0^n$ ne peut être bornée. Si l'on avait, en effet.

$$| a_{mn} x_0^m y_0^n | < \mathrm{M}.$$

quels que soient m et n. M étant un nombre fixe, on en conclurait que le terme général de la série (33) est plus petit que $\mathrm{M} \dfrac{X^m Y^n}{|x_0|^m |y_0|^n}$, c'est-à-dire que le terme général d'une série qui est convergente pour $X < |x_0|$, $Y < |y_0|$. Le point de coordonnées $|x_0|$, $|y_0|$ ne peut donc être extérieur à la courbe Γ, et, par conséquent, le point (x_0, y_0) ne peut être extérieur au domaine D. En un point de la courbe qui limite ce domaine, la série (34) peut être convergente ou divergente, comme la série (33) elle-même.

Soient a, b les coordonnées d'un point de (D) à l'intérieur de l'angle xOy. La série (34) est uniformément convergente à l'intérieur du rectangle $MM'M''M'''$ formé par les quatre droites $x = \pm a$, $y = \pm b$ et, par conséquent, $F(x, y)$ est une fonction continue des variables x et y dans ce rectangle. Il s'ensuit que $F(x, y)$ est une fonction continue en tout point de D: en effet, étant donné un point quelconque m de ce domaine, il est clair qu'on peut trouver dans D un autre point M tel que m soit à l'intérieur du rectangle tel que $MM'M''M'''$.

En différentiant terme à terme la série (34) par rapport à x ou par rapport à y, on obtient deux nouvelles séries

$$(35)\quad
\begin{cases}
F_1(x, y) = \displaystyle\sum_{m, n} m a_{mn} x^{m-1} y^n. \\[2ex]
F_2(x, y) = \displaystyle\sum_{m, n} n a_{mn} x^m y^{n-1}.
\end{cases}$$

qui admettent le même domaine de convergence que la série (34). Il suffit de démontrer que la série $\displaystyle\sum_{m, n} m A_{mn} X^{m-1} Y^n$.

par exemple, admet la même courbe séparatrice Γ que la série (33).

La démonstration, toute pareille à celle du n° 183, comprend deux parties :

1° Si la série $\Sigma m A_{mn} X^{m-1} Y^n$ est convergente, il en est de même de la série $\Sigma A_{mn} X^{m-1} Y$ et, par suite, de la série (33);

2° Inversement, si la série $\Sigma A_{mn} X_0^m Y_0^n$ est convergente, la série $\Sigma m A_{mn} X^{m-1} Y^n$ est convergente pour $X < X_0$, $Y < Y_0$.

Supposons, en effet, que l'on ait, quels que soient m et n,

$$A_{mn} X_0^m Y_0^n < M;$$

on en déduit l'inégalité

$$m\, A_{mn} X^{m-1} Y^n < \frac{M m}{X_0} \left(\frac{X}{X_0} \right)^{m-1} \left(\frac{Y}{Y_0} \right)^n,$$

et le second membre est le terme général d'une série double convergente dont la somme est

$$\frac{M}{X_0} \frac{1}{\left(1 - \dfrac{X}{X_0}\right)^2 \left(1 - \dfrac{Y}{Y_0}\right)}.$$

Si l'on ordonne les deux séries $F(x, y)$ et $F_1(x, y)$ par rapport aux puissances croissantes de x, on a, en considérant y comme constant, deux séries entières en x, et d'après la façon dont la seconde série se déduit de la première, on a

$$F_1(x, y) = \frac{\partial F}{\partial x}.$$

Pour la même raison, on a aussi

$$F_2(x, y) = \frac{\partial F}{\partial y}.$$

Plus généralement, la série (34) peut être différentiée terme à terme un nombre quelconque de fois dans le domaine D. Ainsi, la dérivée partielle $\dfrac{\partial^{m+n} F}{\partial x^m \partial y^n}$ est égale à la somme d'une série double dont le terme constant est $m!\, n!\, a_{mn}$; les coefficients a_{mn} représentent donc, à des coefficients numériques près, les valeurs des dérivées partielles de la fonction $F(x, y)$ pour $x = x_0$, $y = y_0$, et la formule (34) peut encore s'écrire

$$(34') \qquad F(x, y) = \sum \frac{\left(\dfrac{\partial^{m+n} F}{\partial x^m \partial y^n}\right)_0}{1.2\ldots m.1.2\ldots n} x^m y^n,$$

ce qui montre, remarquons-le en passant, qu'une fonction de deux variables ne peut être développée en série entière que d'une seule façon. Si l'on groupe ensemble tous les termes de la série double du même degré en x et y, on obtient une série ordinaire

$$(34'') \qquad F(x, y) = \varphi_0 + \varphi_1 + \varphi_2 + \ldots + \varphi_n + \ldots$$

φ_n étant un polynôme homogène de degré n en x, y, que l'on peut écrire, sous forme symbolique,

$$\varphi_n = \frac{1}{1.2\ldots n} \left(x \frac{\partial F}{\partial x} + y \frac{\partial F}{\partial y} \right)^n ;$$

ce développement est donc identique à celui que fournirait la formule de Taylor (n° 29).

Soient (x_0, y_0) les coordonnées d'un point de D, et r, ρ les coordonnées d'un point de la courbe Γ, tel que $|x_0| < r$, $|y_0| < \rho$. Prenons dans D un point voisin $(x_0 + h, y_0 + k)$, tel qu'on ait

$$|x_0| + |h| < r, \qquad |y_0| + |k| < \rho.$$

A l'intérieur du rectangle formé par les quatre droites

$$x = x_0 \pm (r - |x_0|), \qquad y = y_0 \pm (\rho - |y_0|),$$

la fonction $F(x, y)$ peut être développée en série entière ordonnée suivant les puissances de $x - x_0$ et $y - y_0$

$$(36) \qquad F(x_0 + h, y_0 + k) = \sum \left(\frac{\partial^{m+n} F}{\partial x^m \partial y^n} \right)_{\substack{x = x_0 \\ y = y_0}} \frac{h^m k^n}{m! \, n!} .$$

On le démontre en remplaçant, dans la série double

$$\sum a_{mn} (x_0 + h)^m (y_0 + k)^n,$$

chaque terme par son développement, suivant les puissances de h et de k, et observant que la nouvelle série multiple est absolument convergente, sous les hypothèses qui ont été faites. En ordonnant cette nouvelle série suivant les puissances de h et de k, on arrive précisément à la formule (36).

Les raisonnements et les théorèmes précédents s'étendent sans difficulté aux séries entières à un nombre quelconque de variables. Étant donnée une série entière à n variables $x_1, x_2, \ldots, x_n$, il existe, en général, une infinité de *prismatoïdes* définis par des conditions telles que

$$ -x_1^0 < x_1 < x_1^0, \qquad -x_2^0 < x_2 < x_2^0, \qquad -x_n^0 < x_n < x_n^0. $$

tels qu'à l'intérieur de l'un d'eux la série entière $F(x_1, x_2, \ldots, x_n)$ soit absolument convergente. Elle représente une fonction continue dans ce domaine et peut être différentiée terme à terme un nombre quelconque de fois.

192. Fonctions majorantes. — Étant donnée une série entière à n variables $f(x, y, z, \ldots)$, nous dirons qu'une autre série à n variables $\varphi(x, y, z, \ldots)$ est majorante pour la première, si un coefficient quelconque de $\varphi(x, y, z, \ldots)$ est positif et supérieur à la valeur absolue du coefficient correspondant de $f(x, y, z, \ldots)$. Le raisonnement du n° **191** repose en réalité sur l'emploi d'une fonction majorante; si la série $\Sigma \left| a_{mn} x^m y^n \right|$ est convergente pour $x = r, y = \rho$, la fonction

$$ \varphi(x, y) = \frac{M}{\left(1 - \dfrac{x}{r}\right)\left(1 - \dfrac{y}{\rho}\right)} = M \sum \left(\frac{x}{r}\right)^m \left(\frac{y}{\rho}\right)^n, $$

où M est supérieur à tous les termes de la série $\Sigma \left| a_{mn} r^m \rho^n \right|$, est une fonction majorante pour la série $\Sigma a_{mn} x^m y^n$. La fonction

$$ \psi(x, y) = \frac{M}{1 - \left(\dfrac{x}{r} + \dfrac{y}{\rho}\right)} $$

est aussi une fonction majorante; car le coefficient de $x^m y^n$ dans $\psi(x, y)$ est égal au coefficient de ce même terme dans $M \left(\dfrac{x}{r} + \dfrac{y}{\rho}\right)^{m+n}$ et, par conséquent, est au moins égal à celui de $x^m y^n$ dans $\varphi(x, y)$.

De même, étant donnée une série triple

$$ f(x, y, z) = \Sigma a_{mnp} x^m y^n z^p, $$

si elle est absolument convergente pour $x = r, y = r, z = r$,

r, r', r'' étant trois nombres positifs, elle admet pour fonction majorante une expression de la forme

$$\varphi(x,y,z) = \frac{M}{\left(1 - \frac{x}{r}\right)\left(1 - \frac{y}{r'}\right)\left(1 - \frac{z}{r''}\right)},$$

qu'on peut remplacer encore par l'une quelconque des suivantes :

$$\frac{M}{1 - \left(\frac{x}{r} + \frac{y}{r'} + \frac{z}{r''}\right)}, \quad \frac{M}{\left(1 - \frac{x}{r}\right)\left[1 - \left(\frac{y}{r'} + \frac{z}{r''}\right)\right]}, \quad \dots$$

Lorsque $f(x, y, z)$ ne renferme pas de terme constant, on peut prendre aussi pour fonction majorante l'une ou l'autre des précédentes, diminuée de M.

Le théorème sur la substitution d'une série entière dans une autre série entière (n° 187) s'étend aux séries à plusieurs variables. *Si, dans une série entière convergente à p variables y_1, y_2, …, y_p, on remplace ces variables par p développements en séries entières à q variables x_1, x_2, …, x_q, ne présentant pas de termes constants, et convergentes, le résultat de la substitution peut être mis sous forme d'une série entière ordonnée par rapport aux puissances de x_1, x_2, …, x_q, pourvu que les valeurs absolues de ces variables soient inférieures à certaines limites.*

La démonstration étant la même, quel que soit le nombre des variables, nous nous bornerons, pour fixer les idées, au cas particulier suivant. Soit

$$(37) \qquad F(x, y, z) = \Sigma a_{mn} y^m z^n$$

une série entière convergente pourvu que l'on ait $|y| \leq R$, $|z| \leq R'$; soient d'autre part

$$(38) \qquad \begin{cases} y = b_1 x + b_2 x^2 + \dots + b_n x^n + \dots \\ z = c_1 x + c_2 x^2 + \dots + c_n x^n + \dots \end{cases}$$

deux séries, sans terme constant, convergentes dans un certain intervalle. Dans un terme quelconque de la série (37) remplaçons y et z par leurs développements en série (38); nous obtenons pour $y^m z^n$ une nouvelle série entière en x, et la série double (37) est remplacée par une série à triple entrée dont tous les coefficients se déduisent des coefficients a_{mn}, b_n, c_n par des additions et des multiplications seulement. Il s'agit de montrer que cette série à triple entrée est elle-même absolument convergente pourvu que la valeur absolue de x ne dépasse pas une certaine limite, et qu'on peut par conséquent l'ordonner suivant les puissances croissantes de la variable. Remarquons, pour cela, qu'on peut prendre pour fonction majorante de $F(x,z)$ la fonction

$$(39) \qquad \Phi(x,z) = \frac{M}{\left(1-\dfrac{x}{R}\right)\left(1-\dfrac{z}{R'}\right)} = \Sigma\, M\left(\frac{x}{R}\right)^{m}\left(\frac{z}{R'}\right)^{n}$$

et deux fonctions de la forme

$$(40) \qquad \frac{N\dfrac{x'}{r}}{1-\dfrac{x'}{r}}, \qquad \frac{N\dfrac{x'}{r'}}{1-\dfrac{x'}{r'}},$$

pour fonctions majorantes des deux séries (38) respectivement. Un terme quelconque de la série à triple entrée en question est plus petit en valeur absolue que le terme correspondant de la série à triple entrée déduit de la même façon de la série double

$$\Sigma \frac{M}{R^{m}R'^{n}}\left(\frac{NX}{r}+\frac{NX^{2}}{r^{2}}+\cdots\right)^{m}\left(\frac{N'X}{r'}+\frac{N'X^{2}}{r'^{2}}+\cdots\right)^{n}.$$

où $X = |x|$. Pour que cette série triple soit convergente, il suffit que la série double

$$M\Sigma\left[\frac{N\dfrac{X}{r}}{R\left(1-\dfrac{X}{r}\right)}\right]^{m}\left[\frac{N'\dfrac{X}{r'}}{R'\left(1-\dfrac{X}{r'}\right)}\right]^{n}$$

soit convergente, c'est-à-dire que l'on ait à la fois

$$X < r\frac{R}{R+N}, \qquad X < r'\frac{R'}{R'+N'}.$$

Remarque. — Le théorème est encore vrai lorsque les séries (38) renferment des termes constants b_0 et c_0, pourvu qu'on ait $|b_0| < R$, $|c_0| < R'$. On peut, en effet, remplacer le développement (37) par un développement ordonné suivant les puissances de $y - b_0$ et de $z - c_0$ (n° 191), et l'on est ramené au cas qui vient d'être traité.

IV. — FONCTIONS IMPLICITES.
COURBES ET SURFACES ANALYTIQUES.

193. Fonction implicite d'une variable. — On a déjà établi (p. 81 et suiv.) l'existence des fonctions implicites, sous certaines conditions de continuité. Lorsque les premiers membres des équations considérées sont développables en séries entières, on arrive à des résultats plus précis, que nous allons maintenant exposer.

Soit $F(x, y) = 0$ une équation où le premier membre peut être développé en série convergente, ordonnée suivant les puissances croissantes de $x - x_0$, $y - y_0$, cette série ne présentant pas de terme constant, et le coefficient de $y - y_0$ n'étant pas nul. Cette équation admet une racine, et une seule, qui tend vers y_0 lorsque x tend vers x_0, et cette racine peut être développée en série entière ordonnée suivant les puissances de $x - x_0$.

Afin de simplifier les calculs, supposons $x_0 = y_0 = 0$, ce qui revient à déplacer l'origine. En isolant dans un membre le terme du premier degré en y, on peut écrire l'équation proposée

$$(1) \qquad y = f(x, y) = a_{10}x + a_{20}x^2 + a_{11}xy + a_{02}y^2 + \ldots,$$

les termes non écrits étant d'un degré supérieur au second. Nous allons d'abord montrer qu'on peut satisfaire *formellement* à l'équation (1) en remplaçant y par une série

$$(2) \qquad y = c_1 x + c_2 x^2 + \ldots + c_n x^n + \ldots$$

et en opérant sur le second membre comme si cette série était convergente. On trouve, en effet, en identifiant les deux membres, après la substitution effectuée, les conditions

$$c_1 = a_{10}, \qquad c_2 = a_{20} + a_{11}c_1 + a_{02}c_1^2, \qquad \ldots;$$

d'une manière générale, c_n s'exprime au moyen des coefficients a_{ik}, où $i + k \leqq n$, et des coefficients précédents $c_1, c_2, \ldots, c_{n-1}$ par des additions et des multiplications seulement, de sorte que nous pouvons écrire

$$(43) \qquad c_n = P_n(a_{10}, a_{20}, a_{11}, \ldots, a_{0n}).$$

P_n étant un polynome dont tous les coefficients sont des nombres entiers positifs. La légitimité des opérations précédentes sera établie, si l'on démontre que la série (42) ainsi obtenue est convergente pour des valeurs de x suffisamment petites. On se sert pour cela d'un artifice très général, dont la première idée est due à Cauchy, et qui repose sur l'emploi des fonctions majorantes.

Soit

$$\varphi(x, Y) = \Sigma b_{mn} x^m Y^n$$

une fonction majorante pour $f(x, Y)$, où l'on a $b_{00} = b_{01} = 0$, et où b_{mn} est positif et au moins égal à $|a_{mn}|$; si l'on considère l'équation auxiliaire

$$(41') \qquad Y = \varphi(x, Y) = \Sigma b_{mn} x^m Y^n,$$

et que l'on cherche, comme plus haut, à satisfaire à cette équation en prenant pour Y une série entière en x,

$$(42') \qquad Y = C_1 x + C_2 x^2 + \ldots + C_n x^n + \ldots,$$

on obtiendra de même, pour les coefficients C_1, C_2, ... les valeurs

$$C_1 = b_{10}, \qquad C_2 = b_{20} + b_{11} C_1 + b_{02} C_1^2, \qquad \ldots$$

et en général

$$(43') \qquad C_n = P_n(b_{10}, b_{20}, \ldots, b_{0n}).$$

La comparaison des relations (43) et (43') nous montre aussitôt que l'on a $|c_n| \leq C_n$, puisque tous les coefficients du polynome P_n sont positifs et que l'on a $|a_{mn}| \leq b_{mn}$. La série (42) sera donc convergente si la série (42') est elle-même convergente. Or, nous pouvons prendre pour la fonction majorante $\varphi(x, Y)$ une expression de la forme

$$\varphi(x, Y) = \cfrac{M}{\left(1 - \dfrac{x}{r}\right)\left(1 - \dfrac{Y}{\rho}\right)} - M - M \dfrac{Y}{\rho},$$

M, r, ρ étant trois nombres positifs, et l'équation auxiliaire (41') devient, en chassant les dénominateurs,

$$Y - \frac{z^2 Y}{z + M} - \frac{M z^2}{z + M} \frac{x}{r - x} = 0.$$

Cette équation admet une racine qui est nulle pour $x = 0$; cette racine a pour expression

$$Y = \frac{z^2}{2(z + M)} - \frac{z^2}{2(z + M)} \sqrt{1 - \frac{4 M(z + M)}{z^2} \frac{x}{r - x}};$$

la quantité sous le radical peut s'écrire

$$\left(1 - \frac{x}{\alpha}\right)\left(1 - \frac{x}{r}\right)^{-1},$$

en posant

$$\alpha = r \left(\frac{z}{z + 2M}\right)^2,$$

et l'on a encore

$$Y = \frac{z^2}{2(z + M)}\left[1 - \left(1 - \frac{x}{\alpha}\right)^{\frac{1}{2}}\left(1 - \frac{x}{r}\right)^{-\frac{1}{2}}\right].$$

Cette racine Y peut donc être développée en série convergente dans l'intervalle $(-\alpha, +\alpha)$: ce développement est forcément identique à celui que fournit la substitution directe, c'est-à-dire au développement $(42')$. Par suite, la série (42) est, *a fortiori*, convergente dans l'intervalle $(-\alpha, +\alpha)$, mais ce n'est là qu'une limite inférieure de l'intervalle de convergence qui peut être beaucoup plus étendu.

D'après la façon même dont on a obtenu les coefficients c_n, il est évident que la somme y de la série (42) satisfait à l'équation (41). Écrivons cette équation $F(x, y) = y - f(x, y) = 0$, et soit $y = P(x)$ la racine que nous venons d'obtenir. Si l'on pose, dans $F(x, y)$, $y = P(x) + z$ et qu'on ordonne le résultat de la substitution suivant les puissances de x et de z, tous les termes doivent être divisibles par z, puisque ce résultat doit être nul, quel que soit x, quand on fait $z = 0$. On a donc identiquement

$$F[x, P(x) + z] = z\, Q(x, z),$$

$Q(x, z)$ étant une série entière en x et z, et si l'on remplace maintenant z par $y - P(x)$ dans $Q(x, z)$, on arrive en définitive à l'identité

$$F(x, y) = [y - P(x)]\,Q_1(x, y);$$

le terme constant de Q_1 doit être égal à l'unité, puisque le coefficient de y doit être égal à *un*, et nous pouvons écrire

$$(44)\qquad F(x, y) = [y - P(x)][1 + \alpha x + \beta y + \ldots].$$

Cette décomposition de $F(x, y)$ en un produit de deux facteurs est due à M. Weierstrass. Elle met en évidence la racine $y = P(x)$; elle montre de plus qu'il n'y a pas d'autre racine de $F(x, y) = 0$ s'annulant avec x, puisque le second facteur ne tend pas vers zéro lorsque x et y tendent vers zéro.

Remarque. — Pour déterminer les coefficients successifs du développement (42), écrivons l'équation proposée

$$(41'')\qquad y = Ax^n + xy\Phi(x, y) + Cx^{n+1} + \ldots + Dy^2 + \ldots \qquad A \neq 0,$$

où $\Phi(x, y)$ est une série entière en x et y, et où les termes non écrits forment deux séries entières en x et en y respectivement, dont l'une est divisible par x^{n+1} et l'autre par y^2. Le premier terme de la série cherchée est Ax^n et, en posant $y = x^n(A + z)$, il reste, après avoir divisé par x^n les deux membres de l'équation (41''), une équation de même forme

$$z = A_1 x^{n_1} + xz\Phi_1(x, z) + \ldots;$$

le premier terme du développement de z est $A_1 x^{n_1}$, et par suite le second terme de y est $A_1 x^{n+n_1}$; il est clair qu'on peut continuer ainsi indéfiniment [1].

194. Théorème général. — Considérons maintenant un système de p relations entre $p + q$ variables

$$(45)\qquad \begin{cases} F_1(x_1, x_2, \ldots, x_q;\ y_1, y_2, \ldots, y_p) = 0, \\ F_2(x_1, x_2, \ldots, x_q;\ y_1, y_2, \ldots, y_p) = 0, \\ \ldots\ldots\ldots\ldots\ldots\ldots\ldots\ldots\ldots\ldots \\ F_p(x_1, x_2, \ldots, x_q;\ y_1, y_2, \ldots, y_p) = 0, \end{cases}$$

où les fonctions $F_1, F_2, \ldots, F_p$ sont nulles pour $x_i = y_k = 0$ et

---

[1] Quand on a obtenu ainsi un certain nombre de termes, on peut doubler le nombre de ces termes par une division [Voir un article *Sur le développement en série entière d'une branche de fonction implicite* (*Nouvelles Annales de Mathématiques*, 1904).]

sont développables en séries entières dans le voisinage; nous supposons de plus que le déterminant fonctionnel $\dfrac{D(F_1, F_2, \ldots F_p)}{D(y_1, y_2, \ldots y_p)}$ *n'est pas nul* pour ces valeurs. Dans ces conditions, *les équations* (45) *admettent un système de solutions, et un seul, de la forme*

$$ y_1 = \varphi_1(x_1, x_2, \ldots x_q), \qquad \ldots, \qquad y_p = \varphi_p(x_1, x_2, \ldots x_q), $$

$\varphi_1, \varphi_2, \ldots \varphi_p$ *étant des séries entières en* $x_1, x_2, \ldots x_q$, *qui s'annulent pour* $x_1 = x_2 = \ldots = x_q = 0$.

Pour simplifier l'écriture, bornons-nous au cas de deux équations entre deux fonctions u et v et trois variables indépendantes x, y, z.

$$ (46) \qquad \begin{cases} F_1 = au + bv + cx + dy + ez + \ldots = 0, \\ F_2 = a'u + b'v + c'x + d'y + e'z + \ldots = 0. \end{cases} $$

Puisque le déterminant $ab' - ba'$ n'est pas nul, par hypothèse, on peut remplacer les deux équations (46) par deux équations de la forme

$$ (47) \qquad \begin{cases} u = \Sigma\, a_{mnpqr}\, x^m y^n z^p u^q v^r, \\ v = \Sigma\, b_{mnpqr}\, x^m y^n z^p u^q v^r, \end{cases} $$

les seconds membres ne renfermant pas de termes constants, ni de termes du premier degré en u et v. On démontre, de la même façon que plus haut, que l'on satisfait formellement à ces équations en prenant pour u et v des séries entières en x, y, z

$$ (48) \qquad u = \Sigma\, c_{ikl}\, x^i y^k z^l, \qquad v = \Sigma\, c'_{ikl}\, x^i y^k z^l, $$

les coefficients c_{ikl} et c'_{ikl} se déduisant des coefficients a_{mnpqr} et b_{mnpqr} par des additions et des multiplications seulement. Pour établir la convergence de ces développements, il suffit encore de les comparer aux développements analogues obtenus en cherchant à satisfaire aux deux équations auxiliaires

$$ U = V = \frac{M}{\left(1 - \dfrac{x + y + z}{r}\right)\left(1 - \dfrac{U + V}{\rho}\right)} - M\left(1 - \frac{U + V}{\rho}\right), $$

M, r et ρ étant des nombres positifs dont on a déjà expliqué la signification. Ces deux équations auxiliaires se réduisent à une équation unique du second degré

$$U^2 - \frac{\rho^2 U}{2\rho + 4M} + \frac{M\rho^2}{2\rho - 4M} \frac{x + y + z}{r \; (x + y + z)} = 0,$$

qui admet une racine nulle pour $x = y = z = 0$. Cette racine a pour expression

$$U = \frac{\rho^2}{4(\rho + 2M)} - \frac{\rho^2}{4(\rho + 2M)} \sqrt{\frac{1 - \dfrac{x + y + z}{\alpha}}{1 - \dfrac{x + y + z}{r}}},$$

en posant $\alpha = r \left(\dfrac{\rho}{\rho + 4M} \right)^2$.

Cette racine peut être développée en série entière convergente, tant que les valeurs absolues de x, y, z ne dépassent pas $\frac{\alpha}{3}$. Les séries (48) sont donc convergentes entre ces limites.

Soient u_1 et v_1 les solutions développables des équations (47). Si l'on pose $u = u_1 + u'$, $v = v_1 + v'$ et qu'on substitue dans les équations (47), puis qu'on ordonne suivant les puissances de x, y, z, u', v', tous les termes devront contenir u' ou v' en facteur. Il s'ensuit qu'en revenant aux variables x, y, z, u, v, les équations proposées peuvent s'écrire

$$(47')\qquad \begin{cases} (u - u_1)f + (v - v_1)\varphi = 0, \\ (u - u_1)f_1 + (v - v_1)\varphi_1 = 0, \end{cases}$$

$f, \varphi, f_1, \varphi_1$ étant aussi des séries entières en x, y, z, u, v. Les solutions $u = u_1$, $v = v_1$ sont ainsi mises en évidence; mais on voit de plus qu'il n'y a pas d'autres solutions s'annulant pour $x = y = z = 0$. En effet, toute autre solution des équations (47') doit annuler $f\varphi_1 - \varphi f_1$; or, en comparant les équations (47) et (47'), on voit que le terme constant dans f et φ_1 est égal à l'unité, tandis qu'il est nul dans f_1 et φ. On ne peut donc pas satisfaire à l'équation $f\varphi_1 - \varphi f_1 = 0$ en prenant pour u et v des fonctions qui s'annulent pour $x = y = z = 0$.

195. Formule de Lagrange. — Soit

$$(49)\qquad y = a + x\varphi(y)$$

une équation où la fonction $\varphi(y)$ est développable en série convergente ordonnée suivant les puissances croissantes de $y - a$, tant que la valeur absolue de $y - a$ ne dépasse pas une certaine limite,

$$\varphi(y) = \varphi(a) + (y - a)\varphi'(a) + \frac{(y-a)^2}{1.2}\varphi''(a) + \ldots$$

d'après le théorème général du n° 193, cette équation admet une racine, et une seule, qui tend vers a lorsque x tend vers zéro, et cette racine est représentée, pour les valeurs de x suffisamment petites, par la somme d'une série entière convergente

$$y = a + a_1 x + a_2 x^2 + \ldots.$$

Plus généralement, si $f(y)$ est une fonction développable suivant les puissances positives de $y - a$, après y avoir remplacé y par le développement précédent, on aura pour $f(y)$ un développement ordonné suivant les puissances de x, qui sera encore valable pour les valeurs de x comprises entre certaines limites,

$$(50) \qquad f(y) = f(a) + A_1 x + A_2 x^2 + \ldots + A_n x^n + \ldots$$

Le but de la formule de Lagrange est précisément de donner l'expression des coefficients A_1, A_2, ..., A_n, ..., en fonction de a. Remarquons que ce problème n'est pas essentiellement distinct du problème général; le coefficient A_n est, au facteur $n!$ près, la dérivée $n^{\text{ième}}$, pour $x = 0$, de $f(y)$, y étant définie par l'équation (49), et cette dérivée peut être calculée par l'application des règles connues. Le calcul paraît compliqué, mais on l'abrège beaucoup, grâce aux remarques suivantes de Laplace. Les dérivées partielles de la fonction y définie par l'équation (49), par rapport aux variables x et a, sont données par les formules

$$[1 - x\varphi'(y)]\frac{\partial y}{\partial x} = \varphi(y), \qquad [1 - x\varphi'(y)]\frac{\partial y}{\partial a} = 1;$$

on en déduit immédiatement la relation

$$(51) \qquad \frac{\partial u}{\partial x} = \varphi(y)\frac{\partial u}{\partial a},$$

en posant $u = f(y)$. D'autre part, $F(y)$ étant une fonction quelconque de y, on vérifie immédiatement par la différentiation que l'on a

$$(51^{bis}) \qquad \frac{\partial}{\partial a}\left[F(y)\frac{\partial u}{\partial x}\right] = \frac{\partial}{\partial x}\left[F(y)\frac{\partial u}{\partial a}\right],$$

car chacune des dérivées développées a pour expression

$$F'(y)f'(y)\frac{\partial y}{\partial a}\frac{\partial y}{\partial x} + F(y)\frac{\partial^2 u}{\partial a\,\partial x}.$$

Cela posé, nous allons montrer qu'on a, quel que soit le nombre entier n,

$$\frac{\partial^n u}{\partial x^n} = \frac{\partial^{n-1}}{\partial a^{n-1}}\left[\varphi(y)^n\frac{\partial u}{\partial a}\right].$$

La loi est vraie pour $n=1$, d'après la formule (51); pour établir qu'elle est générale, supposons-la établie pour une certaine valeur de n. On en déduit

$$\frac{\partial^{n+1}u}{\partial x^{n+1}} = \frac{\partial^n}{\partial a^{n-1}\partial x}\left[\varphi(y)^n\frac{\partial u}{\partial a}\right].$$

Mais on peut écrire, en utilisant les relations (51) et (51bis),

$$\frac{\partial}{\partial x}\left[\varphi(y)^n\frac{\partial u}{\partial a}\right] = \frac{\partial}{\partial a}\left[\varphi(y)^n\frac{\partial u}{\partial x}\right] = \frac{\partial}{\partial a}\left[\varphi(y)^{n+1}\frac{\partial u}{\partial a}\right];$$

on a donc bien

$$\frac{\partial^{n+1}u}{\partial x^{n+1}} = \frac{\partial^n}{\partial a^n}\left[\varphi(y)^{n+1}\frac{\partial u}{\partial a}\right],$$

et la formule est vraie pour toute valeur de n.

Supposons maintenant $x=0$; y se réduit à a, u à $f(a)$ et la dérivée $n^{\text{ième}}$ de u par rapport à x devient

$$\left(\frac{\partial^n u}{\partial x^n}\right)_0 = \frac{d^{n-1}}{da^{n-1}}[\varphi(a)^n f'(a)].$$

La formule de Taylor nous donne donc pour le développement de $f(y)$

$$(52)\quad f(y) = f(a) + x\varphi(a)f'(a) + \frac{x^2}{1.2}\frac{d}{da}[\varphi(a)^2 f'(a)] + \ldots$$
$$+ \frac{x^n}{n!}\frac{d^{n-1}}{da^{n-1}}[\varphi(a)^n f'(a)] + \ldots.$$

Telle est la formule célèbre due à Lagrange; elle donne l'expression de la racine y qui tend vers a lorsque x tend vers zéro. Nous verrons plus tard entre quelles limites cette formule est applicable.

Remarque. — Il résulte aussi du théorème général que la racine y, considérée comme fonction de x et de a, peut être représentée par une série double ordonnée suivant les puissances de x et de a. On obtiendrait cette série double en remplaçant chacun des coefficients A_n par son développement suivant les puissances de a. On déduit de là qu'il est permis de différentier terme à terme la série (52) par rapport au paramètre a.

Exemples. — 1° L'équation

$$(53)\qquad y = a + \frac{x}{2}(y^2 - 1)$$

admet une racine égale à a pour $x=0$. La formule de Lagrange donne pour le développement de cette racine

$$(54) \qquad y = a + \frac{x}{2}(a^2 - 1) + \frac{1}{1.2}\left(\frac{x}{2}\right)^2 \frac{d(a^2 - 1)^2}{da} + \cdots$$
$$+ \frac{1}{1.2\ldots n}\left(\frac{x}{2}\right)^n \frac{d^{n-1}(a^2 - 1)^n}{da^{n-1}} + \cdots;$$

d'autre part, en résolvant l'équation (53), on a pour expression des racines

$$y = \frac{1}{x} \pm \frac{1}{x}\sqrt{1 - 2ax + x^2}.$$

et, pour avoir la racine égale à a pour $x = 0$, il faut prendre le signe —. En différentiant par rapport à la variable a les deux membres de l'équation (54), on parvient à une formule qui ne diffère que par les notations de la formule (32) obtenue plus haut (n° 189).

2° L'équation de Képler

$$(55) \qquad u = a + e \sin u$$

admet la racine $u = a$ pour $e = 0$. La formule de Lagrange donne pour le développement de la racine qui tend vers a

$$(56)\quad u = a + e \sin a + \frac{e^2}{1.2}\frac{d}{da}(\sin^2 a) + \cdots + \frac{e^n}{1.2\ldots n}\frac{d^{n-1}(\sin^n a)}{da^{n-1}} + \cdots$$

Laplace a démontré le premier, par une analyse savante, que la série précédente est convergente pourvu que e soit inférieur à la limite $0,662743\ldots$.

196. Inversion. — Soit

$$(57) \qquad y = a_1 x + a_2 x^2 + \ldots + a_n x^n + \ldots$$

une série convergente dans l'intervalle $(-r, +r)$, où le premier coefficient a_1 n'est pas nul. Si l'on considère dans l'équation (57) y comme la variable indépendante, et x comme une fonction de y, cette équation admet, d'après le théorème général (n° 193), une racine et une seule qui tend vers zéro avec y, et cette racine est développable en série ordonnée suivant les puissances de y

$$(58) \qquad x = b_1 y + b_2 y^2 + b_3 y^3 + \ldots + b_n y^n + \ldots$$

Les coefficients $b_1, b_2, b_3, \ldots$ se déterminent aisément de proche en proche en remplaçant x par son développement dans la formule (57) et écrivant qu'on a une identité. On trouve ainsi

$$b_1 = \frac{1}{a_1}, \qquad b_2 = \frac{a_2}{a_1^3}, \qquad b_3 = \frac{2a_2^2 - a_1 a_3}{a_1^5}, \qquad \cdots;$$

on peut aussi obtenir l'expression générale des coefficients b_n au moyen de la formule de Lagrange. Si l'on pose en effet

$$\psi(x) = a_1 + a_2 x + \ldots + a_n x^{n-1} + \ldots$$

l'équation (57) peut s'écrire

$$x = y \, \frac{1}{\psi(x)},$$

et la formule de Lagrange donne, pour le développement de la racine qui s'annule avec y,

$$x = y \, \frac{1}{\psi(0)} + \ldots + \frac{y^n}{1.2\ldots n} \left[\frac{d^{n-1}}{dx^{n-1}} \left(\frac{1}{\psi(x)} \right)^n \right]_0 + \ldots,$$

l'indice o indiquant qu'on remplace x par o après les différentiations.

Le problème précédent était connu autrefois sous le nom de problème du *retour des suites*.

197. Fonctions analytiques. — Nous appellerons par la suite *fonction analytique* toute fonction d'un nombre quelconque de variables x, y, z, …, qui, dans le voisinage d'un système de valeurs x_0, y_0, z_0, …, peut être développée en série entière ordonnée suivant les puissances de $x - x_0$, $y - y_0$, $z - z_0$, …, et convergente tant que les valeurs absolues de ces différences ne dépassent pas certaines limites (les valeurs x_0, y_0, z_0 pouvant d'ailleurs être soumises à certaines restrictions, que nous n'examinerons pas ici). De l'étude qui vient d'être faite dans ce Chapitre, il résulte que ces fonctions naissent en quelque sorte les unes des autres. Étant données une ou plusieurs fonctions analytiques, l'intégration ou la différentiation, et les opérations algébriques, telles que multiplication, division, combinaison par substitution, etc., conduisent à de nouvelles fonctions analytiques. Il en est de même des fonctions obtenues par la résolution d'équations dont les premiers membres sont analytiques. Or, les fonctions les plus simples, comme les polynomes, l'exponentielle et les fonctions circulaires, étant analytiques, on s'explique aisément comment les premières fonctions étudiées par les géomètres ont été nécessairement des fonctions analytiques, et l'importance de ces fonctions apparaîtra encore mieux dans l'étude des fonctions d'une variable imaginaire et des équations différentielles. Mais, malgré le rôle fondamental des fonctions analytiques, on ne doit point oublier qu'elles ne forment en définitive qu'un groupe tout particulier dans l'ensemble des fonctions continues ([1]).

198. Courbes analytiques.

— Nous avons défini (n° 13) une courbe comme le lieu décrit par un point M dont les coordonnées

---

([1]) Soit $f(x)$ une fonction continue et admettant des dérivées continues de tous les ordres dans un intervalle (a, b). Si ces dérivées satisfont à la condition

$$(\mathrm{A}) \qquad |f^{(n)}_{(x)}| < \frac{M\, n!}{\rho^n},$$

M et ρ étant deux nombres positifs indépendants de x, la fonction $f(x)$ est analytique. En effet, x_0 et x étant deux points quelconques de l'intervalle (a, b), si l'on développe $f(x) - f(x_0)$ suivant les puissances de $x - x_0$ par la formule de Taylor (n° 18), le reste R_n est moindre en valeur absolue que $M \dfrac{|x - x_0|^{n+1}}{\rho^{n+1}}$, d'après la condition (A), et par conséquent tend vers zéro, lorsque n croît indéfiniment, x étant compris entre $x_0 - \rho$ et $x_0 + \rho$.

Inversement, on démontrera dans le Tome II que la condition (A) est nécessaire pour que $f(x)$ soit analytique.

M. S. Bernstein (*Math. Ann.*, Bd. 75, 1914, p. 449) a démontré récemment la belle proposition suivante : *Si toutes les dérivées d'une fonction indéfiniment dérivable $\varphi(x)$ sont positives dans un intervalle (a, b), la fonction est analytique dans cet intervalle.*

Supposons $a < b$, et soient x_0 et $x > x_0$ deux valeurs quelconques de cet intervalle. Puisque toutes les dérivées de $\varphi(x)$ sont positives, la fonction et toutes ses dérivées sont croissantes. On a donc, de proche en proche, les inégalités

$$\varphi^{(n-1)}(x) > \varphi^{(n)}(x_0)(x - x_0), \qquad \varphi^{(n-2)}(x) > \varphi^{(n)}(x_0)\frac{(x - x_0)^2}{2}, \qquad \ldots,$$

$$\varphi'(x) > \varphi^{(n)}(x_0)\frac{(x - x_0)^{n-1}}{(n-1)!}, \qquad \varphi(x) > \varphi(x_0) + \varphi^{(n)}(x_0)\frac{(x - x_0)^n}{n!}$$

et l'on a inversement, en faisant $x = b$,

$$\varphi^{(n)}(x_0) < \frac{M\, n!}{(b - x_0)^n},$$

M étant le nombre positif $\varphi(b) - \varphi(a)$. Il s'ensuit que si l'on écrit le développement de $\varphi(x)$, d'après la première formule de Taylor, suivant les puissances de $x - x_0 = h$, la valeur absolue du reste R_{n+1} est inférieure à

$$\frac{M\, |h|^{n+1}}{(b - x_0 - \theta h)^{n+1}}$$

et ce reste tend vers zéro lorsque n augmente indéfiniment pourvu que l'on ait

$$|h| < \frac{b - x_0}{2}.$$

sont des fonctions continues $x = f(t)$, $y = \varphi(t)$, $z = \psi(t)$ d'un paramètre t, quand on fait varier ce paramètre. Si les fonctions $f(t)$, $\varphi(t)$, $\psi(t)$ sont des fonctions analytiques de t, c'est-à-dire des fonctions de t qui, dans le voisinage de toute valeur t_0 comprise dans un certain intervalle (a, b), sont développables par la formule de Taylor suivant les puissances de $t - t_0$, l'arc de courbe correspondant est dit un *arc de courbe analytique*. Toutes les courbes que l'on rencontre dans les applications les plus usuelles sont des courbes analytiques ou sont formées d'un nombre *fini* d'arcs analytiques mis bout à bout.

Soient x_0, y_0, z_0 les coordonnées d'un point M_0 d'une courbe analytique; x, y, z les coordonnées d'un autre point M de la courbe voisin de M_0. Le point M_0 est dit un *point ordinaire* si deux des trois différences $x - x_0$, $y - y_0$, $z - z_0$ peuvent être développées en séries entières ordonnées suivant les puissances de la troisième, ces deux séries étant convergentes tant que les valeurs absolues de ces différences restent inférieures à une certaine limite $h > 0$. Dans le cas contraire, le point M_0 est dit un *point singulier*. Un arc de courbe analytique sans point singulier est dit *régulier*.

D'après la définition même des courbes analytiques, les coordonnées x, y, z d'un point M voisin du point $M_0(x_0, y_0, z_0)$ sont représentées par des séries entières

$$
(59)\qquad
\begin{cases}
x = x_0 + a_1(t - t_0) + \ldots + a_n(t - t_0)^n + \ldots,\\
y = y_0 + b_1(t - t_0) + \ldots + b_n(t - t_0)^n + \ldots,\\
z = z_0 + c_1(t - t_0) + \ldots + c_n(t - t_0)^n + \ldots,
\end{cases}
$$

ces trois séries étant convergentes pourvu que $|t - t_0|$ soit moindre qu'un nombre positif r.

Pour que le point M_0 soit un point ordinaire, *il suffit que l'un des trois coefficients a_1, b_1, c_1 des formules (59) ne soit pas nul*. Si, par exemple, a_1 n'est pas nul, on tirera de la première des équations (59) un développement de $t - t_0$ suivant les puissances de $x - x_0$ (n° 193), et en portant cette valeur de $t - t_0$ dans les deux autres formules, on aura les développements de $y - y_0$, $z - z_0$ suivant les puissances entières de $x - x_0$. Inversement, dans le voisinage d'un point ordinaire M_0, les équations qui définissent une courbe analytique peuvent être mises sous la forme (59), l'un au moins des coefficients a_1, b_1, c_1 n'étant pas nul. En effet, si, par exemple, $y - y_0$ et $z - z_0$ sont égales à des séries entières en $x - x_0$, il suffira de poser $x - x_0 = t$ pour être ramené à des formules de la forme (59), où l'on aura $a_1 = 1$. De cette remarque on déduit que la définition d'un point ordinaire est indépendante des axes de coordonnées. En effet, si l'on considère la courbe Γ qui se déduit de la courbe C par une transformation homographique définie par les formules

$$
\begin{aligned}
X &= l\,x + m\,y + n\,z + p,\\
Y &= l'x + m'y + n'z + p',\\
Z &= l''x + m''y + n''z + p'',
\end{aligned}
$$

dont le déterminant n'est pas nul, on a

$$
\frac{dX}{dt} = l\frac{dx}{dt} + m\frac{dy}{dt} + n\frac{dz}{dt}, \quad \frac{dY}{dt} = l'\frac{dx}{dt} + \ldots, \quad \frac{dZ}{dt} = l''\frac{dx}{dt} + \ldots,
$$

et les trois dérivées $\dfrac{dX}{dt}$, $\dfrac{dY}{dt}$, $\dfrac{dZ}{dt}$ ne peuvent être nulles à la fois pour une valeur t_0 de t, si les trois dérivées $\dfrac{dx}{dt}$, $\dfrac{dy}{dt}$, $\dfrac{dz}{dt}$ ne sont pas nulles aussi pour cette valeur de t [1].

Lorsque les trois coefficients a_1, b_1, c_1 sont nuls à la fois, le point M_0 est, *en général*, un point singulier. Prenons, par exemple, la courbe plane définie par les deux équations $x = t^2$, $y = t^3$. Pour $t = 0$, on a $a_1 = b_1 = 0$. L'origine est bien un point singulier, car l'on tire des relations précédentes $x = y^{\frac{2}{3}}$, et inversement $y = x^{\frac{3}{2}}$, et chacune des coordonnées est une puissance fractionnaire de l'autre coordonnée.

Prenons, au contraire, la courbe plane définie par les formules $x = t^2$, $y = t^4$. Pour $t = 0$, on a encore $a_1 = b_1 = 0$, et, cependant, l'origine n'est pas un point singulier puisqu'on a $y = x^2$. Mais on remarquera que, dans ce dernier exemple, à un point de la courbe correspondent deux valeurs différentes ($\pm t$) du paramètre.

Soient x_0, y_0 les coordonnées d'un point M_0 d'une courbe plane C représentée par une équation $F(x, y) = 0$, dont le premier

---

[1] Il est aisé de voir que cette propriété s'étend à toute transformation réversible, définie par des formules analytiques.

membre peut être développé en série entière ordonnée suivant les puissances de $x - x_0$ et de $y - y_0$. Si les deux dérivées partielles $\frac{\partial F}{\partial x}$, $\frac{\partial F}{\partial y}$ ne sont pas nulles pour $x = x_0$, $y = y_0$, le point M_0 est un point ordinaire. En effet, si $\left(\frac{\partial F}{\partial y}\right)_0$ n'est pas nul, par exemple, on déduit de l'équation $F = 0$ un développement de $y - y_0$ suivant les puissances de $x - x_0$ (n° 193).

De même, soient x_0, y_0, z_0 les coordonnées d'un point M_0 d'une courbe gauche Γ représentée par un système de deux équations

$$(60) \qquad F(x, y, z) = 0, \qquad F_1(x, y, z) = 0,$$

dont les premiers membres sont des séries entières en $x - x_0$, $y - y_0$, $z - z_0$. Ce point M_0 est un point ordinaire pourvu que les trois déterminants fonctionnels

$$\frac{D(F, F_1)}{D(x, y)}, \quad \frac{D(F, F_1)}{D(y, z)}, \quad \frac{D(F, F_1)}{D(z, x)}$$

ne soient pas nuls à la fois pour $x = x_0$, $y = y_0$, $z = z_0$. Si, par exemple, le déterminant $\frac{D(F, F_1)}{D(x, y)}$ n'est pas nul au point M_0, on tirera des équations (60) des développements en séries entières pour $x - x_0$ et $y - y_0$, ordonnées suivant les puissances de $z - z_0$ (n° 194).

Les énoncés sont pareils à ceux des n°s 37 et 43, mais nous établissons ici un résultat plus précis, puisque nous démontrons que les fonctions implicites dont il s'agit sont des fonctions *analytiques* de la variable indépendante.

Remarque I. — Considérons en particulier une courbe plane C, ce qui revient à remplacer la dernière des formules (59) par $z = 0$. Pour avoir l'aspect de la courbe dans le voisinage d'un point M_0, il suffit d'observer que, pour les valeurs infiniment petites de $t - t_0$, $x - x_0$ et $y - y_0$ ont respectivement les signes des premiers termes $a_m(t - t_0)^m$ et $b_n(t - t_0)^n$ dans les seconds membres.

Supposons $m < n$. Si m est *impair* (ce qui a toujours lieu pour un point ordinaire), la courbe a l'aspect habituel ou présente une inflexion. Si m est *pair*, la courbe présente un rebroussement, de première ou de seconde espèce.

Remarque II. — Soit M_0 un point ordinaire d'une courbe analytique plane G; supposons, par exemple, $y - y_0$ développé suivant les puissances de $x - x_0$

$$y - y_0 = c_1(x - x_0) + c_2(x - x_0)^2 + \ldots.$$

Si la tangente n'est pas parallèle à l'axe Ox, le coefficient c_1 n'est pas nul, et l'on peut inversement déduire de la relation précédente le développement de $x - x_0$, suivant les puissances de $y - y_0$. Il n'en est plus de même si la tangente au point M_0 est parallèle à Ox. Dans ce cas $c_1 = 0$, et le développement de $y - y_0$ commence par un terme de degré supérieur au premier en $x - x_0$; on ne peut plus appliquer le théorème général du n° 193. D'une étude qui sera faite plus tard (t. II), il résulte que $x - x_0$ peut alors être développée en série entière ordonnée suivant les puissances *fractionnaires* de $y - y_0$.

199. Points doubles. — Reprenons encore l'étude d'une courbe plane analytique G dans le voisinage d'un point double. Ce point double étant pris pour origine, l'équation de la courbe est de la forme

$$(61) \qquad a x^2 + 2 b x y + c y^2 + \varphi_3(x, y) + \ldots = 0,$$

les coefficients a, b, c n'étant pas nuls à la fois, et les termes non écrits formant une série entière en x et y, qui est convergente dans le voisinage du point $x = y = 0$. Supposons de plus que nous ayons choisi les axes de façon que c ne soit pas nul. D'après une remarque déjà faite (p. 104, note), l'équation (61) ne peut admettre plus de deux racines *réelles* tendant vers zéro avec x; on démontrera plus tard qu'elle admet toujours deux racines, et deux seulement, réelles ou imaginaires, qui tendent vers zéro avec x. On peut trouver aisément les expressions de ces deux racines lorsque $b^2 - ac$ n'est pas nul.

1° Soit $b^2 - ac > 0$. On peut encore écrire l'équation précédente, en divisant par c,

$$(62) \qquad F(x, y) = (y - \alpha x)(y - \beta x) + \varphi_3(x, y) + \ldots = 0,$$

α et β étant deux nombres réels *différents*. Si l'on pose

$$y = x(\alpha + u),$$

$F[x, x(\alpha + u)]$ peut être ordonné suivant les puissances de x et de u (n° 192) et, en divisant par x^2, il reste l'équation

$$(63) \qquad u(u + \alpha - \beta) + \ldots = 0,$$

tous les termes non écrits étant nuls pour $x = 0$. D'après le théorème général (n° 193), cette équation admet une racine u_1 s'annulant avec x, qui est développable suivant les puissances de x :

$$u_1 = z_1 x + z_2 x^2 + \ldots$$

L'équation (62) admet donc aussi la racine y_1

$$(64) \qquad y_1 = z x + z_1 x^2 + z_2 x^3 + \ldots$$

et l'on verrait de même que cette équation admet une seconde racine

$$(65) \qquad y_2 = z' x + z'_1 x^2 + z'_2 x^3 + \ldots$$

Par l'origine passent donc deux branches de courbe, et sur chacune d'elles, prise isolément, l'origine est un point ordinaire.

En reprenant les raisonnements de la fin du n° 193, on voit aisément que $F(x, y)$ peut se décomposer en un produit de trois facteurs

$$(66) \qquad F(x, y) = (y - y_1)(y - y_2)(1 - c_1 x + c_2 y + \ldots),$$

ce qui met en évidence les deux racines y_1 et y_2 de l'équation (62) et montre de plus que cette équation n'admet pas d'autre racine tendant vers zéro en même temps que x.

$2°$ Soit $b^2 - ac < 0$. Nous savons que l'origine est un point double isolé. Cependant, les calculs que nous venons d'indiquer s'appliqueraient encore et conduiraient à deux séries convergentes (64) et (65), satisfaisant formellement à l'équation (62), mais avec des coefficients imaginaires. L'équation (62) admet donc dans ce cas deux racines imaginaires conjuguées infiniment petites avec x.

La méthode précédente s'applique aussi sans difficulté à l'étude d'une courbe analytique dans le voisinage d'un point multiple d'ordre quelconque p à *tangentes distinctes*.

$3°$ Soit $b^2 - ac = 0$. Si l'on a pris pour axe des x la tangente au point double, l'équation est de la forme

$$(67) \qquad y^2 = A x^3 + B x^2 y + C x y^2 + D y^3 + \ldots$$

Soient $u + \sqrt{v}$ et $u - \sqrt{v}$ les deux racines infiniment petites. En rem plaçant y par $u + \sqrt{v}$, l'équation devient

$$u^2 + 2u\sqrt{v} + v = \mathrm{A}x^3 + \mathrm{B}x^2(u + \sqrt{v}) + \mathrm{C}x(u + \sqrt{v})^2 + \mathrm{D}(u + \sqrt{v})^3 + \ldots$$

En égalant à zéro la série formée par les termes rationnels en v, et le coefficient de $\sqrt{v}$, on a les deux équations suivantes pour déterminer u et v

$$(68) \quad \begin{cases} v = -u^2 + \mathrm{A}x^3 + \mathrm{B}x^2 u + \mathrm{C}xu^2 + \mathrm{C}xv + \mathrm{D}u^3 + 3\,\mathrm{D}uv + \ldots, \\ 2u - \mathrm{D}v = \mathrm{B}x^2 + 2\,\mathrm{C}xu + 3\,\mathrm{D}u^2 + \ldots. \end{cases}$$

On peut appliquer à ce système le théorème général du n° 194, et l'on en déduit pour u et v des développements en série

$$(69) \quad \begin{cases} v = \mathrm{A}x^3 + \ldots, \\ u = \dfrac{\mathrm{B}}{2}x^2 + \ldots, \end{cases}$$

commençant par des termes qui sont au moins du troisième et du deuxième degré respectivement. Soit, d'une façon générale,

$$u = ax^p + \ldots, \qquad v = bx^q + \ldots \qquad (ab \neq 0;\ p > 2,\ q \geq 3)$$

les séries ainsi obtenues. L'équation (67) admet les deux racines infiniment petites

$$y = ax^p + \ldots \pm \sqrt{bx^q + \ldots}.$$

La forme de la courbe dépend avant tout de la parité de q.

Premier cas. — Soit $q = 2r + 1\ (r \geq 1)$. Supposons de plus $b > 0$; pour les valeurs de x voisines de zéro, la série sous le radical a le signe de bx^q. Pour que y soit réel, x doit être supposé > 0, et les deux valeurs de y sont représentées par un développement en série ordonnée suivant les puissances de $\sqrt{x}$. Si l'on a $r + \dfrac{1}{2} < p$, le terme du moindre degré est le terme en $x^{r+\frac{1}{2}}$, et l'on a un rebroussement de première espèce. Si $r + \dfrac{1}{2} > p$, on a un rebroussement de seconde espèce.

Second cas. — Soit $q = 2r\ (r \geq 1)$. Les valeurs de y ne seront réelles pour les valeurs infiniment petites de x que si b est positif. Lorsqu'il en est ainsi, on a deux branches de courbe tangentes à l'origine à l'axe Ox, et l'origine est un point ordinaire pour chacune d'elles, car on peut écrire ces deux racines

$$y = ax^p + \ldots \pm x^r\sqrt{b + b_1 x + \ldots}.$$

Si b est négatif, l'origine est un point double isolé.

200. Surfaces analytiques. — Une portion de surface S est dite *analytique* si, dans le voisinage de tout point M_0 de cette surface. les coordonnées x, y, z d'un point variable M peuvent être développées en séries entières à deux paramètres variables $t - t_0$. $u - u_0$,

$$(70) \quad \begin{cases} x - x_0 = a_{10}(t - t_0) + a_{01}(u - u_0) + \ldots, \\ y - y_0 = b_{10}(t - t_0) + b_{01}(u - u_0) + \ldots, \\ z - z_0 = c_{10}(t - t_0) + c_{01}(u - u_0) + \ldots; \end{cases}$$

ces séries restant convergentes tant que les valeurs absolues des différences $t - t_0$, $u - u_0$ ne dépassent pas certaines limites. Un point M_0 de la surface S est un point ordinaire si, dans le voisinage de ce point, une des trois différences $x - x_0$, $y - y_0$, $z - z_0$ peut être développée en série entière ordonnée suivant les puissances entières des deux autres. Tout point M_0, pour lequel les trois déterminants

$$\frac{D(y, z)}{D(t, u)}, \quad \frac{D(z, x)}{D(t, u)}, \quad \frac{D(x, y)}{D(t, u)}$$

ne sont pas nuls à la fois, est un point ordinaire ; si l'on suppose, par exemple, que le premier déterminant ne soit pas nul, on peut. des deux dernières équations (70), tirer $t - t_0$ et $u - u_0$, et, en portant les valeurs obtenues dans la première, on obtient un développement de $x - x_0$ suivant les puissances de $y - y_0$ et de $z - z_0$.

Étant donnée une surface S représentée par une équation non résolue $F(x, y, z) = 0$, soient x_0, y_0, z_0 les coordonnées d'un point M_0 de cette surface. Si la fonction F est développable en série entière ordonnée suivant les puissances de $x - x_0$, $y - y_0$, $z - z_0$, sans que les trois dérivées partielles $\dfrac{\partial F}{\partial x_0}$, $\dfrac{\partial F}{\partial y_0}$, $\dfrac{\partial F}{\partial z_0}$ soient nulles à la fois, il résulte du théorème général (n° 193) que le point M_0 est un point ordinaire.

Remarque. — La définition adoptée pour un point ordinaire d'une surface est indépendante du choix des axes. Supposons que le point $M_0(x_0, y_0, z_0)$ soit un point ordinaire d'une surface S ; les coordonnées d'un point voisin sont données alors par des formules de la forme (70), où les trois déterminants $\dfrac{D(y, z)}{D(t, u)}$, $\dfrac{D(z, x)}{D(t, u)}$, $\dfrac{D(x, y)}{D(t, u)}$ ne sont pas nuls à la fois pour $t = t_0$, $u = u_0$. Une transformation de coordonnées revient à remplacer les variables x, y, z par trois nouvelles variables X, Y, Z, fonctions linéaires des premières, telles que

$$X = \alpha_1 x + \beta_1 y + \gamma_1 z + \delta_1,$$
$$Y = \alpha_2 x + \beta_2 y + \gamma_2 z + \delta_2,$$
$$Z = \alpha_3 x + \beta_3 y + \gamma_3 z + \delta_3,$$

le déterminant $\Delta = \dfrac{D(X, Y, Z)}{D(x, y, z)}$ n'étant pas nul. En remplaçant x, y, z par leurs développements (70), on obtiendra pour X, Y, Z trois nouveaux développements de même forme, et l'on ne peut avoir

$$\frac{D(X, Y)}{D(t, u)} = \frac{D(Y, Z)}{D(t, u)} = \frac{D(Z, X)}{D(t, u)} = 0,$$

pour $t = t_0$, $u = u_0$, car on déduit inversement des formules de transformation

$$x = A_1 X + B_1 Y + C_1 Z + D_1,$$
$$y = A_2 X + B_2 Y + C_2 Z + D_2,$$
$$z = A_3 X + B_3 Y + C_3 Z + D_3,$$

et les trois déterminants fonctionnels obtenus avec les variables X, Y, Z ne pourraient être nuls à la fois sans qu'il en fût de même des trois déterminants formés avec les variables x, y, z.

V. — SÉRIES TRIGONOMÉTRIQUES. — SÉRIES DE POLYNOMES.

201. Séries de Fourier. — Nous allons nous occuper, dans les paragraphes suivants, de séries d'une nature tout à fait différente des précédentes. Les séries trigonométriques paraissent avoir été considérées, pour la première fois, par D. Bernoulli, à propos du problème des cordes vibrantes; le procédé de détermination des coefficients, que nous allons indiquer, est dû à Euler.

Soit $f(x)$ une fonction bornée et intégrable de la variable x dans un intervalle (a, b); nous supposerons d'abord que les limites a et b sont $-\pi$ et $+\pi$, ce qu'on peut toujours faire, car il suffira de prendre pour nouvelle variable $\dfrac{2\pi x - (a+b)\pi}{b - a}$ pour être ramené à ce cas. Cela posé, si pour toutes les valeurs de x comprises entre $-\pi$ et $+\pi$, on a l'égalité ci-dessous

$$(71) \quad f(x) = \frac{a_0}{2} + (a_1 \cos x + b_1 \sin x) + \ldots + (a_m \cos mx + b_m \sin mx) + \ldots,$$

$a_0, a_1, b_1, \ldots, a_m, b_m, \ldots$, étant des coefficients constants inconnus, l'artifice suivant s'offre tout naturellement pour déterminer ces coefficients. Rappelons d'abord les formules suivantes, qu'il suffit d'écrire, où m et n sont des nombres entiers positifs :

$$\int_{-\pi}^{+\pi} \cos m x\, dx = 0, \quad \text{si } m \neq 0. \qquad \int_{-\pi}^{+\pi} \sin m x\, dx = 0,$$

$$(72) \begin{cases} \displaystyle \int_{-\pi}^{+\pi} \cos m x \cos n x\, dx = \int_{-\pi}^{+\pi} \frac{\cos(m-n)x + \cos(m+n)x}{2}\, dx = 0, & \text{si } m \neq n, \\[3mm] \displaystyle \int_{-\pi}^{+\pi} \cos^2 m x\, dx = \int_{-\pi}^{+\pi} \frac{1 + \cos 2 m x}{2}\, dx = \pi, & \text{si } m \neq 0, \\[3mm] \displaystyle \int_{-\pi}^{+\pi} \sin m x \sin n x\, dx = \int_{-\pi}^{+\pi} \frac{\cos(m-n)x - \cos(m+n)x}{2}\, dx = 0, & \text{si } m \neq n, \\[3mm] \displaystyle \int_{-\pi}^{+\pi} \sin^2 m x\, dx = \int_{-\pi}^{+\pi} \frac{1 - \cos 2 m x}{2}\, dx = \pi, & \text{si } m \neq 0, \\[3mm] \displaystyle \int_{-\pi}^{+\pi} \sin m x \cos n x\, dx = \int_{-\pi}^{+\pi} \frac{\sin(m+n)x + \sin(m-n)x}{2}\, dx = 0. \end{cases}$$

Si nous intégrons les deux membres de l'égalité (71) entre les limites $-\pi$ et $+\pi$, en intégrant le second membre terme à terme, il vient

$$\int_{-\pi}^{+\pi} f(x)\, dx = \frac{a_0}{2} \int_{-\pi}^{+\pi} dx = \pi a_0,$$

égalité d'où l'on tirera la valeur de a_0. Si l'on opère de même après avoir multiplié les deux membres de la relation (71) par $\cos m x$ ou $\sin m x$, le seul terme du second membre dont l'intégration entre les limites $-\pi$ et $+\pi$ donnera un résultat différent de zéro sera le terme en $\cos^2 m x$ ou en $\sin^2 m x$, et l'on parvient aux formules suivantes

$$\int_{-\pi}^{+\pi} f(x) \cos m x\, dx = \pi a_m, \qquad \int_{-\pi}^{+\pi} f(x) \sin m x\, dx = \pi b_m.$$

Nous pouvons encore écrire les valeurs obtenues pour les coefficients

$$(73) \begin{cases} \displaystyle a_0 = \frac{1}{\pi} \int_{-\pi}^{+\pi} f(x)\, dx, \qquad a_m = \frac{1}{\pi} \int_{-\pi}^{+\pi} f(x) \cos m x\, dx, \\[3mm] \displaystyle b_m = \frac{1}{\pi} \int_{-\pi}^{+\pi} f(x) \sin m x\, dx. \end{cases}$$

Le calcul qui précède pour déterminer les coefficients manque évidemment de rigueur et n'a qu'une valeur d'induction.

On appelle *série de Fourier* toute série trigonométrique

$$\frac{a_0}{2} + a_1 \cos x + b_1 \sin x + \ldots + a_m \cos m x + b_m \sin m x + \ldots,$$

dont les coefficients se déduisent d'une fonction intégrable $f(x)$ par les formules (73). A toute fonction $f(x)$ intégrable dans l'intervalle $(-\pi, +\pi)$ correspond une série de Fourier, mais il n'est nullement évident que cette série de Fourier est convergente et a pour somme $f(x)$, pas plus qu'il n'est évident que la série de Taylor, déduite d'une fonction dont la suite des dérivées est illimitée, représente cette fonction (n° **179**). Nous pouvons même affirmer qu'une série de Fourier ne représente pas toujours la fonction qui lui a donné naissance. Soient, en effet, $f_1(x)$, $f_2(x)$ deux fonctions qui ne diffèrent que pour un nombre *fini* de valeurs de x entre $-\pi$ et π; la série de Fourier sera la même pour ces deux fonctions (n° **74**). Il y a donc une au moins des deux fonctions qui n'est pas représentée par sa série de Fourier pour toute valeur de x. Mais il résulte de l'expression même des coefficients (73) que, si deux fonctions $f(x)$, $\varphi(x)$ sont représentées par leurs séries de Fourier respectives, entre $-\pi$ et π, il en sera de même de la fonction $Af(x) + B\varphi(x)$, quelles que soient les constantes A et B.

Nous allons établir un système de conditions *suffisantes* pour qu'une fonction $f(x)$ soit développable en série de Fourier dans l'intervalle $(-\pi, +\pi)$. Ces conditions, que nous appellerons, pour abréger, *conditions de Dirichlet*, sont les suivantes :

1° On peut partager l'intervalle considéré $(-\pi, +\pi)$ en un nombre *fini* d'intervalles partiels *ouverts*, dans chacun desquels la fonction est monotone;

2° La fonction n'admet que des points de discontinuité *réguliers*.

La somme des $2m + 1$ premiers termes de la série de Fourier déduite d'une fonction $f(x)$ devient, en remplaçant les coefficients a_i, b_i par leurs valeurs (73) et effectuant les réductions évidentes,

$$S_{2m+1} = \frac{1}{\pi} \int_{-\pi}^{+\pi} f(\alpha) \left[\frac{1}{2} + \cos(\alpha - x) + \cos 2(\alpha - x) + \ldots + \cos m(\alpha - x) \right] d\alpha.$$

Mais on a, d'après une formule bien connue de Trigonométrie,

$$\frac{1}{2} + \cos a + \cos 2a + \ldots + \cos ma = \frac{\sin \frac{2m+1}{2}a}{2 \sin \frac{a}{2}}$$

et, par suite,

$$S_{2m+1} = \frac{1}{\pi} \int_{-\pi}^{\pi} f(z) \frac{\sin \frac{2m+1}{2}(z-x)}{2 \sin \frac{z-x}{2}} \, dz,$$

ce que nous pouvons encore écrire, en posant $z = x + 2y$,

$$(71) \qquad S_{2m+1} = \frac{1}{\pi} \int_{-\frac{\pi+x}{2}}^{\frac{\pi-x}{2}} f(x + 2y) \frac{\sin(2m+1)y}{\sin y} \, dy.$$

202. Étude de l'intégrale $\int_0^h f(x) \frac{\sin nx}{\sin x} \, dx$. — L'expression obtenue pour la somme S_{2m+1} nous conduit à chercher la limite de l'intégrale définie $\int_0^h f(x) \frac{\sin nx}{\sin x} \, dx$ lorsque n augmente indéfiniment. Cette étude a été faite pour la première fois d'une façon rigoureuse par Lejeune-Dirichlet; elle repose sur quelques propositions déjà établies que nous allons rappeler.

L'intégrale définie

$$\int_0^h \frac{\sin x}{x} \, dx.$$

où h est un nombre positif, est positive et au plus égale à l'intégrale $A = \int_0^\pi \frac{\sin x}{x} \, dx$ (n° 92); lorsque h augmente indéfiniment, elle a pour limite $\frac{\pi}{2}$ (n° 100).

L'intégrale définie

$$\int_0^h \frac{\sin nx}{x} \, dx,$$

où $h > 0$, n étant un nombre entier positif, devient, en posant $nx = y$,

$$\int_0^{nh} \frac{\sin y}{y} \, dy;$$

elle est donc positive et inférieure à A, quels que soient n et h, et a pour limite $\frac{\pi}{2}$ lorsque n croît indéfiniment. Il en résulte que l'intégrale définie $\int_a^b \frac{\sin nx}{x} dx$, où a et b sont deux nombres *positifs* quelconques, tend vers zéro lorsque n augmente indéfiniment, puisqu'elle est égale à la différence des deux intégrales

$$\int_0^b \frac{\sin nx}{x} dx, \qquad \int_0^a \frac{\sin nx}{x} dx,$$

qui tendent l'une et l'autre vers $\frac{\pi}{2}$. On peut, du reste, le démontrer directement au moyen du second théorème de la moyenne; si l'on suppose $a < b$, la fonction $\frac{1}{x}$ est positive et décroissante de a à b, et l'on a

$$\int_a^b \frac{\sin nx}{x} dx = \frac{1}{a} \int_a^\xi \sin nx\, dx = \frac{1}{a} \frac{\cos na - \cos n\xi}{n}.$$

La valeur absolue de cette intégrale est donc inférieure à $\frac{2}{na}$, ce qui montre qu'elle tend *uniformément* vers zéro pour toute valeur de b supérieure à a.

Cela posé, considérons l'intégrale définie

$$J = \int_0^h \varphi(x) \frac{\sin nx}{x} dx,$$

où $h > 0$, $\varphi(x)$ étant une fonction positive décroissante dans l'intervalle $(0, h)$. La même intégrale, prise entre deux limites *positives* quelconques, dans le même intervalle, tend vers zéro. En effet, supposons $a < b$; la seconde formule de la moyenne donne encore

$$\int_a^b \varphi(x) \frac{\sin nx}{x} dx = \varphi(a) \int_a^\xi \frac{\sin nx}{x} dx,$$

et, par conséquent, la valeur absolue de l'intégrale est inférieure à $\frac{2\varphi(a)}{na}$. Mais ce calcul ne nous apprend rien sur la limite de l'intégrale J elle-même.

Pour trouver cette limite, désignons par ε un nombre positif très petit ; nous pouvons écrire

$$J = \int_0^c \varphi(x)\frac{\sin nx}{x}\,dx + \int_c^h \varphi(x)\frac{\sin nx}{x}\,dx.$$

La seconde intégrale, nous venons de le voir, tend vers zéro lorsque n augmente indéfiniment. Quant à la première, si le nombre c est suffisamment petit, la fonction $\varphi(x)$ diffère très peu de $\varphi(+0)$ dans l'intervalle $(0, c)$, et il semble assez probable que cette intégrale doit avoir la même limite que l'intégrale $\int_0^c \varphi(+0)\frac{\sin nx}{x}\,dx$, c'est-à-dire $\frac{\pi}{2}\varphi(+0)$. Pour transformer cette induction en une démonstration rigoureuse, écrivons la différence comme il suit

$$J - \frac{\pi}{2}\varphi(+0) = \varphi(+0)\left(\int_0^c \frac{\sin nx}{x}\,dx - \frac{\pi}{2}\right)$$
$$+ \int_0^c [\varphi(x) - \varphi(+0)]\frac{\sin nx}{x}\,dx + \int_c^h \varphi(x)\frac{\sin nx}{x}\,dx.$$

La fonction $\varphi(x) - \varphi(+0)$ étant décroissante dans l'intervalle $(0, c)$, nous écrirons la seconde intégrale

$$\int_0^c [\varphi(c) - \varphi(+0)]\frac{\sin nx}{x}\,dx + \int_0^c [\varphi(x) - \varphi(c)]\frac{\sin nx}{x}\,dx;$$

la fonction $\varphi(x) - \varphi(c)$ étant positive et décroissante, nous pouvons appliquer le second théorème de la moyenne à la nouvelle intégrale, et l'on a en définitive

$$\left|\int_0^c [\varphi(x) - \varphi(+0)]\frac{\sin nx}{x}\,dx\right| < 2A[\varphi(+0) - \varphi(c)].$$

On a de même

$$\left|\int_c^h \varphi(x)\frac{\sin nx}{x}\,dx\right| < \frac{2\varphi(c)}{nc}.$$

Soit maintenant ε un nombre positif arbitraire. Puisque $\varphi(x)$ a pour limite $\varphi(+0)$ lorsque x tend vers zéro, choisissons pour c un nombre positif assez petit pour que l'on ait

$$2A[\varphi(+0) - \varphi(c)] < \frac{\varepsilon}{3}.$$

Le nombre c ayant été choisi de cette façon, choisissons un nombre entier N tel que l'on ait $\dfrac{2\varphi(c)}{Nc} < \dfrac{\varepsilon}{3}$, et tel, en outre, que, pour toute valeur de $n \geq N$, on ait

$$\varphi(+ 0)\left|\int_0^c \frac{\sin nx}{x}\,dx - \frac{\pi}{2}\right| < \frac{\varepsilon}{3}.$$

Pour toutes ces valeurs du nombre n, on aura donc, *a fortiori*,

$$\left| J - \frac{\pi}{2}\varphi(+ 0)\right| < \varepsilon$$

et, par suite, nous avons bien

$$(75) \qquad\qquad \lim_{n = \infty} J = \frac{\pi}{2}\varphi(+ 0).$$

Le théorème précédent a été démontré en imposant à la fonction $\varphi(x)$ un certain nombre de restrictions dont il est possible de se débarrasser. Si $\varphi(x)$ est décroissante sans être constamment positive de 0 à h, on peut toujours lui ajouter une constante positive C de façon que la somme $\psi(x) = \varphi(x) + C$ soit positive et décroissante de 0 à h. Le théorème s'applique à cette fonction $\psi(x)$ et l'on peut écrire

$$\int_0^h \varphi(x)\frac{\sin nx}{x}\,dx = \int_0^h \psi(x)\frac{\sin nx}{x}\,dx - C\int_0^h \frac{\sin nx}{x}\,dx;$$

le second membre a pour limite $\dfrac{\pi}{2}\psi(+ 0) - \dfrac{\pi}{2}C$. c'est-à-dire $\dfrac{\pi}{2}\varphi(+ 0)$. Si la fonction $\varphi(x)$ est croissante de 0 à h, $-\varphi(x)$ est décroissante et l'on a

$$\int_0^h \varphi(x)\frac{\sin nx}{x}\,dx = -\int_0^h -\varphi(x)\frac{\sin nx}{x}\,dx;$$

l'intégrale a encore pour limite $\dfrac{\pi}{2}\varphi(+ 0)$.

On démontrerait de la même façon que l'intégrale

$$\int_a^b \varphi(x)\frac{\sin nx}{x}\,dx,$$

où a et b sont deux nombres positifs quelconques, et $\varphi(x)$ une fonction monotone dans l'intervalle (a, b), tend vers zéro lorsque n croît indéfiniment.

Supposons enfin simplement que la fonction $\varphi(x)$ est bornée et qu'on peut décomposer l'intervalle (o, h) en un nombre fini d'intervalles (o, a), (a, b), (b, c), ..., (l, h), dans chacun desquels la fonction $\varphi(x)$ est monotone. L'intégrale de o à a a pour limite $\frac{\pi}{2}\varphi(+o)$, tandis que toutes les autres intégrales telles que

$$\int_a^b \varphi(x)\,\frac{\sin nx}{x}\,dx$$

ont zéro pour limite. La formule (75) s'applique encore à cette fonction.

L'intégrale

$$(76) \qquad \mathrm{I} = \int_0^h f(x)\,\frac{\sin nx}{\sin x}\,dx,$$

où h est un nombre positif *inférieur* à π, peut s'écrire

$$\mathrm{I} = \int_0^h f(x)\,\frac{x}{\sin x}\,\frac{\sin nx}{x}\,dx.$$

Si la fonction $f(x)$ est positive et croissante de o à h, il en est de même de la fonction $\varphi(x) = f(x)\,\dfrac{x}{\sin x}$, et, par suite, on a

$$(77) \qquad \lim_{n \to \infty} \mathrm{I} = \frac{\pi}{2}\varphi(+o) = \frac{\pi}{2}f(+o).$$

Par une suite de raisonnements tout à fait pareils à ceux que nous venons de développer, on démontrera successivement :

1° Que la formule (77) s'applique à toute fonction monotone dans l'intervalle (o, h) ;

2° Que l'intégrale

$$\int_a^b f(x)\,\frac{\sin nx}{\sin x}\,dx,$$

où a et b sont deux nombres positifs inférieurs à π, et $f(x)$ une fonction monotone dans l'intervalle (a, b), tend vers zéro ;

3° Enfin, qu'on a

$$(78) \qquad \lim \int_0^h f(x)\,\frac{\sin nx}{\sin x}\,dx = \frac{\pi}{2}f(+o) \qquad (o < h < \pi),$$

pourvu que l'intervalle (o, h) puisse être décomposé en un nombre fini d'intervalles partiels dans chacun desquels la fonction $f(x)$ est monotone.

203. Fonctions développables en série de Fourier. — Soit $f(x)$ une fonction bornée intégrable dans l'intervalle de $-\pi$ à $+\pi$. Nous avons trouvé plus haut l'expression de la somme S_{2m+1} des $2m+1$ premiers termes de la série de Fourier correspondante [formule (74)]. Partageons cette intégrale en deux autres, ayant respectivement pour limites 0 et $\frac{\pi-x}{2}$, $-\frac{\pi+x}{2}$ et 0, et posons dans la seconde $y=-z$; nous pouvons encore écrire

$$(79)\qquad \begin{aligned} S_{2m+1} = {} & \frac{1}{\pi}\int_0^{\frac{\pi-x}{2}} f(x+2y)\frac{\sin(2m+1)y}{\sin y}\,dy \\ & + \frac{1}{\pi}\int_0^{\frac{\pi+x}{2}} f(x-2z)\frac{\sin(2m+1)z}{\sin z}\,dz. \end{aligned}$$

Si x est compris entre $-\pi$ et $+\pi$, les deux limites supérieures de ces intégrales sont comprises entre 0 et π, et l'on peut leur appliquer le théorème du paragraphe précédent, pourvu que la fonction $f(x)$ vérifie la *première* condition de Dirichlet, c'est-à-dire pourvu qu'on puisse décomposer l'intervalle de $-\pi$ à $+\pi$ en un nombre fini d'intervalles dans chacun desquels la fonction est monotone. Il en est alors de même de la fonction $f(x+2y)$ de y dans l'intervalle $\left(0, \frac{\pi-x}{2}\right)$ et la première intégrale a pour limite

$$\frac{1}{\pi}\left[\frac{\pi}{2}f(x+0)\right] = \frac{1}{2}f(x+0).$$

La seconde intégrale a de même pour limite $\frac{1}{2}f(x-0)$, et, par suite, S_{2m+1} a pour limite $\frac{f(x+0)+f(x-0)}{2}$.

Supposons ensuite que x est égal à l'une des limites, $-\pi$ par exemple. On peut écrire

$$\begin{aligned} S_{2m+1} = {} & \frac{1}{\pi}\int_0^{\frac{\pi}{2}} f(-\pi+2y)\frac{\sin(2m+1)y}{\sin y}\,dy \\ & + \frac{1}{\pi}\int_{\frac{\pi}{2}}^{\pi} f(-\pi+2y)\frac{\sin(2m+1)y}{\sin y}\,dy. \end{aligned}$$

La première intégrale du second membre a pour limite $\frac{1}{2}f(-\pi+0)$;
la seconde intégrale devient, en remplaçant y par $\pi - z$,

$$\frac{1}{\pi}\int_0^{\frac{\pi}{2}} f(\pi - 0 - 2z)\,\frac{\sin(2m+1)z}{\sin z}\,dz$$

et a pour limite $\frac{1}{2}f(\pi - 0)$. La somme de la série de Fourier est
donc égale à $\dfrac{f(\pi-0)+f(-\pi+0)}{2}$ pour $x = -\pi$; il est clair que
la somme est la même pour $x = \pi$.

En résumé, *quand on peut partager l'intervalle* $(-\pi, +\pi)$
en un nombre fini d'intervalles dans chacun desquels $f(x)$ *est
monotone, la série de Fourier correspondante est convergente
et a pour somme* $\dfrac{f(x+0)+f(x-0)}{2}$ *si* x *est compris entre* $-\pi$
et $+\pi$, *et* $\dfrac{f(-\pi+0)+f(\pi-0)}{2}$ *pour* $x = \pm\pi$.

Supposons, en outre, que $f(x)$ n'ait que des points de discontinuité réguliers; pour toute valeur de x comprise entre $-\pi$
et $+\pi$, on a

$$f(x) = \frac{f(x+0)+f(x-0)}{2},$$

et la somme de la série de Fourier est égale à $f(x)$. Par suite,
toute fonction $f(x)$, *définie dans l'intervalle* $(-\pi, +\pi)$ *et
satisfaisant aux conditions de Dirichlet, est développable en
série de Fourier dans cet intervalle.*

Cet énoncé suppose toutefois qu'on prend

$$f(-\pi) = f(\pi) = \frac{f(-\pi+0)+f(\pi-0)}{2},$$

mais cette hypothèse n'est que la conséquence logique de celle qui
a été faite sur la nature des points de discontinuité. En effet, si,
au lieu de considérer x comme une longueur portée sur une
droite, on considère x comme un arc porté sur la circonférence de
rayon un, la somme de la série en un point quelconque m de
la circonférence est la moyenne arithmétique des deux limites
vers lesquelles tendent les deux sommes de la série en deux
points m', m'' de la circonférence, pris de part et d'autre du

point m, lorsque ces points m', m'' se rapprochent indéfiniment du point m. Si les deux valeurs limites $f(-\pi+0)$, $f(\pi-0)$ sont différentes, le point de la circonférence diamétralement opposé à l'origine des arcs est un point de discontinuité, et la valeur de la fonction en ce point est aussi la moyenne arithmétique des deux limites $f(-\pi+0)$, $f(\pi-0)$.

D'une façon générale, soit $f(x)$ une fonction définie dans un intervalle $(\alpha, \alpha+2\pi)$ d'étendue 2π, et satisfaisant aux conditions de Dirichlet. Il existe évidemment une fonction $F(x)$, et une seule, admettant la période 2π et coïncidant avec $f(x)$ dans l'intervalle $(\alpha, \alpha+2\pi)$; cette fonction $F(x)$ est représentée, pour toute valeur de x, par la somme d'une série trigonométrique dont les coefficients a_m et b_m sont donnés par les formules (73)

$$a_m = \frac{1}{\pi} \int_{-\pi}^{+\pi} F(x) \cos mx \, dx, \qquad b_m = \frac{1}{\pi} \int_{-\pi}^{+\pi} F(x) \sin mx \, dx.$$

Le coefficient a_m, par exemple, peut encore s'écrire

$$a_m = \frac{1}{\pi} \int_{\alpha}^{\pi} F(x) \cos mx \, dx + \frac{1}{\pi} \int_{-\pi}^{\alpha} F(x) \cos mx \, dx$$

$$= \frac{1}{\pi} \int_{\alpha}^{\pi} F(x) \cos mx \, dx + \frac{1}{\pi} \int_{\pi}^{\alpha+2\pi} F(x) \cos mx \, dx$$

$$= \frac{1}{\pi} \int_{\alpha}^{\alpha+2\pi} F(x) \cos mx \, dx = \frac{1}{\pi} \int_{\alpha}^{\alpha+2\pi} f(x) \cos mx \, dx.$$

On trouverait de même, pour le coefficient b_m,

$$b_m = \frac{1}{\pi} \int_{\alpha}^{\alpha+2\pi} f(x) \sin mx \, dx.$$

Lorsqu'une fonction $f(x)$ est donnée dans un intervalle quelconque d'étendue 2π, les formules précédentes permettent de calculer les coefficients du développement en série de Fourier, sans qu'il soit nécessaire de ramener les limites de l'intervalle à être $-\pi$ et $+\pi$.

204. Exemples. — 1° Proposons-nous de trouver une série de Fourier dont la somme soit égale à -1 pour x compris entre $-\pi$ et 0 et à $+1$

pour x compris entre o et π. Les formules (73) nous donnent

$$a_0 = \frac{1}{\pi}\int_{-\pi}^{0} - dx + \frac{1}{\pi}\int_{0}^{\pi} dx = 0,$$

$$a_m = \frac{1}{\pi}\int_{-\pi}^{0} - \cos mx\, dx + \frac{1}{\pi}\int_{0}^{\pi} \cos mx\, dx = 0,$$

$$b_m = \frac{1}{\pi}\int_{-\pi}^{0} - \sin mx\, dx + \frac{1}{\pi}\int_{0}^{\pi} \sin mx\, dx = \frac{2 - \cos m\pi - \cos(-m\pi)}{m\pi};$$

b_m est nul si m est pair, et égal à $\frac{4}{m\pi}$ si m est impair. En multipliant tous les coefficients par $\frac{\pi}{4}$, on voit que la série

$$(80) \qquad y = \frac{\sin x}{1} + \frac{\sin 3x}{3} + \ldots + \frac{\sin(2m+1)x}{2m+1} + \ldots$$

a pour somme $-\frac{\pi}{4}$, si x est compris entre $-\pi$ et o, et $+\frac{\pi}{4}$ si x est compris entre o et π. Le point $x = 0$ est un point de discontinuité, et, pour $x = 0$, la somme de la série est o, comme cela doit être. D'une façon générale, la somme de la série (80) est égale à $\frac{\pi}{4}$ lorsque $\sin x$ est positif, à $-\frac{\pi}{4}$ lorsque $\sin x$ est négatif, et à o lorsque $\sin x = 0$.

La courbe représentée par l'équation (80) se compose d'une infinité de segments de droite de longueur π sur les parallèles $y = \pm\frac{\pi}{4}$ à l'axe des x, et d'une infinité de points isolés ($y = 0$, $x = k\pi$) sur l'axe des x.

2° Soit à trouver le développement de x en série de Fourier dans l'intervalle de o à 2π. On a

$$a_0 = \frac{1}{\pi}\int_{0}^{2\pi} x\, dx = 2\pi,$$

$$a_m = \frac{1}{\pi}\int_{0}^{2\pi} x \cos mx\, dx = \left[\frac{x \sin mx}{m\pi}\right]_0^{2\pi} - \frac{1}{m\pi}\int_{0}^{2\pi} \sin mx\, dx = 0,$$

$$b_m = \frac{1}{\pi}\int_{0}^{2\pi} x \sin mx\, dx = -\left[\frac{x \cos mx}{m\pi}\right]_0^{2\pi} + \frac{1}{m\pi}\int_{0}^{2\pi} \cos mx\, dx = -\frac{2}{m}.$$

On déduit de là la formule

$$(81) \qquad \frac{x}{2} = \frac{\pi}{2} - \frac{\sin x}{1} - \frac{\sin 2x}{2} - \frac{\sin 3x}{3} - \ldots,$$

qui est exacte pour toutes les valeurs de x comprises entre o et 2π. Si l'on remplace, dans la formule précédente, le premier membre par y, la courbe représentée par l'équation obtenue se compose d'une infinité de segments de droites parallèles à la droite $y = \dfrac{x}{2}$ et d'une infinité de points isolés.

Remarques. — 1° Lorsqu'une fonction définie dans l'intervalle $(-\pi, +\pi)$ est paire, c'est-à-dire telle que $f(-x) = f(x)$, tous les coefficients b_m sont nuls, car on a évidemment

$$\int_{-\pi}^{\pi} f(x) \sin mx\, dx = \int_{0}^{\pi} f(x) \sin mx\, dx.$$

Au contraire, si la fonction $f(x)$ est impaire, c'est-à-dire telle que $f(-x) = -f(x)$, tous les coefficients a_m sont nuls, y compris a_0. Une fonction $f(x)$ étant définie dans l'intervalle de 0 à π seulement, on peut la prolonger dans l'intervalle de $-\pi$ à 0 en convenant de poser

$$f(-x) = f(x) \qquad \text{ou} \qquad f(-x) = -f(x).$$

La fonction $f(x)$ peut donc être représentée soit par une série de sinus, soit par une série de cosinus, dans l'intervalle de 0 à π.

2° Soit $f(x)$ une fonction développable en série de Fourier dans l'intervalle $(-\pi, +\pi)$

$$(82) \quad f(x) = \frac{a_0}{2} + (a_1 \cos x + b_1 \sin x) + \ldots + (a_m \cos mx + b_m \sin mx) + \ldots;$$

les coefficients a_i, b_i étant donnés par les formules (73).

Si l'on change x en $-x$ dans cette relation, il vient

$$(83) \quad f(-x) = \frac{a_0}{2} + (a_1 \cos x - b_1 \sin x) + \ldots + (a_m \cos mx - b_m \sin mx) + \ldots$$

De ces deux égalités on conclut que les deux séries trigonométriques

$$\frac{a_0}{2} + a_1 \cos x + \ldots + a_m \cos mx + \ldots,$$
$$b_1 \sin x + \ldots + b_m \sin mx + \ldots$$

sont convergentes dans l'intervalle $(-\pi, +\pi)$ et représentent respectivement les deux fonctions

$$\varphi(x) = \frac{f(x) + f(-x)}{2}, \qquad \psi(x) = \frac{f(x) - f(-x)}{2};$$

on vérifie aisément que ce sont précisément les séries de Fourier relatives à ces deux fonctions.

205. Extensions diverses. — Les conditions de Dirichlet sont seulement des conditions *suffisantes* pour qu'une fonction soit développable en série de Fourier, mais elles ne sont nullement nécessaires. Les raisonnements des n°s 202-203 permettent de remplacer ces conditions par des conditions plus étendues.

Soit $f(x)$ une fonction *à variation bornée* dans l'intervalle $(-\pi, +\pi)$; nous savons qu'elle est égale à la somme de deux fonctions monotones $f_1(x)$, $f_2(x)$, dans le même intervalle (n° 11). Soient $S(x)$, $S_1(x)$, $S_2(x)$ les séries de Fourier déduites des trois fonctions $f(x)$, $f_1(x)$, $f_2(x)$. D'après ce qu'on a vu plus haut, les deux séries $S_1(x)$, $S_2(x)$ sont convergentes dans l'intervalle $(-\pi, +\pi)$ et, pour tout point intérieur à cet intervalle, on a

$$S_1(x) = \frac{f_1(x+0) + f_1(x-0)}{2}, \qquad S_2(x) = \frac{f_2(x+0) + f_2(x-0)}{2};$$

d'autre part, un terme quelconque de $S(x)$ est égal à la somme des deux termes correspondants de S_1 et de S_2. La série de $S(x)$ est donc aussi convergente et a pour somme $S_1(x) + S_2(x)$, c'est-à-dire

$$\frac{f_1(x+0) + f_2(x+0) + f_1(x-0) + f_2(x-0)}{2} = \frac{f(x+0) + f(x-0)}{2}.$$

Donc, *toute fonction $f(x)$ à variation bornée dans l'intervalle $(-\pi, +\pi)$ donne naissance à une série de Fourier convergente dont la somme est égale à* $\dfrac{f(x+0) + f(x-0)}{2}$, *pour toute valeur de x comprise entre* $-\pi$ *et* $+\pi$. On voit de la même façon que, pour $x = \pm\pi$, la somme de la série est égale à $\dfrac{f(\pi-0) + f(-\pi+0)}{2}$.

Si, en outre, la fonction $f(x)$ n'a que des points de discontinuité réguliers dans cet intervalle, la série de Fourier a pour somme $f(x)$ pour toute valeur de x comprise entre $-\pi$ et $+\pi$.

Le procédé employé au n° 201 pour calculer les coefficients d'une série de Fourier est susceptible d'une grande extension. Considérons une série de fonctions *orthogonales* dans un intervalle (a, b)

$$\varphi_0, \varphi_1, \ldots, \varphi_n, \ldots$$

c'est-à-dire telles que l'on ait $\displaystyle\int_a^b \varphi_m \varphi_n \, dx = 0$, quels que soient les indices m et n supposés différents. Si une fonction est supposée développable en une série uniformément convergente de la forme

$$f(x) = \lambda_0 \varphi_0 + \lambda_1 \varphi_1 + \ldots + \lambda_n \varphi_n + \ldots$$

dans l'intervalle (a, b), les coefficients constants λ_i se déterminent immédiatement. Multiplions, en effet, les deux membres de la relation précédente par φ_n et intégrons entre les limites a et b; il vient, en tenant compte des relations qui expriment l'orthogonalité.

$$\int_a^b f(x)\varphi_n(x)\,dx = \lambda_n \int_a^b \varphi_n^2\,dx.$$

d'où l'on tire la valeur du coefficient λ_n. Dans chaque cas particulier, il reste à examiner si la série ainsi obtenue est convergente et a pour somme $f(x)$.

Les polynomes de Legendre (n° 90) forment une suite de fonctions orthogonales dans l'intervalle $(-1, +1)$. Pour pouvoir calculer les coefficients du développement d'une fonction suivant ces polynomes, il faut encore connaitre les valeurs numériques des intégrales $K_n = \int_{-1}^{+1} X_n^2\,dx$. Soit a_n le coefficient de x^n dans X_n; en tenant compte des relations (27) et (28) (p. 213), on peut écrire

$$\int_{-1}^{+1} X_n^2\,dx = \int_{-1}^{+1} a_n x^n X_n\,dx = \int_{-1}^{+1} a_n x^{n-1} \frac{(n-1)X_{n+1} + n X_{n-1}}{2n+1}\,dx$$
$$= \frac{n a_n}{2n+1} \int_{-1}^{+1} x^{n-1} X_{n-1}\,dx.$$

Mais on a aussi

$$\int_{-1}^{+1} X_{n-1}^2\,dx = a_{n-1} \int_{-1}^{+1} x^{n-1} X_{n-1}\,dx,$$

et, par suite, le rapport $\dfrac{K_n}{K_{n-1}}$ est égal à $\dfrac{n a_n}{(2n+1)a_{n-1}}$, c'est-à-dire à $\dfrac{2n-1}{2n+1}$. On en conclut que le produit $(2n+1)K_n$ est indépendant de n. Or, pour $n=0$, on trouve aussitôt $K_0 = 2$; le coefficient K_n est donc égal à $\dfrac{2}{2n+1}$.

206. Développement d'une fonction continue. Théorème de Weierstrass. — Soit $y = f(x)$ une fonction continue dans un intervalle (a, b). On doit à M. Weierstrass une proposition remarquable dont voici l'énoncé : *ε étant un nombre positif donné à l'avance, on peut déterminer un polynome $P(x)$ tel que la différence $f(x) - P(x)$ soit inférieure à ε en valeur absolue pour toute valeur de x dans l'intervalle (a, b).*

Parmi les nombreuses démonstrations proposées pour ce théorème, une des plus simples est due à M. Lebesgue [1]. Considérons d'abord le cas particulier suivant. Soit $\psi(x)$ une fonction continue dans l'intervalle de -1 à $+1$, définie de la manière suivante : pour $-1 \leq x \leq 0$, on a $\psi(x) = 0$, et

---

[1] *Bulletin des Sciences mathématiques*, 1898, p. 278.

pour $0 \leq x \leq 1$, on a $\psi(x) = 2kx$, k étant un facteur constant donné. Nous pouvons écrire $\psi(x) = k\,[\,x + |\,x\,|\,]$. D'autre part, pour les valeurs de x comprises entre -1 et $+1$, on a

$$|\,x\,| = \sqrt{1 - (1 - x^2)},$$

et, pour ces mêmes valeurs de x, le radical peut être développé en série *uniformément convergente* [1] ordonnée suivant les puissances de $(1 - x^2)$: $|\,x\,|$, et par suite $\psi(x)$, peut donc être représentée dans cet intervalle, avec telle approximation qu'on voudra, par un polynome. Prenons maintenant une fonction quelconque continue dans l'intervalle (a, b) et imaginons cet intervalle décomposé en n intervalles partiels (a_0, a_1), (a_1, a_2), ... (a_{n-1}, a_n), où $a = a_0 < a_1 < a_2 \ldots < a_{n-1} < a_n = b$, de façon que l'oscillation de $f(x)$ dans chacun de ces intervalles soit moindre que $\frac{\varepsilon}{2}$. Soit Γ la ligne brisée obtenue en joignant de proche en proche les points de la courbe $y = f(x)$ d'abscisses a_0, a_1, a_2, ..., b. L'ordonnée d'un point de cette ligne brisée est évidemment une fonction continue de l'abscisse $\varphi(x)$ et la différence $f(x) - \varphi(x)$ est en valeur absolue moindre que $\frac{\varepsilon}{2}$. En effet, dans l'intervalle $(a_{\mu-1}, a_\mu)$, par exemple, on peut écrire

$$f(x) - \varphi(x) = [f(x) - f(a_{\mu-1})]\,[1 - \theta] + [f(x) - f(a_\mu)]\,\theta,$$

où $x - a_{\mu-1} = \theta(a_\mu - a_{\mu-1})$. Le facteur θ étant positif et inférieur à l'unité, la différence $f - \varphi$ est moindre en valeur absolue que $\frac{\varepsilon}{2}(1 - \theta + \theta) = \frac{\varepsilon}{2}$. Cette fonction $\varphi(x)$ peut être décomposée en une somme de n fonctions analogues à la fonction $\psi(x)$ de tout à l'heure. Soient, en effet, A_0, A_1, A_2, ..., A_n les sommets consécutifs de la ligne polygonale Γ; $\varphi(x)$ est égale à la fonction continue ψ_1 représentée dans l'intervalle (a, b) par la droite qui porte le côté $A_0 A_1$, plus une fonction φ_1 représentée par une ligne polygonale $A'_0 A'_1 \ldots A'_n$ dont le premier côté $A'_0 A'_1$ est sur l'axe Ox: $\varphi_1(x)$ est à son tour la somme de deux fonctions continues ψ_2 et φ_2 dont la première, ψ_2, est nulle entre a et a_1 et est représentée par la droite qui porte $A'_1 A'_2$ entre a_1 et b, tandis que φ_2 est représentée par une ligne polygonale $A''_0 A''_1 A''_2 \ldots A''_n$ dont les sommets A''_0, A''_1, A''_2 sont sur Ox. On arrive finalement à remplacer $\varphi(x)$ par une somme de n fonctions $\varphi = \psi_1 + \psi_2 + \ldots + \psi_n$, où ψ_i est une fonction continue nulle entre a et a_i, représentée par un segment de droite entre a_{i-1} et b. Si l'on fait le changement de variable $X = px + q$, en choisissant convenablement p et q.

---

[1] En effet, x étant compris entre -1 et $+1$, la valeur absolue du terme général est au plus égale à $\dfrac{1.3\ldots(2n - 3)}{2.4.6\ldots2n}$, qui est le terme général d'une série convergente, d'après la règle de Duhamel.

ψ_i sera défini dans l'intervalle $(-1, +1)$ par l'égalité

$$\psi_i = k_i[X + |X|]$$

et, par conséquent, pourra être représentée par un polynome avec telle approximation qu'on voudra. Chacune des fonctions ψ_i pouvant être représentée par un polynome dans l'intervalle (a, b) avec une approximation inférieure à $\frac{\varepsilon}{2n}$, il est clair que la somme de ces polynomes différera de $f(x)$ de moins de ε.

De ce théorème on déduit que *toute fonction continue dans un intervalle (a, b) peut être représentée par une série uniformément convergente de polynomes dans cet intervalle*. Prenons, en effet, une suite de nombres positifs décroissants $\varepsilon_1, \varepsilon_2, \ldots, \varepsilon_n, \ldots$, le terme général ε_n tendant vers zéro lorsque n augmente indéfiniment. D'après le théorème précédent, à chaque nombre ε_i de cette suite nous pouvons faire correspondre un polynome $P_i(x)$ tel que la différence $f(x) - P_i(x)$ soit inférieure en valeur absolue à ε_i dans tout l'intervalle (a, b). Cela étant, la série

$$P_1(x) + [P_2(x) - P_1(x)] + \ldots + [P_n(x) - P_{n-1}(x)] + \ldots$$

est convergente et a pour somme $f(x)$, lorsque x reste compris dans l'intervalle (a, b). Il est clair, en effet, que la somme S_n des n premiers termes est égale à $P_n(x)$; la différence $f(x) - S_n$ qui est inférieure en valeur absolue à ε_n tend donc vers zéro lorsque n croît indéfiniment. La convergence est *uniforme*, car si l'on a choisi m assez grand pour qu'on ait $\varepsilon_m < \varepsilon$, on aura aussi $|f(x) - S_n| < \varepsilon$, pourvu que n soit égal ou supérieur à m.

EXERCICES

1. Appliquer la formule de Lagrange au développement, suivant les puissances de x, de la racine de l'équation $y^2 = ay + x$ qui est égale à a pour $x = 0$.

2. Même problème pour l'équation $y - a - xy^{m+1} = 0$.

Application à l'équation du second degré $a - bx + cx^2 = 0$.

Développer, suivant les puissances de c, la racine qui tend vers $\frac{a}{b}$ lorsque c tend vers zéro.

3. Établir la formule

$$\frac{\log(1+x)}{1+x} = x - \left(1 - \frac{1}{2}\right)x^2 + \left(1 - \frac{1}{2} + \frac{1}{3}\right)x^3 - \left(1 - \frac{1}{2} + \frac{1}{3} - \frac{1}{4}\right)x^4 + \ldots.$$

4. Si x est plus grand que $-\frac{1}{2}$, on a

$$\frac{x}{\sqrt{1+2x}} = \frac{x}{1+x} + \frac{1}{2}\left(\frac{x}{1+x}\right)^3 + \frac{1.3}{2.4}\left(\frac{x}{1+x}\right)^5 + \ldots$$

5. Si $|x| < 1$, on a

$$x = \frac{1}{2}\,\frac{2x}{1+x^2} + \frac{1}{2.4}\left(\frac{2x}{1+x^2}\right)^3 + \frac{1.3}{2.4.6}\left(\frac{2x}{1+x^2}\right)^5 + \ldots.$$

Quelle est la somme de la série lorsque $|x| > 1$?

6. Démontrer la formule

$$(a+x)^{-n} = \frac{1}{a^n}\left[1 - \frac{nx}{a+x} + \frac{n(n-1)}{1.2}\left(\frac{x}{a+x}\right)^2 - \frac{n(n-1)(n-2)}{1.2.3}\left(\frac{x}{a+x}\right)^3 + \ldots\right].$$

7. Les déterminations de $\sin mx$ et de $\cos mx$, qui se réduisent à o et à 1 lorsque $\sin x$ est nul, sont développables en série suivant les puissances de $\sin x$

$$\sin mx = m\left[\sin x - \frac{m^2-1}{1.2.3}\sin^3 x + \frac{(m^2-1)(m^2-9)}{1.2.3.4.5}\sin^5 x - \ldots\right],$$

$$\cos mx = 1 - \frac{m^2}{1.2}\sin^2 x + \frac{m^2(m^2-4)}{1.2.3.4}\sin^4 x - \ldots.$$

On se sert de l'équation différentielle

$$(1-y^2)\frac{d^2u}{dy^2} - y\frac{du}{dy} + m^2u = 0,$$

qui est vérifiée par $\cos mx$ et $\sin mx$, considérés comme fonctions de $y = \sin x$.

8. Déduire des formules précédentes les développements de

$$\cos(n \operatorname{arc}\cos x), \qquad \sin(n \operatorname{arc}\cos x).$$

9. Démontrer les formules suivantes :

$$\log(x+3) = 3\log(x+1) - 3\log(x-1) + \log(x-3)$$
$$+ 2\left[\frac{2}{x^3-3x} + \frac{1}{3}\left(\frac{2}{x^3-3x}\right)^3 + \frac{1}{5}\left(\frac{2}{x^3-3x}\right)^5 + \ldots\right].$$

(Série de Borda.)

et

$$\log(x-5) = \quad \log(x+1) + \log(x+3) - 2\log x$$
$$+ \log(x-3) + \log(x-4) + \log(x-5)$$
$$- 2\left[\frac{72}{x^4 - 25x^2 + 72} + \frac{1}{3}\left(\frac{72}{x^4 - 25x^2 + 72}\right)^3 + \ldots\right].$$

(Série de Haro.)

10*. Une fonction $f(x)$, continue dans un intervalle (a, b), et telle qu'on ait $\int_a^b x^n f(x)\, dx = 0$, pour $n = 0, 1, 2, \ldots$, est identiquement nulle.

R. On suppose $f(x)$ développée en série uniformément convergente de polynomes, et l'on en déduit que l'intégrale $\int_a^b f(x)^2\, dx$ serait nulle.

(MOORE.)

11*. Une fonction continue différente de zéro ne peut avoir une série de Fourier identiquement nulle.

R. Supposons qu'on ait $f(x) > m > 0$ dans un intervalle (a, b), a et b étant compris entre 0 et 2π, et posons

$$\psi = 1 + \cos\left(x - \frac{a+b}{2}\right) - \cos\frac{a-b}{2}.$$

On démontre que l'intégrale $\int_0^{2\pi} f(x)\, \psi^n\, dx$ ne peut être nulle quel que soit n.

(*Voir* LEBESGUE, *Leçons sur les séries trigonométriques*, p. 37.)

On déduit de là que deux fonctions continues différentes ne peuvent avoir la même série de Fourier; par conséquent, si la série de Fourier déduite d'une fonction continue $f(x)$ est *uniformément convergente*, la somme de cette série est égale à $f(x)$.

12*. Calculer les coefficients de la série de Fourier pour une fonction continue $f(x)$, de période 2π, représentée par une ligne brisée. Cette série étant uniformément convergente, en déduire une nouvelle démonstration du théorème de Weierstrass du n° 206.

CHAPITRE X.

THÉORIE DES ENVELOPPES. — CONTACT

Les courbes et les surfaces qu'on étudie dans la Géométrie proprement dite sont des courbes et des surfaces analytiques. Cependant l'existence des éléments géométriques que nous allons définir suppose seulement l'existence des dérivées jusqu'à celles d'un certain ordre. Ainsi, une courbe plane représentée par l'équation $y = f(x)$ a une tangente si la fonction $f(x)$ a une dérivée $f'(x)$, un rayon de courbure si $f'(x)$ a elle-même une dérivée $f''(x)$ et ainsi de suite.

I. — COURBES ET SURFACES ENVELOPPES.

207. Recherche des enveloppes. — Étant donnée l'équation d'une courbe plane C

$$(1) \qquad f(x, y, a) = 0,$$

dépendant d'un paramètre arbitraire a, cette courbe varie en général d'une manière continue, de forme et de position, quand on fait varier ce paramètre. Si toutes ces courbes C restent tangentes à une courbe déterminée E, cette courbe E s'appelle *l'enveloppe* des courbes C, qui sont dites les *enveloppées*. Les courbes C étant données, nous nous proposons de reconnaître si elles admettent une enveloppe et de la déterminer.

L'existence de cette enveloppe E étant admise, soient (x, y) les coordonnées du point de contact M de la courbe E avec la courbe enveloppée C qui correspond à la valeur a du paramètre. Ces coordonnées x, y sont des fonctions inconnues du paramètre a, qui satisfont à l'équation (1). Pour achever de les déterminer, il nous faut exprimer que la tangente à la courbe décrite par le point M quand a varie coïncide avec la tangente à la courbe C. Désignons par δx et δy les paramètres directeurs de la tangente à la courbe enveloppée, par $\dfrac{dx}{da}$ et $\dfrac{dy}{da}$ les dérivées des fonctions inconnues $x = \varphi(a)$, $y = \psi(a)$; il faudra que l'on ait

$$(2) \qquad \frac{\dfrac{dx}{da}}{\delta x} = \frac{\dfrac{dy}{da}}{\delta y}.$$

Or la courbe C étant représentée par l'équation (1), où a a une valeur constante, on a la relation

$$(3) \qquad \frac{\partial f}{\partial x} \delta x + \frac{\partial f}{\partial y} \delta y = 0,$$

qui détermine la tangente à cette courbe. D'autre part, les fonctions inconnues $x = \varphi(a)$, $y = \psi(a)$ vérifient aussi l'équation

$$f(x, y, a) = 0,$$

où a désigne maintenant la variable indépendante, et, par suite, on a aussi

$$(4) \qquad \frac{\partial f}{\partial x} \frac{dx}{da} + \frac{\partial f}{\partial y} \frac{dy}{da} + \frac{\partial f}{\partial a} = 0.$$

L'équation de condition (2) devient, en tenant compte des relations (3) et (4),

$$(5) \qquad \frac{\partial f}{\partial a} = 0;$$

cette équation, jointe à la relation (1), détermine les deux fonctions inconnues $x = \varphi(a)$, $y = \psi(a)$. *On obtiendra donc l'équation de l'enveloppe, si elle existe, en éliminant le paramètre a entre les deux équations $f = 0$, $\dfrac{\partial f}{\partial a} = 0$.*

Soit $R(x, y) = 0$ le résultat de l'élimination; nous allons examiner si cette courbe représente bien une enveloppe. Soient C_0 la courbe particulière correspondant à la valeur a_0 du paramètre, et (x_0, y_0) les coordonnées d'un point d'intersection M_0 des deux courbes

$$(6) \qquad f(x, y, a_0) = 0, \qquad \frac{\partial f}{\partial a_0} = 0;$$

les équations (1) et (5) définissent deux fonctions $x = \varphi(a)$, $y = \psi(a)$, qui se réduisent respectivement à x_0, y_0 pour $a = a_0$, et l'on a évidemment pour $a = a_0$.

$$\frac{\partial f}{\partial x_0}\left(\frac{dx}{da}\right)_0 + \frac{\partial f}{\partial y_0}\left(\frac{dy}{da}\right)_0 = 0;$$

cette relation, rapprochée de la relation (3), nous montre qu'au point (x_0, y_0) la tangente à la courbe C_0 coïncide avec la tangente à la courbe décrite par le point (x, y), à moins que l'on n'ait à la fois $\frac{\partial f}{\partial x_0} = 0$, $\frac{\partial f}{\partial y_0} = 0$, c'est-à-dire à moins que le point (x_0, y_0) ne soit un point singulier de la courbe C_0. *L'équation* $R(x, y) = 0$ *représente donc, soit l'enveloppe des courbes* C, *soit un lieu de points singuliers de ces courbes*.

On peut compléter ce résultat. Si chacune des courbes C possède un ou plusieurs points singuliers, le lieu de ces points singuliers fait certainement partie de la courbe $R(x, y) = 0$. Soient en effet (x, y) les coordonnées de l'un de ces points singuliers; x et y sont des fonctions de a qui vérifient à la fois les trois relations

$$f(x, y, a) = 0, \qquad \frac{\partial f}{\partial x} = 0, \qquad \frac{\partial f}{\partial y} = 0$$

et, par suite aussi, la relation $\frac{\partial f}{\partial a} = 0$; x et y satisfont donc à l'équation $R = 0$ que l'on obtient en éliminant a entre les deux relations $f = 0$ et $\frac{\partial f}{\partial a} = 0$. Dans le cas le plus général, la courbe $R(x, y) = 0$ se compose de deux parties analytiquement distinctes, dont l'une est l'enveloppe proprement dite, tandis que l'autre est le lieu des points singuliers.

Exemple. — Soit $f(x, y, a) = y^4 - y^2 + (x - a)^2 = 0$; on a $\frac{\partial f}{\partial a} = -2(x - a)$ et, en éliminant a entre $f = 0$ et $\frac{\partial f}{\partial a} = 0$, on est conduit à l'équation $y^4 - y^2 = 0$, qui représente les trois lignes droites $y = 0$, $y = +1$, $y = -1$. Les courbes considérées se déduisent de la courbe $y^4 - y^2 + x^2 = 0$ en la faisant glisser parallèlement à Ox; or, cette courbe a un point double à l'origine, et elle est tangente aux deux droites $y = \pm 1$, aux points de rencontre avec l'axe des y. La droite $y = 0$ est donc un lieu de points doubles, tandis que les deux droites $y = \pm 1$ constituent l'enveloppe proprement dite.

208. Lorsque la courbe C a une enveloppe E, les points de contact de la courbe C avec son enveloppe sont *les positions limites des points d'intersection de cette courbe avec une courbe infiniment voisine de la même famille.* Soient, en effet,

$$(7) \qquad f(x, y, a) = 0, \qquad f(x, y, a + h) = 0$$

les équations des deux courbes voisines; le système (7) qui détermine les coordonnées des points communs peut évidemment être remplacé par le système équivalent

$$(7') \qquad f(x, y, a) = 0, \qquad \frac{f(x, y, a+h) - f(x, y, a)}{h} = 0,$$

dont la dernière équation se réduit à $\frac{\partial f}{\partial a} = 0$, lorsque h tend vers zéro, c'est-à-dire lorsque la seconde courbe se rapproche indéfiniment de la première (¹). Cette propriété est du reste à peu près évidente géométriquement; on voit, en effet, sur la figure 34 (*a*) que deux courbes voisines C, C′ ont un point d'intersection N qui se rapproche indéfiniment du point de contact M lorsque la seconde courbe C′ vient se confondre avec C. On voit de même sur la figure 34 (*b*) que, lorsque les courbes (1) ont un point double, un des points d'intersection des deux courbes voisines C, C′ vient se confondre avec le point double quand la courbe C′ se rapproche indéfiniment de la courbe C.

La remarque précédente explique bien pourquoi l'on doit trouver le lieu des points singuliers en même temps que l'enveloppe. Supposons, pour fixer les idées, que $f(x, y, a)$ soit un polynome de degré m en a. Pour un point M_0 pris au hasard dans

---

(¹) La démonstration peut être présentée sous une forme plus rigoureuse, en écrivant la seconde des équations (7′) sous la forme $f'_a(x, y, a + \theta h) = 0$. Si le point (x, y) tend vers un point limite (x_1, y_1) lorsque h tend vers zéro, et si la dérivée f'_a est continue, les coordonnées de ce point-limite doivent satisfaire aux deux relations $f(x_1, y_1, a) = 0$, $f'_a(x_1, y_1, a) = 0$.

le plan, de coordonnées (x_0, y_0), l'équation

$$(8) \qquad f(x_0, y_0, a) = 0$$

admet en général m racines distinctes; il passe donc par ce point m courbes différentes de la famille considérée. Mais si le point M_0 appartient à la courbe $R(x, y) = 0$, on a à la fois, pour une valeur de a,

$$f(x_0, y_0, a) = 0, \qquad \frac{\partial f}{\partial a} = 0,$$

et l'équation (8) a une racine double. On peut donc dire que la courbe $R(x, y) = 0$ est le lieu des points du plan pour lesquels deux des courbes de la famille (1) qui y passent sont venues se confondre. Or les figures 34 (a) et 34 (b) montrent précisément

Fig. 34 a.　　　　　　　　Fig. 34 b.

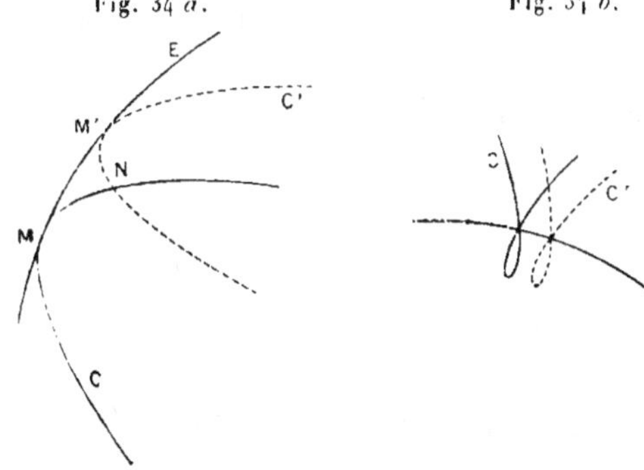

que, lorsqu'un point se rapproche indéfiniment soit d'un point de l'enveloppe, soit d'un point de la courbe qui est le lieu des points singuliers, deux des courbes C qui passent par ce point diffèrent très peu l'une de l'autre et viennent se confondre à la limite.

Remarque. — Il arrive fréquemment que l'on a à chercher l'enveloppe d'une courbe

$$(9) \qquad F(x, y, a, b) = 0,$$

dont l'équation renferme deux paramètres variables a et b, liés par une relation $\varphi(a, b) = 0$. Ce cas n'est pas distinct du cas général, car on peut considérer b comme une fonction de a définie par la relation $\varphi = 0$. D'après la règle établie, il faut joindre à l'équation (9) celle que l'on obtient en égalant à zéro la dérivée du premier membre par rapport au paramètre a

$$\frac{\partial F}{\partial a} + \frac{\partial F}{\partial b}\frac{db}{da} = 0 :$$

mais de la relation $\varphi(a, b) = 0$ on tire

$$\frac{\partial \varphi}{\partial a} + \frac{\partial \varphi}{\partial b}\frac{db}{da} = 0,$$

et la formule précédente devient, en éliminant $\dfrac{db}{da}$,

$$(10) \qquad \frac{\partial F}{\partial a}\frac{\partial \varphi}{\partial b} - \frac{\partial F}{\partial b}\frac{\partial \varphi}{\partial a} = 0.$$

On obtiendra donc l'équation de l'enveloppe en éliminant a et b entre les équations $F = 0$, $\varphi = 0$, et l'équation précédente (10).

209. Enveloppe d'une droite. — Prenons l'équation d'une droite D sous la forme normale

$$(11) \qquad x\cos\alpha + y\sin\alpha - f(\alpha) = 0,$$

le paramètre variable étant l'angle α. En prenant la dérivée par rapport à ce paramètre, il vient

$$(12) \qquad -x\sin\alpha + y\cos\alpha - f'(\alpha) = 0,$$

et l'on tire des deux équations (11) et (12) les coordonnées du point de contact de la droite mobile avec son enveloppe

$$(13) \qquad \begin{cases} x = f(\alpha)\cos\alpha - f'(\alpha)\sin\alpha, \\ y = f(\alpha)\sin\alpha + f'(\alpha)\cos\alpha. \end{cases}$$

Il est facile de vérifier que la tangente à la courbe E décrite par ce point (x, y) est la droite D ; on tire en effet des équations (13)

$$(14) \qquad \begin{cases} dx = -\,[f(\alpha) + f''(\alpha)]\sin\alpha\,d\alpha, \\ dy = \quad [f(\alpha) + f''(\alpha)]\cos\alpha\,d\alpha, \end{cases}$$

et l'on voit que le coefficient angulaire de la tangente est $-\cot\alpha$, ce qui est précisément le coefficient angulaire de la droite D. Des équations (14) on tire aussi, en appelant s l'arc de la courbe enveloppe,

$$ds = \sqrt{dx^2 + dy^2} = \pm\,[f(\alpha) + f''(\alpha)]\,d\alpha,$$

et, par conséquent.

$$s = \left[\int f(\alpha)\,d\alpha - f'(\alpha) \right];$$

il suffira donc, pour avoir une courbe rectifiable, de prendre pour $f(\alpha)$ la dérivée d'une fonction connue ([1]).

Prenons, par exemple, $f(\alpha) = l\sin\alpha\cos\alpha$; en faisant successivement $y = 0$ et $x = 0$ dans l'équation (11), il vient (*fig.* 35) $OA = l\sin\alpha$,

Fig. 35.

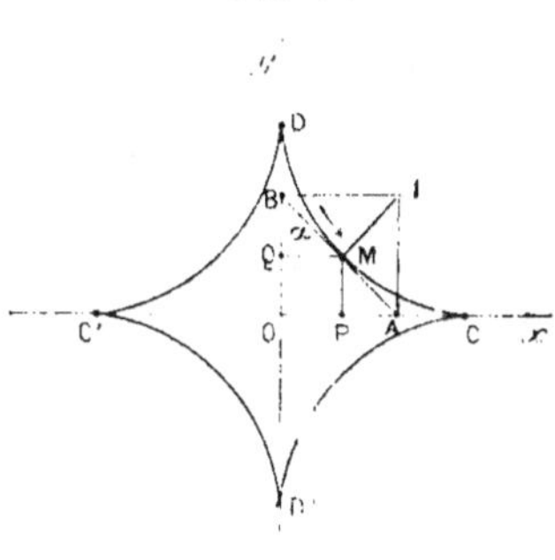

$OB = l\cos\alpha$ et, par suite, $AB = l$. La courbe cherchée est donc l'enveloppe d'une droite de longueur constante l, dont les extrémités décrivent deux droites rectangulaires. Les formules (13) deviennent ici

$$x = l\sin^3\alpha, \qquad y = l\cos^3\alpha.$$

et l'équation de l'enveloppe est

$$\left(\frac{x}{l}\right)^{\frac{2}{3}} - \left(\frac{y}{l}\right)^{\frac{2}{3}} = 1;$$

c'est une hypocycloïde à quatre rebroussements, qui a la forme indiquée

---

([1]) Dans la formule qui donne l'arc

$$s = f'(\alpha) - \int f(\alpha)\,d\alpha,$$

toutes les quantités qui figurent au second membre ont une signification géométrique : α est l'angle que fait avec Ox la perpendiculaire ON menée de l'origine sur la droite mobile, $f(\alpha)$ est la distance ON de l'origine à cette droite ; $f'(\alpha)$ est, au signe près, la distance MN du point de contact de la droite mobile avec son enveloppe au pied N de la perpendiculaire abaissée de l'origine. On appelle quelquefois cette formule de rectification la *formule de Legendre*.

sur la figure. Lorsque α varie de o à $\dfrac{\pi}{2}$, le point de contact décrit l'arc DC. La longueur de l'arc, compté à partir de D, a pour expression

$$s = \int_0^\alpha 3\,l \sin\alpha \cos\alpha\, d\alpha = \frac{3\,l}{2} \sin^2\alpha.$$

Soient I le sommet du rectangle construit sur OA et OB, et M le pied de la perpendiculaire abaissée du point I sur AB. Les triangles AMI, APM donnent successivement

$$AM = AI\cos\alpha = l\cos^2\alpha, \qquad AP = AM\sin\alpha = l\cos^2\alpha\,\sin\alpha$$

et, par suite, $OP = OA - AP = l\sin^3\alpha$, de sorte que le point M est le point de contact de la droite AB avec son enveloppe. On a ensuite

$$BM = l - AM = l\sin^2\alpha$$

et, par conséquent, arc $DM = \dfrac{3}{2} BM$.

210. Enveloppe d'un cercle. — Soit

$$(15) \qquad (x - a)^2 + (y - b)^2 - \rho^2 = 0$$

l'équation d'un cercle, a, b, ρ étant des fonctions d'un paramètre va-

Fig. 36.

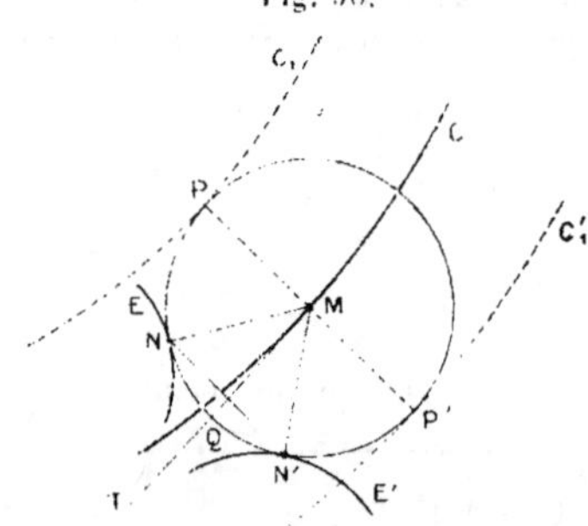

riable t. Les points de contact de ce cercle avec son enveloppe sont à l'intersection du cercle avec la droite

$$(16) \qquad (x - a)a' + (y - b)b' + \rho\rho' = 0,$$

qui est perpendiculaire à la tangente à la courbe C décrite par le centre (a, b) du cercle, et dont la distance au centre est égale à $\rho\,\dfrac{d\rho}{ds}$,

s étant l'arc de la courbe C. Cette droite coupe le cercle en deux points N, N', symétriques par rapport à la tangente MT (*fig.* 36); l'enveloppe se compose donc de deux branches E, E', qui ne sont pas en général analytiquement distinctes. Plusieurs cas particuliers sont à remarquer :

1° Si ρ est constant, la corde des contacts NN' se réduit à la normale PP' et l'enveloppe se compose des deux courbes parallèles C_1, C'_1, obtenues en portant sur la normale à la courbe C, de part et d'autre du point M, la longueur constante ρ.

2° Si $\rho = s + C$, on a $\rho \dfrac{d\rho}{ds} = \rho$; la corde NN' se réduit à la tangente au cercle au point Q. Les deux branches de l'enveloppe sont confondues, et cette enveloppe Γ admet pour normales les tangentes à la courbe C; on dit que C est la *développée* de Γ, et inversement Γ est une *développante* de C. Lorsque $d\rho > ds$, la droite (16) ne coupe plus le cercle, et l'enveloppe est imaginaire.

Caustiques secondaires. — Supposons que le rayon du cercle variable

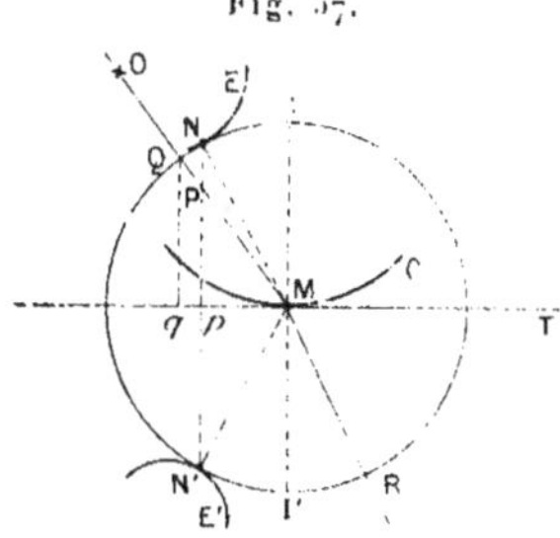

Fig. 37.

soit proportionnel à la distance du centre à un point fixe O. Si l'on prend ce point fixe pour origine, l'équation du cercle est

$$(x - a)^2 + (y - b)^2 = k^2(a^2 + b^2),$$

k étant un facteur constant, et la corde des contacts a pour équation

$$(x - a)a' + (y - b)b' - k^2(aa' + bb') = 0.$$

Soient δ et δ' les distances du centre M (a, b) du cercle à la corde des contacts et à la parallèle menée par l'origine; on tire de l'équation précédente $\delta = k^2 \delta'$. On obtiendra donc la corde des contacts en prenant sur le rayon MO un point P tel que MP $= k^2$MO et abaissant du point P une perpendiculaire sur la tangente au lieu du centre. Supposons $k < 1$, et soit E la branche de l'enveloppe du cercle qui est située du même côté que le point O par rapport à la tangente à la courbe C. Appelons i et r les angles que font avec la normale MI les droites MO et MN; on a (*fig.* 37)

$$\sin i = \frac{Mq}{MO}, \qquad \sin r = \frac{Mp}{MN}, \qquad \frac{\sin i}{\sin r} = \frac{Mq}{Mp} = \frac{MQ}{MP} = \frac{1}{k}.$$

Cela posé, imaginons que le point O soit un foyer lumineux et que la courbe C soit la limite de séparation entre le milieu où est le point O et un nouveau milieu dont l'indice de réfraction par rapport au premier soit égal à $\frac{1}{k}$. Après la réfraction, le rayon incident OM se change en un rayon réfracté MR qui, d'après la loi de la réfraction, est précisément le prolongement de NM. Tous les rayons réfractés MR sont donc normaux à l'enveloppe E, qu'on appelle la *caustique secondaire* par réfraction. La caustique proprement dite, enveloppe des rayons réfractés, est la développée de la caustique secondaire.

La seconde branche de l'enveloppe E' n'a évidemment aucun sens physique; elle correspondrait à un indice de réfraction négatif. Si l'on suppose $k = 1$, l'enveloppe E se réduit au point O lui-même, tandis que l'enveloppe E' est le lieu des symétriques du point O par rapport aux tangentes de la courbe C. Cette courbe est aussi la caustique secondaire *par réflexion* pour les rayons lumineux issus du point O se réfléchissant sur la courbe C. On démontrera de la même façon que, si de chaque point d'une courbe C comme centre on décrit un cercle dont le rayon soit proportionnel à la distance du centre à une droite fixe, on obtient pour enveloppes les caustiques secondaires relativement aux rayons lumineux issus d'un foyer à l'infini.

211. Surfaces à un paramètre. — Soit

$$(17) \qquad f(x, y, z, a) = 0$$

l'équation d'une surface S, dépendant d'un paramètre arbitraire a. S'il existe une surface E tangente à chacune des surfaces S le long d'une courbe C, cette surface E est appelée *l'enveloppe* des surfaces S, et la courbe de contact C des deux surfaces S et E est la *caractéristique*.

Pour reconnaître s'il existe une enveloppe, il faut donc examiner s'il est possible de déterminer sur chacune des surfaces S une courbe C telle que le lieu de ces courbes soit tangent à la surface S le long de C. Soient x, y, z les coordonnées d'un point M de la caractéristique; si ce point n'est pas un point singulier de la surface S, l'équation du plan tangent à cette surface est

$$\frac{\partial f}{\partial x}(X - x) + \frac{\partial f}{\partial y}(Y - y) + \frac{\partial f}{\partial z}(Z - z) = 0.$$

D'autre part, quand on se déplace sur l'enveloppe E, x, y, z, a

sont des fonctions de deux variables indépendantes vérifiant l'équation (17) et, entre leurs différentielles, on a la relation

$$\frac{\partial f}{\partial x}\, dx + \frac{\partial f}{\partial y}\, dy + \frac{\partial f}{\partial z}\, dz + \frac{\partial f}{\partial a}\, da = 0;$$

pour que le plan tangent à la surface E soit identique au plan tangent à S, il faut et il suffit que l'on ait, entre les différentielles dx, dy, dz, la relation

$$\frac{\partial f}{\partial x}\, dx + \frac{\partial f}{\partial y}\, dy + \frac{\partial f}{\partial z}\, dz = 0,$$

condition qui devient, en tenant compte de la précédente,

$$(18)\qquad\qquad \frac{\partial f}{\partial a} = 0.$$

On démontrera inversement, comme pour les courbes planes (n° 207), que la surface $R(x, y, z) = 0$, obtenue par l'élimination du paramètre a entre les deux équations (17) et (18), représente soit l'enveloppe des surfaces S, soit le lieu des points singuliers. La caractéristique C représentée par les équations (17) et (18) est encore la position limite de la courbe d'intersection de la surface S avec une surface infiniment voisine de la même famille.

212. Surfaces à deux paramètres. — Considérons maintenant une équation

$$(19)\qquad\qquad f(x, y, z, a, b) = 0,$$

qui représente des surfaces S dépendant de deux paramètres a et b. Il n'existe pas en général de surface tangente à toutes les surfaces de cette famille tout le long d'une courbe: en effet, si l'on établit entre les deux paramètres a et b une relation $b = \varphi(a)$, on a des surfaces ne dépendant plus que d'un paramètre a, et la caractéristique est représentée par l'équation (19) jointe à l'équation

$$(20)\qquad\qquad \frac{\partial f}{\partial a} + \frac{\partial f}{\partial b}\, \varphi'(a) = 0.$$

Cette caractéristique dépend en général de $\varphi'(a)$, de sorte que sur chaque surface S il y a une infinité de caractéristiques; elles n'engendrent donc pas une surface lorsque a et b varient. Nous allons chercher s'il existe une surface E touchant chacune des surfaces en un point seulement, ou en quelques points, et non tout le long d'une courbe. Si cette surface existe, les coordonnées (x, y, z) d'un point de contact de la surface S avec l'enveloppe E sont des fonctions des deux paramètres variables a et b qui satisfont à la relation (19) et dont les différentielles dx, dy, dz vérifient par conséquent la relation

$$(21) \qquad \frac{\partial f}{\partial x} dx + \frac{\partial f}{\partial y} dy + \frac{\partial f}{\partial z} dz + \frac{\partial f}{\partial a} da + \frac{\partial f}{\partial b} db = 0.$$

Pour que la surface, lieu du point (x, y, z), soit tangente à la surface S, il faut encore que l'on ait

$$\frac{\partial f}{\partial x} dx + \frac{\partial f}{\partial y} dy + \frac{\partial f}{\partial z} dz = 0,$$

relation qui devient, en tenant compte de la précédente,

$$\frac{\partial f}{\partial a} da + \frac{\partial f}{\partial b} db = 0.$$

Comme a et b sont deux variables indépendantes, il faudra que l'on ait à la fois, pour le point de contact,

$$(22) \qquad \frac{\partial f}{\partial a} = 0, \qquad \frac{\partial f}{\partial b} = 0.$$

On obtiendra donc l'équation de l'enveloppe en éliminant a et b entre les trois relations (19) et (22). Le raisonnement prouve bien que la surface ainsi trouvée est tangente à la surface S, sauf si l'on a à la fois, pour les solutions communes aux équations (19 et (22),

$$\frac{\partial f}{\partial x} = \frac{\partial f}{\partial y} = \frac{\partial f}{\partial z} = 0;$$

cette surface est donc soit l'enveloppe, soit le lieu des points singuliers des surfaces S.

Nous avons donc, en définitive, deux espèces de surfaces enveloppes, suivant que les surfaces enveloppées dépendent de un ou deux paramètres. Par exemple, le plan tangent à une sphère ou à un hyperboloïde dépend de deux paramètres, et ce plan touche la surface en un point seulement. Au contraire, le plan tangent à un cône ou à un cylindre ne dépend que d'un paramètre variable, mais ce plan touche son enveloppe tout le long d'une génératrice.

213. Surfaces développables. — La surface enveloppée par un plan ne dépendant que d'un paramètre variable est appelée *surface développable*.

Soit

$$(23) \qquad z = \alpha x + y f(\alpha) + \varphi(\alpha)$$

l'équation du plan mobile P, α étant un paramètre variable, $f(\alpha)$ et $\varphi(\alpha)$ deux fonctions quelconques de ce paramètre. La caractéristique est définie par l'équation (23) jointe à l'équation

$$(24) \qquad x + y f'(\alpha) + \varphi'(\alpha) = 0,$$

obtenue en différentiant par rapport à α; c'est donc une ligne droite G, et la surface développable est une surface réglée. Nous allons démontrer que toutes ces droites G sont tangentes à une courbe gauche. Pour cela, différentions encore une fois par rapport à α; la nouvelle équation obtenue

$$(25) \qquad y f''(\alpha) + \varphi''(\alpha) = 0$$

détermine sur la caractéristique G un point particulier M. Le lieu de ces points M, lorsque α varie, est une courbe gauche Γ, dont la tangente est la droite G elle-même. La courbe Γ est, en effet, représentée par les trois équations (23), (24), (25), dont on pourrait tirer les coordonnées x, y, z en fonction de α. Si l'on différentie les deux premières de ces équations, en ayant égard à la dernière, il vient

$$(26) \qquad dz = \alpha\, dx + f(\alpha)\, dy, \qquad dx + f'(\alpha)\, dy = 0,$$

relations qui expriment que la tangente à la courbe Γ est parallèle à la caractéristique G. D'ailleurs ces deux droites ont un point commun; donc elles se confondent.

Toute surface développable peut donc être définie comme la surface engendrée par les tangentes à une courbe gauche Γ. Cette courbe Γ peut, comme cas exceptionnel, se réduire à un point, à distance finie ou à l'infini; la surface est alors un cône ou un cylindre. C'est ce qui arrive lorsque $f''(\alpha) = 0$.

Réciproquement, toute surface engendrée par les tangentes à une courbe gauche Γ est une surface développable. Soient

$$x = f(t), \qquad y = \varphi(t), \qquad z = \psi(t)$$

les coordonnées d'un point de Γ : le plan osculateur, dont on donnera plus loin la définition géométrique (n° **222**), a pour équation

$$(27) \qquad A(X - x) + B(Y - y) + C(Z - z) = 0,$$

les coefficients A, B, C satisfaisant aux deux relations

$$(28) \qquad A\,dx + B\,dy + C\,dz = 0, \qquad A\,d^2x + B\,d^2y + C\,d^2z = 0.$$

Ce plan dépend d'un seul paramètre variable t ; nous allons vérifier que la caractéristique de ce plan est précisément la tangente à la courbe Γ. Cette caractéristique est l'intersection du plan osculateur avec le plan

$$d A(X - x) + d B(Y - y) + d C(Z - z) = 0,$$

qui passe également par le point (x, y, z). Pour démontrer qu'elle se confond avec la tangente, il suffit de prouver que l'on a

$$A\,dx + B\,dy + C\,dz = 0, \qquad dA\,dx + dB\,dy + dC\,dz = 0 ;$$

la première relation est une des relations (28) qui déterminent A, B, C. La seconde s'en déduit en différentiant la première, et tenant compte de la dernière équation (28).

Ce mode de génération d'une surface développable permet de se faire une idée assez nette de la forme de la surface. Soit **AB** un arc de courbe gauche ; par chaque point M de l'arc AB menons la tangente, et ne considérons que la portion de tangente qui correspond à une direction déterminée, par exemple celle de A vers B. Le lieu de ces demi-droites est une nappe de surface S_1 limitée par l'arc AB et les deux tangentes en A et B, s'étendant d'autre part jusqu'à l'infini. En prenant de même les autres portions de tangentes, on obtient une autre nappe de surface analogue S_2, qui se raccorde avec S_1 le long de l'arc AB : les deux nappes de surface paraissent se recouvrir partiellement pour un observateur placé au-dessus. Il est clair que tout plan passant par un point O de l'arc AB coupe les deux nappes S_1 et S_2 suivant deux branches de courbe qui viennent se raccorder au point O, en formant un rebroussement: cette propriété explique le nom d'*arête de rebroussement* donné à la courbe gauche Γ.

Il est aisé de le vérifier par le calcul. Prenons le point O pour origine, le plan sécant pour le plan des xy, la tangente pour axe des z, le plan osculateur pour plan des xz: si l'on a pris z pour la variable indépendante, les développements de x et de y sont de la forme

$$x = a_2 z^2 + a_3 z^3 + \dots \qquad y = b_3 z^3 + \dots,$$

car on doit avoir, pour l'origine,

$$\frac{dx}{dz} = \frac{dy}{dz} = \frac{d^2 y}{dz^2} = 0.$$

et les équations de la tangente en un point voisin de l'origine s'écrivent

$$\frac{X - a_2 z^2 - a_3 z^3 - \dots}{2 a_2 z + \dots} = \frac{Y - b_3 z^3 - \dots}{3 b_3 z^2 + \dots} = Z - z.$$

Si l'on fait $Z = 0$, on a les coordonnées X, Y du point de rencontre de la tangente avec le plan sécant; les développements de ces coordonnées commencent respectivement par un terme en z^2 et par un terme en z^3. On a donc bien un rebroussement à l'origine.

Exemple. — Prenons pour arête de rebroussement la cubique gauche $x = t$, $y = t^2$, $z = t^3$. L'équation du plan osculateur est

$$t^3 - 3 t^2 X + 3 t Y - Z = 0;$$

on obtiendra l'équation de la surface développable en écrivant que l'équation précédente, considérée comme une équation en t, admet une racine double, ce qui revient à éliminer t entre les deux équations

$$(E) \qquad \begin{cases} t^2 - 2 t X + Y = 0, \\ X t^2 - 2 t Y + Z = 0. \end{cases}$$

Le résultat de l'élimination est

$$(XY - Z)^2 - 4(X^2 - Y)(Y^2 - XZ) = 0,$$

la surface développable est donc du quatrième ordre.

On peut remarquer que les équations (E) représentent la tangente à la cubique gauche.

214. Si $z = F(x, y)$ est l'équation d'une surface développable, *la fonction* $\mathrm{F}(x, y)$ *satisfait à l'équation* $s^2 - rt = 0$, r, s, t désignant, suivant l'usage, les trois dérivées partielles du deuxième ordre de la fonction $\mathrm{F}(x, y)$.

En effet, le plan tangent à cette surface, qui a pour équation

$$Z = p\mathrm{X} + q\mathrm{Y} + z - px - qy,$$

ne doit dépendre que d'un paramètre; des trois quantités p, q, $z - px - qy$, il y en a donc une seule d'arbitraire, et en particulier il y a une relation entre p et q, $f(p, q) = 0$. On déduit de là que le jacobien $\dfrac{\mathrm{D}(p, q)}{\mathrm{D}(x, y)} = rt - s^2$ doit être identiquement nul.

Inversement, si l'on a $rt - s^2 = 0$, q et p sont liés par une relation au moins. S'il y a deux relations distinctes, p et q sont des constantes $p = a$, $q = b$, et la fonction $\mathrm{F}(x, y)$ est égale à $ax + by + c$; la surface est un plan. S'il y a une seule relation entre p et q, on peut l'écrire $q = \varphi(p)$, *p ne se réduisant pas à une constante*. Mais on a aussi

$$y(rt - s^2) = \frac{\mathrm{D}(z - px - qy, p)}{\mathrm{D}(x, y)},$$

de sorte que $z - px - qy$ est aussi une fonction de p, soit $\psi(p)$, lorsque $rt - s^2 = 0$. La fonction inconnue $z = \mathrm{F}(x, y)$ et ses dérivées partielles p et q vérifient donc les deux relations

$$q = \varphi(p), \qquad z - px - \varphi(p)y = \psi(p);$$

différentions la seconde par rapport à x et à y, il vient

$$[x + y\,\varphi'(p) + \psi'(p)]\frac{\partial p}{\partial x} = 0, \qquad [x + y\,\varphi'(p) + \psi'(p)]\frac{\partial p}{\partial y} = 0.$$

Puisque p ne se réduit pas à une constante, on doit avoir

$$x + y\,\varphi'(p) + \psi'(p) = 0.$$

L'équation de la surface s'obtiendra donc en éliminant p entre cette relation et

$$z = px + y\,\varphi(p) + \psi(p),$$

ce qui donnera précisément l'enveloppe du plan précédent, où l'on regarde p comme le paramètre variable.

215. Enveloppe d'une famille de courbes gauches. — Une famille de courbes gauches, dépendant d'un paramètre variable, n'admet pas en général de courbe enveloppe. Considérons d'abord une famille de droites

$$(29) \qquad x = az + p, \qquad y = bz + q,$$

a, b, p, q étant des fonctions données d'un paramètre variable α; nous allons chercher à quelle condition cette droite est tangente dans toutes ses positions à une courbe gauche Γ. Soit $z = \varphi(\alpha)$ la coordonnée z du point M où la droite mobile D touche son enveloppe Γ; la courbe cherchée Γ sera représentée par les équations (29), auxquelles on ajoutera la relation $z = \varphi(\alpha)$, et les paramètres directeurs de la tangente à cette courbe auront pour expressions

$$\frac{dx}{d\alpha} = a\,\varphi'(\alpha) + a'\,\varphi(\alpha) + p',$$
$$\frac{dy}{d\alpha} = b\,\varphi'(\alpha) + b'\,\varphi(\alpha) + q', \qquad \frac{dz}{d\alpha} = \varphi'(\alpha),$$

a', b', p', q' étant les dérivées de a, b, p, q. Pour que cette tangente soit la droite D elle-même, il faut et il suffit que l'on ait

$$\frac{dx}{d\alpha} = a\,\frac{dz}{d\alpha}, \qquad \frac{dy}{d\alpha} = b\,\frac{dz}{d\alpha},$$

c'est-à-dire

$$a'\,\varphi(\alpha) + p' = 0, \qquad b'\,\varphi(\alpha) + q' = 0.$$

La fonction inconnue $\varphi(\alpha)$ doit donc satisfaire à deux relations distinctes, et par conséquent la droite mobile n'a une enveloppe que si ces relations sont compatibles, c'est-à-dire si l'on a

$$a'\,q' - b'\,p' = 0.$$

Lorsque cette relation est vérifiée, on obtiendra la courbe enveloppe en prenant $\varphi(\alpha) = -\dfrac{p'}{a'} = -\dfrac{q'}{b'}$.

Il est facile de généraliser le raisonnement. Considérons une famille de courbes (C), dépendant d'un paramètre variable α, représentées par les équations

$$(30) \qquad F(x, y, z, \alpha) = 0, \qquad \Phi(x, y, z, \alpha) = 0;$$

si ces courbes C sont tangentes à une courbe Γ, les coordonnées (x, y, z) du point de contact M de la courbe C, qui correspond à la valeur de α du paramètre, avec l'enveloppe sont des fonctions du paramètre α qui vérifient les équations (30), et une autre relation distincte de celles-là. Soient dx, dy, dz les différentielles relatives au déplacement du point M sur la courbe C; α restant constant sur la courbe C, on a entre ces différentielles les **deux** relations

$$(31) \quad \begin{cases} \dfrac{\partial F}{\partial x} dx + \dfrac{\partial F}{\partial y} dy + \dfrac{\partial F}{\partial z} dz = 0, \\[2mm] \dfrac{\partial \Phi}{\partial x} dx + \dfrac{\partial \Phi}{\partial y} dy + \dfrac{\partial \Phi}{\partial z} dz = 0. \end{cases}$$

Soient d'autre part δx, δy, δz, $\delta \alpha$ les différentielles de x, y, z, α, relatives à un déplacement du point M sur la courbe Γ; ces différentielles vérifient les relations

$$(32) \quad \begin{cases} \dfrac{\partial F}{\partial x} \delta x + \dfrac{\partial F}{\partial y} \delta y + \dfrac{\partial F}{\partial z} \delta z + \dfrac{\partial F}{\partial \alpha} \delta \alpha = 0, \\[2mm] \dfrac{\partial \Phi}{\partial x} \delta x + \dfrac{\partial \Phi}{\partial y} \delta y + \dfrac{\partial \Phi}{\partial z} \delta z + \dfrac{\partial \Phi}{\partial \alpha} \delta \alpha = 0. \end{cases}$$

Pour que les courbes C et Γ soient tangentes, il faut et il **suffit** que l'on ait

$$\frac{dx}{\delta x} = \frac{dy}{\delta y} = \frac{dz}{\delta z},$$

et ces conditions deviennent, en tenant compte des relations (31) et (32).

$$\frac{\partial F}{\partial \alpha} \delta \alpha = 0, \qquad \frac{\partial \Phi}{\partial \alpha} \delta \alpha = 0.$$

Les coordonnées x, y, z du point de contact doivent donc vérifier les équations

$$(33) \qquad F = 0, \qquad \Phi = 0, \qquad \frac{\partial F}{\partial \alpha} = 0, \qquad \frac{\partial \Phi}{\partial \alpha} = 0.$$

Pour que les courbes C admettent une enveloppe, il faut donc que les quatre équations précédentes soient compatibles, quelle que soit la valeur du paramètre α. Réciproquement, si ces équations admettent une solution commune en x, y, z, quel que soit α, le raisonnement prouve que la courbe Γ décrite par ce point x, y, z est tangente en chacun de ces points à la courbe C correspondante. Ceci suppose toutefois que le point de coordonnées (x, y, z) n'est pas un point singulier de la courbe C, c'est-à-dire que les relations (31) déterminent les rapports des différentielles dx, dy, dz.

Remarque I. — Lorsque les courbes C sont les caractéristiques d'une famille de surfaces à un paramètre $F(x, y, z, \alpha) = 0$, les équations (33) se réduisent à trois équations distinctes

$$(34) \qquad F = 0, \qquad \frac{\partial F}{\partial \alpha} = 0, \qquad \frac{\partial^2 F}{\partial \alpha^2} = 0;$$

la courbe représentée par ces équations est donc l'enveloppe des caractéristiques. C'est la généralisation de la propriété établie plus haut pour les génératrices d'une surface développable.

Remarque II. — La première et la troisième équation du système (33) représentent la caractéristique de la surface à un paramètre $F(x, y, z, \alpha) = 0$. La seconde et la quatrième équation représentent de même la caractéristique de la surface $\Phi(x, y, z, \alpha) = 0$. Si la courbe C a une enveloppe, tout point de contact de C avec son enveloppe appartient donc à la fois à ces deux caractéristiques. L'enveloppe de C fait partie de l'intersection des enveloppes des deux surfaces.

Les équations d'une droite mobile se présentent quelquefois sous la forme

$$(35) \qquad \frac{x - x_0}{a} = \frac{y - y_0}{b} = \frac{z - z_0}{c}$$

x_0, y_0, z_0, a, b, c étant des fonctions d'un paramètre variable α. Il est aisé de trouver directement la condition pour que cette droite ait une enveloppe. Désignons par l la valeur commune des rapports précédents ; les coordonnées d'un point quelconque de la droite ont pour expressions

$$x = x_0 + la, \qquad y = y_0 + lb, \qquad z = z_0 + lc,$$

et il s'agit de voir s'il est possible de prendre pour l une fonction de α telle que la courbe décrite par le point (x, y, z) soit tangente à la droite mobile. Il faut pour cela que l'on ait

$$(36) \qquad \frac{x'_0 + a'l}{a} = \frac{y'_0 + b'l}{b} = \frac{z'_0 + c'l}{c};$$

en désignant par m une nouvelle indéterminée égale aux rapports précédents, et éliminant l et m entre les trois équations linéaires obtenues, on est conduit à l'équation de condition

$$(37) \qquad \begin{vmatrix} x'_0 & y'_0 & z'_0 \\ a & b & c \\ a' & b' & c' \end{vmatrix} = 0.$$

Si cette condition est satisfaite, les relations (36) donneront t et par suite l'enveloppe.

II. — CONTACT DE DEUX COURBES. D'UNE COURBE ET D'UNE SURFACE.

216. Contact des courbes planes. — Soient C et C′ deux courbes planes tangentes en un point A. A chaque point m de la courbe C voisin du point A imaginons qu'on fasse correspondre, d'après une loi quelconque, un point m' de la courbe C′, de telle façon que le

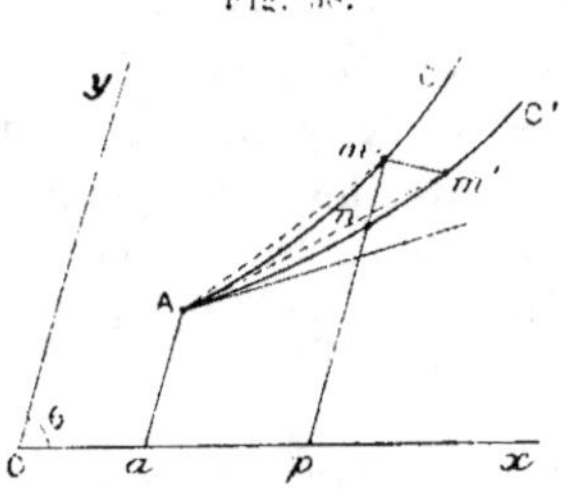

Fig. 38.

point m' vienne en A en même temps que le point m. En prenant comme infiniment petit principal l'arc Am, ou, ce qui revient au même, la corde Am, nous allons d'abord chercher quel mode de correspondance il faut adopter pour que l'ordre infinitésimal de mm' par rapport à Am soit le plus grand possible [1]. Rapportons pour cela les deux courbes à deux axes de coordonnées, rectangulaires ou obliques, l'axe des y n'étant pas parallèle à la tangente commune AT. Soient

$$(C) \qquad\qquad y = f(x),$$

$$(C') \qquad\qquad Y = F(x)$$

---

[1] Il est évident qu'on obtiendrait cet ordre en faisant correspondre au point m le point m' pour lequel la distance de m à un point de C′ est minimum. Mais nous allons montrer qu'on peut remplacer ce mode de correspondance par une infinité d'autres.

les équations des deux courbes, et (x_0, y_0) les coordonnées du point A : les coordonnées du point m seront $x_0 + h$ et $f(x_0 + h)$, et celles du point m' seront de même $x_0 + k$ et $F(x_0 + k)$, k désignant une fonction de h qui tend vers zéro avec h, et qui définit le mode de correspondance adopté entre les points des deux courbes. Observons encore qu'on peut remplacer l'infiniment petit principal Am par $h = ap$, car le rapport $\frac{ap}{Am}$ tend vers une limite finie différente de zéro lorsque le point m se rapproche indéfiniment du point A.

Cela posé, admettons que, pour un certain mode de correspondance adopté, mm' soit un infiniment petit d'ordre $r + 1$ par rapport à h : $\overline{mm'}^2$ est alors un infiniment petit d'ordre $2r + 2$.

Or on peut écrire, θ désignant l'angle des axes,

$$\overline{mm'}^2 = [F(x_0 + k) - f(x_0 + h) + (k - h)\cos\theta]^2 + (k - h)^2 \sin^2\theta;$$

il faut donc que chacune des différences $k - h$ et

$$F(x_0 + k) - f(x_0 + h)$$

soit un infiniment petit d'ordre $r + 1$ au moins, c'est-à-dire que l'on ait

$$k = h + \alpha h^{r+1}, \qquad F(x_0 + k) - f(x_0 + h) = \beta h^{r+1},$$

α et β étant des fonctions de h qui restent finies lorsque h tend vers zéro. La dernière formule peut s'écrire

$$F(x_0 + h + \alpha h^{r+1}) - f(x_0 + h) = \beta h^{r+1};$$

si l'on imagine $F(x_0 + h + \alpha h^{r+1})$ développé suivant les puissances de α, la partie qui dépend de α est un infiniment petit d'ordre $r + 1$ au moins, la différence

$$\Delta = F(x_0 + h) - f(x_0 + h)$$

est donc un infiniment petit d'ordre au moins égal à $r + 1$, mais peut être d'ordre supérieur. Or cette différence Δ représente la distance mn des points des deux courbes C, C', qui sont situés sur une même parallèle à l'axe Oy. Puisqu'en remplaçant le point m' par le point n on ne peut qu'augmenter l'ordre infinitésimal de mm', on en conclut que *la distance de deux points corres-*

pondants des deux courbes est de l'ordre infinitésimal le plus grand possible lorsque les points correspondants sont situés sur une parallèle à l'axe Oy. Si cet ordre est égal à $r+1$, on dit que les deux courbes ont un contact d'ordre r *au point A.*

Remarques. — Cette définition donne lieu à un certain nombre de remarques. L'axe Oy est en définitive une droite assujettie à la seule condition de ne pas être parallèle à la tangente commune AT : on peut donc, pour évaluer l'ordre du contact, faire correspondre les points des deux courbes situés sur une droite parallèle à une droite fixe D, non parallèle à la tangente. Le raisonnement précédent prouve que l'ordre infinitésimal obtenu ne dépend pas de la direction de la droite D : c'est ce qu'il est aisé de vérifier. Supposons, en effet, que par un point m de la courbe C on mène deux droites mm' et mn (*fig.* 38) parallèles à deux directions fixes autres que la tangente. Dans le triangle $mm'n$, on a

$$\frac{mm'}{mn} = \frac{\sin\, mnm'}{\sin\, mm'n};$$

lorsque le point m se rapproche du point A, les angles mnm', $mm'n$ ont des limites différentes de o et de π, car la corde $m'n$ a pour limite la tangente AT, et par conséquent mm' est du même ordre que mn. Le même calcul prouve que mm' ne peut pas être un infiniment petit d'ordre supérieur à mn, quelle que soit la construction dont on déduit le point m' du point m puisque le numérateur $\sin\, mnm'$ a une limite finie différente de zéro.

On a pris pour infiniment petit principal l'arc Am ou la corde Am; on aurait obtenu le même résultat en prenant pour infiniment petit l'arc An de la courbe C' car Am et An sont du même ordre.

Lorsque deux courbes C, C' ont un contact d'ordre r, on peut imaginer une infinité de correspondances entre les points m, m' des deux courbes de façon que mm' soit un infiniment petit d'ordre $r+1$. Il suffit de prendre $k = h + \alpha h^{s+1}$, s étant $\geq r$, et α étant une fonction de h qui conserve une valeur finie lorsque $h = $ o. Si l'on avait $s < r$, mm' serait d'ordre $s+1$ seulement.

217. Ordre du contact. — Pour avoir l'ordre du contact des deux courbes C, C', il faut, d'après cela, évaluer l'ordre infinitésimal de

$$\mathrm{Y} - y = \mathrm{F}(x_0 + h) - f(x_0 + h)$$

par rapport à h. Les deux courbes étant tangentes au point A, on a d'abord $\mathrm{F}(x_0) = f(x_0)$, $\mathrm{F}'(x_0) = f'(x_0)$, mais il peut se faire qu'un certain nombre d'autres dérivées des deux fonctions soient égales pour x_0. Supposons, pour prendre le cas général, que l'on ait

$$(38) \qquad \begin{cases} \mathrm{F}(x_0) = f(x_0), \qquad \mathrm{F}'(x_0) = f'(x_0), \\ \mathrm{F}''(x_0) = f''(x_0), \quad \dots \quad \mathrm{F}^{(n)}(x_0) = f^{(n)}(x_0). \end{cases}$$

les dérivées suivantes $\mathrm{F}^{(n+1)}(x_0)$ et $f^{(n+1)}(x_0)$ étant inégales. En **appliquant la formule de Taylor aux deux fonctions** $\mathrm{F}(x)$ et $f(x)$, nous pouvons écrire

$$\mathrm{Y} = \mathrm{F}(x_0) + \frac{h}{1}\mathrm{F}'(x_0) + \dots$$
$$+ \frac{h^n}{1.2\dots n}\mathrm{F}^{(n)}(x_0) + \frac{h^{n+1}}{1.2\dots(n+1)}[\mathrm{F}^{n+1}(x_0) + \varepsilon],$$
$$y = f(x_0) + \frac{h}{1}f'(x_0) + \dots$$
$$+ \frac{h^n}{1.2\dots n}f^{(n)}(x_0) + \frac{h^{n+1}}{1.2\dots(n+1)}[f^{n+1}(x_0) + \varepsilon']$$

et, en retranchant membre à membre,

$$(39) \qquad \mathrm{Y} - y = \frac{h^{n+1}}{1.2\dots(n+1)}[\mathrm{F}^{n+1}(x_0) - f^{n+1}(x_0) + \varepsilon - \varepsilon'].$$

ε, ε' étant infiniment petits. *L'ordre du contact des deux courbes est donc égal à l'ordre des plus hautes dérivées des fonctions $f(x)$ et $\mathrm{F}(x)$, qui sont égales pour $x = x_0$.*

Les conditions (38), données par Lagrange, expriment aussi que l'équation $\mathrm{F}(x) = f(x)$ admet $x = x_0$ pour racine multiple d'ordre $n + 1$. Or cette équation détermine les abscisses des points communs aux deux courbes C, C'; on peut donc dire que deux courbes, qui ont un contact d'ordre n, ont $n + 1$ points d'intersection *confondus en un seul.*

La formule (39) montre que $\mathrm{Y} - y$ change de signe avec h lorsque n est pair, et ne change pas de signe lorsque n est impair. Donc *deux courbes qui ont un contact d'ordre impair ne se traversent pas au point de contact, et deux courbes qui ont un contact d'ordre pair se traversent.* Il est aisé de s'en rendre compte. Considérons, pour fixer les idées, une courbe C' traversant la courbe C en trois points voisins du point A ; si cette courbe C' se déforme d'une manière continue, de façon que les trois points d'intersection viennent se confondre au point A, la position limite de C' a un contact du second ordre avec C, et il suffit de faire la figure pour voir que les deux courbes se traversent au point A. Le raisonnement est évidemment général.

Lorsque les équations des deux courbes ne sont pas résolues par rapport aux ordonnées y et Y, ce qui est le cas général, les règles du calcul des dérivées permettent toujours de former les conditions nécessaires pour que les deux courbes aient un contact d'ordre n. Le problème n'offre donc aucune difficulté spéciale. Nous examinerons seulement quelques cas particuliers, d'une application fréquente. Supposons d'abord que les coordonnées d'un point de chaque courbe soient exprimées en fonction d'un paramètre variable

$$(C) \qquad x = f(t), \qquad y = \varphi(t),$$
$$(C') \qquad X = f(u), \qquad Y = \psi(u).$$

et que pour une valeur particulière t_0 on ait à la fois $\psi(t_0) = \varphi(t_0)$, $\psi'(t_0) = \varphi'(t_0)$, de façon que les deux courbes soient tangentes au point A, de coordonnées $f(t_0)$, $\varphi(t_0)$. Si $f'(t_0)$ n'est pas nul, ce que nous supposerons, la tangente commune n'est pas parallèle à Oy, et l'on obtient les points des deux courbes qui ont même abscisse en posant $u = t$. D'autre part, $x - x_0$ est du premier ordre par rapport à $t - t_0$, et nous sommes encore ramenés à évaluer l'ordre infinitésimal de $\psi(t) - \varphi(t)$ par rapport à $t - t_0$. Pour que les deux courbes aient un contact d'ordre n, il faut et il suffit que l'on ait

$$(10) \quad \psi(t_0) = \varphi(t_0), \quad \psi'(t_0) = \varphi'(t_0), \quad \dots \quad \psi^{n}(t_0) = \varphi^{n}(t_0),$$

et le contact est d'ordre n seulement, si les deux dérivées $\psi^{(n+1)}(t_0)$ et $\varphi^{(n+1)}(t_0)$ sont inégales.

Considérons encore le cas où la courbe C est représentée par les deux équations

$$(11) \qquad x = f(t), \qquad y = \varphi(t),$$

la courbe C' ayant pour équation $F(x, y) = 0$. Ce cas peut se ramener au précédent; remplaçons x par $f(t)$ dans $F(x, y)$ et soit $y = \psi(t)$ la fonction implicite définie par la relation

$$(2) \qquad F[f(t), \psi(t)] = 0.$$

de sorte qu'on peut aussi regarder la courbe C' comme représentée par le système des deux équations

$$(3) \qquad x = f(t), \qquad y = \psi(t).$$

Pour que les deux courbes C, C' aient un contact d'ordre n au point A qui correspond à la valeur t_0 du paramètre, il faut que les relations (10) trouvées plus haut soient satisfaites. Or les dérivées successives de la fonction implicite $\psi(t)$ se déduisent des équations

$$(4) \quad \left\{ \begin{aligned} &\frac{\partial F}{\partial x} f'(t) + \frac{\partial F}{\partial y} \psi'(t) = 0, \\[4pt] &\frac{\partial^2 F}{\partial x^2} [f'(t)]^2 + 2 \frac{\partial^2 F}{\partial x\, \partial y} f'(t) \psi'(t) \\[4pt] &\qquad + \frac{\partial^2 F}{\partial y^2} [\psi'(t)]^2 + \frac{\partial F}{\partial x} f''(t) + \frac{\partial F}{\partial y} \psi''(t) = 0. \\[4pt] &\cdots\cdots\cdots\cdots\cdots\cdots\cdots\cdots\cdots\cdots \\[4pt] &\frac{\partial^n F}{\partial x^n} [f'(t)]^n + \cdots + \frac{\partial F}{\partial y} \psi^{(n)}(t) = 0; \end{aligned} \right.$$

on obtiendra les conditions du contact en faisant, dans ces formules, $t = t_0$, $x = f(t_0)$, $\psi(t_0) = \varphi(t_0)$, $\psi'(t_0) = \varphi'(t_0)$, ..., $\psi^{(n)}(t_0) = \varphi^{(n)}(t_0)$. Ces conditions peuvent s'énoncer comme il suit. Posons $\mathfrak{F}(t) = F[f(t), \varphi(t)]$; *pour que les deux courbes aient un contact d'ordre n au point $t = t_0$, il faut et il suffit que l'on ait*

$$(5) \qquad \mathfrak{F}(t_0) = 0, \qquad \mathfrak{F}'(t_0) = 0, \qquad \cdots \qquad \mathfrak{F}^{(n)}(t_0) = 0.$$

L'équation $\mathfrak{F}(t) = 0$ donne les valeurs du paramètre t qui correspondent aux points d'intersection des deux courbes. Les conditions du contact expriment encore que cette équation admet $t = t_0$ pour racine multiple d'ordre $n + 1$, c'est-à-dire que les deux courbes ont $n + 1$ points communs confondus en un seul.

218. Courbes osculatrices. — Étant données une courbe déterminée C et une courbe C' dépendant de $n + 1$ paramètres a, b,

c, ..., l, représentées par

$$(46) \qquad\qquad F(x, y, a, b, c, \ldots, l) = 0.$$

on peut choisir les valeurs de ces $n+1$ paramètres de façon que la courbe C' ait avec la courbe C, en un point donné à l'avance. un contact d'ordre n. Soient $x = f(t)$, $y = \varphi(t)$ les coordonnées d'un point de C; les conditions pour que les deux courbes C, C' aient un contact d'ordre n au point $t = t_0$ sont données par les équations (45), où l'on a posé

$$\tilde{z}(t) = F[f(t), \varphi(t), a, b, c, \ldots, l].$$

La valeur t_0 du paramètre étant donnée, ces $n+1$ équations déterminent les $n+1$ paramètres a, b, c, ..., l. La courbe C' ainsi obtenue est dite *osculatrice* à la courbe C.

Appliquons cette théorie aux courbes les plus simples. L'équation d'une droite $y = ax + b$ dépend de deux paramètres a et b: la droite osculatrice a donc un contact du premier ordre. Si $y = f(x)$ est l'équation de la courbe C, les paramètres a et b doivent vérifier les deux relations

$$f(x_0) = a x_0 + b. \qquad f'(x_0) = a;$$

on retrouve l'équation de la tangente, comme on devait s'y attendre. L'équation d'un cercle

$$(47) \qquad\qquad (x - a)^2 + (y - b)^2 - R^2 = 0$$

dépend de trois paramètres a, b, R; le cercle osculateur a donc un contact du second ordre. Soit $y = f(x)$ l'équation de la courbe donnée; on déterminera a, b, R en écrivant que le cercle rencontre cette courbe en trois points confondus, ce qui donne, avec l'équation (47), les deux conditions

$$(48) \qquad x - a + (y - b)y' = 0. \qquad 1 + y'^2 + (y - b)y'' = 0.$$

Les valeurs de a et b que l'on déduit de ces deux relations sont identiques aux coordonnées du centre de courbure; donc *le cercle osculateur coïncide avec le cercle de courbure*. Le contact étant du second ordre, nous pouvons en conclure que *le cercle de courbure d'une courbe plane traverse cette courbe au point de contact*.

Tous ces résultats pouvaient être prévus *a priori*. En effet, les coordonnées du centre de courbure ne dépendent que de x, y, y', y''; deux courbes qui ont un contact du second ordre ont donc même centre de courbure. Or le centre de courbure du cercle osculateur est évidemment le centre de ce cercle lui-même; donc il y a identité entre le cercle de courbure et le cercle osculateur. Considérons, d'autre part, deux cercles de courbure voisins; la différence des rayons, qui est égale à l'arc de la développée compris entre les deux centres, est supérieure à la distance des centres. L'un des deux cercles est donc tout entier intérieur à l'autre, ce qui ne pourrait avoir lieu si les cercles étaient tous les deux intérieurs ou tous les deux extérieurs à la courbe C, dans le voisinage du point de contact. Il faut donc qu'ils traversent la courbe C.

Il y a cependant sur une courbe plane certains points particuliers où le cercle osculateur ne traverse pas la courbe, et cette remarque se rattache à une propriété générale. Étant donnée une courbe C' dépendant de $n+1$ paramètres, on peut ajouter aux $(n+1)$ équations (45) la nouvelle équation

$$f^{(n+1)}(t_0) = 0,$$

à condition de regarder t_0 comme une nouvelle inconnue à déterminer. Il y a donc, en général, sur une courbe plane C, un certain nombre de points où le contact avec la courbe osculatrice C' est d'ordre $n+1$. Ainsi, il y a des points où la tangente a un contact du second ordre; ce sont les points d'inflexion, pour lesquels $y'' = 0$. Pour avoir les points où le cercle osculateur a un contact du troisième ordre, il faut différentier la dernière des équations (48), ce qui donne

$$3y'y'' + (y-b)y''' = 0,$$

et, en éliminant $y-b$, on est conduit à la condition

$$(49) \qquad (1+y'^2)y''' - 3y'y''^2 = 0.$$

Les points qui satisfont à cette condition sont ceux pour lesquels on a $\dfrac{dR}{dx} = 0$, c'est-à-dire où le rayon de courbure est maximum ou minimum. Pour une ellipse, ce sont les sommets; pour une cycloïde, les points où la tangente est parallèle à la base.

219. Une courbe osculatrice peut être regardée comme la position limite d'une courbe C', qui rencontre la courbe C en $n + 1$ points infiniment voisins, lorsque tous ces points sont venus se confondre. Prenons, pour fixer les idées, une famille de courbes dépendant de trois paramètres a, b, c, et soient $t_0 + h_1$, $t_0 + h_2$, $t_0 + h_3$ trois valeurs voisines de t_0; la courbe C' qui rencontre la courbe C aux trois points correspondants est déterminée par les trois équations

$$(50) \qquad \mathfrak{F}(t_0 + h_1) = 0, \qquad \mathfrak{F}(t_0 + h_2) = 0, \qquad \mathfrak{F}(t_0 + h_3) = 0.$$

Retranchons la première équation de chacune des deux autres, et appliquons aux deux différences la formule des accroissements finis, nous obtenons le système équivalent

$$(51) \qquad \mathfrak{F}(t_0 + h_1) = 0, \qquad \mathfrak{F}'(t_0 + k_1) = 0, \qquad \mathfrak{F}'(t_0 + k_2) = 0,$$

où k_1 est compris entre h_1 et h_2, k_2 entre h_1 et h_3. En retranchant de nouveau la seconde équation de la troisième, et appliquant la formule des accroissements finis, on arrive à un nouveau système

$$(52) \qquad \mathfrak{F}(t_0 + h_1) = 0, \qquad \mathfrak{F}'(t_0 + k_1) = 0, \qquad \mathfrak{F}''(t_0 + l_1) = 0.$$

l_1 étant compris entre k_1 et k_2. Lorsque h_1, h_2, h_3 tendent vers zéro, il en est de même de k_1, k_2, l_1, et ces équations deviennent à la limite

$$\mathfrak{F}(t_0) = 0, \qquad \mathfrak{F}'(t_0) = 0, \qquad \mathfrak{F}''(t_0) = 0;$$

ce sont justement les équations qui déterminent la courbe osculatrice. Le raisonnement est le même, quel que soit le nombre des paramètres, et l'on pourrait aussi définir la courbe osculatrice comme la limite d'une courbe C' tangente en p points à la courbe C, et la coupant en q autres points (où $2p + q = n + 1$), lorsque ces $p + q$ points viennent se confondre en un seul.

Par exemple, le cercle osculateur est la position limite d'un cercle passant par trois points de la courbe C infiniment voisins du point de contact. C'est aussi la position limite d'un cercle tangent à la courbe C au point donné et passant par un autre point de la courbe C infiniment voisin du premier. Je m'arrêterai un instant sur cette propriété, facile à vérifier.

Prenons pour origine le point donné, pour axe des x la tangente et pour direction positive de Oy la direction de la normale qui va vers le centre de courbure. Nous avons à l'origine $y' = o$ et, par suite, $R = \dfrac{1}{y''}$, et nous pouvons écrire, d'après la formule de Taylor,

$$y = x^2\left(\frac{1}{2\,R} + \varepsilon\right),$$

ε étant infiniment petit avec x. On déduit de là que R est la limite de l'expression $\dfrac{x^2}{2y} = \dfrac{\overline{OP}^2}{2\,MP}$ lorsque le point M se rapproche du point O. Soit, d'autre part, R_1 le rayon du cercle C_1 tangent à

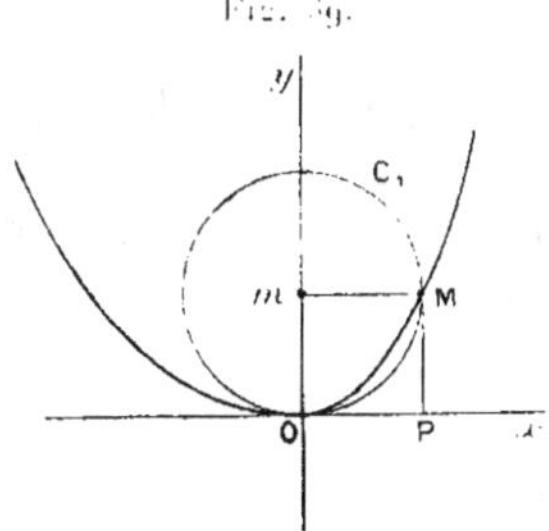

Fig. 39.

l'origine à l'axe des x et passant par le point M. On a

$$\overline{OP}^2 + \overline{Mm}^2 = MP(2R_1 - MP)$$

ou

$$\frac{\overline{OP}^2}{2\,MP} = R_1 - \frac{MP}{2};$$

la limite du rayon R_1 est donc bien égale au rayon de courbure R.

220. Contact de deux courbes gauches. — L'ordre de contact de deux courbes gauches se définit comme pour les courbes planes. Considérons deux courbes Γ, Γ', tangentes en un point commun A; soit M un point de Γ voisin de A, auquel on fait correspondre un point M' de Γ' d'après une loi quelconque, de telle façon que les deux points M, M' tendent simultanément vers le point A. Nous allons chercher quel est l'ordre infinitésimal maximum de MM' par rapport à l'arc AM considéré comme infiniment petit principal; si cet ordre est $n+1$, nous dirons que les deux courbes ont un contact d'ordre n.

Rapportons les deux courbes à un système d'axes rectangulaires [1], le plan des yz n'étant pas parallèle à la tangente commune, et supposons d'abord leurs équations mises sous la forme suivante :

$$(\Gamma) \quad \begin{cases} y = f(x), \\ z = \varphi(x). \end{cases} \qquad\qquad (\Gamma') \quad \begin{cases} Y = F(x), \\ Z = \Phi(x). \end{cases}$$

Si x_0, y_0, z_0 sont les coordonnées du point de contact, les coordonnées des deux points M, M' sont respectivement

$$M[x_0 + h, f(x_0 + h), \varphi(x_0 + h)], \qquad M'[x_0 + k, F(x_0 + k), \Phi(x_0 + k)],$$

k étant une fonction de h qui dépend de la loi de correspondance établie, et qui s'annule avec h. On peut encore prendre h pour infiniment petit principal au lieu de l'arc AM (n° **216**), et, pour que MM' soit un infiniment petit d'ordre $n+1$, il faut que chacune des différences

$$k - h, \quad F(x_0 + k) - f(x_0 + h), \quad \Phi(x_0 + k) - \varphi(x_0 + h)$$

soit un infiniment petit d'ordre $n+1$ au moins. On doit donc avoir

$$k - h = \alpha h^{n+1}, \qquad F(x_0 + k) - f(x_0 + h) = \beta h^{n+1},$$
$$\Phi(x_0 + k) - \varphi(x_0 + h) = \gamma h^{n+1},$$

α, β, γ restant finis lorsque h tend vers zéro ; en remplaçant k par sa valeur $h + \alpha h^{n+1}$, les deux dernières conditions deviennent

$$F(x_0 + h + \alpha h^{n+1}) - f(x_0 + h) = \beta h^{n+1},$$
$$\Phi(x_0 + h + \alpha h^{n+1}) - \varphi(x_0 + h) = \gamma h^{n+1}.$$

En développant $F(x_0 + h + \alpha h^{n+1})$ et $\Phi(x_0 + h + \alpha h^{n+1})$ par la formule de Taylor, tous les termes qui dépendent de α contiendront h^{n+1} en facteur, et les différences

$$F(x_0 + h) - f(x_0 + h), \quad \Phi(x_0 + h) - \varphi(x_0 + h)$$

---

[1] Il est facile de voir que cette hypothèse n'est nullement nécessaire pour la suite, en se reportant à la formule qui donne la distance de deux points en coordonnées obliques.

devront être d'ordre $n-1$ au moins. Il s'ensuit que, si la distance MM' est d'ordre $n+1$, la distance MN des points M, N des deux courbes qui ont même abscisse $(x_0 + h)$ est d'ordre $n+1$ au moins. On obtiendra donc l'ordre infinitésimal maximum *en faisant correspondre les points des deux courbes qui ont même abscisse.*

Il est facile d'évaluer cet ordre. Les deux courbes étant tangentes, on a les relations

$$f(x_0) = F(x_0), \quad f'(x_0) = F'(x_0), \quad \varphi(x_0) = \Phi(x_0), \quad \varphi'(x_0) = \Phi'(x_0);$$

supposons que l'on ait en outre, pour prendre le cas général.

$$f''(x_0) = F''(x_0), \quad \ldots \quad f^{(n)}(x_0) = F^{(n)}(x_0),$$
$$\varphi''(x_0) = \Phi''(x_0), \quad \ldots \quad \varphi^{(n)}(x_0) = \Phi^{(n)}(x_0);$$

l'une au moins des différences

$$F^{n+1}(x_0) - f^{n+1}(x_0), \quad \Phi^{n+1}(x_0) - \varphi^{n+1}(x_0)$$

n'étant pas nulle. La distance MM' sera d'ordre $n+1$, et il y aura un contact d'ordre n. Le résultat peut encore s'énoncer comme il suit : Pour avoir l'ordre de contact des deux courbes Γ, Γ', il suffit de considérer les projections (C, C') et (C_1, C_1') de ces courbes sur les deux plans xOy et xOz, d'évaluer l'ordre de contact de C avec C', celui de C_1 avec C_1', et de prendre le plus petit de ces deux nombres.

Lorsque les courbes Γ, Γ' sont représentées par les formules

$$(\Gamma) \qquad x = f(t), \quad y = \varphi(t), \quad z = \psi(t),$$
$$(\Gamma') \qquad X = f(u), \quad Y = \Phi(u), \quad Z = \Psi(u),$$

ces courbes sont tangentes en un point si, pour $u = t = t_0$, on a

$$\Phi(t_0) = \varphi(t_0), \quad \Phi'(t_0) = \varphi'(t_0), \quad \Psi(t_0) = \psi(t_0), \quad \Psi'(t_0) = \psi'(t_0);$$

nous supposerons qu'au point de contact la tangente n'est pas parallèle au plan des yz, c'est-à-dire que $f'(t_0)$ n'est pas nul. Les points des deux courbes qui ont même abscisse correspondent à une même valeur de t. Pour qu'il y ait un contact d'ordre n, il faut et il suffit que $\Phi(t) - \varphi(t)$, $\Psi(t) - \psi(t)$ soient des infiniment petits d'ordre $n+1$ par rapport à $t - t_0$, c'est-à-dire que l'on ait

$$\Phi'(t_0) = \varphi'(t_0), \quad \ldots, \quad \Phi^{(n)}(t_0) = \varphi^{(n)}(t_0),$$
$$\Psi'(t_0) = \psi'(t_0), \quad \ldots, \quad \Psi^{(n)}(t_0) = \psi^{(n)}(t_0),$$

l'une au moins des différences

$$\Phi^{(n+1)}(t_0) - \varphi^{(n+1)}(t_0), \quad \Psi^{(n+1)}(t_0) - \psi^{(n+1)}(t_0)$$

n'étant pas nulle.

On ramène au cas précédent le cas où l'une des courbes Γ est
représentée par les équations

$$(53) \qquad x = f(t), \quad y = \varphi(t), \quad z = \psi(t),$$

la courbe Γ' étant représentée par un système de deux équations
non résolues

$$F(x, y, z) = 0, \qquad F_1(x, y, z) = 0.$$

En reprenant les raisonnements du n° **217**, on démontre que, pour
qu'il y ait un contact d'ordre n au point de Γ qui correspond à la
valeur t_0 de t, on doit avoir

$$(54) \qquad \begin{cases} \mathcal{F}(t_0) = 0, & \mathcal{F}'(t_0) = 0, & \ldots, & \mathcal{F}^{(n)}(t_0) = 0, \\ \mathcal{F}_1(t_0) = 0, & \mathcal{F}_1'(t_0) = 0, & \ldots, & \mathcal{F}_1^{(n)}(t_0) = 0, \end{cases}$$

en posant

$$\mathcal{F}(t) = F[f(t), \varphi(t), \psi(t)], \qquad \mathcal{F}_1(t) = F_1[f(t), \varphi(t), \psi(t)],$$

221. Courbes osculatrices. — Considérons, d'une part, une
courbe déterminée Γ dont les coordonnées sont exprimées en
fonction d'un paramètre par les formules (53); d'autre part, une
famille de courbes Γ' dépendant de $2n + 2$ paramètres a, b,
c, ..., l, représentées par les équations

$$(55) \quad F(x, y, z, a, b, \ldots, l) = 0, \qquad F_1(x, y, z, a, b, \ldots, l) = 0.$$

On peut en général disposer de ces $2n + 2$ paramètres de façon
que l'une des courbes de cette famille ait un contact d'ordre n
avec la courbe Γ en un point donné. La courbe ainsi obtenue est
dite *osculatrice* à Γ. Les équations qui déterminent les paramètres
a, b, c, ..., l sont précisément les $2n + 2$ équations (54) écrites
plus haut. Il est à remarquer que ces équations ne peuvent être
compatibles que si chacune des fonctions F, F_1 contient au moins

$n + 1$ paramètres. Par exemple, si les courbes Γ' sont des courbes planes, l'une des équations (55) ne renferme que trois paramètres; une courbe plane ne peut donc avoir avec une courbe gauche un contact d'ordre supérieur au second, en un point pris au hasard sur la courbe gauche.

Appliquons cette théorie aux courbes les plus simples; la droite et le cercle. Une droite dépend de quatre paramètres : la droite osculatrice aura donc un contact du premier ordre. Il est facile de vérifier qu'elle se confond avec la tangente; si nous écrivons les équations de la droite

$$x = az + p, \qquad y = bz + q,$$

les équations (54) deviennent en effet, pour un point (x_0, y_0, z_0) d'une courbe Γ,

$$x_0 = az_0 + p, \qquad x'_0 = az'_0, \qquad y_0 = bz_0 + q, \qquad y'_0 = bz'_0,$$

et l'on en tire

$$a = \frac{x'_0}{z'_0}, \qquad b = \frac{y'_0}{z'_0}, \qquad p = x_0 - \frac{x'_0}{z'_0} z_0, \qquad q = y_0 - \frac{y'_0}{z'_0} z_0;$$

on retrouve bien les équations de la tangente. Pour que la tangente eût avec la courbe un contact du second ordre, il faudrait que l'on eût $x''_0 = az''_0$, $y''_0 = bz''_0$ et, par conséquent,

$$\frac{x''_0}{x'_0} = \frac{y''_0}{y'_0} = \frac{z''_0}{z'_0};$$

nous retrouverons ces points dans une autre question (n° **226**).

Un cercle dans l'espace dépend de six paramètres; le *cercle osculateur* aura donc un contact du second ordre. Écrivons les équations du cercle

$$F(x, y, z) = A(x - a) + B(y - b) + C(z - c) = 0,$$
$$F_1(x, y, z) = (x - a)^2 + (y - b)^2 + (z - c)^2 - R^2 = 0,$$

les paramètres variables étant a, b, c, R, et les rapports de deux des coefficients A, B, C au troisième. Les équations qui déterminent les valeurs de ces paramètres sont alors, en supposant x,

x, z remplacées par $f(t)$, $\varphi(t)$, $\psi(t)$ respectivement,

$$A(x - a) + B(y - b) + C(z - c) = 0,$$

$$A\frac{dx}{dt} + B\frac{dy}{dt} + C\frac{dz}{dt} = 0,$$

$$A\frac{d^2x}{dt^2} + B\frac{d^2y}{dt^2} + C\frac{d^2z}{dt^2} = 0,$$

$$(x - a)^2 + (y - b)^2 + (z - c)^2 = R^2,$$

$$(x - a)\frac{dx}{dt} + (y - b)\frac{dy}{dt} + (z - c)\frac{dz}{dt} = 0,$$

$$(x - a)\frac{d^2x}{dt^2} + (y - b)\frac{d^2y}{dt^2} + (z - c)\frac{d^2z}{dt^2} + \frac{dx^2 + dy^2 + dz^2}{dt^2} = 0.$$

La deuxième et la troisième de ces relations montrent que le plan du cercle osculateur est le plan osculateur lui-même (n° 222). Quant aux deux dernières équations, elles représentent respectivement, quand on y regarde a, b, c comme des coordonnées courantes, le plan normal au point (x, y, z) et le plan normal infiniment voisin (*voir* plus loin n° 230).

222. Contact d'une courbe et d'une surface. — Considérons une surface S et une courbe Γ tangente en un point A à cette surface. A un point M de la courbe voisin du point A, faisons correspondre, d'après une loi arbitraire, un point M′ de la surface, de façon que les deux points M et M′ tendent en même temps vers le point A. Nous allons d'abord chercher comment il faut prendre le point M′ pour que l'ordre infinitésimal de MM′ par rapport à l'arc AM soit le plus grand possible. Rapportons la figure à trois axes de coordonnées rectangulaires choisis de telle façon que la tangente à la courbe Γ ne soit pas parallèle au plan des yz, et que le plan tangent à la surface ne soit pas parallèle à Oz. Soient : x_0, y_0, z_0 les coordonnées du point A; $Z = F(x, y)$ l'équation de la surface S; $y = f(x)$, $z = \varphi(x)$ les équations de Γ, et imaginons que, dans un certain mode de correspondance, MM′ soit un infiniment petit d'ordre $n + 1$. Les coordonnées x, y, z du point M sont

$$x_0 + h, \quad f(x_0 + h), \quad \varphi(x_0 + h);$$

appelons X, Y, $Z = F(X, Y)$ les coordonnées de M′. Pour que MM′ soit d'ordre $n + 1$ par rapport à l'arc AM ou, ce qui revient au même, par rapport à h, il faut que chacune des différences $X - x$, $Y - y$, $Z - z$ soit un infiniment petit d'ordre $n + 1$ au moins. On doit donc avoir

$$X - x = \alpha h^{n+1}, \qquad Y - y = \beta h^{n+1}, \qquad Z - z = F(X, Y) - z = \gamma h^{n+1},$$

α, β, γ restant finis pour $h = 0$, et par suite

$$F(x + \alpha h^{n+1}, y + \beta h^{n+1}) - z = \gamma h^{n+1}.$$

La différence $F(x, y) - z$ sera donc elle-même d'ordre $n + 1$ au moins. Ceci prouve que, si l'on fait correspondre au point M de Γ le point N de S où la parallèle à Oz menée par M perce la surface, l'ordre infinitésimal de MN est au moins égal à celui de MM'. On aura donc l'ordre de contact de la surface et de la courbe en cherchant l'ordre infinitésimal de MN par rapport à l'arc AM ou à h. On peut dire encore que *c'est l'ordre de contact de* Γ *avec la courbe* Γ' *qui est la trace sur la surface du cylindre projetant* Γ *parallèlement à* Oz. (Il est clair d'ailleurs que la direction de Oz peut être une direction quelconque non parallèle au plan tangent.)

Les équations de la courbe Γ' sont

$$y = f(x), \qquad Z = F[x, f(x)] = \Phi(x);$$

et l'on a, par hypothèse,

$$\Phi(x_0) = \varphi(x_0), \qquad \Phi'(x_0) = \varphi'(x_0);$$

si l'on a, en outre,

$$\Phi''(x_0) = \varphi''(x_0), \quad \ldots, \quad \Phi^{(n)}(x_0) = \varphi^{(n)}(x_0), \qquad \Phi^{(n+1)}(x_0) \not= \varphi^{(n+1)}(x_0),$$

la courbe et la surface ont un contact d'ordre n. Observons que l'équation $\Phi(x) = \varphi(x)$ donne les abscisses des points d'intersection de la courbe et de la surface; les conditions pour qu'il y ait un contact d'ordre n en un point A expriment qu'il y a $n + 1$ points de rencontre confondus avec le point A.

Prenons encore le cas où la courbe Γ est représentée par les équations $x = f(t)$, $y = \varphi(t)$, $z = \psi(t)$, et la surface S par l'équation $F(x, y, z) = 0$. La courbe Γ', définie tout à l'heure, sera représentée par les équations $x = f(t)$, $y = \varphi(t)$, $z = \pi(t)$, la fonction $\pi(t)$ étant définie par la relation

$$F[f(t), \varphi(t), \pi(t)] = 0.$$

Pour que Γ et Γ' aient un contact d'ordre n, il faut que $\pi(t) - \psi(t)$ soit un infiniment petit d'ordre $n+1$ par rapport à $t - t_0$, c'est-à-dire que l'on ait

$$\pi(t_0) = \psi(t_0), \qquad \pi'(t_0) = \psi'(t_0), \qquad \ldots \qquad \pi^{(n)}(t_0) = \psi^{(n)}(t_0).$$

On peut encore écrire ces conditions, $\mathcal{F}(t)$ ayant la même signification que plus haut (n° **220**),

$$\mathcal{F}(t_0) = 0, \qquad \mathcal{F}'(t_0) = 0, \qquad \ldots, \qquad \mathcal{F}^{(n)}(t_0) = 0;$$

elles expriment que la courbe et la surface ont $(n+1)$ points communs confondus au point de contact.

Si la surface S dépend de $n+1$ paramètres a, b, c, ..., l, on peut en disposer de façon que cette surface ait un contact d'ordre n avec une courbe donnée, en un point donné; la surface ainsi obtenue est dite *osculatrice*.

Dans le cas d'un plan, on a trois paramètres; les équations qui déterminent ces paramètres sont les suivantes :

$$\begin{aligned}
A f(t) + B \varphi(t) + C \psi(t) + D &= 0, \\
A f'(t) + B \varphi'(t) + C \psi'(t) &= 0, \\
A f''(t) + B \varphi''(t) + C \psi''(t) &= 0.
\end{aligned}$$

Ces équations sont bien celles que nous avons prises pour définition du plan osculateur (n° **213**), et l'on voit que le contact est en général du second ordre. Pour que le contact fût d'ordre plus élevé, il faudrait que l'on eût

$$A f'''(t) + B \varphi'''(t) + C \psi'''(t) = 0,$$

on dit alors que le plan osculateur est stationnaire.

Une sphère dépend de quatre paramètres; la sphère osculatrice a donc un contact du troisième ordre. Le calcul sera effectué plus loin (n° **238**).

223. Droites osculatrices à une surface. — Si les équations d'une courbe C dépendent de $n+2$ paramètres variables, on peut disposer de ces paramètres de façon que cette courbe ait, avec une surface donnée S, en un point donné M, un contact d'ordre n. En effet, en écrivant que la courbe C passe par le point M, et qu'elle y rencontre la surface S en $n+1$ points confondus, on a en tout $n + 2$ équations pour déterminer les paramètres. Par exemple, une droite dépend de quatre paramètres; il existe donc, en chaque point d'une surface, une ou plusieurs droites ayant un contact du second ordre avec la surface. Pour déterminer ces droites, prenons pour origine le point considéré de la surface, l'axe des z n'étant pas dans le plan tangent, et soit $z = F(x, y)$ l'équation de la surface dans ce système d'axes. La droite cherchée passe évidemment par l'origine, et ses équations sont de la forme

$$\frac{x}{a} = \frac{y}{b} = \frac{z}{c} = \rho;$$

l'équation $c\rho = F(a\rho, b\rho)$ doit admettre $\rho = 0$ pour racine triple, ce qui exige que l'on ait

$$c = ap + bq,$$
$$0 = a^2 r + 2abs + b^2 t,$$

p, q, r, s, t désignant les valeurs des dérivées du premier et du second ordre de $F(x, y)$ pour $x = y = 0$. La première de ces deux relations exprime que la droite cherchée est dans le plan tangent à la surface, ce qui était encore évident *a priori*. On voit de plus que le rapport $\frac{b}{a}$ est déterminé par une équation du second degré, qui a ses racines réelles, pourvu que $s^2 - rt$ soit positif. En chaque point d'une surface, il y a donc en général *deux* droites, et deux seulement, qui ont un contact de second ordre avec la surface; ces droites sont réelles ou imaginaires suivant le signe de $s^2 - rt$. Nous retrouverons ces deux droites au Chapitre XII, dans l'étude de la courbure des surfaces.

***

EXERCICES.

***

1. Soit C une courbe du troisième degré donnée, ayant un point double en O. Un angle droit MON tourne autour du point O, et ses côtés rencontrent respectivement la courbe C en M et N. Déterminer l'enveloppe de la droite MN. Considérer, en particulier, le cas où la courbe C a pour équation $\lambda y^2 = x^3$, ou $x^3 + y^3 = 2xy$.

[LICENCE : Bordeaux, juillet 1885.]

2. Trouver les points où la courbe représentée par les équations

$$x = a(n\omega - \sin\omega), \qquad y = a(n - \cos\omega)$$

a un contact d'ordre supérieur au second avec le cercle osculateur.

[LICENCE : Grenoble, juillet 1885.]

3. Soient m, m_1, m_2 trois points voisins sur une courbe plane. Trouver la valeur limite du rayon du cercle circonscrit au triangle que forment les tangentes en ces trois points, lorsqu'ils viennent se confondre.

4. Si une courbe fermée sans point d'inflexion a une développée fermée, la longueur totale de cette développée est égale au double de la différence entre la somme des rayons de courbure maxima et la somme des rayons de courbure minima, pour tous les points de la courbe proposée.

5. Si l'on mène par chaque point d'une courbe une droite de longueur donnée faisant un angle constant avec la normale, la normale à la courbe, lieu des extrémités de cette droite, passe par le centre de courbure de la proposée.

6. Soient r le rayon vecteur mené d'un pôle fixe à un point d'une courbe plane, p la distance de ce pôle à la tangente; le rayon de courbure R a pour expression $R = \pm\, r\dfrac{dr}{dp}$.

7. Le lieu des foyers des paraboles qui, en un point donné, ont un contact du second ordre avec une courbe donnée, est un cercle.

8. Lieu des centres des ellipses dont les axes ont une direction donnée, et qui ont, en un point donné, un contact du second ordre avec une courbe donnée.

9. Soit $F(X, Y; x, y)$ une fonction de deux couples de variables (x, y), (X, Y). Si, dans l'équation $F = o$, on considère (x, y) comme les coordonnées d'un point déterminé m, X et Y comme des coordonnées courantes, cette relation fait correspondre à tout point m du plan une courbe c. Lorsque le point m décrit une courbe C, la courbe correspondante c enveloppe une courbe Γ définie par les deux équations

$$F(X, Y; x, y) = o, \qquad \frac{\partial F}{\partial x} + \frac{\partial F}{\partial y} y' = o.$$

Cette courbe Γ se déduit de C par une transformation de contact, et la transformation inverse s'obtient en échangeant le rôle des deux couples de variables (x, y) et (X, Y). Extension aux surfaces (*voir* n° **62**).

Application : $F = X^2 + Y^2 - Xx - Yy$.

10. Pour qu'une courbe C représentée par l'équation $F(x, y, a) = 0$ ait en un point un contact d'ordre n avec son enveloppe, il faut et il suffit que l'on ait en ce point

$$F = 0, \quad \frac{\partial F}{\partial a} = 0, \quad \frac{\partial^2 F}{\partial a^2} = 0, \quad \ldots \quad \frac{\partial^n F}{\partial a^n} = 0.$$

Application au cas où C est une circonférence.

11. Toute surface $F(x, y, z, a) = 0$ a un contact du second ordre avec l'arête de rebroussement de la surface enveloppe, définie par les trois équations $F = 0, \dfrac{\partial F}{\partial a} = 0, \dfrac{\partial^2 F}{\partial a^2} = 0.$

12. Lieu géométrique des centres des sphères qui ont un contact du second ordre en un point donné avec une courbe donnée.

13. Si l'enveloppe d'une sphère variable, dépendant d'un seul paramètre, se réduit à une courbe Γ, cette courbe Γ a un contact du second ordre avec la sphère.

14*. Étant donnée une surface S, si de chaque point m de S comme centre on décrit une sphère Σ de rayon variable R, cette sphère Σ touche en général son enveloppe en deux points M, M', tels que la droite MM' soit perpendiculaire au plan tangent en m à la surface S. Calculer la distance δ du point m à la droite MM'.

Si la surface S est rapportée à un système de coordonnées curvilignes orthogonales (u, v) telles que l'on ait $ds^2 = E\,du^2 + G\,dv^2$, on a

$$\delta^2 = R^2 \left[\frac{1}{E} \left(\frac{\partial R}{\partial u} \right)^2 + \frac{1}{G} \left(\frac{\partial R}{\partial v} \right)^2 \right].$$

15. Si une surface S est tangente à un plan P en tous les points d'une courbe C de ce plan, la tangente en un point quelconque à cette courbe a un contact du troisième ordre avec la surface S.

16*. En chaque point M d'une surface S, il y a en général ∞^1 cercles qui ont un contact du troisième ordre avec S. Par chaque tangente de la surface au point M passe le plan de l'un de ces cercles et d'un seul. Si le point M n'est pas un ombilic, il y a *dix* cercles qui ont au point M un contact du quatrième ordre avec la surface.

[DARBOUX, *Bulletin des Sciences mathématiques*, t. IV, 2e série, 1880, p. 348-384.]

CHAPITRE XI.

COURBES GAUCHES

I. — PLAN OSCULATEUR.

224. Définition et équation. — Il a déjà été question à plusieurs reprises (n^os **213, 221, 222**) du plan osculateur à une courbe gauche. La définition directe de ce plan est analogue à celle de la tangente. Soient M un point d'une courbe gauche Γ, MT la tangente en ce point ; le plan passant par la droite MT et par un autre point M' de Γ, infiniment voisin du point M, tend en général vers une position limite quand le point M' se rapproche de plus en plus du point M ; on appelle ce plan limite le *plan osculateur* à la courbe Γ au point M. Nous allons d'abord chercher son équation.

Soient

$$(1) \qquad x = f(t), \qquad y = \varphi(t), \qquad z = \psi(t)$$

les formules qui donnent les coordonnées d'un point de Γ en fonction d'un paramètre, les points M et M' correspondant aux valeurs t et $t + h$ de ce paramètre. Le plan MTM' a pour équation

$$A(X - x) + B(Y - y) + C(Z - z) = 0,$$

les coefficients A, B, C devant vérifier les relations

$$(2) \qquad A f'(t) + B \varphi'(t) + C \psi'(t) = 0,$$

$$(3) \quad A[f(t + h) - f(t)] + B[\varphi(t + h) - \varphi(t)] + C[\psi(t + h) - \psi(t)] = 0.$$

Remplaçons, dans la relation (3), $f(t + h)$, $\varphi(t + h)$, $\psi(t + h)$ par leurs développements déduits de la formule de Taylor, elle peut encore s'écrire

$$A \left\{ h f'(t) + \frac{h^2}{1.2} [f''(t) - \varepsilon_1] \right\} + B \left\{ h \varphi'(t) + \frac{h^2}{1.2} [\varphi''(t) + \varepsilon_2] \right\} + \ldots = 0,$$

en retranchant la relation (2) multipliée par h, et divisant le résultat par $\frac{h^2}{2}$, on voit que le système des relations (2) et (3) est équivalent au suivant :

$$A f'(t) + B \varphi'(t) + C \psi'(t) = 0.$$
$$A [f''(t) + \varepsilon_1] + B [\varphi''(t) - \varepsilon_2] + C [\psi''(t) + \varepsilon_3] = 0.$$

ε_1, ε_2, ε_3 étant infiniment petits avec h. Lorsque h tend vers zéro, cette dernière relation se réduit à

$$(4) \qquad A f''(t) + B \varphi''(t) + C \psi''(t) = 0.$$

L'équation du plan osculateur est donc

$$(5) \qquad A(X - x) + B(Y - y) + C(Z - z) = 0,$$

les coefficients A, B, C étant assujettis à vérifier les deux relations

$$(6) \qquad \begin{cases} A\, dx + B\, dy + C\, dz = 0, \\ A\, d^2x + B\, d^2y + C\, d^2z = 0. \end{cases}$$

On écrit aussi quelquefois l'équation du plan osculateur sous forme de déterminant :

$$\begin{vmatrix} X - x & Y - y & Z - z \\ dx & dy & dz \\ d^2x & d^2y & d^2z \end{vmatrix} = 0.$$

Il est facile de vérifier que, de tous les plans passant par la tangente, *le plan osculateur est celui dont la courbe* Γ *se rapproche le plus* dans le voisinage du point de contact (n° **222**). Considérons d'abord un plan, autre que le plan osculateur, passant par la tangente, et soit F(t) le résultat de la substitution de $f(t + h)$, $\varphi(t + h)$, $\psi(t + h)$ à la place des coordonnées courantes X, Y, Z dans le premier membre de l'équation (5): nous avons

$$F(t) = \frac{h^2}{1.2} [A f''(t) + B \varphi''(t) + C \psi''(t) + \eta].$$

η étant infiniment petit avec h. La distance d'un point de Γ, voisin du point M, est donc infiniment petite *du second ordre*; de plus, $F(t)$ conservant toujours le même signe lorsque h est très petit, on voit que la courbe Γ est tout entière du même côté du plan tangent dans le voisinage du point de contact.

Il n'en est plus de même avec le plan osculateur; pour ce plan, on a $A f'' + B \varphi'' + C \psi'' = 0$, et il faut pousser le développement des coordonnées d'un point de Γ jusqu'aux termes du troisième ordre en h, ce qui donne après la substitution

$$F(t) = \frac{h^3}{1.2.3} \left(\frac{A\, d^3 x + B\, d^3 y + C\, d^3 z}{d t^3} + \eta \right).$$

On voit que la distance d'un point de Γ au plan osculateur est infiniment petite *du troisième ordre*: en outre $F(t)$ change de signe lorsque h change de signe, ce qui prouve que *la courbe gauche traverse le plan osculateur au point de contact*. Ces propriétés distinguent nettement le plan osculateur de tous les autres plans passant par la tangente.

225. Plans osculateurs stationnaires. — Les conclusions précédentes sont en défaut dans le cas où les coefficients **A, B, C** de l'équation du plan osculateur vérifient la relation

$$(7) \qquad A\, d^3 x + B\, d^3 y + C\, d^3 z = 0;$$

dans ce cas, il faut pousser le développement des coordonnées jusqu'aux termes du quatrième ordre, et l'on obtient un résultat de la forme

$$F(t) = \frac{h^4}{1.2.3.4} \left(\frac{A\, d^4 x + B\, d^4 y + C\, d^4 z}{d t^4} + \eta \right).$$

On dit qu'en ces points le plan osculateur est *stationnaire*; si $A\, d^4 x + B\, d^4 y + C\, d^4 z$ n'est pas nul, ce qui est le cas général, $F(t)$ ne change pas de signe avec h et *la courbe ne traverse pas son plan osculateur*. De plus, la distance d'un point de la courbe au plan osculateur est du quatrième ordre. Si l'on avait encore $A\, d^4 x + B\, d^4 y + C\, d^4 z = 0$, il faudrait pousser le développement jusqu'aux termes du cinquième ordre, et ainsi de suite.

En éliminant A, B, C entre les trois relations (6) et (7), on est conduit à l'équation

$$(8) \qquad \Delta = \begin{vmatrix} dx & dy & dz \\ d^2x & d^2y & d^2z \\ d^3x & d^3y & d^3z \end{vmatrix} = 0 ;$$

les racines de cette équation en t donnent les points de la courbe Γ où le plan osculateur est stationnaire. Il y a ainsi, d'une façon normale, sur toute courbe gauche, un certain nombre de points jouissant de cette propriété.

Ceci nous amène à examiner s'il existe des courbes Γ dont tous les plans osculateurs soient stationnaires. D'une façon précise, cherchons toutes les fonctions x, y, z d'une variable t, continues ainsi que leurs dérivées jusqu'au troisième ordre, telles que le déterminant précédent Δ soit identiquement nul lorsque t varie entre deux limites a et b $(a < b)$.

Supposons d'abord que l'un des mineurs de Δ relatifs aux éléments de la troisième ligne, par exemple $dx\,d^2y - dy\,d^2x$, ne s'annule pas dans l'intervalle (a, b). Les deux relations

$$(9) \qquad \begin{cases} dz = C_1\,dx + C_2\,dy, \\ d^2z = C_1\,d^2x + C_2\,d^2y \end{cases}$$

déterminent pour C_1 et C_2 des fonctions continues de t dans cet intervalle; puisque $\Delta = 0$, ces fonctions satisfont aussi à la relation

$$(10) \qquad d^3z = C_1\,d^3x + C_2\,d^3y.$$

Différentions maintenant les équations (9) en tenant compte de la formule (10); nous obtenons les nouvelles équations

$$dC_1\,dx + dC_2\,dy = 0, \qquad dC_1\,d^2x + dC_2\,d^2y = 0,$$

d'où nous tirons $dC_1 = dC_2 = 0$. Les coefficients C_1, C_2 sont donc constants et, en intégrant la première des équations (9), il vient

$$z = C_1 x + C_2 y + C_3,$$

C_3 étant une nouvelle constante. La courbe Γ est donc une courbe plane.

Si le déterminant $dx\,d^2y - dy\,d^2x$ s'annule pour une valeur c de la variable t comprise entre a et b, le raisonnement ne prouve plus rien, car les expressions de C_1 et de C_2 deviennent infinies ou indéterminées pour cette valeur c de t. Supposons, pour fixer les idées, que ce déterminant ne s'annule que pour cette valeur de t dans l'intervalle (a, b) et que, pour $t = c$, le déterminant analogue $dx\,d^2z - dz\,d^2x$ ne soit pas nul. Le raisonnement qui précède prouve que tous les points de la courbe Γ obtenus en faisant varier t de a à c sont dans un même plan P et que tous les points obtenus en faisant varier t de c à b sont dans un même plan Q. D'autre part, le mineur $dx\,d^2z - dz\,d^2x$ n'étant pas nul pour $t = c$, choisissons un nombre h assez petit pour que ce mineur ne s'annule pas en faisant varier t de $c - h$ à $c + h$. Tous les points de la courbe Γ obtenus en faisant varier t de $c - h$ à $c + h$ sont encore dans un même plan R; ce plan R doit avoir une infinité de points communs non en ligne droite avec les plans P et Q et, par suite, ces trois plans coïncident.

En généralisant ce raisonnement, on en conclut que tous les points de la courbe Γ sont dans un même plan, lorsque les trois déterminants

$$dx\,d^2y - dy\,d^2x, \quad dx\,d^2z - dz\,d^2x, \quad dy\,d^2z - dz\,d^2y$$

ne s'annulent pas simultanément dans l'intervalle (a, b). Si ces trois déterminants s'annulent en même temps, il peut arriver que la courbe Γ se compose de plusieurs arcs de courbes planes situés dans des plans distincts, qui se rejoignent en des points où l'équation du plan osculateur est indéterminée [1].

Lorsque les trois mineurs précédents sont identiquement nuls dans un certain intervalle, la courbe Γ est une ligne droite, ou se compose de portions de droites. Si, par exemple, $\dfrac{dx}{dt}$ ne s'annule pas dans l'intervalle (a, b), on peut écrire

$$\frac{d^2y\,dx - dy\,d^2x}{(dx)^2} = 0, \qquad \frac{d^2z\,dx - dz\,d^2x}{(dx)^2} = 0,$$

et l'on en conclut que l'on a

$$dy = C_1\,dx, \qquad dz = C_2\,dx,$$

C_1 et C_2 étant deux constantes; une nouvelle intégration donne ensuite

$$y = C_1 x + C_1', \qquad z = C_2 x + C_2',$$

ce qui montre que la courbe Γ est une ligne droite.

226. Tangentes stationnaires. — Ce qui précède nous conduit à étudier sur une courbe gauche certains points exceptionnels qui ont déjà été

---

[1] Ce cas singulier paraît avoir été signalé pour la première fois par **M. Peano**. Il n'offre évidemment qu'un intérêt purement analytique.

signalés (n° **221**); ce sont les points où l'on a

$$(11) \qquad \frac{d^2x}{dx} = \frac{d^2y}{dy} = \frac{d^2z}{dz};$$

on dit qu'en ces points la tangente est *stationnaire*. On démontre aisément, en appliquant la formule qui donne la distance d'un point à une droite, que la distance d'un point de Γ à la tangente en un point voisin, qui est en général du second ordre, est du troisième ordre pour une tangente stationnaire. Si la courbe Γ se réduit à une courbe plane, les tangentes stationnaires sont les tangentes d'inflexion. Le calcul que nous venons de faire prouve que la seule courbe dont toutes les tangentes soient stationnaires est la ligne droite.

En un point où la tangente est stationnaire, on a $\Delta = 0$, et l'équation du plan osculateur se présente sous forme indéterminée. Mais cette indétermination n'est qu'apparente. En effet, si nous reprenons les calculs faits au début du n° **224**, en poussant le développement des coordonnées du point M′ jusqu'aux termes du troisième ordre, et utilisant les relations (11), nous trouvons que l'équation du plan passant par la tangente en M et par le point M′ peut s'écrire

$$\begin{vmatrix} X - x & Y - y & Z - z \\ f'(t) & \varphi'(t) & \psi'(t) \\ f''(t) + \varepsilon_1 & \varphi''(t) + \varepsilon_2 & \psi''(t) + \varepsilon_3 \end{vmatrix} = 0,$$

ε_1, ε_2, ε_3 tendant vers zéro avec h. Ce plan tend donc vers une position limite parfaitement déterminée; on obtiendra l'équation du plan osculateur en remplaçant la seconde des relations (6) par la suivante

$$A\, d^3x + B\, d^3y + C\, d^3z = 0.$$

Si l'on avait aussi

$$\frac{d^3x}{dx} = \frac{d^3y}{dy} = \frac{d^3z}{dz},$$

il faudrait remplacer la seconde des relations (6) par

$$A\, d^qx + B\, d^qy + C\, d^qz = 0,$$

q étant le plus petit nombre entier tel que cette relation soit distincte de $A\, dx + B\, dy + C\, dz = 0$. Nous laisserons au lecteur le soin de le démontrer et d'étudier la position de la courbe par rapport au plan osculateur. Dans le cas général, où l'on n'a pas

$$A\, d^2x + B\, d^2y + C\, d^2z = 0,$$

un plan tangent quelconque est traversé par la courbe gauche, sauf le plan osculateur qui n'est pas traversé.

Application à quelques courbes. — Considérons en particulier les courbes gauches Γ qui satisfont à une relation de la forme

$$(12) \qquad x\,dy - y\,dx = K\,dz,$$

K étant une constante donnée; de cette relation on déduit encore

$$(13) \qquad \begin{cases} x\,d^2y - y\,d^2x = K\,d^2z, \\ x\,d^3y - y\,d^3x + dx\,d^2y - dy\,d^2x = K\,d^3z. \end{cases}$$

Étant donnée une courbe de cette espèce, proposons-nous de trouver les plans osculateurs qui passent par un point donné (a, b, c) de l'espace. Les coordonnées du point de contact (x, y, z) doivent satisfaire à l'équation

$$\begin{vmatrix} a-x & b-y & c-z \\ dx & dy & dz \\ d^2x & d^2y & d^2z \end{vmatrix} = 0,$$

qui devient, en tenant compte des relations (12) et (13),

$$(14) \qquad ay - bx + K(c - z) = 0;$$

les points de contact sont donc à l'intersection de la courbe gauche Γ et du plan représenté par l'équation (14), plan qui passe par le point (a, b, c).

L'équation $\Delta = 0$, qui détermine les points où le plan osculateur est stationnaire, devient de même, en remplaçant dz, d^2z et d^3z par leurs valeurs,

$$\Delta = \frac{1}{K}(dx\,d^2y - dy\,d^2x)^2 = 0;$$

on aura donc, pour ces points,

$$\frac{d^2x}{dx} = \frac{d^2y}{dy} = \frac{y\,d^2x - x\,d^2y}{y\,dx - x\,dy} = \frac{d^2z}{dz},$$

ce qui montre que la tangente en ces points est stationnaire.

Il est facile d'avoir des courbes gauches satisfaisant à la relation (12); il suffit, par exemple, de poser

$$x = A\,t^m, \qquad y = B\,t^n, \qquad z = C\,t^{m+n},$$

A, B, C, m, n, étant constants. Les courbes les plus simples sont la cubique gauche $x = t$, $y = t^2$, $z = t^3$, et la courbe gauche du quatrième ordre $x = t$, $y = t^3$, $z = t^4$. L'hélice circulaire

$$x = a\cos t, \qquad y = a\sin t, \qquad z = K t$$

répond aussi à la question.

Pour obtenir toutes les courbes gauches satisfaisant à la relation (12), écrivons-la

$$d(xy) = k\,dz - y\,dz;$$

si l'on a

$$x = f(t), \quad xy = k z = \varphi(t),$$

cette relation nous donne $xy = f(t) - \varphi'(t)$. En résolvant ces trois équations par rapport à x, y, z, nous obtenons les expressions générales des coordonnées en fonction d'un paramètre variable:

$$(15) \qquad x = f(t), \qquad y = \frac{\varphi'(t)}{2 f'(t)}, \qquad k z = \frac{f(t)\varphi'(t)}{2 f'(t)} - \varphi(t).$$

Ces formules dépendent de deux fonctions arbitraires f et φ, mais il est clair qu'on peut prendre pour l'une de ces fonctions une forme particulière, par exemple $f(t) = t$, sans diminuer la généralité.

II. — COURBURE ET TORSION. — DÉVELOPPÉES.

227. Indicatrice sphérique. — Sur une courbe gauche Γ adoptons un sens de parcours déterminé, et désignons par s l'arc de la courbe AM, compris entre un point A choisi pour origine et un point quelconque M, précédé du signe $+$ ou du signe $-$, suivant que la direction de A en M est la direction positive ou la direction opposée. Soit MT la direction *positive* de la tangente en M, c'est-à-dire celle qui correspond à des arcs croissants. Si par un point O de l'espace on mène des parallèles à ces demi-droites, on forme un cône S, qui est le cône directeur de la surface développable engendrée par les tangentes à la courbe Γ. Du point O comme centre, avec un rayon égal à l'unité de longueur, décrivons une sphère et soit Σ l'intersection de cette sphère avec le cône précédent, la courbe Σ est appelée l'*indicatrice sphérique* de la courbe Γ. Ces deux courbes se correspondent point par point; à un point M de Γ correspond le point m, où la parallèle à la direction MT perce la sphère. Lorsque le point M décrit Γ dans le sens positif, le point m décrit la courbe Σ dans un certain sens, que nous adopterons comme sens positif sur la courbe Σ, de façon que les arcs correspondants s et σ des deux courbes croissent en même temps (*fig.* 40).

Il est évident que, si l'on déplace le centre O de la sphère, la courbe Σ subit la même translation; nous supposerons dans la suite que le centre O coïncide avec l'origine des coordonnées. De même, si l'on change le sens positif sur la courbe Γ, la courbe Σ est remplacée par la courbe symétrique relativement au point O; mais il est à remarquer que la direction positive mt de la tangente à Σ ne dépend pas du sens du parcours adopté sur Γ.

Fig. 40.

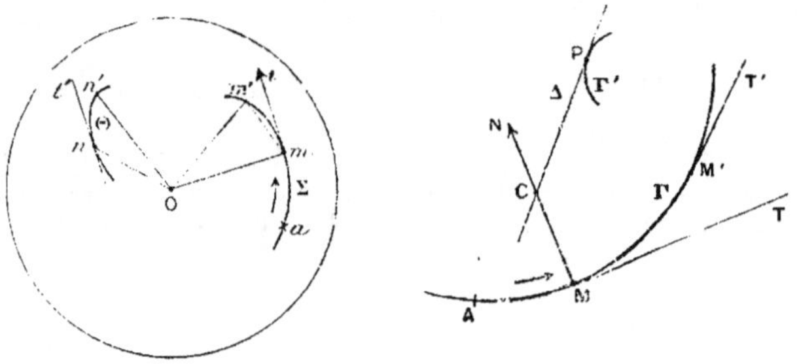

Le plan tangent au cône S suivant la génératrice Om *est parallèle au plan osculateur en* M. Soit, en effet,

$$A X + B Y + C Z = 0$$

l'équation du plan Omm', le centre O de la sphère étant à l'origine; ce plan étant parallèle aux deux tangentes en M et M', on doit avoir, les points M et M' correspondant aux valeurs t et $t + h$ du paramètre,

$$(16) \qquad A f'(t) + B \varphi'(t) + C \psi'(t) = 0,$$

$$(17) \qquad A f'(t + h) + B \varphi'(t + h) + C \psi'(t + h) = 0;$$

la seconde de ces relations peut être remplacée par la suivante

$$A \frac{f'(t + h) - f'(t)}{h} + B \frac{\varphi'(t + h) - \varphi'(t)}{h} + C \frac{\psi'(t + h) - \psi'(t)}{h} = 0,$$

qui devient, lorsque h tend vers zéro,

$$(18) \qquad A f''(t) + B \varphi''(t) + C \psi''(t) = 0,$$

et les équations (16) et (18) auxquelles on parvient sont précisément celles qui déterminent le plan osculateur.

228. Rayon de courbure. — Soit ω l'angle des directions positives MT, M'T' des deux tangentes aux points infiniment voisins M, M' de la courbe Γ. La limite du quotient $\frac{\omega}{\text{arc MM}'}$, lorsque le point M' se rapproche indéfiniment du point M, s'appelle la courbure de Γ au point M; le rayon de courbure est l'inverse de la courbure, c'est-à-dire la limite du quotient $\frac{\text{arc MM}'}{\omega}$. On peut encore définir le rayon de courbure comme la limite du rapport des arcs infiniment petits MM', mm' : nous avons en effet

$$\frac{\text{arc MM}'}{\omega} = \frac{\text{arc MM}'}{\text{arc}\, mm'} \times \frac{\text{arc}\, mm'}{\text{corde}\, mm'} \times \frac{\text{corde}\, mm'}{\omega},$$

et chacun des rapports $\frac{\text{arc}\, mm'}{\text{corde}\, mm'}$, $\frac{\text{corde}\, mm'}{\omega}$ a pour limite l'unité lorsque m' se rapproche de m. Les arcs s, σ variant dans le même sens, on a donc

$$\text{(19)} \qquad R = \frac{ds}{d\sigma}.$$

Soient

$$\text{(20)} \qquad x = f(t), \qquad y = \varphi(t), \qquad z = \psi(t)$$

les coordonnées d'un point de la courbe Γ dans un système d'axes rectangulaires ayant le point O pour origine. Les coordonnées du point m sont précisément les cosinus directeurs de MT

$$\alpha = \frac{dx}{ds}, \qquad \beta = \frac{dy}{ds}, \qquad \gamma = \frac{dz}{ds};$$

on déduit de ces formules

$$d\alpha = \frac{ds\, d^2x - dx\, d^2s}{ds^2}, \quad d\beta = \frac{ds\, d^2y - dy\, d^2s}{ds^2}, \quad d\gamma = \frac{ds\, d^2z - dz\, d^2s}{ds^2},$$

$$d\sigma^2 = d\alpha^2 + d\beta^2 + d\gamma^2 = \frac{(ds\, d^2x - dx\, d^2s)^2 + (ds\, d^2y - dy\, d^2s)^2 + (\ldots)^2}{ds^4},$$

ou, en développant les carrés et tenant compte des relations qui donnent ds^2 et $ds\, d^2s$,

$$d\sigma^2 = \frac{(dx^2 + dy^2 + dz^2)[(d^2x)^2 + (d^2y)^2 + (d^2z)^2] - (dx\, d^2x + dy\, d^2y + dz\, d^2z)^2}{ds^4}.$$

L'emploi de l'identité de Lagrange permet encore d'écrire

$$d\sigma^2 = \frac{A^2 + B^2 + C^2}{ds^4},$$

en posant, comme nous le ferons dans la suite,

$$(21) \quad \begin{cases} A = dy\,d^2z - dz\,d^2y, \\ B = dz\,d^2x - dx\,d^2z, \\ C = dx\,d^2y - dy\,d^2x, \end{cases}$$

et la formule (19) qui donne le rayon de courbure devient alors

$$(22) \qquad R^2 = \frac{ds^6}{A^2 + B^2 + C^2};$$

R^2 est, comme on le voit, une fonction rationnelle de x, y, z, x', y', z', x'', y'', z''. Quant au rayon de courbure lui-même, son expression est irrationnelle, mais c'est une quantité essentiellement positive.

Remarque. — Lorsque la variable indépendante est l'arc de la courbe Γ elle-même, les fonctions $f(s)$, $\varphi(s)$, $\psi(s)$ vérifient la relation $f'^2(s) + \varphi'^2(s) + \psi'^2(s) = 1$, et la formule qui donne le rayon de courbure prend une forme élégante. Si l'on reprend, en effet, le calcul précédent, on a, s étant la variable indépendante,

$$(23) \quad \begin{cases} x = f(s), \qquad y = \varphi(s), \qquad z = \psi(s), \\ dx = f'(s)\,ds, \quad dy = \varphi'(s)\,ds, \quad dz = \psi'(s)\,ds, \\ ds^2 = \{[f''(s)]^2 + [\varphi'(s)]^2 + [\psi''(s)]^2\}\,ds^2 \end{cases}$$

et, par suite,

$$(24) \qquad \frac{1}{R^2} = [f''(s)]^2 + [\varphi''(s)]^2 + [\psi''(s)]^2.$$

229. Normale principale. Centre de courbure. — Par le point M de la courbe Γ, menons une droite parallèle à la tangente en m à la courbe Σ et considérons sur cette droite la direction MN parallèle à la direction positive mt. La droite ainsi obtenue s'appelle la *normale principale* à Γ: c'est la normale située dans le plan osculateur puisque mt est perpendiculaire sur Om et que le plan Omt est parallèle au plan osculateur (n° **227**). La direction MN est la *direction positive de la normale principale*. C'est une direction bien définie, puisque la direction de mt ne dépend pas du sens de parcours adopté sur Γ. Nous verrons tout à l'heure comment on pourrait définir cette direction sans se servir de l'indicatrice.

Si l'on porte sur la direction MN, à partir du point M, une longueur MC égale au rayon de courbure, l'extrémité C s'appelle le *centre de courbure* et le cercle décrit du point C comme centre avec le rayon MC dans le plan osculateur s'appelle le *cercle de courbure*. Soient α', β', γ' les cosinus directeurs de la normale principale ; les coordonnées x_1, y_1, z_1 du centre de courbure ont pour expressions

$$x_1 = x - R\alpha', \qquad y_1 = y + R\beta', \qquad z_1 = z + R\gamma'.$$

Or, on a

$$\alpha' = \frac{d\alpha}{ds} = \frac{d\alpha}{ds}\frac{ds}{d\sigma} = R\frac{d\alpha}{ds} = R\frac{ds\,d^2x - dx\,d^2s}{ds^3}$$

et des formules analogues pour β' et γ'. En remplaçant α' par sa valeur dans x_1, il vient

$$x_1 = x + R^2\frac{ds\,d^2x - dx\,d^2s}{ds^3};$$

le coefficient de R^2 peut encore s'écrire

$$\frac{ds^2\,d^2x - dx\,ds\,d^2s}{ds^4} = \frac{d^2x(dx^2 + dy^2 + dz^2) - dx(dx\,d^2x + dy\,d^2y + dz\,d^2z)}{ds^4},$$

ou, en introduisant les coefficients A, B, C,

$$\frac{B\,dz - C\,dy}{ds^4}.$$

Les valeurs de y_1 et de z_1 se déduisent de celles de x_1 par symétrie et l'on a, en définitive, pour les coordonnées du centre de courbure,

$$(25) \quad \begin{cases} x_1 = x + R^2\dfrac{B\,dz - C\,dy}{ds^4}, \qquad y_1 = y + R^2\dfrac{C\,dx - A\,dz}{ds^4}, \\[2mm] z_1 = z + R^2\dfrac{A\,dy - B\,dx}{ds^4}; \end{cases}$$

ces formules sont rationnelles en x, y, z, x', y', z', x'', y'', z''.

Si l'on mène par le point M un plan Q perpendiculaire sur MN, ce plan passe par la tangente MT et ne traverse pas la courbe Γ au point M. Nous allons montrer que le centre de courbure et les points de Γ voisins de M sont du même côté de ce plan Q. Pour établir cette propriété, supposons que la variable indépendante soit l'arc s de la courbe Γ compté à partir du point M ; on a, pour les coordonnées X, Y, Z d'un point M' voisin de M,

$$X = x + \frac{s}{1}\frac{dx}{ds} + \frac{s^2}{1.2}\left(\frac{d^2x}{ds^2} + \varepsilon\right)$$

et deux développements analogues pour Y et Z. Mais, la variable indépendante étant s, on a

$$\frac{dx}{ds} = \alpha, \qquad \frac{d^2x}{ds^2} = \frac{d\alpha}{ds} = \frac{d\alpha}{d\sigma}\frac{d\sigma}{ds} = \frac{1}{R}\alpha',$$

et la formule qui donne X devient

$$X - x = \alpha s + \left(\frac{\alpha'}{R} + \varepsilon\right)\frac{s^2}{1.2}.$$

Si l'on remplace X, Y, Z par leurs valeurs dans le premier membre de l'équation du plan perpendiculaire à MN,

$$\alpha'(X - x) + \beta'(Y - y) + \gamma'(Z - z) = 0,$$

le résultat de la substitution est

$$\frac{s}{1}\left(\alpha\alpha' + \ldots\right) + \frac{s^2}{1.2}\left(\frac{1}{R} + \eta\right) = \frac{s^2}{2}\left(\frac{1}{R} + \eta\right),$$

η étant infiniment petit en même temps que s ; ce résultat est positif pour les valeurs de s voisines de zéro. De même en remplaçant X, Y, Z par les coordonnées $x + R\alpha', \ldots$, du centre de courbure, le résultat de la substitution est R, quantité essentiellement positive, ce qui démontre la propriété énoncée.

230. Droite polaire. Surface polaire. — La perpendiculaire Δ au plan osculateur menée par le centre de courbure s'appelle la *droite polaire*. Cette droite est la caractéristique du plan normal à Γ. Il est évident d'ailleurs que l'intersection des deux plans normaux aux points voisins M, M' est une droite D perpendiculaire aux deux droites MT, M'T' et, par suite, au plan $m\mathrm{O}m'$. Lorsque le point M' se rapproche de M, le plan $m\mathrm{O}m'$ devient parallèle au plan osculateur, la droite D a donc pour limite une droite perpendiculaire au plan osculateur. Pour démontrer que cette droite passe par le centre de courbure, supposons qu'on ait pris pour variable indépendante l'arc s de Γ; le plan normal a pour équation

$$(26) \qquad \alpha(X - x) + \beta(Y - y) + \gamma(Z - z) = o,$$

et la caractéristique est définie par les équations (26) et (27)

$$(27) \qquad \frac{\alpha'}{R}(X - x) + \frac{\beta'}{R}(Y - y) + \frac{\gamma'}{R}(Z - z) - 1 = o.$$

La nouvelle équation représente un plan perpendiculaire à la normale principale et passant par le centre de courbure. L'intersection de ces deux plans est donc la droite polaire. On voit d'après cela que le centre de courbure coïncide avec le centre du cercle osculateur (n° **221**), et par suite que le cercle de courbure se confond avec le cercle osculateur. Ce résultat pouvait être prévu *a priori*, car deux courbes ayant un contact du second ordre ont même cercle de courbure, puisque y', z', y'', z'' ont les mêmes valeurs pour les deux courbes.

La surface réglée, lieu des droites polaires, est la *surface polaire*. D'après ce qu'on vient de démontrer, c'est aussi la surface développable enveloppe du plan normal à Γ. Lorsque la courbe Γ est une courbe plane, la surface polaire est le cylindre ayant pour section droite la développée de Γ, et les propriétés précédentes deviennent évidentes.

231. Torsion. — En remplaçant dans la définition de la courbure la tangente par le plan osculateur, on est conduit à un nouvel élément géométrique qui mesure en quelque sorte la façon plus ou moins rapide dont tourne le plan osculateur. Soit ω' l'angle des deux plans osculateurs aux deux points infiniment voisins M et M'; on appelle *torsion* au point M la limite du quotient $\dfrac{\omega'}{\text{arc MM}'}$, lorsque le point M' se rapproche indéfiniment du point M. Le rayon de torsion T est l'inverse de la torsion.

Menons par le point M une perpendiculaire au plan osculateur et, sur cette droite appelée *binormale*, adoptons une direction déterminée (que nous fixerons plus tard), de cosinus α'', β'', γ''. La parallèle menée par l'origine perce la sphère de rayon un en un point n, que nous ferons encore correspondre au point M de Γ.

Le lieu du point n est une courbe sphérique Θ, et l'on montre, comme plus haut, que le rayon de torsion T peut encore être défini comme la limite du rapport des deux arcs infiniment petits correspondants, arc MM', arc nn' des deux courbes Γ et Θ. On a donc

$$T^2 = \frac{ds^2}{d\tau^2},$$

τ désignant l'arc de la courbe Θ.

Les coordonnées du point n sont α'', β'', γ'', c'est-à-dire

$$\alpha'' = \frac{A}{\pm\sqrt{A^2 + B^2 + C^2}}, \quad \beta'' = \frac{B}{\pm\sqrt{A^2 + B^2 + C^2}}, \quad \gamma'' = \frac{C}{\pm\sqrt{A^2 + B^2 + C^2}},$$

le radical étant pris dans les trois formules avec le même signe. On déduit de là les valeurs de $d\alpha''$, $d\beta''$, $d\gamma''$; on a, par exemple,

$$d\alpha'' = \pm \frac{(A^2 + B^2 + C^2)\,dA - A(A\,dA + B\,dB + C\,dC)}{(A^2 + B^2 + C^2)^{\frac{3}{2}}},$$

et la formule $d\tau^2 = d\alpha''^2 + d\beta''^2 + d\gamma''^2$ nous donne

$$d\tau^2 = \frac{(A^2 + B^2 + C^2)(dA^2 + dB^2 + dC^2) - (A\,dA + B\,dB + C\,dC)^2}{(A^2 + B^2 + C^2)^2},$$

ou, en employant de nouveau l'identité de Lagrange,

$$d\tau^2 = \frac{(B\,dC - C\,dB)^2 + (C\,dA - A\,dC)^2 + (A\,dB - B\,dA)^2}{(A^2 + B^2 + C^2)^2}.$$

On peut simplifier le calcul du numérateur en utilisant les relations

$$A\,dx + B\,dy + C\,dz = 0,$$
$$dA\,dx + dB\,dy + dC\,dz = 0,$$

d'où l'on tire

$$(28) \qquad \frac{dx}{B\,dC - C\,dB} = \frac{dy}{C\,dA - A\,dC} = \frac{dz}{A\,dB - B\,dA} = \frac{1}{K},$$

et il vient

$$d\tau^2 = \frac{K^2\,ds^2}{(A^2 + B^2 + C^2)^2}.$$

Quant à la valeur de K, on a, en développant,

$$K = \frac{(dz\,d^2x - dx\,d^2z)(dx\,d^3y - dy\,d^3x) - (dx\,d^2y - dy\,d^2x)(dz\,d^3x - dx\,d^3z)}{dx}$$

$$= dz\,d^2x\,d^3y - dx\,d^2z\,d^3y + dy\,d^2z\,d^3x$$
$$- d^2y\,dz\,d^3x + dx\,d^2y\,d^3z - dy\,d^2x\,d^3z;$$

le second membre n'est autre chose que le développement du déterminant Δ [(n° **225**), formule (8)]. On a donc

$$d\tau = \pm \frac{\Delta\, ds}{A^2 + B^2 + C^2}$$

et, par suite,

$$(29) \qquad T = \pm \frac{A^2 + B^2 + C^2}{\Delta}.$$

Si l'on considère le rayon de torsion T comme une quantité essentiellement positive, de même que le rayon de courbure, on prendra pour T la valeur absolue du second membre. Mais il est à remarquer que l'expression obtenue est rationnelle en x', x'', x''', y', y'', y''', z', z'', z'''. Il est donc naturel de considérer le rayon de torsion comme une longueur affectée d'un signe. Les deux signes correspondent à des dispositions entièrement différentes de la courbe Γ dans le voisinage du point M.

Le signe de T ne dépendant que du signe de Δ, étudions comment varie la disposition de la courbe avec ce signe. Nous supposerons que le trièdre $Oxyz$ est disposé de telle façon qu'un observateur debout sur le plan des xy, les pieds en O et la tête en z, verrait l'axe Ox tourner de 90° de droite à gauche pour coïncider avec Oy. Cela étant, choisissons sur la binormale une direction MN_b telle que le trièdre (MT, MN, MN_b) ait la même disposition que le trièdre $Oxyz$. Si l'on déplace la courbe Γ d'une manière continue de façon à amener le point M en O, MT sur Ox, MN sur Oy, la direction de MN_b viendra coïncider avec Oz. Dans ce mouvement, la valeur absolue de T reste la même ; donc Δ ne peut s'annuler et, par suite, conserve un signe constant [1]. La courbe Γ étant rapportée à ce nouveau système d'axes de coordonnées, supposons que la valeur $t = 0$ du paramètre corresponde à l'origine ; les coordonnées d'un point voisin auront des expressions de la forme suivante

$$(30) \qquad \begin{cases} x = a_1 t + t^2(a_2 + \varepsilon), \\ y = b_2 t^2 + t^3(b_3 + \varepsilon'), \\ z = t^3(c_3 + \varepsilon''), \end{cases}$$

---

[1] Il est du reste facile de démontrer, par un calcul direct, que Δ ne change pas quand on passe d'un système d'axes rectangulaires à un autre système d'axes rectangulaires de même disposition.

z, z', z'' étant infiniment petits avec t ; en effet, dans le système d'axes choisi, on doit avoir pour $t = 0, dy = dz = d^2z = 0$. On peut supposer $a_1 > 0$, car il suffirait de remplacer t par $- t$ pour changer a_1 en $- a_1$; b_2 est positif puisque y doit être positif pour les valeurs de t voisines de zéro, mais c_3 peut être positif ou négatif. Or on a, pour $t = 0, \Delta = 12\, a_1 b_2 c_3\, dt^6$, de sorte que Δ a le

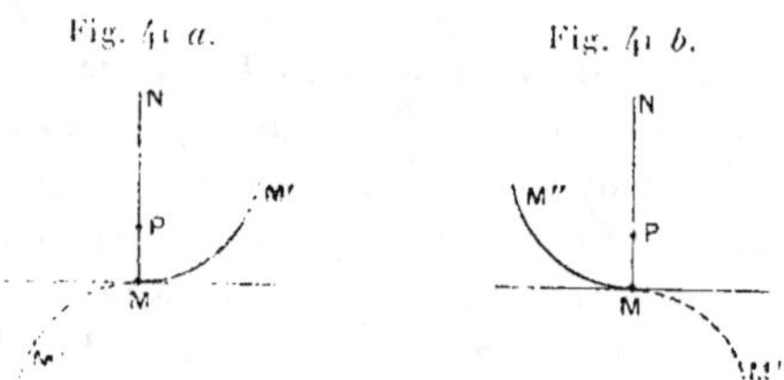

Fig. 41 a.   Fig. 41 b.

signe de c_3. Cela posé, deux cas sont à distinguer, suivant le signe de c_3 : 1° si $c_3 > 0$, x et z sont négatifs lorsque t varie de $- h$ à o et positifs lorsque t varie de o à $+ h$ (h étant un nombre positif très petit). Un observateur debout sur le plan osculateur, les pieds en un point P de la normale principale, verrait l'arc **MM'** à sa gauche au-dessus du plan osculateur et l'arc **MM''** à droite au-dessous du plan osculateur (*fig.* 41 *a*). La courbe est donc *dextrorsum* (¹). On aurait la disposition inverse (*fig.* 41 *b*) si c_3 était négatif ; la courbe serait *sinistrorsum*. Ces deux dispositions sont absolument distinctes l'une de l'autre. Par exemple, deux hélices de même pas, tracées sur deux cylindres de révolution de même rayon, sont superposables si elles sont toutes les deux dextrorsum ou sinistrorsum ; mais, si l'une est dextrorsum et l'autre sinistrorsum, l'une d'elles est superposable à la symétrique de l'autre par rapport à un plan.

Nous écrirons désormais la formule qui donne la torsion

$$(31) \qquad T = - \frac{A^2 + B^2 + C^2}{\Delta} ;$$

en un point où T est positif, la courbe est sinistrorsum, et dex-

---

(¹) Avec cette convention, la vis ordinaire est *dextrorsum*, ce qui est assez naturel. *Voir* à ce sujet, un article de M. Alezais dans les *Nouvelles Annales de Mathématiques*, 4ᵉ série, t. X, 1910, p. 289.

trorsum en un point où T est négatif. Ce serait le contraire avec
une disposition différente du trièdre $Oxyz$.

232. Formules de Frenet. — Chaque point M de la courbe Γ
est le sommet d'un trièdre trirectangle, de même disposition que
le trièdre $Oxyz$, formé par la tangente, la normale principale et
la binormale. La direction positive de la normale principale est
bien déterminée, tandis que la direction positive de la tangente
peut être prise arbitrairement et détermine celle de la binormale.
Les différentielles des neuf cosinus directeurs $\alpha, \beta, \gamma, \ldots$ s'expriment très simplement au moyen de R, de T et de ces cosinus eux-
mêmes, par des formules dues à Frenet. Nous avons déjà obtenu
les formules qui donnent $d\alpha, d\beta, d\gamma$,

$$(32) \qquad \frac{d\alpha}{ds} = \frac{\gamma}{R}, \qquad \frac{d\beta}{ds} = \frac{\gamma'}{R}, \qquad \frac{d\gamma}{ds} = \frac{\gamma''}{R}.$$

Soient

$$\alpha'' = \varepsilon \frac{A}{\sqrt{A^2 + B^2 + C^2}}, \quad \beta'' = \varepsilon \frac{B}{\sqrt{A^2 + B^2 + C^2}}, \quad \gamma'' = \varepsilon \frac{C}{\sqrt{A^2 + B^2 + C^2}} \quad (\varepsilon = \pm 1)$$

les cosinus de la direction positive sur la binormale. Le trièdre
(MT, MN, MN_b) ayant la même disposition que le trièdre $Oxyz$,
on doit avoir

$$\alpha = \beta'' \gamma - \gamma'' \beta,$$

ou

$$\alpha = \varepsilon \frac{B\gamma - C\beta}{\sqrt{A^2 + B^2 + C^2}}.$$

D'autre part, la formule qui donne $d\alpha''$ peut s'écrire

$$d\alpha'' = \varepsilon \frac{B(B\,dA - A\,dB) + C(C\,dA - A\,dC)}{(A^2 + B^2 + C^2)^{\frac{3}{2}}},$$

ou, en tenant compte des relations (28) et de la valeur de K,

$$\frac{d\alpha''}{ds} = \varepsilon \Delta \frac{C\beta - B\gamma}{(A^2 + B^2 + C^2)^{\frac{3}{2}}} = - \frac{\Delta\alpha}{A^2 + B^2 + C^2}.$$

Le coefficient de α n'est autre chose que $\frac{1}{T}$ [formule (31)]: on calculerait de même $d\beta''$ et $d\gamma''$, et nous avons les formules (¹)

$$(33) \qquad \frac{d\alpha''}{ds} = \frac{\alpha'}{T}, \qquad \frac{d\beta''}{ds} = \frac{\beta'}{T}, \qquad \frac{d\gamma''}{ds} = \frac{\gamma'}{T},$$

tout à fait pareilles aux formules (32).

Pour avoir $d\alpha'$, $d\beta'$, $d\gamma'$, différentions les relations bien connues

$$\alpha'^2 + \beta'^2 + \gamma'^2 = 1,$$
$$\alpha\alpha' + \beta\beta' + \gamma\gamma' = 0,$$
$$\alpha'\alpha'' + \beta'\beta'' + \gamma'\gamma'' = 0,$$

ce qui donne, en remplaçant $d\alpha$, $d\beta$, $d\gamma$, $d\alpha''$, $d\beta''$, $d\gamma''$ par leurs valeurs tirées des formules (32) et (33),

$$\alpha'\, d\alpha' + \beta'\, d\beta' + \gamma'\, d\gamma' = 0,$$
$$\alpha\, d\alpha' + \beta\, d\beta' + \gamma\, d\gamma' + \frac{ds}{R} = 0,$$
$$\alpha''\, d\alpha' + \beta''\, d\beta' + \gamma''\, d\gamma' + \frac{ds}{T} = 0;$$

nous n'avons plus qu'à tirer $d\alpha'$, $d\beta'$, $d\gamma'$ de ces relations

$$(34) \quad \frac{d\alpha'}{ds} = -\frac{\alpha}{R} - \frac{\alpha''}{T}, \qquad \frac{d\beta'}{ds} = -\frac{\beta}{R} - \frac{\beta''}{T}, \qquad \frac{d\gamma'}{ds} = -\frac{\gamma}{R} - \frac{\gamma''}{T}.$$

Les formules (32), (33), (34) sont les formules cherchées.

Remarque. — Les formules (33) montrent que la tangente à la courbe sphérique Θ décrite par le point n de coordonnées α'', β'', γ'', est parallèle à la normale principale. C'est ce que montre aussi la Géométrie. Considérons, en effet, le cône S' de sommet O ayant pour directrice la courbe Θ; la génératrice On est perpendiculaire au plan tangent au cône S suivant Om (n° **231**), et par conséquent le cône S' est supplémentaire du cône S. Mais on sait qu'il y a réciprocité entre deux cônes de cette espèce, de sorte qu'inversement la génératrice Om de S est perpendiculaire au

---

(¹) Si l'on avait écrit la formule qui donne la torsion, $\dfrac{1}{T} = \dfrac{\Delta}{A^2 + B^2 + C^2}$, il aurait fallu écrire les formules de Frenet

$$d\alpha'' = -\frac{\alpha'\, ds}{T}, \qquad \ldots.$$

plan tangent au cône S' suivant On. Cela étant, la tangente mt à la courbe Σ, étant perpendiculaire aux deux droites Om, On, est perpendiculaire au plan mOn. Pour la même raison, la tangente nt' à la courbe Θ est perpendiculaire au plan mOn. Ces deux droites sont donc parallèles.

233. Développement de x, y, z, suivant les puissances de s. — Étant données deux fonctions d'une variable indépendante s, $R = \varphi(s)$, $T = \psi(s)$, dont la première est positive, il existe une courbe gauche Γ, qui est complètement définie, abstraction faite de sa position dans l'espace, dont le rayon de courbure et le rayon de torsion s'expriment par les formules précédentes au moyen de l'arc compté à partir d'un point de cette courbe. La démonstration rigoureuse de cette proposition ne peut être faite qu'après la théorie des équations différentielles. Nous allons montrer seulement comment on peut trouver les développements des coordonnées d'un point de la courbe cherchée suivant les puissances de s, en admettant la possibilité de ces développements. Prenons pour axes de coordonnées la tangente, la normale principale et la binormale au point O à partir duquel on compte l'arc ; les coordonnées d'un point de la courbe cherchée, voisin de l'origine, ont pour expressions

$$(35) \quad \begin{cases} x = \dfrac{s}{1}\left(\dfrac{dx}{ds}\right)_0 + \dfrac{s^2}{1.2}\left(\dfrac{d^2x}{ds^2}\right)_0 + \dfrac{s^3}{1.2.3}\left(\dfrac{d^3x}{ds^3}\right)_0 + \ldots \\[2ex] y = \dfrac{s}{1}\left(\dfrac{dy}{ds}\right)_0 + \dfrac{s^2}{1.2}\left(\dfrac{d^2y}{ds^2}\right)_0 + \dfrac{s^3}{1.2.3}\left(\dfrac{d^3y}{ds^3}\right)_0 + \ldots \\[2ex] z = \dfrac{s}{1}\left(\dfrac{dz}{ds}\right)_0 + \dfrac{s^2}{1.2}\left(\dfrac{d^2z}{ds^2}\right)_0 + \dfrac{s^3}{1.2.3}\left(\dfrac{d^3z}{ds^3}\right)_0 + \ldots \end{cases}$$

Mais on a

$$\frac{dx}{ds} = \alpha, \qquad \frac{d^2x}{ds^2} = \frac{d\alpha}{ds} = \frac{\alpha'}{R}$$

et, en différentiant de nouveau,

$$\frac{d^3x}{ds^3} = -\frac{\alpha'}{R^2}\frac{dR}{ds} + \frac{1}{R}\left(\frac{\alpha}{R} - \frac{\alpha''}{T}\right),$$

et, d'une façon générale, on obtient, par l'emploi répété des formules de Frenet. l'expression de $\dfrac{d^n x}{ds^n}$

$$\frac{d^n x}{ds^n} = \mathrm{L}_n \alpha + \mathrm{M}_n \alpha' + \mathrm{P}_n \alpha'',$$

L_n, M_n, P_n étant des fonctions connues de R, T et de leurs dérivées successives par rapport à l'arc. On aurait de même les dérivées successives de y et de z en remplaçant α, α', α'', par β, β', β'' et γ, γ', γ''. Mais on a, pour l'origine, $\alpha_0 = 1$, $\beta_0 = 0$, $\gamma_0 = 0$, $\alpha'_0 = 0$, $\beta'_0 = 1$, $\gamma'_0 = 0$, $\alpha''_0 = 0$, $\beta''_0 = 0$, $\gamma''_0 = 1$, et les formules (35) deviennent, en se bornant aux termes en s, s^2, s^3,

$$(36) \qquad \left\{ \begin{aligned} x &= \frac{s}{1} - \frac{s^3}{6\,\mathrm{R}^2} - \cdots, \\[2mm] y &= \frac{s^2}{2\,\mathrm{R}} - \frac{s^3}{6\,\mathrm{R}^2}\frac{d\mathrm{R}}{ds} - \cdots, \\[2mm] z &= - \frac{s^3}{6\,\mathrm{R}\mathrm{T}} + \cdots, \end{aligned} \right.$$

les termes non écrits étant de degré supérieur au troisième. On suppose, bien entendu, R, T, $\dfrac{d\mathrm{R}}{ds}$, … remplacés par leurs valeurs pour $s = 0$.

Ces formules permettent de calculer aisément la partie principale de certains infiniment petits. Ainsi, la distance d'un point voisin de la courbe au plan osculateur est du troisième ordre et sa partie principale est $-\dfrac{s^3}{6\,\mathrm{R}\mathrm{T}}$. La distance d'un point à l'axe $O\,x$, c'est-à-dire à la tangente, est du second ordre, et sa partie principale est $\dfrac{s^2}{2\,\mathrm{R}}$ (*cf.* n° **219**). Calculons encore la longueur d'une corde infiniment petite c. On a

$$c^2 = x^2 + y^2 + z^2 = s^2 - \frac{s^4}{12\,\mathrm{R}^2} + \cdots.$$

les termes non écrits étant d'un degré supérieur au quatrième. Il vient ensuite

$$c = s\left(1 - \frac{s^2}{12\,\mathrm{R}^2} + \cdots\right)^{\frac{1}{2}} = s\left(1 - \frac{s^2}{24\,\mathrm{R}^2} + \cdots\right);$$

la différence $s - c$ est donc un infiniment petit du *troisième ordre*, et sa partie principale est $\dfrac{s^3}{24\,\mathrm{R}^2}$.

On démontre par un calcul tout pareil que la plus courte distance entre la tangente à l'origine et la tangente en un point infiniment voisin est un infiniment petit du troisième ordre dont la partie principale est $\frac{s^3}{12\,RT}$. Ce théorème est dû à M. Bouquet.

234. Équation intrinsèque. — Lorsque le rayon de torsion T est infini, la courbe est plane, puisque Δ doit être nul (n° 225), et, dans ce cas, les équations différentielles qui déterminent la courbe s'intègrent par des quadratures.

Imaginons qu'on ait pris pour variable indépendante l'arc s; les coordonnées rectangulaires x et y sont des fonctions de s satisfaisant aux deux équations (n° 228 : *Remarque*)

$$(37) \qquad \left(\frac{dx}{ds}\right)^2 + \left(\frac{dy}{ds}\right)^2 = 1, \qquad \left(\frac{d^2x}{ds^2}\right)^2 + \left(\frac{d^2y}{ds^2}\right)^2 = \left[\frac{1}{\rho(s)}\right]^2.$$

On satisfait à la première de ces relations en posant $\frac{dx}{ds} = \cos z$, $\frac{dy}{ds} = \sin z$, z désignant l'angle que fait avec Ox la direction positive de la tangente, et la seconde des relations (37) nous donne alors

$$dz = \pm \frac{ds}{\rho(s)},$$

formule qu'on aurait pu écrire immédiatement d'après la définition du rayon de courbure.

On en tire z par une quadrature

$$z = z_0 \pm \int_{s_0}^{s} \frac{ds}{\rho(s)}.$$

On a ensuite x et y par deux nouvelles quadratures

$$x = x_0 + \int_{s_0}^{s} \cos z\, ds, \qquad y = y_0 + \int_{s_0}^{s} \sin z\, ds.$$

Ces courbes dépendent de trois constantes x_0, y_0, z_0; mais, si l'on n'a égard qu'à la forme et non à la position, on n'obtient en réalité qu'une seule courbe. Considérons, en effet, la courbe particulière C représentée par les formules

$$X = \int_{s_0}^{s} \cos\left[\int_{s_0}^{s} \frac{ds}{\rho(s)}\right] ds, \qquad Y = \int_{s_0}^{s} \sin\left[\int_{s_0}^{s} \frac{ds}{\rho(s)}\right] ds,$$

les formules générales peuvent s'écrire, en prenant d'abord le signe —,

$$x = x_0 + X\cos z_0 - Y\sin z_0,$$
$$y = y_0 + X\sin z_0 + Y\cos z_0;$$

ce sont les formules qui définissent une transformation de coordonnées. En prenant, de même, le signe — devant $\varphi(s)$, on obtiendrait une courbe symétrique de la courbe C. Une courbe plane est donc complètement déterminée, quant à la forme, si l'on connaît le rayon de courbure en fonction de l'arc. L'équation $R = \varphi(s)$ s'appelle l'*équation intrinsèque* de la courbe. D'une façon plus générale, si l'on connaît une relation entre deux des quantités R, s, α, la courbe est complètement définie de forme, et l'on peut obtenir les coordonnées par des quadratures. Ainsi, si l'on connaît R en fonction de l'angle α, $R = f(\alpha)$, on a $ds = f(\alpha)\,d\alpha$, puis

$$dx = \cos\alpha\, f(\alpha)\,d\alpha,$$
$$dy = \sin\alpha\, f(\alpha)\,d\alpha;$$

et l'on obtient x et y par deux quadratures. Par exemple, si R est constant, on déduit de ces formules

$$x = x_0 + R\sin\alpha, \qquad y = y_0 - R\cos\alpha;$$

la courbe cherchée est donc un cercle de rayon R, résultat évident d'après la propriété de la développée. L'arc de cette développée devant être nul, il est clair, en effet, qu'elle doit se réduire à un point.

Proposons-nous encore de trouver une courbe plane dont le rayon de courbure soit inversement proportionnel à l'arc, $R = \dfrac{a^2}{s}$; on a d'abord

$$\alpha = \int_a^s \frac{s\,ds}{a^2} = \frac{s^2}{2a^2},$$

puis

$$x = \int_0^s \cos\frac{s^2}{2a^2}\,ds, \qquad y = \int_0^s \sin\frac{s^2}{2a^2}\,ds.$$

Quoiqu'on ne puisse pas obtenir ces intégrales sous forme explicite, il est facile de se faire une idée de la forme de cette courbe. Lorsque s croît de 0 à $+\infty$, x et y tendent vers une limite finie, en passant par une infinité de maxima et de minima; la courbe a donc la forme d'une spirale, avec un point asymptote sur la droite $y = x$.

235. Développantes et développées. — On dit qu'une courbe Γ_1 est une *développante* d'une autre courbe Γ, si les tangentes à la courbe Γ font partie des normales à la courbe Γ_1; inversement, la courbe Γ est dite une *développée* de Γ_1. Il est clair que toutes les développantes d'une courbe Γ sont situées sur la développable dont Γ est l'arête de rebroussement et coupent orthogonalement les génératrices.

Soient x, y, z les coordonnées d'un point M de Γ; α, β, γ les cosinus directeurs de la tangente et l le segment MM_1 compris entre le point M et le point M_1 où une développante coupe la tangente en M : on a, pour les coordonnées de M_1,

$$x_1 = x + l\alpha, \qquad y_1 = y + l\beta, \qquad z_1 = z + l\gamma$$

et, par suite,

$$dx_1 = dx + l\,d\alpha + \alpha\,dl, \qquad dy_1 = dy + l\,d\beta + \beta\,dl,$$
$$dz_1 = dz + l\,d\gamma + \gamma\,dl.$$

Pour que la courbe décrite par le point M_1 soit normale à MM_1, il faut et il suffit que l'on ait $\alpha\,dx_1 + \beta\,dy_1 + \gamma\,dz_1 = 0$, c'est-à-dire

$$\alpha\,dx + \beta\,dy + \gamma\,dz + dl + l(\alpha\,d\alpha + \beta\,d\beta + \gamma\,d\gamma) = 0,$$

relation qui se réduit à $ds + dl = 0$. On obtient donc les développantes d'une courbe gauche Γ par la même construction qui donne les développantes d'une courbe plane.

Proposons-nous maintenant de trouver les diverses développées d'une courbe Γ, c'est-à-dire d'associer les normales à cette courbe

Fig. 42.

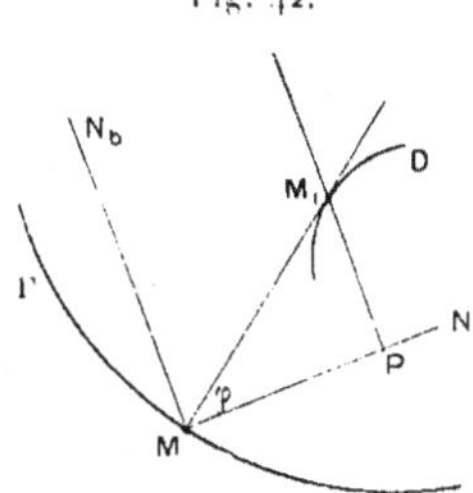

suivant une loi continue, de façon à obtenir une surface développable (*fig.* 42).

Toute normale MM_1 est déterminée par l'intersection du plan normal en M à Γ avec un plan passant par la tangente à Γ. Si cette normale MM_1 a une enveloppe, le point de contact M_1 de cette droite avec son enveloppe est situé sur l'intersection du plan normal avec le plan normal infiniment voisin (n° **215**, *Remarque II*).

c'est-à-dire sur la droite polaire. *Toutes les développées sont donc sur la surface polaire.*

Soient D une de ces développées, φ l'angle que fait la direction MM_1 avec la direction positive de la normale principale, cet angle étant compté comme en Trigonométrie, le sens de rotation positif dans le plan normal étant le sens d'une rotation de $\frac{\pi}{2}$ qui amènerait la direction positive de la normale principale sur la direction positive de la binormale (*fig.* 42) Si λ, μ, ν sont les cosinus directeurs de cette direction, pour que la droite MM_1 engendre une surface développable, il faut et il suffit qu'on ait (n° **215**)

$$(38) \qquad H = \begin{vmatrix} \dfrac{d\lambda}{ds} & \dfrac{d\mu}{ds} & \dfrac{d\nu}{ds} \\ \lambda & \mu & \nu \\ \alpha & \beta & \gamma \end{vmatrix} = 0.$$

Des relations

$$\lambda\alpha + \mu\beta + \nu\gamma = 0, \qquad \lambda\alpha' + \mu\beta' + \nu\gamma' = \cos\varphi, \qquad \lambda\alpha'' + \mu\beta'' + \nu\gamma'' = \sin\varphi,$$

on tire

$$\lambda = \alpha'\cos\varphi + \alpha''\sin\varphi, \qquad \mu = \beta'\cos\varphi + \beta''\sin\varphi, \qquad \nu = \gamma'\cos\varphi + \gamma''\sin\varphi,$$

et par suite, d'après les formules de Frenet,

$$\frac{d\lambda}{ds} = -\alpha\frac{\cos\varphi}{R} + \alpha'\sin\varphi\left(\frac{1}{T} - \frac{d\varphi}{ds}\right) - \alpha''\cos\varphi\left(\frac{1}{T} - \frac{d\varphi}{ds}\right)$$

et $\dfrac{d\mu}{ds}$, $\dfrac{d\nu}{ds}$ s'en déduiront en remplaçant α, α', α'' par β, β', β'', puis par γ, γ', γ'' respectivement. En portant les valeurs précédentes de λ, μ, ν. $\dfrac{d\lambda}{ds}$, $\dfrac{d\mu}{ds}$, $\dfrac{d\nu}{ds}$ dans le déterminant, il se décompose en six déterminants partiels et, en tenant compte de ceux qui sont nuls comme ayant deux lignes identiques. il reste la formule

$$(39) \qquad \frac{1}{T} - \frac{d\varphi}{ds} = \begin{vmatrix} \dfrac{d\lambda}{ds} & \dfrac{d\mu}{ds} & \dfrac{d\nu}{ds} \\ \lambda & \mu & \nu \\ \alpha & \beta & \gamma \end{vmatrix}.$$

En égalant le premier membre à zéro, on obtient une équation qui donne φ par une quadrature [1]

$$(40) \qquad \varphi = \varphi_0 + \int_0^s \frac{ds}{T}.$$

Si l'on considère deux valeurs de l'angle φ, correspondant à deux valeurs différentes de la constante φ_0, la différence de ces deux angle reste constante tout le long de la courbe Γ. On voit donc que *deux normales de la courbe Γ, qui sont tangentes à deux développées différentes, se coupent sous un angle constant*. Si l'on connaît une famille de normales à Γ engendrant une surface développable, on obtiendra toutes les autres développables formées de normales, en faisant tourner les premières d'un angle constant, d'ailleurs arbitraire, autour du point où elles coupent Γ.

Remarque I. — Si la courbe Γ est une courbe plane, T est infini, et la formule précédente donne $\varphi = \varphi_0$. La développée qui correspond à la valeur $\varphi_0 = 0$ est la développée plane ordinaire qui est aussi le lieu des centres de courbure. Les autres développées, en nombre infini, sont situés sur le cylindre ayant pour section droite la développée ordinaire : ce sont des courbes gauches, appelées *hélices*, qui seront étudiées au paragraphe suivant. Ce cas est le seul où le lieu des centres de courbure soit en même temps une développée. Pour que la relation (40) soit vérifiée en prenant $\varphi = 0$, il faut que T soit infini ou que $\Delta = 0$. La courbe est donc une courbe plane (n° **225**).

Remarque II. — Si la courbe D est une développée de Γ, inversement Γ est une développante de D. On a donc, en appelant s_1

---

[1] Ce résultat si simple peut s'expliquer par des considérations de Géométrie infinitésimale. En négligeant les infiniment petits du troisième ordre, un point M' de Γ voisin de M peut être supposé sur le cercle osculateur en M, la tangente en M' étant la tangente au cercle. Pour que deux normales en M et en M' se rencontrent, il faut et il suffit que ces deux droites fassent le même angle avec le plan osculateur en M. Or, l'angle des deux plans osculateurs en M et M' est égal à $\frac{ds}{T}$, d'après la définition même de la torsion. L'accroissement $d\varphi$ de l'angle que fait la normale avec le plan osculateur correspondant est donc égal à $\frac{ds}{T}$ quand on passe du point M au point M' infiniment voisin. C'est bien le résultat obtenu par le calcul.

l'arc de la développée compté dans un sens convenable,

$$ds_1 = d(\mathrm{M M_1});$$

les développées d'une courbe sont donc des courbes rectifiables.

236. Hélices. — Soit C une courbe plane quelconque ; si, de chaque point m de cette courbe, on porte sur la perpendiculaire au plan de C une longueur $m\,\mathrm{M}$ proportionnelle à l'arc de la courbe C, compté à partir d'un point fixe **A**, le lieu du point M est une courbe gauche Γ, appelée *hélice*. Prenons pour plan des xy le plan de la courbe C, et soient

$$x = f(\sigma), \qquad y = \varphi(\sigma)$$

les expressions des coordonnées d'un point m de C en fonction de l'arc σ ; les coordonnées du point correspondant M de la courbe Γ seront

$$(41) \qquad x = f(\sigma), \qquad y = \varphi(\sigma), \qquad z = \mathrm{K}\sigma,$$

K étant un facteur constant. Les fonctions f et φ vérifient d'ailleurs la relation $f'^2 + \varphi'^2 = 1$. Des formules (41) on tire, en appelant s l'arc de Γ,

$$ds^2 = (f'^2 + \varphi'^2 + \mathrm{K}^2)\,d\sigma^2 = (1 + \mathrm{K}^2)\,d\sigma^2$$

et, par suite, $s = \sigma\sqrt{1 + \mathrm{K}^2} + \mathrm{H}$; si l'on compte les arcs s et σ à partir d'un même point A de la courbe C, ce qui revient à faire $\mathrm{H} = 0$, on aura $s = \sigma\sqrt{1 + \mathrm{K}^2}$. Les cosinus directeurs de la tangente à Γ ont pour valeurs

$$(42) \qquad \alpha = \frac{f'(\sigma)}{\sqrt{1 + \mathrm{K}^2}}, \qquad \beta = \frac{\varphi'(\sigma)}{\sqrt{1 + \mathrm{K}^2}}, \qquad \gamma = \frac{\mathrm{K}}{\sqrt{1 + \mathrm{K}^2}};$$

γ étant indépendant de σ, on voit que la tangente fait un angle constant avec Oz. Cette propriété est caractéristique : *Toute courbe dont les tangentes font un angle constant avec une direction fixe est une hélice.* Pour le démontrer, prenons l'axe des z parallèle à cette direction, et soit C la projection de la courbe considérée Γ sur le plan des xy ; on peut toujours écrire les équations de la courbe Γ

$$(43) \qquad x = f(\sigma), \qquad y = \varphi(\sigma), \qquad z = \psi(\sigma),$$

les fonctions f et φ satisfaisant à la relation $f'^2 + \varphi'^2 = 1$, ce qui revient à prendre pour variable indépendante l'arc σ de la courbe C. On en déduit

$$\gamma = \frac{dz}{ds} = \frac{\psi'(\sigma)}{\sqrt{f'^2 + \varphi'^2 + \psi'^2}} = \frac{\psi'}{\sqrt{1 + \psi'^2}};$$

pour que γ soit constant, il faut et il suffit que ψ' soit constant et, par suite, que $\psi(\sigma)$ soit de la forme $\mathrm{K}\sigma + z_0$. Les équations de la courbe Γ seront de la forme (41), en choisissant convenablement l'origine.

La formule $\frac{d\gamma}{ds} = \frac{\gamma'}{R}$ nous donne ici, puisque γ est constant, $\gamma' = 0$. La normale principale est donc perpendiculaire aux génératrices du cylindre; comme elle est, en outre, perpendiculaire à la tangente à l'hélice, c'est la normale au cylindre, et le plan osculateur est lui-même normal au cylindre. La binormale est donc située dans le plan tangent au cylindre et perpendiculaire à la tangente; ce qui montre qu'elle fait aussi un angle constant avec Oz.

La formule $\frac{d\gamma'}{ds} = -\frac{\gamma}{R} - \frac{\gamma''}{T}$ nous donne ensuite, puisque $\gamma' = 0$, $\frac{\gamma}{R} + \frac{\gamma''}{T} = 0$, ce qui prouve que, dans une hélice, le rapport $\frac{T}{R}$ est constant.

Ces diverses propriétés sont caractéristiques d'une hélice. Démontrons, par exemple, que *toute courbe, pour laquelle le rapport $\frac{R}{T}$ est constant, est une hélice.* (BARRÉ DE SAINT-VENANT et J. BERTRAND.)

On tire des formules de Frenet

$$\frac{d\alpha}{d\alpha''} = \frac{d\beta}{d\beta''} = \frac{d\gamma}{d\gamma''} = \frac{T}{R} = \frac{1}{H};$$

si H est constant, on aura en intégrant

$$\alpha'' = H\alpha - A, \qquad \beta'' = H\beta - B, \qquad \gamma'' = H\gamma - C,$$

A, B, C désignant trois nouvelles constantes. Ajoutons ces trois équations après les avoir multipliées respectivement par α, β, γ : il vient

$$A\alpha + B\beta + C\gamma = H,$$

ce qu'on peut écrire

$$\frac{A\alpha + B\beta + C\gamma}{\sqrt{A^2 + B^2 + C^2}} = \frac{H}{\sqrt{A^2 + B^2 + C^2}};$$

mais $\frac{A}{\sqrt{A^2 + B^2 + C^2}}$, $\frac{B}{\sqrt{A^2 + B^2 + C^2}}$, $\frac{C}{\sqrt{A^2 + B^2 + C^2}}$ sont les cosinus directeurs d'une certaine droite Δ, et la relation précédente exprime que la tangente fait un angle constant avec cette direction; la courbe considérée est donc une hélice.

Calculons encore le rayon de courbure. On a, en se reportant aux valeurs trouvées plus haut (42) pour α, β,

$$\frac{\alpha'}{R} = \frac{d\alpha}{ds} = \frac{1}{1+K^2} f''(\sigma), \qquad \frac{\beta'}{R} = \frac{1}{1+K^2} \varphi''(\sigma),$$

et par conséquent, puisque $\gamma' = 0$,

$$(44) \qquad \frac{1}{R^2} = \frac{1}{(1+K^2)^2} [f''^2(\sigma) + \varphi''^2(\sigma)]$$

Le rapport $\dfrac{1 + K^2}{R}$ est donc indépendant de K ; or, pour $K = 0$, ce rapport se réduit à l'inverse $\dfrac{1}{r}$ du rayon de courbure de la section droite C, comme il est facile de le vérifier (n° **228**). La formule précédente peut donc s'écrire $R = r(1 + K^2)$, ce qui montre que le rayon de courbure d'une hélice est dans un rapport constant avec le rayon de courbure de la courbe C. Il est facile de déduire de là toutes les courbes pour lesquelles R et T sont constants. En effet, le rapport $\dfrac{T}{R}$ étant constant, ces courbes sont des hélices, d'après le théorème de Barré de Saint-Venant et J. Bertrand. De plus, R étant constant, il en est de même du rayon de courbure r de la courbe C. Cette courbe C est donc une circonférence, et *la courbe cherchée est une hélice tracée sur un cylindre de révolution*. Cette proposition est due à M. Puiseux ([1]).

237. Courbes de M. J. Bertrand. — Les normales principales à une courbe plane sont en même temps les normales principales d'une infinité d'autres courbes planes, parallèles à la première. M. J. Bertrand s'est proposé de trouver les courbes gauches dont les normales principales sont aussi les normales principales d'une seconde courbe gauche. Supposons les coordonnées x, y, z d'un point exprimées en fonction de l'arc s ; sur chaque normale principale, portons une longueur l, et soient X, Y, Z les coordonnées de l'extrémité

$$(45) \qquad X = x + l\alpha', \qquad Y = y + l\beta', \qquad Z = z + l\gamma'.$$

Pour que la normale principale à la courbe Γ soit aussi la normale principale à la courbe Γ' décrite par le point (X, Y, Z), il faut et il suffit que l'on ait les deux relations

$$\alpha'\, dX + \beta'\, dY + \gamma'\, dZ = 0,$$

$$\alpha'(dY\, d^2Z - dZ\, d^2Y) + \beta'(dZ\, d^2X - dX\, d^2Z) + \gamma'(dX\, d^2Y - dY\, d^2X) = 0$$

dont la signification est bien claire. On tire de la première $dl = 0$, ce qui prouve que la longueur l doit être constante. En remplaçant ensuite dans la seconde dX, d^2X, dY, ... par leurs valeurs déduites des formules de Frenet et de celles qu'on obtient en les différentiant, il reste, toutes réductions faites,

$$\frac{1}{T}\, d\left(1 - \frac{l}{R}\right) = \left(1 - \frac{l}{R}\right) d\left(\frac{1}{T}\right)$$

([1]) La démonstration suppose qu'il s'agit de courbes réelles, car on a supposé plus haut que $A^2 + B^2 + C^2$ n'était pas nul (*voir* la Thèse de M. Lyon, *Sur les courbes à torsion constante*. 1890).

et l'on en tire, en intégrant, la relation

$$(46) \qquad \frac{l}{R} + \frac{l'}{T} = 1,$$

l' désignant une nouvelle constante. *Les courbes cherchées sont donc celles pour lesquelles il existe une relation linéaire entre la courbure et la torsion.* On voit de plus que la condition est suffisante et la longueur l est donnée par la relation (46) elle-même.

Un cas particulier remarquable avait déjà été étudié par Monge; c'est celui où le rayon de courbure est constant. La relation (46) devient alors $l = R$, et la courbe Γ' représentée par les formules (45) est le lieu des centres de courbure de la courbe Γ. Des formules (45) on tire, en supposant $l = R = \text{const.}$,

$$dX = -\frac{R}{T}\alpha'' \, ds, \qquad dY = -\frac{R}{T}\beta'' \, ds, \qquad dZ = -\frac{R}{T}\gamma'' \, ds,$$

ce qui montre que la tangente à la courbe Γ' est la droite polaire de Γ. Le rayon de courbure R' de Γ' est donné à son tour par la formule

$$R'^2 = \frac{dX^2 + dY^2 + dZ^2}{d\alpha''^2 + d\beta''^2 + d\gamma''^2} = R^2;$$

on voit que ce rayon de courbure est aussi constant et égal à R, et il y a réciprocité entre les deux courbes Γ, Γ'; chacune d'elles est l'arête de rebroussement de la surface polaire de l'autre. Toutes ces propriétés sont faciles à vérifier directement sur l'hélice circulaire.

Remarque. — Il est facile d'avoir des formules générales représentant toutes les courbes gauches dont le rayon de courbure est constant et égal à R. Soient α, β, γ trois fonctions d'un paramètre variable satisfaisant à la relation $\alpha^2 + \beta^2 + \gamma^2 = 1$. Les formules

$$(47) \qquad X = R\int \alpha \, d\sigma, \qquad Y = R\int \beta \, d\sigma, \qquad Z = R\int \gamma \, d\sigma,$$

où l'on a posé $d\sigma = \sqrt{d\alpha^2 + d\beta^2 + d\gamma^2}$, représentent une courbe répondant à la question, et il est aisé de démontrer qu'on les obtient toutes de cette façon. En effet, α, β, γ sont précisément les cosinus directeurs de la tangente, et σ est l'arc de l'indicatrice sphérique (n° 227).

238. Sphère osculatrice. — Nous appliquerons encore les formules de Frenet à la détermination de la sphère osculatrice. Supposons les coordonnées x, y, z d'un point de la courbe Γ exprimées en fonction de l'arc s de cette courbe. Pour que la sphère de centre (a, b, c) et de rayon ρ ait un contact du troisième ordre avec la courbe Γ en un point donné de cette courbe, il faut et il suffit que l'on ait

$$\mathcal{F}(s)=0, \qquad \mathcal{F}'(s)=0, \qquad \mathcal{F}''(s)=0, \qquad \mathcal{F}'''(s)=0.$$

en posant

$$\mathcal{F}(s)=(x-a)^2+(y-b)^2+(z-c)^2-\rho^2,$$

x, y, z étant supposés exprimés en fonction de s. Les trois dernières conditions développées s'écrivent, en appliquant les formules de Frenet.

$$\mathcal{F}'(s)=(x-a)\alpha-(y-b)\beta+(z-c)\gamma=0.$$

$$\mathcal{F}''(s)=(x-a)\frac{\alpha'}{R}+(y-b)\frac{\beta'}{R}+(z-c)\frac{\gamma'}{R}+1=0,$$

$$\mathcal{F}'''(s)=-\frac{x-a}{R}\left(\frac{\alpha}{R}+\frac{\alpha''}{T}\right)-\frac{y-b}{R}\left(\frac{\beta}{R}+\frac{\beta''}{T}\right)$$
$$-\frac{z-c}{R}\left(\frac{\gamma}{R}+\frac{\gamma''}{T}\right)-\frac{1}{R^2}\frac{dR}{ds}[(x-a)\alpha'+(y-b)\beta'+(z-c)\gamma']=0.$$

Ces trois équations déterminent a, b, c. Or la première représente, quand on y regarde a, b, c comme les coordonnées courantes, le plan normal à la courbe au point (x, y, z), et les deux autres s'en déduisent en différentiant par rapport au paramètre variable s; le centre de la sphère osculatrice coïncide donc avec le point où la droite polaire touche son enveloppe. Pour résoudre ces trois équations, observons que la dernière peut s'écrire, en tenant compte des deux autres,

$$(x-a)\alpha''+(y-b)\beta''+(z-c)\gamma''=T\frac{dR}{ds},$$

et l'on en tire facilement

$$a = x + R\alpha' - T\frac{dR}{ds}\alpha'',$$

$$b = y + R\beta' - T\frac{dR}{ds}\beta'',$$

$$c = z + R\gamma' - T\frac{dR}{ds}\gamma'';$$

le rayon ρ de la sphère osculatrice est donné par la formule

$$\rho^2 = R^2 + T^2\left(\frac{dR}{ds}\right)^2.$$

Si R est constant, le centre de la sphère osculatrice coïncide avec
le centre de courbure; ce qui est bien d'accord avec le résultat
obtenu à la fin du n° 237.

EXERCICES.

1. Trouver en termes finis les équations des développées de la courbe
qui coupe sous un angle constant les génératrices rectilignes du cône circulaire droit; discussion.

[Licence : Marseille, juillet 1884.]

2. Existe-t-il des courbes gauches Γ telles que les points de rencontre
d'un plan fixe P avec la tangente, la normale principale et la binormale
soient les sommets d'un triangle équilatéral?

3. Soit Γ l'arête de rebroussement d'une surface enveloppe de sphères
(enveloppe des cercles caractéristiques); la courbe qui est le lieu du
centre de la sphère variable est située sur la surface polaire de Γ. Réciproque.

4. Étant donnée une courbe gauche Γ, par un point fixe O de l'espace
on mène une droite parallèle à la droite polaire en un point M de Γ, et
l'on porte sur cette droite une longueur ON égale au rayon de courbure
de Γ au point M. Le point N décrit une courbe gauche Γ', qui correspond
à la courbe Γ'', lieu des centres de courbure de Γ, avec égalité et orthogonalité des éléments linéaires.

[ROUQUET.]

5. Si le rayon de la sphère osculatrice à une courbe gauche Γ a une
longueur constante a, cette courbe est située sur une sphère de rayon a,
à moins que le rayon de courbure ne soit constant et égal à a.

6. Pour que le lieu des centres de courbure d'une hélice tracée sur un
cylindre soit une autre hélice tracée sur un cylindre dont les génératrices
sont parallèles à celles du premier, il faut et il suffit que la section droite
de celui-ci soit un cercle ou une spirale logarithmique. Dans le dernier
cas, ces hélices sont situées sur des cônes de révolution.

[TISSOT, Nouvelles Annales, t. XI, 1852.]

7*. Si deux courbes gauches admettent les mêmes normales principales,
les plans osculateurs de ces deux courbes aux points où elles coupent une
même normale font un angle constant. Ces deux points et les centres de
courbure des deux courbes déterminent quatre points dont le rapport

anharmonique est constant. Le produit des rayons de torsion des deux courbes aux points correspondants est constant.

[Paul SERRET, MANNHEIM, SCHELL.]

8. Soient x, y. z les coordonnées rectangulaires d'un point d'une courbe gauche Γ, s l'arc de cette courbe. On appelle *courbe adjointe* la courbe Γ_0 dont les coordonnées ont pour expressions

$$x_0 = \int \alpha'' \, ds, \qquad y_0 = \int \beta'' \, ds. \qquad z_0 = \int \gamma'' \, ds,$$

et *courbes associées* les courbes représentées par les équations

$$X = x \cos\theta + x_0 \sin\theta, \qquad Y = y \cos\theta + y_0 \sin\theta. \qquad Z = z \cos\theta + z_0 \sin\theta,$$

où θ est un angle constant. Trouver la disposition du trièdre fondamental pour ces nouvelles courbes, ainsi que les rayons de courbure et de torsion.

Si la courbe Γ est à courbure constante, la courbe Γ_0 est à torsion constante, et les courbes associées sont des courbes de M. Bertrand. En déduire les équations générales de ces dernières courbes.

9*. Trouver les courbes Γ situées sur une quadrique de révolution S, dont la tangente en chaque point fait un angle constant avec la parallèle à l'axe menée par ce point. Étudier les formes diverses de ces courbes suivant la nature de la quadrique. Montrer que ces courbes coupent aussi sous un angle constant les génératrices des cônes ayant Γ pour directrice, et pour sommets les foyers de la méridienne situés sur l'axe. Si S est un cône de révolution, on a l'hélice *cylindro-conique* ordinaire. (*Voir* PIRONDINI, *Journal de Crelle*, t. 118, 1897, p. 61; G. SCHEFFERS, *Leipzig Berichte*, 1902, p. 369; E. CESARO, *Rendiconti di Napoli*, 1903, p. 73.)

Si la courbe d'intersection Γ de deux cônes de sommets S, S', coupe sous des angles constants les génératrices de ces deux cônes, elle coupe aussi sous un angle constant les génératrices d'un troisième cône ayant pour sommet un point S''' situé sur la droite SS'. La courbe Γ est située sur une surface de révolution dont la méridienne est une ovale de Descartes, et les points S, S', S'' sont les foyers de cette courbe.

(CESARO, *Ibid.*)

10. Pour qu'une droite invariablement liée au trièdre fondamental d'une courbe gauche Γ, et passant par le sommet du trièdre, engendre une surface développable, il faut que cette droite se confonde avec la tangente, à moins que la courbe Γ ne soit une hélice. Dans ce cas, il y a une infinité de droites répondant à la question.

Pour une courbe de M. Bertrand, il existe deux paraboloïdes hyperboliques, invariablement liés au trièdre fondamental, dont toutes les génératrices engendrent des surfaces développables.

[CESARO, *Rivista di Matematica*, t. II, 1892, p. 155.]

11*. Pour que les normales principales d'une courbe gauche soient les binormales d'une autre courbe gauche, on doit avoir entre le rayon de courbure et le rayon de torsion une relation de la forme

$$A\left(\frac{1}{R^2} + \frac{1}{T^2}\right) = \frac{B}{R},$$

A et B étant des constantes.

[MANNHEIM, *Comptes rendus*, 1877.]

Les cas où une droite menée par un point d'une courbe gauche, et invariablement liée au trièdre fondamental, reste la normale principale ou la binormale d'une autre courbe gauche ont été étudiés par Pellet (*Comptes rendus*, mai 1887), par Cesaro (*Nouvelles Annales*, 1888, p. 147), par Balitrand (*Mathesis*, 1891, p. 159).

12. Si le plan osculateur à une courbe gauche Γ reste tangent à une sphère fixe, de centre O : 1° le plan mené par la tangente, perpendiculaire à la normale principale, passe par le point O ; 2° le rapport du rayon de courbure au rayon de torsion est une fonction linéaire de l'arc. Réciproques.

13. La projection sur un plan P d'une courbe gauche Γ, parallèlement à la tangente MT en un point M de cette courbe, a un point de rebroussement au point m projection de M, et la tangente de rebroussement est la trace sur le plan P du plan osculateur en M à la courbe Γ. Cas où le plan osculateur en M est stationnaire.

14*. En chaque point M d'une courbe Γ on mène une normale, faisant un angle variable φ avec la normale principale, sur laquelle on porte une longueur constante $MM' = l$. La courbe C' décrite par le point M' est normale à la même droite M'M. Déterminer l'angle φ de façon que les tangentes aux deux courbes C, C', aux points correspondants M, M', fassent un angle constant V. Cas particulier où $V = \frac{\pi}{2}$.

En prenant pour inconnue $\tan\frac{\varphi}{2}$, on obtient une équation de Riccati.

[DARBOUX, *Comptes rendus*, t. CXLVI, 1908, p. 881.]

15. Trouver la partie principale de la plus courte distance de deux normales principales infiniment voisines, et la position limite du pied de la perpendiculaire commune.

CHAPITRE XII.

I. — COURBURE DES COURBES TRACÉES SUR UNE SURFACE.

239. Formule fondamentale. Théorème de Meusnier. — Une surface S est définie, d'une façon générale, par un système de trois équations

$$(1) \qquad x = f(u, v), \qquad y = \varphi(u, v), \qquad z = \psi(u, v),$$

où x, y, z sont les coordonnées rectangulaires d'un point de cette surface, u et v deux paramètres variables. Les trois fonctions f, φ, ψ ne sont pas nécessairement des fonctions analytiques, mais nous supposerons qu'elles sont continues et admettent des dérivées partielles continues des deux premiers ordres, sauf en des points exceptionnels. Si les trois déterminants

$$\frac{D(y, z)}{D(u, v)}, \qquad \frac{D(z, x)}{D(u, v)}, \qquad \frac{D(x, y)}{D(u, v)}$$

ne sont pas nuls à la fois pour un système de valeurs de u et de v, le point correspondant M de la surface est un *point ordinaire* (n° 64), et, dans le voisinage de ce point, l'une des coordonnées est une fonction continue des deux autres coordonnées, ayant aussi des dérivées partielles continues du premier et du second ordre. Nous nous proposons d'étudier la courbure des diverses courbes situées sur la surface en un point ordinaire. On pourrait supposer que, dans le voisinage de ce point, la surface est représentée par une équation telle que $z = F(x, y)$, mais on obtient des formules plus symétriques et d'une application plus générale en conservant les trois équations (1).

Écrivons l'équation du plan tangent à la surface au point

(x, y, z)

$$(2) \qquad \text{A}(X - x) + \text{B}(Y - y) + \text{C}(Z - z) = 0 ;$$

les coefficients A, B, C doivent satisfaire aux deux relations

$$(3) \qquad \text{SA} \frac{\partial x}{\partial u} = 0, \qquad \text{SA} \frac{\partial x}{\partial v} = 0,$$

où le signe S a une signification évidente. On déduit de ces relations

$$(4) \qquad \text{A} = \text{k} \frac{\text{D}(y, z)}{\text{D}(u, v)}, \qquad \text{B} = \text{k} \frac{\text{D}(z, x)}{\text{D}(u, v)}, \qquad \text{C} = \text{k} \frac{\text{D}(x, y)}{\text{D}(u, v)},$$

K étant un facteur constant ou variable, qu'on peut choisir à volonté (¹). Si, par exemple, la surface est représentée par une équation $z = \text{F}(x, y)$, on posera $x = u$, $y = v$, $\text{K} = -1$, et les valeurs correspondantes de A, B, C sont $\text{A} = p$, $\text{B} = q$, $\text{C} = -1$, p et q ayant la signification habituelle.

Si l'on remplace, dans les équations (1), u et v par des fonctions d'une variable z, le point (x, y, z) décrit une courbe Γ située sur S, et les paramètres directeurs de la tangente à cette courbe sont proportionnels à

$$dx = \frac{\partial f}{\partial u} du + \frac{\partial f}{\partial v} dv, \qquad dy = \frac{\partial z}{\partial u} du + \frac{\partial z}{\partial v} dv, \qquad dz = \frac{\partial \psi}{\partial u} du + \frac{\partial \psi}{\partial v} dv ;$$

à chaque valeur du rapport $\dfrac{dv}{du}$ correspond ainsi une tangente déterminée de la surface au point (u, v), dont il serait facile de calculer les cosinus directeurs. Tout le long de la courbe Γ, les différentielles dx, dy, dz vérifient la relation

$$(5) \qquad \text{A}\, dx + \text{B}\, dy + \text{C}\, dz = 0.$$

qui exprime simplement que la tangente à la courbe Γ est située dans le plan tangent à la surface. En égalant à zéro la différentielle totale du premier membre de cette relation (n° 39), on obtient une

---

(¹) Il est clair qu'on pourrait convenir de fixer une fois pour toutes le facteur k, prendre par exemple $\text{K} = \pm 1$. Mais il y a avantage, en vue des applications, à laisser ce facteur indéterminé, afin de pouvoir le choisir dans chaque cas particulier de façon à simplifier, si c'est possible, les expressions des coefficients A, B, C.

relation entre les différentielles du second ordre de x, y, z,

$$(6) \qquad A\, d^2 x + B\, d^2 y + C\, d^2 z + dA\, dx + dB\, dy + dC\, dz = 0,$$

dont nous allons donner la signification géométrique.

Remarquons d'abord que $dA\, dx + dB\, dy + dC\, dz$ est une forme quadratique en du, dv,

$$(7) \qquad dA\, dx + dB\, dy + dC\, dz = D\, du^2 + 2\, D'\, du\, dv + D''\, dv^2,$$

dont les coefficients D, D', D'' se déduisent par des différentiations des expressions de x, y, z, A, B, C.

D'autre part, $A\, d^2 x + B\, d^2 y + C\, d^2 z$ représente, à un facteur près, le cosinus de l'angle des deux droites dont les paramètres directeurs sont respectivement (A, B, C) et $(d^2 x, d^2 y, d^2 z)$. La droite dont les paramètres directeurs sont A, B, C est normale à la surface ; nous adopterons pour direction positive de cette normale celle dont les cosinus directeurs sont

$$(8) \qquad \lambda = \frac{-A}{\sqrt{A^2 + B^2 + C^2}}, \qquad \mu = \frac{-B}{\sqrt{A^2 + B^2 + C^2}}, \qquad \nu = \frac{-C}{\sqrt{A^2 + B^2 + C^2}}.$$

D'ailleurs, si l'on prend pour variable indépendante l'arc s de la courbe Γ, on a

$$\frac{d^2 x}{ds^2} = \frac{\alpha'}{R}, \qquad \frac{d^2 y}{ds^2} = \frac{\beta'}{R}, \qquad \frac{d^2 z}{ds^2} = \frac{\gamma'}{R};$$

α', β', γ', R ayant la signification habituelle (n° **232**). En divisant tous les termes de la relation (6) par ds^2, elle peut donc s'écrire

$$\frac{\sqrt{A^2 + B^2 + C^2}}{R}\,(\lambda\alpha' + \mu\beta' + \nu\gamma') = \frac{D\, du^2 + 2\, D'\, du\, dv + D''\, dv^2}{E\, du^2 + 2\, F\, du\, dv + G\, dv^2},$$

E, F, G étant les coefficients de Gauss qui figurent dans la formule $ds^2 = E\, du^2 + 2\, F\, du\, dv + G\, dv^2$ (n° 131).

Or $\lambda\alpha' + \mu\beta' + \nu\gamma' = \cos\theta$, en appelant θ l'angle que fait la normale principale à la courbe Γ avec la direction positive de la normale à la surface et nous arrivons ainsi à la formule fondamentale

$$(9) \qquad \frac{\sqrt{A^2 + B^2 + C^2}}{R}\,\cos\theta = \frac{D\, du^2 + 2\, D'\, du\, dv + D''\, dv^2}{E\, du^2 + 2\, F\, du\, dv + G\, dv^2},$$

qui est complètement équivalente à la formule (6). Dans cette relation, le radical $\sqrt{A^2 + B^2 + C^2}$ et le rayon de courbure R sont essentiellement positifs, de sorte que $\cos\theta$ est du même signe que le second membre. Pour un système donné de valeurs de u et de v, ce second membre ne varie qu'avec le rapport $\dfrac{dv}{du}$, c'est-à-dire avec la position de la tangente au point M à la courbe Γ. Soient Γ' une autre courbe de la surface tangente au point M à la première, R' son rayon de courbure et θ' l'angle de sa normale principale avec la direction positive de la normale à la surface. Le second membre de la formule (9) a la même valeur pour les deux courbes et l'on a, par conséquent,

$$(10) \qquad \frac{\cos\theta}{R} = \frac{\cos\theta'}{R'}.$$

Considérons en particulier deux courbes Γ et Γ' de la surface ayant au point M le même plan osculateur (différent du plan tangent). Il est clair que ces deux courbes ont la même tangente au point M, l'intersection du plan tangent avec le plan osculateur. On peut donc leur appliquer la relation (10). Mais les directions des deux normales principales sont les mêmes ou sont opposées ; on a donc $\theta' = \theta$, ou $\theta' = \pi - \theta$. La dernière hypothèse est à rejeter puisque $\cos\theta$ et $\cos\theta'$ ont le même signe ; donc $\theta' = \theta$, et par suite $R' = R$. Les deux courbes Γ et Γ', ayant même direction de normale principale et même rayon de courbure, ont le même centre de courbure. Ainsi, *toutes les courbes de la surface passant au point* M *et ayant en ce point le même plan osculateur (autre que le plan tangent) ont aussi le même centre de courbure*. En particulier, toute courbe a le même centre de courbure que la section plane faite dans la surface par son plan osculateur.

Il suffit donc d'étudier la courbure des sections planes de la surface passant au point M. Nous étudierons d'abord comment varie la courbure des diverses sections planes dont les plans passent par une même tangente MT. On peut supposer, sans nuire à la généralité, qu'on a pour cette tangente

$$D\,du^2 + 2\,D'\,du\,dv + D''\,dv^2 > 0,$$

car, si l'on change le signe de A, B, C, ce qui change la direction positive de la normale à la surface, il est clair que D, D', D'' changent de signe également. Pour toutes ces sections planes, cosθ est positif et l'angle θ est aigu ; en particulier, pour la section normale passant par MT, l'angle θ' est nul. Soit R' le rayon de courbure de cette section normale ; la relation (10) devient dans ce cas R = R' cosθ. Cette égalité exprime, on le voit aisément, que *le centre de courbure de la section oblique est la projection orthogonale du centre de courbure de la section normale, qui a la même tangente, sur le plan de la section oblique* (théorème de Meusnier).

Ce théorème ramène l'étude de la courbure d'une section oblique à l'étude de la courbure d'une section normale. Nous exposerons tout à l'heure les résultats dus à Euler ; nous observerons d'abord que, pour une section normale, la formule (9) prendra deux formes différentes suivant le signe de

$$D\, du^2 + 2\, D'\, du\, dv + D''\, dv^2.$$

Afin d'éviter cet inconvénient, nous conviendrons dorénavant de désigner par R le rayon de courbure d'une section normale affecté d'un signe, le signe $+$ ou le signe $-$, suivant que la direction qui va du point M au centre de courbure coïncide avec la direction positive de la normale à la surface ou avec la direction opposée. Avec cette convention, R est donné dans les deux cas par la formule

$$(11) \qquad \frac{\sqrt{A^2 + B^2 + C^2}}{R} = \frac{D\, du^2 + 2\, D'\, du\, dv + D''\, dv^2}{E\, du^2 + 2\, F\, du\, dv + G\, dv^2},$$

qui fait connaître sans ambiguïté la position du centre de courbure.

De la formule (11) on déduit aisément la position de la surface par rapport à son plan tangent dans le voisinage du point de contact. Si l'on a $D'^2 - DD'' < 0$, le trinome $D\, du^2 + 2\, D'\, du\, dv + D''\, dv^2$ conserve un signe constant, celui de D et de D'', lorsque le plan sécant tourne autour de la normale ; toutes les sections normales ont leur centre de courbure du même côté du plan tangent, et sont par conséquent situées du même côté de ce plan ; on dit que la surface est *convexe* au point considéré. Au contraire, si l'on a $D'^2 - DD'' > 0$, le trinome $D\, du^2 + 2\, D'\, du\, dv + D''\, dv^2$ s'annule pour deux positions particulières du plan sécant ; les sections normales correspondantes présentent un point d'inflexion. Lorsque le plan sécant est dans l'un des angles dièdres formés par ces deux

plans, R est positif, et la section est d'un côté du plan tangent ;
lorsque le plan sécant est dans l'angle dièdre supplémentaire, R est
négatif et la section est de l'autre côté du plan tangent. La surface
traverse donc le plan tangent dans le voisinage du point de contact ; on dit qu'elle est *à courbures opposées*. Enfin, si $D'^2 - DD''$
est nul au point considéré, toutes les sections planes normales
sont d'un même côté du plan tangent, sauf l'une d'elles qui a un
rayon de courbure infini et qui traverse en général le plan tangent ;
on dit que le point est un point *parabolique*.

Considérons, en particulier, une surface S représentée par l'équation $z = F(x, y)$. Si l'on prend $A = p$, $B = q$, $C = -1$, on a
immédiatement $D = r$, $D' = s$, $D'' = t$, r, s, t ayant la signification habituelle. Les coefficients E, F, G ont les valeurs $E = 1 + p^2$,
$F = pq$, $G = 1 + q^2$. La direction positive de la normale à la surface a pour cosinus directeurs

$$(12) \quad \lambda = \frac{-p}{\sqrt{1 + p^2 + q^2}}, \qquad \mu = \frac{-q}{\sqrt{1 + p^2 + q^2}}, \qquad \nu = \frac{1}{\sqrt{1 + p^2 + q^2}}$$

et fait un angle aigu avec Oz. Soient α, β, γ les cosinus directeurs
de la tangente à la section normale au point M ; du et dv sont proportionnels à α, β, et la formule (11) devient

$$(13) \quad \frac{\sqrt{1 + p^2 + q^2}}{R} = \frac{r\alpha^2 + 2s\alpha\beta + t\beta^2}{(1 + p^2)\alpha^2 + 2pq\alpha\beta + (1 + q^2)\beta^2} ;$$

en tenant compte des relations $\gamma = p\alpha + q\beta$, $\alpha^2 + \beta^2 + \gamma^2 = 1$, on
peut l'écrire plus simplement

$$(13') \quad \frac{\sqrt{1 + p^2 + q^2}}{R} = r\alpha^2 + 2s\alpha\beta + t\beta^2.$$

C'est ici le signe du trinome $r\alpha^2 + 2s\alpha\beta + t\beta^2$ qui indique si
une section normale est au-dessus ou au-dessous du plan tangent
dans le voisinage du point de contact. La surface est convexe au
point M, ou à courbures opposées, suivant qu'on a $s^2 - rt < 0$,
ou $s^2 - rt > 0$; on a un point parabolique si $s^2 - rt = 0$.

Il est facile de confirmer ces résultats en étudiant la différence δ des
coordonnées z et z' des deux points de la surface et du plan tangent qui se
projettent en un même point du plan des xy. Soient (x_0, y_0) les coordonnées
du point de contact, p_0, q_0, r_0, s_0, t_0 les valeurs des dérivées de $F(x, y)$ en

ce point. Nous avons

$$\delta = F(x, y) - p_0(x - x_0) - q_0(y - y_0),$$

$$\left(\frac{\partial \delta}{\partial x}\right)_0 = 0, \qquad \left(\frac{\partial \delta}{\partial y}\right)_0 = 0,$$

$$\left(\frac{\partial^2 \delta}{\partial x^2}\right)_0 = r_0, \qquad \left(\frac{\partial^2 \delta}{\partial x\,\partial y}\right)_0 = s_0, \qquad \left(\frac{\partial^2 \delta}{\partial y^2}\right)_0 = t_0.$$

Si $s_0^2 - r_0 t_0 < 0$, δ est maximum ou minimum au point M (n° 47), et, comme δ est nul en ce point, δ conserve un signe constant dans les environs ; au contraire, si $s_0^2 - r_0 t_0 > 0$, il n'y a ni maximum ni minimum pour δ qui, par conséquent, ne garde pas le même signe dans le voisinage du point M.

240. Les deux formes fondamentales. — L'étude qui vient d'être faite nous conduit à associer à la forme

$$ds^2 = E\,du^2 + 2\,F\,du\,dv + G\,dv^2$$

une nouvelle forme quadratique en du, dv,

$$D\,du^2 + 2\,D'\,du\,dv + D''\,dv^2.$$

D'après leur définition même, les coefficients D, D', D'' ont les valeurs suivantes :

$$(14) \qquad D = S\frac{\partial A}{\partial u}\frac{\partial x}{\partial u}, \quad D'' = S\frac{\partial A}{\partial v}\frac{\partial x}{\partial v}, \quad 2D' = S\frac{\partial A}{\partial u}\frac{\partial x}{\partial v} + S\frac{\partial A}{\partial v}\frac{\partial x}{\partial u};$$

l'expression de D' peut se simplifier en tenant compte des relations (3). En effet, si l'on différentie la première de ces relations par rapport à v, et la seconde par rapport à u, il vient

$$SA\frac{\partial^2 x}{\partial u\,\partial v} + S\frac{\partial A}{\partial v}\frac{\partial x}{\partial u} = 0, \qquad SA\frac{\partial^2 x}{\partial u\,\partial v} + S\frac{\partial A}{\partial u}\frac{\partial x}{\partial v} = 0;$$

on a donc

$$S\frac{\partial A}{\partial v}\frac{\partial x}{\partial u} = S\frac{\partial A}{\partial u}\frac{\partial x}{\partial v}$$

et, par suite,

$$(14') \qquad D' = S\frac{\partial A}{\partial v}\frac{\partial x}{\partial u} = S\frac{\partial A}{\partial u}\frac{\partial x}{\partial v}.$$

On peut aussi obtenir pour D, D', D'' des expressions où ne figurent que les dérivées des coordonnées x, y, z. De l'identité (6), on tire:

$$\mathrm{D}\,du^2 + 2\,\mathrm{D}'\,du\,dv + \mathrm{D}''\,dv^2 = -(\mathrm{A}\,d^2x + \mathrm{B}\,d^2y + \mathrm{C}\,d^2z);$$

le coefficient D de du^2 est donc égal à

$$-\left(\mathrm{A}\,\frac{\partial^2 x}{\partial u^2} + \mathrm{B}\,\frac{\partial^2 y}{\partial u^2} + \mathrm{C}\,\frac{\partial^2 z}{\partial u^2}\right).$$

En remplaçant A, B, C par leurs valeurs (4), on reconnaît que le coefficient de K est le développement d'un déterminant

$$(15)\qquad \mathrm{D} = -\mathrm{K}\begin{vmatrix} \dfrac{\partial x}{\partial u} & \dfrac{\partial y}{\partial u} & \dfrac{\partial z}{\partial u} \\[2mm] \dfrac{\partial x}{\partial v} & \dfrac{\partial y}{\partial v} & \dfrac{\partial z}{\partial v} \\[2mm] \dfrac{\partial^2 x}{\partial u^2} & \dfrac{\partial^2 y}{\partial u^2} & \dfrac{\partial^2 z}{\partial u^2} \end{vmatrix}$$

et l'on trouve de même

$$(16)\quad \mathrm{D}' = -\mathrm{K}\begin{vmatrix} \dfrac{\partial x}{\partial u} & \dfrac{\partial y}{\partial u} & \dfrac{\partial z}{\partial u} \\[2mm] \dfrac{\partial x}{\partial v} & \dfrac{\partial y}{\partial v} & \dfrac{\partial z}{\partial v} \\[2mm] \dfrac{\partial^2 x}{\partial u\,\partial v} & \dfrac{\partial^2 y}{\partial u\,\partial v} & \dfrac{\partial^2 z}{\partial u\,\partial v} \end{vmatrix}, \qquad \mathrm{D}'' = -\mathrm{K}\begin{vmatrix} \dfrac{\partial x}{\partial u} & \dfrac{\partial y}{\partial u} & \dfrac{\partial z}{\partial u} \\[2mm] \dfrac{\partial x}{\partial v} & \dfrac{\partial y}{\partial v} & \dfrac{\partial z}{\partial v} \\[2mm] \dfrac{\partial^2 x}{\partial v^2} & \dfrac{\partial^2 y}{\partial v^2} & \dfrac{\partial^2 z}{\partial v^2} \end{vmatrix}.$$

Les coefficients D, D', D'' ne sont déterminés complètement, comme les coefficients A, B, C eux-mêmes, que si l'on a choisi le facteur K, tandis que la forme quadratique

$$(17)\qquad \frac{\mathrm{D}\,du^2 + 2\,\mathrm{D}'\,du\,dv + \mathrm{D}''\,dv^2}{\sqrt{\mathrm{A}^2 + \mathrm{B}^2 + \mathrm{C}^2}}$$

est, au signe près, indépendante de ce facteur K. Cette forme (17) a une signification géométrique très simple. Soit δ la distance, prise avec un signe convenable, du point de la surface qui correspond aux valeurs $u + du$ et $v + dv$ des paramètres, au plan tangent au point (u, v). Si l'on développe δ suivant les puissances de du et de dv, les termes du premier degré disparaissent d'après les relations (3), et l'ensemble des termes du second degré en du et dv est précisément

$$\frac{1}{2}\,\frac{\mathrm{A}\,d^2x + \mathrm{B}\,d^2y + \mathrm{C}\,d^2z}{\sqrt{\mathrm{A}^2 + \mathrm{B}^2 + \mathrm{C}^2}},$$

c'est-à-dire, au facteur $-\frac{1}{2}$ près, la forme (17). La formule générale (11), qui donne le rayon de courbure d'une section normale,
peut donc s'écrire

$$\frac{1}{R} = 2 \lim \frac{\partial}{d s^2},$$

ce qui est bien d'accord avec un résultat déjà signalé (n° **219**).

241. Théorèmes d'Euler. Indicatrice. — Pour étudier la variation
en grandeur du rayon de courbure d'une section normale, imaginons
qu'on ait pris pour origine le point considéré de la surface et pour
plan des xy le plan tangent à cette surface. On a, dans ce système
d'axes, $p = q = 0$, et la formule (13) devient

$$(18) \qquad \frac{1}{R} = r \cos^2 \varphi + 2 s \cos \varphi \sin \varphi + t \sin^2 \varphi,$$

φ étant l'angle que fait avec Ox la trace du plan sécant sur le plan
des xy. En égalant à zéro la dérivée du second membre, on trouve que
R est maximum ou minimum pour deux directions rectangulaires.
Afin d'étudier en détail la variation de R dans tous les cas particuliers possibles, il est commode d'employer la représentation géométrique suivante. Imaginons que sur la trace du plan sécant on
porte une longueur Om égale à la racine carrée de la valeur absolue
du rayon de courbure; ce point m décrira une courbe appelée
indicatrice, et il est clair que l'inspection de cette courbe supposée
tracée fait connaître aussitôt la variation du rayon de courbure.
Cela posé, examinons les trois cas possibles :

1° $s^2 - rt < 0$. Le rayon R a un signe constant; nous le supposerons positif. On a, pour les coordonnées du point m, $\xi = \sqrt{R}\cos\varphi$,
$\eta = \sqrt{R}\sin\varphi$, et l'équation de la courbe cherchée est par conséquent

$$(19) \qquad r \xi^2 + 2 s \xi \eta + t \eta^2 = 1;$$

cette courbe est une ellipse qui a pour centre l'origine. On voit
que R est maximum lorsque la trace du plan sécant coïncide avec
le grand axe de l'ellipse et minimum lorsque cette trace coïncide
avec le petit axe, et que deux plans sécants dont les traces sont
également inclinées sur les axes de l'indicatrice donnent la même
valeur pour R. Les sections normales passant par les axes de l'in-

dicatrice s'appellent les *sections normales principales* et les rayons de courbure correspondants sont les *rayons de courbure principaux*. Si l'on a pris pour axes des x et des y les axes mêmes de l'indicatrice, on a, dans ce système d'axes, $s = 0$, et la formule (18) devient

$$\frac{1}{R} = r \cos^2 \varphi + t \sin^2 \varphi\,;$$

les rayons de courbure principaux R_1 et R_2 s'obtiennent en faisant $\varphi = 0$, ou $\varphi = \frac{\pi}{2}$. On a donc $\frac{1}{R_1} = r$, $\frac{1}{R_2} = t$, et par suite,

$$(20) \qquad \frac{1}{R} = \frac{\cos^2 \varphi}{R_1} + \frac{\sin^2 \varphi}{R_2}.$$

$2^\circ\ s^2 - rt > 0$. Les sections normales correspondant aux valeurs de l'angle φ, racines de l'équation

$$r \cos^2 \varphi + 2 s \cos \varphi \sin \varphi + t \sin^2 \varphi = 0,$$

ont un rayon de courbure infini. Soient $L'_1 OL_1$, $L'_2 OL_2$ les traces de ces deux plans sur xOy. Lorsque la trace du plan sécant est comprise dans l'angle $L_1 OL_2$, par exemple, le trinome est positif et, en employant la même représentation que dans le premier cas, on voit que la portion correspondante de l'indicatrice est représentée par l'équation

$$r \xi^2 + 2 s \xi \eta + t \eta^2 = 1\,;$$

c'est une hyperbole ayant pour asymptotes les droites $L'_1 OL_1$ et $L'_2 OL_2$. Lorsque la trace du plan sécant est comprise dans l'angle $L'_2 OL_1$ on a $R < 0$ et, pour avoir la portion correspondante de l'indicatrice, on doit poser

$$\xi = \sqrt{-R} \cos \varphi, \qquad \eta = \sqrt{-R} \sin \varphi,$$

ce qui conduit à l'équation de l'hyperbole conjuguée de la précédente

$$r \xi^2 + 2 s \xi \eta + t \eta^2 = -1.$$

L'ensemble de ces deux hyperboles conjuguées permet encore de se faire une idée de la variation du rayon de courbure d'une section normale. Si l'on prend pour axes de coordonnées les axes de ces hyperboles, la formule générale (18) prend encore la forme (20), R_1 et R_2 désignant les deux rayons de courbure principaux, dont l'un est positif, l'autre négatif.

3° $s^2 - rt = 0$. Dans ce cas, le rayon de courbure R conserve un signe constant, le signe $+$ par exemple. L'indicatrice est encore représentée par l'équation (19); mais cette courbe, étant du genre parabole et ayant pour centre l'origine, se compose forcément de deux droites parallèles. Si l'on a pris l'axe des y parallèle à ces deux droites, on doit avoir dans ce système d'axes $s = 0$, $t = 0$, et la formule générale (18) prend la forme

$$\frac{1}{R} = r \cos^2 \varphi,$$

ou $R_1 = R \cos^2 \varphi$. On peut aussi la considérer comme un cas limite de la formule (20), obtenu en supposant que l'un des rayons de courbure principaux R_2 devient infini.

Les formules d'Euler peuvent aussi s'établir sans avoir besoin de la formule préliminaire (13). Le point de la surface étant pris pour origine et le plan tangent pour plan des xy, on peut écrire, en poussant le développement de z par la formule de Taylor jusqu'aux termes du troisième ordre,

$$z = \frac{r x^2 + 2 s xy + t y^2}{1 \cdot 2} + \ldots,$$

les termes non écrits étant du troisième ordre, ou d'ordre plus élevé. Pour avoir le rayon de courbure de la section faite par le plan $y = x \tang \varphi$, on peut faire d'abord la transformation de coordonnées

$$x = x' \cos \varphi - y' \sin \varphi, \qquad y = x' \sin \varphi + y' \cos \varphi,$$

et poser ensuite $y' = 0$, ce qui donne le développement de z suivant les puissances de x'

$$z = \frac{r \cos^2 \varphi + 2 s \sin \varphi \cos \varphi + t \sin^2 \varphi}{1 \cdot 2} x'^2 + \ldots$$

et, en appliquant la remarque du n° 219, nous retrouvons la formule (18).

Remarques. — La courbe d'intersection de la surface par son plan tangent, qui a pour équation

$$0 = r x^2 + 2 s xy + t y^2 + \varphi_3(x, y) + \ldots,$$

présente un point double à l'origine, et les tangentes au point double sont précisément les tangentes asymptotiques. Plus généralement, si deux surfaces S, S_1 sont tangentes à l'origine au plan des xy, la projection de la courbe d'intersection sur le plan des xy a pour équation

$$0 = (r - r_1)x^2 + 2(s - s_1)xy + (t - t_1)y^2 + \ldots$$

r_1, s_1, t_1 ayant la même signification pour la surface S_1 que r, s, t pour la surface S. La nature du point double dépend du signe de l'expression $(s - s_1)^2 - (r - r_1)(t - t_1)$; si celle-ci est nulle, la courbe d'intersection présente, en général, un point de rebroussement.

En résumé, il existe en chaque point d'une surface quatre positions remarquables pour les tangentes à cette surface ; deux tangentes rectangulaires pour lesquelles le rayon de courbure R est maximum ou minimum, et deux tangentes *asymptotiques* pour lesquelles R est infini. On obtient celles-ci en égalant à zéro le trinôme $r\alpha^2 + 2s\alpha\beta + t\beta^2$ (*cf.* n° **223**). Nous allons montrer maintenant comment on détermine les sections normales principales et les rayons de courbure principaux dans un système d'axes rectangulaires quelconque.

242. Rayons de courbure principaux.— L'étude de l'indicatrice met en évidence qu'à une valeur donnée de R correspondent en général deux sections normales, réelles ou imaginaires, dont le rayon de courbure a la valeur donnée ; il n'y a d'exception que si R est égal à l'un des rayons de courbure principaux et il n'y a dans ce cas que la section normale principale correspondante qui admette ce rayon de courbure. Pour déterminer les sections normales dont le rayon de courbure a une valeur donnée R, reprenons la formule générale (11), que nous écrivons

$$(21) \qquad \frac{1}{\rho} = \frac{D\,du^2 + 2D'\,du\,dv + D''\,dv^2}{E\,du^2 + 2F\,du\,dv + G\,dv^2},$$

en posant $R = \rho\sqrt{A^2 + B^2 + C^2}$. Pour une valeur donnée de ρ, l'équation (21) est une équation du second degré en $\dfrac{dv}{du}$,

$$(22) \qquad (\rho D - E)\,du^2 + 2(\rho D' - F)\,du\,dv + (\rho D'' - G)\,dv^2 = 0,$$

dont les deux racines déterminent les tangentes aux sections normales qui admettent le rayon de courbure R. Si R est un rayon de courbure principal, l'équation (22) a une racine double en $\dfrac{dv}{du}$ qui satisfait aux deux relations

$$(23) \qquad \begin{cases} (\rho D - E)\,du + (\rho D' - F)\,dv = o, \\ (\rho D' - F)\,du + (\rho D'' - G)\,dv = o, \end{cases}$$

et ce système détermine à la fois les rayons de courbure principaux et les sections normales principales. En éliminant $\dfrac{dv}{du}$, on obtient une équation du second degré en ρ

$$(24) \qquad (\rho D' - F)^2 - (\rho D - E)(\rho D'' - G) = o,$$

dans laquelle il suffira de remplacer ρ par $\dfrac{R}{\sqrt{A^2 + B^2 + C^2}}$ pour avoir l'équation aux rayons de courbure principaux. De même, en éliminant ρ entre les deux équations (23), on obtient une équation du second degré en $\dfrac{dv}{du}$,

$$(25) \quad (D\,du + D'\,dv)(F\,du + G\,dv) - (D'\,du + D''\,dv)(E\,du + F\,dv) = o,$$

dont les racines font connaitre les traces sur le plan tangent des sections normales principales.

D'après la nature même de la question, les deux racines de l'équation en ρ sont toujours réelles ; si R et R' sont les rayons de courbure principaux, le produit RR' est donné par la relation

$$(26) \qquad \frac{1}{RR'} = \frac{DD'' - D'^2}{(EG - F^2)(A^2 + B^2 + C^2)},$$

ce qui fournit une vérification des résultats précédents. En effet EG — F² étant toujours positif, RR' est du signe de DD″ — D′². En un point parabolique, un des rayons de courbure principaux est infini, et $\dfrac{1}{RR'}$ est nul.

Pour que l'équation (24) ait ses racines égales, il faudra que l'indicatrice soit un cercle, et toutes les sections normales auront alors le même rayon de courbure. Le second membre de la formule (11) devra donc être indépendant du rapport $\dfrac{dv}{du}$; il faut pour cela qu'on ait

$$(27) \qquad \frac{D}{E} = \frac{D'}{F} = \frac{D''}{G}.$$

Les points qui satisfont à ces conditions s'appellent des *ombilics*. En ces points, l'équation (25) se réduit à une identité, ce qui s'explique, puisque tout diamètre d'un cercle est un axe de symétrie. Dans le cas d'une surface représentée par une équation $z = F(x, y)$, les équations (24), (25), (27) deviennent respectivement

(24)′ $(rt-s^2)R^2 - \sqrt{1+p^2+q^2}[(1+p^2)t - 2pqs + (1+q^2)r]R + (1+p^2+q^2)^2 = 0,$

(25)′ $\alpha^2[(1+p^2)s - pqr]$
$$- \alpha\beta[(1+p^2)t - (1+q^2)r] + \beta^2[pqt - (1+q^2)s] = 0,$$

(27)′ $$\frac{r}{1+p^2} = \frac{s}{pq} = \frac{t}{1+q^2}.$$

On peut les déduire, comme cas particulier, des formules générales, ou les établir directement en partant de la formule (13).

On peut quelquefois déterminer, par des considérations géométriques, les sections normales principales d'une surface. Par exemple, si une surface S admet un plan de symétrie passant par un point M de cette surface, il est clair que la droite d'intersection de ce plan avec le plan tangent en M est un axe de symétrie de l'indicatrice, et la section par le plan de symétrie est une des sections normales principales. Ainsi, en un point d'une surface de révolution, la méridienne est une des sections normales principales : le plan de la seconde section normale principale passe donc par la normale à la surface et la tangente au parallèle. Or, on connaît le centre de courbure de l'une des sections obliques passant par la tangente au parallèle, le centre du parallèle lui-même. Il en résulte, d'après le théorème de Meusnier, que le centre de courbure de la seconde section principale est au point de rencontre de la normale à la surface avec l'axe.

En un point d'une surface développable, on a $s^2 - rt = 0$, et l'indicatrice est un système de deux droites. Une des sections principales se confond avec la génératrice elle-même, et le rayon de courbure principal correspondant est infini. Le plan de la seconde section principale est perpendiculaire à la génératrice. Tous les points d'une surface développable sont *paraboliques*, et ce sont les seules surfaces possédant cette propriété (n° 214).

Si une surface non développable est convexe en certains points, à courbures opposées en d'autres points, elle possède, en général, une ligne de points paraboliques qui sépare les régions pour lesquelles $s^2 - rt$ est positif des régions pour lesquelles $s^2 - rt$ est négatif. Par exemple, sur le tore, cette ligne est formée des deux parallèles extrêmes.

Sur une surface convexe, il n'y a, en général, qu'un certain nombre d'ombilics isolés les uns des autres. On démontre comme il suit que la seule surface réelle dont tous les points sont des ombilics est la sphère. Appelons encore λ, μ, ν les cosinus directeurs de la normale à la surface; en différentiant les formules (12), il vient

$$\frac{\partial \lambda}{\partial x} = \frac{pqs - (1 + q^2)r}{(1 + p^2 + q^2)^{\frac{3}{2}}}, \qquad \frac{\partial \lambda}{\partial y} = \frac{pqt - (1 + q^2)s}{(1 + p^2 + q^2)^{\frac{3}{2}}},$$

$$\frac{\partial \mu}{\partial x} = \frac{pqr - (1 + p^2)s}{(1 + p^2 + q^2)^{\frac{3}{2}}}, \qquad \frac{\partial \mu}{\partial y} = \frac{pqs - (1 + p^2)t}{(1 + p^2 + q^2)^{\frac{3}{2}}},$$

relations qui deviennent, en tenant compte des formules $(27)'$,

$$\frac{\partial \lambda}{\partial y} = 0, \qquad \frac{\partial \mu}{\partial x} = 0, \qquad \frac{\partial \lambda}{\partial x} = \frac{\partial \mu}{\partial y}.$$

La première prouve que λ ne dépend que de x, la seconde que μ ne dépend que de y; la valeur commune des dérivées $\dfrac{\partial \lambda}{\partial x}$, $\dfrac{\partial \mu}{\partial y}$ est donc à la fois indépendante de x et de y : c'est une constante $\dfrac{1}{a}$. On en tire

$$\lambda = \frac{x - x_0}{a}, \qquad \mu = \frac{y - y_0}{a}, \qquad \nu = \frac{\sqrt{a^2 - (x - x_0)^2 - (y - y_0)^2}}{a},$$

$$p = -\frac{\lambda}{\nu} = -\frac{x - x_0}{\sqrt{a^2 - (x - x_0)^2 - (y - y_0)^2}},$$

$$q = -\frac{\mu}{\nu} = -\frac{y - y_0}{\sqrt{a^2 - (x - x_0)^2 - (y - y_0)^2}},$$

et la valeur de z obtenue par l'intégration est

$$z = z_0 + \sqrt{a^2 - (x - x_0)^2 - (y - y_0)^2};$$

on retrouve bien l'équation d'une sphère. On verrait de même que, si l'on a $\dfrac{\partial \lambda}{\partial x} = \dfrac{\partial \mu}{\partial y} = 0$, la surface est un plan. Mais les relations $(27)'$ admettent en outre une infinité de solutions imaginaires, qui satisfont à l'équation $1 + p^2 + q^2 = 0$, comme on peut le vérifier en différentiant cette relation par rapport à x et par rapport à y.

II. — LIGNES ASYMPTOTIQUES. — LIGNES DE COURBURE.

243. Lignes asymptotiques. — Sur une portion de surface à courbures opposées, il y a en chaque point deux tangentes pour lesquelles la section normale correspondante a un rayon de courbure infini : ce sont les asymptotes de l'indicatrice. On appelle *lignes asymptotiques* les lignes situées sur la surface qui sont tangentes en chacun de leurs points à l'une de ces asymptotes. Quand on se déplace sur une de ces lignes, u et v sont fonctions d'une variable ; pour que la tangente coïncide avec une asymptote de l'indicatrice, du et dv doivent satisfaire, d'après ce qu'on a vu plus haut, à la relation

$$(28) \qquad D\,du^2 + 2D'\,du\,dv + D''\,dv^2 = 0.$$

Les coefficients D, D', D'' étant des fonctions de u et de v, on tire de l'équation précédente deux valeurs de $\dfrac{dv}{du}$,

$$(29) \qquad \frac{dv}{du} = \varphi_1(u, v), \qquad \frac{dv}{du} = \varphi_2(u, v);$$

nous démontrerons plus tard que chacune de ces équations admet une infinité d'intégrales, et que chaque couple de valeurs (u_0, v_0) détermine en général une intégrale et une seule. Par chaque point de la surface, il passe donc en général deux lignes asymptotiques et deux seulement. L'équation différentielle (28) peut encore s'écrire sous la forme équivalente

$$(30) \qquad dA\,dx + dB\,dy + dC\,dz = 0.$$

qui est en général la plus commode dans les applications. Dans le cas d'une surface représentée par l'équation $z = F(x, y)$, l'équation différentielle précédente devient

$$(31) \qquad dp\,dx + dq\,dy = r\,dx^2 + 2s\,dx\,dy + t\,dy^2 = 0.$$

On peut encore définir les lignes asymptotiques par la propriété suivante qui ne fait intervenir aucune relation métrique. Ce sont *les lignes de la surface dont le plan osculateur coïncide avec le plan tangent*. En effet, pour que le plan osculateur coïncide avec le plan tangent, il faut et il suffit qu'on ait à la fois

$$A\,dx + B\,dy + C\,dz = 0, \qquad A\,d^2x + B\,d^2y + C\,d^2z = 0;$$

la première relation est vérifiée pour toute courbe située sur la surface, tandis que, d'après l'identité (6), la seconde est identique à l'équation (30). D'ailleurs, il est facile de se rendre compte de l'identité des deux définitions. Le rayon de courbure de la section normale tangente à une asymptote de l'indicatrice étant infini, il en serait de même, d'après le théorème de Meunier, du rayon de courbure d'une ligne asymptotique, à moins que le plan osculateur ne soit perpendiculaire à la normale et, dans ce cas, le théorème de Meusnier devient illusoire. Le plan osculateur à une ligne asymptotique doit donc coïncider avec le plan tangent, à moins que le rayon de courbure ne soit constamment infini ; dans ce cas, on aurait une ligne droite, dont le plan osculateur est indéterminé. Il résulte évidemment de cette propriété que les lignes asymptotiques se conservent dans toute transformation homographique. On voit aussi que l'équation différentielle est la même, que les axes soient rectangulaires ou obliques, car l'équation du plan osculateur est toujours la même.

Les lignes asymptotiques d'une surface S n'existent évidemment que si la surface est à courbures opposées. Cependant, lorsque la surface est *analytique*, l'équation différentielle (28) admet toujours une infinité d'intégrales, réelles ou imaginaires, quel que soit le signe de $D'^2 - DD''$. Par extension, nous dirons qu'une surface convexe analytique admet deux systèmes de lignes asymptotiques imaginaires. Ainsi, les lignes asymptotiques d'un hyperboloïde à une nappe sont les deux systèmes de génératrices rectilignes ; pour un ellipsoïde ou un hyperboloïde à deux nappes, ces génératrices sont imaginaires, mais elles satisfont encore à l'équation différentielle des lignes asymptotiques.

Exemples. — 1° Soit à trouver les lignes asymptotiques de la surface

$$z = x^m y^n ;$$

on a

$$r = m(m-1)x^{m-2}y^n, \qquad s = mn\,x^{m-1}y^{n-1}, \qquad t = n(n-1)x^m y^{n-2},$$

et l'équation différentielle (31) peut s'écrire

$$m(m-1)\left(\frac{y\,dx}{x\,dy}\right)^2 + 2mn\left(\frac{y\,dx}{x\,dy}\right) + n(n-1) = 0.$$

On en tire deux valeurs, h_1 et h_2, pour le rapport $\dfrac{y\,dx}{x\,dy}$; les deux familles de lignes asymptotiques se projettent sur le plan des xy suivant les courbes

$$y^{h_1} = C_1 x, \qquad y^{h_2} = C_2 x.$$

2° Prenons encore la surface conoïde $z = \varphi\left(\dfrac{y}{x}\right)$. On peut poser $x = u$, $y = uv$, $z = \varphi(v)$, et les relations (3) deviennent

$$A + Bv = 0, \qquad Bu + C\varphi'(v) = 0;$$

on y satisfait en prenant $C = -u$, $B = \varphi'(v)$, $A = -v\varphi'(v)$, et l'équation différentielle (30) est ici

$$u\,\varphi''(v)\,dv^2 - 2\,\varphi'(v)\,du\,dv = 0.$$

On a d'abord la solution $v = $ const. qui donne les génératrices rectilignes : en divisant par dv, il reste l'équation

$$\frac{\varphi''(v)\,dv}{\varphi'(v)} = \frac{2\,du}{u},$$

d'où l'on en tire $u^2 = C\varphi'(v)$, et les projections des lignes asymptotiques du second système sur le plan des xy ont pour équation

$$x^2 = C\,\varphi'\left(\frac{y}{x}\right).$$

3° Citons encore les surfaces signalées par M. Jamet, dont l'équation peut être ramenée à la forme

$$x\,f\left(\frac{y}{x}\right) = F(z).$$

En prenant pour variables indépendantes z et $\dfrac{y}{x} = u$, l'équation différentielle des lignes asymptotiques est

$$\sqrt{\frac{F''(z)}{F(z)}}\,dz = \pm\sqrt{\frac{f''(u)}{f(u)}}\,du,$$

et s'intègre par deux quadratures.

4° Une surface hélicoïde est représentée par les équations

$$x = \rho\cos\omega, \qquad y = \rho\sin\omega, \qquad z = f(\rho) + h\omega;$$

nous laissons au lecteur le soin de démontrer que l'équation différentielle des lignes asymptotiques est

$$\rho f''(\rho)\,d\rho^2 - 2h\,d\omega\,d\rho + \rho^2 f'(\rho)\,d\omega^2 = 0:$$

on en tire encore ω par une quadrature.

244. Lignes asymptotiques des surfaces réglées. — Toute surface réglée peut être représentée par des équations de la forme

$$x = x_0 + \alpha u, \qquad y = y_0 + \beta u, \qquad z = z_0 + \gamma u,$$

$x_0, y_0, z_0, \alpha, \beta, \gamma$ étant des fonctions du paramètre v. Lorsqu'on fait $u = 0$, le point (x_0, y_0, z_0) décrit une certaine courbe Γ sur la surface; au contraire, lorsque, v restant constant, on fait varier u, le point (x, y, z) décrit une génératrice rectiligne et la variable u est proportionnelle à la distance du point (x, y, z) au point (x_0, y_0, z_0) de la courbe Γ. Supposons, pour simplifier, qu'on prenne $K = \pm 1$ dans les formules (4); les expressions (15) et (16) montrent aussitôt que $D = 0$, que D' est indépendant de u, et enfin que D'' est un polynome en u du second degré au plus. En divisant le premier membre de l'équation (28) par le facteur dv qui correspond aux génératrices rectilignes, il reste, pour déterminer le second système de lignes asymptotiques, une équation différentielle de la forme

$$(32) \qquad \frac{du}{dv} + L u^2 + M u + N = 0,$$

L, M et N étant des fonctions de la variable v. Les équations de cette espèce jouissent de propriétés remarquables, qui seront établies plus tard. Ainsi on verra que *le rapport anharmonique de quatre intégrales quelconques est constant;* il en résulte que le rapport anharmonique des quatre points de rencontre d'une génératrice quelconque de la surface avec quatre lignes asymptotiques est constant, ce qui permet de trouver toutes ces lignes asymptotiques dès qu'on en connaît trois. On verra aussi que, lorsque l'on connaît une ou deux intégrales de l'équation (32), on peut trouver toutes les autres par deux quadratures ou une seule quadrature. Si toutes les génératrices de la surface rencontrent une droite fixe, cette droite est une ligne asymptotique du second système, et l'on aura toutes les autres par deux quadratures. Si la surface admet deux directrices rectilignes, on connaît deux lignes asymptotiques, et il semblerait qu'il faudra une quadrature pour avoir les autres. Mais on peut obtenir un résultat plus précis. En effet, étant donnée une surface réglée admettant deux directrices rectilignes, on peut effectuer une tranformation homographique

de façon que l'une de ces directrices s'éloigne à l'infini : la surface se
change en une surface conoïde, et nous avons remarqué (n° **243**)
que les lignes asymptotiques d'une surface conoïde se déterminent
sans aucune quadrature.

243. Lignes conjuguées. — On appelle *tangentes conjuguées*
en un point d'une surface S deux droites passant par ce point,
situées dans le plan tangent, et formant un système de diamètres
conjugués de l'indicatrice. A toute tangente de la surface correspond évidemment une tangente conjuguée qui coïncide avec la
première, si elle est une tangente asymptotique et dans ce cas seulement. Soient du et dv les paramètres directeurs d'une tangente
à la surface en coordonnées curvilignes ; la projection de cette
tangente sur le plan des xy a pour coefficient angulaire

$$\frac{\frac{\partial \varphi}{\partial u}\,du + \frac{\partial \varphi}{\partial v}\,dv}{\frac{\partial f}{\partial u}\,du + \frac{\partial f}{\partial v}\,dv},$$

de sorte que le rapport anharmonique de quatre tangentes en un
point $M(u, v)$ de la surface est égal au rapport anharmonique des
quatre valeurs correspondantes de $\frac{dv}{du}$. Soient (du, dv) et $(\delta u, \delta v)$
les paramètres directeurs de deux tangentes MT, MT', c et c' les
racines de l'équation

$$D + 2D'm + D''m^2 = 0$$

qui détermine les tangentes principales. Pour que MT et MT' soient
conjuguées, il faut et il suffit qu'on ait

$$\frac{dv - c\,du}{dv - c'\,du} + \frac{\delta v - c\,\delta u}{\delta v - c'\,\delta u} = 0.$$

Cette condition s'écrit, en chassant les dénominateurs et remplaçant cc', $c + c'$ par leurs valeurs,

$$(33) \qquad D\,du\,\delta u + D'(du\,\delta v + dv\,\delta u) + D''\,dv\,\delta v = 0.$$

En tenant compte des valeurs de D, D', D'', cette condition peut
encore s'écrire sous l'une ou l'autre des formes équivalentes

$$(34) \qquad dA\,\delta x + dB\,\delta y + dC\,\delta z = 0, \qquad \delta A\,dx + \delta B\,dy + \delta C\,dz = 0.$$

en posant, d'une façon générale,

$$dF = \frac{\partial F}{\partial u}\,du + \frac{\partial F}{\partial v}\,dv, \qquad \delta F = \frac{\partial F}{\partial u}\,\delta u + \frac{\partial F}{\partial v}\,\delta v.$$

Étant donnée une courbe Γ située sur la surface S, le plan tangent à cette surface tout le long de la courbe Γ enveloppe une surface développable qui est tangente à la surface S tout le long de Γ; *en chaque point* M *de* Γ, *la génératrice de cette développable est la tangente conjuguée de la tangente à* Γ.

En effet, quand on se déplace suivant la courbe Γ, x, y, z, A, B, C sont fonctions d'un paramètre variable α; la caractéristique du plan tangent est définie par les deux équations

$$(35) \qquad \begin{cases} A(X - x) + B(Y - y) + C(Z - z) = 0, \\ d A(X - x) + d B(Y - y) + d C(Z - z) = 0, \end{cases}$$

en ayant égard à la relation (5). La lettre d indique des différentielles prises par rapport à α; si les paramètres directeurs de cette caractéristique sont δx, δy, δz, la seconde des formules (35) donne la relation

$$dA\,\delta x + dB\,\delta y + dC\,\delta z = 0,$$

qui est identique à la relation (34); d'où résulte le théorème énoncé. En particulier, si la courbe Γ est une ligne asymptotique, la caractéristique coïncide avec la tangente elle-même à la courbe Γ, qui est par conséquent l'arête de rebroussement de la surface développable (*cf.* n° **243**).

On dit que deux familles de courbes de la surface, dont chacune dépend d'un paramètre variable, forment un *réseau conjugué*, lorsque les tangentes aux courbes des deux familles qui passent par un point quelconque de la surface y sont conjuguées. Il existe évidemment une infinité de réseaux conjugués, car on peut se donner arbitrairement une des deux familles de courbes, et les courbes de la seconde famille sont déterminées par une équation différentielle du premier ordre. Soit, en effet, $F(u, v) = K$ l'équation d'une famille de courbes dépendant d'un paramètre arbitraire K. De l'équation $dF = 0$, on déduit $\dfrac{dv}{du} = G(u, v)$, et l'équation (33) nous donne alors la valeur de $\dfrac{\delta v}{\delta u}$ en fonction de u et de v, c'est-à-dire une équation différentielle du premier ordre.

Comme exemple, cherchons la condition pour que les courbes $u = $ const., $v = $ const. forment un réseau conjugué. On peut prendre ici $du = 0$, $\delta v = 0$, et la condition (35) devient $D' = 0$, ou

$$\begin{vmatrix} \dfrac{\partial x}{\partial u} & \dfrac{\partial y}{\partial u} & \dfrac{\partial z}{\partial u} \\[2mm] \dfrac{\partial x}{\partial v} & \dfrac{\partial y}{\partial v} & \dfrac{\partial z}{\partial v} \\[2mm] \dfrac{\partial^2 x}{\partial u\, \partial v} & \dfrac{\partial^2 y}{\partial u\, \partial v} & \dfrac{\partial^2 z}{\partial u\, \partial v} \end{vmatrix} = 0.$$

On peut dire encore que cette condition exprime que x, y, z sont trois intégrales d'une équation de la forme

$$(36) \qquad \frac{\partial^2 \theta}{\partial u\, \partial v} = M \frac{\partial \theta}{\partial u} + N \frac{\partial \theta}{\partial v},$$

où M et N sont des fonctions quelconques de u et de v : il suffira donc de connaître trois intégrales distinctes d'une équation quelconque de cette forme pour avoir les équations d'une surface rapportée à un système conjugué. Si, par exemple, on prend $M = N = 0$, toute intégrale de l'équation (36) est la somme d'une fonction de u et d'une fonction de v : sur toute surface représentée par des équations de la forme

$$(37) \quad x = f(u) + f_1(v), \qquad y = \varphi(u) + \varphi_1(v), \qquad z = \psi(u) + \psi_1(v),$$

les courbes (u) et (v) forment un réseau conjugué.

Les surfaces de cette espèce sont appelées *surfaces de translation* : elles peuvent être engendrées de deux façons différentes par la translation d'une courbe de forme invariable Γ, dont un point décrit une autre courbe Γ''. Considérons, en effet, les quatre points M_0, M_1, M_2, M de la surface, correspondant respectivement aux valeurs (u_0, v_0), (u, v_0), (u_0, v), (u, v) des paramètres u, v. D'après les formules (37), ces quatre points sont les sommets d'un parallélogramme. Si, laissant v_0 fixe, on fait varier u, le point M_1 décrit une courbe Γ de la surface ; de même, si u_0 reste fixe et qu'on fasse varier v, le point M_2 décrit une autre courbe Γ' de la surface. On peut donc considérer cette surface comme engendrée par la courbe Γ animée d'un mouvement de translation dans lequel le point M_2 décrit Γ', ou par la courbe Γ' animée d'un mouvement de translation dans lequel le point M_1 décrit Γ. Il est évident, d'après ce mode de génération, que ces deux familles de courbes sont conjuguées ; par exemple, les tangentes aux diverses positions de Γ, en tous les points de Γ, forment un cylindre circonscrit à la surface tout le long de Γ. Les tangentes à ces courbes sont donc conjuguées.

246. Lignes de courbure. — On appelle *lignes de courbure* d'une surface S les lignes de cette surface qui sont tangentes en

chacun de leurs points à l'un des axes de l'indicatrice. Ces lignes
sont donc définies par l'équation différentielle obtenue plus haut.

$$(25) \qquad (D\,du + D'\,dv)(F\,du + G\,dv) - (D'\,du + D''\,dv)(E\,du + F\,dv) = 0,$$

qui donne toujours deux valeurs réelles pour $\dfrac{dv}{du}$. La théorie générale des équations différentielles prouve qu'en tout point ordinaire
de la surface (autre qu'un ombilic) il passe deux lignes de courbure et deux seulement, dont chacune est tangente à l'un des axes
de l'indicatrice. Sur toute surface réelle, autre qu'une sphère ou
un plan, il y a donc deux familles de lignes de courbure, qui
forment un réseau à la fois orthogonal et conjugué.

Les lignes de courbure peuvent encore être définies par la propriété suivante : ce sont *les lignes de la surface telles que les
normales à la surface aux différents points de l'une d'elles
forment une surface développable.*

Prenons, en effet, les équations de la normale

$$\frac{X - x}{A} = \frac{Y - y}{B} = \frac{Z - z}{C} ;$$

pour que cette droite engendre une surface développable, il faut
et il suffit qu'on ait (n° **215**)

$$(38) \qquad \begin{vmatrix} dx & dy & dz \\ A & B & C \\ dA & dB & dC \end{vmatrix} = 0,$$

ou, en développant les différentielles,

$$\begin{vmatrix} \dfrac{\partial x}{\partial u}\,du + \dfrac{\partial x}{\partial v}\,dv & \dfrac{\partial y}{\partial u}\,du + \dfrac{\partial y}{\partial v}\,dv & \dfrac{\partial z}{\partial u}\,du + \dfrac{\partial z}{\partial v}\,dv \\ A & B & C \\ \dfrac{\partial A}{\partial u}\,du + \dfrac{\partial A}{\partial v}\,dv & \dfrac{\partial B}{\partial u}\,du + \dfrac{\partial B}{\partial v}\,dv & \dfrac{\partial C}{\partial u}\,du + \dfrac{\partial C}{\partial v}\,dv \end{vmatrix} = 0.$$

Pour montrer l'identité de cette équation différentielle avec
l'équation (25), multiplions les éléments de la première colonne
par $\dfrac{\partial x}{\partial u}$, ceux de la seconde par $\dfrac{\partial y}{\partial u}$, ceux de la troisième par $\dfrac{\partial z}{\partial u}$, et
remplaçons les éléments de la première colonne par la somme des
produits correspondants. Après une combinaison analogue, où u

est remplacé par v, le déterminant devient, en tenant compte des valeurs de D, D′, D″ [formules (14) et (14′)].

$$\begin{vmatrix} E\,du + F\,dv & F\,du + G\,dv & \dfrac{\partial z}{\partial u}\,du + \dfrac{\partial z}{\partial v}\,dv \\[1em] 0 & 0 & C \\[1em] D\,du + D'\,dv & D'\,du + D''\,dv & \dfrac{\partial C}{\partial u}\,du + \dfrac{\partial C}{\partial v}\,dv \end{vmatrix} = 0;$$

on retrouve bien l'équation (25).

Ce résultat s'explique aisément au moyen des propriétés des développées des courbes gauches, et des tangentes conjuguées. Soit Γ une ligne de la surface S telle que la normale MN engendre une surface développable; si l'on fait tourner cette droite d'un angle droit autour du point M dans le plan normal à Γ, elle vient coïncider avec une droite MT′ du plan tangent, perpendiculaire à la tangente MT de la courbe Γ. La droite MT′ engendre aussi une surface développable, qui est circonscrite à S tout le long de Γ (n° **235**). Les droites MT, MT′ sont donc deux tangentes conjuguées : puisqu'elles sont orthogonales, ce sont les axes de l'indicatrice. La réciproque se démontre de la même façon.

Dans les applications, il est souvent commode de prendre l'équation différentielle des lignes de courbure sous la forme (38), car cette forme n'exige pas le calcul préalable des six coefficients E, F, G, D, D′, D″. Supposons, par exemple, qu'on ait une surface représentée par l'équation $z = F(x, y)$; les équations de la normale sont

$$(39)\qquad \begin{cases} X = -pZ + (x + pz), \\ Y = -qZ + (y + qz): \end{cases}$$

pour que cette droite engendre une surface développable, il faut et il suffit que les deux équations (n° **215**)

$$(40)\qquad -Z\,dp + d(x + pz) = 0, \qquad -Z\,dq + d(y + qz) = 0$$

soient vérifiées pour une même valeur de Z, c'est-à-dire qu'on ait

$$\frac{d(x + pz)}{dp} = \frac{d(y + qz)}{dq},$$

ou, plus simplement,

$$\frac{dx + p\,dz}{dp} = \frac{dy + q\,dz}{dq}.$$

En remplaçant dz, dp, dq par leurs expressions, on obtient l'équation différentielle

$$(41) \qquad \frac{(1+p^2)\,dx + pq\,dy}{r\,dx + s\,dy} = \frac{pq\,dx + (1+q^2)\,dy}{s\,dx + t\,dy},$$

qui est bien identique à l'équation $(25)'$ quand on remplace dx et dy par α et β respectivement.

1° Cherchons, par exemple, les lignes de courbure de l'hélicoïde

$$z = a \arctan \frac{y}{x}.$$

On peut poser ici

$$x = \rho \cos\theta, \qquad y = \rho \sin\theta, \qquad z = a\theta ;$$

les coefficients A, B, C doivent satisfaire aux deux relations

$$\mathrm{A} \cos\theta + \mathrm{B} \sin\theta = 0,$$
$$- \mathrm{A}\rho \sin\theta + \mathrm{B}\rho \cos\theta + \mathrm{C}a = 0.$$

Nous prendrons $\mathrm{C} = \rho$ et, par suite, $\mathrm{A} = a\sin\theta$, $\mathrm{B} = -a\cos\theta$.

L'équation différentielle (38) devient ici, en développant et réduisant les termes semblables,

$$d\rho^2 - (\rho^2 + a^2)\,d\theta^2 = 0.$$

On en tire

$$d\theta = \pm \frac{d\rho}{\sqrt{\rho^2 + a^2}} ;$$

si nous prenons, par exemple, le signe $+$, il vient en intégrant,

$$\rho + \sqrt{\rho^2 + a^2} = a\,e^{\theta - \theta_0},$$

et

$$\rho = \frac{a}{2} \left[e^{\theta - \theta_0} - e^{-(\theta - \theta_0)} \right].$$

Les projections de ces lignes de courbure sur le plan des xy sont des spirales toutes égales qu'il est facile de construire.

2° Cherchons encore les lignes de courbure du paraboloïde $z = \dfrac{xy}{a}$.

On a

$$p = \frac{y}{a}, \qquad q = \frac{x}{a}, \qquad r = t = 0, \qquad s = \frac{1}{a},$$

et l'équation différentielle (41) devient ici

$$(a^2 + y^2)\,dx^2 = (a^2 + x^2)\,dy^2.$$

On en tire

$$\frac{dx}{\sqrt{x^2 + a^2}} + \frac{dy}{\sqrt{y^2 + a^2}} = 0;$$

si nous prenons, par exemple, le signe $+$ devant les deux radicaux, l'intégrale générale est représentée par l'équation

$$\left(x + \sqrt{x^2 - a^2}\right)\left(y + \sqrt{y^2 - a^2}\right) = C,$$

qui donne l'un des systèmes de lignes de courbure. Si l'on pose

$$(42) \qquad \lambda = x\sqrt{y^2 - a^2} + y\sqrt{x^2 + a^2},$$

l'équation précédente peut encore s'écrire

$$\lambda + \sqrt{\lambda^2 + a^4} = C,$$

d'après l'identité

$$\left(x\sqrt{y^2 + a^2} + y\sqrt{x^2 + a^2}\right)^2 + a^4 = \left[xy + \sqrt{(x^2 + a^2)(y^2 + a^2)}\right]^2,$$

et il s'ensuit que les projections de l'un des systèmes de lignes de courbure sont représentées par l'équation (42), où λ désigne une constante arbitraire. On verrait de même que les projections des lignes de courbure de l'autre système sont représentées par l'équation

$$(43) \qquad x\sqrt{y^2 + a^2} - y\sqrt{x^2 + a^2} = \mu.$$

En tenant compte de l'équation du paraboloïde $xy = az$, les relations (42) et (43) peuvent encore s'écrire

$$\sqrt{x^2 + z^2} + \sqrt{y^2 + z^2} = C, \qquad \sqrt{x^2 + z^2} - \sqrt{y^2 + z^2} = C';$$

or

$$\sqrt{x^2 + z^2} \quad \text{et} \quad \sqrt{y^2 + z^2}$$

représentent les distances du point (x, y, z) aux deux axes Oy et Ox respectivement. Les lignes de courbure du paraboloïde sont donc *des courbes telles que la somme ou la différence des distances de l'un quelconque de leurs points aux deux axes Ox et Oy est constante.*

247. Développée d'une surface. — Soit C une ligne de courbure de la surface S : lorsque le point M décrit la courbe C, la normale MN à la surface reste tangente à une courbe Γ. Appelons A le point de contact, et soient X, Y, Z ses coordonnées : la coordonnée Z est donnée par l'une quelconque des équations (40), qui se réduisent à une seule, puisque C est une ligne de courbure.

Ces équations (40) peuvent s'écrire

$$Z - z = \frac{(1 + p^2)\, dx + pq\, dy}{r\, dx + s\, dy} = \frac{pq\, dx + (1 + q^2)\, dy}{s\, dx + t\, dy};$$

on obtient encore une fraction équivalente à ces deux-là en multipliant les deux termes du premier rapport par dx, les deux termes du second par dy, et les combinant par voie d'addition, ce qui donne

$$Z - z = \frac{dx^2 + dy^2 + (p\, dx + q\, dy)^2}{r\, dx^2 + 2s\, dx\, dy + t\, dy^2}.$$

Mais dx, dy, dz sont proportionnels aux cosinus directeurs α, β, γ de la tangente, et l'on a encore

$$Z - z = \frac{\alpha^2 + \beta^2 + (p\alpha + q\beta)^2}{r\alpha^2 + 2s\alpha\beta + t\beta^2} = \frac{1}{r\alpha^2 + 2s\alpha\beta + t\beta^2}.$$

Si nous comparons cette formule à la formule (13), qui donne le rayon de courbure R, pris avec son signe, de la section normale tangente à la ligne de courbure, on voit que la relation précédente peut s'écrire

$$(14) \qquad Z - z = \frac{R}{\sqrt{1 + p^2 + q^2}} = R\nu,$$

ν étant le cosinus de l'angle aigu que fait la direction positive de la normale avec Oz. Mais $z + R\nu$ est précisément égal à la valeur de Z pour le centre de courbure de cette section normale. Il s'ensuit que *le point de contact* A *de la normale* MN *avec son enveloppe* Γ *coïncide avec le centre de courbure de la section normale principale tangente à* C. La courbe Γ est donc le lieu même de ces centres de courbure. Si l'on considère toutes les lignes de courbure du même système que la ligne C, le lieu des courbes Γ correspondantes est une surface Σ à laquelle toutes les normales de S restent tangentes. Car la normale MN, par exemple, est tangente en A à la courbe Γ située sur Σ.

Considérons maintenant la seconde ligne de courbure C′ passant par M et coupant orthogonalement la première C. La normale à la surface S le long de C′ reste de même tangente à une courbe Γ' qui est le lieu des centres de courbure des sections normales tangentes à C′. Le lieu de cette courbe Γ' pour l'ensemble des lignes de courbure du même système que C′ est une surface Σ' à laquelle sont tangentes toutes les normales de S. Les deux surfaces Σ, Σ' ne sont pas, en général, analytiquement distinctes, mais constituent deux nappes d'une seule surface représentée par une équation indécomposable.

La normale MN à la surface S est tangente à ces deux nappes Σ et Σ', aux deux centres de courbure principaux A et A' de la surface S au point M. Il est facile de trouver les plans tangents à ces deux nappes aux points A et A' (*fig.* 43). Lorsque le point M décrit la

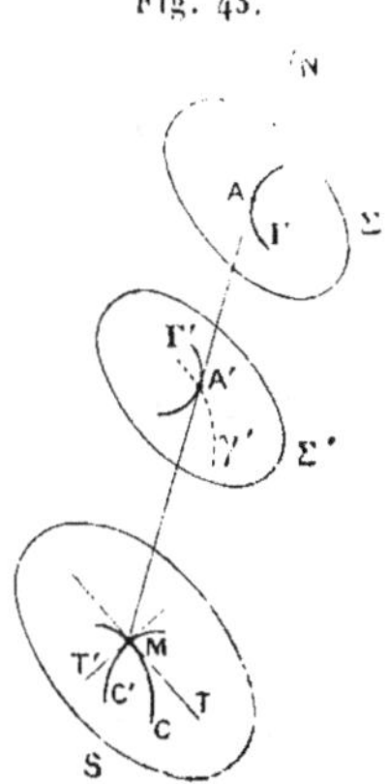

Fig. 43.

courbe C, la normale MN engendre une surface développable D ayant Γ pour arête de rebroussement; d'autre part, le point de contact A' de cette normale MN avec Σ' décrit une courbe γ' distincte de Γ', car la droite MN ne peut rester tangente à la fois aux deux courbes Γ' et Γ''. La développable D et la surface Σ' sont donc tangentes au point A', et, par suite, le plan tangent en A' à Σ' est tangent à la développable D le long de MN; c'est donc le plan NMT. passant par la tangente à C. On verrait de même que le plan tangent à la surface Σ au point A est le plan NMT' passant par la tangente à la seconde ligne de courbure C'.

Les deux plans NMT, NMT' sont rectangulaires, ce qui conduit à une propriété importante de la développée. Imaginons que d'un point quelconque O de l'espace on abaisse une normale OM sur la surface S, et soient A et A' les centres de courbure principaux de S sur cette normale. Les plans tangents aux points A et A' aux deux nappes Σ, Σ' de la développée sont orthogonaux ; comme ces plans tangents passent au point O, on voit que *les deux nappes de la développée d'une surface S, vues d'un point quelconque O de l'espace, paraissent se couper à angle droit.* La réciproque de cette propriété sera démontrée plus loin.

248. Formules d'Olinde Rodrigues. — Désignons toujours par λ, μ, ν les cosinus directeurs de la normale à la surface, par R un rayon de courbure principal ; les coordonnées du centre de courbure correspondant sont

$$(45) \qquad X = x + R\lambda, \qquad Y = y + R\mu, \qquad Z = z + R\nu.$$

Lorsque le point (x, y, z) décrit la ligne de courbure tangente à la section normale dont le rayon de courbure est R, ce centre de courbure décrit, nous venons de le voir, une courbe Γ tangente à la normale MN de S. On doit donc avoir

$$\frac{dX}{\lambda} = \frac{dY}{\mu} = \frac{dZ}{\nu},$$

ou, en remplaçant X, Y, Z par les valeurs (45),

$$\frac{dx + R\,d\lambda}{\lambda} = \frac{dy + R\,d\mu}{\mu} = \frac{dz + R\,d\nu}{\nu} ;$$

la valeur commune de ces rapports est zéro, car si on les combine par addition après avoir multiplié les deux termes du premier par λ, ceux du deuxième par μ, ceux du troisième par ν, on a un rapport équivalent dont le dénominateur est l'unité, tandis que le numérateur

$$\lambda\,dx + \mu\,dy + \nu\,dz + R(\lambda\,d\lambda + \mu\,d\mu + \nu\,d\nu)$$

est identiquement nul. Nous obtenons ainsi les formules d'Olinde Rodrigues

$$(46) \qquad dx + R\,d\lambda = 0, \qquad dy + R\,d\mu = 0, \qquad dz + R\,d\nu = 0,$$

qui jouent un rôle important dans la théorie des surfaces. Bien entendu, ces formules ne s'appliquent qu'à un déplacement du point (x, y, z) sur une ligne de courbure.

Remarque. — On peut aussi se servir des propriétés de la

développée d'une surface pour former l'équation aux rayons de courbure principaux. Remplaçons, dans les formules (15), λ, μ, ν par les valeurs (8), et posons $R = \rho\sqrt{A^2 + B^2 + C^2}$; elles deviennent

$$X = x - \rho A, \qquad Y = y - \rho B, \qquad Z = z - \rho C.$$

Puisque le point X, Y, Z décrit une courbe tangente à la normale à la surface S, lorsque le point (x, y, z) décrit une ligne de courbure, on doit avoir

$$\frac{dx - \rho\,dA - A\,d\rho}{A} = \frac{dy - \rho\,dB - B\,d\rho}{B} = \frac{dz - \rho\,dC - C\,d\rho}{C},$$

ou, en appelant $-d\rho + K$ la valeur commune de ces rapports,

$$(47) \quad dx - \rho\,dA - AK = 0, \quad dy - \rho\,dB - BK = 0, \quad dz - \rho\,dC - CK = 0.$$

En éliminant ρ et K entre ces trois relations, on retrouve l'équation différentielle (38) des lignes de courbure; mais si l'on remplace dx, dy, dz, dA, dB, dC par

$$\frac{\partial x}{\partial u}\,du + \frac{\partial x}{\partial v}\,dv, \quad \ldots, \quad \frac{\partial C}{\partial u}\,du + \frac{\partial C}{\partial v}\,dv,$$

puis qu'on élimine du, dv, K, on parvient à une équation en ρ

$$(48) \quad \begin{vmatrix} \dfrac{\partial x}{\partial u} - \rho\dfrac{\partial A}{\partial u} & \dfrac{\partial x}{\partial v} - \rho\dfrac{\partial A}{\partial v} & A \\[2mm] \dfrac{\partial y}{\partial u} - \rho\dfrac{\partial B}{\partial u} & \dfrac{\partial y}{\partial v} - \rho\dfrac{\partial B}{\partial v} & B \\[2mm] \dfrac{\partial z}{\partial u} - \rho\dfrac{\partial C}{\partial u} & \dfrac{\partial z}{\partial v} - \rho\dfrac{\partial C}{\partial v} & C \end{vmatrix} = 0.$$

Des transformations tout à fait pareilles à celles du n° 246 permettent de vérifier l'identité de cette équation avec l'équation (24), mais l'équation (48) n'exige pas le calcul préalable de E, F, G, D, D', D''.

Cherchons encore, comme application, les rayons de courbure principaux de l'hélicoïde gauche à plan directeur. On a, dans ce cas, en modifiant un peu les notations employées plus haut.

$$x = u\cos v, \qquad y = u\sin v, \qquad z = av.$$
$$A = a\sin v, \qquad B = -a\cos v, \qquad C = u.$$

et l'équation (48) se réduit à

$$a^2 \rho^2 = a^2 + u^2.$$

d'où l'on tire $R = \pm \dfrac{a^2 - u^2}{a}$. *Les rayons de courbure principaux de l'hélicoïde sont donc égaux en valeur absolue et de signes contraires.*

249. Théorème de Joachimsthal. — On peut quelquefois trouver par des considérations géométriques les lignes de courbure de certaines surfaces. Ainsi, il est à peu près évident que les lignes de courbure d'une surface de révolution sont les méridiens et les parallèles de cette surface, car ces courbes sont tangentes en chacun de leurs points à l'un des axes de l'indicatrice. Comme vérification, nous remarquerons que les normales le long d'un méridien forment un plan, et les normales le long d'un parallèle un cône de révolution, c'est-à-dire des surfaces développables.

Sur une surface développable, une première famille de lignes de courbure est formée des génératrices. La seconde famille se compose des trajectoires orthogonales des génératrices, c'est-à-dire des développantes de l'arête de rebroussement (n° **235**); elles s'obtiennent par une quadrature. Si l'on connaît l'une d'elles, on peut en déduire toutes les autres sans quadrature. Tous ces résultats sont faciles à vérifier par le calcul.

La théorie des développées d'une courbe gauche a conduit Joachimsthal à un théorème important, souvent utilisé dans cette théorie. Soient S, S' deux surfaces se coupant suivant une courbe C, ligne de courbure pour chacune d'elles: la normale MN à la surface S le long de C engendre une surface développable, et la normale MN' à la surface S' le long de C engendre une autre surface développable. Or, ces deux droites sont normales l'une et l'autre à la courbe C. Par suite, *si deux surfaces ont une ligne de courbure commune, elles se coupent sous un angle constant tout le long de cette ligne* (n° **235**).

Réciproquement, *si deux surfaces se coupent sous un angle constant, et si la courbe d'intersection est une ligne de courbure pour l'une d'elles, elle est aussi une ligne de courbure pour la seconde.* On sait en effet que, si une famille de normales à une courbe gauche C engendre une surface développable, il en est de même des normales obtenues en faisant tourner chacune d'elles d'un angle constant dans le plan normal à C.

Toute courbe plane ou sphérique est une ligne de courbure du plan ou de la sphère. On déduit donc du théorème de Joachimsthal le corollaire suivant : *Pour qu'une courbe plane ou sphérique située sur une surface soit une ligne de courbure de cette surface, il faut et il suffit que la surface coupe le plan ou la sphère sous un angle constant.*

250. Théorème de Dupin. — Nous avons déjà parlé à diverses reprises des systèmes triples orthogonaux (nᵒˢ **68**, **147**). L'origine de cette théorie remonte à un théorème célèbre, dû à Dupin, que nous allons établir :

Étant données trois familles de surfaces formant un système triple orthogonal, l'intersection de deux surfaces de familles différentes est une ligne de courbure pour chacune d'elles.

Supposons les coordonnées rectangulaires x, y, z d'un point de l'espace exprimées au moyen des trois paramètres u, v, w, de façon que les trois familles de surfaces (u), (v), (w) forment un système triple orthogonal. Les conditions d'orthogonalité sont exprimées par les trois relations (nᵒ **68**)

$$(49) \qquad S\frac{\partial x}{\partial v}\frac{\partial x}{\partial w} = 0, \qquad S\frac{\partial x}{\partial w}\frac{\partial x}{\partial u} = 0, \qquad S\frac{\partial x}{\partial u}\frac{\partial x}{\partial v} = 0.$$

En différentiant ces relations par rapport à u, v, w respectivement, il vient

$$S\frac{\partial x}{\partial v}\frac{\partial^2 x}{\partial u\,\partial w} + S\frac{\partial x}{\partial w}\frac{\partial^2 x}{\partial u\,\partial v} = 0, \qquad S\frac{\partial x}{\partial w}\frac{\partial^2 x}{\partial u\,\partial v} + S\frac{\partial x}{\partial u}\frac{\partial^2 x}{\partial v\,\partial w} = 0,$$

$$S\frac{\partial x}{\partial u}\frac{\partial^2 x}{\partial v\,\partial w} + S\frac{\partial x}{\partial v}\frac{\partial^2 x}{\partial u\,\partial w} = 0;$$

d'où l'on déduit, par des combinaisons faciles,

$$(50) \qquad S\frac{\partial x}{\partial u}\frac{\partial^2 x}{\partial v\,\partial w} = 0, \qquad S\frac{\partial x}{\partial v}\frac{\partial^2 x}{\partial u\,\partial w} = 0, \qquad S\frac{\partial x}{\partial w}\frac{\partial^2 x}{\partial u\,\partial v} = 0.$$

L'élimination des dérivées $\dfrac{\partial x}{\partial w}$, $\dfrac{\partial y}{\partial w}$, $\dfrac{\partial z}{\partial w}$ entre les deux premières équations (49) et la dernière équation (50) conduit à la condition

$$\begin{vmatrix} \dfrac{\partial x}{\partial u} & \dfrac{\partial y}{\partial u} & \dfrac{\partial z}{\partial u} \\[2mm] \dfrac{\partial x}{\partial v} & \dfrac{\partial y}{\partial v} & \dfrac{\partial z}{\partial v} \\[2mm] \dfrac{\partial^2 x}{\partial u\, \partial v} & \dfrac{\partial^2 y}{\partial u\, \partial v} & \dfrac{\partial^2 z}{\partial u\, \partial v} \end{vmatrix} = 0,$$

qui exprime que, sur une surface (uv), les courbes $u = C$, $v = C'$ forment un réseau conjugué. Ce réseau, étant à la fois orthogonal et conjugué, est donc composé des lignes de courbure, ce qui démontre le théorème énoncé.

Un exemple bien remarquable de système triple orthogonal est fourni par les surfaces homofocales du second degré (n° **148**), dont l'étude a sans doute conduit Dupin au théorème général. Il résulte de ce théorème que les lignes de courbure d'un ellipsoïde ou d'un hyperboloïde (qui avaient déjà été obtenues par Monge) sont les courbes d'intersection de cette surface et des surfaces du second degré homofocales à celle-là.

Les paraboloïdes représentés par l'équation

$$\frac{y^2}{p-\lambda} + \frac{z^2}{q-\lambda} = 2x - \lambda,$$

où λ est un paramètre variable, forment aussi un système triple orthogonal, ce qui nous donne les lignes de courbure du paraboloïde. Citons encore le système triple rencontré plus haut (n° **246**)

$$\frac{xy}{z} = \alpha, \qquad \sqrt{x^2-z^2} - \sqrt{y^2+z^2} = \beta, \qquad \sqrt{x^2+z^2} - \sqrt{y^2+z^2} = \gamma.$$

La recherche des systèmes triples orthogonaux est un des problèmes les plus intéressants et les plus difficiles de la Géométrie infinitésimale. Il a fait l'objet d'un grand nombre de Mémoires dont on trouvera les résultats résumés dans un récent Ouvrage de M. Darboux ([1]). Une surface quelconque S appartient à une infinité de systèmes triples orthogonaux; l'un de ces systèmes est formé par les surfaces parallèles à S et par les deux familles de surfaces développables engendrées par les normales à S le long des lignes de courbure de cette surface. Soient, en effet, O un

____

([1]) *Leçons sur les systèmes orthogonaux et les coordonnées curvilignes.* 1910.

point quelconque de la normale MN à la surface S au point M, MT et MT' les tangentes aux deux lignes de courbure C, C' passant en M. La surface parallèle à S qui passe au point O a son plan tangent parallèle au plan tangent en M à S; les surfaces développables engendrées par les normales le long de la courbe C ou de la courbe C' ont pour plans tangents les plans NMT et NMT' respectivement. Ces trois plans sont bien orthogonaux deux à deux.

De tout système triple orthogonal on peut déduire une infinité d'autres systèmes analogues, au moyen de la transformation par rayons vecteurs réciproques, puisque cette transformation conserve les angles. Puisque toute surface, nous venons de le voir, fait partie d'un système triple orthogonal, on en conclut, ce qu'il est aisé de vérifier, que, dans toute transformation par rayons vecteurs réciproques, *les lignes de courbure de la surface transformée sont les transformées des lignes de courbure de la surface primitive.*

251. Torsion géodésique. — Les propriétés des lignes de courbure se rattachent à un élément géométrique important, qui dépend des dérivées du troisième ordre. D'après une formule antérieure de la théorie des courbes gauches (n° 235), on a la relation

$$(51) \qquad \frac{1}{T} - \frac{d\theta}{ds} = H = \begin{vmatrix} \dfrac{d\lambda}{ds} & \dfrac{d\mu}{ds} & \dfrac{d\nu}{ds} \\ \lambda & \mu & \nu \\ \alpha & \beta & \gamma \end{vmatrix},$$

α, β, γ étant les cosinus directeurs de la tangente à une courbe quelconque Γ située sur une surface S; λ, μ, ν étant les cosinus directeurs de la normale à cette surface, θ l'angle de la normale à la surface avec la normale principale de Γ, compté comme au n° 235, T le rayon de torsion de Γ. Les coordonnées x, y, z d'un point de S étant exprimées au moyen de deux paramètres u, v, les cosinus λ, μ, ν sont aussi des fonctions de u, v, et tous les éléments du déterminant H s'expriment au moyen de u, v, $\dfrac{dv}{du}$. L'expression $\dfrac{1}{T} - \dfrac{d\theta}{ds}$ *a donc la même valeur pour toutes les courbes Γ de la surface qui sont tangentes au point (u, v).* M. O. Bonnet, auquel est dû cet important résultat, a donné à cet élément le nom de *torsion géodésique.* Pour étudier la variation de la torsion géodésique avec la position de la tangente, prenons pour axes des x et des y les deux axes de l'indicatrice, de façon que la surface soit représentée par l'équation

$$z = \frac{x^2}{2R} + \frac{y^2}{2R'} \cdots \cdots$$

Pour une courbe Γ de la surface passant par l'origine, et dont la tangente fait un angle ω avec l'axe des x, on a, à l'origine, $\alpha = \cos\omega$, $\beta = \sin\omega$, $\gamma = 0$, $\lambda = \mu = 0$, $\nu = 1$, $\dfrac{d\lambda}{ds} = \dfrac{\cos\omega}{R}$, $\dfrac{d\mu}{ds} = \dfrac{\sin\omega}{R'}$, et la formule (51) devient

$$(51\,bis) \qquad \frac{1}{T} - \frac{d\theta}{ds} = \left(\frac{1}{R} - \frac{1}{R'} \right) \sin\omega \cos\omega.$$

Cette formule, qui complète la formule d'Euler, montre que la torsion géodésique est nulle si la courbe Γ est tangente à l'un des axes de l'indicatrice, et dans ce cas seulement. Les lignes de courbure peuvent donc être définies comme *les lignes de la surface dont la torsion géodésique est nulle en chaque point;* ce qui résulte d'ailleurs de la formule (51), puisqu'en égalant le second membre à zéro, on obtient l'équation différentielle de ces lignes. Remarquons encore que, quand on change ω en $\omega + \dfrac{\pi}{2}$, dans la formule $(51)^{bis}$, le second membre change de signe; par conséquent, *la somme des torsions géodésiques de deux courbes orthogonales de la surface est nulle au point d'intersection.*

Lorsque deux surfaces S, S' se coupent sous un angle constant suivant une courbe Γ, la différence $\theta - \theta'$ est constante le long de cette ligne, et par suite la torsion géodésique de Γ est la même sur les deux surfaces. Le théorème de Joachmisthal est une application immédiate de cette remarque. Les propriétés de la torsion géodésique conduisent aussi très simplement au théorème de Dupin. Soient S_1, S_2, S_3 trois surfaces passant par un point M de l'espace, et appartenant respectivement aux trois familles d'un système triple orthogonal. Soient Γ_1 l'intersection de S_2 et de S_3, Γ_2 l'intersection de S_3 et de S_1, Γ_3 l'intersection de S_1 et de S_2. Les surfaces S_2 et S_3 étant orthogonales le long de Γ_1, la torsion géodésique de Γ_1 est la même sur les deux surfaces; désignons-la par τ_1. Les lettres τ_2 et τ_3 ayant des significations analogues pour les courbes Γ_2 et Γ_3, les valeurs de ces torsions géodésiques au point M vérifient les relations $\tau_1 + \tau_2 = 0$, $\tau_2 + \tau_3 = 0$, $\tau_3 - \tau_1 = 0$. car les courbes Γ_1 et Γ_2, par exemple, de la surface S_3 sont orthogonales. On a donc $\tau_1 = \tau_2 = \tau_3 = 0$. au point commun M. Les tangentes aux courbes Γ_1, Γ_2, Γ_3, au point M, sont, dans chacun des plans tangents, les axes de l'indicatrice de la surface S_i correspondante. Comme le point M est un point quelconque de l'espace, les courbes Γ_i sont bien des lignes de courbure pour les deux surfaces S_k auxquelles elles appartiennent [1].

---

[1] Les théorèmes de Meusnier et de Bonnet ne constituent pas des propriétés spéciales aux lignes tracées sur une surface. Ces propriétés s'étendent à toutes les courbes Γ qui satisfont à une relation de la forme

$$A\, dx + B\, dy + C\, dz = 0,$$

A, B, C étant des fonctions de x, y, z. Il existe une infinité de courbes de cette

252. Application à quelques classes de surfaces. — On s'est proposé un grand nombre de problèmes sur la détermination des surfaces dont les lignes de courbure satisfont à des conditions géométriques données à l'avance. Nous indiquerons quelques-uns des résultats les plus simples.

Cherchons d'abord toutes les surfaces dont les lignes de courbure de l'un des systèmes sont des cercles. D'après le théorème de Joachimsthal, le plan du cercle doit couper la surface sous un angle constant; il s'ensuit que les normales à la surface en tous les points du cercle C doivent rencontrer l'axe du cercle (c'est-à-dire la perpendiculaire élevée par son centre sur le plan du cercle), en un même point O. La sphère décrite du point O comme centre et passant par C est tangente à la surface tout le long de C; la surface considérée est donc l'enveloppe d'une sphère dépendant d'*un* paramètre variable. Inversement, toute surface enveloppe de sphères répond à la question, car les caractéristiques, qui sont des cercles, forment évidemment une première famille de lignes de courbure.

Les surfaces de révolution sont évidemment un cas particulier. Un autre cas intéressant est celui des *surfaces canaux*, ou surfaces enveloppes d'une sphère de rayon constant R dont le centre décrit une courbe arbitraire Γ. Les caractéristiques sont les cercles de rayon R dont le centre décrit Γ et dont le plan reste normal à Γ. Les normales à la surface sont aussi normales à la courbe Γ: on obtiendra donc les lignes de courbure du second système en prenant les traces sur la surface des développables engendrées par les normales à Γ.

Si les deux systèmes de lignes de courbure d'une surface sont des cercles, cette surface peut, d'après cela, être considérée de deux manières différentes comme l'enveloppe d'une sphère dépendant d'un paramètre variable. Soient S_1, S_2, S_3 trois sphères quelconques du même système, C_1, C_2, C_3 les caractéristiques correspondantes, et M_1, M_2, M_3 les points de

---

espèce, dépendant d'une fonction arbitraire, car on peut se donner y en fonction de x, $y = f(x)$, par exemple, et z est déterminée par une équation différentielle du premier ordre. Les tangentes aux courbes Γ qui passent par un point de l'espace sont situées dans le plan P, normal à la droite Δ dont les paramètres directeurs sont A, B, C. *Pour toutes les courbes de cette espèce, ayant la même tangente en un point, les deux expressions* $\dfrac{\cos\theta}{R}$, $\dfrac{1}{T} - \dfrac{d\theta}{ds}$ *ont la même valeur.*

R, T ayant la signification habituelle, et θ étant l'angle que fait la droite Δ avec la normale principale à Γ.

Nous pouvons supposer en effet que A, B, C sont les cosinus directeurs de la normale au plan P, et il est évident que le terme $\dfrac{dA\,dx + dB\,dy + dC\,dz}{ds}$ de la formule (6), ainsi que le déterminant H de la formule (51) ne dépendent que de x, y, z, $\dfrac{dx}{ds}$, $\dfrac{dy}{ds}$, $\dfrac{dz}{ds}$.

rencontre de C_1, C_2, C_3 avec une ligne de courbure C' du second système. La sphère S' tangente à la surface en tous les points du cercle C' est aussi tangente aux trois sphères S_1, S_2, S_3 aux points M_1, M_2, M_3; de sorte que *la surface cherchée est l'enveloppe d'une sphère variable qui reste tangente à trois sphères fixes.* Cette surface bien connue est la *cyclide de Dupin.* M. Mannheim a démontré d'une façon élégante qu'elle était la transformée d'un tore par rayons vecteurs réciproques. Soit γ le cercle orthogonal aux trois sphères S_1, S_2, S_3; si l'on effectue une transformation par rayons vecteurs réciproques en prenant pour pôle un point de γ, ce cercle se change en une ligne droite OO', et les sphères S_1, S_2, S_3 se changent respectivement en trois sphères Σ_1, Σ_2, Σ_3 orthogonales à la ligne droite OO', ayant par conséquent leurs centres sur cette droite. Soient C'_1, C'_2, C'_3 les sections de ces sphères par un plan passant par OO', C' un cercle tangent à C'_1, C'_2, C'_3 et Σ' la sphère admettant C' pour grand cercle. Il est clair que, dans un mouvement de rotation autour de OO', la sphère Σ' reste tangente aux trois sphères Σ_1, Σ_2, Σ_3, et l'enveloppe de Σ est le tore ayant pour méridienne le cercle C'.

Proposons-nous encore de déterminer les surfaces dont les lignes de courbure de l'un des systèmes sont des courbes planes situées dans des plans parallèles. Prenons pour plan des xy un plan parallèle aux plans des lignes de courbure, et soit

$$x \cos \alpha + y \sin \alpha = F(\alpha, z)$$

l'équation tangentielle de la section plane faite dans la surface par un plan parallèle au plan des xy; $F(\alpha, z)$ est une fonction des deux variables α et z qui dépend de la surface considérée. Les coordonnées x, y d'un point de la surface s'obtiendront en joignant à l'équation précédente la relation

$$- x \sin \alpha + y \cos \alpha = \frac{\partial F}{\partial \alpha}.$$

Les formules qui donnent x, y, z sont donc les suivantes :

$$(52) \quad x = F \cos \alpha - \frac{\partial F}{\partial \alpha} \sin \alpha, \qquad y = F \sin \alpha + \frac{\partial F}{\partial \alpha} \cos \alpha, \qquad z = z;$$

toute surface peut être représentée par des équations de cette forme, en choisissant convenablement la fonction $F(\alpha, z)$. Il n'y aurait exception que pour les surfaces réglées admettant le plan $z = 0$ comme plan directeur.

Un calcul facile donne, pour les coefficients A, B, C de l'équation du plan tangent,

$$\mathrm{A} = \cos \alpha, \qquad \mathrm{B} = \sin \alpha, \qquad \mathrm{C} = - \frac{\partial F}{\partial z},$$

de sorte que le cosinus de l'angle que fait la normale avec Oz a pour expression

$$\gamma = \frac{-F'_z}{\sqrt{1+F'^2_z}}.$$

Pour que les sections planes, situées dans les plans parallèles au plan xOy, soient lignes de courbure, il faut et il suffit, d'après le théorème de Joachimsthal, que ces plans coupent la surface sous un angle constant, c'est-à-dire que γ soit indépendant de z. Il faut et il suffit pour cela que F'_z ne dépende que de la variable z, et par suite que $F(x, z)$ soit de la forme

$$F(x, z) = \varphi(z) + \psi(x),$$

les fonctions φ et ψ étant arbitraires. Les formules (52) deviennent alors

$$(53) \qquad \begin{cases} x = \psi(x)\cos\alpha - \psi'(x)\sin\alpha + \varphi(z)\cos\alpha, \\ y = \psi(x)\sin\alpha + \psi'(x)\cos\alpha + \varphi(z)\sin\alpha, \\ z = z; \end{cases}$$

on obtient ainsi les surfaces les plus générales répondant à la question.

On peut donner de ces surfaces la génération suivante. Les deux premières des équations (53) représentent, quand on y considère z comme constant et α comme variable, une famille de courbes qui sont les projections sur le plan $z = 0$ des sections de la surface par des plans parallèles au plan des xy. Or, ces différentes courbes sont toutes parallèles à la courbe obtenue en faisant $\varphi(z) = 0$; d'où l'on déduit la construction suivante : *on prend, dans le plan $z = 0$, une courbe arbitraire et les différentes courbes parallèles à celle-là, puis on déplace chacune de ces courbes, suivant une loi arbitraire, parallèlement à Oz: la surface engendrée par les différentes positions de la courbe variable est la surface la plus générale répondant à la question.*

Ce mode de génération peut être, comme on le voit aisément, remplacé par le suivant : *Les surfaces demandées sont engendrées par une courbe plane de forme arbitraire dont le plan roule sans glisser sur un cylindre à base quelconque.* Ce sont donc des *surfaces moulures.*

On le vérifie facilement sur les formules (53) en étudiant les courbes planes $\alpha = \text{const.}$ Les deux familles de lignes de courbure sont précisément les courbes planes $z = C$ et $\alpha = C$.

253. Représentation sphérique. — Soit Σ une surface ou portion de surface, ayant deux côtés distincts (n° 138). Choisissons un de ces côtés en particulier, et considérons en chaque point M la direction MN de la normale qui correspond à ce côté. Puis menons, par le centre O d'une sphère S, dont on suppose le rayon égal à l'unité de longueur, une demi-droite parallèle à la direction positive MN de la normale à Σ. Cette demi-droite perce la sphère S en un point m qu'on fait correspondre au point M de Σ. A chaque point M de Σ correspond ainsi un point déterminé m de S; les plans tangents sont parallèles aux points correspondants et si l'on adopte, comme direction positive de la normale à la sphère, la direction qui va vers l'extérieur, les directions positives des normales aux deux surfaces sont aussi les mêmes. A chaque courbe C de Σ correspond une courbe c de S, qui est *l'image sphérique* de C.

La tangente mt en un point m de c est perpendiculaire à la tangente conjuguée sur Σ de la tangente MT à la courbe C au point correspondant M.

Soient, en effet, M et M' deux points voisins de C; m et m' les points correspondants de c, D la droite d'intersection des plans tangents à la surface Σ aux points M et M', d la droite d'intersection des plans tangents à la sphère aux points m et m'. Ces plans étant parallèles deux à deux, il est clair que d est parallèle à D. Lorsque le point M' se rapproche indéfiniment du point M, la droite D a pour position limite la tangente MT' à Σ, conjuguée de la tangente MT à C (n° 245). De même d a pour limite la tangente conjuguée de mt sur la sphère, soit mt'. Mais mt' est perpendiculaire à mt, puisque l'indicatrice en un point quelconque d'une sphère est un cercle; d'ailleurs mt' est aussi parallèle à MT', ce qui démontre la proposition énoncée.

Pour que les droites MT, mt soient parallèles, il faut et il suffit que MT soit perpendiculaire à sa tangente conjuguée, c'est-à-dire que MT soit un des axes de l'indicatrice de Σ. On voit donc que *la tangente à une ligne de courbure de Σ et la tangente à son image sphérique sont parallèles aux points correspondants.* De plus, les lignes de courbure sont les seules courbes de Σ jouissant de cette propriété.

Ce résultat est à rapprocher des formules d'Olinde Rodrigues. En effet, si l'on a pris pour origine le centre de la sphère S, les coordonnées du point m sont précisément les cosinus directeurs λ, μ, ν de la direction positive de la normale, et, en écrivant que les tangentes aux deux courbes C et c, décrites par le point $M(x, y, z)$ et le point $m(\lambda, \mu, \nu)$, sont parallèles, on est conduit aux relations

$$\frac{dx}{d\lambda} = \frac{dy}{d\mu} = \frac{dz}{d\nu}$$

qui sont bien d'accord avec les formules (46).

Considérons sur la surface Σ un élément d'aire infiniment petit $d\sigma$, autour d'un point M de cette surface, et soit $d\sigma'$ l'élément correspondant de l'aire de la sphère. Pour calculer le rapport $\dfrac{d\sigma'}{d\sigma}$, nous n'avons qu'à appliquer le calcul du n° 144, en observant que, dans le cas actuel, les normales aux deux surfaces étant parallèles, le rapport $\dfrac{d\sigma'}{d\sigma}$ est égal au rapport des éléments $\dfrac{d\omega'}{d\omega}$ de deux éléments du plan des xy. Supposons que dans le voisinage du point M la surface Σ soit représentée par une équation $z = f(x, y)$, et qu'on prenne pour direction positive de la normale celle qui fait un angle aigu avec Oz. Les coordonnées du point m sont alors

$$x' = \frac{-p}{\sqrt{1 + p^2 + q^2}}, \qquad y' = \frac{-q}{\sqrt{1 + p^2 + q^2}}, \qquad z = \frac{1}{\sqrt{1 + p^2 + q^2}}$$

et l'on a

$$\frac{d\omega'}{d\omega} = \left|\frac{D(x', y')}{D(x, y)}\right| = \left|\frac{D(x', y')}{D(p, q)}\right| \left|\frac{D(p, q)}{D(x, y)}\right|$$

ou, comme le montre un calcul facile,

$$\frac{d\omega'}{d\omega} = \frac{|rt - s^2|}{(1 + p^2 + q^2)^2}.$$

Le second membre de cette formule n'est autre que la valeur absolue de la courbure totale $\dfrac{1}{RR'}$ de la surface Σ, ce qui conduit à une définition de cet élément géométrique tout à fait analogue à celle de la courbure d'une courbe (n° **228**).

Mais, tandis que la courbure d'une courbe gauche s'exprime au moyen d'un radical, la courbure totale s'exprime rationnellement et par suite a un signe, celui de $rt - s^2$. Ce signe peut encore s'interpréter au moyen de la représentation sphérique. Imaginons deux observateurs, couchés respectivement sur les normales en deux points correspondants de Σ et de S, les pieds sur la surface et la tête sur la direction positive de la normale. Lorsque le premier observateur décrit le contour de l'aire $d\sigma$ de façon à avoir cette aire à sa gauche, le second observateur décrit le contour de l'aire sphérique $d\sigma'$, en laissant cette aire à sa gauche ou à sa droite : $rt - s^2$, et par suite $\dfrac{1}{RR'}$ est positif dans le premier cas et négatif dans le second cas (n°ˢ **124. 144**).

III. — NOTIONS SUR LES SYSTÈMES DE DROITES.

La position d'une droite dans l'espace dépend de quatre paramètres variables. On peut donc considérer des assemblages de droites dépendant d'un, deux ou trois paramètres variables, suivant le nombre des relations qu'on établit entre les quatre paramètres dont dépend la position d'une droite. Une droite mobile, dépendant d'*un* paramètre variable, engendre une *surface réglée*. L'ensemble des droites qui dépendent de *deux* paramètres variables distincts est une *congruence de droites*. Enfin on appelle *complexe de droites* tout système de droites dépendant de *trois* paramètres.

254. Surfaces réglées. — Soient, dans un système d'axes rectangulaires,

$$(54) \qquad x = az + p, \qquad y = bz + q$$

les équations de la génératrice mobile G, a, b, p, q étant des fonctions d'un paramètre variable u. Nous allons étudier comment varie la position du plan tangent à la surface S engendrée par cette droite, lorsque le point de contact se déplace sur la génératrice G. Les équations (54), jointes à l'équation $z = z$, donnent les expressions des coordonnées d'un point quelconque de la surface en fonction des paramètres indépendants z et u; l'équation du plan tangent est alors (n° 64)

$$\begin{vmatrix} X - x & Y - y & Z - z \\ a & b & 1 \\ a'z + p' & b'z + q' & 0 \end{vmatrix} = 0,$$

a', b', p', q' étant les dérivées de a, b, p, q par rapport à u. En remplaçant x par $az + p$, y par $bz + q$, et développant le déterminant, cette équation s'écrit

$$(55) \qquad (b'z + q')(X - aZ - p) - (a'z + p')(Y - bZ - q) = 0.$$

Nous voyons d'abord que ce plan passe constamment par la génératrice G, ce qui était évident *a priori*, et en outre que ce plan tourne autour de la génératrice lorsque le point de contact décrit cette droite, à moins que la fraction $\dfrac{a'z + p'}{b'z + q'}$ ne soit indépendante de z, c'est-à-dire à moins qu'on n'ait $a'q' - b'p' = 0$, cas que nous écarterons tout d'abord. La fraction précédente étant du premier degré en z, tout plan passant par la génératrice est tangent à la surface en un point de cette génératrice et en un seul. Lorsque le point de contact s'éloigne indéfiniment sur la génératrice, le plan tangent tend vers un plan limite P', qu'on appelle le *plan tangent* au point à l'infini sur la génératrice et qui est représenté par l'équation

$$(56) \qquad b'(X - aZ - p) - a'(Y - bZ - q) = 0.$$

Soit ω l'angle de ce plan P' avec le plan tangent au point (x, y, z) de la génératrice. Les paramètres directeurs des normales à ces deux plans sont respectivement b', $-a'$, $a'b - ab'$ et $b'z - q'$, $-(a'z + p')$, $b(a'z + p') - a(b'z + q')$: on a donc

$$\cos\omega = \frac{[a'^2 + b'^2 + (ab' - ba')^2]^{\frac{1}{2}}[a'^2 - b'^2 + (ab' - ba')^2]z + b'q' + a'p' + (ab' - ba')(aq' - bp')}{\sqrt{[a'^2 + b'^2 + (ab' - ba')^2]z^2 + 2z[b'q' + a'p' + (ab' - ba')(aq' - bp')] + q'^2 + p'^2 + (aq' - bp')}}$$

et l'on en tire, par un calcul facile,

$$(57) \quad \tan\omega = \frac{(a'q' - b'p')\sqrt{1 + a^2 + b^2}}{[a'^2 + b'^2 + (ab' - ba')^2]z + b'q' + a'p' + (ab' - a'b)(aq' - bp')}.$$

Le plan tangent est perpendiculaire au plan P' en un point O_1 de la génératrice dont la coordonnée z_1 est donnée par la formule

$$(58) \quad z_1 = -\frac{a'p' + b'q' + (ab' - ba')(aq' - bp')}{a'^2 + b'^2 + (ab' - ba')^2};$$

ce point O_1 est appelé *point central* de la génératrice, et le plan tangent en ce point est le plan central P. L'angle θ que fait le plan tangent en un autre point de la génératrice avec le plan central est égal à $\frac{\pi}{2} - \omega$, et la formule (57) peut être remplacée par la suivante :

$$\tan\theta = \frac{[a'^2 + b'^2 + (ab' - ba')^2](z - z_1)}{(a'q' - b'p')\sqrt{1 + a^2 + b^2}}.$$

Soit ρ la distance du point central au point de contact M du plan tangent, précédée du signe $+$ ou du signe $-$, suivant que la direction O_1M fait un angle aigu avec Oz ou un angle obtus. On a $\rho = (z - z_1)\sqrt{1 + a^2 + b^2}$, et l'on peut encore écrire la formule précédente

$$(59) \qquad\qquad \tan\theta = k\rho,$$

en posant

$$(60) \qquad k = \frac{a'^2 + b'^2 + (ab' - ba')^2}{(a'q' - b'p')(1 + a^2 + b^2)};$$

le facteur k est le *paramètre de distribution*. La formule (59) est l'expression, sous une forme très simple, de la loi suivant laquelle le plan tangent tourne autour de la génératrice. Cette formule ne renferme que des éléments ayant une signification géométrique; nous verrons en effet, un peu plus loin, comment on peut définir directement le paramètre k. Cette formule (59) présente cependant quelque ambiguïté, parce qu'on ne voit pas tout de suite dans quel sens on doit compter l'angle θ. Autrement dit, on ne sait pas *a priori* comment tourne le plan tangent autour de la génératrice, lorsque le point de contact se déplace. Ce sens de rotation est donné précisément par le signe de k.

Pour bien saisir ce point, imaginons un observateur couché sur la génératrice G : lorsque le point de contact se déplace en marchant des pieds vers la tête, cet observateur voit le plan tangent tourner de sa gauche vers sa droite ou de sa droite vers sa gauche. Il suffit d'un peu de réflexion pour reconnaître que le sens de rotation ainsi défini reste le même lorsque l'observateur se retourne sur la génératrice de façon à avoir la tête où il avait les pieds et inversement. Deux paraboloïdes hyperboliques ayant une génératrice commune, et symétriques par rapport à un plan passant par cette génératrice, donnent une idée nette de ces deux dispositions. Cela posé, imaginons qu'on déplace d'une façon continue le trièdre des axes de coordonnées de façon à amener l'origine au point central O_1, l'axe des z venant coïncider avec la génératrice et le plan des xz avec le plan central. Il est clair que le paramètre de distribution conserve une valeur constante, et la formule (59) devient, dans le nouveau système d'axes,

$$(59\ bis) \qquad\qquad \operatorname{tang}\theta = kz,$$

θ désignant l'angle du plan tangent avec le plan $y=0$ compté dans un sens convenable.

Pour la valeur u_0 du paramètre qui correspond à l'axe Oz, on doit avoir $a=b=p=q=0$, et l'équation du plan tangent (55) se réduit ici à

$$(b'z + q')X - (a'z + p')Y = 0.$$

Pour que l'origine soit le point central et le plan des xz le plan central, il faut qu'on ait $a'=0$, $q'=0$, et l'équation du plan tangent devient $Y = \dfrac{b'z}{p'}X$, tandis que la formule (60) donne $k = -\dfrac{b'}{p'}$. On voit donc que, dans la formule (59 *bis*), on doit compter l'angle θ de Oy vers Ox. Si le trièdre des axes a la disposition adoptée plus haut (n° **231**), un observateur couché sur Oz verra le plan tangent tourner de gauche à droite si k est positif, et de droite à gauche si k est négatif.

On appelle *ligne de striction* d'une surface réglée, le lieu des points centraux des différentes génératrices. Les coordonnées d'un point de cette ligne en fonction du paramètre u sont données par les équations (54) et (58).

Remarque. — Si l'on a, pour la génératrice considérée, $a'q' = b'p'$, le plan tangent reste le même tout le long de la génératrice. Lorsque cette relation est vérifiée pour toutes les valeurs de u, la surface réglée est développable (n° **215**), et il est facile de retrouver les résultats déjà établis. En effet, si a' et b' ne sont pas nuls en même temps, le plan tangent est le même en tous les points de G et devient indéterminé pour le point $z = -\dfrac{p'}{a'} = -\dfrac{q'}{b'}$, c'est-à-dire pour le point de contact de la génératrice avec son enveloppe. En tenant compte de la relation $a'q' - b'p' = 0$, on vérifie aisément que la valeur de z_1 donnée par la formule (58) est identique à la précédente. La ligne de striction se confond avec l'arête de rebroussement; quant au paramètre de distribution, il est infini. Si $a' = b' = 0$, la surface est un cylindre; le point central est indéterminé.

Le point central et le paramètre de distribution peuvent être définis d'une autre façon. Considérons, en même temps que la génératrice G, une génératrice voisine G_1, correspondant à la valeur $u + h$ du paramètre, et représentée par les équations

$$(61) \qquad x = (a + \Delta a)z + p + \Delta p, \qquad y = (b + \Delta b)z + q + \Delta q.$$

Soient δ la plus courte distance des deux droites G et G_1, α l'angle de ces droites et X, Y, Z les coordonnées du point de rencontre de G avec la perpendiculaire commune. Des formules bien connues de Géométrie analytique nous donnent

$$Z = -\frac{\Delta a\,\Delta q + \Delta b\,\Delta p - (a\,\Delta b - b\,\Delta a)[(a + \Delta a)\,\Delta q - (b + \Delta b)\,\Delta p]}{(\Delta a)^2 + (\Delta b)^2 + (a\,\Delta b - b\,\Delta a)^2},$$

$$\delta = \frac{\Delta a\,\Delta q - \Delta b\,\Delta p}{\sqrt{(\Delta a)^2 + (\Delta b)^2 + (a\,\Delta b - b\,\Delta a)^2}},$$

$$\sin\alpha = \frac{\sqrt{(\Delta a)^2 + (\Delta b)^2 + (a\,\Delta b - b\,\Delta a)^2}}{\sqrt{a^2 + b^2 + 1}\,\sqrt{(a + \Delta a)^2 + (b + \Delta b)^2 + 1}}.$$

Lorsque h tend vers zéro, Z a pour limite l'expression trouvée plus haut pour z_1, tandis que $\dfrac{\sin\alpha}{\delta}$ a pour limite k. Le point central est donc la position limite du pied de la perpendiculaire commune à G et à une génératrice infiniment voisine, tandis que le paramètre de distribution est la limite du rapport $\dfrac{\sin\alpha}{\delta}$.

Remplaçons dans l'expression de δ, Δa, Δb, Δp, Δq par leurs développements suivant les puissances de h, on obtient pour le développement du numérateur

$$\Delta a\,\Delta q - \Delta b\,\Delta p = h^2(a'q' - b'p') + \frac{h^3}{2}(a''q' + a'q'' - b''p' - b'p'') + \ldots,$$

tandis que le dénominateur est toujours du premier ordre en h. On voit que δ est en général un infiniment petit du premier ordre, sauf dans le cas des surfaces développables, où l'on a $a'q' - b'p' = 0$. Mais le coefficient de $\dfrac{h^3}{2}$ est la dérivée de $a'q' - b'p'$; ce coefficient est donc nul aussi et, par conséquent, dans une surface développable, la plus courte distance de deux génératrices infiniment voisines est du troisième ordre (n° **233**). Cette remarque est due à M. Bouquet, qui a montré, en outre, que cette distance ne peut être constamment du quatrième ordre que si elle est nulle, c'est-à-dire dans le cas des tangentes à une courbe plane ou des surfaces coniques. Il suffit, pour le voir, de pousser le développement de $\Delta a\,\Delta q - \Delta b\,\Delta p$ jusqu'aux termes du quatrième ordre.

255. Congruences. Surface focale. — Tout ensemble de droites

$$(62) \qquad x = az + p, \qquad y = bz + q,$$

a, b, p, q dépendant de deux paramètres variables α, β, est appelé *congruences de droites*. Par un point de l'espace, il passe en général un certain nombre de droites de la congruence, car on a deux équations pour déterminer α et β, si l'on suppose x, y, z connues. Si l'on établit une relation entre les paramètres α et β, la droite G représentée par les équations (62) engendre une surface réglée qui n'est pas en général une surface développable. Pour que cette surface soit développable, il faudra qu'on ait

$$da\,dq - db\,dp = 0,$$

ou, en remplaçant da par $\dfrac{\partial a}{\partial \alpha}d\alpha + \dfrac{\partial a}{\partial \beta}d\beta, \ldots,$

$$(63) \qquad \left(\frac{\partial a}{\partial \alpha}d\alpha + \frac{\partial a}{\partial \beta}d\beta\right)\left(\frac{\partial q}{\partial \alpha}d\alpha - \frac{\partial q}{\partial \beta}d\beta\right)$$
$$- \left(\frac{\partial b}{\partial \alpha}d\alpha + \frac{\partial b}{\partial \beta}d\beta\right)\left(\frac{\partial p}{\partial \alpha}d\alpha - \frac{\partial p}{\partial \beta}d\beta\right) = 0.$$

De cette équation du second degré en $\dfrac{d\beta}{d\alpha}$ on tire deux valeurs, en général distinctes, pour $\dfrac{d\beta}{d\alpha}$,

$$(64) \qquad \frac{d\beta}{d\alpha} = \varphi_1(\alpha, \beta), \qquad \frac{d\beta}{d\alpha} = \varphi_2(\alpha, \beta).$$

Sous des conditions très générales qui seront précisées plus tard et que nous supposerons remplies, chacune de ces équations est vérifiée par une infinité de fonctions de α; chacune d'elles admet une intégrale, et une seule, prenant la valeur β_0 pour $\alpha = \alpha_0$. Toute droite G de la congruence appartient donc à deux surfaces développables, dont toutes les génératrices sont également des droites de la congruence. Soient Γ et Γ' les arêtes de rebroussement de ces deux développables, A et A' les points de contact de G avec Γ et Γ' respectivement. Ces deux points A et A' s'appellent les *points focaux* de la génératrice. On les obtient comme il suit, sans qu'il soit nécessaire d'avoir intégré l'équation (63) qui donne les développables de la congruence. La coordonnée z de l'un de ces points doit satisfaire à la fois aux deux relations

$$z\,da - dp = 0, \qquad z\,db + dq = 0,$$

ou, en remplaçant da, db, dp, dq par leurs développements,

$$z\left(\frac{\partial a}{\partial \alpha} d\alpha + \frac{\partial a}{\partial \beta} d\beta \right) + \frac{\partial p}{\partial \alpha} d\alpha + \frac{\partial p}{\partial \beta} d\beta = 0,$$

$$z\left(\frac{\partial b}{\partial \alpha} d\alpha + \frac{\partial b}{\partial \beta} d\beta \right) + \frac{\partial q}{\partial \alpha} d\alpha + \frac{\partial q}{\partial \beta} d\beta = 0.$$

En éliminant z entre ces deux relations, on retrouve l'équation (63), mais si l'on élimine le rapport $\dfrac{d\beta}{d\alpha}$, on obtient une équation du second degré qui détermine les deux points focaux

$$(65) \quad \left(z\frac{\partial a}{\partial \alpha} + \frac{\partial p}{\partial \alpha} \right)\left(z\frac{\partial b}{\partial \beta} + \frac{\partial q}{\partial \beta} \right) - \left(z\frac{\partial a}{\partial \beta} + \frac{\partial p}{\partial \beta} \right)\left(z\frac{\partial b}{\partial \alpha} + \frac{\partial q}{\partial \alpha} \right) = 0.$$

Le lieu des points focaux A, A' se compose de deux nappes de surfaces Σ, Σ' dont on obtiendrait l'équation en éliminant α et β entre (62) et (65). Ces deux nappes ne sont pas d'ailleurs analytiquement distinctes, en général, mais constituent deux nappes d'une même surface. Ce sont les deux nappes de la *surface focale*. Cette surface focale est aussi le lieu des arêtes de rebroussement des développables de la congruence. Il est clair en effet que, d'après la définition même de la courbe Γ, la tangente à cette courbe en un point quelconque A appartient à la congruence, et que le point A est un de ses points focaux. Toute droite de la congruence est tangente aux deux nappes Σ, Σ', puisque cette droite est tangente à deux courbes situées respectivement sur ces deux nappes.

Il est facile, en reprenant un raisonnement déjà employé (n° 247) de trouver les plans tangents en A et A' aux surfaces Σ et Σ' (*fig.* 43). Imaginons, par exemple, que la droite G se déplace en restant tangente à Γ; cette droite reste aussi tangente à la surface Σ', et son point de contact A' avec cette nappe décrit une courbe γ' qui est nécessairement distincte de la courbe Γ'. La surface développable engendrée par G est donc tangente en A' à Σ', puisque les deux plans tangents ont en commun la droite G et la tangente à γ'. Il s'ensuit que le plan tangent en A' à Σ' est précisément le plan osculateur à la courbe Γ au point A. On verrait de même que le plan tangent en A à Σ est le plan osculateur en A à la courbe Γ'. Ces deux plans sont appelés *plans focaux.*

Ces plans focaux peuvent se déterminer directement comme il suit. Soit

$$x - a z - p + \lambda(y - b z - q) = 0$$

l'équation d'un plan focal passant par une droite G de la congruence. Lorsque cette droite se déplace en engendrant une développable de la congruence, α, β et λ sont des fonctions d'un paramètre variable, telles que la caractéristique de ce plan mobile est la droite G elle-même. Or cette caractéristique est l'intersection du plan mobile avec le plan qui a pour équation

$$- z\,da - dp + d\lambda(y - b z - q) - \lambda(z\,db + dq) = 0.$$

Pour que ce second plan passe par la droite G, il faut que l'on ait

$$da + \lambda\,db = 0. \qquad dp + \lambda\,dq = 0.$$

L'élimination de λ conduit à l'équation (63), mais, si l'on élimine le rapport $\dfrac{d\beta}{d\alpha}$, on obtient une équation du second degré en λ qui détermine les deux plans focaux

$$(66) \quad \left(\frac{\partial a}{\partial \alpha} + \lambda \frac{\partial b}{\partial \alpha} \right) \left(\frac{\partial p}{\partial \beta} + \lambda \frac{\partial q}{\partial \beta} \right) - \left(\frac{\partial a}{\partial \beta} + \lambda \frac{\partial b}{\partial \beta} \right) \left(\frac{\partial p}{\partial \alpha} + \lambda \frac{\partial q}{\partial \alpha} \right) = 0.$$

Il peut arriver que l'une des nappes de la surface focale se réduise à une courbe C. Les droites de la congruence restent alors tangentes à la nappe Σ et rencontrent la courbe C: l'une des familles de développables se compose des cônes circonscrits à la surface Σ, ayant pour sommets les différents points de C. Si les deux nappes de la surface focale se réduisent à deux courbes C, C', les deux familles de développables sont formées par les cônes ayant leurs sommets sur l'une des courbes et passant par l'autre courbe. Lorsque les deux courbes C, C' sont des lignes droites, on a une *congruence linéaire.*

256. Congruences de normales. — Les normales à une surface forment évidemment une congruence, mais la réciproque n'est pas vraie; il n'existe pas toujours de surface normale à toutes les droites d'une congruence. En effet, si l'on considère la congruence formée par les normales à une surface S, les deux nappes de la surface focale sont précisément les deux nappes Σ, Σ' de la développée de S (n° 247), et nous avons vu qu'aux deux points de contact A, A' de la normale avec les deux nappes les plans tangents étaient rectangulaires. Cette propriété caractérise les congruences de normales. Cherchons, en effet, la condition pour que la droite (62) reste normale à une surface : il faut et il suffit pour cela qu'il existe une fonction $f(\alpha, \beta)$ telle que la surface S représentée par les équations

$$(67) \qquad x = a\alpha + p, \qquad y = b\alpha + q, \qquad z = f(\alpha, \beta)$$

ait précisément pour normale la droite G elle-même. Il faut pour cela qu'on ait

$$a \frac{\partial x}{\partial \alpha} + b \frac{\partial y}{\partial \alpha} - \frac{\partial z}{\partial \alpha} = 0,$$

$$a \frac{\partial x}{\partial \beta} + b \frac{\partial y}{\partial \beta} - \frac{\partial z}{\partial \beta} = 0;$$

ces conditions deviennent, en remplaçant x par $a\alpha + p$, y par $b\alpha + q$, et en divisant par $\sqrt{a^2 + b^2 + 1}$,

$$(68) \qquad \begin{cases} \dfrac{\partial}{\partial \alpha}\left(z\sqrt{a^2 + b^2 + 1}\right) - \dfrac{a\dfrac{\partial p}{\partial \alpha} + b\dfrac{\partial q}{\partial \alpha}}{\sqrt{a^2 + b^2 + 1}} = 0, \\[3em] \dfrac{\partial}{\partial \beta}\left(z\sqrt{a^2 + b^2 + 1}\right) - \dfrac{a\dfrac{\partial p}{\partial \beta} + b\dfrac{\partial q}{\partial \beta}}{\sqrt{a^2 + b^2 + 1}} = 0. \end{cases}$$

Pour qu'elles soient compatibles, il faut et il suffit qu'on ait

$$(69) \qquad \frac{\partial}{\partial \beta}\left(\frac{a\dfrac{\partial p}{\partial \alpha} + b\dfrac{\partial q}{\partial \alpha}}{\sqrt{a^2 + b^2 + 1}}\right) = \frac{\partial}{\partial \alpha}\left(\frac{a\dfrac{\partial p}{\partial \beta} + b\dfrac{\partial q}{\partial \beta}}{\sqrt{a^2 + b^2 + 1}}\right);$$

si cette condition est vérifiée, les équations (68) donneront z par une quadrature. Les surfaces obtenues dépendent d'une constante introduite par l'intégration et forment une famille de surfaces parallèles.

Nous savons déjà (n° 247) que dans ce cas les plans focaux sont rectangulaires. Pour démontrer la réciproque, remarquons que la condition d'orthogonalité des deux plans focaux passant par une droite quelconque de la congruence est

$$1 + \lambda_1 \lambda_2 + (a + b\lambda_1)(a + b\lambda_2) = 0,$$

λ_1, λ_2 étant les deux racines de l'équation (66). En remplaçant $\lambda_1 + \lambda_2$

et $\lambda_1 \lambda_2$ par leurs valeurs, cette condition devient

$$(1 - a^2)\frac{D(b, q)}{D(\alpha, \beta)} + (1 - b^2)\frac{D(a, p)}{D(\alpha, \beta)} = ab\left[\frac{D(a, q)}{D(\alpha, \beta)} + \frac{D(b, p)}{D(\alpha, \beta)}\right],$$

et elle est identique à la condition (69). Nous pouvons donc énoncer l'importante proposition suivante : *Pour qu'une congruence de droites soit formée de normales à une surface, il faut et il suffit que les plans focaux passant par chaque droite de la congruence soient rectangulaires.*

Remarque. — Lorsqu'on prend pour paramètres variables α, β, les cosinus des angles que fait la droite avec les axes Ox et Oy, on a

$$a = \frac{\alpha}{\sqrt{1 - \alpha^2 - \beta^2}}, \qquad b = \frac{\beta}{\sqrt{1 - \alpha^2 - \beta^2}}, \qquad \sqrt{1 + a^2 + b^2} = \frac{1}{\sqrt{1 - \alpha^2 - \beta^2}},$$

les équations (61) deviennent

$$(70) \qquad \begin{cases} \dfrac{\partial}{\partial\alpha}\left(\dfrac{z}{\sqrt{1 - \alpha^2 - \beta^2}}\right) + \alpha\dfrac{\partial p}{\partial\alpha} + \beta\dfrac{\partial q}{\partial\alpha} = 0, \\[2ex] \dfrac{\partial}{\partial\beta}\left(\dfrac{z}{\sqrt{1 - \alpha^2 - \beta^2}}\right) + \alpha\dfrac{\partial p}{\partial\beta} + \beta\dfrac{\partial q}{\partial\beta} = 0, \end{cases}$$

et la condition d'intégrabilité (69) se réduit à $\dfrac{\partial q}{\partial\alpha} = \dfrac{\partial p}{\partial\beta}$. Elle exprime que p et q sont les dérivées partielles d'une même fonction $F(\alpha, \beta)$, qui s'obtient par une quadrature, $p = \dfrac{\partial F}{\partial\alpha}$, $q = \dfrac{\partial F}{\partial\beta}$. On a ensuite z par l'intégration de l'équation aux différentielles totales

$$d\left(\frac{z}{\sqrt{1 - \alpha^2 - \beta^2}}\right) = -\left(\alpha\frac{\partial^2 F}{\partial\alpha^2} + \beta\frac{\partial^2 F}{\partial\alpha\,\partial\beta}\right) d\alpha - \left(\alpha\frac{\partial^2 F}{\partial\alpha\,\partial\beta} + \beta\frac{\partial^2 F}{\partial\beta^2}\right) d\beta,$$

d'où l'on tire

$$z = \sqrt{1 - \alpha^2 - \beta^2}\left(C + F - \alpha\frac{\partial F}{\partial\alpha} - \beta\frac{\partial F}{\partial\beta}\right),$$

C étant une constante arbitraire.

257. Théorème de Malus. — Lorsque les rayons lumineux issus d'un point sont réfléchis ou réfractés par une surface, ils sont normaux à une famille de surfaces parallèles, après la réflexion ou la réfraction. Ce théorème, dû à Malus, a été étendu au cas d'un nombre quelconque de réflexions ou de réfractions par Cauchy, Dupin, Gergonne et Quételet, et l'on peut énoncer la proposition générale suivante :

Si des rayons lumineux sont normaux à une surface, ils ne cessent pas de conserver cette propriété après un nombre quelconque de réflexions et de réfractions.

La réflexion pouvant être considérée comme une réfraction d'indice — 1. il suffit évidemment de démontrer le théorème pour une réfraction unique. Soient S une surface normale aux rayons lumineux, mM un rayon incident qui rencontre en M la surface dirimante Σ, MR le rayon réfracté. D'après la loi de Descartes, le rayon incident Mm, le rayon réfracté MR et la normale MN sont dans un même plan, et l'on a entre les angles i et r (voir *fig.* 44) la relation $n \sin i = \sin r$. Pour fixer les idées, nous supposerons.

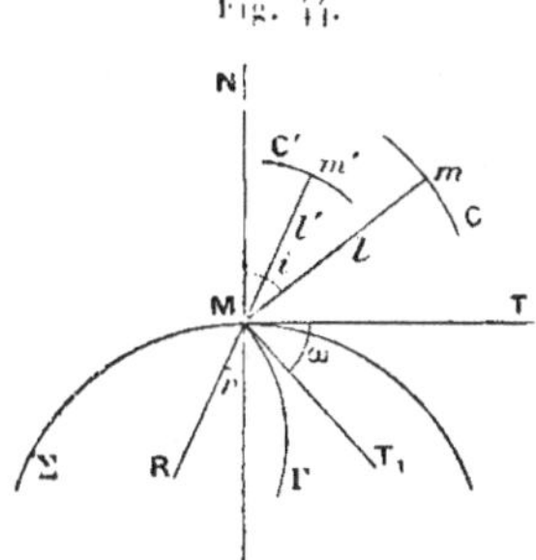

Fig. 44.

comme dans le cas de la figure, $n < 1$. Soit l la distance Mm: sur le prolongement du rayon réfracté portons une longueur $l' = Mm'$ égale à k fois la longueur l, k désignant un facteur constant qui sera déterminé tout à l'heure. Le point m' décrit une surface S', et l'on peut choisir le facteur k de façon que le rayon réfracté Mm' soit normal à cette surface. En effet, soit C une courbe quelconque située sur S; lorsque le point m décrit C, le point M où le rayon incident perce Σ décrit une courbe Γ, et le point correspondant m' décrit sur S' une autre courbe C'. Soient s, σ, s' les arcs des trois courbes C, Γ, C', ω l'angle de la tangente MT_1 à Γ avec la trace MT sur le plan tangent du plan normal qui passe par le rayon incident, φ et φ' les angles de MT_1 avec Mm et Mm'. Pour évaluer $\cos \varphi$. par exemple, imaginons que l'on projette sur MT_1 une longueur égale à l'unité portée sur Mm: on peut d'abord projeter cette longueur sur MT. et projeter ensuite cette projection sur MT_1, ce qui donne $\cos \varphi = \sin i \cos \omega$ et l'on a de même $\cos \varphi' = \sin r \cos \omega$. Cela étant, appliquons la formule (16) (n° 84), qui donne la différentielle d'un segment de droite aux deux segments Mm. Mm': on a

$$dl = -d\sigma \cos\omega \sin i.$$

$$dl' = -d\sigma \cos\omega \sin r - ds' \cos\theta.$$

en appelant θ l'angle de $m'M$ avec la tangente à la courbe C'. On déduit de là, en remplaçant dl' par $k\,dl$, la relation

$$\cos\omega\,dz\,(k\sin i - \sin r) = ds'\cos\theta.$$

qui devient, en supposant $k = n$, $ds'\cos\theta = 0$. Le rayon Mm' est donc normal à la courbe C', et, comme C' est une courbe quelconque de la surface S', il s'ensuit que le rayon réfracté est précisément la normale à la surface S'. Cette surface S' s'appelle l'*anticaustique* ou la *caustique secondaire*. Il est clair qu'elle est l'enveloppe de la sphère décrite du point M comme centre avec un rayon égal à n fois la longueur Mm, et le résultat obtenu peut s'énoncer ainsi :

Si les rayons incidents sont normaux à une surface S, *considérons cette surface comme l'enveloppe de sphères ayant leurs centres sur la surface dirimante* Σ. *Pour obtenir l'anticaustique relative aux rayons réfractés, il faut prendre l'enveloppe de toutes les sphères qu'on obtient en réduisant le rayon des précédentes dans le rapport de l'unité à l'indice de réfraction.*

Cette enveloppe se compose de deux nappes, correspondant à des valeurs de l'indice de réfraction égales et de signes contraires. Il sera impossible, en général, de séparer analytiquement ces deux nappes.

238. Complexes. — Un complexe de droites est formé par l'ensemble des droites qui dépendent de trois paramètres variables. Soient

$$(71) \qquad x = az + p, \qquad y = bz + q,$$

les équations d'une droite; tout complexe de droites est défini par une certaine relation entre a, b, p, q

$$(72) \qquad F(a, b, p, q) = 0,$$

et inversement. Si F est un polynome entier en a, b, p, q, le complexe est *algébrique*. Les droites du complexe passant par un point donné (x_0, y_0, z_0) forment un cône ayant ce point pour sommet, dont on obtiendra l'équation en éliminant a, b, p, q entre les relations (71), (72) et (73)

$$(73) \qquad x_0 = az_0 + p, \qquad y_0 = bz_0 + q;$$

l'équation du cône du complexe est donc

$$(74) \qquad F\left(\frac{x - x_0}{z - z_0}, \frac{y - y_0}{z - z_0}, \frac{x_0 z - x z_0}{z - z_0}, \frac{y_0 z - y z_0}{z - z_0}\right) = 0.$$

De même dans chaque plan il y a une infinité de droites appartenant au complexe; ces droites enveloppent une courbe appelée *courbe du complexe*. Si le complexe est algébrique, *l'ordre du cône du complexe est égal à la classe de la courbe du complexe*. Supposons en effet qu'on veuille avoir les droites du complexe passant par un point donné A et situées dans un plan P passant par ce point. On peut pour cela procéder de deux façons : on peut couper par le plan P le cône du complexe ayant son sommet en A, ou mener par le point A les tangentes à la courbe du complexe située dans le plan P. Comme on doit trouver le même nombre de droites, il en résulte l'exactitude du théorème énoncé.

Si le cône du complexe se réduit à un plan, le complexe est dit *linéaire* et l'équation (72) est de la forme

$$(75) \qquad Aa + Bb + Cp + Dq + E(aq - bp) + F = 0;$$

le lieu des droites du complexe qui passent par un point x_0, y_0, z_0 est le plan représenté par l'équation

$$(76) \quad A(x - x_0) + B(y - y_0) + C(x_0 z - z_0 x)$$
$$+ D(y_0 z - z_0 y) + E(y_0 x - x_0 y) + F(z - z_0) = 0.$$

La courbe du complexe, devant être de classe *un*, se réduit à un point, c'est-à-dire que toutes les droites du complexe situées dans un plan passent par un point de ce plan, appelé *pôle* ou *foyer*. Un complexe linéaire établit donc une liaison entre les points et les plans dans l'espace, de telle façon qu'à un point correspond un plan passant par ce point, et à un plan correspond un point situé dans le plan. Il y a aussi une correspondance entre les droites de l'espace. Soit D une droite n'appartenant pas au complexe; soient F et F' les foyers de deux plans passant par cette droite et Δ la droite qui les joint. Tout plan passant par Δ a pour foyer le point φ où il rencontre la droite D, car les droites φ F, φ F' font évidemment partie du complexe. Il en résulte que toute droite rencontrant D et Δ fait partie du complexe, et enfin que le foyer d'un plan passant par D est le point de rencontre de ce plan avec la droite Δ. Les deux droites D et Δ sont dites *droites conjuguées;* chacune d'elles est le lieu des foyers des plans passant par l'autre.

Si la droite D s'en va à l'infini, les plans passant par D deviennent parallèles, et l'on voit que le lieu des foyers des plans parallèles à un plan fixe est une droite. Il existe toujours un plan tel que le lieu des foyers des plans parallèles soit une droite perpendiculaire à ce plan. Si l'on a pris cette droite pour axe des z, le plan qui a pour foyer un point quelconque de Oz doit être parallèle au plan $z = 0$. D'après l'équation (76), il faut et il suffit pour cela qu'on ait $A = B = C = D = 0$; l'équation du complexe prend la forme simple

$$(77) \qquad aq - bp + K = 0,$$

et le plan dont le foyer est au point (x, y, z) a pour équation

$$(78) \qquad Xy - Yx + K(Z - z) = 0.$$

X, Y, Z étant les coordonnées courantes.

Comme application, cherchons les courbes dont les tangentes font partie du complexe précédent. Étant donnée une courbe de cette espèce, dont les coordonnées x, y, z sont fonctions d'un paramètre variable, la tangente en un point de cette courbe est représentée par les équations

$$\frac{X - x}{dx} = \frac{Y - y}{dy} = \frac{Z - z}{dz};$$

pour que cette droite fasse partie du complexe, il faut et il suffit qu'elle soit située dans le plan (78), qui a pour foyer le point (x, y, z), c'est-à-dire qu'on ait

$$(79) \qquad\qquad x\, dy - y\, dx = K\, dz.$$

On a vu plus haut (n° 226) comment on pouvait obtenir toutes les fonctions x, y, z d'un paramètre variable satisfaisant à cette relation; on a donc toutes les courbes répondant à la question.

Les résultats obtenus au n° 226 s'énoncent aisément dans la théorie des complexes. Ainsi, en différentiant l'équation (79), il vient

$$(80) \qquad\qquad x\, d^2 y - y\, d^2 x = K\, d^2 z,$$

et les relations (79) et (80) montrent que le plan osculateur au point (x, y, z) est précisément le plan (78). On peut donc énoncer la proposition suivante : *Lorsque les tangentes à une courbe gauche appartiennent à un complexe linéaire, le plan osculateur en un point de cette courbe est le plan qui a ce point pour foyer.* (Appell.)

Imaginons que d'un point O de l'espace on veuille mener des plans osculateurs à une courbe gauche Γ dont les tangentes font partie d'un complexe linéaire. Soit M le point de contact d'un de ces plans. D'après le théorème précédent, la droite MO est une droite du complexe et par suite le point M est dans le plan qui a pour foyer ce point O. Inversement, si le point M de la courbe Γ est dans ce plan, la droite MO, qui appartient au complexe, est dans le plan osculateur en M, et ce plan osculateur passe au point O. Les points cherchés sont donc à l'intersection de la courbe Γ et du plan qui a le point O pour foyer (*cf.* n° 226).

Les complexes linéaires se présentent dans un grand nombres de théories géométriques et mécaniques [*voir*, par exemple, la Thèse de Doctorat de M. Appell et celle de M. Picard ([1])].

____

([1]) *Annales scientifiques de l'École Normale supérieure*, 1876 et 1877.

EXERCICES.

1. Trouver les lignes de courbure de la surface développable, enveloppe du plan mobile représenté en coordonnées rectangulaires par l'équation

$$z = \alpha x + y \varphi(\alpha) + R \sqrt{1 + \alpha^2 + \varphi^2(\alpha)},$$

où α est un paramètre variable, $\varphi(\alpha)$ une fonction arbitraire de ce paramètre et R une constante donnée.

[LICENCE : Paris; août 1871.]

2. a, b, α, β étant des fonctions d'un paramètre variable, on demande les conditions pour que la droite $x = az + \alpha$, $y = bz + \beta$ engendre une surface développable dont les lignes de courbure normales aux génératrices soient situées sur des sphères concentriques.

[LICENCE : Paris; juillet 1872.]

3. Déterminer les lignes de courbure de la surface représentée, en coordonnées rectangulaires, par l'équation $e^z = \cos x \cos y$.

[LICENCE : Paris; juillet 1875.]

4. Étant donné un ellipsoïde à trois axes inégaux, représenté en coordonnées rectangulaires par l'équation

$$\frac{x^2}{a^2} + \frac{y^2}{b^2} + \frac{z^2}{c^2} - 1 = 0,$$

on considère l'ellipse E située dans le plan des xz. On demande, pour chaque point M de cette ellipse E : 1° les expressions des rayons de courbure principaux R_1, R_2 de l'ellipsoïde; 2° la relation qui existe entre R_1 et R_2; 3° le lieu des centres de courbure des sections principales, lorsque le point M se déplace sur l'ellipse E.

[LICENCE : Paris; novembre 1877.]

5. 1° Former l'équation du second degré qui donne les rayons de courbure principaux en un point quelconque du paraboloïde défini, en coordonnées rectangulaires, par l'équation

$$\frac{x^2}{a} + \frac{y^2}{b} = 2z;$$

2° Exprimer, en fonction de la variable z, chacun des deux rayons de courbure principaux, pour tout point de la ligne de rencontre du paraboloïde proposé avec le paraboloïde défini par l'équation

$$\frac{x^2}{a-\lambda} + \frac{y^2}{b-\lambda} = 2z - \lambda.$$

[Licence : Paris; novembre 1880.]

6. Déterminer le lieu des centres de courbure des sections principales du paraboloïde $xy = az$, aux différents points de l'axe Ox.

[Licence : Paris; juillet 1883.]

7. Trouver l'équation de la surface, lieu des centres de courbure des sections planes d'une surface donnée S, passant en un point donné M de cette surface.

8. On donne une surface du second degré et une tangente MT en un point M de cette surface. On mène un plan passant par MT et l'on prend le centre de courbure O de la section plane, puis le centre de courbure O' de la développée de la section plane. Trouver le lieu du point O' lorsque le plan sécant tourne autour de MT.

[Licence : Clermont; juillet 1883.]

9. Déterminer les lignes asymptotiques du tore engendré par un cercle tournant autour d'une de ses tangentes.

[Licence : Paris; novembre 1882.]

10. Soient Ox, Oy, Oz trois axes de coordonnées rectangulaires et dans le plan zOx une courbe donnée C. Une surface est engendrée par une circonférence dont le plan reste parallèle au plan xOy, dont le centre décrit la courbe C et qui rencontre constamment l'axe Oz.

On demande de former l'équation différentielle des lignes asymptotiques de la surface en prenant pour variables la coordonnée z d'un point quelconque et l'angle θ du rayon du cercle qui passe en ce point avec la trace du plan du cercle sur le plan zOx. Appliquer au cas où la courbe C est une parabole ayant le point O pour sommet et la droite Ox pour axe.

[Licence : Paris; juillet 1880.]

11. Déterminer les lignes asymptotiques d'une surface réglée, qui est tangente à une autre surface réglée en tous les points d'une génératrice Δ de la seconde surface, toutes les génératrices de la première surface rencontrant la droite Δ.

12. Trouver sur l'hélicoïde droit les lignes dont le plan osculateur contient la normale à la surface.

[Licence : Paris; juillet 1876.]

13. On demande les lignes asymptotiques de la surface réglée représentée par les équations

$$x = (1+u)\cos v, \qquad y = (1-u)\sin v, \qquad z = u.$$

[LICENCE Nancy ; novembre 1900.]

14*. Étant données une surface S et une droite Δ, les sections de la surface par des plans menés par la droite Δ, et les courbes de contact des cônes circonscrits à S ayant leurs sommets sur Δ, forment un réseau conjugué.

[KOENIGS.]

15*. Lorsque trois points d'une droite invariable décrivent trois plans rectangulaires, la droite demeure constamment normale à une famille de surfaces parallèles. On obtient l'une de ces surfaces en prenant le lieu du milieu du segment formé par le point où cette droite coupe l'un des plans coordonnés et par le pied de la perpendiculaire abaissée de l'origine sur la droite.

[DARBOUX, Comptes rendus, t. XCII. 1881, p. 446.]

16*. Sur toute surface, on connaît une ligne de courbure imaginaire : c'est le lieu des points pour lesquels on a $1 + p^2 + q^2 = 0$.

On montre pour cela que l'équation différentielle des lignes de courbure peut être mise sous la forme

$$(dp\,dy - dq\,dx)(1 + p^2 + q^2) - (p\,dy - q\,dx)(p\,dp + q\,dq) = 0.$$

[DARBOUX. Annales de l'École Normale: 1884.]

17*. *Formule de Laguerre.* — Soit $F(x, y, z) = 0$ l'équation d'une surface S ; lorsque le point (x, y, z) décrit une courbe Γ sur cette surface, les différentielles jusqu'au 3ᵉ ordre vérifient les trois relations (nᵒ 26)

$$(1) \qquad \frac{\partial F}{\partial x} dx + \frac{\partial F}{\partial y} dy + \frac{\partial F}{\partial z} dz = 0,$$

$$(2) \quad \frac{\partial F}{\partial x} d^2 x + \frac{\partial F}{\partial y} d^2 y + \frac{\partial F}{\partial z} d^2 z + \left(\frac{\partial F}{\partial x} dx + \frac{\partial F}{\partial y} dy + \frac{\partial F}{\partial z} dz \right)^{(2)} = 0,$$

$$(3) \qquad \frac{\partial F}{\partial x} d^3 x + \frac{\partial F}{\partial y} d^3 y + \frac{\partial F}{\partial z} d^3 z$$
$$3\,d\left(\frac{\partial F}{\partial x} \right) d^2 x + 3\,d\left(\frac{\partial F}{\partial y} \right) d^2 y + 3\,d\left(\frac{\partial F}{\partial z} \right) d^2 z$$
$$+ \left(\frac{\partial F}{\partial x} dx + \frac{\partial F}{\partial y} dy + \frac{\partial F}{\partial z} dz \right)^{''} = 0.$$

dont la première exprime qu'il y a un plan tangent, tandis que la seconde est équivalente au théorème de Meusnier. Pour interpréter géométriquement la troisième, nous pouvons y remplacer $\dfrac{\partial F}{\partial x}$, $\dfrac{\partial F}{\partial y}$, $\dfrac{\partial F}{\partial z}$ par les cosinus directeurs λ, μ, ν de la normale. On a, en effet,

$$\frac{\partial F}{\partial x} = \lambda H, \qquad \frac{\partial F}{\partial y} = \mu H, \qquad \frac{\partial F}{\partial z} = \nu H,$$

où l'on a posé

$$H = \sqrt{\left(\frac{\partial F}{\partial x}\right)^2 + \left(\frac{\partial F}{\partial y}\right)^2 + \left(\frac{\partial F}{\partial z}\right)^2},$$

et, en tenant compte de la relation (2), la troisième équation peut s'écrire

$$\lambda\, d^3 x + \mu\, d^3 y + \nu\, d^3 z$$
$$+ 3\left[d\lambda\, d^2 x + d\mu\, d^2 y + d\nu\, d^2 z \right] = \Phi(x,\, y,\, z,\, dx,\, dy,\, dz),$$

Φ étant une forme cubique en dx, dy, dz dont les coefficients ne dépendent que de x, y, z. En divisant par ds^3, on en conclut que l'expression

$$\lambda\, \frac{d^3 x}{ds^3} + \mu\, \frac{d^3 y}{ds^3} + \nu\, \frac{d^3 z}{ds^3} + 3\left[\frac{d\lambda}{ds}\, \frac{d^2 x}{ds^2} + \frac{d\mu}{ds}\, \frac{d^2 y}{ds^2} + \frac{d\nu}{ds}\, \frac{d^2 z}{ds^2} \right] = k$$

a la même valeur en un point de la surface pour toutes les courbes situées sur la surface et tangentes en ce point, résultat que l'on pourrait aussi obtenir en différentiant la formule (7) du n° 239, et en tenant compte des expressions de D, D′, D″.

Remplaçons maintenant les dérivées $\dfrac{d^2 x}{ds^2}$, $\dfrac{d^3 x}{ds^3}$, ... par leurs valeurs déduites des formules de Frenet (n° 233). L'expression précédente devient

$$-\frac{1}{R^2}\frac{dR}{ds}\cos\theta - \frac{\sin\theta}{RT} + \frac{3}{R}\left(\alpha'\frac{d\lambda}{ds} + \beta'\frac{d\mu}{ds} + \gamma'\frac{d\nu}{ds} \right),$$

θ étant l'angle de la normale à la surface avec la normale principale. D'autre part, en différentiant la relation

$$\cos\theta = \lambda\alpha' + \mu\beta' + \nu\gamma',$$

il vient

$$-\sin\theta\,\frac{d\theta}{ds} = \alpha'\frac{d\lambda}{ds} + \beta'\frac{d\mu}{ds} + \gamma'\frac{d\nu}{ds} - \lambda\left(\frac{\alpha}{R} + \frac{\alpha''}{T} \right)$$
$$- \mu\left(\frac{\beta}{R} + \frac{\beta''}{T} \right) - \nu\left(\frac{\gamma}{R} + \frac{\gamma''}{T} \right)$$

et par suite

$$\alpha'\frac{d\lambda}{ds} + \beta'\frac{d\mu}{ds} + \gamma'\frac{d\nu}{ds} = \sin\theta\left(\frac{1}{T} - \frac{d\theta}{ds} \right).$$

En remplaçant $\alpha'\dfrac{d\lambda}{ds} + \beta'\dfrac{d\mu}{ds} + \gamma'\dfrac{d\nu}{ds}$ par cette valeur, on voit que l'expression

$$k = -\frac{1}{R^2}\frac{dR}{ds}\cos\theta + \frac{\sin\theta}{R}\left(\frac{2}{T} + 3\frac{d\theta}{ds} \right)$$

a la même valeur pour toutes les courbes de la surface tangentes en un point.   [LAGUERRE.]

18*. *Formule d'Enneper.* — La torsion d'une ligne asymptotique est donnée par la formule

$$\mathrm{T} = \sqrt{\mathrm{RR}'}.$$

R et R′ étant les rayons de courbure principaux.

R. Pour le démontrer, il suffit d'appliquer à une ligne asymptotique la formule de Frenet

$$\frac{d\alpha}{ds} = \frac{\alpha'}{\mathrm{T}},$$

en observant que la binormale coïncide avec la normale à la surface. On facilite le calcul en prenant pour origine un point de la surface, le plan tangent pour plan des xy, et la tangente à la ligne asymptotique pour axe des y. On peut aussi déduire la formule d'Enneper de la formule (51 *bis*) (p. 620).

19*. *Formule de Beltrami.* — Soient ρ_0 le rayon de courbure d'une ligne asymptotique, ρ le rayon de courbure de la branche de l'intersection de la surface par le plan tangent qui est tangente à la ligne asymptotique; on a

$$\rho = \frac{3}{2}\rho_0.$$

R. La surface étant représentée par l'équation

$$z = 2bxy + cy^2 + Ax^3 + 3Bx^2y + \ldots$$

la section de la surface par le plan $z = 0$ a une branche tangente à l'axe des x, dont l'équation est

$$y = -\frac{Ax^2}{2b} + \ldots,$$

et l'on a pour l'origine

$$y' = 0, \qquad y'' = -\frac{A}{b}.$$

D'autre part, la valeur de y'' à l'origine pour la ligne asymptotique se déduit aisément de l'équation différentielle de ces lignes

$$(6Ax + \ldots) + (4b + \ldots)y'' + (2c + \ldots)y'^2 = 0.$$

[BELTRAMI. *Nouvelles Annales de Mathématiques.*
2ᵉ série, t. IV, p. 258; 1865.]

NOTE.

SUR LES FORMULES DE DIFFÉRENTIATION
DES INTÉGRALES DÉFINIES.

La formule classique de différentiation sous le signe $\int$ (n° 98) s'étend immédiatement aux intégrales curvilignes et aux intégrales multiples lorsque le chemin d'intégration ou le champ d'intégration est invariable, pourvu que la fonction soumise à l'intégration soit continue et admette une dérivée continue par rapport au paramètre variable. Cette extension présente plus de difficulté lorsque le chemin d'intégration, ou le champ d'intégration, est lui-même variable. Nous supposerons que les fonctions sous le signe d'intégration sont continues, ainsi que toutes leurs dérivées qui figurent dans le calcul, dans les limites de l'intégration.

1. **Intégrales curvilignes.** — Un arc de courbe Γ représenté par les formules

$$x = f(t), \qquad y = \varphi(t), \qquad z = \psi(t),$$

où t varie de t_0 à $t_1 > t_0$, est dit *régulier*, si les fonctions f, φ, ψ, continues de t_0 à t_1, ont des dérivées $f'(t)$, $\varphi'(t)$, $\psi'(t)$, continues dans le même intervalle. Une courbe *ordinaire* est formé par un nombre fini d'arcs réguliers mis bout à bout; une telle courbe peut avoir un nombre fini de points anguleux, c'est-à-dire que les dérivées $f'(t)$, $\varphi'(t)$, $\psi'(t)$ peuvent avoir un nombre fini de points de discontinuité de première espèce entre t_0 et t_1. Nous ne considérons que des intégrales curvilignes prises le long de courbes ordinaires.

Soient

$$x = f(t, \alpha), \qquad y = \varphi(t, \alpha), \qquad z = \psi(t, \alpha)$$

les équations d'une famille de courbes Γ, dépendant d'un paramètre variable α; les fonctions f, φ, ψ, ainsi que toutes les dérivées qui vont figurer dans le calcul, sont supposées continues dans le domaine où varient α et t. Soient, d'autre part, $t_0(\alpha)$ et $t_1(\alpha)$ deux fonctions continues de α, ayant aussi une dérivée continue; l'arc AB de la courbe Γ obtenu en faisant varier t de t_0 à t_1 se déplace en se déformant d'une manière continue lorsque le paramètre α varie. Les extrémités A et B de cet arc se déplacent aussi en général et décrivent respectivement deux courbes γ_0, γ_1.

Les coordonnées de ces deux points (x_0, y_0, z_0), (x_1, y_1, z_1) sont des fonctions de α qui ont pour expressions

$$x_0 = f(t_0, \alpha), \qquad y_0 = \varphi(t_0, \alpha), \qquad z_0 = \psi(t_0, \alpha),$$
$$x_1 = f(t_1, \alpha), \qquad y_1 = \varphi(t_1, \alpha), \qquad z_1 = \psi(t_1, \alpha).$$

Étant données trois fonctions continues $P(x, y, z, \alpha)$, $Q(x, y, z, \alpha)$, $R(x, y, z, \alpha)$, ayant aussi des dérivées partielles continues du premier ordre, l'intégrale définie

$$(1) \quad I(\alpha) = \int_{(AB)} P(x, y, z, \alpha)\, dx + Q(x, y, z, \alpha)\, dy + R(x, y, z, \alpha)\, dz$$

est une fonction de α, dont nous nous proposons de calculer la dérivée. Il suffit évidemment de faire le calcul pour l'intégrale

$$I_x(\alpha) = \int_{(AB)} P(x, y, z, \alpha)\, dx,$$

que nous écrivons, en la ramenant à une intégrale définie ordinaire,

$$I_x(\alpha) = \int_{t_0}^{t_1} P(f, \varphi, \psi, \alpha)\, \frac{\partial f}{\partial t}\, dt.$$

A cette intégrale nous pouvons appliquer la formule classique de différentiation (n° 98), ce qui donne

$$I'_x(\alpha) = \int_{t_0}^{t_1} \left(\frac{\partial P}{\partial \alpha} + \frac{\partial P}{\partial x}\frac{\partial f}{\partial \alpha} + \frac{\partial P}{\partial y}\frac{\partial \varphi}{\partial \alpha} + \frac{\partial P}{\partial z}\frac{\partial \psi}{\partial \alpha} \right) \frac{\partial f}{\partial t}\, dt + \int_{t_0}^{t_1} P\, \frac{\partial^2 f}{\partial \alpha\, \partial t}\, dt$$
$$+ P(x_1, y_1, z_1, \alpha)\left(\frac{\partial f}{\partial t}\right)_1 \frac{dt_1}{d\alpha} - P(x_0, y_0, z_0, \alpha)\left(\frac{\partial f}{\partial t}\right)_0 \frac{dt_0}{d\alpha};$$

en intégrant par parties la seconde intégrale, on a

$$\int_{t_0}^{t_1} P\, \frac{\partial^2 f}{\partial \alpha\, \partial t}\, dt = \left(P\, \frac{\partial f}{\partial \alpha} \right)_{t_0}^{t_1} - \int_{t_0}^{t_1} \frac{\partial f}{\partial \alpha}\left(\frac{\partial P}{\partial x}\frac{\partial f}{\partial t} + \frac{\partial P}{\partial y}\frac{\partial \varphi}{\partial t} + \frac{\partial P}{\partial z}\frac{\partial \psi}{\partial t} \right) dt,$$

et il vient, en revenant à la première notation,

$$I'_x(\alpha) = \int_{(AB)} \frac{\partial P}{\partial \alpha}\, dx + \int_{(AB)} \left(\frac{\partial P}{\partial y}\frac{\partial \varphi}{\partial \alpha} + \frac{\partial P}{\partial z}\frac{\partial \psi}{\partial \alpha} \right) dx - \frac{\partial P}{\partial y}\frac{\partial f}{\partial \alpha}\, dy - \frac{\partial P}{\partial z}\frac{\partial f}{\partial \alpha}\, dz$$
$$+ \left(P\, \frac{\partial f}{\partial t}\frac{dt}{d\alpha} + P\, \frac{\partial f}{\partial \alpha} \right)_{t_0}^{t_1}.$$

Le terme tout intégré a une signification évidente; en effet la dérivée $\dfrac{dx_0}{d\alpha}$ de la fonction composée $x_0 = f(t_0, \alpha)$ de α est égale à

$$\frac{\partial f}{\partial t_0} \frac{\partial t_0}{\partial \alpha} + \frac{\partial f(t_0, \alpha)}{\partial \alpha}.$$

Le terme intégré est donc égal à la différence

$$\mathrm{P}(x_1, y_1, z_1, \alpha)\frac{dx_1}{d\alpha} - \mathrm{P}(x_0, y_0, z_0, \alpha)\frac{dx_0}{d\alpha} - \left[\mathrm{P}(x, y, z, \alpha)\frac{dx}{d\alpha}\right]_{t_0}^{t_1}.$$

Les expressions des dérivées des intégrales

$$\mathrm{I}_y(\alpha) = \int_{AB} \mathrm{Q}\,dy \qquad \text{et} \qquad \mathrm{I}_z(\alpha) = \int_{AB} \mathrm{R}\,dz$$

se calculent de la même façon; on peut du reste les déduire de $\mathrm{I}'_x(\alpha)$ par permutation circulaire sur les lettres x, y, z, et en ajoutant ces trois expressions on obtient finalement la valeur suivante de $\mathrm{I}'(\alpha)$:

$$(2) \quad \mathrm{I}'(\alpha) = \int_{AB} \frac{\partial \mathrm{P}}{\partial \alpha}\,dx + \frac{\partial \mathrm{Q}}{\partial \alpha}\,dy + \frac{\partial \mathrm{R}}{\partial \alpha}\,dz$$
$$- \int_{AB} \left(\frac{\partial \mathrm{P}}{\partial y} - \frac{\partial \mathrm{Q}}{\partial x}\right)\left(\frac{\partial z}{\partial \alpha}\,dx - \frac{\partial f}{\partial \alpha}\,dy\right)$$
$$+ \int_{AB} \left(\frac{\partial \mathrm{Q}}{\partial z} - \frac{\partial \mathrm{R}}{\partial y}\right)\left(\frac{\partial \psi}{\partial \alpha}\,dy - \frac{\partial z}{\partial \alpha}\,dz\right)$$
$$+ \int_{AB} \left(\frac{\partial \mathrm{R}}{\partial x} - \frac{\partial \mathrm{P}}{\partial z}\right)\left(\frac{\partial f}{\partial \alpha}\,dz - \frac{\partial \psi}{\partial \alpha}\,dx\right)$$
$$+ \left[\mathrm{P}(x, y, z, \alpha)\frac{dx}{d\alpha} + \mathrm{Q}(x, y, z, \alpha)\frac{dy}{d\alpha} + \mathrm{R}(x, y, z, \alpha)\frac{dz}{d\alpha}\right]_{t_0}^{t_1}.$$

Pour passer au cas d'une courbe plane, il suffit de supposer $z = \psi = 0$, et la formule devient

$$(3) \quad \mathrm{I}'(\alpha) = \int_{AB} \frac{\partial \mathrm{P}}{\partial \alpha}\,dx + \frac{\partial \mathrm{Q}}{\partial \alpha}\,dy - \left(\frac{\partial \mathrm{P}}{\partial y} - \frac{\partial \mathrm{Q}}{\partial x}\right)\left(\frac{\partial \varphi}{\partial \alpha}\,dx - \frac{\partial f}{\partial \alpha}\,dy\right)$$
$$+ \left[\mathrm{P}(x, y, \alpha)\frac{dx}{d\alpha} + \mathrm{Q}(x, y, \alpha)\frac{dy}{d\alpha}\right]_{t_0}^{t_1}.$$

Nous écrirons ces formules sous une forme un peu différente en introduisant une notation empruntée au calcul des variations. U étant une fonction du paramètre α, pouvant dépendre d'autres variables, on appelle *variation* de U et l'on représente par δU le produit $\dfrac{\partial \mathrm{U}}{\partial \alpha}\,\delta\alpha$, c'est-à-dire la partie principale de l'accroissement de U quand on donne à α l'accroissement $\delta\alpha$, les autres variables dont peut dépendre U étant supposées conserver la même valeur. Ainsi on a

$$\delta x = \frac{\partial f}{\partial \alpha}\,\delta\alpha, \qquad \delta \mathrm{P} = \frac{\partial \mathrm{P}}{\partial \alpha}\,\delta\alpha, \qquad \ldots$$

Relativement aux coordonnées des points limites A et B, une distinction est encore nécessaire; par exemple $x_0 = f(t_0, \alpha)$ peut être considérée comme une fonction des deux variables indépendantes t_0 et α, et l'on a

$$\delta x_0 = \frac{\partial f(t_0, \alpha)}{\partial \alpha} \delta \alpha.$$

Mais comme t_0 est une fonction de α, x_0 est en réalité une fonction composée de α, et nous poserons

$$\Delta x_0 = \frac{dx_0}{d\alpha} \delta \alpha = \left[\frac{\partial f(t_0, \alpha)}{\partial t_0} \frac{dt_0}{d\alpha} + \frac{\partial f(t_0, \alpha)}{\partial \alpha} \right] \delta \alpha,$$

et nous définirons de même Δy_0, Δz_0, Δx_1, Δy_1, Δz_1. En multipliant les deux membres de la formule (2) par $\delta \alpha$, on obtient l'expression de la variation $\delta I = I'(\alpha) \delta \alpha$,

$$(4) \qquad \delta I = \int_{(AB)} \delta P\, dx + \delta Q\, dy + \delta R\, dz$$

$$+ \int_{(AB)} \left(\frac{\partial P}{\partial y} - \frac{\partial Q}{\partial x} \right) (\delta y\, dx - \delta x\, dy)$$

$$+ \int_{AB} \left(\frac{\partial Q}{\partial z} - \frac{\partial R}{\partial y} \right) (\delta z\, dy - \delta y\, dz)$$

$$+ \int_{AB} \left(\frac{\partial R}{\partial x} - \frac{\partial P}{\partial z} \right) (\delta x\, dz - \delta z\, dx)$$

$$+ \left[P\, \Delta x + Q\, \Delta y + R\, \Delta z \right]_A^B.$$

où l'on pose par exemple

$$\left[P\, \Delta x \right]_A^B = P(x_1, y_1, z_1, \alpha)\, \Delta x_1 - P(x_0, y_0, z_0, \alpha)\, \Delta x_0.$$

Le second membre de la formule (4) comprend trois termes; la première intégrale est due à la variation des fonctions P, Q, R lorsque α croît de $\delta \alpha$. et s'obtiendrait immédiatement, en négligeant la déformation du chemin d'intégration. Le terme en dehors du signe $\int$ ne dépend que des déplacements infiniment petits des extrémités A et B du chemin d'intégration; on obtiendrait ce terme en ajoutant à l'intégrale le long de AB les deux éléments d'intégrale le long de A'A et de BB', A' et B' étant les extrémités du nouveau chemin d'intégration A'B' qui correspond à la valeur $\alpha + \delta \alpha$ du paramètre. La seconde intégrale, sur laquelle on reviendra tout à l'heure, provient de la déformation du chemin d'intégration lui-même.

Les formules (2) et (4), qui n'ont été établies que pour un arc régulier, s'étendent aisément au cas où le chemin d'intégration présente un nombre fini de points anguleux. Si par exemple l'arc AB se compose de deux arcs réguliers AC, CB se rejoignant en un point C de coordonnées (x_2, y_2, z_2), on peut appliquer la formule (4) à chacun des arcs AC, CB; en ajoutant les deux formules, le terme $P(x_2, y_2, z_2, \alpha)\, \Delta x_2 + \ldots$ disparaît, et la formule (4)

s'applique encore à l'arc total AB. En particulier, si l'intégrale est prise le long d'un contour fermé, le terme en dehors du signe $\int$ disparaît, quelle que soit le nombre des arcs réguliers dont se compose le contour. On en déduirait aisément les conditions nécessaires et suffisantes pour que l'intégrale curviligne

$$\int P(x, y, z)\,dx + Q(x, y, z)\,dy + R(x, y, z)\,dz,$$

prise le long d'une courbe quelconque Γ joignant deux points A et B, ne varie pas quand on déforme cette courbe d'une manière continue sans changer les extrémités (n° 155).

Revenons à l'intégrale de la seconde ligne de la formule (4) provenant de la déformation du contour. Posons

$$L = \frac{\partial Q}{\partial z} - \frac{\partial R}{\partial y}, \qquad M = \frac{\partial R}{\partial x} - \frac{\partial P}{\partial z}, \qquad N = \frac{\partial P}{\partial y} - \frac{\partial Q}{\partial x},$$

e soient α', β', γ' les angles de la direction positive de la tangente à Γ avec les directions positives des axes: l'intégrale en question n'est autre que $\int_{AB} H\,ds$, où H est égal au déterminant

$$H = \begin{vmatrix} \delta x & \delta y & \delta z \\ L & M & N \\ \cos\alpha' & \cos\beta' & \cos\gamma' \end{vmatrix}.$$

Ce déterminant H est égal, au signe près, au volume du parallélépipède construit sur les trois vecteurs suivants : 1° le vecteur mm', dont l'origine est le point $m(x, y, z)$ de Γ et l'extrémité le point $m'(x + \delta x, y + \delta y, z + \delta z)$ de la courbe variée infiniment voisine Γ'; 2° le vecteur $m\varpi$ ayant pour origine m et pour composantes L, M, N (*vecteur tourbillon*); 3° le vecteur mt obtenu en portant une longueur égale à l'unité sur la direction positive de la tangente. Soient $V = \sqrt{L^2 + M^2 + N^2}$ la longueur du vecteur tourbillon, δn la distance du point m' à la tangente mt, θ l'angle (de o à π) du vecteur tourbillon avec l'élément plan déterminé par mt et mm'. On a, au signe près,

$$H = V\,\delta n \sin\theta,$$

et la formule est générale si l'on convient de donner un signe à δn, le signe $+$ si le trièdre $mtm'\varpi$ a la disposition du trièdre $Oxyz$, et le signe $-$ dans le cas contraire.

La formule générale (4) peut donc s'écrire sous forme abrégée

$$(5) \qquad \delta I = \int_{AB} \delta P\,dx + \delta Q\,dy + \delta R\,dz + V\,\delta n \sin\theta\,ds$$
$$+ \left| P\,\Delta x + Q\,\Delta y + R\,\Delta z \right|_A^B.$$

Dans le cas particulier d'une courbe plane, on peut écrire la seconde
intégrale

$$\int_{AB_1} \left(\frac{\partial P}{\partial y} - \frac{\partial Q}{\partial x} \right) (\delta y\, dx - \delta x\, dy)$$

$$= \int_{AB} \left(\frac{\partial P}{\partial y} - \frac{\partial Q}{\partial x} \right) (\cos \alpha'\, \delta y - \cos \beta'\, \delta x)\, ds,$$

α' et β' étant les angles de la direction positive de la tangente avec les axes :
$\delta n = \cos \alpha'\, \delta y - \cos \beta'\, \delta x$ représente la projection du vecteur mm' sur la
direction de la normale en m à Γ qui fait un angle $= \dfrac{\pi}{2}$ avec la direction
positive de la tangente (compté de Ox vers Oy), et la formule qui donne δI
devient

$$(6) \quad \delta I = \int_{AB_1} \delta P\, dx + \delta Q\, dy + \int_{AB} \left(\frac{\partial P}{\partial y} - \frac{\partial Q}{\partial x} \right) \delta n\, ds + [P\, \Delta x + Q\, \Delta y]_A^B.$$

Dans ces dernières formules, la portion de δI provenant de la déformation
du chemin d'intégration ne dépend que du déplacement infiniment petit
de chaque point m de Γ normalement à la tangente en m. Ce résultat
s'explique *a priori*, car tout déplacement infinitésimal mm' peut toujours
se décomposer en un déplacement infinitésimal tangent à Γ, et un déplacement normal. La portion de δI provenant d'un déplacement tangentiel
est nulle, car la courbe Γ se change en elle-même par cette déformation,
et chaque élément de l'intégrale est remplacé par un élément infiniment
voisin. Il est clair d'ailleurs qu'il entre un élément arbitraire dans les formules qui définissent le chemin d'intégration, c'est le choix de la variable
auxiliaire t. On peut remplacer t par une autre variable τ, liée à t par
une relation $t = \pi(\tau, \alpha)$, telle que t croisse de t_0 à t_1 lorsque τ croît de
τ_0 à τ_1. Par ce changement de variable, les expressions de δx, δy, δz sont
modifiées, tandis que $I(\alpha)$ et par suite δI sont indépendantes du choix de
la variable t. D'autre part, le premier et le troisième terme de δI sont
eux-mêmes indépendants de ce choix; il en est donc de même du terme
de δI qui contient seul δx, δy, δz. Cette remarque permet de choisir à volonté le mode de correspondance entre un point $m(x, y, z)$ du chemin AB,
et le point infiniment voisin $m'(x + \delta x, y + \delta y, z + \delta z)$ de la courbe Γ'
infiniment voisine, en respectant bien entendu les conditions de conti-
nuité. En particulier, on peut faire correspondre à un point m de Γ le
point m' situé sur le plan normal en m à Γ, ou encore choisir t de façon
que les valeurs limites t_0 et t_1 soient indépendantes de α: dans ce cas, les
deux arcs AB et A'B' se correspondent point par point d'une façon univoque. Pratiquement, il est inutile d'avoir les expressions explicites

$$x = f(t, \alpha), \quad y = \varphi(t, \alpha), \quad z = \psi(t, \alpha),$$

que nous avons supposées connues pour le raisonnement. Connaissant les deux courbes infiniment voisines Γ, Γ', qui correspondent aux valeurs α et $\alpha + \delta\alpha$ du paramètre, il suffira de prendre pour δx, δy, δz des infiniment petits du premier ordre en $\delta\alpha$, tels qu'à un point (x, y, z) de l'arc AB corresponde un point $(x + \delta x, y + \delta y, z + \delta z)$ situé sur Γ'.

Exemples. — 1° Supposons que la courbe Γ soit un segment de droite AB joignant le point A (o, α) au point B (α, o). On peut poser

$$x = t, \qquad y = \alpha - t, \qquad t_0 = o, \qquad t_1 = \alpha,$$

ce qui donne

$$x_0 = o, \qquad y_0 = \alpha, \qquad x_1 = \alpha, \qquad y_1 = o, \qquad \delta x = o, \qquad \delta y = \delta\alpha,$$
$$\Delta x_0 = \Delta y_1 = o, \qquad \Delta y_0 = \delta\alpha, \qquad \Delta x_1 = \delta\alpha.$$

Si l'on a

$$I = \int_{AB} P(x, y, \alpha)\, dx + Q(x, y, \alpha)\, dy,$$

on aura donc

$$\delta I = \int_{(AB)} \delta P\, dx + \delta Q\, dy + \int_{(AB)} \left(\frac{\partial P}{\partial y} - \frac{\partial Q}{\partial x} \right) \delta\alpha\, dx$$
$$+ [P(\alpha, o, \alpha) - Q(o, \alpha, \alpha)] \delta\alpha$$

ou, en observant que $dy + dx = o$ le long de AB,

$$\delta I = \int_0^\alpha (\delta P - \delta Q)\, dx + \int^\alpha \left(\frac{\partial P}{\partial y} - \frac{\partial Q}{\partial x} \right) \delta\alpha\, dx$$
$$+ [P(\alpha, o, \alpha) - Q(o, \alpha, \alpha)] \delta\alpha.$$

On pourrait poser aussi

$$x = \alpha t, \qquad y = \alpha(1 - t), \qquad t_0 = o, \qquad t_1 = 1,$$

ce qui conduit au même résultat.

2° Quand une partie du chemin d'intégration est conservée, la seconde intégrale provenant de cette partie est nulle, puisque le déplacement normal correspondant δn est nul. Considérons par exemple le contour fermé ABMA, composé du segment AB de Ox allant du point A $(-r, o)$ au point B (r, o) et de la demi-circonférence décrite sur AB comme diamètre au-dessus de Ox, ce contour étant décrit dans le sens direct. Soit $I(r)$ l'intégrale

$$\int P(x, y)\, dx + Q(x, y)\, dy$$

prise le long de ce contour. Le long de AB on a $\delta n = o$ et $\delta n = -\delta r$ le long de BMA; on a donc

$$\delta I = -\delta r \int_{BMA} \left(\frac{\partial P}{\partial y} - \frac{\partial Q}{\partial x} \right) ds = -\delta r \int_0^\pi \left(\frac{\partial P}{\partial y} - \frac{\partial Q}{\partial x} \right) r\, d\varphi.$$

2. Intégrales doubles. — Soit

$$I(\alpha) = \int \int_{(D)} F(x, y, \alpha)\, dx\, dy$$

une intégrale double étendue à un domaine D limitée par une courbe fermée Γ variable avec α, et composée d'un nombre fini d'arcs réguliers. Désignons par $U(x, y, \alpha)$ une fonction dont la dérivée par rapport à x est F. Si le domaine D est limité par une seule courbe fermée Γ, qui ne peut être rencontrée en plus de deux points par une parallèle à Ox, ce que nous supposerons tout d'abord, on peut prendre pour $U(x, y, \alpha)$ une fonction uniforme et continue dans D. Il suffira de prendre l'intégrale de l'équation $\dfrac{\partial U}{\partial x} = F$, qui s'annule en tous les points d'une courbe auxiliaire de D qui coupe en un seul point les parallèles $y = C$. On a aussi, d'après la formule de Green,

$$I(\alpha) = \int_{\Gamma} U(x, y, \alpha)\, dy,$$

l'intégrale étant prise dans le sens direct. La variation δI a pour expression, d'après la formule générale (6),

$$\delta I = \int_{\Gamma} \delta U\, dy + \int_{\Gamma} \frac{\partial U}{\partial x}(\delta y\, dx - \delta x\, dy).$$

puisque la courbe est fermée; δx et δy désignent les variations de x et y quand on passe d'un point (x, y) de Γ au point infiniment voisin $(x + \delta x, y + \delta y)$ du nouveau contour. La première intégrale peut s'écrire, en appliquant de nouveau la formule de Green,

$$\int_{\Gamma} \delta U\, dy = \delta\alpha \int_{\Gamma} \frac{\partial U}{\partial \alpha}\, dy = \delta\alpha \int\int_{D} \frac{\partial^2 U}{\partial\alpha\, \partial x}\, dx\, dy = \delta\alpha \int\int_{D} \frac{\partial F}{\partial\alpha}\, dx\, dy.$$

et l'on a finalement

$$(7) \qquad \delta I = \int\int_{D} \delta F\, dx\, dy + \int_{\Gamma} F(\delta x\, dy - \delta y\, dx).$$

Par un raisonnement bien souvent employé, la formule s'étend au cas où le contour Γ peut être rencontré en plus de deux points par une parallèle à Ox, et même au cas où le domaine D est limité par plusieurs courbes fermées; dans la dernière intégrale, le contour total Γ doit être supposé parcouru dans le sens direct. On voit que δI se compose de deux termes : l'intégrale double provenant de la variation de F et l'intégrale simple provenant de la variation du contour. Soient α'', β'' les angles que fait avec les axes la direction extérieure de la normale; *la variation normale δn étant comptée positivement suivant cette direction*, on a

$$\delta x = \delta n \cos\alpha'', \qquad \delta y = \delta n \cos\beta''.$$

et, d'autre part (*cf.* n° 96),

$$dx = -ds \cos\beta'', \qquad dy = ds \cos\alpha''.$$

On a donc

$$\delta x\, dy - \delta y\, dx = ds\, \delta n,$$

et l'intégrale curviligne qui représente la variation de I provenant de la variation du contour est égale à $\displaystyle\int_{\Gamma} F\, \delta n\, ds$.

Ce résultat s'explique aisément. Supposons par exemple $\delta n > 0$; l'accroissement de I, quand on passe du domaine limité par Γ au domaine limité par Γ', est égal à l'intégrale double étendue au domaine compris entre Γ et Γ'. Or, ce domaine ayant une dimension δn infiniment petite, l'intégrale double se réduit à une intégrale curviligne le long de Γ; l'élément de cette intégrale curviligne est précisément $F\, \delta n\, ds$, car $\delta n\, ds$ représente l'aire du domaine infinitésimal limité par un arc ds de Γ, les normales aux deux extrémités de cet arc et l'arc correspondant de Γ'.

3. **Intégrales de surface.** — Soit

$$I(\alpha) = \int\int_S A(x, y, z, \alpha)\, dy\, dz + B(x, y, z, \alpha)\, dz\, dx + C(x, y, z, \alpha)\, dx\, dy$$

une intégrale de surface étendue à une portion régulière de surface S qui se déforme d'une manière continue, ainsi que le contour Γ qui limite cette surface, lorsque le paramètre α varie. Les fonctions A, B, C sont elles-mêmes continues, ainsi que toutes leurs dérivées partielles qui figurent dans le calcul. Nous prendrons pour *côté positif* de S le côté suivant lequel on prend l'intégrale; à ce côté correspond un sens de parcours du contour Γ (n° 139), que nous appellerons *sens positif*. Supposons la surface S définie par les formules

$$x = f(u, v, \alpha), \qquad y = \varphi(u, v, \alpha), \qquad z = \psi(u, v, \alpha),$$

qui fait correspondre point par point la surface S à un domaine R du plan (u, v), limité par un contour fermé L qui se déforme lui-même d'une manière continue avec α. Nous supposerons de plus les axes Ou, Ov disposés de telle façon qu'au sens positif de Γ corresponde le *sens direct* sur L (n° 139). Comme les variables auxiliaires u, v disparaissent du résultat final, on peut toujours faire cette hypothèse.

L'intégrale de surface $I(\alpha)$ est égale à une intégrale double étendue au domaine R du plan (u, v) (n° 138)

$$I(\alpha) = \int\int_R \left[A(f, \varphi, \psi, \alpha)\frac{D(\varphi, \psi)}{D(u, v)} + B(f, \varphi, \psi, \alpha)\frac{D(\psi, f)}{D(u, v)} \right.$$
$$\left. + C(f, \varphi, \psi, \alpha)\frac{D(f, \varphi)}{D(u, v)} \right] du\, dv.$$

Pour avoir $I'(\alpha)$, il suffit d'appliquer à cette intégrale la formule (7), après avoir d'abord divisé tous les termes par $\delta\alpha$, en y remplaçant x et y

par u et v respectivement. Cette dérivée se compose de deux parties : une
intégrale double étendue à R et une intégrale curviligne prise le long de L.
Nous nous occuperons d'abord de l'intégrale double; un des termes de cette
intégrale, celui qui dépend de C, est

$$\iint_{R} \left\{ \left(\frac{\partial C}{\partial x} \frac{\partial f}{\partial z} - \frac{\partial C}{\partial y} \frac{\partial \varphi}{\partial z} + \frac{\partial C}{\partial z} \frac{\partial \psi}{\partial z} - \frac{\partial C}{\partial z} \right) \frac{D(f, \varphi)}{D(u, v)} - C \frac{\partial}{\partial z} \left[\frac{D(f, \varphi)}{D(u, v)} \right] \right\} du\, dv,$$

et les deux autres termes s'en déduisent par une permutation circulaire sur
(A, B, C) et sur (f, φ, ψ). En réunissant les termes en $\frac{\partial A}{\partial z}$, $\frac{\partial B}{\partial z}$, $\frac{\partial C}{\partial z}$, on a
en premier lieu l'intégrale double

$$\iint_{R} \left[\frac{\partial A}{\partial z} \frac{D(\varphi, \psi)}{D(u, v)} - \frac{\partial B}{\partial z} \frac{D(\psi, f)}{D(u, v)} + \frac{\partial C}{\partial z} \frac{D(f, \varphi)}{D(u, v)} \right] du\, dv,$$

qui est égale à l'intégrale de surface

$$(1) \qquad \iint_{S} \frac{\partial A}{\partial z}\, dy\, dz + \frac{\partial B}{\partial z}\, dz\, dx + \frac{\partial C}{\partial z}\, dx\, dy.$$

L'intégrale double $\displaystyle\iint_{R} C \frac{\partial}{\partial z}\left[\frac{D(f, \varphi)}{D(u, v)} \right] du\, dv$ peut se transformer
comme il suit. Un calcul facile montre que l'on a

$$\frac{\partial}{\partial z}\left[\frac{D(f, \varphi)}{D(u, v)} \right] = \frac{\partial}{\partial u}\left[\frac{D(f, \varphi)}{D(z, v)} \right] - \frac{\partial}{\partial v}\left[\frac{D(f, \varphi)}{D(z, u)} \right];$$

la formule de Green nous donne ensuite (n° 123)

$$\iint_{R} C \frac{\partial}{\partial u}\left[\frac{D(f, \varphi)}{D(z, v)} \right] du\, dv = \int C \frac{D(f, \varphi)}{D(z, v)} dv - \iint_{R} \frac{\partial C}{\partial u} \frac{D(f, \varphi)}{D(z, v)} du\, dv,$$

$$\iint_{R} C \frac{\partial}{\partial v}\left[\frac{D(f, \varphi)}{D(z, u)} \right] du\, dv = - \int C \frac{D(f, \varphi)}{D(z, u)} du - \iint_{R} \frac{\partial C}{\partial v} \frac{D(f, \varphi)}{D(z, u)} du\, dv.$$

Après cette transformation, les termes provenant de C dans l'intégrale
double restante sont

$$\left(\frac{\partial C}{\partial x} \frac{\partial f}{\partial z} + \frac{\partial C}{\partial y} \frac{\partial \varphi}{\partial z} + \frac{\partial C}{\partial z} \frac{\partial \psi}{\partial z} \right) \left(\frac{\partial f}{\partial u} \frac{\partial \varphi}{\partial v} - \frac{\partial f}{\partial v} \frac{\partial \varphi}{\partial u} \right) \ldots,$$

les deux termes non écrits se déduisant du premier en permutant circulai-
rement u, v, z. Les coefficients de $\frac{\partial C}{\partial x}$ et de $\frac{\partial C}{\partial y}$ sont nuls, tandis que celui
de $\frac{\partial C}{\partial z}$ est

$$\frac{\partial f}{\partial z} \frac{D(\varphi, \psi)}{D(u, v)} - \frac{\partial \varphi}{\partial z} \frac{D(\psi, f)}{D(u, v)} + \frac{\partial \psi}{\partial z} \frac{D(f, \varphi)}{D(u, v)}.$$

Par raison de symétrie, les coefficients de $\dfrac{\partial A}{\partial x}$ et de $\dfrac{\partial B}{\partial y}$ sous le signe $\displaystyle\iint$ sont les mêmes, tandis que les coefficients de $\dfrac{\partial A}{\partial y}$, $\dfrac{\partial A}{\partial z}$, $\dfrac{\partial B}{\partial x}$, $\dfrac{\partial B}{\partial z}$ sont nuls. Il reste donc dans I'(z) une nouvelle intégrale double

$$\iint_{(R)} \left(\frac{\partial A}{\partial x} + \frac{\partial B}{\partial y} + \frac{\partial C}{\partial z} \right) \left[\frac{\partial f}{\partial z} \frac{D(\varphi, \psi)}{D(u, v)} + \frac{\partial \varphi}{\partial z} \frac{D(\psi, f)}{D(u, v)} + \frac{\partial \psi}{\partial z} \frac{D(f, \varphi)}{D(u, v)} \right] du\, dv,$$

qui est égale à l'intégrale de surface

$$(11) \qquad \iint_{S} \left(\frac{\partial A}{\partial x} + \frac{\partial B}{\partial y} + \frac{\partial C}{\partial z} \right) \left(\frac{\partial f}{\partial z} dy\, dz + \frac{\partial \varphi}{\partial z} dz\, dx + \frac{\partial \psi}{\partial z} dx\, dy \right).$$

Nous avons en outre une intégrale simple provenant de l'intégration par parties précédente, dans laquelle le terme qui contient C est

$$\int_{L} C \left[\frac{D(f, \varphi)}{D(z, v)} dv + \frac{D(f, \varphi)}{D(z, u)} du \right].$$

Enfin nous avons une intégrale simple provenant de la variation des contours I' et L: soient

$$u_0 = \pi(l, z), \qquad v_0 = \chi(l, z)$$

les coordonnées d'un point de L exprimées au moyen du paramètre z et d'une variable auxiliaire l qui définit la position du point sur le contour. Dans I'(z), l'intégrale simple qui provient de la variation du contour est, on vient de le voir [formule (7)].

$$\int_{L_1} \left[A \frac{D(\varphi, \psi)}{D(u, v)} + B \frac{D(\psi, f)}{D(u, v)} + C \frac{D(f, \varphi)}{D(u, v)} \right] \left(\frac{\partial u_0}{\partial z} dv - \frac{\partial v_0}{\partial z} du \right):$$

en faisant la somme de ces deux intégrales simples, on voit que le coefficient de C sous le signe $\displaystyle\int$ est

$$\frac{D(f, \varphi)}{D(z, v)} dv + \frac{D(f, \varphi)}{D(z, u)} du + \frac{D(f, \varphi)}{D(u, v)} \left(\frac{\partial u_0}{\partial z} dv - \frac{\partial v_0}{\partial z} du \right).$$

où l'on doit remplacer u et v par u_0 et v_0. Soient (x_0, y_0, z_0) les coordonnées du point de I' qui correspond au point (u_0, v_0) de L; x_0, y_0, z_0 sont des fonctions composées de z

$$x_0 = f(u_0, v_0, z), \qquad y_0 = \varphi(u_0, v_0, z), \qquad z_0 = \psi(u_0, v_0, z).$$

et l'on a

$$\frac{dx_0}{d\alpha} = \frac{\partial f}{\partial u_0}\frac{\partial u_0}{\partial \alpha} + \frac{\partial f}{\partial v_0}\frac{\partial v_0}{\partial \alpha} + \frac{\partial f}{\partial \alpha}, \qquad \frac{dy_0}{d\alpha} = \frac{dz_0}{\partial u_0}\frac{\partial u_0}{\partial \alpha} \quad \dots$$

et le coefficient de C peut encore s'écrire

$$\frac{dx_0}{d\alpha}\, dy - \frac{dy_0}{d\alpha}\, dx.$$

Par raison de symétrie, on voit en définitive que l'intégrale curviligne le long de L qui figure dans l'expression de $\mathrm{I}'(\alpha)$, peut être remplacée par une intégrale curviligne le long de Γ

$$(\text{III}) \qquad \int_\Gamma \mathrm{A}\left(\frac{dy_0}{d\alpha}\, dz - \frac{dz_0}{d\alpha}\, dy\right) + \mathrm{B}\left(\frac{dz_0}{d\alpha}\, dx - \frac{dx_0}{d\alpha}\, dz\right)$$
$$+ \mathrm{C}\left(\frac{dx_0}{d\alpha}\, dy - \frac{dy_0}{d\alpha}\, dx\right).$$

En ajoutant les trois intégrales (I), (II), (III), on a donc enfin

$$(8) \quad \mathrm{I}'(\alpha) = \int\!\!\int_S \frac{\partial \mathrm{A}}{\partial \alpha}\, dy\, dz + \frac{\partial \mathrm{B}}{\partial \alpha}\, dz\, dx + \frac{\partial \mathrm{C}}{\partial \alpha}\, dx\, dy$$
$$+ \int\!\!\int_{S_1} \left(\frac{\partial \mathrm{A}}{\partial x} + \frac{\partial \mathrm{B}}{\partial y} + \frac{\partial \mathrm{C}}{\partial z}\right)\left(\frac{\partial f}{\partial \alpha}\, dy\, dz + \frac{\partial z}{\partial \alpha}\, dz\, dx + \frac{\partial y}{\partial \alpha}\, dx\, dy\right)$$
$$+ \int_{(\Gamma)} \mathrm{A}\left(\frac{dy_0}{d\alpha}\, dz - \frac{dz_0}{d\alpha}\, dy\right) + \mathrm{B}\left(\frac{dz_0}{d\alpha}\, dx - \frac{dx_0}{d\alpha}\, dz\right)$$
$$+ \mathrm{C}\left(\frac{dx_0}{d\alpha}\, dy - \frac{dy_0}{d\alpha}\, dx\right).$$

En multipliant les deux membres par $\delta\alpha$, on obtient l'expression de $\delta\mathrm{I}$

$$(9) \quad \delta\mathrm{I} = \int\!\!\int_S \delta\mathrm{A}\, dy\, dz + \delta\mathrm{B}\, dz\, dx + \delta\mathrm{C}\, dx\, dy$$
$$+ \int\!\!\int_{S_1} \left(\frac{\partial \mathrm{A}}{\partial x} + \frac{\partial \mathrm{B}}{\partial y} + \frac{\partial \mathrm{C}}{\partial z}\right)(\delta x\, dy\, dz + \delta y\, dz\, dx + \delta z\, dx\, dy)$$
$$+ \int_{(\Gamma)} \mathrm{A}(\Delta y_0\, dz - \Delta z_0\, dy) + \mathrm{B}(\Delta z_0\, dx - \Delta x_0\, dz)$$
$$+ \mathrm{C}(\Delta x_0\, dy - \Delta y_0\, dx).$$

où

$$\delta\mathrm{A} = \frac{\partial \mathrm{A}}{\partial \alpha}\delta\alpha, \quad \delta x = \frac{\partial f}{\partial \alpha}\delta\alpha, \quad \Delta x_0 = \left(\frac{\partial f}{\partial u_0}\frac{\partial u_0}{\partial \alpha} + \frac{\partial f}{\partial v_0}\frac{\partial v_0}{\partial \alpha} + \frac{\partial f}{\partial \alpha}\right)\delta\alpha, \quad \dots$$

On voit que $\delta\mathrm{I}$ se compose de trois termes, dont le premier provient de la variation des fonctions A, B, C avec α, le second de la déformation de la surface S et le dernier de la déformation du contour Γ. Soient x, y, z

les angles de la direction positive de la normale à S avec les axes, $d\sigma$ l'élément d'aire; on peut écrire la seconde intégrale

$$(10) \qquad \int\int_S \left(\frac{\partial A}{\partial x} + \frac{\partial B}{\partial y} + \frac{\partial C}{\partial z}\right)(\cos\lambda\,\delta x + \cos\mu\,\delta y + \cos\nu\,\delta z)\,d\sigma$$

$$= \int\int_S \left(\frac{\partial A}{\partial x} + \frac{\partial B}{\partial y} + \frac{\partial C}{\partial z}\right)\delta n\,d\sigma.$$

δn étant la projection sur la direction positive de la normale du vecteur qui joint le point (x, y, z) de S au point $(x + \delta x, y + \delta y, z + \delta z)$ de la surface infiniment voisine S′, c'est-à-dire le déplacement normal infinitésimal d'un point de S dans la déformation. On voit, comme plus haut, que la seconde intégrale ne dépend que de ce déplacement normal; on peut prendre pour δn la longueur infiniment petite de la normale comprise entre S et S′, ce qui revient à établir un certain mode de correspondance entre S et S′.

Quant à l'intégrale simple, on peut l'interpréter comme l'intégrale analogue de la formule (4). Soient V la longueur du vecteur d'origine (x_0, y_0, z_0) et de composantes A, B, C; θ l'angle de ce vecteur avec l'élément de plan déterminé par la tangente à Γ et le déplacement infinitésimal $\Delta x_0, \Delta y_0, \Delta z_0$ du point (x_0, y_0, z_0) de Γ; δ'_n la distance du point

$$(x_0 + \Delta x_0, \quad y_0 + \Delta y_0, \quad z_0 + \Delta z_0)$$

à la tangente à Γ au point (x_0, y_0, z_0) affectée d'un signe convenable. Cette intégrale simple peut aussi s'écrire

$$(11) \qquad \int_{(\Gamma)} V \sin\theta\,\delta'_n\,ds.$$

Comme dans le cas d'une intégrale curviligne, on peut faire correspondre suivant une loi arbitraire à un point de Γ un point infiniment voisin du contour déformé Γ'. Supposons en particulier que l'on fasse correspondre au point $m(x_0, y_0, z_0)$ de Γ le point $m'(x_0 + \Delta x_0, y_0 + \Delta y_0, z_0 + \Delta z_0)$ situé dans le plan normal à Γ au point m: on a alors

$$\Delta x_0 = \delta'_n\cos\lambda'', \qquad \Delta y_0 = \delta'_n\cos\mu'', \qquad \Delta z_0 = \delta'_n\cos\nu''.$$

δ'_n étant la distance mm' et λ'', μ'', ν'' les angles de la direction mm' avec les axes. Soient de même λ', μ', ν' les angles de la direction positive de la tangente à Γ avec les axes; l'intégrale (11) est encore égale à

$$\int_\Gamma [A(\cos\mu''\cos\nu' - \cos\nu''\cos\mu') + B(\cos\nu''\cos\lambda' - \cos\lambda''\cos\nu') + C\ldots]\,\delta'_n\,ds,$$

ce qui peut encore s'écrire

$$\int_\Gamma (A\cos\lambda_1 + B\cos\mu_1 + C\cos\nu_1)\,\delta'_n\,ds.$$

λ_1, μ_1, ν_1 étant les angles que fait avec les axes la normale à la bande de surface S' décrite par le contour Γ quand le paramètre z augmente de δz. Mais $\delta_n' \, ds$ représente l'élément d'aire infiniment petit décrit par l'arc ds de Γ quand z augmente de δz, élément que l'on peut assimiler à un rectangle. L'intégrale simple précédente représente donc la valeur de l'intégrale double

$$\int \int A \, dy \, dz + B \, dz \, dx + C \, dx \, dy$$

étendue à la bande de surface infiniment étroite S'' suivant un côté déterminé par les explications qui précèdent.

Le résultat obtenu peut s'expliquer très aisément au moyen de la formule de Green. Supposons que l'on passe de S à S' en faisant subir à chaque point de S un déplacement infiniment petit δn suivant la normale dans le sens positif. Alors les deux surfaces S, S' et la bande de surface infiniment étroite S'' limitent un domaine D. L'accroissement de I, provenant de la déformation de S et de Γ, est égal à la somme des intégrales de surface étendues à S et à S' suivant le côté *extérieur*. D'après la formule de Green, cette somme est égale à l'intégrale triple

$$\int \int \int_D \left(\frac{\partial A}{\partial x} + \frac{\partial B}{\partial y} + \frac{\partial C}{\partial z} \right) dx \, dy \, dz.$$

étendue au domaine D, augmentée de l'intégrale de surface

$$\int \int_{S'} A \, dy \, dz + B \, dz \, dx + C \, dx \, dy,$$

prise suivant le côté *intérieur* de la bande S''.

Le domaine D ayant une dimension infiniment petite δn, l'intégrale triple étendue à ce domaine se réduit à une intégrale double étendue à S, dont l'élément est $\left(\frac{\partial A}{\partial x} + \frac{\partial B}{\partial y} + \frac{\partial C}{\partial z} \right) \delta n \, ds$, car $\delta n \, ds$ est l'élément de volume du cylindre droit infiniment petit compris entre S et S', et ayant pour base un élément de S d'aire ds. De même, la surface S' ayant une dimension infiniment petite, l'intégrale double étendue à cette surface se réduit à une intégrale curviligne étendue à Γ, dont l'élément est

$$(A \cos\lambda_1 + B \cos\mu_1 + C \cos\nu_1) \, \delta_n' \, ds,$$

car $\delta_n' \, ds$ est l'aire de l'élément de surface compris entre les deux normales infiniment voisines aux extrémités d'un arc ds de Γ, et les contours Γ, Γ'.

La formule (9) s'étend, comme au n° 1, à toute surface formée d'un nombre fini de morceaux de surfaces régulières ; si la surface est fermée, l'intégrale curviligne disparaît.

On rattacherait de même à la formule de Stokes le résultat obtenu pour la variation d'une intégrale curviligne.

G. I.   4.

4. Intégrales triples. — Considérons enfin l'intégrale triple

$$(12) \qquad I(\alpha) = \int \int \int_{D} F(x, y, z, \alpha)\, dx\, dy\, dz,$$

étendue à un domaine D limité par une surface fermée S variable avec le paramètre α. Nous supposerons d'abord qu'une parallèle à l'un des axes, Oz par exemple, ne peut rencontrer cette surface en plus de deux points. Il existe alors une fonction $U(x, y, z, \alpha)$, continue dans D, et vérifiant la relation (*voir* n° 2)

$$\frac{\partial U}{\partial z} = F(x, y, z, \alpha),$$

et l'on a aussi

$$(13) \qquad I(\alpha) = \int \int_{S} U(x, y, z, \alpha)\, dx\, dy,$$

l'intégrale étant étendue au côté extérieur de Σ. En appliquant la formule générale (8) à cette intégrale, il vient, puisque la surface S est fermée,

$$I'(\alpha) = \int \int_{S} \frac{\partial U}{\partial \alpha}\, dx\, dy - \int \int_{S} \frac{\partial U}{\partial z} \left(\frac{\partial f}{\partial \alpha}\, dy\, dz - \frac{\partial z}{\partial \alpha}\, dz\, dx + \frac{\partial \psi}{\partial \alpha}\, dx\, dy \right),$$

ou, en multipliant par $\delta\alpha$ et tenant compte de la relation entre U et F,

$$(14) \qquad \delta I = \int \int \int_{D} \delta F\, dx\, dy\, dz$$
$$- \int \int_{S} F(x, y, z, \alpha) (\delta x\, dy\, dz + \delta y\, dz\, dx + \delta z\, dx\, dy),$$

δx, δy, δz désignant les variations des coordonnées d'un point (x, y, z) de la surface limite S, et l'intégrale de surface étant prise suivant le côté extérieur. La formule s'étend comme plus haut (n° 2) à une surface de forme quelconque. On peut aussi écrire l'intégrale double qui figure dans δI

$$\int \int_{S} F(x, y, z, \alpha)\, \delta n\, d\sigma,$$

$d\sigma$ étant l'élément d'aire de S, et δn le déplacement normal infiniment petit compté suivant la normale extérieure.

Or $\delta n\, d\sigma$ est, au signe près, le volume du cylindre droit infinitésimal ayant pour base $d\sigma$ et pour hauteur δn, de sorte que l'intégrale double représente la valeur de l'intégrale $\int \int \int F\, dx\, dy\, dz$ étendue au domaine compris entre les deux surfaces infiniment voisines S et S', chaque élément de cette intégrale étant affecté d'un signe convenable.

FIN DU TOME I.

TABLE DES MATIÈRES.

CHAPITRE I.

INTRODUCTION.

CHAPITRE II.

DÉRIVÉES ET DIFFÉRENTIELLES.

CHAPITRE III.

FONCTIONS IMPLICITES. — MAXIMA ET MINIMA.
CHANGEMENTS DE VARIABLES.

CHAPITRE IV.

INTÉGRALES DÉFINIES.

CHAPITRE V.

CALCUL DES INTÉGRALES DÉFINIES.

CHAPITRE VI.

INTÉGRALES DOUBLES.

CHAPITRE VII.

INTÉGRALES MULTIPLES. — INTÉGRATION DES DIFFÉRENTIELLES TOTALES.

CHAPITRE X.

THÉORIE DES ENVELOPPES. — CONTACT.

CHAPITRE XI.

COURBES GAUCHES.

CHAPITRE XII.

SURFACES.

FIN DE LA TABLE DES MATIÈRES DU TOME I.

ERRATA.

Page 176, ligne 2 de la note : *lire* Σm_i, *au lieu de* m.

Page 191, ligne 18 : *au lieu de* λ_0, *lire* λ_1.

Page 393, ligne 3 en remontant : *lire* x', *au lieu de* x à la fin de la formule.

PARIS. — IMPRIMERIE GAUTHIER-VILLARS ET Cⁱᵉ,

Quai des Grands-Augustins, 55.

www.ingramcontent.com/pod-product-compliance
Lightning Source LLC
LaVergne TN
LVHW050950200726
843508LV00001B/6